FRIEDRICH

TABELLENBUCH BAUTECHNIK

- **Für die Berufsausbildung in Schule (Berufsgrundbildung, Berufsschule, Berufsfachschule, Berufsaufbauschule, Fachoberschule, Berufliches Gymnasium), Betrieb, Lehrwerkstatt und Bauhof.**
- **Für die Weiterbildung in Schule (Fachschule, Akademie) und Betrieb.**
- **Für Fachhochschulen und Berufsakademien.**
- **Für die Erwachsenenbildung (Weiterbildung, Umschulung).**
- **Für den Gebrauch in allen Bereichen des Bauwesens.**

1 2 3 4 5 6 7 8 9

FRIEDRICH^S FACH- UND TABELLENBÜCHER

Begründet von Direktor Wilhelm Friedrich
Herausgegeben von Prof. Dr. Antonius Lipsmeier, Karlsruhe
Mitherausgegeben von Dipl.-Ing. Adolf Teml, Lage

FRIEDRICH
TABELLENBUCH BAUTECHNIK

- Technologie (Fachkunde)
- Technische Mathematik (Fachrechnen)
- Technisches Zeichnen
- Baubetrieb und Baurecht

301.–310. Auflage
Gesamtumfang 304 Seiten

Bearbeitet von

Hermann Bester, Manfred Labude, Peter Lohse, Hans Seidel

Dümmlerbuch 5402

FERD. DÜMMLERS VERLAG · BONN

Herausgeber: Dr. Antonius Lipsmeier, Professor für Berufspädagogik, Universität Karlsruhe (TH)

Adolf Teml, Diplom-Ingenieur und Fachschriftsteller, Lage (Mitherausgeber)

Autoren: Dipl.-Ing. Hermann Bester, Oberstudienrat, Olfen
Dipl.-Ing. Manfred Labude, Studiendirektor, Hofgeismar
Dipl.-Ing. Peter Lohse, Beratender Ingenieur, Braunschweig
Dipl.-Ing. Hans Seidel, Studienrat, Melsungen

DIN-Normen und andere technische Regelwerke

Sofern in diesem Tabellenbuch auf DIN-Normen oder andere technische Regelwerke verwiesen wird, so handelt es sich um die bei Redaktionsschluß vorliegenden Ausgaben. Diese wurden für die Zwecke dieses Buches – mit Erlaubnis des DIN (Deutsches Institut für Normung) – gekürzt und bearbeitet.
Für den Anwender einer Norm ist jedoch nur die Norm selbst in ihrer neuesten Ausgabe maßgebend.
DIN-Normen sind zu beziehen beim Beuth-Verlag, Burggrafenstr. 4–10, 1000 Berlin 30.

ISBN 3-427-**540**22-7

Zeichnungen H.-J. Zedow

Satz: Daten u. Lichtsatz-Service, Jutta Albert, Würzburg

Printed in Germany by Franz Spiegel Buch GmbH, Ulm

INHALT

1 Mathematische Grundlagen und Tabellen 1-1 bis 1-12

2 Bauphysik/Bauchemie 2-1 bis 2-22

3 Baustoffe 3-1 bis 3-59

6 Darstellungstechnik/Bauzeichnen 6-1 bis 6-20

7 Baubetrieb 7-1 bis 7-38

8 Baugesetze und Vorschriften 8-1 bis 8-8

Vorwort zur 301.–310. FRIEDRICH^{S} Tabellenbuch Bautechnik

Diese Auflage des FRIEDRICH wurde gründlich bearbeitet

- Äußeres Kennzeichen der Bearbeitung sind zum einen der neue Titel sowie zum anderen die Gestaltung der Seiten durch zweifarbigen Druck. Letzteres erleichtert dem Benutzer die Arbeit mit dem Tabellenbuch durch überschaubareren Seitenaufbau. Das Stichwortverzeichnis wurde wesentlich erweitert.

- In Aufbau und Inhalt orientiert sich das Tabellenbuch
  - an der Ausbildungsordnung für Bauberufe,
  - den mit den Ausbildungsordnungen abgestimmten Rahmenlehrplänen der KMK
  - und den Lehrplänen der Länder,

- Aufbau, Gestaltung und Stoffdarbietung des FRIEDRICH fördern in besonderem Maße handlungsorientiertes Lernen, was auch für die Bauberufe in Zukunft von entscheidender Wichtigkeit sein wird.

- Diese Neubearbeitung des FRIEDRICH berücksichtigt alle am Bau relevanten Technologien und Materialien; den immer wichtiger werdenden Aspekten der baulichen Schutzmaßnahmen (Wärmeschutz, Schallschutz, Brandschutz, Feuchtigkeitsschutz), des Umweltschutzes und der Arbeitssicherheit wird breiter Raum eingeräumt.

- In allen Tabellen und Texten, die auf DIN-Normen oder Vorschriften anderer normsetzender Verbände beruhen, sind die Norm- bzw. Vorschriften-Nummer mit Ausgabedatum aufgeführt. So ist dem Benutzer sofort ersichtlich, um welche Norm es sich handelt und wo er weiterführende Informationen finden kann. Dies ist um so wichtiger, weil z. B. das DIN-Normen-Werk – entgegen landläufiger Meinung – in sich nicht immer widerspruchsfrei ist. Als Beispiel sei hier nur auf die Fachgrundnorm DIN 919 Teil 1 hingewiesen, die für Bauzeichnungen Schrägstriche bzw. Punkte als Maßlinienbegrenzung vorsieht, während die Anwendungsnorm 68121 Teil 1 in Übereinstimmung mit künftigen Erfordernissen Maßpfeile verwendet.

- Da die Tendenz in Richtung der allgemeinen Anwendung von Maßpfeilen geht, um bei papierlosem Datenaustausch mit dem geringsten Anteil von Einzeldaten auszukommen, sind die Zeichnungen im FRIEDRICH bereits mit Maßpfeilen angelegt. Dies kommt sicherlich auch den Zeichenbüros entgegen, die schon vielfach mit CAD-Programmen arbeiten.

- Wie in den Neubearbeitungen der Tabellenbücher Metall- und Maschinentechnik sowie Elektrotechnik/Elektronik wurde auch in diesem Tabellenbuch darauf verzichtet, nacktes Zahlenmaterial vorzulegen. Die Tabellen sind eingebettet in Texte, die die Zusammenhänge transparent machen und den Zugang zu den dargestellten Sachverhalten – sowohl dem Anfänger als auch dem Praktiker – erleichtern und theoretische Bezüge eröffnen.

- Der auch künftig zu erwartende rasche Wandel der Technologien und Arbeitsstrukturen erfordert eine fundierte Berufsausbildung, die befähigt, sich den wandelnden Bedingungen im Berufsleben anzupassen. FRIEDRICH^{S} Tabellenbuch Bautechnik trägt diesem Anspruch Rechnung durch eine angemessen breite Darstellung „klassischer“ und „moderner“ Technologien.

- Durch seine ausführliche und klare Stoffdarbietung ermöglicht FRIEDRICH^{S} Tabellenbuch die Verwendung
  - auf unterschiedliche Ausbildungsebenen (Facharbeiter, Meister, Techniker, Ingenieur),
  - in unterschiedlichen Schulformen und -stufen (Berufsschule, Berufsfachschule, Höhere Berufsfachschule, Fachschule, Fachoberschule, Berufskolleg),
  - Fachhochschule, Berufsakademie,
  - in den verschiedenen Formen der Erwachsenenbildung und der Weiterbildung, z. B. Umschulung, Fortbildung.

- Selbstverständlich berücksichtigt die Neubearbeitung die jüngsten Veränderungen in der Technik und den aktuellen Stand der Normung.

Das aktuelle Nachschlagewerk FRIEDRICH^S Tabellenbuch Bautechnik:
Ihr Begleiter bei einer zukunftsorientierten beruflichen Aus- und Weiterbildung und Ihr ständiger Ratgeber in der beruflichen Praxis.

Dank an Mitarbeiter, Benutzer und Leser

Verfasser, Herausgeber und Verlag würden sich freuen, wenn die zahlreichen Benutzer in der beruflichen Aus- und Weiterbildung auf allen Ebenen sowie in der Praxis wie bisher Vorschläge für die weitere Verbesserung dieses Standardwerkes unterbreiten könnten. Diese Vorschläge sollen bei späteren Auflagen nach Möglichkeit berücksichtigt werden, damit sie möglichst vielen Benutzern zugute kommen.

Im Herbst 1991 — Herausgeber, Verfasser und Verlag

Das Zugriffssystem des FRIEDRICH

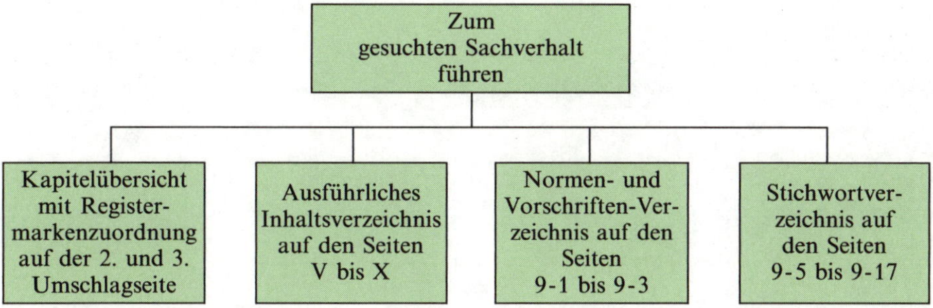

Unterstützende Nachschlagehilfen:

- Strukturierende Dezimalklassifikation;
- kapitelweise Seitenzählung;
- farbige Registermarken für Großkapitel;
- Zweifarbendruck;
- Seitenverweise;
- alle Normen und Bestimmungen mit Ausgabedatum sowie direkte Zuordnung zum Sachzusammenhang.

FRIEDRICH und Kammer- bzw. PAL-Prüfungen

Bemerkenswert ist die zunehmende Tendenz, den FRIEDRICH auch bei Prüfungen der Industrie- und Handels- bzw. Handwerkskammern, auch nach PAL, zuzulassen. Dem liegt die bei Prüfern (Lehrern und Ausbildern) wachsende Überzeugung zugrunde, daß es nicht alleiniges Ziel der Berufsausbildung sein kann, ein aus vielen Einzelfakten bestehendes, ‚unvernetztes' Detailwissen zu vermitteln.

Vielmehr wird in zunehmendem Maße die Fähigkeit und Motivierung des Auszubildenden, sich allein, also ohne personelle Hilfestellung, in neue Aufgaben schnell einzuarbeiten, als mindestens gleichwertiges Hauptlernziel der Ausbildung betrachtet. Daß gerade etwas umfangreichere Nachschlagewerke hierzu einen besonderen Beitrag leisten können, ist unbestritten; aber nicht nur auf den Umfang kommt es an, sondern vor allem auf eine den neueren Lernzielen in der Berufsausbildung entsprechende Aufarbeitung der Inhalte, und das leistet der FRIEDRICH. Deshalb drängen auch immer mehr Lehrer und Ausbilder darauf, das in der Schule und Praxis verwandte und vertraute Tabellenbuch auch bei den Prüfungen zuzulassen und die kostbare Unterrichtszeit nicht mit der Einübung auf später nicht mehr einsetzbare Formelsammlungen zu vergeuden.

Die Benutzung ausführlicher Nachschlagewerke in Prüfungen wird neuerdings immer weniger als unzulässige Hilfestellung betrachtet. Denn ein Prüfling, der sich in der Aufregung einer Prüfung z. B. im FRIEDRICH zurechtfindet, beweist strukturierendes Denken/handlungsorientiertes Lernen/Stoffbeherrschung, also Lernziele, die nach der Neuordnung hochbewertet werden sollen.

Deshalb sehen jüngst (nach der Neuordnung) erlassene Prüfungsordnungen der Kammern sowie Überlegungen des PAL solche generellen Freigaben vor. Denn man ist sich einig: abfragbares Einzelwissen ja, aber auch strukturierendes, einordnendes Globalwissen sowie die Fähigkeit, sich in den vielseitigen Aufgabenbereichen des Berufsfeldes zurechtzufinden, müssen ebenfalls angemessen benotet/bewertet werden.

1. Mathematische Grundlagen und Tabellen

1

1.1. Zeichen und Begriffe

1.1.1. Mathematische Zeichen

1.	erstens
%	vom Hundert, Prozent
‰	vom Tausend, Promille
() []	Klammer
,	Dezimalzeichen (Komma unten)
$+$	plus
$-$	minus
$\cdot \times$	mal
$: / -$	durch
$=$	gleich
$\neq$	ungleich
$\approx$	ungefähr gleich
$\triangleq$	entspricht
$<$	kleiner als
$>$	größer als
$\leqq$	kleiner oder gleich
$\geqq$	größer oder gleich
$\ll$	klein gegen
$\gg$	groß gegen
∞	unendlich
$\sqrt{\ }$	Wurzel aus

$\parallel$	parallel zu
$\nparallel$	nicht parallel zu
$\perp$	orthogonal zu
$\uparrow\uparrow$	gleichsinnig parallel
$\uparrow\downarrow$	gegensinnig parallel
$\triangle$	Dreieck
$\cong$	kongruent
$\sim$	proportional
$\sphericalangle$	Winkel zwischen
$\overline{AB}$	Strecke AB
$\overset{\frown}{AB}$	Bogen AB
$\cdots$	und so weiter bis
Σ	Summe über (Grenzbezeichnungen sind unter und über das Zeichen zu setzen)
$f(x)$	Funktion der Veränderlichen x
Δ	Delta
Δf	Differenz zweier Funktionswerte
$\frac{\Delta y}{\Delta x}$	Differenzenquotient
$\frac{dy}{dx}$	Differentialquotient von y
d	Abstand (Distanz)

$\int$	Integral
$\int f(x)\mathrm{d}x$	unbestimmtes Integral f von x dx
$\int_a^b f(x)\mathrm{d}x$	Bestimmtes Integral von a bis b
$\lvert z \rvert$	Betrag von z
z^*	Konjugierte von z
Re z	Realteil von z
Im z	Imaginärteil von z
$n!$	n Fakultät $n! = 1 \cdot 2 \cdots n$
i oder j	Imaginäre Einh., $i^2 = j^2 = -1$
exp	Exponentialfunktion $\exp x = e^x$
log	allgemeiner Logarithmus
lg	Zehnerlogarithmus
lb	Zweierlogarithmus
ln	natürlicher Logarithmus
sin	Sinus
cos	Cosinus
tan	Tangens
cot	Cotangens
arcsin	Arcussinus
arccos	Arcuscosinus
arctan	Arcustangens
arccot	Arcuscotangens
sinh	Hyperbelsinus
cosh	Hyperbelcosinus
tanh	Hyperbeltangens
coth	Hyperbelcotangens

1.1.2. Zeichen und Begriffe der Mengenlehre

$\in$	$x \in M$	x ist Element von M
$\notin$	$x \notin M$	x ist nicht Element von M
	$x_1, \cdots, x_n \in A$	$x_1, \cdots, x_n$ sind Elemente von A
$\{\mid\}$	$\{x \mid \varphi\}$	die Menge (Klasse) aller x mit φ
	$\{x \mid x < 6\}\ \mathbb{N}$	Menge aller x, für die gilt: x ist eine natürliche Zahl und x ist kleiner als 6
$\{,\cdots,\}$	$\{x_1, \cdots, x_n\}$	die Menge mit den Elementen $x_1, \cdots, x_n$
	$\{1,2,3,4\} = A$	Menge A wird gebildet aus den Elementen 1, 2, 3, 4
$\emptyset$		leere Menge (enthält kein Element)
$\subseteq$ oder $\subset$	$A \subseteq B$ oder $A \subset B$	A ist Teilmenge von B A sub B
$\subsetneqq$	$A \subsetneqq B$	A ist echt enthalten in B (also A ist nicht gleich B)
$\cap$	$A \cap B$	A geschnitten mit B (die Elemente, die A und B gemeinsam sind)
$\cup$	$A \cup B$	A vereinigt mit B (die Elemente, die in wenigstens einer der Mengen A, B liegen)
$\setminus$ oder $\complement$ oder $-$	$A \setminus B$ oder $\complement_A B$ oder $A - B$	A ohne B (enthält die nicht in B liegenden Elemente von A) Differenzmenge von A und B relatives Komplement von B bez. A
Δ	$A \Delta B$	symmetrische Differenz von A und B
$\complement$ oder $-$	$\complement A$ oder $-A$	Komplement von A
$\langle,\rangle$ oder $(,)$	$\langle x,y \rangle$ oder (x,y)	Paar von x und y parallel (geordnetes Paar)

$\{,\mid\}$	$\{x,y \mid \varphi\}$	die Relation zwischen x, y mit φ
$\times$	$A \times B$	A Kreuz B (kartesisches Produkt von A und B)
id_A		Identitätsrelation auf A (enthält die Paare $\langle x,y \rangle$ mit $x \in A$
f, g		Variable für Funktionen
D	$D(f)$	Definitionsbereich von f
W	$W(f)$	Wertebereich von f
$\mid$	$f \mid A$	Einschränkung von f auf A
	$f(x)$ oder xf	f von x, Bild von x unter f (Funktionswert an der Stelle x)
$\odot$	$f \odot g$	erst f, dann g
$\circ$	$f \circ g$	f nach g
$: \to$	$f: A \to B$	f ist Abbildung von A in B
$: \twoheadrightarrow$	$f: A \twoheadrightarrow B$	f ist Abbildung von A auf B
$: \rightarrowtail$	$f: A \rightarrowtail B$	f ist umkehrbare Abbildung von A in B
$: \twoheadrightarrow$	$f: A \twoheadrightarrow B$	f ist umkehrbare Abbildung von A auf B

$\mathbb{N}$ oder $\mathbf{N}$	Menge der natürlichen Zahlen
$\mathbb{Z}$ oder $\mathbf{Z}$	Menge der ganzen Zahlen
$\mathbb{Q}$ oder $\mathbf{Q}$	Menge der rationalen Zahlen
$\mathbb{R}$ oder $\mathbf{R}$	Menge der reellen Zahlen
$\mathbb{C}$ oder $\mathbf{C}$	Menge der komplexen Zahlen
$\mathbb{N}^*, \mathbb{Z}^*, \mathbb{Q}^*, \mathbb{R}^*, \mathbb{C}^*$	Menge der von Null verschiedenen Zahlen der Mengen $\mathbb{N}, \mathbb{Z}, \mathbb{Q}, \mathbb{R}, \mathbb{C}$
$\mathbb{Z}_+, \mathbb{Q}_+, \mathbb{R}_+$	Mengen der nicht negativen Zahlen der Mengen $\mathbb{Z}, \mathbb{Q}, \mathbb{R}$
$\mathbb{Z}_+^*, \mathbb{Q}_+^*, \mathbb{R}_+^*$	Menge der positiven Zahlen der Mengen $\mathbb{Z}, \mathbb{Q}, \mathbb{R}$

1.1. Zeichen und Begriffe

1.1.3. Zeichen der mathematischen Logik nach DIN 5474 (9.73)

Zeichen	Verwendung	Sprechweise	Benennung
$\neg$ oder $\bar{\ }$	$\neg a$ oder $\bar{a}$	nicht *a*	**Negation**
$\wedge$	$(a \wedge b)$	*a* und *b*	**Konjunktion**
$\vee$	$(a \vee b)$	*a* oder *b*	**Adjunktion** Disjunktion
$\rightarrow$ oder	$(a \rightarrow b)$ oder	*a* Pfeil *b*	**Subjunktion** Implikation
$\Rightarrow$ $\leftrightarrow$ oder $\Leftrightarrow$	$(a \Rightarrow b)$ $(a \leftrightarrow b)$ oder $(a \Leftrightarrow b)$	*a* Doppelpfeil *b*	**Bisubjunktion** Äquijunktion Äquivalenz

Zeichen	Verwendung	Sprechweise	Benennung
$\{\mid\}$	$\{a \mid b\}$	Menge aller *a* mit *b*	**Mengenbildungsoperator**
$\langle \mapsto \rangle$	$\langle a \mapsto t \rangle$	Funktion, die *a* den Wert *t* zuordnet	**Funktionsbildungsoperator**
ι	ιab	Das *a* mit *b*	**Kennzeichnungsoperator**
$\bigwedge$ oder $\forall$	$\bigwedge ab$ oder $\forall ab$	für alle *ab*	**Allquantor**
$\bigvee$ oder $\exists$	$\bigvee ab$ oder $\exists ab$	es gibt ein *a* mit *b*	**Existenzquantor**

1.2. Grundrechnungsarten

1.2.1. Addieren (zusammenzählen)

4 + 19 = 23

1. Summand plus 2. Summand gleich Summenwert

(1. Summand plus 2. Summand: Summe)

1.2.3. Multiplizieren (malnehmen)

7 · 3 = 21

Multiplikator mal Multiplikand gleich Produktwert

1. Faktor mal 2. Faktor gleich Produktwert

(1. Faktor mal 2. Faktor: Produkt)

1.2.2. Subtrahieren (abziehen)

39 − 14 = 25

Minuend minus Subtrahend gleich Differenzwert

(Minuend minus Subtrahend: Differenz)

1.2.4. Dividieren (teilen)

15 : 3 = 5

Dividend durch Divisor gleich Quotientwert

(Zähler) (Nenner)

(Dividend durch Divisor: Quotient (Bruch))

1.2.5. Bruchrechnen

Arten von Brüchen

Echter Bruch	Unechter Bruch	Gemischte Zahl	Gleichnamige Brüche	Ungleichnamige Brüche
$\frac{3}{7}$	$\frac{8}{7}$	$2\frac{3}{7}$	$\frac{1}{7}; \frac{3}{7}; \frac{6}{7}$	$\frac{2}{5}; \frac{3}{7}; \frac{7}{9}$
Zähler kleiner als Nenner	Zähler größer als Nenner	Ganze Zahl und Bruch	Nenner alle gleich	Nenner alle ungleich

Umwandlung einer gemischten Zahl in einen unechten Bruch:

$$2\frac{3}{7} = \frac{2 \cdot 7}{7} + \frac{3}{7} = \frac{14}{7} + \frac{3}{7} = \frac{17}{7}$$

Umwandlung eines echten Bruchs in einen Dezimalbruch:

$$\frac{9}{11} = 9 : 11 = 0{,}818181\ldots$$

Umwandlung eines Dezimalbruchs in einen echten Bruch und kürzen: $0{,}875 = \frac{875}{1000} = \frac{7 \cdot 125}{8 \cdot 125} = \frac{7}{8}$

Erweitern eines Bruchs mit 6:

$$\frac{8}{17} = \frac{8 \cdot 6}{17 \cdot 6} = \frac{48}{102}$$

Addieren und Subtrahieren der Brüche

Ungleichnamige Brüche müssen zunächst gleichnamig gemacht werden (Hauptnenner bilden):

$$\frac{2}{3} + \frac{1}{4} - \frac{1}{2} = \frac{8}{12} + \frac{3}{12} - \frac{6}{12} = \frac{5}{12}$$

Gleichnamige Brüche: Zähler addieren oder subtrahieren

$$\frac{1}{5} + \frac{2}{5} + \frac{3}{5} = \frac{6}{5} = 1\frac{1}{5}$$

$$\frac{7}{8} - \frac{3}{8} - \frac{1}{8} + \frac{2}{8} = \frac{5}{8}$$

Multiplizieren und Dividieren der Brüche

Bruch durch ganze Zahl dividieren:

$$\frac{8}{9} : 4 = \frac{8}{4 \cdot 9} = \frac{8}{36} = \frac{2}{9}$$

Nenner mal ganze Zahl

Bruch durch Bruch dividieren:

$$\frac{3}{8} : \frac{4}{5} = \frac{3}{8} \cdot \frac{5}{4} = \frac{15}{32}$$

Zählerbruch mal Kehrwert des Nennerbruchs

Ganze Zahl mit Bruch multiplizieren:

$$\frac{5}{6} \cdot 3 = \frac{5 \cdot 3}{6} = \frac{15}{6} = 2\frac{1}{2}$$

Zähler mal ganze Zahl

Bruch mit Bruch multiplizieren:

$$\frac{2}{3} \cdot \frac{4}{11} = \frac{2 \cdot 4}{3 \cdot 11} = \frac{8}{33}$$

Zähler mal Zähler, Nenner mal Nenner

1.2.6. Prozentrechnen

„Prozent" (%) heißt „von Hundert". Das Prozentrechnen gibt an, wieviel eine Teilmenge im Verhältnis zur Gesamtmenge ausmacht. Die Gesamtmenge wird dabei immer gleich Hundert gesetzt, so daß die Teilmenge als „Teile von Hundert" (Prozentsatz) erscheint.

$\frac{1}{100}$ des Grundwertes = 1 Prozent = 1%

5 DM sind 2,5% von 200 DM

(Prozentwert) (Prozentsatz) (Grundwert)

$$\text{Prozentsatz} = \frac{100 \cdot \text{Prozentwert}}{\text{Grundwert}}$$

Beispiel: Auf einer Leitung gehen von der Spannung 220 V bis zum Verbraucher 1,5% verloren. Wieviel V sind das?

Lösung: 100% ≙ 220 V

$$1\% \mathrel{\hat{=}} \frac{220\text{ V}}{100}$$

$$1{,}5\% \mathrel{\hat{=}} \frac{220\text{ V} \cdot 1{,}5}{100} = 3{,}3\text{ V}$$

1.3. Algebra (Arithmetik)

Anstatt mit Zahlengrößen kann mit Buchstaben gerechnet werden. In einer Rechnung hat ein bestimmter Buchstabe immer den gleichen Wert.

Positive Werte: $+1$; $+3$; $+a$; $+3b$; $+2(a+b)$

Werte ohne Vorzeichen sind positiv: 3; $2a$; $4{,}5x$

Negative Werte: -1; $-0{,}5$; $-2{,}3a$; $-3(a+b)$

1.3.1 Die Addition

Das Rechnungszeichen ist $+$ (gelesen „plus"). In $a+b=c$ sind a und b die Summanden, c ist die Summe. **Die Reihenfolge der Summanden ist beliebig.** Der besseren Übersicht halber ordnet man sie gern alphabetisch.

Beispiel: $a+c+b+d = a+b+c+d$.

Man schreibt statt $a+a+a$ kurz $3a$.

Regel: Gleichbenannte Summanden addiert man, indem man ihre Beizahlen addiert.

$4x+5y+3x+4y = 7x+9y$

$3a+5c+7b+8a+2g+4c+5f+4g+15$

$= 15+3a+8a+7b+5c+4c+5f+2g+4g$

$= 15+11a+7b+9c+5f+6g$

1.3.2. Die Subtraktion

Das Rechnungszeichen ist $-$ (gelesen „minus").

In $a-b=c$ ist a der Minuend, b der Subtrahend und c die Differenz. Nur gleichbenannte Größen lassen sich subtrahieren.

Regel: Gleichbenannte Größen subtrahiert man, indem man ihre Beizahlen subtrahiert.

Beispiel: $10a-6a = 4a$; $5a-3a-2b = 2a-2b$.

$9a+9b-7a+3c-6b-c = 2a+3b+2c$.

1.3.3. Die Klammern

Soll mit einer algebraischen Summe eine Rechnung ausgeführt werden, so schließt man sie in runde () Klammern. Wird die in runden Klammern vorhandene Summe mit noch anderen Größen zu einem Ganzen verbunden, so wählt man die eckige [] Klammer. Beim ersten Glied in der Klammer läßt man das Vorzeichen weg, wenn es positiv ist. $3a$ hat also den Wert $+3a$.

Regel: Eine Klammer, vor der das Zeichen $+$ steht, kann man ohne Einfluß auf das Resultat fortlassen. Steht vor einer Klammer das Zeichen $-$, so löst man sie auf, indem man die Vorzeichen aller Glieder in der Klammer umkehrt.

Beispiele: $a+(b+c) = a+b+c$

$a+(b-c) = a+b-c$

$(3a+5b+6c)+7a = 3a+7a+5b+6c = 10a+5b+6c$

$a-(b+c) = a-b-c$

$a-(b-c) = a-b+c$

$a-(-b-c) = a+b+c$

$12a-5c-(6a+3b-4c)+(12+18c-26b+14)$

$= 12a-5c-6a-3b+4c+12+18c-26b+14$

$= 12+14+12a-6a-3b-26b+4c+18c-5c$

$= 26+6a-29b+17c$.

1.3.4. Die Multiplikation

Das Rechnungszeichen ist $\cdot$ (gelesen „mal").

In $a \cdot b = c$ ist a der Multiplikator, b der Multiplikand und c das Produkt.

Multiplikand und Multiplikator darf man vertauschen. Es ist z. B. $a \cdot b \cdot c = a \cdot c \cdot b = b \cdot a \cdot c = b \cdot c \cdot a$.

Regel: Multipliziert man algebraische Zahlen, welche gleiches Vorzeichen haben, so ist das Produkt positiv. Das Produkt aus zwei algebraischen Zahlen mit verschiedenen Vorzeichen wird negativ.

Beispiele:

$(+a)\cdot(+b) = +(a \cdot b)$; $(-a)\cdot(-b) = +(a \cdot b)$

$(+a)\cdot(-b) = -(a \cdot b)$; $(-a)\cdot(+b) = -(a \cdot b)$

Regel: Man multipliziert algebraische Summen, indem man jedes Glied der einen Summe mit jedem Glied der anderen Summe multipliziert.

Beispiele: $(a+b)\cdot c = a\cdot c + b \cdot c$

$(a+b)\cdot(-c) = -ac-bc$

$(a+b)\cdot(c+d) = a\cdot c+b\cdot c+a\cdot d+b\cdot d$

Merke: Man kann die Addition oder Subtraktion eines Produktes erst dann durchführen, wenn die Multiplikation ausgeführt ist.

Beispiel: $(a+b+c)\cdot d + a\cdot(b+d)$

$= ad+bd+cd+ab+ad$

$= ab+ad+ad+bd+cd = ab+2ad+bd+cd$

Regel: Produkte werden miteinander multipliziert, indem man die Faktoren in beliebiger Reihenfolge multipliziert.

Beispiele: $(3a)\cdot(4b) = 3\cdot 4\cdot a\cdot b = 12a\cdot b = 12ab$

$4a\cdot(5b-3c)+2a\,(3b+8c)$

$= 5\cdot 4ab-3\cdot 4ac+2\cdot 3ab+2\cdot 8ac$

$= 20ab-12ac+6ab+16ac = 26ab+4ac$.

$[(25-7\cdot(4a+b)+3)]\cdot 2 = 50-14\cdot(4a+b)+6$

$= 50-56a-14b+6 = 56-56a-14b$

1.3.5. Die Division

Das Rechnungszeichen ist : (Doppelpunkt) oder der Bruchstrich (gelesen „geteilt durch"). Die Division ist die Umkehrung der Multiplikation. $3\cdot 4 = 12$; $12:4 = 3$; $12:3 = 4$.

In der Gleichung $a:b = c$ ist a der Dividend, b der Divisor und c der Quotient.

Regel: Dividiert man algebraische Zahlen, welche gleiches Vorzeichen haben, so ist der Quotient positiv. Der Quotient aus zwei algebraischen Zahlen mit verschiedenen Vorzeichen ist negativ.

Beispiele: $+a:+b = +(a:b)$; $-a:-b = +(a:b)$

$-a:+b = -(a:b)$; $+a:-b = -(a:b)$

Regel: Hat man eine algebraische Summe durch eine Zahl zu teilen, so dividiert man jedes einzelne Glied der Summe durch diese Zahl.

Beispiele: $\frac{a+b}{c} = \frac{a}{c} + \frac{b}{c}$; $\frac{a-b}{c} = \frac{a}{c} - \frac{b}{c}$

$(32ac+16bc+24cd):2b = 32ac:2b+16bc:2b+24cd:2b$

1.3.6. Die Proportionen

Eine Proportion ist eine Gleichung zwischen zwei Verhältnissen (Verhältnisgleichung).

Satz: In jeder arithmetischen Proportion ist die Summe der äußeren Glieder gleich der Summe der inneren Glieder.

Beispiele: $23-15 = 34-26$;

$23+26 = 15+34$ oder $49 = 49$

$a-b = c-d$; $a+d = b+c$.

Spricht man von Proportionen schlechthin, so meint man die geometrischen Proportionen.

Regel: In jeder Proportion ist das Produkt der äußeren Glieder gleich dem Produkt der inneren Glieder.

Beispiele: $a:b = c:d$;

$a\cdot d = b\cdot c$; $3:6 = 4:8$; $3\cdot 8 = 4\cdot 6$

Die unbekannten Glieder bezeichnet man mit x.

Beispiele: $a:b = c:x$; mithin $a\cdot x = b\cdot c$

$x = (b\cdot c):a$. Ein geometrisches Verhältnis läßt sich natürlich auch als Bruch auffassen. Man kann es daher erweitern und kürzen.

Beispiel: $a:b = a\cdot c:b\cdot c = (a:c):(b:c)$.

Jede Produktengleichung kann in eine Proportion umgewandelt werden. Die Faktoren des einen Produktes werden äußere Glieder, Faktoren des anderen Produktes innere Glieder oder umgekehrt. Daher lassen sich aus einer Produktengleichung acht Proportionen bilden.

Beispiel: $4\cdot 9 = 3\cdot 12$

$4:3 = 12:9$ vertauscht	$3:9 = 4:12$ inn. u. äuß.
$4:12 = 3:9$ inn. Glieder	$3:4 = 9:12$ inn. Glieder
$9:12 = 3:4$ äuß. Glieder	$12:4 = 9:3$ äuß. Glieder
$9:3 = 12:4$ inn. Glieder	$12:9 = 4:3$ inn. Glieder

1

1.3. Algebra

1.3.7. Gleichungen ersten Grades mit einer Unbekannten

Eine Verbindung von zwei gleichen Größen durch ein Gleichheitszeichen nennt man Gleichung. Man unterscheidet identische Gleichungen, z. B.
$a+b = b+a$; $a+5 = 5+a$; $4a+b = b+4a$
und Bestimmungsgleichungen, bei denen die unbekannte Größe x, y oder z zu bestimmen ist. Um die Unbekannte zu bestimmen, muß sie auf einer Seite der Gleichung allein stehen.

Regel: Alles, was auf der einen Seite einer Gleichung mit (+) oder (·) steht, kann man auf die andere Seite mit (—) bzw. (:) bringen und umgekehrt.

Beispiele:
$x+5 = 10$; $x = 10-5$; $x = 5$; $x-8 = 3$; $x = 3+8$; $x = 11$.
$x \cdot 9 = 36$; $x = 36:9$; $x = 4$; $x:6 = 7$; $x = 7 \cdot 6$; $x = 42$.

Oft kommt die Unbekannte mehrmals in einer Gleichung vor. Steht sie in Klammern oder Brüchen, so sind mehrfache Umformungen nötig. Man schafft nacheinander die Brüche fort, löst die Klammern auf, faßt die Glieder mit x auf einer Seite zusammen und trennt schließlich den Faktor von x ab.

Beispiel:

$$44:2x = 11$$
$$44 = 11 \cdot 2x$$
$$44 = 22x$$
$$44:22 = x$$
$$x = 2$$

$$4\,(10-2x) - 6\,(x+5{,}5) = 0$$
$$40 - 8x - 6x - 33 = 0$$
$$40 - 33 = 8x+6x$$
$$7 = 14x$$
$$7:14 = x \qquad x = 0{,}5$$

$$16 = \frac{12-2x}{0{,}5}$$
$$16 \cdot 0{,}5 = 12-2x$$
$$8 = 12-2x$$
$$2x = 12-8$$
$$2x = 4$$
$$x = 2$$

$$\frac{1}{3}\,x + \frac{1}{4}\,x = 7$$
$$\frac{x \cdot 12}{3} + \frac{x \cdot 12}{4} = 7 \cdot 12$$
$$4x + 3x = 84$$
$$7x = 84$$
$$x = 84:7 \qquad x = 12$$

1.3.8. Gleichungen ersten Grades mit zwei Unbekannten

Zwei Unbekannte lassen sich nur dann eindeutig bestimmen, wenn zwei verschiedene Gleichungen gegeben sind. Bei der Auflösung stellt man aus ihnen eine dritte Gleichung mit nur einer Unbekannten her. Die zweite Unbekannte wird durch die Einsetzungs-, die Gleichsetzungs- oder die Additionsmethode fortgeschafft.

Die Einsetzungsmethode

I $3x + 2y = 18$
II $4x + y = 19$. Aus dieser Gleichung folgt:
$y = 19-4x$. Diesen Wert von y setzt man in die Gleichung I ein und erhält:
$3x + 2\,(19-4x) = 18$; hieraus errechnet man $x = 4$ und setzt x in Gleichung I oder II ein:
$4 \cdot 4 + y = 19$; $y = 19-16$; $y = 3$.

Die Gleichsetzungsmethode

II $3x + 2y = 18$
I $4x + y = 19$

Löst man beide Gleichungen nach y auf, so erhält man zwei neue Gleichungen:
$y = (18-3x):2$
$y = 19-4x$

Sind zwei Größen einer dritten gleich, so sind sie untereinander gleich. Mithin wird:
$(18-3x):2 = 19-4x$ $18-3x = (19-4x)\,2$
$18-3x = 38-8x$ $8x-3x = 38-18$

Hieraus berechnet sich $x = 4$. Durch Einsetzen finden wir wieder $y = 3$.

Die Additions- bzw. Subtraktionsmethode

I $3x+2y = 18$
II $4x+ y = 19$. Diese Gleichung erweitere ich mit 2 und ziehe von ihr die Gleichung I ab.

$$\begin{array}{r|l} & 8x + 2y = 38 \\ - & 3x + 2y = 18 \\ \hline & 5x \qquad = 20 \end{array}$$

$5x = 20$; $x = 4$. Durch Einsetzen in Gleichung I oder II finden wir wieder $y = 3$.

1.3.9. Gleichungen zweiten Grades (quadratische Gleichungen)

Bei rein-quadratischen Gleichungen kommt die Unbekannte nur in der 2. Potenz (z. B. x^2) vor. Diese Gleichungen haben immer 2 Ergebnisse (positiv und negativ).

Beispiel: $x^2 = 25$; $x = \sqrt{25} = \pm 5$, weil $(+5) \cdot (+5) = 25$ und $(-5) \cdot (-5) = 25$ ist.
$15+3x^2 = x^2+47$; $3x^2-x^2 = 47-15$; $2x^2 = 32$; $x^2 = 32:2$; $x^2 = 16$; $x = \pm\sqrt{16}$; $x_1 = 4$; $x_2 = -4$.

Bei gemischt-quadratischen Gleichungen kommt die Unbekannte in der 1. und 2. Potenz vor (x und x^2).

Beispiel: $x^2+ax = -b$. Man bringt sie auf die Normalform $x^2+ax+b = 0$ und löst sie nach der Formel

$$x = -\frac{a}{2} \pm \sqrt{\left(\frac{a}{2}\right)^2 - b}$$

Für a und b sind die gegebenen Zahlenwerte einzusetzen.

Beispiel: $2x^2+x+13 = x^2-5x+40$;
$2x^2-x^2+x+5x = 40-13$
Normalform: $x^2+6x-27 = 0$ ($a = 6$, $b = -27$)

eingesetzt: $x_1 = -\frac{6}{2} + \sqrt{\left(\frac{6}{2}\right)^2 + 27}$; $x_1 = -3+\sqrt{9+27}$
$x_1 = -3+\sqrt{36} = -3+6 = 3$; $x_1 = 3$
$x_2 = -3-\sqrt{36} = -3-6 = -9$; $x_2 = -9$

Lösung mit Hilfe der quadratischen Ergänzung.

$x^2+6x = 27$	Bekanntes Glied zur rechten Seite.
$x^2+6x+3^2 = 27+9$	Die quadratische Ergänzung ist
$(x+3)^2 = 36$	das Quadrat des halben Faktors
$x+3 = \pm\sqrt{36}$	von x, hier 3^2. Sie wird auf beiden
$x_1 = -3+6 = 3$	Seiten addiert, so daß die Wurzel
$x_2 = -3-6 = -9$	gezogen werden kann und x nur
	noch in 1. Potenz steht.

1.3.10. Die Potenz

Eine Potenz ist die verkürzte Schreibweise einer fortlaufenden Multiplikation gleicher Faktoren.

$a \cdot a = a^2$; $b \cdot b \cdot b = b^3$; $3 \cdot 3 = 3^2$

In der Potenz 5^3 nennt man 5 die Grundzahl (Basis), 3 die Hochzahl (Exponent). — Potenzen mit gleicher Grundzahl werden multipliziert (dividiert), indem man die Hochzahlen addiert (subtrahiert).

$a^2 \cdot a^3 = a^{2+3} = a^5$; $3^2 \cdot 3^3 = 3^{2+3} = 3^5 = 243$
$c^5 : c^2 = c^{5-2} = c^3$; $2^5 : 2^2 = 2^{5-2} = 2^3 = 8$
$(a+b)^2 = (a+b) \cdot (a+b) = a^2+2ab+b^2$
$(a-b)^2 = (a-b) \cdot (a-b) = a^2-2ab+b^2$

1.3.11. Die Wurzelrechnung

Die Wurzelrechnung ist eine Umkehrung der Potenzrechnung. Bei ihr ist aus Potenz und Exponent die Basis zu finden.

Ist $a^n = c$, so ist $a = \sqrt[n]{c}$ (lies a gleich n-te Wurzel aus c).

In $a = \sqrt[n]{c}$ ist a die Wurzel, n der Wurzelexponent und c der Radikand.

Regel: Wurzeln kann man nur dann addieren, wenn sie gleichen Wurzelexponenten und gleichen Radikanden haben.

Beispiele: $\sqrt[4]{a} + \sqrt[4]{a} = 2 \cdot \sqrt[4]{a}$

1.4. Winkelfunktionen

1.4.1. Winkeleinheiten nach DIN 1315 (3.74)

1. Radiant (Bogenmaß)

Die Winkeleinheit Radiant (rad, aber in bestimmten Fällen auch ohne Einheit) ergibt sich, wenn die Größe eines Zentriwinkels in einem beliebigen Kreis durch das Verhältnis der zugehörigen Kreisbogenlänge zum Kreisradius angegeben wird. Für einen Vollwinkel (pla) gilt:

$$1 \text{ pla} = 2\,\pi \text{ rad}$$

2. Grad (Altgrad)

Der Grad (°) ist der 360ste Teil eines Vollwinkels:

$$1° = \frac{1}{360} \text{ pla} = \frac{\pi}{180} \text{ rad}$$

Der Grad wird unterteilt in Minute (′) und Sekunde (″)

$$1° = 60' = 3600''$$

3. Gon (Neugrad)

Das Gon (gon) ist der 400ste Teil eines Vollwinkels:

$$1 \text{ gon} = \frac{1}{400} \text{ pla} = \frac{\pi}{200} \text{ rad}$$

Das Gon wird unterteilt durch Vorsätze:

$$1 \text{ cgon} = \frac{1}{100} \text{ gon} = 0{,}01 \text{ gon}$$

$$1 \text{ mgon} = \frac{1}{1000} \text{ gon} = 0{,}001 \text{ gon}$$

Umrechnungstabelle für Winkeleinheiten

	rad	pla	gon	mgon	°	′	″
1 rad	1	0,159	63,66	$63{,}66 \cdot 10^3$	57,296	$3{,}438 \cdot 10^3$	$206{,}26 \cdot 10^3$
1 pla	6,283	1	400	$400 \cdot 10^3$	360	$21{,}6 \cdot 10^3$	$1{,}296 \cdot 10^6$
1 gon	$15{,}7 \cdot 10^{-3}$	$2{,}5 \cdot 10^{-3}$	1	1000	0,9	54	3240
1 °	$17{,}45 \cdot 10^{-3}$	$2{,}778 \cdot 10^{-3}$	1,111	1111,11	1	60	3600
1 ′	$290{,}89 \cdot 10^{-6}$	$46{,}2 \cdot 10^{-6}$	$18{,}52 \cdot 10^{-3}$	18,52	$16{,}67 \cdot 10^{-3}$	1	60
1 ″	$4{,}848 \cdot 10^{-6}$	$700 \cdot 10^{-9}$	$308{,}6 \cdot 10^{-6}$	$308{,}6 \cdot 10^{-3}$	$277{,}8 \cdot 10^{-6}$	$16{,}67 \cdot 10^{-3}$	1

1.4.2. Die trigonometrischen Funktionen

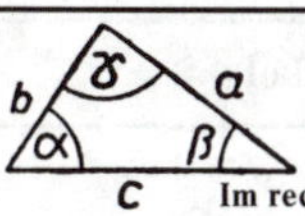

$\gamma = 1∟ = 90°$.
c ist die Hypotenuse,
a und b sind die Katheten.

Im rechtwinkligen Dreieck ist:

1. der Sinus eines Winkels $= \dfrac{\text{Gegenkathete}}{\text{Hypotenuse}}$

$\sin\alpha = \dfrac{a}{c}$; $\sin\beta = \dfrac{b}{c}$;

2. der Cosinus eines Winkels $= \dfrac{\text{Ankathete}}{\text{Hypotenuse}}$

$\cos\alpha = \dfrac{b}{c}$; $\cos\beta = \dfrac{a}{c}$;

3. der Tangens eines Winkels $= \dfrac{\text{Gegenkathete}}{\text{Ankathete}}$

$\tan\alpha = \dfrac{a}{b}$; $\tan\beta = \dfrac{b}{a}$;

4. der Cotangens eines Winkels $= \dfrac{\text{Ankathete}}{\text{Gegenkathete}}$

$\cot\alpha = \dfrac{b}{a}$; $\cot\beta = \dfrac{a}{b}$

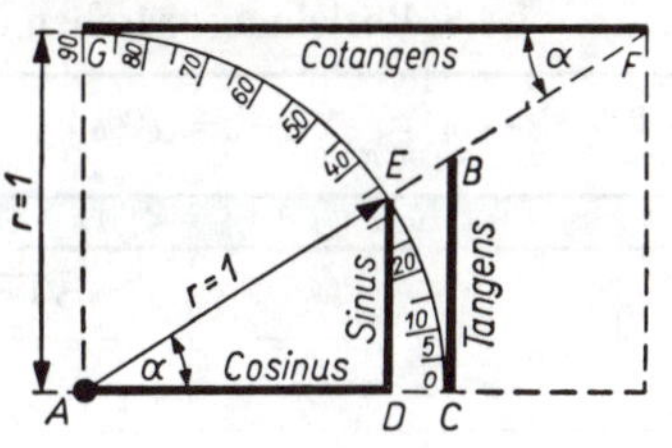

Im Dreieck ADE: $\sin\alpha = \dfrac{DE}{r} = \dfrac{DE}{1} = DE$

$\cos\alpha = \dfrac{AD}{r} = \dfrac{AD}{1} = AD$

Im Dreieck ACB: $\tan\alpha = \dfrac{BC}{r} = \dfrac{BC}{1} = BC$

Im Dreieck AFG: $\cot\alpha = \dfrac{FG}{r} = \dfrac{FG}{1} = FG$

1.4.3. Vorzeichen der Funktionen in den vier Quadranten

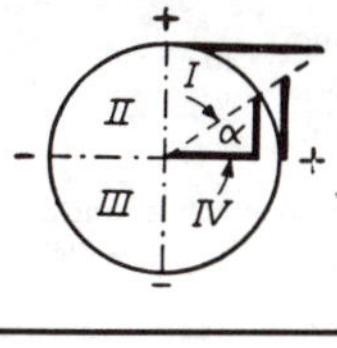

Quadrant	Größe des Winkels	sin	cos	tan	cot
I	von 0° bis 90°	+	+	+	+
II	von 90° bis 180°	+	−	−	−
III	von 180° bis 270°	−	−	+	+
IV	von 270° bis 360°	−	+	−	−

1.4. Winkelfunktionen

1.4.4. Funktionskurven und Funktionswerte bestimmter Winkel

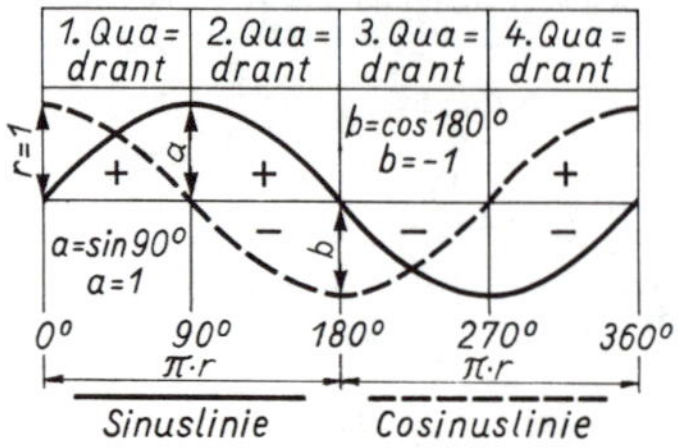

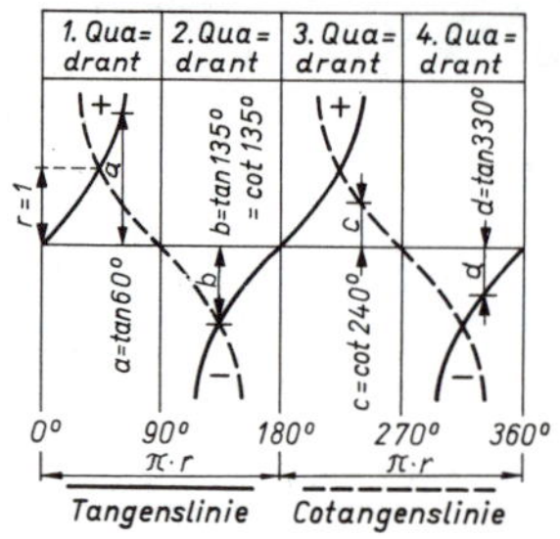

	$-\alpha$	$360° \cdot n + \alpha$	$180° \cdot n + \alpha$
sin	$-\sin\alpha$	$\sin\alpha$	
cos	$\cos\alpha$	$\cos\alpha$	
tan	$-\tan\alpha$		$\tan\alpha$
cot	$-\cot\alpha$		$\cot\alpha$

n = ganzzahlig

Die trigonometrischen Funktionswerte wichtiger Winkelgrößen

	0°	30°	45°	60°	90°	180°	270°	360°
sin	0	½	$\frac{1}{2}\sqrt{2}$	$\frac{1}{2}\sqrt{3}$	1	0	−1	0
cos	1	$\frac{1}{2}\sqrt{3}$	$\frac{1}{2}\sqrt{2}$	½	0	−1	0	1
tan	0	$\frac{1}{3}\sqrt{3}$	1	$\sqrt{3}$	$\pm\infty$	0	$\pm\infty$	0
cot	$\pm\infty$	$\sqrt{3}$	1	$\frac{1}{3}\sqrt{3}$	0	$\pm\infty$	0	$\pm\infty$

Beziehung der Winkelfunktionen in den Quadranten

	$90 \pm \alpha$	$180 \pm \alpha$	$270 \pm \alpha$	$360 \pm \alpha$
sin	$\cos\alpha$	$\mp\sin\alpha$	$-\cos\alpha$	$\pm\sin\alpha$
cos	$\mp\sin\alpha$	$-\cos\alpha$	$\pm\sin\alpha$	$\cos\alpha$
tan	$\mp\cot\alpha$	$\pm\tan\alpha$	$\mp\cot\alpha$	$\pm\tan\alpha$
cot	$\mp\tan\alpha$	$\pm\cot\alpha$	$\mp\tan\alpha$	$\pm\cot\alpha$

1.4.5. Beziehung zwischen den Winkelfunktionen für gleiche Winkel

$\tan\alpha = \frac{\sin\alpha}{\cos\alpha}$; $\cot\alpha = \frac{\cos\alpha}{\sin\alpha}$; $\sin^2\alpha + \cos^2\alpha = 1$; $\tan\alpha\cot\alpha = 1$

	$\sin\alpha$	$\cos\alpha$	$\tan\alpha$	$\cot\alpha$
$\sin\alpha$	–	$\sqrt{1-\cos^2\alpha}$	$\tan\alpha : \sqrt{1+\tan^2\alpha}$	$1 : \sqrt{1+\cot^2\alpha}$
$\cos\alpha$	$\sqrt{1-\sin^2\alpha}$	–	$1 : \sqrt{1+\tan^2\alpha}$	$\cot\alpha : \sqrt{1+\cot^2\alpha}$
$\tan\alpha$	$\sin\alpha : \sqrt{1-\sin^2\alpha}$	$\sqrt{1-\cos^2\alpha} : \cos\alpha$	–	$1 : \cot\alpha$
$\cot\alpha$	$\sqrt{1-\sin^2\alpha} : \sin\alpha$	$\cos\alpha : \sqrt{1-\cos^2\alpha}$	$1 : \tan\alpha$	–

1.4.6. Die Berechnung rechtwinkliger Dreiecke

Gegeben	Ermittlung der anderen Größen
a, α	$\beta = 90° - \alpha$, $b = a \cdot \cot\alpha$, $c = \frac{a}{\sin\alpha}$
b, α	$\beta = 90° - \alpha$, $a = b \cdot \tan\alpha$, $c = \frac{b}{\cos\alpha}$
c, α	$\beta = 90° - \alpha$, $a = c \cdot \sin\alpha$, $b = c \cdot \cos\alpha$
a, b	$\tan\alpha = \frac{a}{c}$, $c = \frac{a}{\sin\alpha}$, $\beta = 90° - \alpha$
a, c	$\sin\alpha = \frac{a}{c}$, $b = c \cdot \cos\alpha$, $\beta = 90° - \alpha$
b, c	$\cos\alpha = \frac{b}{c}$, $a = c \cdot \sin\alpha$, $\beta = 90° - \alpha$

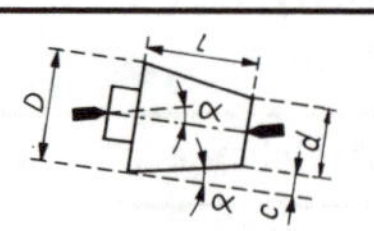

Beispiel:
Ein Kegel mit D = 100 mm, d = 60 mm und l = 90 mm soll gedreht werden. Wie groß ist der Einstellwinkel α zu wählen?

Lösung: $c = \frac{D-d}{2} = \frac{100\text{ mm} - 60\text{ mm}}{2} = 20\text{ mm}$

$\tan\alpha = \frac{c}{l} = \frac{20\text{ mm}}{90\text{ mm}} = 0{,}2222$

Gibt man den Wert 0,2222 in den Taschenrechner und drückt anschließend die Tasten (arc) und (tan), so erhält man den Winkel α = 12,5°.

1.4. Winkelfunktionen

1.4.7. Formeln für das schiefwinklige Dreieck

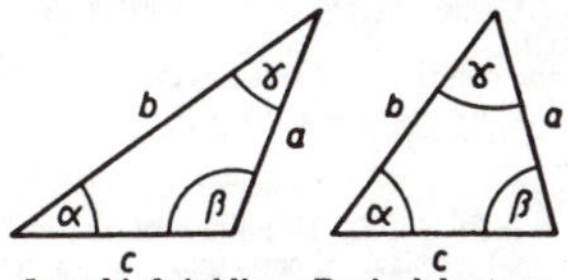

Im schiefwinkligen Dreieck lauten:

1. der Sinussatz:

$$\frac{a}{\sin\alpha} = \frac{b}{\sin\beta} = \frac{c}{\sin\gamma};$$

2. der Cosinussatz:

$$a^2 = b^2 + c^2 - 2\,bc \cdot \cos\alpha,$$
$$b^2 = a^2 + c^2 - 2\,ac \cdot \cos\beta,$$
$$c^2 = a^2 + b^2 - 2\,ab \cdot \cos\gamma;$$

Bei $\alpha > 90°$ Vorzeichen beachten. Siehe S. 1-6

3. der Tangenssatz:

$$\frac{a+b}{a-b} = \frac{\tan \frac{1}{2}(\alpha+\beta)}{\tan \frac{1}{2}(\alpha-\beta)};$$

4. die Mollweideschen Formeln:

$$(a+b) : c = \cos\frac{\alpha-\beta}{2} : \sin\frac{\gamma}{2},$$

$$(a-b) : c = \sin\frac{\alpha-\beta}{2} : \cos\frac{\gamma}{2}.$$

s = halbe Seitensumme $= \frac{a+b+c}{2}$, A = Fläche

$$A = \frac{a \cdot b \cdot \sin\gamma}{2} = \frac{a \cdot c \cdot \sin\beta}{2} = \frac{b \cdot c \cdot \sin\alpha}{2}$$

$$A = \sqrt{s\,(s-a)\,(s-b)\,(s-c)}$$

$$\sin\frac{\alpha}{2} = \sqrt{\frac{(s-b)\,(s-c)}{b\,c}}$$

$$\cos\frac{\alpha}{2} = \sqrt{\frac{s\,(s-a)}{b\,c}}$$

$$\tan\frac{\alpha}{2} = \sqrt{\frac{(s-b)\,(s-c)}{s\,(s-a)}}$$

$$\tan\alpha = \frac{a\sin\beta}{c - a\cos\beta}$$

$a = b\cos\gamma + c\cos\beta$, $b = c\cos\alpha + a\cos\gamma$

$c = a\cos\beta + b\cos\alpha$

R = Radius des Umkreises

$$R = \frac{a}{2\sin\alpha} = \frac{b}{2\sin\beta} = \frac{c}{2\sin\gamma}$$

ϱ = Radius des Inkreises

$$\varrho = \sqrt{\frac{(s-a)\,(s-b)\,(s-c)}{s}} = s \cdot \tan\frac{\alpha}{2}\tan\frac{\beta}{2}\tan\frac{\gamma}{2}$$

1.4.8. Berechnung schiefwinkliger Dreiecke

Gegeben	Ermittlung der anderen Größen	Gegeben	Ermittlung der anderen Größen	
3 Seiten a, b, c	$\cos\beta = \frac{a^2+c^2-b^2}{2ac}$ $\sin\alpha = \frac{a\sin\beta}{b}$ $\gamma = 180° - (\alpha+\beta)$ $A = \frac{a\,b\sin\gamma}{2}$	2 Seiten und ein Gegenwinkel b, c, β	$\sin\gamma = \frac{c\sin\beta}{b}$ $\alpha = 180° - (\beta+\gamma)$ $a = \frac{c\sin\alpha}{\sin\gamma}$ $A = \frac{a\,b\sin\gamma}{2}$	a) Wenn $c\sin\beta < b$, ergeben sich zwei Werte für γ. b) Ist $c\sin\beta = b$, so ist $\gamma = 90°$. c) Ist $c\sin\beta > b$, keine Lösung.
2 Seiten und der eingeschlossene Winkel a, c, β $a < c$	$b = \sqrt{a^2+c^2-2ac\cos\beta}$ $\sin\alpha = \frac{a\sin\beta}{b}$ $\gamma = 180° - (\alpha+\beta)$ Wegen $a < c$ ist α spitz $A = \frac{a\,b\sin\gamma}{2}$	1 Seite und zwei Winkel c, α, β	$\gamma = 180° - (\alpha+\beta)$ $a = \frac{c\sin\alpha}{\sin\gamma}$ $b = \frac{c\sin\beta}{\sin\gamma}$ $A = \frac{a\,b\sin\gamma}{2}$	

1.5. Länge, Fläche, Volumen und Masse

1.5.1. Pythagoreischer Lehrsatz

In jedem rechtwinkligen Dreieck ist das Hypotenusenquadrat gleich der Summe der beiden Kathetenquadrate:

$c^2 = a^2 + b^2 \qquad c = \sqrt{a^2 + b^2}$

Beispiel für
$a = 3, b = 4, c = 5$: $\quad 5^2 = 4^2 + 3^2 \quad 25 = 16 + 9$

Höhensatz: Höhenquadrat ist gleich dem Rechteck aus den Abschnitten der Hypotenuse:
$h^2 = d \cdot e; \qquad h = \sqrt{d \cdot e}$

Kathetensatz: Kathetenquadrat gleich dem Rechteck aus der Hypotenuse und der Projektion der Kathete auf die Hypotenuse:

$a^2 = c \cdot d \qquad a = \sqrt{c \cdot d}$

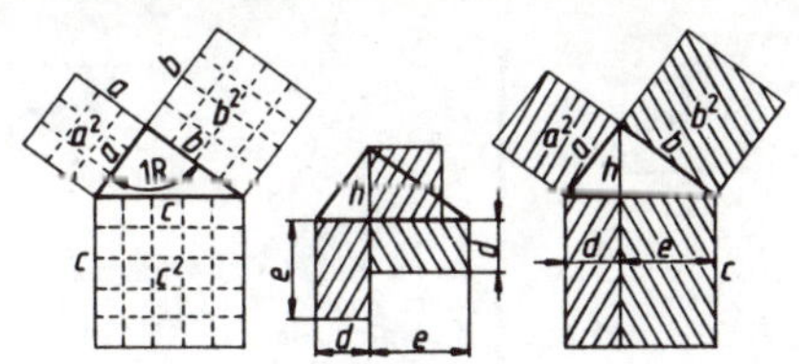

Nutzanwendung:

Mit Hilfe einer geschlossenen Schnur, die in Längen 3:4:5 durch Knoten geteilt ist, kann man einen rechten Winkel bilden.

1

1.5. Länge, Fläche, Volumen und Masse

Länge

1 Meter (m) = 100 Zentimeter (cm) = 1000 Millimeter (mm) = 1000000 Mikrometer (µm).
1 m = 10 Dezimeter (dm).
1 Kilometer (km) = 1000 m.
1 deutsche Meile (geographische Meile) = 7,420 km (meistens gerechnet = 7,5 km).
1 Seemeile = 10 Kabellängen = 1852 m.
1 englische Meile = 1760 Yards = 1609 m.
1 Yard = 3 engl. Fuß = 36 engl. Zoll (") = 91,44 cm.
1 engl. Zoll = 25,4 mm (genau 25,399956 mm).

Umrechnung englische Zoll in mm

engl. Zoll	$\frac{1}{64}$	$\frac{1}{32}$	$\frac{1}{16}$	$\frac{1}{8}$	$\frac{3}{16}$	$\frac{1}{4}$
mm	0,397	0,794	1,587	3,175	4,762	6,350
engl. Zoll	$\frac{3}{8}$	$\frac{1}{2}$	$\frac{5}{8}$	$\frac{3}{4}$	$\frac{7}{8}$	1"
mm	9,525	12,700	15,875	19,050	22,225	25,400

Fläche

1 Quadratmeter (m^2) = 100 Quadratdezimeter (dm^2) = 10000 Quadratzentimeter (cm^2) = 1000000 Quadratmillimeter (mm^2).
1 Quadratkilometer (km^2) = 100 Hektar (ha) = 10000 Ar (a) = 1000000 Quadratmeter (m^2).

Volumen

1 Kubikmeter (m^3) = 1000 Kubikdezimeter (dm^3).
1 m^3 = 1000000 Kubikzentimeter (cm^3) = 1000000000 Kubikmillimeter (mm^3).
1 dm^3 = 1 Liter (l).
1 Hektoliter (hl) = 100 l.

Masse

1 cm^3 Wasser (von 4 °C) hat eine Masse von 1 Gramm (g).
1 dm^3 = 1 l Wasser hat eine Masse von 1 kg = 1000 g.
1 m^3 Wasser hat eine Masse von 1 Tonne (t) = 1000 kg.
1 engl. Pfund = 0,4536 kg.
1 kg = 2,2046 engl. Pfund.

1.5.2. Formeln für die Flächenberechnung

Quadrat

$A = a \cdot a = a^2$
$D = 1{,}4142 \cdot a$
$a = \sqrt{A}$

Rechteck, Rhombus, Parallelogramm

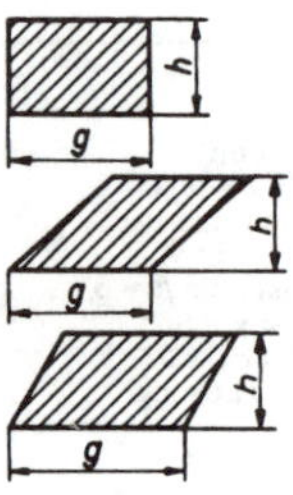

Rechteck, Rhombus, Parallelogramm:

Fläche $A = g \cdot h$

Grundlinie $g = \frac{A}{h}$

Höhe $h = \frac{A}{g}$

Trapez

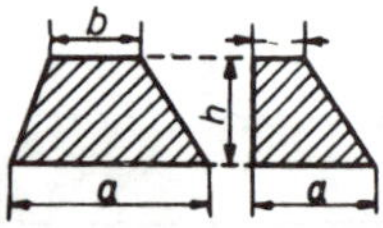

$$A = \frac{a + b}{2} \cdot h$$
$$h = \frac{2A}{a + b}$$
$$a = \frac{2A}{h} - b$$
$$b = \frac{2A}{h} - a$$

Dreieck

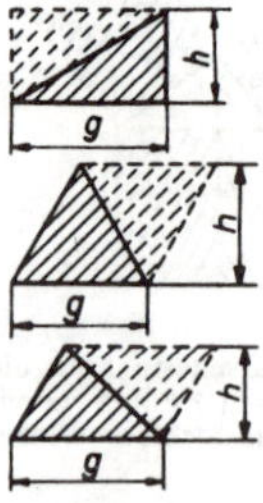

Das Dreieck ist die Hälfte eines Rechtecks, Rhombus, Parallelogramms

$$A = \frac{g \cdot h}{2}$$
$$h = \frac{2A}{g}$$
$$g = \frac{2A}{h}$$

Vieleck

Zerlegung in Dreiecke:

$$A = A_1 + A_2 + A_3$$
$$A = \frac{a \cdot h_1 + a \cdot h_2 + b \cdot h_3}{2}$$

Kreis

d = Kreisdurchmesser (Kreis-∅)
r = Radius = Halbmesser
Umfang: $U = \pi \cdot d = \pi \cdot 2r$

$$A = \frac{\pi \cdot d^2}{4}$$
oder $A = \pi \cdot r^2$
$\pi = 3{,}14159265\ldots \approx 3{,}14$

Kreisring

$$s = R - r$$
$$A = \pi(R^2 - r^2)$$
oder $A = \pi(d + s) \cdot s$

oder $A = \frac{\pi \cdot D^2}{4} - \frac{\pi \cdot d^2}{4}$

Kreisausschnitt

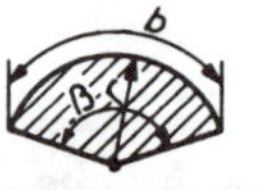

Bogenlänge $b = \frac{\pi \cdot r \cdot \beta}{180}$ $\quad \beta = \frac{180 b}{\pi \cdot r}$

$$A = \frac{b \cdot r}{2}$$

Kreisabschnitt

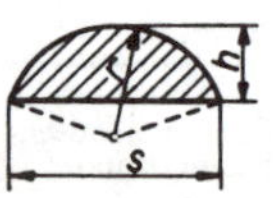

$A = 0{,}5 b \cdot r - 0{,}5\, s\,(r - h)$

oder $A \approx \frac{h}{6s}\,(3h^2 + 4s^2)$

$r = \frac{h}{2} + \frac{s^2}{8h}$ $\quad s = 2\sqrt{h(2r - h)}$

$h = r - \sqrt{r^2 - 0{,}25\, s^2}$

Ellipse

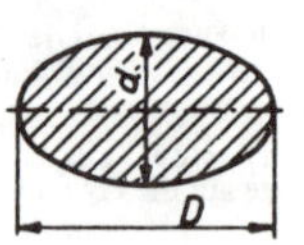

$$A = \frac{\pi \cdot d \cdot D}{4}$$

$D = \frac{4 \cdot A}{\pi \cdot d}$ $\quad d = \frac{4 \cdot A}{\pi \cdot D}$

$$U \approx \pi \cdot \frac{D + d}{2}$$

Genauere Formel: $U = \pi \cdot \sqrt{2 \cdot (R^2 + r^2)}$

1.5. Länge, Fläche, Volumen und Masse

1.5.3. Formeln für die Körperberechnung

Würfel (Kubus)

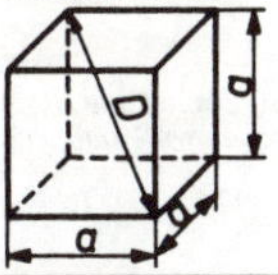

Rauminhalt:
$V = a \cdot a \cdot a = a^3$

Kantenlänge: $a = \sqrt[3]{V}$

Raumdiagonale $D = a\sqrt{3}$

Prisma

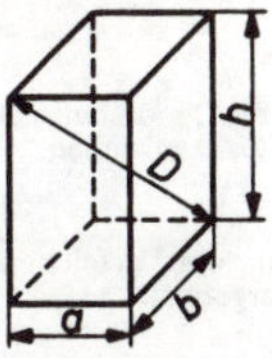

$V =$ Grundfläche × Höhe

$V = a \cdot b \cdot h \qquad V = A \cdot h$

$h = \frac{V}{A} \qquad a = \frac{V}{b \cdot h} \qquad b = \frac{V}{a \cdot h}$

$D = \sqrt{a^2 + b^2 + h^2}$

Pyramide

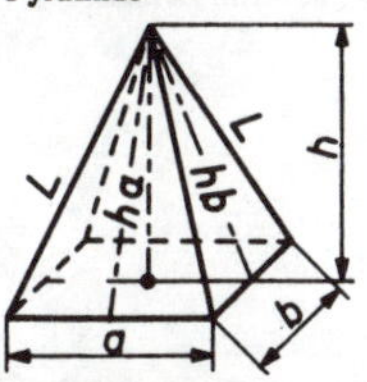

$V = \frac{a \cdot b \cdot h}{3} = \frac{A \cdot h}{3}$

$h_b = \sqrt{h^2 + \frac{a^2}{4}}$

$L = \sqrt{h_b^2 + \frac{b^2}{4}}$

h_a und h_b = Flächenhöhen
L = Kantenlänge

Pyramidenstumpf

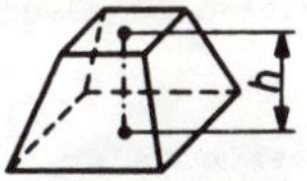

Rauminhalt genau:

$V = \frac{h}{3}(A + A_1 + \sqrt{A \cdot A_1})$

A und A_1 sind die Grundflächen.

In der Praxis gebrauchte (angenäherte) Formel:

$V \approx h \frac{A + A_1}{2}$

Gültig für $A_1 : A = 0{,}35$ oder größer.

Ponton

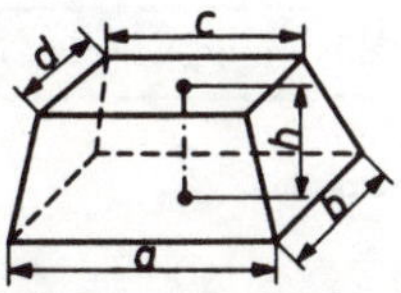

Das Ponton hat im Gegensatz zum Pyramidenstumpf verschieden geneigte Seitenflächen; die Grundflächen sind nicht ähnlich.

$V = \frac{h}{6}(2ab + ad + bc + 2cd)$

Kegel

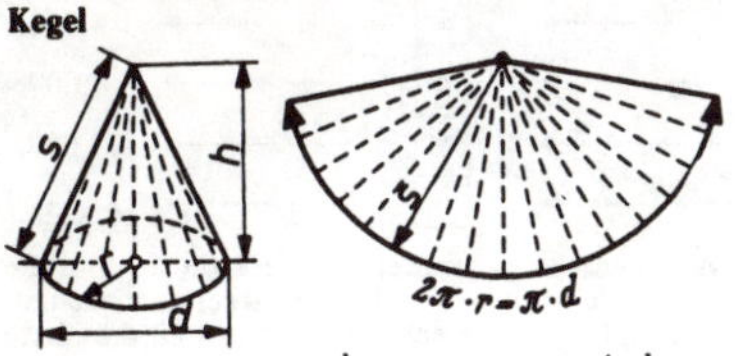

Mantelfäche $A_M = \frac{\pi \cdot d \cdot s}{2} \qquad V = \frac{A \cdot h}{3}$

Kegelstumpf

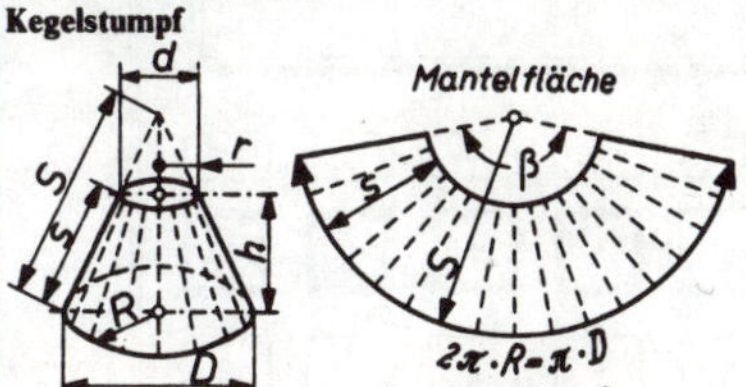

$A_M = \pi \cdot s(R + r)$ oder $A_M = \frac{\pi \cdot s(D + d)}{2}$

$V = \frac{\pi \cdot h}{3}(R \cdot r + R^2 + r^2)$

oder $V = \frac{\pi \cdot h}{12}(D \cdot d + D^2 + d^2)$

D und d sind die Durchmesser der Grundkreise.

$\beta = D \cdot 180/S$

Zylinder

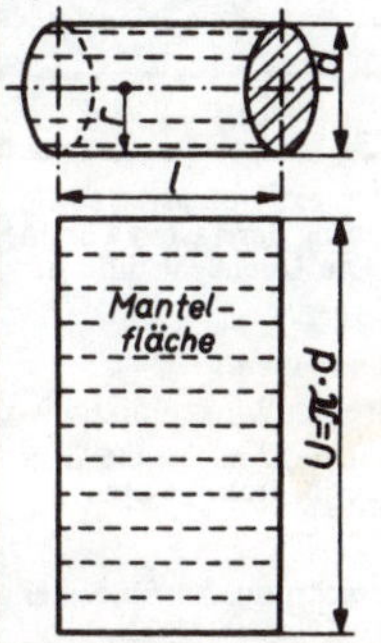

Die Mantelfläche ist ein Rechteck:
$A_M = \pi \cdot d \cdot l$

Rauminhalt:
$V = \pi \cdot r^2 \cdot l$

oder $V = \frac{\pi \cdot d^2}{4} \cdot l$

$= 0{,}785 \cdot d^2 \cdot l$

Hohlzylinder

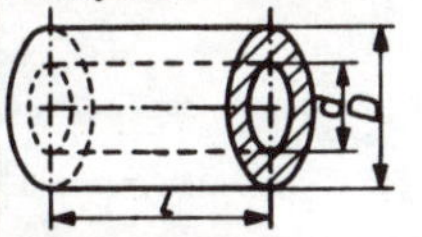

$V = \pi(R^2 - r^2)\,l$

$V = \pi(d + s) \cdot s \cdot l$

$V = \left(\frac{\pi \cdot D^2}{4} - \frac{\pi \cdot d^2}{4}\right) l$

Zylindrischer Ring

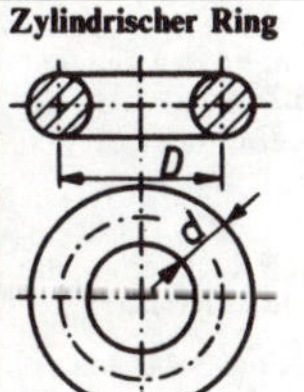

Mantelfläche:
$A_M = \pi \cdot d \cdot \pi \cdot D$

Rauminhalt:
$V = \frac{\pi \cdot d^2}{4} \pi \cdot D$

Kugel

Mantelfläche: $A_M = \pi \cdot d^2$

$V = \frac{4}{3}\pi r^3 = \frac{\pi \cdot d^3}{6}$

$V = 4{,}189\, r^3 = 0{,}5236\, d^3$

1.6. Rechnen mit dem Taschenrechner

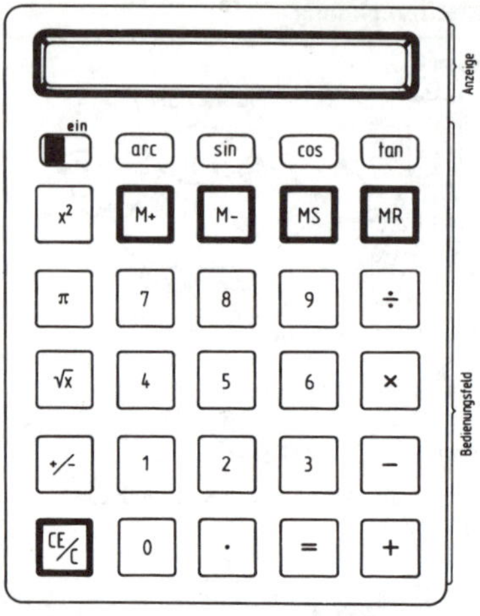

1.6.1. Das Bedienungsfeld

Das Bedienungsfeld besteht aus Druckpunkttasten sowie einem Ein/Aus-Schalter. Die Bedeutung der Tasten wird in der folgenden Übersicht erläutert. Die Übersicht hilft, die gesuchte Funktion schnell zu finden.

[arc] = **Abruf der Winkel-Umkehrfunktionen.**
Drückt man die Taste [arc] vor einer Winkelfunktionstaste (z. B. sin), so erscheint in der Anzeige die Winkel-Umkehrfunktion (z. B. arcsin, arccos, arctan).

[sin] = Diese Taste veranlaßt die Berechnung des **Sinus** des in der Anzeige stehenden Winkels.
Mit der Tastkombination [arc] [sin] ermittelt man den Arcussinus.

[cos] = Diese Taste veranlaßt die Berechnung des **Cosinus** des in der Anzeige stehenden Winkels.
Mit der Tastkombination [arc] [cos] ermittelt man den Arcuscosinus.

[tan] = Diese Taste veranlaßt die Berechnung des **Tangens** des in der Anzeige stehenden Winkels.
Mit der Tastkombination [arc] [tan] ermittelt man den Arcustangens.

[x^2] = **Quadrattaste;** diese Taste weist den Rechner an, die in der Anzeige stehende Zahl zu quadrieren.

[M+] [M-] = **Speicher-Additions-** bzw. **Speicher-Subtraktionstaste.**
Diese Tasten weisen den Rechner an, die in der Anzeige stehende Zahl zum bisherigen Speicherinhalt zu addieren (M+) bzw. zu subtrahieren (M−).
Besitzt ein Taschenrechner keine [M-] Taste, so ist die Vorzeichenwechseltaste vor der [M+] Taste zu drücken. Die positive Zahl in der Anzeige wird vom Speicherinhalt abgezogen.

[MS] = **Speichertaste**
Diese Taste weist den Rechner an, die angezeigte Zahl zu speichern.

[RM] od. [MR] = **Speicherabruftaste**
Diese Taste weist den Rechner an, die gespeicherte Zahl anzuzeigen. Der Speicherinhalt wird dadurch nicht verändert.

[π] = **Kreiszahl Pi**
Diese Taste bringt die Kreiszahl $\pi = 3{,}1415927$ in die Anzeige.

[√x] = **Quadratwurzel**
Diese Taste weist den Rechner an, die Quadratwurzel aus der in der Anzeige stehenden Zahl zu ziehen.

[+/-] = **Vorzeichenwechsel**
Diese Taste weist den Rechner an, das Vorzeichen der angezeigten Zahl (Rechenergebnis) zu vertauschen.

[0] ··· [9] = **Zifferntasten** zur Eingabe von Zahlen.

[÷] = **Divisionsbefehl**

[×] = **Multiplikationsbefehl**

[−] = **Subtraktionsbefehl**

[+] = **Additionsbefehl**

[=] = **Ergebnistaste**
Diese Taste weist den Rechner an, das Endergebnis der eingetasteten Rechnung anzuzeigen. Alle früher eingegebenen Zahlen und Rechenvorgänge sind damit abgeschlossen.

[·] = **Dezimalpunkt**
Diese Taste markiert die Lage des Kommas.

[CE/C] = **Löschtaste**
Diese Taste löscht bei einmaligem Bedienen die vorausgegangene Zahleneingabe. Zweimaliges Bedienen hat die Löschung aller Arbeitsspeicher zur Folge.

1.6.2. Grundrechenarten (Berechnungsbeispiele)

Addition und Subtraktion

1. Beispiel

$4{,}372 + 2{,}635 + 12 + 5{,}623 = ?$

Eingabe		Taste		Anzeige
4,372	⟶	[+]	⟶	4,372
2,635	⟶	[+]	⟶	7,007
12	⟶	[+]	⟶	19,007
5,623	⟶	[=]	⟶	<u>24,63</u>

Für den Anfänger ist es empfehlenswert, dieses und die folgenden Beispiele mit dem eigenen Rechner nachzurechnen. Vor Beginn jeder Rechnung sollte man die Taste [CE/C] zweimal drücken, um sicher zu sein, daß der Arbeitsspeicher tatsächlich gelöscht ist.

1.6. Rechnen mit dem Taschenrechner

2. Beispiel 220,45 − 34,15 − 12,20 − 16,10 = ?

Eingabe	Taste	Anzeige
220,45	−	220,45
34,15	−	186,3
12,20	−	174,1
16,10	=	158,0

3. Beispiel 145,20 − 35,12 − 120,28 = ?

Eingabe	Taste	Anzeige
145,20	−	145,2
35,12	−	110,08
120,28	=	− 10,2

Das Vorzeichen links der Mantisse zeigt das negative Ergebnis an.

Die Tasten [+] und [−] schließen die vorausgegangene Rechnung ab. Das Zwischenergebnis steht in der Anzeige. Die Taste [+] zum Beispiel hat hier die gleiche Funktion wie die Tastenkombination [=] [+]. Das sieht man am nächsten Beispiel:

4. Beispiel 3 − 7 + 8 = ?

Eingabe	Taste	Anzeige
3	−	3
7	+	− 4

Die [+] Taste hat die Rechnung 3 − 7 abgeschlossen und das Zwischenergebnis, − 4, in die Anzeige gebracht.

Die [=] Taste braucht nicht gedrückt zu werden.

Eingabe	Taste	Anzeige
8	=	4

Multiplikation und Division

Die Grundrechenarten Multiplikation und Division werden von den neueren Taschenrechnern entsprechend den Regeln der Algebra vorrangig vor Addition und Subtraktion ausgeführt.

Die Tasten [×] und [÷] veranlassen also nur dann die Ermittlung des Ergebnisses einer vorausgegangenen Rechnung, wenn es sich dabei um Multiplikation oder Division handelt. Geht dem Befehl [×] bzw. [÷] eine Addition oder Subtraktion voraus, so wartet der Rechner mit der Anzeige von Zwischenergebnissen automatisch auf weitere Daten.

1. Beispiel 5,25 · 3,26 · 7,34 = ?

Eingabe	Taste	Anzeige
5,25	×	5,25
3,26	×	17,115
7,34	=	125,6241

2. Beispiel 224,44 : 0,6 = ?

Eingabe	Taste	Anzeige
224,44	÷	224,44
,6	=	374,06667

Die Null bei 0,6 muß nicht unbedingt eingetastet werden.

3. Beispiel 346,42 · 3,6 : 24,4 = ?

Eingabe	Taste	Anzeige
346,2	×	346,42
3,6	÷	1247,112

Da ein Multiplikationsbefehl vorausgeht, wird das Zwischenergebnis (1247,112) errechnet und angezeigt. Es ist nicht notwendig, die Taste [=] zu drücken.

Eingabe	Taste	Anzeige
24,4	=	51,111148

4. Beispiel 14 + 6 · 4 = ?

Eingabe	Taste	Anzeige
14	+	14
6	×	6

Wegen Vorranges der Multiplikation darf das Zwischenergebnis noch nicht in der Anzeige erscheinen.

Eingabe	Taste	Anzeige
4	=	38

Der Rechner hat also Punktrechnung vor Strichrechnung berücksichtigt.

Achtung! Nicht alle Rechner berücksichtigen diese algebraische Regel!

5. Beispiel 24,4 · (− 4) · 3 = ?

Eingabe	Taste	Anzeige
24,4	×	24,4
4	+/−	− 4
	×	− 97,6
3	=	−292,8

1.6.3. Speichern einer Zahl und Speicherabruf

Die Notwendigkeit des Speicherns einer Zahl läßt sich an folgender Rechenaufgabe verdeutlichen:

Ein Grundstück von 12136 m^2 soll in Bauplätze von 600–700 m^2 aufgeteilt werden. Wie groß werden die Bauplätze, wenn man das Gesamtgrundstück in 17, 18, 19 oder 20 Einzelbauplätze parzellieren würde?

Rechengang: 12136 : 17 = ? → 713,88 m^2
12136 : 18 = ? → 674,22 m^2
12136 : 19 = ? → 638,74 m^2
12136 : 20 = ? → 606,80 m^2

Um nicht bei der Ausrechnung jedesmal von neuem die Zahl 12136 eintasten zu müssen, kann man diese Zahl speichern und den Rechengang wie folgt durchführen:

Eingabe	Taste	Anzeige	Speicher
12136	MS	12136	12136
÷ 17	=	713,88235	12136
	MR	12136	12136
÷ 18	=	674,22222	12136
	MR	12136	12136
÷ 19	=	638,73684	12136
	MR	12136	12136
÷ 20	=	606,8	12136

Eine Zahl (hier 12136) wird mit Hilfe der Taste [MS] gespeichert. In der Folge kann man den Speicher überschreiben, er muß nicht gelöscht werden.

Mit Hilfe der Taste [MR] kann man die Zahl aus dem Speicher (hier 12136) jederzeit wieder in die Anzeige rufen. Die augenblicklich in der Anzeige stehende Zahl wird durch die [MR] Taste überschrieben und geht damit verloren.

Löschen des Speichers

Will man den Speicher löschen und die dabei gleichzeitig bei vielen Taschenrechnern in der Anzeige aufleuchtende Marke **M** entfernen, schaltet man den Rechner kurz aus oder drückt die Tastenfolge [MR] [+/−] [M+]

1.6. Rechnen mit dem Taschenrechner

Speicher-Addition und Subtraktion

Drückt man die Tasten [M+] bzw. [M-], so addiert bzw. subtrahiert man die angezeigte Zahl zum Wert im Speicher. Bei Taschenrechnern, die keine [M-] Taste haben, wird die Subtraktion mit Hilfe der Tastenfolge [+/-] [M+] vorgenommen.

Beispiel: $\sqrt{5^2 + 6^2 - 3^2} = ?$

Eingabe		Anzeige		Speicher
5 [x^2] [MS]	→	25	→	25
6 [x^2] [M+]	→	36	→	61
3 [x^2] [M-] od. [+/-] [M+]		− 9	→	52
[MR]	→	52		52
[$\sqrt{x}$]	→	<u>7,2111026</u>		52

1.6.4. Quadratwurzel

1. Beispiel $\sqrt{4564,26} = ?$

Eingabe		Taste		Anzeige
4564,26	→	[$\sqrt{x}$]	→	67,559307

2. Beispiel $12 + \sqrt{25} \cdot 3 = ?$

Eingabe		Taste		Anzeige
12	→	[+]	→	12
25	→	[$\sqrt{x}$]	→	5
[×] 3	→	[=]	→	27

Diese Rechenart ist jedoch nur mit einem „wissenschaftlichen" Rechner möglich, da er in der Kettenrechnung Punktrechnung vor Strichrechnung berücksichtigt.

Bei einem „einfachen" Taschenrechner muß die Eingabe wie folgt vorgenommen werden:

Eingabe		Taste		Anzeige
25	→	[$\sqrt{x}$]	→	5
[×] 3	→	[=]	→	15
[+] 12	→	[=]	→	27

3. Beispiel $(12 + \sqrt{25}) \cdot 3 = ?$

Eingabe		Taste		Anzeige
12	→	[+]	→	12
25	→	[$\sqrt{x}$]	→	5
		[=]	→	17
[×] 3	→	[=]	→	57

„Wissenschaftliche" Taschenrechner besitzen Klammertasten [(] [)].

Wenn diese am Taschenrechner vorhanden sind, ist die Zahleneingabe zu obigem Beispiel wie folgt vorzunehmen:

Eingabe		Taste		Anzeige
[(] 12	→	[+]	→	12
25	→	[$\sqrt{x}$]	→	5
		[)]	→	17
[×] 3	→	[=]	→	51

Die Berechnung von $\sqrt{25}$ erfolgt hier in einem gesonderten Rechenwerk. Die Information 12 + bleibt im Rechner gespeichert.

Durch den Druck auf die Taste [)] wird der Inhalt der Klammer berechnet.

1.6.5. Trigonometrische Funktionen sin, cos, tan

Sinus (sin *x*)

1. Beispiel: $\sin 30° = ?$ (Winkeleinheit Grad)

Eingabe		Taste		Anzeige
30	→	[sin]	→	0,5

2. Beispiel: $\sin 60° = ?$

Eingabe		Taste		Anzeige
60	→	[sin]	→	8,6602-01

Cosinus (cos *x*)

Beispiel: $2 + \cos(\frac{\pi}{4}) = ?$ (Winkeleinheit Grad)

Eingabe		Taste		Anzeige
2	→	[+]	→	2
		[(] [π] [÷]	→	3,1415927
4	→	[)]	→	7,8539-01
		[cos]	→	9,9990-01
		[=]	→	2,9999061

Besitzt der Taschenrechner keine [(] [)] Tasten, so ist wie folgt zu verfahren:

Eingabe		Taste		Anzeige
		[π]	→	3,1415927
[÷] 4	→	[=]	→	7,8539-01
		[cos]	→	9,9990-01
[+] 2	→	[=]	→	2,9999061

Tangens (tan *x*)

Beispiel: $\tan 45,32° = ?$ (Winkeleinheit Grad)

Eingabe		Taste		Anzeige
45,32	→	[tan]	→	1,011233

Arcussinus (arcsin *x*)

Beispiel: $\arcsin(-0,6) = ?$ (Winkeleinheit Grad)

Eingabe		Taste		Anzeige
0,6	→	[+/-]	→	− 0,6
		[arc] [sin]	→	− 36,869897

Arcuscosinus (arccos *x*)

Beispiel: $\arccos 0,5 = ?$ (Winkeleinheit Grad)

Eingabe		Taste		Anzeige
0,5	→	[arc] [cos]	→	60

Arcustangens (arctan *x*)

Beispiel: $5,45 + (\arctan 1)^2 = ?$ (Winkeleinheit Grad)

Eingabe		Taste		Anzeige
5,45	→	[+]	→	5,45
1	→	[arc] [tan]	→	45
		[x^2]	→	2025
		[=]	→	2030,45

2. Bauphysik/Bauchemie

2.1. Einheiten und Zeichen

2.1.1. Allgemeines

Die **SI-Einheiten** (Système International d'Unités) wurden auf der 11. Generalkonferenz für Maß und Gewicht (1960) angenommen. Die **Basiseinheiten** sind definierte Einheiten der voneinander unabhängigen Basisgrößen als Grundlage des SI-Systems.

Basisgröße	Basiseinheit Name	Zeichen
Länge	das Meter	m
Masse	das Kilogramm	kg
Zeit	die Sekunde	s
elektrische Stromstärke	das Ampere	A
Temperatur	das Kelvin	K
Lichtstärke	die Candela	cd
Stoffmenge[1]	das Mol	mol

Definition der Grundeinheiten

1. Meter: 1 m ist das 1 650 763,73fache der Wellenlänge des leuchtenden Krypton ^{86}Kr.
2. Kilogramm: 1 kg ist die Masse des in Paris aufbewahrten Internationalen Kilogrammprototyps (ein Platin-Iridium-Zylinder).
3. Sekunde: 1 s ist das 9 192 631 770fache der Periodendauer der Strahlung des Nuklids Caesium ^{133}Cs.
4. Ampere: 1 A ist die Stärke eines Gleichstromes, der zwei lange, gerade und im Abstand von 1 m parallel verlaufende Leiter mit sehr kleinem kreisförmigen Querschnitt durchfließt und zwischen diesen die Kraft $0{,}2 \cdot 10^{-6}$ N je Meter ihrer Länge erzeugt.
5. Kelvin: 1 K ist der 273,16te Teil der Temperaturdifferenz zwischen dem absoluten Nullpunkt und dem Tripelpunkt des Wassers. (Beim Tripelpunkt sind Dampf, Flüssigkeit und fester Stoff im Gleichgewicht).
6. Candela: 1 cd ist die Lichtstärke, mit der $\frac{1}{6} \cdot 10^{-5}$ m² der Oberfläche eines schwarzen Strahlers bei der Temperatur des erstarrenden Platins (2046,2 K) bei 1,013 bar senkrecht zu seiner Oberfläche leuchtet.
7. Mol: 1 mol ist die Stoffmenge eines Systems bestimmter Zusammensetzung, das aus ebenso vielen Teilchen besteht, wie Atome in $12 \cdot 10^{-3}$ kg des Nuklids Kohlenstoff ^{12}C enthalten sind.

Einheiten nach DIN 1301 (2.78)

Zeichen	Einheit	Bemerkungen
m	Meter	
m^2	Quadratmeter, Meterquadrat	$1\ m^2 = 1\ m \cdot 1\ m$
m^3	Kubikmeter	
l	Liter	$1\ l = 1\ dm^3$
rad	Radiant	1 rad = 1 m/m
∟	Rechter Winkel	$1∟ = \pi/2$ rad
°	Grad	$1° = \pi/180$ rad
′	Minute	1′ = 1°/60
″	Sekunde	1″ = 1′/60
gon	Gon	$1\ gon = \pi/200$ rad
kg	Kilogramm	
g	Gramm	$1\ g = 10^{-3}\ kg$
t	Tonne	$1\ t = 10^3\ kg$
N	Newton	$1\ N = 1\ kg\ m/s^2$
Pa	Pascal	$1\ Pa = 1\ N/m^2$
bar	Bar	$1\ bar = 10^5\ Pa$
J	Joule	1 J = 1 Nm = 1 Ws
kWh	Kilowattstunde	1 kWh = 3,6 MJ
eV	Elektronvolt	$1\ eV \approx 1{,}6 \cdot 10^{-19}\ J$
W	Watt	1 W = 1 J/s = 1 VA
s	Sekunde	
min	Minute	1 min = 60 s
h	Stunde	1 h = 60 min
d	Tag	1 d = 24 h
Hz	Hertz	1 Hz = 1/s
K	Kelvin	K auch Einheit für Temperaturdifferenzen
°C	Grad Celsius	
A	Ampere	
V	Volt	1 V = 1 W/A
S	Siemens	1 S = 1 A/V
Ω	Ohm	1 Ω = 1/S
C	Coulomb	1 C = 1 As
Ah	Amperestunde	1 Ah = 3 600 As
F	Farad	1 F = 1 C/V
Wb, Vs	Weber, Voltsekunde	1 Wb = 1 Vs
T	Tesla	$1\ T = 1\ Wb/m^2$
H	Henry	1 H = 1 Wb/A
cd	Candela	
lm	Lumen	
lx	Lux	$1\ lx = 1\ lm/m^2$

Vorsätze vor Einheiten

da	Deka	$= 10^1$	= zehnfacher	Wert
h	Hekto	$= 10^2$	= hundertfacher	,,
k	Kilo	$= 10^3$	= tausendfacher	,,
M	Mega (Meg)	$= 10^6$	= millionfacher	,,
G	Giga	$= 10^9$	= milliardenfacher	,,
T	Tera	$= 10^{12}$	= billionenfacher	,,
d	Dezi	$= 10^{-1}$	= zehnter	Teil
c	Zenti	$= 10^{-2}$	= hundertster	,,
m	Milli	$= 10^{-3}$	= tausendster	,,
µ	Mikro	$= 10^{-6}$	= millionster	,,
n	Nano	$= 10^{-9}$	= milliardster	,,
p	Piko	$= 10^{-12}$	= billionster	,,

Beispiele:

1 ha = 100 a	1 MΩ = 1 000 000 Ω
1 dm = 0,1 m	1 µH = 0,000 001 H
1 kW = 1000 W	
1 mA = 0,001 A	1 pF = 0,000 000 000 001 F

Nicht mehr zugelassene Einheiten

Zeichen	Einheit	Bemerkungen
Å	Ångström	$1\ Å = 10^{-10}\ m$
g	Neugrad	1g = 1 gon
c	Neuminute	$1c = \pi/2 \cdot 10^{-4}$ rad
cc	Neusekunde	$1cc = \pi/2 \cdot 10^{-6}$ rad
dyn	Dyn	$1\ dyn = 10^{-5}\ N$
p	Pond	$1\ p \approx 9{,}81 \cdot 10^{-3}\ N$
atm	physikalische Atmosphäre	1 atm = 101325 Pa = 1,01325 bar
at	technische Atmosphäre	1 at = 98066,5 Pa = 0,980665 bar
Torr	Torr	1 Torr = 1,333 mbar
erg	Erg	$1\ erg = 10^{-7}\ J$
cal	Kalorie	1 cal = 4,1868 J
PS	Pferdestärke	1 PS = 735,498 W
°K	Grad Kelvin	1 °K = 1 K
grd	Grad	1 grd = 1 K
sb	Stilb	$1\ sb = 10^4\ cd/m^2$

[1]) nach DIN 1301 gilt mol als SI-Basiseinheit

2.1. Einheiten und Zeichen

2.1.2. Allgemeine Formelzeichen

Zeichen	Bedeutung
	Raumgrößen
l	Länge
b	Breite
h	Höhe
r	Radius, Halbmesser, Fahrstrahl
d	Durchmesser
s	Weglänge, Kurvenlänge
A, S	Fläche
S, q	Querschnitt, Querschnittsfläche
V, τ	Volumen, Rauminhalt
$\alpha, \beta, \gamma \ldots$	Winkel
	Zeitgrößen
t	Zeit, Zeitspanne, Dauer
v	Geschwindigkeit
a	Beschleunigung
g	Fallbeschleunigung
n	Drehzahl
ω	Winkelgeschwindigkeit
α	Winkelbeschleunigung
	Schwingungsgrößen
T	Periodendauer
τ	Zeitkonstante
f, ν	Frequenz
ω	Kreisfrequenz
λ	Wellenlänge
c	Fortpflanzungsgeschwindigkeit einer Welle
φ	Vor- oder Nacheilwinkel, Phasenverschiebungswinkel
	Mechanische Größen
m	Masse
ϱ	Dichte
F	Kraft
G	Gewichtskraft
M, T	Moment, Drehmoment
p	Druck
σ	Zug- oder Druckspannung, Normalspannung
τ	Schubspannung, Scherspannung
ε	Dehnung
γ	Schiebung
E	Elastizitätsmodul
G	Schubmodul
I	Flächenträgheitsmoment
J	Massenträgheitsmoment
μ	Reibungszahl
W, A	Arbeit
W, E	Energie
P	Leistung
η	Wirkungsgrad
	Wärmegrößen
T, Θ	thermodynamische oder Kelvin-Temperatur (absolute Temperatur)
t, ϑ	Celsius-Temperatur
α	Längen-Ausdehnungskoeffizient
γ, β	Volumen-Ausdehnungskoeffizient
Q	Wärmemenge
Φ	Wärmestrom
λ	Wärmeleitfähigkeit
α	Wärmeübergangskoeffizient
a	Temperaturleitfähigkeit
C	Wärmekapazität
c	spezifische Wärmekapazität
D	Diffusionskoeffizient
A_r	relative Atommasse (früher Atomgewicht genannt)

Zeichen	Bedeutung
	Elektrische und magnetische Größen
Q	Elektrizitätsmenge, Ladung
e	Elementarladung
ϱ, η	Raumladungsdichte
E	elektrische Feldstärke
φ	elektrisches Potential
U	elektrische Spannung
D	elektrische Flußdichte Verschiebungsdichte
ψ	elektrischer Verschiebungsfluß
C	elektrische Kapazität
ε	Dielektrizitätskonstante
ε_0	elektrische Feldkonstante
ε_r	Dielektrizitätszahl
I	elektrische Stromstärke
J, S, G	elektrische Stromdichte
$R,$	elektrischer Widerstand, Wirkwiderstand
G	elektrischer Leitwert, Wirkleitwert
ϱ	spezifischer elektrischer Widerstand
$\gamma, \sigma, \varkappa$	elektrische Leitfähigkeit
Θ	elektrische Durchflutung
H	magnetische Feldstärke
B	magnetische Flußdichte, Induktion
Φ	magnetischer Fluß
L	Induktivität
μ	Permeabilität
μ_0	magnetische Feldkonstante
μ_r	Permeabilitätszahl
Λ	magnetischer Leitwert
N, w	Windungszahl
Z	Scheinwiderstand
X	Blindwiderstand
Γ, Z	Wellenwiderstand
Y	Scheinleitwert
B	Blindleitwert
P	Leistung, Wirkleistung
S, P_s	Scheinleistung
Q, P_q	Blindleistung
d	Verlustfaktor
δ	Verlustwinkel
	Lichtgrößen
c	Lichtgeschwindigkeit
Q_v	Lichtmenge[1])
Φ_v	Lichtstrom
I_v	Lichtstärke
L_v	Leuchtdichte
M_v	spezifische Lichtausstrahlung
E_v	Beleuchtungsstärke
H_v	Belichtung
n	Brechungszahl
f	Brennweite
	Akustische Größen
p	Schalldruck
v	Schallschnelle (Teilchengeschwindigkeit)
c	Schallgeschwindigkeit
P	Schall-Leistung
J	Schall-Leistungsdichte (Schallintensität)
E	Schall-Energiedichte
L_p	Schalldruckpegel
L_P	Schall-Leistungspegel
α	Schall-Absorptionsgrad
T	Nachhallzeit

[1]) Index v: photometrisch bewertete Strahlung

2.1. Einheiten und Zeichen

2.1.3. Indizes nach DIN 1304 (2.78)

Index	Bedeutung	Index	Bedeutung
a	außen	N	Nennwert
e, el	elektrisch	t	Augenblickswert zeitabhängig
eff	effektiv		
i	innen	zul	zulässig
k	Kurzschluß	α, 1	primär, Anfang, Eingang
l	Leerlauf		
max	maximal (Größtwert)	β, 2	sekundär, Ende, Ausgang
min	minimal (Kleinstwert)	0	Leerlauf, Ruhewert, Kennwert

2.1.4. Das griechische Alphabet

$A\ \alpha$ Alpha	$B\ \beta$ Beta	$\Gamma\ \gamma$ Gamma	$\Delta\ \delta$ Delta	$E\ \varepsilon$ Epsilon	$Z\ \zeta$ Zeta
$H\ \eta$ Eta	$\Theta\ \vartheta$ Theta	$I\ \iota$ Iota	$K\ \varkappa$ Kappa	$\Lambda\ \lambda$ Lambda	$M\ \mu$ My
$N\ \nu$ Ny	$\Xi\ \xi$ Xi	$O\ o$ Omikron	$\Pi\ \pi$ Pi	$P\ \varrho$ Rho	$\Sigma\ \sigma$ Sigma
$T\ \tau$ Tau	$Y\ \upsilon$ Ypsilon	$\Phi\ \varphi$ Phi	$X\ \chi$ Chi	$\Psi\ \psi$ Psi	$\Omega\ \omega$ Omega

2.1.5. Römische Ziffern

I = 1	VI = 6	XX = 20
II = 2	VII = 7	XXX = 30
III = 3	VIII = 8	XL = 40
IV = 4	IX = 9	L = 50
V = 5	X = 10	LX = 60
LXX = 70	CC = 200	DCC = 700
LXXX = 80	CCC = 300	DCCC = 800
XC = 90	CD = 400	CM = 900
XCIX = 99	D = 500	CMXC = 990
C = 100	DC = 600	CMXCIX = 999
M = 1000		
MCC = 1200		
MCD = 1400	253 = CCLIII	
MDCC = 1700	1975 = MCMLXXV	
MM = 2000		

2.2. Grundbegriffe der Festigkeitslehre

Allgemeines

Durch Kräfte werden Bauteile auf Zug, Druck, Biegung, Abscheren oder Verdrehung (Torsion) beansprucht. Durch diese Beanspruchungsarten werden die Bauteile verformt. Das Ziel der Festigkeitslehre ist es, die Größe der Beanspruchungen und Verformungen zu ermitteln.

Spannung

Die auf ein Bauteil wirkenden äußeren Kräfte erzeugen im Bauteil innere Kräfte; die äußeren und inneren Kräfte müssen untereinander immer im Gleichgewicht stehen, d. h.: die äußeren Kräfte dürfen nicht größer als die zulässigen inneren Kräfte werden. Diese inneren Kräfte nennt man auch Beanspruchungen oder spezieller Spannungen.

$$\textbf{Spannung} = \frac{\textbf{Kraftanteil}}{\textbf{je Flächeneinheit}} \text{ oder } \sigma = \frac{F}{A}$$

Dehnung

Dehnung ist eine spezielle Verformung, die unter Zug- oder Druckspannung auftritt. Unter Zugspannungen treten Verlängerungen auf, die man auch als positive Dehnungen bezeichnet; unter Druckspannungen treten Stauchungen oder negative Dehnungen auf.

Ganz allgemein treten bei Zug und Druck Längenänderungen auf, die mit $\Delta\, l$ bezeichnet werden. Bezieht man die Längenänderung $\Delta\, l$ auf die ursprüngliche Länge l_0, dann erhält man die Längenänderung je Längeneinheit; diese nennt man die Dehnung ε.

$$\textbf{Dehnung} = \frac{\textbf{Längenänderung } \Delta\, l}{\textbf{je Längeneinheit } (l_0)}$$

Die Dehnung ist dimensionslos.

Der Zusammenhang zwischen Spannung und Dehnung

Hooke hat festgestellt, daß zu einem gewissen Grade bei Baustoffen die Dehnungen den Spannungen proportional sind: $\varepsilon = \alpha \cdot \sigma$.

Diese Aussage nennt man das Elastizitätsgesetz oder **Hookesches Gesetz.**

α ist ein Proportionalitätsfaktor oder Elastizitätszahl. Wäre die Spannung $\sigma = 1$, dann ergäbe α die zugehörige Dehnung; man sagt also: die Elastizitätszahl α ist die Dehnung zur Spannung $\sigma = 1$.

Besser rechnet man mit dem Kehrwert von α:

$\frac{1}{\alpha} = E$ (= Elastizitätsmodul), danach ist $\sigma = \varepsilon \cdot E$.

Die wichtigsten *E*-Moduli

Baustoff		Elastizitätsmodul E in N/mm^2
Stahl		210000
Grauguß		75000 · · · · 130000
Aluminium		63000 · · · · 72000
Kupfer		100000 · · · · 130000
Blei		15000 · · · · 17000
Eiche, Buche		
parallel zur Faser		12500
senkrecht zur Faser		600
Europäische Nadelhölzer		
parallel zur Faser		10000
senkrecht zur Faser		300
Brettschichtholz, verleimt		
parallel zur Faser		11000
senkrecht zur Faser		300
Mauerwerk		
Steinfestigkeitsklasse	Mörtelgruppe	
2,5	II/IIa	1500
5	II/IIa	2000
5	III	2500
7,5/10	II/IIa	3000
7,5/10	III	4000
15	II/IIa	5000
15	III	6000
25	II/IIa	7000
25	III	8000
35	II/IIa	8000
35	III	10000
Beton		
B 10		22000
B 15		26000
B 25		30000
B 35		34000
B 45		37000
B 55		39000
Nichtmetalle		
Glas		50000 · · · · 80000
Gummi		3 · · · · 4

2.3. Kohäsion - Adhäsion - Kapillarität

2.3.1. Kohäsion

Zwischen den Molekülen eines homogenen Körpers bestehen Zusammenhangskräfte, auch Kohäsionskräfte genannt, die besonders beim Zerteilen (Zerreißen) in Erscheinung treten. Bei flüssigen Stoffen sind sie gering, bei gasförmigen ist keine Kohäsion vorhanden, da Gasmoleküle sich gegenseitig abstoßen.

Die Festigkeit der Baustoffe beruht demnach auf der Kohäsionskraft, welche die Moleküle zusammenhält. Dieser innere Zusammenhalt ist dann gefährdet, wenn Baustoffe erhitzt werden (z. B. Schmelzen von Metall), verwittern, oder, was für Festigkeitsberechnungen die Grundlage ist, durch Einwirken äußerer Kräfte (Druck, Zug, Torsion u. a.) zerstört werden. Die daraus resultierenden inneren Spannungen im Werkstück schwächen bzw. zerstören die Bindungskraft der Moleküle.

2.3.2. Adhäsion

Adhäsion ist die Folge von Anhangskräften, die das Haften zweier Stoffe verursachen. Die Adhäsion tritt bei festen und flüssigen Stoffen auf; Beispiele: Das Haften der Kreide an der Tafel, der Druckfarbe am Papier, das Schreiben mit dem Bleistift, Leimen, Kitten, Löten.

Die Adhäsionsenergie (Haftarbeit) ist ein Maß für die Stärke der Anziehungskräfte. Sie entspricht der Energie, die beim Zusammenfügen je eines cm^2 einer Flüssigkeitsoberfläche mit einer anderen oder mit der Oberfläche eines festen Körpers frei wird.

Die Adhäsionsenergie läßt sich aus der Oberflächenspannung $\sigma_{flüss}$ (= Kapillarkonstante) und dem Randwinkel φ ermitteln:

$$A = \sigma_{flüss}\,(l + \cos\varphi)$$

Oberflächenspannung

Die zwischen den Molekülen der Flüssigkeit wirkenden Kohäsionskräfte verursachen eine Oberflächenspannung und setzen dem Eindringen eines Körpers in die Flüssigkeit einen Widerstand entgegen. Die Flüssigkeitsoberfläche verhält sich wie eine dünne, gespannte elastische Haut. So gelingt es z. B., eine Rasierklinge in horizontaler Lage auf dem Wasser schwimmen zu lassen, trotz ihrer gegenüber dem Wasser größeren Dichte.

Da die Kohäsionskräfte nach allen Richtungen gleich stark sind, kompensieren sie sich innerhalb der Flüssigkeit, jedoch nicht an der Oberfläche. Dies hat zur Folge, daß auf jedes an der Oberfläche befindliche Molekül eine nach innen gerichtete Kraft wirkt (Resultierende aller Kohäsionskräfte).

Es ist daher stets ein Arbeitsaufwand erforderlich, um die Oberfläche einer Flüssigkeit zu vergrößern (Oberflächenarbeit).

Daher ist die Oberflächenspannung definiert als der Quotient aus der Arbeit W, die bei konstantem Druck p und konstanter Temperatur T zur Vergrößerung der Flüssigkeitsoberfläche um eine Fläche A erforderlich ist.

$$\sigma = \frac{W}{A}$$

(σ in N/m, W in Nm, A in m^2)

Die Oberflächenspannung ist eine für jede Flüssigkeit bzw. jeden Stoff charakteristische Materialkonstante, die mit steigender Temperatur abnimmt und durch Verunreinigungen und Zugabe von Netzmitteln (natürliche bzw. synthetische Stoffe) beeinflußt wird.

Die Bestimmung der Oberflächenspannung von Flüssigkeiten kann z. B. nach der Abreißmethode erfolgen. Ein Abreißkörper (Drahtring) hängt horizontal an einer empfindlichen Waage in der zu prüfenden Flüssigkeit. Durch Auflegen von Wägestücken bestimmt man die Kraft F, die notwendig ist, den Abreißkörper, dessen Umfang l betrage, von der Oberfläche loszureißen. Beim Absenken des Flüssigkeitsspiegels entsteht eine ringförmige Lamelle (2 Oberflächen), und es ist zu rechnen:

$$F = 2 \cdot l \cdot \sigma$$

(F in N, l in m, σ in N/m)

2.3.3. Kapillarität

Als Kapillarität bezeichnet man das Verhalten von Flüssigkeiten in Kapillaren, auch Haarröhrchen genannt. Beim senkrechten Eintauchen eines engen Glasröhrchens in eine benetzende Flüssigkeit steigt die Flüssigkeit in dem Kapillarrohr über den äußeren Flüssigkeitsstand empor, und zwar um so mehr, je enger die Röhre ist (Kapillaraszension). Handelt es sich jedoch um eine nichtbenetzende Flüssigkeit, z. B. Quecksilber, so wird der Flüssigkeitsspiegel im Innern der Kapillaren gesenkt (Kapillardepression). Die Kapillarität beruht auf den zwischenmolekularen Kräften der Adhäsion und der Kohäsion. Sind die Kohäsionskräfte zwischen den Molekülen der Flüssigkeit größer als die Adhäsionskräfte zwischen Flüssigkeit und Rohrwand, so tritt Kapillardepression ein; sind dagegen die Adhäsionskräfte größer als die Kohäsionskräfte, so kommt es zu einer Kapillaraszension.

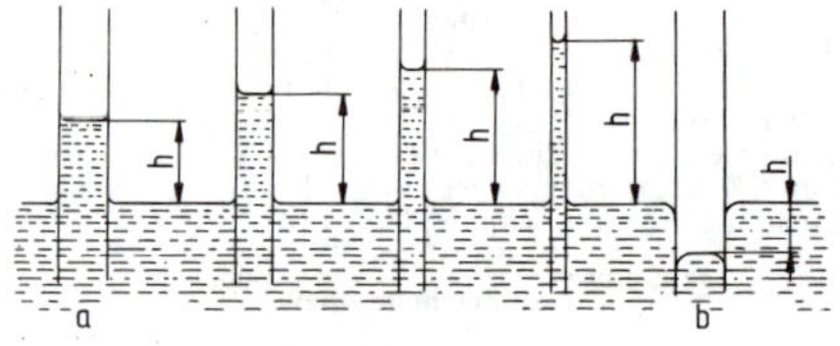

Kapillare Steighöhe h bei
a) benetzender und
b) nicht benetzender Flüssigkeit

Benetzt die aufsteigende Flüssigkeit das Kapillarrohr vollständig, d. h. der Randwinkel ist gleich Null, so läßt sich aus der kapillaren Steighöhe die Oberflächenspannung der betreffenden Flüssigkeit berechnen:

Die von der Oberflächenspannung σ bewirkte Kraft $2 \cdot \pi \cdot r \cdot \sigma \cdot \cos\delta$ und das Gewicht der Flüssigkeitssäule $\pi \cdot r^2 \cdot h \cdot \gamma \cdot g$ halten sich bei einer bestimmten Höhe h das Gleichgewicht.

Es ist:

$$h = \frac{2 \cdot \sigma \cdot \cos\delta}{r \cdot \gamma \cdot g}$$

(h in m, σ in N/m, r in m, γ in kg/m^3 und g in m/s^2)

Bei vollkommener Benetzung ist der Randwinkel $\delta = 0°$ (z. B. zwischen Glas und Wasser).

Beispiel: In einem sauberen Glasröhrchen (Kapillare) von 0,6 mm Durchmesser steigt Wasser ($\sigma_{20°} = 0{,}073$ N/m) bis zu einer Höhe h von

$$h = \frac{2 \cdot 0{,}073\ \text{N} \cdot 1 \cdot \text{m}^3 \cdot \text{s}^3}{0{,}0003\ \text{m} \cdot 1000\ \text{kg} \cdot 0{,}81\ \text{m}} = 0{,}05\ \text{m},$$

wobei $\cos\delta = 1$ wegen $\delta = 0°$ ist.

2.4. Dichte ϱ

Die Dichte ϱ eines Stoffes ist der Quotient $m : V$ aus Masse m und Volumen V. Die Dichte gibt an, wieviel kg ein dm^3, wieviel t ein m^3, wieviel g ein cm^3 wiegt. Reines Wasser hat bei + 4 °C eine Dichte von 1 kg/Liter. Die Dichtezahl sagt demnach aus, wieviel mal schwerer bzw. leichter ein Stoff als das gleiche Volumen Wasser ist.

Man unterscheidet zwischen
- **Schüttdichte**
- **Rohdichte**
- **Dichte**

Die **Schüttdichte** ist die Masse (das Gewicht) in kg von 1 Liter = 1 dm^3 Schüttgut einschließlich der Haufwerksporen und der gegebenfalls im Einzelkorn vorhandenen Eigenporen.

Die **Rohdichte** ist die Masse (das Gewicht) in kg von 1 Liter = 1 dm^3 Schüttgut ohne Haufwerksporen, jedoch mit Eigenporen.

Die **Dichte** ist die Masse (das Gewicht) in kg von 1 Liter = 1 dm^3 festem Stoff ohne Haufwerksporen und ohne Eigenporen.

Rohdichten der wichtigsten Baustoffe

Baustoffe	Rohdichte in kg/dm^3
Putze, Estriche und andere Mörtelschichten	
Kalkmörtel, Kalkzementmörtel, Mörtel aus hydraulischem Kalk	1,8
Zementmörtel	2,0
Kalkgipsmörtel, Gipsmörtel, Anhydritmörtel, Kalkanhydritmörtel	1,4
Gipsputz ohne Zuschlag	1,2
Anhydritestrich	2,1
Zementestrich	2,0
Gußasphaltestrich	2,3
Großformatige Bauteile	
Normalbeton nach DIN 1045	2,4
Leichtbeton unter Verwendung von Zuschlägen mit porigem Gefüge	1,0–2,0
Leichtbeton unter Verwendung von Blähton, Blähschiefer, Naturbims	0,8–1,6
Dampfgehärteter Gasbeton	0,4–0,8
Bauplatten	
Asbestzementplatten	2,0
Gasbeton-Bauplatten, unbewehrt	0,5–1,4
Gipskartonplatten	0,9
Mauerwerk, einschließlich Mörtelfugen	
Vollklinker	2,0
Hochlochklinker	1,8
Vollziegel, Lochziegel, hochfeste Ziegel	1,2–2,0
Leichthochlochziegel	0,7–1,0
Mauerwerk aus Kalksandsteinen	1,0–2,2
Mauerwerk aus Hüttensteinen	1,0–2,0
Mauerwerk aus Gasbetonblocksteinen	0,5–0,8
Beton-Lochsteine aus Leichtbeton	0,6–1,6
Hohlblocksteine aus Leichtbeton mit porigen Zuschlägen	0,5–1,4
Vollsteine aus Leichtbeton	0,5–2,0
Vollblöcke aus Bims und Blähton	0,5–0,8
Wärmedämmstoffe	
Holzwolle-Leichtbauplatten, DIN 1101	0,36–0,57
Polyurethan-Ortschaum, DIN 18159	≧ 0,037
Korkplatten	0,08–0,5
Polyurethan-Hartschaum	≧ 0,30
Mineralische und pflanzliche Faserdämmstoffe	0,08–0,5

Baustoffe	Rohdichte in kg/dm^3
Holz und Holzwerkstoffe	
Fichte, Kiefer, Tanne	0,6
Buche, Eiche	0,8
Sperrholz	0,8
Spanplatten	0,7
Harte Holzfaserplatten, DIN 68750	1,0
Poröse Holzfaserplatten und Bitumen-Holzfaserplatten	0,2–0,3
Beläge, Abdichtungsstoffe, Abdichtungsbahnen	
Linoleum	1,0
Korklinoleum	0,7
Linoleum-Verbundbeläge, DIN 18173	0,1
Kunststoffbeläge, z. B. PVC	1,5
Asphaltmastix	2,0
Bitumen	1,1
Bitumendachbahnen, DIN 52128	1,2
nackte Bitumendachbahnen, DIN 52129	1,2
Sonstige gebräuchliche Stoffe	
lose Schüttungen aus porigen Stoffen	
Blähperlit	≦0,1
Blähglimmer	≦0,1
Korkschrot, expandiert	≦0,2
Hüttenbims	≦0,4
Blähton, Blähschiefer	≦1,0
Bimskies	≦1,0
Schaumlava	≦1,2
lose Schüttungen aus Polystyrol-Schaumstoffen	0,015
Lose Schüttungen aus Sand, Kies, Splitt (trocken)	1,8
Fliesen	2,0
Glas	2,5
Kristalline metamorphe Natursteine z. B. Granit, Basalt, Marmor	2,8
Sedimentgesteine z. B. Sandstein, Muschelkalk, Nagelfluh	2,6
Vulkanische porige Natursteine	1,6
Keramik und Glasmosaik	2,0
Wärmedämmender Putz	0,6
Kunstharzputz	1,1
Roheisen, weiß (i. M.)	7,4
grau	7,2
Weißmetall	7,1
Chrom	7,1
Aluminium	2,7
Anthrazit	1,4–1,7
Messing (i. M.)	8,5
Nickel	8,9
Zink	7,1
Zinn	7,3
Ton, trocken	1,8
Ton, naß	2,1
Stahl (i. M.)	7,85

Schüttdichte ϱ_s in kg/dm^3 für Betonzuschläge und Zement

Zuschlag Sieblinie B_{32}	trocken	rd. 1,90
	3% Oberflächenfeuchte	rd. 1,65
Zement	lose eingefüllt	0,9–1,2
	eingerüttelt	1,6–1,9

Dichte ϱ in kg/dm^3 für Wasser und Zement

Wasser	1,0
Portlandzement	rd. 3,1
Hochofenzement, Eisenportlandzement	rd. 3,0
Traßzement	rd. 2,9
Portlandzement HS	rd. 3,2

2.5. Schall

2.5.1. Allgemeine Begriffe DIN 4109 (11.89)

Schall breitet sich durch mechanische Schwingungen und Wellen in festen Körpern und Gasen aus, insbesondere innerhalb der vom menschlichen Ohr wahrgenommenen hörbaren Schwingungsgrenzen von 16–20000 Hz.

Luftschall = Schallwellen, die durch abwechselnde Verdichtung und Verdünnung der Luft(moleküle) hervorgerufen werden.

Körperschall entsteht, wenn feste Körper abwechselnd gestaucht und gedehnt werden und sich dadurch Schallwellen in festen Stoffen ausbreiten, z. B.: Bohren eines Dübel-Loches in eine Massivdecke.

Trittschall entsteht durch Körperschallanregung einer Decke oder eines Fußbodens, z. B.: Begehen einer Decke, Abrücken eines Schrankes usw. Trittschall wird bei starker Intensität als Luftschall außerhalb des Anregungsraumes abgestrahlt.

Frequenz oder Schwingungszahl ist die Anzahl der Schwingungen pro Sekunde.

1 Hertz (Hz) = 1 Schwingung/Sekunde

Lärm ist ein hörbarer Schall, der eine gewollte Stille stört und damit zur Beeinträchtigung des menschlichen Wohlbefindens führen kann.

Schalldruck ist der das Schallfeld hervorrufende Wechseldruck, der mit einem Mikrophon gemessen werden kann. Er zeigt die Intensität des Schalls auf unser Ohr an. Der schwächste noch vom menschlichen Ohr wahrgenommene Schalldruck beträgt

$$J_0 = 10^{-12}\ \text{Watt/m}^2.$$

Schallpegel ist ein logarithmisches Maß für den gemessenen Schalldruck, bezogen auf einen Ton mit der Frequenz von 1000 Hz.

Einheit des Schallpegels: Dezibel (dB).

Lautstärke: Die Lautstärke ist ein Maß für das menschliche Hörempfinden. So werden tiefe Töne vom menschlichen Ohr weniger laut als hohe wahrgenommen. Die subjektiv empfundene Lautstärke wird als A-bewerteter Schallpegel bezeichnet.

Einheit: Dezibel A [dB (A)]

Schallschluckung (Schallabsorbtion) und **Schallrückwurf** (-reflektion) sind vom Aufbau und den Eigenschaften der Begrenzungsflächen eines Raumes abhängig, in welchem Luftschall erzeugt wird. Dabei müssen die Begriffe „Schalldämmung" und „Schallabsorbtion" bei Behandlung von Fragen des Schallschutzes sauber voneinander getrennt werden, wie dies die folgende Abb. verdeutlicht:

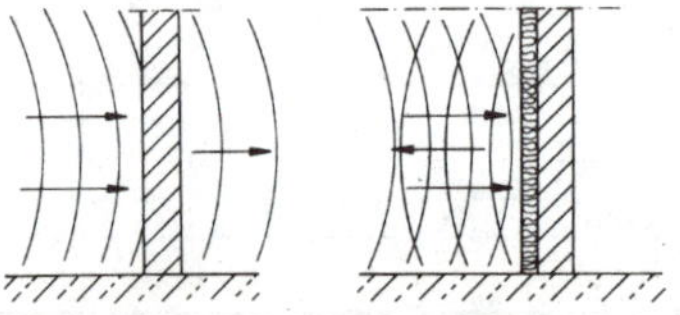

Unterschied zwischen Schalldämmung und Schallabsorbtion

Luftschalldämmung	Schallabsorbtion
(Wieviel Schall gelangt in den Nebenraum?)	(Wieviel Schall wird in den Raum zurückgeworfen?)

Schalldämm-Maß R'_w

Das Schalldämm-Maß kennzeichnet die Luftschalldämmung von Bauteilen unter Berücksichtigung der Schallübertragung über flankierende Bauteile. Die Normanforderungen für Luftschalldämmung sind immer R'_w-Werte.

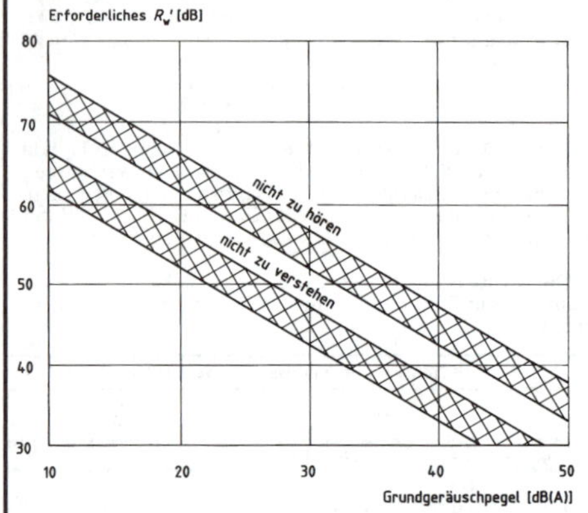

Die Anforderungen an den Luftschallschutz gehen davon aus, daß im zu schützenden Gebäude ein Grundgeräuschpegel vorhanden ist, der durch die Hausbewohner verursacht wird (z. B. Hin- u. Hergehen).

Der Grundgeräuschpegel ist bei Nacht im wesentlichen vom Verkehrslärm der Umgebung abhängig [ca. 30–40 dB(A)]. Die Abbildung zeigt, welche Schalldämmung erforderlich ist, wenn zwischen zwei Wohnungen keine normalen Geräusche [ca. 65 dB(A)] mehr zu hören sein sollen.

Normtrittschallpegel $L'_{n,w}$ [Trittschallschutzmaß (TSM)]

TSM = 63 dB − $L'_{n,w}$

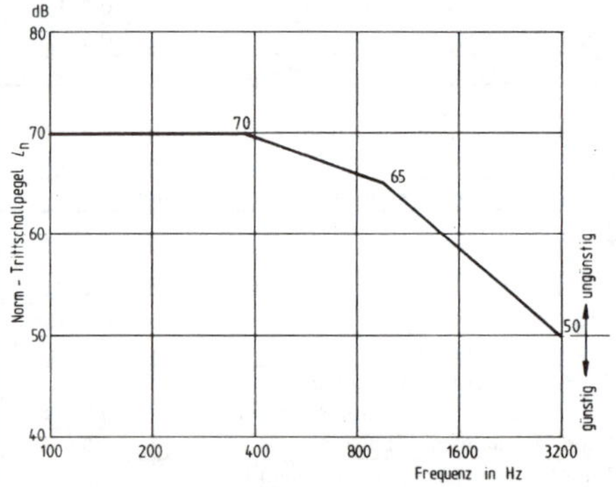

Sollkurve für das Trittschallschutzmaß

Ähnlich wie bei der Luftschalldämmung wird die Trittschalldämmung durch Vergleich mit den Werten der Sollkurve für das Trittschallschutzmaß ermittelt. Die Trittschalldämmung einer Massivdecke ist um so besser, je weiter die gemessenen Schallpegelwerte unter denen der Sollkurve liegen. Die Abweichung der Ist-Kurve von der Sollkurve ist das Trittschallschutzmaß.

Dezibel (dB) = logarithmisches Vergleichsmaß für Schallintensitäten.

2.5. Schall

Schalldämm-Maß R_W

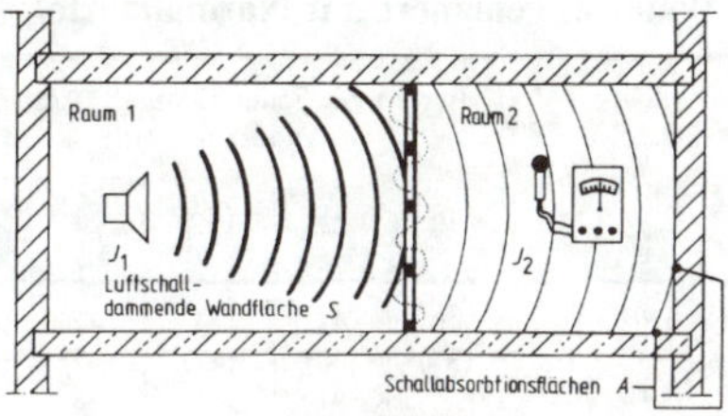

Darstellung der Luftschalldämmung von Decken und Wänden.

Im Raum I wird ein Schallpegelwert von J_1, im Raum 2 von J_2 gemessen. Rechnerisch kann man die Schallpegeldifferenz nach folgender Formel berechnen:

$$J_1 - J_2 = 10 \lg \frac{S}{A}$$

Das Schalldämm-Maß (R_W) wird in erster Linie durch die Schallpegeldifferenz bestimmt. Diese wiederum hängt ab:
- von der Größe der Trennwandfläche S.
- von dem Absorbtionsvermögen A des leisen Raumes 2.

Unter dem Schalldämm-Maß (R_W) versteht man das Verhältnis der auf eine Wand auftreffenden Schallenergie J_1 zu der von ihrer Rückseite in den Nachbarraum durchgelassenen Energie J_2, angegeben in logarithmischem Maße:

$$R_W = 10 \lg \frac{J_1}{J_2}$$

2.5.2. Bewertetes Schalldämm-Maß R_w und das Durchhören von Sprache

Sprachverständlichkeit	erforderliches bewertetes Schalldämmaß R_w in dB Grundgeräusch 20 dB (A)	Grundgeräusch 30 dB (A)
nicht zu hören	67	57
zu hören, jedoch nicht zu verstehen	57	47
teilweise zu verstehen	52	42
gut zu verstehen	42	32

Obige Tabelle zeigt, daß eine befriedigende Schalldämmung bei einer Wand oder Decke zu einem hohen Prozentsatz von dem vorhandenen Grundgeräusch abhängig ist. Je ruhiger die Umgebung ist, desto besser muß die Schalldämmung zwischen den Räumen sein.

2.5.3. Lärmschutz am Arbeitsplatz

Dauerlärm/Art der Arbeit	dB (A)
Dauerlärm, der bei den meisten Menschen zum Gehörschaden führt	≧ 90
Dauerlärm, bei dem der Arbeitgeber dem Arbeitnehmer persönliche Schallschutzmittel zur Verfügung stellen muß	≧ 85
Nach der Arbeitsstätten-Verordnung des Bundesarbeitsministers (3.75) ist in geschlossenen Räumen folgender Dauerlärmpegel unzulässig:	
bei überwiegend geistiger Beanspruchung:	> 55
bei einfachen Büro- und ähnlichen Arbeiten	> 70
bei sonstigen Arbeiten	> 85

2.5.4. Schallgeschwindigkeit

Medium	m/s
Luft – bei 0 °C – bei 15 °C	331,6 340,6
Wasser	1480
Mauerwerk	3500 ··· 4000
Holz	3500 ··· 5000
Stahl	4800 ··· 5000
Glas	5100 ··· 5500

2.5.5. A-Schallpegel für bekannte Geräusche dB (A)

Verständliches Flüstern in 1 m Entfernung	15– 30
Zerreißen von Papier in 1 m Entfernung	40– 50
Normales Sprechen in 1 m Entfernung	50– 65
Rundfunkmusik, Zimmerlautstärke	50– 80
Pkw-Fahrgeräusch	78– 82
Lautes Rufen, Kindergeschrei	70– 90
Verkehrslärm in lauter Straße	75– 95
Nachtgrundpegel in Wohngebieten	30– 40
Düsenflugzeug beim Start, 100 m entfernt	105–115

2.5.6. Anforderungen an die Luftschalldämmung nach DIN 4109 (11.89) Tab. 3

Bauteil	erf. R'_w
Geschoßhäuser mit Wohnungen und Arbeitsräumen	
Wohnungstrennwände [1])	53 dB
Treppenhauswände	52 dB
Wände neben Durchfahrten	55 dB
Sonstige Gebäude	
Schulen und vergleichbare Unterrichtsbauten	
Wände zwischen Unterrichtsräumen untereinander und zu deren Fluren	47 dB
Wände zwischen Unterrichtsräumen und Treppenhaus	52 dB
Wände zu besonders lauten Räumen	55 dB
Krankenanstalten, Sanatorien	
Wände zwischen Krankenräumen, Sprech- bzw. Untersuchungszimmern, Arbeits- und Pflegeräumen und zu deren Fluren	47 dB
Beherbergungsstätten	
Wände zwischen Übernachtungsräumen und zu deren Fluren	47 dB

2.5.7. Einfluß von Putz, Trockenputz und verputzten Dämmplatten auf die Luftschalldämmung

Ein Wandputz verbessert die Luftschalldämmung nur entsprechend seinem Anteil an der flächenbezogenen Masse.

Wände, die unvollständig vermörtelt sind, haben eine schlechte Schalldämmung. Erst wenn ein zumindest einseitiger, dichter und vollflächig haftender Putz auf die Wand aufgebracht wird, kann mit dem Schalldämm-Maß entsprechend der flächenbezogenen Masse gerechnet werden.

Werden Gipskartonplatten auf undichten Rohbauwänden befestigt, so verringert sich die Schalldämmung gegenüber naß verputzten Wänden. Grund: Undichte Rohbauwand + Schwingungen der Gipskartonplatte. Abhilfe: Anbringung von Faserdämmstoffen zw. Rohbauwand und Gipskartonplatte.

[1]) Wohnungstrennwände und Wände, die Wohnungen voneinander oder von fremden Arbeitsräumen trennen

2.5. Schall

2.5.8. Bewertetes Schalldämm-Maß $R'_{w,R}$ von einschaligen, biegesteifen Wänden und Decken nach DIN 4109, Beiblatt 1 (11.89)

Die angegebenen Schalldämmaße sind für eine mittlere flächenbezogene Masse der flankierenden Bauteile von 300 kg/m² [1]) gültig.

	Flächenbezogene Masse kg/m²	Bewertetes Schalldämmaß $R'_{w,R}$ in dB
1	85	34
2	90	35
3	95	36
4	105	37
5	115	38
6	125	39
7	135	40
8	150	41
9	160	42
10	175	43
11	190	44
12	210	45
13	230	46
14	250	47
15	270	48
16	295	49
17	320	50
18	350	51
19	380	52
20	410	53
21	450	54
22	490	55
23	530	56
24	580	57
25 [2])	630	58
26 [2])	680	59
27 [2])	740	60
28 [2])	810	61
29 [2])	880	62
30 [2])	960	63
31 [2])	1040	64

[1]) Interpolation ist zulässig.
[2]) Die Werte gelten für die Ermittlung des Schalldämmaßes zweischaliger Wände aus biegesteifen Schalen.

2.5.9. Flächenbezogene Masse von Wandputz nach DIN 4109, Beiblatt 1 Tab. 4 (11.89)

Putzdicke mm	Flächenbezogene Masse von Kalkgipsputz Gipsputz kg/m²	Kalk-, Kalkzement-Zementputz kg/m²
10	10	18
15	15	25
20	–	30

2.5.10. Schalldämmaße von einschaligen Wänden, gemauert mit Normalmörtel

Rohdichte-klasse	Bewertetes Schalldämmaß [1]) R'_w für Wanddicke (cm)				
	10	11,5	17,5	24	30
0,8	40 (37)	41 (38)	44 (42)	47 (45)	49 (48)
0,9		41 (39)	45 (43)	48 (46)	50 (49)
1,0		42 (40)	46 (44)	49 (47)	51 (50)
1,2		44 (42)	47 (46)	50 (49)	53 (52)
1,4		45 (43)	49 (47)	52 (51)	54 (53)
1,6		46 (44)	50 (49)	53 (52)	56 (55)
1,8		47 (45)	51 (50)	54 (54)	57 (56)
2,0		48 (46)	52 (51)	55 (55)	58 [2]) (57)

[1]) R'_w-Werte für beidseitig je 1,5 cm Kalkzementputz-Werte in Klammern gelten für 1 cm Gipsputz
[2]) Schalldämmaße über 57 dB dürfen nach DIN 4109 (11.89) nur für zweischalige Wände aus biegesteifen Schalen angesetzt werden.

2.5.11. Wandrohdichten einschaliger, biegesteifer Wände aus Steinen und Platten (Rechenwerte) nach DIN 4109, Beibl. 1 (11.89)

Stein-/Platten-rohdichte kg/m³	Wandrohdichte Normalmörtel kg/m³	Leichtmörtel kg/m³
2000	1900	1770
1800	1720	1600
1600	1540	1420
1400	1360	1260
1200	1180	1090
1000	1000	950
900	910	860
800	820	770
700	730	680

2.5. Schall

2.5.12. Vorschläge für den normalen und erhöhten Schallschutz: Luft- und Trittschalldämmung gegen Schallübertragung aus dem eigenen Wohn- und Arbeitsbereich (DIN 4109, Beibl. 2, Tabl. 3 (11.89)**)**

2

Bauteile	Empfehlungen für normalen Schallschutz		Empfehlungen für erhöhten Schallschutz		Bemerkungen
	erf. R'_w dB	erf. $L'_{m,w}$ (TSM) dB	erf. R'_w dB	erf. $L'_{n,w}$ (TSM) dB	
Wohngebäude					
Decken in Einfamilienhäusern, ausgenommen Kellerdecken und Decken unter nicht ausgebauten Dachräumen	50	56 (7)	≧ 55	≦ 46 (≧ 17)	Für den Nachweis des Trittschallschutzes dürfen weichfedernde Bodenbeläge angerechnet werden.
Treppen und Treppenpodeste in Einfamilienhäusern	–	–	–	≦ 53 (≧ 10)	Der vorgeschlagene erhöhte Trittschallwert gilt nur für die Trittschallübertragung in fremde Aufenthaltsräume. Für den Nachweis des Trittschallschutzes dürfen weichfedernde Bodenbeläge angerechnet werden.
Decken von Fluren in Einfamilienhäusern	–	56 (7)	–	≦ 46 (≧ 17)	
Wände ohne Türen zwischen „lauten“ und „leisen“ Räumen unterschiedlicher Nutzung, z. B. zwischen Wohn- und Kinderschlafzimmer	40	–	≧ 47	–	
Büro- und Verwaltungsgebäude					
Decken, Treppen, Decken von Fluren und Treppenraumwände	52	53 (10)	≧ 55	≦ 46 (≧ 17)	Für den Nachweis des Trittschallschutzes dürfen weichfedernde Bodenbel. angerechnet werden.
Wände zwischen Räumen mit üblicher Bürotätigkeit	37	–	≧ 42	–	Es ist darauf zu achten, daß diese Werte nicht durch Nebenwegübertragung über Flur und Türen verschlechtert werden.
Wände zwischen Fluren und Räumen nach vorheriger Zeile	37	–	≧ 42	–	
Wände von Räumen für konzentrierte Tätigkeit oder Behandlung vertraulicher Angelegenheiten, z. B. zwischen Direktions- und Vorzimmer	45	–	≧ 52	–	
Wände zwischen Fluren und Räumen nach vorheriger Zeile	45	–	≧ 52	–	

2

2.5. Schall

2.5.13. Zusammenstellung einiger Anforderungen zum Schutz gegenüber Schallübertragungen aus dem fremden Wohn- und Arbeitsbereich bei gleichartiger Nutzung nach DIN 4109 Tab. 3 (11.89)

Geschoßhäuser mit Wohnungen und Arbeitsräumen

Bauteile	Anforderungen erf. R'_w dB	Anforderungen erf. $L'_{n,w}$ (TSM) dB	Bemerkungen
Decken unter allgemein nutzbaren Dachräumen, z. B. Trockenböden, Abstellräumen und ihren Zugängen	53	53 (10)	Bei Gebäuden mit nicht mehr als 2 Wohnungen betragen die Anforderungen erf R'_w = 52 dB und erf. $L'_{n,w}$ = 63 dB (erf. TSM = 0 dB).
Wohnungstrenndecken (auch -treppen) und Decken zwischen fremden Arbeitsräumen bzw. vergleichbaren Nutzungsräumen	54	53 (10)	Wohnungstrenndecken trennen Wohnungen oder fremde Arbeitsräume voneinander. Bei Gebäuden mit nicht mehr als 2 Wohnungen beträgt die Anforderung erf. R'_w = 52 dB. Für den Nachweis des Trittschallschutzes dürfen weichfedernde Bodenbeläge nicht angerechnet werden.
Decken über Kellern, Hausfluren, Treppenräumen unter Aufenthaltsräumen	52	53 (10)	Die Anforderung an die Trittschalldämmung gilt nur für die Trittschallübertragung in fremde Aufenthaltsräume, ganz gleich, ob sie in waagerechter, schräger oder senkrechter Richtung erfolgt.
Decken über Durchfahrten Einfahrten von Sammelgaragen und ähnliches unter Aufenthaltsräumen	55	53 (10)	Für den Nachweis des Trittschallschutzes dürfen weichfedernde Bodenbeläge nicht angerechnet werden.

2.5.14. Berechnungsbeispiele zur Ermittlung des Schalldämmaßes R'_w

1. Beispiel

Gegeben: 24 cm Wohnungstrennwand aus Hochlochziegeln, Rohdichteklasse 1,8
Wandputz: beidseitig Kalkgipsputz, $d = 1{,}5$ cm
Die Trennwand ist mit Normalmörtel, Mörtelgruppe II a gemauert.

Erforderliches Schalldämmaß: R'_w = 54 dB

Voraussetzung: Die flächenbezogene Masse der flankierenden Bauteile beträgt $m = 300$ kg/m²

Rechengang

$m = 0{,}24 \cdot 1720 + 2 \cdot 15$
$m = 412{,}8 + 30$
$m = 442{,}8$ kg/m²

Laut obiger Tabelle ergibt sich ein Schalldämm-Maß von R'_w = 54 dB, das entspricht der Anforderung.

2. Beispiel

Gegeben: 17,5 cm Wohnungstrennwand aus Hochlochziegeln, Rohdichteklasse 1,4
Wandputz: beidseitig Kalkzementputz, $d = 1{,}5$ cm
Die Trennwand ist mit Normalmörtel, Mörtelgruppe II a gemauert.

Erforderliches Schalldämmaß: R'_w = 49 dB

Voraussetzung: Die flächenbezogene Masse der flankierenden Bauteile beträgt $m = 300$ kg/m²

Rechengang

$m = 0{,}175 \cdot 1360 + 2 \cdot 25$
$m = 238 + 50$
$m = 288$ kg/m²

Laut obiger Tabelle ergibt sich ein Schalldämm-Maß von 49 dB, das entspricht der Anforderung.

An dieser Stelle sei auf die Problematik der Schlitze bei Wänden hingewiesen, da hier sehr leicht Schallbrücken entstehen können. Näheres hierzu siehe DIN 1053 Teil 1 (2.90).

2.6. Wärmetechnische Grundlagen

2.6.1. Größen und Einheiten nach DIN 4108 (8.81)

Allgemeine Größen

Bedeutung	Formelzeichen	zu verwendende SI-Einheiten	Bemerkung siehe
Dicke	s	m	–
Fläche	A	m^2	–
Volumen	V	m^3	–
Masse	m	kg	DIN 1305
Dichte	ϱ	kg/m^3	DIN 1306
Zeit	t	h, s	–

Wärmeschutztechnische Größen

Bedeutung	Formelzeichen	zu verwendende SI-Einheiten	Bemerkung siehe
Temperatur	ϑ, T	°C, K	DIN 1345
Temperaturdifferenz	$\Delta\vartheta, \Delta T$	K	DIN 1345
Wärmemenge	Q	W · s [1])	DIN 1341 DIN 1345
Wärmestrom	Φ, Q	W	DIN 1341
Transmissionswärmestrom (-verlust)	Q_T	W	DIN 4108 Teil 2
Wärmestromdichte	q	W/m^2	DIN 1341
Wärmeleitfähigkeit	λ	W/mK	DIN 1341
Rechenwert der Wärmeleitfähigkeit	λ_R	W/mK	DIN 52612
Wärmedurchlaßkoeffizient	Λ	W/m^2K	DIN 52611
Wärmedurchlaßwiderstand	$\frac{1}{\Lambda}$	$m^2 \cdot K/W$	DIN 52611
Wärmeübergangskoeffizient	α	W/m^2K	DIN 1341
Wärmeübergangswiderstand innen	$\frac{1}{\alpha_i}$	m^2K/W	DIN 1341
Wärmeübergangswiderstand außen	$\frac{1}{\alpha_a}$		
Wärmedurchgangskoeffizient	k	W/m^2K	DIN 1341
Wärmedurchgangswiderstand	$\frac{1}{k}$	m^2K/W	DIN 1341
spezifische Wärmekapazität	c	J/kg · K	DIN 1341
Fugendurchlaßkoeffizient	a	m^3 (h · m · daPa)	DIN 18055 (z. Z. noch Entwurf)
Gesamtenergiedurchlaßgrad	g	1 [2])	DIN 67507
Abminderungsfaktor einer Sonnenschutzvorrichtung	z	1 [2])	DIN 4108
Partialdruck des Wasserdampfes (Wasserdampfteildruck)	p	Pa (N/m^2)	DIN 1314
Sättigungsdruck des Wasserdampfes (Wasserdampfsättigungsdruck)	p_s	Pa (N/m^2)	DIN 1314
relative Luftfeuchte		1 [1])	–
massebezogener Feuchtegehalt fester Stoffe	u_m	1 [1])	DIN 52612
Diffusionskoeffizient	D	m^2/h	DIN 52615
Wasserdampf-Diffusionsstrom	I	kg/h	DIN 52615
Wasserdampf-Diffusionsstromdichte	i	kg/m^2h	DIN 52615
Wasserdampf-Diffusionsdurchlaßkoeffizient	Δ	$kg/m^2 \cdot h \cdot Pa$	DIN 52615
Wasserdampf-Diffusionsdurchlaßwiderstand	$\frac{1}{\Delta}$	$m^2 \cdot h \cdot Pa/kg$	DIN 52615
Wasserdampf-Diffusionsleitkoeffizient	δ	kg/m · h · Pa	DIN 52615
Wasserdampf-Diffusionswiderstandszahl	μ	1 [1])	DIN 52615
(wasserdampf-) diffusionsäquivalente Luftschichtdicke	s_d	m	–
flächenbezogene Wassermasse	W	kg/m^2	DIN 4108
Wasseraufnahmekoeffizient	w	$kg/m^2 \cdot h^{1/2}$	DIN 52617 (z. Z. noch Entwurf)
Gaskonstante des Wasserdampfes	R_D	J/kg · K	R_D = 462 J/kg · K

[1]) 1 W · s = 1 J = 1 N · m
[2]) 1 steht für das Verhältnis zweier gleicher Einheiten.

2.6.2. Temperatur und Wärme

Im normalen Sprachgebrauch werden Temperatur und Wärme sehr häufig gleichgesetzt, obwohl sie eine verschiedene Bedeutung haben: Die Temperatur zeigt immer den jeweiligen Wärmezustand eines Baustoffes an, während die Wärme die in einem Körper enthaltene Menge beinhaltet.

Die Temperatur-Einheiten sind Kelvin (K) und Grad (°C). Die tiefste Temperatur liegt bei ca. –273 °C, dieser Temperaturwert wird auch als absoluter Nullpunkt bezeichnet, da hier jede Molekularbewegung aufhört.

Die Temperaturskala Kelvin geht von diesem absoluten Nullpunkt aus, 0 K entspricht demnach –273 °C bzw. 0 °C ist gleich 273 K. Der Siedepunkt des Wassers liegt bei 100 °C bzw. 373 K.

2.6.3. Wärmemenge *(Q)*

Ein Maß für die in einem Körper enthaltene Wärme (Energie) ist die Wärmemenge *Q*. Ihre Einheit ist das Joule (J). James Joule hat 1843 nachgewiesen, daß für mechanische Arbeiten eine bestimmte Wärmemenge notwendig ist.

Arbeit, Energie und Wärmemenge bilden Größen gleicher Art.

$$1\,J = 1\,Nm = 1\,Ws$$
$$1000\,J = 1\,kJ = 1\,kNm = 1\,kWs$$

2.6.4. Spezifische Wärmekapazität *(c)*

Die spezifische Wärmekapazität ist diejenige Wärmemenge, die notwendig ist, um 1 kg eines Stoffes um 1 K zu erwärmen. Diese Erwärmung ist von der Masse und der Art des Stoffes abhängig.

2.6. Wärmetechnische Grundlagen

Mittlere spezifische Wärmekapazität von Baustoffen	$\frac{kJ}{kg \cdot K}$
Wasser	4,2
Eis	2,1
Öl	1,9
Aluminium	0,96
Holz, Holzwerkstoffe	2,1
Stahl	0,46
Kunststoffe	1,5
Beton	0,8
Bausteine	0,8
Luft mit normalem Feuchtegehalt	1,0
Mineralische Bau- und Dämmstoffe	1,0

Aus obiger Tabelle ist ersichtlich:
Die spezifische Wärmekapazität von Stahl beträgt 0,46 kJ/kg · K, d. h. zur Erwärmung von 1 kg Stahl um 1 K sind 0,46 kJ erforderlich.

2.6.5. Wärmeausdehnung und Temperaturdehnzahl

Baustoffe dehnen sich, mit wenigen Ausnahmen, bei Erwärmung nach allen Seiten aus; das Ausdehnungsmaß ist dabei je nach Baustoffart verschieden groß. Der Verbundbaustoff Stahlbeton ist z. B. nur deshalb in bezug auf die Wärmeausdehnung problemlos, da beide Ausgangsmaterialien, Beton und Stahl, die gleiche Wärmeausdehnung (Temperaturdehnzahl) besitzen. Dagegen dehnt sich Kunststoff 8mal mehr als Aluminium bei gegebener Temperaturerhöhung aus. Im Bauwesen kommt es darauf an, nur solche Baustoffe miteinander zu verbauen, die annähernd gleiche Temperaturdehnzahlen besitzen.

Temperaturdehnzahl

Die lineare Temperaturdehnzahl α_T sagt aus, um wieviel mm sich 1 m eines festen Baustoffes bei 1 K Temperaturerhöhung oder -erniedrigung ausdehnt oder zusammenzieht.

Wichtige Temperaturdehnzahlen von Baustoffen	$\frac{mm}{m \cdot K}$
Mauerwerk aus Mauerziegeln	0,006
Kalkmörtel, Lehmmörtel	0,006
Mauerwerk aus Kalksandsteinen, Gasbetonsteinen, Kalk-Zementmörtel	0,008
Wand- und Bodenfliesen, Glas, Sandstein	0,008
Baustahl, Asbestzementplatten	0,01
Beton, Mauerwerk aus Klinkern	0,01
Aluminium	0,024
Kupfer	0,017
Zink, Blei	0,029
Asphaltplatten	0,03
PVC, Polystyrol	0,08

2.6.6. Wasserdampfkondensation u. Taupunkt

Wird einem gasförmigen Körper (z. B. Wasserdampf) Wärme entzogen, so verdichtet er sich zu einem flüssigen Körper, d. h.: Wasserdampf wird zu Wasser. Die Temperaturgrenze, bei der die Umwandlung geschieht, nennt man den Taupunkt oder Kondensationspunkt. Er spielt im Bauwesen eine wichtige Rolle bei Flachdächern und Außenwänden (siehe hierzu die Seiten 5-41 und 5-56 ff).

Die falsche Lage des Taupunktes kann zu erheblichen Bauschäden führen, da durchfeuchtete Bauteile stets eine Kälte-/Wärmebrücke darstellen. Darüber hinaus bilden feuchte Bauteile, hier insbesondere Holz, einen guten Nährboden für tierische und pflanzliche Holzschädlinge.

2.6.7. Wärmeübertragung

Die Wärme kann durch Strahlung, Strömung und Leitung übertragen werden.

Wärmestrahlung

Wärmestrahlen sind Lichtstrahlen sehr ähnlich. Die Übertragung der Wärme ist dabei nicht an einen Stoff gebunden. Wie die Sonnenstrahlen durch den kalten, luftleeren Weltraum zur Erde gelangen, so treffen die Wärmestrahlen auf einen Körper auf und geben dabei die Strahlungsenergie ab. Diese wird wiederum durch Wärmebewegung der Moleküle umgesetzt. Die Wärmeaufnahme hängt dabei von der farblichen Oberflächenbeschaffenheit des Körpers ab: dunkle Flächen erwärmen sich schneller als helle, weil letztere einen Teil der Wärmestrahlen reflektieren.

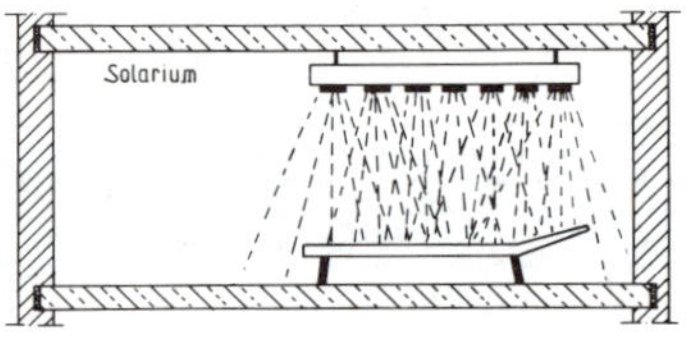

Wärmeübertragung durch Strahlung

Wärmeströmung

Die Wärmeströmung (Konvektion) geschieht durch den Wärmetransport von Gasen oder Flüssigkeiten. Werden diese erhitzt, so dehnen sie sich aus, ihre Dichte verringert sich und sie steigen nach oben, während kältere Luft an ihre Stelle tritt. Beispiele: Luftumwälzung bei einem erwärmten Heizkörper in einem Raum; Warmwasser-Schwerkraftheizung (hier sind große Rohrquerschnitte erforderlich, damit die Wasserumwälzung ohne Pumpenhilfe möglich ist).

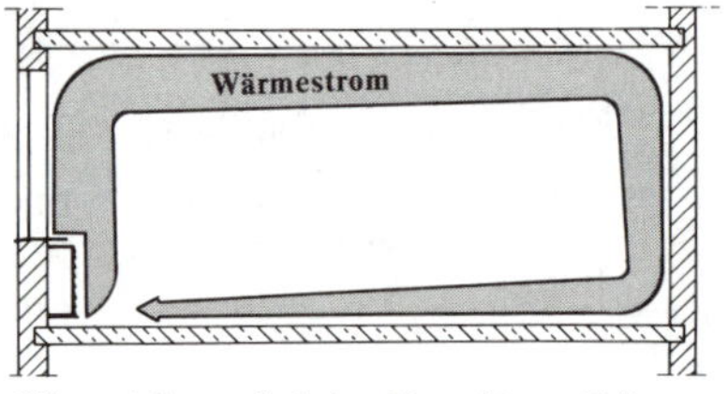

Wärmeströmung bei einer Konvektoren-Heizung

Wärmeleitung

Bei der Wärmeleitung wird die Wärme von Molekül zu Molekül eines bestimmten Baustoffes weitergegeben. Die Schnelligkeit der Wärmeleitung hängt dabei von der Art bzw. Dichte des Baustoffes ab. Baustoffe mit hoher Dichte (z. B. Stahl) sind gute Wärmeleiter, porige Baustoffe (z. B. Holz, Mineralfasermatten) sind hingegen gute Dämmstoffe, da eine direkte Weiterleitung der (infolge Erwärmung) schwingenden Moleküle durch die vielen Lufträume schlecht möglich ist.

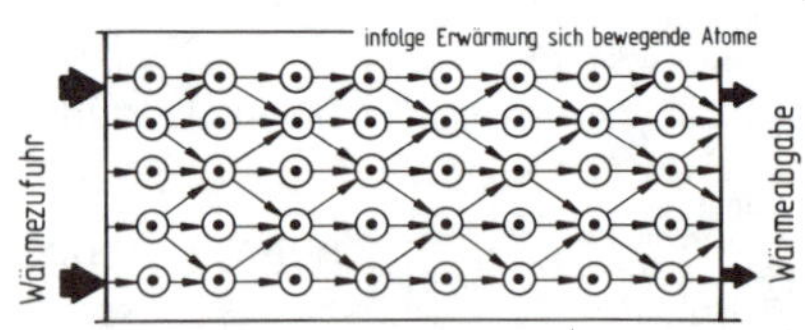

Wärmeübertragung durch Leitung

2.7. Mechanik

2.7.1. Bewegungslehre (Kinematik)

Geradlinig gleichförmige Bewegung

$v = \frac{s}{t}$

v Geschwindigkeit in m/s (km/h)
s Weg in m (km)
t Zeit in s (h)

Umrechnung: v (in km/h) $= 3{,}6 \cdot v$ (in m/s)

Geschwindigkeit-Zeit-Diagramm

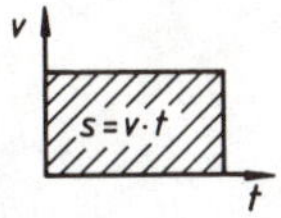

Beispiel: Ein Pkw durchfährt 100 m in 6,8 s, $v = ?$ km/h

Lösung:

$$v = \frac{s}{t} = \frac{100\ \text{m}}{6{,}8\ \text{s}} = 14{,}7\ \text{m/s}$$

$$v = 3{,}6 \cdot 14{,}7\ \text{km/h}$$

$$v = 52{,}92\ \text{km/h}$$

Ungleichförmige Bewegung

$$\bar{v} = \frac{s_2 - s_1}{t_2 - t_1}$$

$$\bar{v} = \frac{\Delta s}{\Delta t}$$

$\bar{v}$ mittlere Geschwindigkeit in m/s
Δs zurückgelegter Weg in m
Δt Zeitabschnitt in s

Weg-Zeit-Diagramm

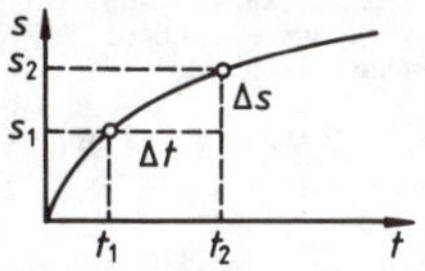

Wird der Zeitabschnitt Δt immer kleiner und der Null angenähert, so nähert sich die mittlere Geschwindigkeit $\bar{v}$ dem Wert der Momentangeschwindigkeit.

Durchschnittliche Geschwindigkeiten

	km/h	m/s		km/h	m/s
Schnecke	0,0072	0,002	Rauchschwalbe	320	90
Fußgänger	5	1,4	Schall in Luft von 0 °C	1195	332
Dauerlauf	10	2,8	Schall im Wasser	5280	1467
Radfahren	20	5,5	Punkt am Äquator	1670	464
Regentropfen	22	6	Gewehrgeschoß	3130	870
Kurzstrekkenläufer	36	10	Wasserstoffmoleküle bei 0 °C	6625	1840
Brieftaube	72	20	Erde auf Bahn um die Sonne $1{,}1 \cdot 10^5$ km/h, $3 \cdot 10^4$ m/s		
Adler	bis 85	24			
Rennpferd	bis 90	25			
Orkan	bis 300	83			

Gleichmäßig beschleunigte Bewegung

Körper zur Zeit $t = 0$ in Ruhe

$$v = a \cdot t$$

$$s = \frac{v \cdot t}{2}$$

$$s = \frac{1}{2} \cdot a \cdot t^2$$

v Geschwindigkeit in m/s
a Beschleunigung in m/s²
t Zeit in s
s Weg in m

Geschwindigkeit-Zeit-Diagramm

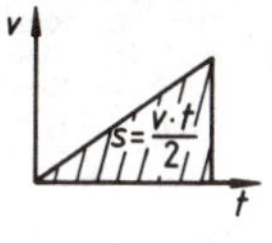

Beispiel:
Ein Zug erreicht in 2 min eine Geschwindigkeit von 100 km/h, durchschnittliche Beschleunigung $a = ?$ m/s², Weg während der Anfahrt $s = ?$ m

Lösung:

$$a = \frac{v}{t} = \frac{100\,000\ \text{m}}{3600\ \text{s} \cdot 120\ \text{s}} = 0{,}23\ \text{m/s}^2$$

$$s = \frac{v \cdot t}{2} = \frac{100\,000\ \text{m} \cdot 120\ \text{s}}{3600\ \text{s} \cdot 2} = 1\,666{,}7\ \text{m}$$

Mittlere Beschleunigungen

	m/s²		m/s²
Anfahren Personenzug	0,15	Raketenstart	30
Anfahren U-Bahn	0,60	Tennisball bei Aufprall auf Mauer	10^5
Anfahren Kraftwagen	1–3	Geschoß beim Abschuß	$6 \cdot 10^5$
Bremsen Kraftwagen	1–6		
Personenaufzug	5		

Freier Fall

$$v = g \cdot t$$

$$s = \frac{1}{2} \cdot g \cdot t^2$$

$$v = \sqrt{2 \cdot g \cdot s}$$

v Geschwindigkeit in m/s
g Fallbeschleunigung ($g = 9{,}81$ m/s²)¹)
t Zeit in s
s Weg in m

Beispiel: Ein Stein fällt aus 100 m Höhe, Zeit $t = ?$ s bis zum Aufschlagen auf den Boden (ohne Luftreibung)

Lösung:

$$t = \sqrt{\frac{2 \cdot s}{g}} = \sqrt{\frac{2 \cdot 100\ \text{m}}{9{,}81\ \text{m/s}^2}} = 4{,}51\ \text{s}$$

Bewegung auf geneigter Ebene

$$v = g \cdot t \cdot \sin\alpha$$

$$s = \frac{1}{2} \cdot g \cdot t^2 \cdot \sin\alpha$$

$$v = \sqrt{2 \cdot g \cdot s \cdot \sin\alpha}$$

v Geschwindigkeit in m/s
g Fallbeschleunigung $= 9{,}81$ m/s²
t Zeit in s
s Weg in m
α Neigungswinkel

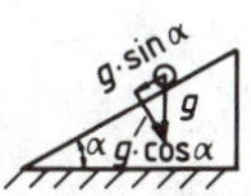

Beispiel: Ein Eisenbahnwagen beginnt auf einer geneigten Ebene mit $\alpha = 1°$ zu rollen, $v = ?$ km/h nach 40 s

Lösung: $v = g \cdot t \cdot \sin\alpha = 9{,}81\ \text{m/s}^2 \cdot 40\ \text{s} \cdot \sin 1°$

$v = 6{,}65\ \text{m/s} = 24{,}65\ \text{km/h}$

Gleichmäßige Kreisbewegung

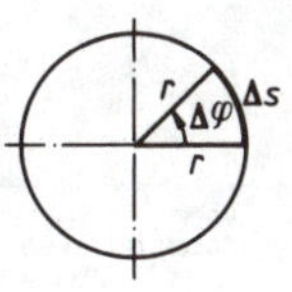

Die Winkelgeschwindigkeit ω ist der Quotient aus dem in einem beliebigen Zeitintervall Δt von dem Kreisradius r überstrichenen Winkel $\Delta\varphi$ (im Bogenmaß) und dem Zeitintervall Δt.

$$\omega = \frac{\Delta\varphi}{\Delta t}$$

Die Einheit der Winkelgeschwindigkeit ω ist rad/s (Radiant durch Sekunde), zulässig aber auch 1/s.
1 rad/s entspricht 57,295°/s

$$v = r \cdot \omega = \frac{d}{2} \cdot \omega$$

$$\omega = 2\pi \cdot n$$

$$f = \frac{n}{t}$$

$$f = \frac{1}{T}$$

v Umfangsgeschwindigkeit in m/s
r Radius in m
d Durchmesser in m
ω Winkelgeschwindigkeit in 1/s
n Drehzahl (Umdrehungsfrequenz) in 1/s
f Frequenz in Hz
t Zeit in s
T Umlaufzeit in s

Beispiel: $n = 3000$ Umdrehungen je min $= 50$ 1/s, $d = 0{,}2$ m, $\omega = ?$ 1/s, $v = ?$ m/s

Lösung: $\omega = 2\pi \cdot n = 2\pi \cdot 50\ \text{1/s} = 314\ \text{1/s}$

$$v = \frac{d}{2} \cdot \omega = \frac{0{,}2\ \text{m}}{2} \cdot 314\ \text{1/s} = 31{,}4\ \text{m/s}$$

¹) $g \approx 9{,}78$ m/s² am Äquator, $g \approx 9{,}83$ m/s² an den Polen (in Meereshöhe)

2.7. Mechanik

2.7.2. Kraft

Um einem Körper mit der Masse m die Beschleunigung a zu erteilen, muß eine Kraft F wirken.

$F = m \cdot a$ — m Masse des Körpers in kg; a Beschleunigung in m/s²

Die Kraft, mit der ein Körper von der Erde angezogen wird, nennt man Gewichtskraft G.

$G = m \cdot g$ — G Gewichtskraft in N; g Fallbeschleunigung (auf der Erde 9,81 m/s²)

Die Einheit der Kraft heißt Newton (N).
1 N = 1 kg · m/s²

Die Kraft ist ein Vektor und durch eine Pfeilstrecke darstellbar. Der Größe (Betrag) der Kraft entspricht die Länge des Pfeiles, z. B. 100 N ≙ 1 cm. Die Wirkungsrichtung der Kraft zeigt die Pfeilspitze an.

Die mit der Kraftrichtung zusammenfallende Gerade heißt die Wirkungslinie der Kraft. Auf ihr kann der Angriffspunkt A der Kraft beliebig verschoben werden.

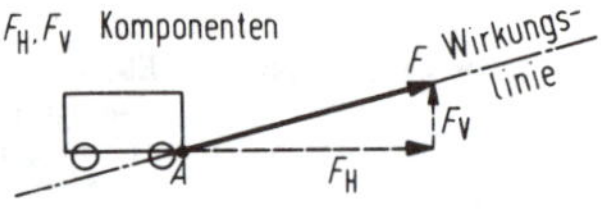

Zusammensetzung von Kräften

Kräfte in gleicher Richtung wirkend	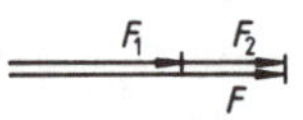	$F = F_1 + F_2$
Kräfte in entgegengesetzter Richtung wirkend	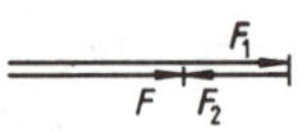	$F = F_1 - F_2$
Kräfte rechtwinklig zueinander wirkend	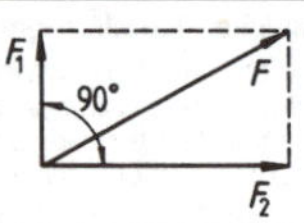	$F = \sqrt{F_1^2 + F_2^2}$
Kräfte unter einem beliebigen Winkel α wirkend	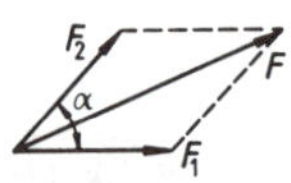	F zeichnerisch durch die Wahl eines Kräftemaßstabs (z. B. 1 cm ≙ 10 N) im Parallelogramm der Kräfte ermitteln

Kräfte an der schiefen Ebene (ohne Reibung)

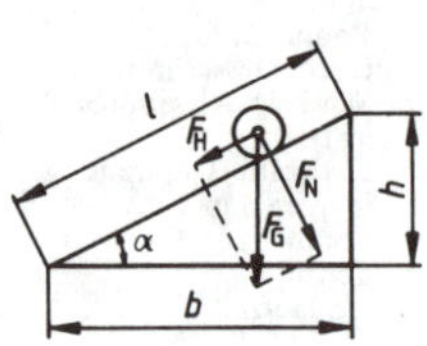

- F_G Gewichtskraft in N
- F_N Normalkraft in N (senkrecht auf Ebene)
- F_H Hangabtriebskraft in N (parallel zur Ebene)
- l Länge in m
- h Höhe in m
- b Breite in m

$$F_H = F_G \cdot \sin\alpha = F_G \cdot \frac{h}{l}$$

$$F_N = F_G \cdot \cos\alpha = F_G \cdot \frac{b}{l}$$

Beispiel: $F_G = 105\,000$ N; $h = 1$ m; $l = 21$ m; $F_H = ?$

Lösung: $F_H = \frac{F_G \cdot h}{l} = \frac{105\,000 \text{ N} \cdot 1 \text{ m}}{21 \text{ m}} = 5000$ N

Kräfte an der eingängigen Schraube (ohne Reibung)

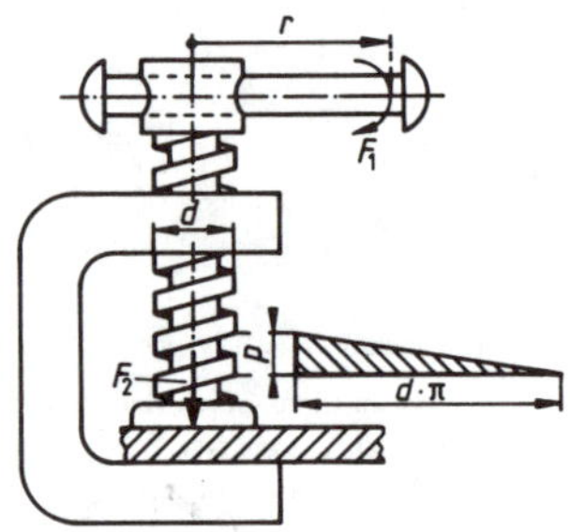

$$F_2 = \frac{F_1 \cdot 2\pi \cdot r}{p}$$

Jeder Schraubengang stellt eine gewundene schiefe Ebene dar.

Beispiel: Gegeben sei $F_1 = 200$ N, $r = 240$ mm, $p = 8$ mm.
Gesucht sei $F_2 = ?$ N.

Lösung: $F_2 = \frac{F_1 \cdot 2\pi r}{p}$

$$F_2 = \frac{200 \text{ N} \cdot 2 \cdot \pi \cdot 240 \text{ mm}}{8 \text{ mm}} = 12\,000\,\pi \text{ N} \approx 37\,700 \text{ N}$$

Hebelgesetz

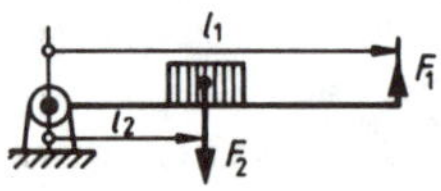

$M_{li} = F_1 \cdot l_1$
$M_{re} = F_2 \cdot l_2$

Einseitiger Hebel

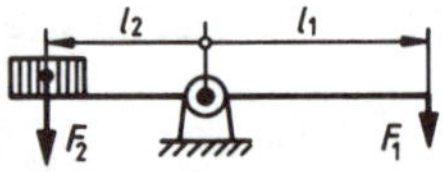

Bei Gleichgewicht:

$M_{li} = M_{re}$
$F_1 \cdot l_1 = F_2 \cdot l_2$

Zweiseitiger Hebel

- M_{li} Drehmoment (linksdrehend) in Nm
- M_{re} Drehmoment (rechtsdrehend) in Nm
- F_1, F_2 Kräfte in N
- l_1, l_2 Hebelarmlängen in m

Hebelarmlänge = Länge des Lotes vom Drehpunkt auf die Wirkungslinie der Kraft.

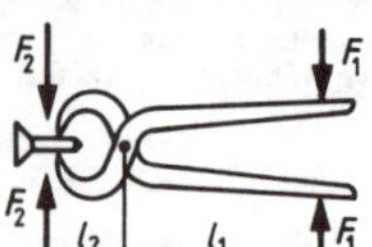

Beispiel: In welcher Entfernung l_1 muß beim Abkneifen des Nagels die Kraft $F_1 = 200$ N drücken, wenn der Nagel dem Abkneifen einen Widerstand von $F_2 = 1600$ N entgegensetzt? $l_2 = 25$ mm.

Lösung: $l_1 = \frac{F_2 \cdot l_2}{F_1} = \frac{1600 \text{ N} \cdot 25 \text{ mm}}{200 \text{ N}} = 200$ mm

2.7. Mechanik

2.7.3. Einfache Maschinen

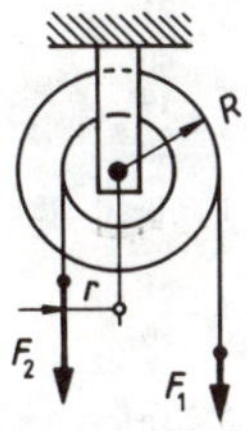

Seil- und Kettentrommel

$$M_{li} = M_{re}$$
$$F_2 \cdot r = F_1 \cdot R$$
$$F_2 = F_1 \cdot \frac{R}{r}$$

M_{li}	Drehmoment (linksdrehend) in Nm
M_{re}	Drehmoment (rechtsdrehend) in Nm
F_1, F_2	Kräfte in N
R, r	Rollenhalbmesser in m

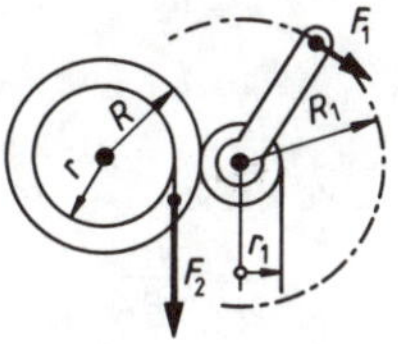

Vorgelege mit Kurbel

$$F_2 = F_1 \cdot \frac{R \cdot R_1}{r \cdot r_1}$$

F_1, F_2	Kräfte in N
R, R_1, r, r_1	Halbmesser in m

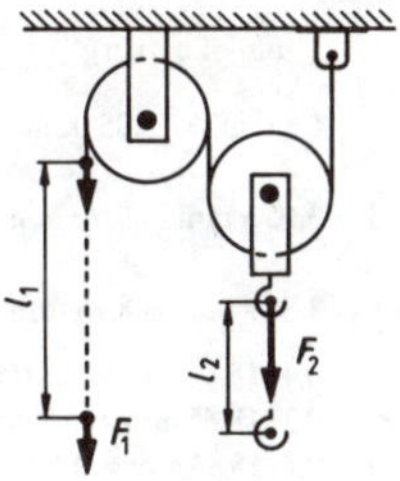

Lose Rolle

$$F_1 \cdot l_1 = F_2 \cdot l_2$$
$$F_2 = 2 \cdot F_1$$
$$l_1 = 2 \cdot l_2$$

F_1, F_2	Kräfte in N
l_1, l_2	Seilwege in m

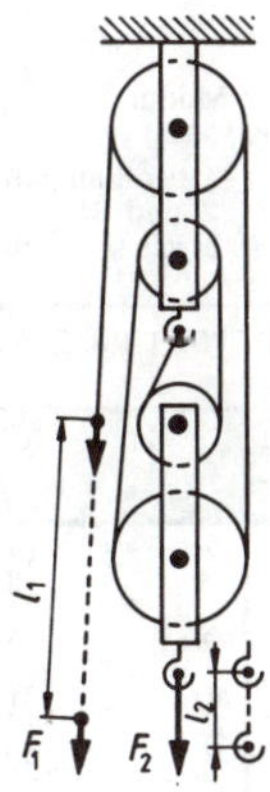

Faktorenflaschenzug

$$F_1 = \frac{F_2}{n}$$
$$l_2 = \frac{l_1}{n}$$

F_1, F_2	Kräfte in N
l_1, l_2	Seilwege in m
n	Rollenzahl

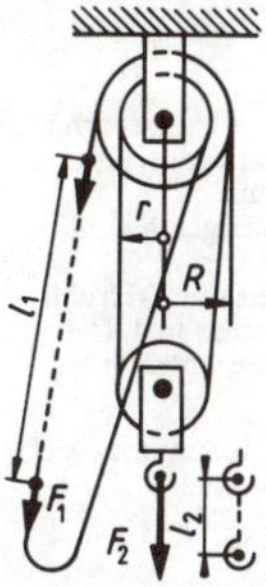

Differentialflaschenzug

$$F_1 = F_2 \cdot \frac{R - r}{2 \cdot R}$$
$$l_2 = l_1 \cdot \frac{R - r}{2 \cdot R}$$

F_1, F_2	Kräfte in N
l_1, l_2	Seilwege in m
R, r	Halbmesser in m

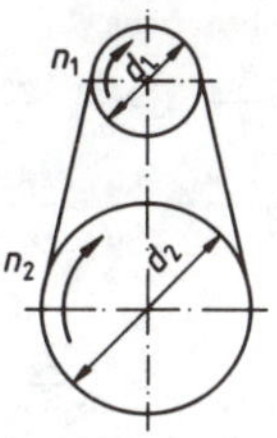

Riementrieb
(einfache Übersetzung)

$$\frac{n_1}{n_2} = \frac{d_2}{d_1}$$
$$i = \frac{n_1}{n_2} = \frac{d_2}{d_1}$$
$$i = \frac{M_2}{M_1}$$

n_1, n_2	Drehzahlen in 1/s
d_1, d_2	Durchmesser der Scheiben in m
i	Übersetzungsverhältnis
M_1, M_2	Drehmomente in Nm

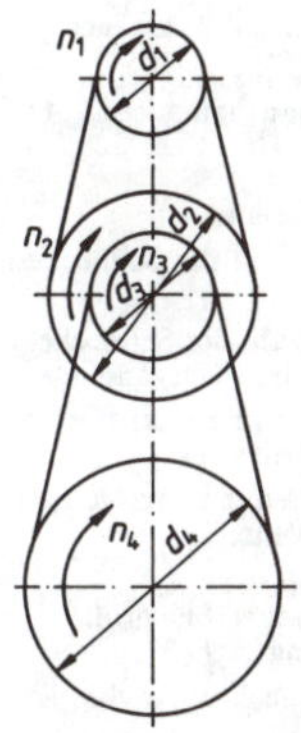

Riementrieb
(doppelte Übersetzung)

$$n_2 = n_3$$
$$i_1 = \frac{n_1}{n_2} = \frac{d_2}{d_1}$$
$$i_2 = \frac{n_3}{n_4} = \frac{d_4}{d_3}$$
$$i_{ges} = \frac{n_1}{n_4}$$
$$i_{ges} = i_1 \cdot i_2$$
$$i_{ges} = \frac{d_2 \cdot d_4}{d_1 \cdot d_3}$$

n_1, n_2 n_3, n_4	Drehzahlen in 1/s
i_1, i_2	Einzelübersetzungsverhältnisse
i_{ges}	Gesamtübersetzungsverhältnis
d_1, d_2 d_3, d_4	Scheibendurchmesser in m

Beispiel: $d_1 = 100$ mm, $d_2 = 300$ mm, $d_3 = 150$ mm, $d_4 = 400$ mm, $i_1 = ?$, $i_2 = ?$, $i_{ges} = ?$

Lösung:

$$i_1 = \frac{d_2}{d_1} = \frac{300\ \text{mm}}{100\ \text{mm}} = 3$$
$$i_2 = \frac{d_4}{d_3} = \frac{400\ \text{mm}}{150\ \text{mm}} = 2{,}67$$
$$i_{ges} = i_1 \cdot i_2 = 3 \cdot 2{,}67 = 8$$
$$i_{ges} = \frac{d_2 \cdot d_4}{d_1 \cdot d_3} = \frac{300\ \text{mm} \cdot 400\ \text{mm}}{100\ \text{mm} \cdot 150\ \text{mm}} = 8$$

2.7. Mechanik

2

Zahnradtrieb
(einfache Übersetzung)

$$i = \frac{d_{02}}{d_{01}} = \frac{\omega_1}{\omega_2} = \frac{n_1}{n_2} = \frac{z_2}{z_1}$$

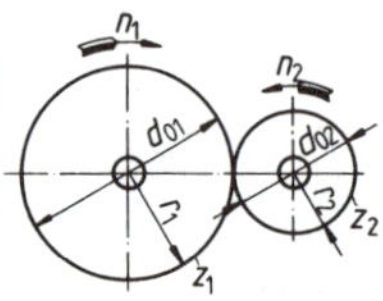

i	Übersetzungsverhältnis
d_{01}, d_{02}	Teilkreisdurchmesser in mm
ω_1, ω_2	Winkelgeschwindigkeiten in 1/s
n_1, n_2	Drehzahlen (Drehfrequenzen) in 1/s
z_1, z_2	Zähnezahlen

Beispiel: $d_{01} = 504$ mm, $z_1 = 84$, $d_{02} = 168$ mm, $z_2 = ?$

Lösung:

$$z_2 = \frac{d_{02} \cdot z_1}{d_{01}} = \frac{168\ \text{mm} \cdot 84}{504\ \text{mm}} = 28$$

Zahnradtrieb
(Doppelübersetzung)

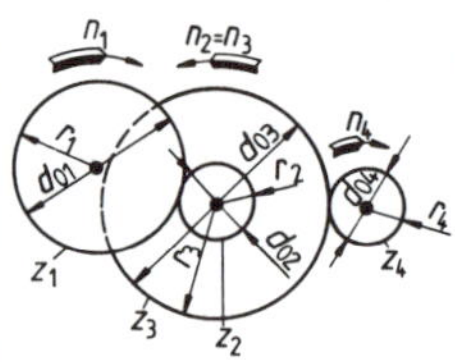

$$i_1 = \frac{n_1}{n_2} = \frac{d_{02}}{d_{01}} \quad \Big| \quad i_2 = \frac{n_3}{n_4} = \frac{d_{04}}{d_{03}}$$

$$i = i_1 \cdot i_2 = \frac{d_{02}}{d_{01}} \cdot \frac{d_{04}}{d_{03}} = \frac{z_2}{z_1} \cdot \frac{z_4}{z_3}$$

$n_1 = \dfrac{z_2 \cdot z_4 \cdot n_4}{z_1 \cdot z_3}$	$z_1 = \dfrac{n_4 \cdot z_2 \cdot z_4}{z_3 \cdot n_1}$	$z_3 = \dfrac{n_4 \cdot z_2 \cdot z_4}{z_1 \cdot n_1}$
$n_4 = \dfrac{z_1 \cdot z_3 \cdot n_1}{z_2 \cdot z_4}$	$z_2 = \dfrac{n_1 \cdot z_1 \cdot z_3}{z_4 \cdot n_4}$	$z_4 = \dfrac{n_1 \cdot z_1 \cdot z_3}{z_2 \cdot n_4}$

Größte Umfangsgeschwindigkeit für Zahnräder

Gußeisen, Stahl	5 m/s	Sondermessing	9 m/s
Phosphorbronze	8 m/s	Rohhaut mit Eisen	11 m/s

Schnecke und Schneckenrad

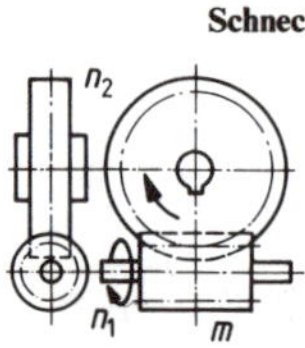

z_2 = Zähnezahl des Schneckenrades,

z_1 = Gangzahl der Schnecke, ein- oder mehrgängig,

n_1 = Drehfrequenz der treibenden Welle,

n_2 = Drehfrequenz der getriebenen Welle.

Der Schneckenantrieb wird besonders für große Übersetzungen gewählt. Größte Übersetzung $\approx 1:50$.

Das Übersetzungsverhältnis eines Schneckengetriebes ist:

$$\frac{n_1}{n_2} = \frac{z_2}{z_1} \quad \Big| \quad z_2 = \frac{n_1 \cdot z_1}{n_2}$$

		Schnecke	Schneckenrad
Modul	m	$p:\pi$	$p:\pi$
Eingriffswinkel	α	üblich 15° oder 20°	
Achsteilung	p	$\pi \cdot m$	$\pi \cdot m$
Teilkreis-∅	d_0	$> 2\,\text{m} \cdot (1{,}4 + 2\sqrt{z_1})$	$z_2 \cdot p : \pi = m \cdot z_2$
Kopfkreis-∅	d_a	$d_1 + 2\,m$	$d_2 + 2\,m$
Fußkreis-∅	d_f	$d_1 - 2\,m \cdot 1{,}16$	$d_{a2} - 2\,m \cdot 2{,}16$
Steigung	p	$z_1 \cdot p = \pi \cdot z_1 \cdot m$	–
Schneckenlänge	l	$> 2\,(1 + \sqrt{z_2}) \cdot m$	–

Zahnrad

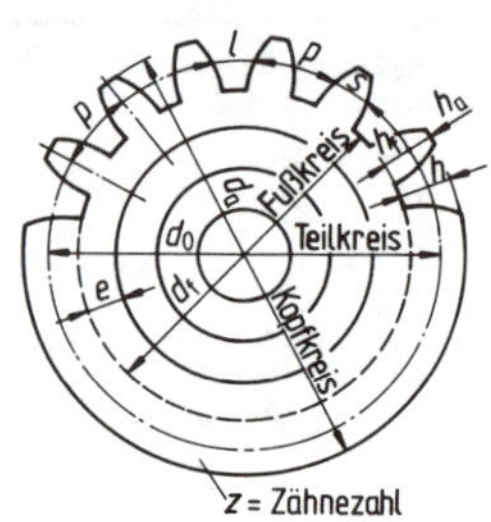

p = Teilung
l = Zahnlücke
s = Zahndicke

Für rohe Zähne:

$$l = \frac{21}{40}p \qquad s = \frac{19}{40}p$$

Für bearbeitete Zähne:

$$l = \frac{41}{80}p \qquad s = \frac{39}{80}p$$

	Modul-Teilung	mm-Teilung
Zahnhöhe	$h = \frac{13}{6} \cdot m = 2{,}167 \cdot m$	$h = 0{,}7 \cdot p$
Zahnkopfhöhe	$h_a = \frac{6}{6} \cdot m = 1 \cdot m$	$h_a = 0{,}3 \cdot p$
Zahnfußhöhe	$h_f = \frac{7}{6} \cdot m = 1{,}167 \cdot m$	$h_f = 0{,}4 \cdot p$

$$d_a = (z + 2) \cdot m = d + 2\,m$$

Teilkreis-∅ d_0 = Zähnezahl × Modul

$$\text{Modul } m = \frac{\text{Teilung}}{\pi} = \frac{p}{\pi} \quad \Big| \quad m = \frac{d_a}{z + 2}$$

Bei $p = 6\pi$ nennt man 6 den Modul.

Beispiel: gegeben $d_0 = 90$ mm; $z = 15$
gesucht p, l, s, h, h_a, h_f in mm

Modul-Teilung	mm-Teilung
$p = \frac{\pi \cdot d_0}{z} = \frac{\pi \cdot 90}{15} = 6\pi$	$p = 6\pi\,\text{mm} = 18{,}85$ mm
$l = \frac{21}{40} \cdot 6\pi = 3{,}15\,\pi$	$l = 3{,}15\,\pi\,\text{mm} = 9{,}90$ mm
$s = \frac{19}{40} \cdot 6\pi = 2{,}85\,\pi$	$s = 2{,}85\,\pi\,\text{mm} = 8{,}95$ mm
$h_f = 0{,}167 \cdot 6\ \text{mm} = 7\ \text{mm}$	$h_f = 0{,}4 \cdot 18{,}85\ \text{mm} \approx 7{,}5\ \text{mm}$
$h_a = 1 \cdot 6\ \text{mm} = 6\ \text{mm}$	$h_a = 0{,}3 \cdot 18{,}85\ \text{mm} \approx 5{,}7\ \text{mm}$
$h = 2{,}167 \cdot 6\ \text{mm} = 13\ \text{mm}$	$h = 0{,}7 \cdot 18{,}85\ \text{mm} \approx 13{,}2\ \text{mm}$

Armzahl $= \frac{1}{7}\sqrt{d_0}$ (d_0 in mm)

Zahnbreite = 2 bis 3 $p \approx 6$ bis 10 × Modul,
für hohe Drehfrequenzen 3 bis 5 p (bis 15 m)

Kranzdicke $e = 1{,}6$ × Modul
Nabendurchmesser = 2 × Bohrung + 5 mm

bei Stahlguß und Bronze etwas schwächer

Modulreihe für Zahnräder nach DIN 780 T 1 u. 2 (5.77)

Maße in mm

Reihe 1	Teilung p	Reihe 1	Reihe 2	Teilung p	Reihe 1	Reihe 2	Teilung p
0,2	0,628	1,5		4,712		5,5	17,279
0,25	0,785		1,75	5,498	6		18,850
0,3	0,942	2		6,283		7	21,991
0,4	1,257		2,25	7,069	8		25,133
0,5	1,571	3		9,425		9	28,274
0,6	1,885		3,5	10,996	10		31,416
0,8	2,513	4		12,566	12		37,599
1	3,142		4,5	14,137	16		50,265
1,25	3,927	5		15,708	20		62,832

2.7. Mechanik

2.7.4. Arbeit

$W = F \cdot s$

W Arbeit in Nm (1 Nm = 1 J = 1 Ws)
F Kraft (in Richtung des Weges wirkend) in N
s Weg in m

Hubarbeit
(potentielle Energie)

$W = m \cdot g \cdot h$

m Masse in kg
g Fallbeschleunigung (9,81 m/s²)
h Hubhöhe in m

Beschleunigungsarbeit
(kinetische Energie)

$W = \frac{1}{2} \cdot m \cdot v^2$

v Geschwindigkeit in m/s

Beispiel 1: $F = 2000$ N, $s = 1{,}5$ m, $W = ?$ Nm

Lösung: $W = F \cdot s = 2000\ \text{N} \cdot 1{,}5\ \text{m} = 3000\ \text{Nm}$

Beispiel 2: $m = 75$ kg, $v = 30$ km/h, $W = ?$ Nm

Lösung: $W = \frac{1}{2} \cdot m \cdot v^2 = \frac{1}{2} \cdot 75\ \text{kg} \cdot \left(\frac{30\ \text{m}}{3{,}6\ \text{s}}\right)^2$

$W = 2604\ \text{Nm}$

2.7.5. Leistung

$P = \frac{W}{t}$

$P = \frac{F \cdot s}{t}$

$P = F \cdot v$

$P = M \cdot \omega$

P Leistung in Nm/s (1 Nm/s = 1 J/s = 1 W)
W Arbeit in Nm
t Zeit in s
F Kraft in N
s Weg in m
v Geschwindigkeit in m/s
M Moment in Nm
ω Winkelgeschwindigkeit in 1/s

$P = \frac{M \cdot n}{9550}$

P Leistung in kW
M Moment in Nm
n Drehzahl in 1/min

Beispiel 1: Ein Kran hebt in 25 s eine Last von 90 kN auf eine Höhe von 4 m. Welche Leistung entwickelt der Hubmotor ohne Reibungsverluste?

Lösung: $P = \frac{F \cdot s}{t} = \frac{90000\ \text{N} \cdot 4\ \text{m}}{25\ \text{s}} = 14400\ \text{W}$

Beispiel 2: Eine Welle hat bei einer Drehzahl von 180 1/min eine Leistung von 15 kW zu übertragen. Wie groß ist das Drehmoment?

Lösung: $M = \frac{9550 \cdot P}{n} = \frac{9550 \cdot 15\ \text{Nm}}{180} = 795{,}8\ \text{Nm}$

Beispiel 3: Bremsdynamometer (Pronysche Zaumbremse)

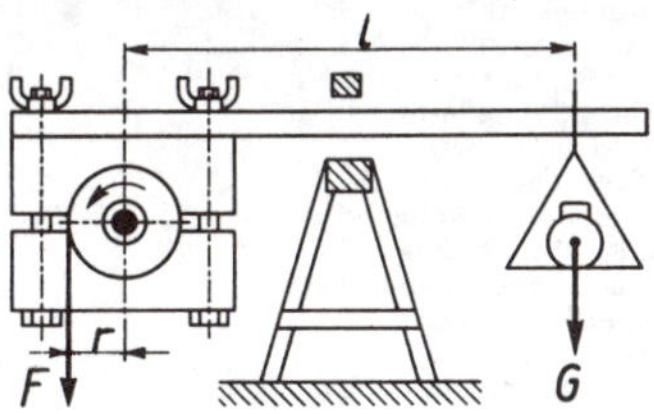

Zur Ermittlung der Nutzleistung eines Motors wird ein Bremsdynamometer von $l = 2{,}25$ m Hebellänge mit $G = 81$ N bei der Drehzahl $n = 30$ 1/s belastet, $P = ?$ kW.

Lösung: $P = M \cdot \omega = G \cdot l \cdot 2\pi \cdot n$

$P = 81\ \text{N} \cdot 2{,}25\ \text{m} \cdot 2\pi \cdot 30\ \text{1/s}$

$P = 34353\ \text{Nm/s} = 34{,}35\ \text{kW}$

2.7.6. Wirkungsgrad

Einzelmaschine

$\eta = \frac{P_{ab}}{P_{zu}}$

η Wirkungsgrad
P_{ab} abgegebene Leistung
P_{zu} zugeführte Leistung

Zusammenschaltung (z. B. Motor und Pumpe)

$\eta_{ges} = \eta_1 \cdot \eta_2$

η_{ges} Gesamtwirkungsgrad
η_1 Wirkungsgrad Maschine 1 (z. B. Motor)
η_2 Wirkungsgrad Maschine 2 (z. B. Pumpe)

Beispiel 1: $P_{ab} = 6{,}4$ kW, $P_{zu} = 7{,}6$ kW, $\eta = ?$

Lösung: $\eta = \frac{P_{ab}}{P_{zu}} = \frac{6{,}4\ \text{kW}}{7{,}6\ \text{kW}} = 0{,}842$

$\eta = 84{,}2\,\%$

Beispiel 2: Ein Motor mit dem Wirkungsgrad $\eta_1 = 80\,\%$ treibt eine Pumpe mit dem Wirkungsgrad $\eta_2 = 75\,\%$ an, $\eta_{ges} = ?\,\%$.

Lösung: $\eta_{ges} = \eta_1 \cdot \eta_2 = 0.8 \cdot 0{,}75 = 0{,}6$

$\eta_{ges} = 60\,\%$

Beispiel 3: Eine Pumpe fördert in einer Sekunde $Q = 0{,}15\ \text{m}^3$ Wasser bei einer Förderhöhe $h = 38$ m, Wirkungsgrad der Pumpe $\eta = 85\,\%$. Antriebsleistung $P = ?$ kW.

Lösung: $P_{zu} = \frac{P_{ab}}{\eta} = \frac{F \cdot h}{t \cdot \eta} = \frac{m \cdot g \cdot h}{t \cdot \eta}$

$P_{zu} = \frac{Q \cdot \varrho \cdot g \cdot h}{t \cdot \eta}$

$P_{zu} = \frac{0{,}15\ \text{m}^3 \cdot 1\ \text{kg} \cdot 9{,}81\ \text{m} \cdot 38\ \text{m}}{1\ \text{s} \cdot 0{,}85\ \text{dm}^3\ \text{s}^2}$

$P_{zu} = 65784\ \text{W} = 65{,}8\ \text{kW}$

2.7.7. Fördermenge der Kolbenpumpe

Bei einfachwirkenden Pumpen und $\eta = 0{,}82$

$Q = \frac{d^2 \cdot s \cdot n}{25000}$

Bei doppeltwirkenden Pumpen und $\eta = 0{,}85$

$Q = \frac{d^2 \cdot s \cdot n}{13000}$

Q Fördermenge in m³/h
d Kolbendurchmesser in cm
s Kolbenhub in cm
n Doppelhubzahl oder Drehfrequenz in 1/min

Wirkungsgrade η in %

Kolbenpumpen	80 ··· 90;	im Mittel 85
Flügelpumpen	70 ··· 80;	im Mittel 75
Rotationspumpen	60 ··· 75;	im Mittel 70
Zahnradpumpen	80 ··· 95;	im Mittel 90
Kreiselpumpen	67 ··· 75;	im Mittel 72

Beispiel: einfachwirkende Pumpe, $\eta = 0{,}82$, $d = 10$ cm, $s = 8$ cm, $n = 200$ 1/min, $Q = ?\ \text{m}^3/\text{h}$

Lösung: $Q = \frac{d^2 \cdot s \cdot n}{25000} = \frac{10^2 \cdot 8 \cdot 200}{25000} = 6{,}4\ \text{m}^3/\text{h}$

Die **größte Saughöhe** bei Pumpen beträgt praktisch etwa 6 bis 7 m.

2.7. Mechanik

2.7.8. Gleitreibung

Zur Überwindung des Widerstandes, der durch die Reibung zweier Körper aneinander entsteht, benötigt man eine Kraft, die sog. **Reibungskraft**. Diese ist bei Beginn der Bewegung am größten (Reibung der Ruhe); sie nimmt mit zunehmender Geschwindigkeit der aufeinander gleitenden Körper ab.

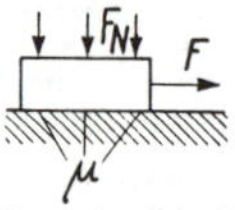

$$F = \mu \cdot F_N$$
$$W = \mu \cdot F_N \cdot s$$

- F Reibungskraft in N
- F_N Normalkraft (senkrecht zur Fläche) in N
- W Reibungsarbeit in Nm
- μ Reibungszahl
- s Weg in m

Reibungszahlen

Werkstoffpaarung	μ trocken	μ geschmiert
Grußeisen auf Gußeisen		0,15
Stahl auf Stahl	0,15	0,11
Stahl auf Bronze	0,18	0,1
Gußeisen auf Bronze		0,12
Stahl auf Gußeisen	0,18	
Holz auf Holz	0,2 ··· 0,4	
Holz auf Metall	0,4 ··· 0,5	
Gummiriemen auf Grauguß	0,4 ··· 0,5	
Bremsbelag auf Stahl	0,5 ··· 0,6	

Gleitlager

$$M = \mu \cdot F_N \cdot r$$
$$P = \mu \cdot F_N \cdot r \cdot 2\pi \cdot n$$

- M Reibungsmoment in Nm
- μ Reibungszahl
- F_N Normalkraft in N
- r Hebelarmlänge (Radius) in m
- n Drehfrequenz in 1/s
- P Verlustleistung in W

2.7.9. Rollreibung

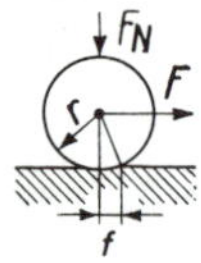

$$F = \frac{F_N \cdot f}{r}$$
$$M = F_N \cdot f$$
$$P = F_N \cdot f \cdot 2\pi \cdot n$$
$$P = F \cdot r \cdot 2\pi \cdot n$$

- F Reibungskraft in N
- f Reibungszahl der Rollreibung in cm
- r Halbmesser in cm
- P Verlustleistung in N cm/s
- F_N Normalkraft in N
- M Reibungsmoment in N cm
- n Drehfrequenz in 1/s

Rollreibungszahlen für Stahl auf Stahl bei verschiedenen Geschwindigkeiten

v in km/h	10	25	50	75	100
f in cm	0,01	0,02	0,03	0,04	0,05

Beispiel: Stahlrad von $r = 40$ cm belastet mit $F_N = 5$ kN, $v = 100$ km/h, $F = ?$ N, $P = ?$ W

Lösung: $F = \frac{F_N \cdot f}{r} = \frac{5000\ \text{N} \cdot 0{,}05\ \text{cm}}{40\ \text{cm}} = 6{,}25$ N

$P = F \cdot v = 6{,}25\ \text{N} \cdot \frac{100}{3{,}6} \frac{\text{m}}{\text{s}} = 173{,}6$ W

Kugel- und Rollenlager

$$F = \mu_i \cdot F_N$$
$$P = \mu_i \cdot F_N \cdot 2\pi \cdot r_1 \cdot n$$

- F Reibkraft in N
- μ_i ideelle Reibungszahl
- r_1 Abstand von Mitte Welle bis Mitte Kugel oder Rolle
- F_N Normalkraft in N
- n Drehfrequenz in 1/s

In Gleit- und Kugellagern ist μ abhängig von der Belastung und Umfangsgeschwindigkeit der Welle. Für überschlägige Rechnung kann gesetzt werden:

Stahl in Weißmetall oder Bronze	gut geschmiert	$\mu = 0{,}02 \cdots 0{,}06$
Stahl in Weißmetall oder Bronze	schlecht geschm.	$\mu = 0{,}08 \cdots 0{,}1$
Zapfen in Gußeisenlagern im Freien	Fettschmierung	$\mu = 0{,}1$
Kugel- u. Rollenlag.	gut geschmiert	$\mu_i = 0{,}001 \cdots 0{,}003$

Beispiel: Ein Lager ist bei $n = 180$ 1/min mit $F_N = 2$ kN belastet. Welche Leistung geht durch Reibung verloren a) bei einem Gleitlager, b) bei einem Kugellager?

Lösung: a) Gleitlager mit $\mu = 0{,}04$, Wellendurchmesser $d = 6$ cm

$P = \mu \cdot F_N \cdot r \cdot 2\pi \cdot n$

$P = 0{,}04 \cdot 2000\ \text{N} \cdot 0{,}03\ \text{m} \cdot 2\pi \cdot \frac{180}{60} \frac{1}{\text{s}} = 45{,}2$ W

b) Kugellager mit $\mu_i = 0{,}003$, Kugeldurchmesser $d = 1$ cm, Abstand von Mitte Welle bis Mitte Kugel $r_1 = 4$ cm

$P = \mu_i \cdot F_N \cdot 2\pi \cdot r_1 \cdot n$

$P = 0{,}003 \cdot 2000\ \text{N} \cdot 2\pi \cdot 0{,}04\ \text{cm} \cdot \frac{180}{60} \frac{1}{\text{s}} = 4{,}5$ W

Fahrzeuge

$$F = \frac{M_g + M_r}{r}$$

- F Fortbewegungskraft in der Ebene in N
- M_g Gleitreibungsmoment (in der Nabe) in Nm
- M_r Rollreibungsmoment (des Rades) in Nm
- r Radhalbmesser in m

Für überschlägige Berechnung

$F = \mu_1 \cdot F_N$

Werte μ_1 der Gesamtreibung für Straßenfahrzeuge und Eisenbahnen	μ_1
Eisenbahngeleise (geringe Geschwindigkeit)	0,0025
Gute Asphaltstraße	0,010
Gutes Steinpflaster	0,018
Schlechtes Steinpflaster (Kopfsteinpflaster)	0,040
Gute Schotter-Landstraße	0,030
Schlechte, ausgefahrene Schotter-Landstraße (bei Regen)	0,050
Trockener, fester u. guter Erdweg	0,050
Gewöhnlicher Erdweg	0,100
Sandweg (loser Sand)	0,150
Gummibereifung auf Asphalt	0,021 ··· 0,031

Gesamtreibung eines Kahnes auf ruhigem Wasser bei geringer Geschwindigkeit etwa $\mu_1 = 0{,}0004$.

2.8. Wichtige Grundstoffe (Elemente) und ihre Verbindungen

Die Chemie befaßt sich mit den Eigenschaften und Veränderungen von anorganischen und organischen Stoffen. **Chemische Umsetzungen** oder **Reaktionen** sind Vorgänge, bei denen sich der Stoff verändert. Die Aufgaben der Chemie sind: Feststellen der Zusammensetzung und der chemischen Eigenschaften der Stoffe **(Analytische Chemie)**, Umwandlung der Stoffe in solche mit neuen Eigenschaften **(Synthetische Chemie)**, Erarbeitung und Deutung der Gesetzmäßigkeiten für diese Umwandlungen **(Experimental-Chemie)**, Aufzeigen von Wegen zur synthetischen Herstellung von Chemikalien, Heilmitteln, Kunststoffen und Naturprodukten, sowie deren groß-technische Durchführung **(Chemische Technik, Verfahrenstechnik)**.

Die kleinsten auf chemischem Wege nicht weiter zerlegbaren Teilchen heißen **chemische Grundstoffe** oder **Elemente**. Diese werden eingeteilt in **Metalle, Halbmetalle** und **Nichtmetalle**. Aus mehreren Elementen entstehen **chemische Verbindungen** wie Säuren, Salze, Oxide usw.

Die **Ordnungszahl** oder **Kernladungszahl** der Elemente bestimmt die Reihenfolge im **Periodensystem**, sie ist gleich der Anzahl der Protonen (positive Ladungen) im Atomkern. Die **relative Atommasse** (früher Atomgewicht genannt) ist eine Verhältnisgröße und gibt an, wieviel mal größer die Masse des Atoms eines Elementes ist als der 12te Teil der Masse eines Atoms des Kohlenstoff-Isotops ^{12}C.

Chemische Elemente und deren relative Atommassen

Element	Symbol	Ord.-zahl	rel. Atommasse	Entdeckt
Actinium	Ac	89	(227)	1899
Aluminium	Al	13	26,9815	1827
Americium	Am	95	(243)	1944
Antimon	Sb	51	121,75	15. Jhdt.
Argon	Ar	18	39,948	1894
Arsen	As	33	74,9216	1675
Astat	At	85	(210)	1940
Barium	Ba	56	137,34	1774
Berkelium	Bk	97	(247)	1949
Beryllium	Be	4	9,0122	1798
Blei	Pb	82	207,19	Altertum
Bor	B	5	10,811	1808
Brom	Br	35	79,909	1826
Cadmium	Cd	48	112,40	1817
Caesium	Cs	55	132,905	1860
Calcium	Ca	20	40,08	1808
Californium	Cf	98	(251)	1950
Cer	Ce	58	140,12	1803
Chlor	Cl	17	35,453	1774
Chrom	Cr	24	51,996	1798
Curium	Cm	96	(247)	1944
Dysprosium	Dy	66	162,50	1886
Einsteinium	Es	99	(254)	1952/53
Eisen	Fe	26	55,847	Altertum
Erbium	Er	68	167,26	1843
Europium	Eu	63	151,96	1893
Fermium	Fm	100	(253)	1952/53
Fluor	F	9	18,9984	1886
Francium	Fr	87	(223)	1939
Gadolinium	Gd	64	157,25	1880
Gallium	Ga	31	69,72	1875
Germanium	Ge	32	72,59	1886
Gold	Au	79	196,967	Altertum
Hafnium	Hf	72	178,49	1923
Hahnium	—	105	(260)	1970
Helium	He	2	4,0026	1868
Holmium	Ho	67	164,93	1879
Indium	In	49	114,82	1863
Iod	I	53	126,9044	1812
Iridium	Ir	77	192,2	1804
Kalium	K	19	39,102	1807
Kobalt	Co	27	58,9332	1735
Kohlenstoff	C	6	12,011 15	1791
Krypton	Kr	36	83,80	1891
Kupfer	Cu	29	63,54	Altertum
Kurtschatovium	Ku	104	(264)	1965
Lanthan	La	57	138,91	1839
Lawrencium	Lr	103	(256)	1961
Lithium	Li	3	6,939	1817
Lutetium	Lu	71	174,97	1906
Magnesium	Mg	12	24,312	1695
Mangan	Mn	25	54,9381	1774
Mendelevium	Md	101	(256)	1955

Element	Symbol	Ord.-zahl	rel. Atommasse	Entdeckt
Molybdaen	Mo	42	95,94	1778
Natrium	Na	11	22,9898	1807
Neodym	Nd	60	144,24	1895
Neon	Ne	10	20,183	1897
Neptunium	Np	93	(237)	1940
Neutron	Nn	0	1,008	1932
Nickel	Ni	28	58,71	1751
Niob	Nb	41	92,906	1801
Nobelium	No	102	(253)	1957
Osmium	Os	76	190,2	1804
Palladium	Pd	46	106,4	1804
Phosphor	P	15	30,9738	1669
Platin	Pt	78	195,09	1750
Plutonium	Pu	94	(242)	1940
Polonium	Po	84	(210)	1898
Praseodym	Pr	59	140,907	1885
Promethium	Pm	61	(145)	1945
Protactinium	Pa	91	(231)	1918
Quecksilber	Hg	80	200,59	Altertum
Radium	Ra	88	(226)	1898
Radon	Rn	86	(222)	1898
Rhenium	Re	75	186,2	1925
Rhodium	Rh	45	102,905	1804
Rubidium	Rb	37	85,47	1861
Ruthenium	Ru	44	101,07	1828
Samarium	Sm	62	150,35	1879
Sauerstoff	O	8	15,9994	1772
Scandium	Sc	21	44,956	1879
Schwefel	S	16	32,064	Altertum
Selen	Se	34	78,96	1817
Silber	Ag	47	107,87	Altertum
Silicium	Si	14	28,086	1823
Stickstoff	N	7	14,0067	1772
Strontium	Sr	38	87,62	1787
Tantal	Ta	73	180,948	1802
Technetium	Tc	43	(99)	1937
Tellur	Te	52	127,60	1792
Terbium	Tb	65	158,924	1843
Thallium	Tl	81	204,37	1861
Thorium	Th	90	232,038	1828
Thulium	Tm	69	168,934	1879
Titan	Ti	22	47,90	1791
Uran	U	92	238,03	1789
Vanadium	V	23	50,942	1830
Wasserstoff	H	1	1,007 97	1766
Wismut	Bi	83	208,98	1505
Wolfram	W	74	183,85	1783
Xenon	Xe	54	131,30	1898
Ytterbium	Yb	70	173,04	1878
Yttrium	Y	39	88,905	1794
Zink	Zn	30	65,37	1617
Zinn	Sn	50	118,69	Altertum
Zirconium	Zr	40	91,22	1789

2.8. Wichtige Grundstoffe und ihre Verbindungen

Trivialnamen und chemische Benennung technisch wichtiger Stoffe

Trivialname	chemische Formel	chemischer Name bzw. Erläuterung
Aceton	C_3H_6O	Propanon
Acetylen	C_2H_2	Äthin
Äther [1]	$C_4H_{10}O$	Diäthyläther
Ätzkali	KOH	Kaliumhydroxid
Ätzkalk	$Ca(OH)_2$	Calciumhydroxid
Ätznatron [2]	$NaOH$	Natriumhydroxid
Aktivkohle	C	feinteilige, porenreiche Kohle
Aluminiumazetat	$Al(CH_3COO)_3$	Essigsaure Tonerde
Anilin	$C_6H_5NH_2$	Aminobenzol
Antichlor	$Na_2S_2O_3 \cdot 5H_2O$	Natriumthiosulfat
Benzol	C_6H_6	Benzol
Bittersalz	$MgSO_4 \cdot 7H_2O$	Magnesiumsulfat
Blausäure	HCN	Zyanwasserstoff
Bleiglätte	PbO	Blei(II)-oxid
Bleiweiß	$2PbCO_3 \cdot Pb(OH)_2$	basisches Bleicarbonat
Blutlaugensalz, gelbes	$K_4Fe(CN)_6 \cdot 3H_2O$	Kaliumhexacyanoferrat(II)
–, rotes	$K_3Fe(CN)_6$	Kaliumhexacyanoferrat(III)
Borax	$Na_2B_4O_7 \cdot 10H_2O$	Natriumtetraborat
Borsäure	H_3BO_3	Borsäure
Braunstein	MnO_2	Mangandioxid
Carborundum	SiC	Siliciumcarbid
Chilesalpeter	$NaNO_3$	Natriumnitrat
Chlorkalk	$CaCl(COl)$	Calciumchlorid-hypochlorid
Chloroform	$CHCl_3$	Trichlormethan
Eisenchlorid	$FeCl_2 \cdot 4H_2O$	Eisen(II)-chlorid-tetrahydrat
Eisenrost	$FeO \cdot Fe_2O_3 \cdot 2H_2O$	Eisenoxidhydrat
Eisessig, Essig, Essigsäure	CH_3COOH	Äthansäure
Fixiersalz	$Na_2S_2O_3$	Natriumthiosulfat
Flußsäure	HF	Fluorwasserstoffsäure
Fruchtzucker	$C_6H_{12}O_6$	Lävulose
Gips	$CaSO_4 \cdot 2H_2O$	Calciumsulfat-dihydrat
Glaubersalz	$NaSO_4 \cdot 10H_2O$	Natriumsulfat-decahydrat
Glycerin	$C_3H_5(OH)_3$	Propantriol
Grubengas, Sumpfgas	CH_4	Methan
Holzessig	CH_3COOH	Äthansäure
Holzgeist	CH_3OH	Methanol
Kalk, gebrannter	CaO	Calciumoxid
–, gelöschter	$Ca(OH)_2$	Calciumhydroxid
Kalkstein siehe Kreide		
Karbid	CaC_2	Calciumcarbid
Karborund	SiC	Siliziumcarbid
Kochsalz, Steinsalz	$NaCl$	Natriumchlorid

Trivialname	chemische Formel	chemischer Name bzw. Erläuterung
Königswasser		Gemisch aus 3 Teilen konz. HCl und 1 Teil konz. HNO_3
Kohlendioxid	CO_2	Kohlenstoffdioxid
Kohlenoxid	CO	Kohlenstoffmonoxid
Korund, Schmirgel	Al_2O_3	Aluminiumoxid
Kreide, Kalkstein	$CaCO_3$	Calciumcarbonat
Kupfervitriol	$CuSO_4 \cdot 5H_2O$	Kupfer(II)-sulfat-pentahydrat
Linolsäure	$C_{18}H_{32}O_2$	Linolsäure
Lötsalz (in Lösung) Lötwasser	$ZnCl_2 + 2NH_4Cl$	Lösung von Zinkchlorid und Ammoniumchlorid
Lachgas	N_2O	Distickstoffoxid
Magnesia	MgO	Magnesiumoxid
Mennige	Pb_3O_4	Blei(II, IV)-oxid
Methylenchlorid	CH_2Cl_2	Dichlormethan
Natron	$NaHCO_3$	Natriumbicarbonat
Nitroglycerin	$C_3H_5(NO_3)_3$	Propantriol-trinitrat
Öl	$C_{57}H_{104}IO_6$	Trioleïn
Oxalsäure	$C_2H_2O_4$	Äthandisäure
Perchloräthylen	$CCl_2 = CCl_2$	Tetrachloräthen
Pottasche	K_2CO_3	Kaliumcarbonat
Ruß	C	Gemenge von feinteiligem Kohlenstoff und öligen Kohlenwasserstoffen (Teeren)
Salmiak	NH_4Cl	Ammoniumchlorid
Salmiakgeist	NH_4OH	Ammoniumhydroxid
Salpetersäure	HNO_3	Salpetersäure
Salzsäure	HCl	Hydrogenchlorid
Schwefelkies	FeS_2	Pyrit
Soda calc.	Na_2CO_3	Natriumcarbonat wasserfrei
Soda krist.	$Na_2CO_3 \cdot 10H_2O$	Natriumcarbonat-decahydrat
Spiritus	C_2H_5OH	Äthanol
Tetra	CCl_4	Tetrachlormethan
Toluol	$C_6H_5CH_3$	Methylbenzol
Tonerde	Al_2O_3	Aluminiumoxid
Traubenzucker	$C_6H_{12}O_6$	Dextrose
Tri	C_2HCl_3	Trichloräthen
Wasserglas		Lösung von Natrium- und Kaliumsilikaten
Weingeist	C_2H_5OH	Äthanol
Zellulose	$C_6H_{10}O_5$	Dextrin
Zitronensäure	$C_6H_8O_7$	Zitronensäure

Beispiele chemischer Vorgänge[3]

1. 1 kg Kohlenstoff (≈ 1,1 kg Steinkohle) verbrennt zu Kohlenstoffdioxid nach Formel $C + 2O = CO_2$ und verbraucht dabei $(2 \cdot 16):12 = 2{,}67$ kg Sauerstoff (9 m^3 Luft).

2. Nach Formel $CaC_2 + 2H_2O = C_2H_2 + Ca(OH)_2$ entsteht aus Calciumcarbid + 2 Tl. Wasser Acetylen + gelöschter Kalk. Für 1 kg CaC_2 braucht man $2 \cdot (2 \cdot 1 + 16):(40{,}08 + 2 \cdot 12) = 36:64{,}08 = 0{,}562$ kg Wasser und erhält $(2 \cdot 12 + 2 \cdot 1):(40{,}08 + 2 \cdot 12) = 26:64{,}08 = 0{,}406$ kg Acetylengas ≈ 350 l.

3. Wird aus einer Lösung von Kupfervitriol in Wasser durch Elektrolyse (Zersetzung durch elektr. Strom) 1 g Kupfer abgeschieden, so zerfallen $(63{,}54 + 32{,}06 + 4 \cdot 16):63{,}54 = 2{,}51$ g $CuSO_4$, entsprechend $(63{,}54 + 32{,}06 + 4 \cdot 16 + 5 \cdot 2 \cdot 1 + 5 \cdot 16):63{,}54 = 3{,}93$ g kristallwasserhaltiges, handelsübliches Salz, $CuSO_4 \cdot 5H_2O$.

4. 100 g einer Blei-Zinn-Legierung bilden nach Zersetzung in Säure und Ausglühen ein Gemenge aus Blei(II)-oxid (PbO) und Zinn(IV)-oxid (SnO_2), das 124,037 g wiegt. Bezeichnet man die Anzahl der Gramm Blei in der Legierung mit X, so gilt die Gleichung:

$$X \cdot \frac{\text{Atomgew. v. O}}{\text{Atomgew. v. Pb}} + (100 - X) \cdot \frac{2\ \text{Atomgew. v. O.}}{\text{Atomgew. v. Sn}} = (124{,}037 - 100)$$

$$X \cdot \frac{16{,}0}{207{,}19} + (100 - X) \cdot \frac{2 \cdot 16{,}0}{118{,}7} = 24{,}037$$

Daraus ergibt sich $X = 15{,}19$, d. h., die Legierung enthält 15,19% Blei.

[1] Nach DIN 32640 (6.80) werden alle vom Stammwort „Ethan" abgeleiteten Bezeichnungen mit „E" (z. B. Ether) geschrieben.
[2] Trivialname Ätznatron soll nach DIN 32640 (6.80) nicht mehr verwandt werden.
[3] Es bedeuten: 2 · 16 = 2 Atomgewicht Sauerstoff; 12 = Atomgewicht Kohlenstoff. 2 · 1 + 16 = 2 Atomgewicht Wasserstoff + Atomgewicht Sauerstoff; 40,08 + 2 · 12 = Atomgewicht Calcium + 2 Atomgewicht Kohlenstoff. 5 · 2 · 1 = 5 · 2 Atomgewicht Wasserstoff.

2.9. Bauchemie

2.9.1. Allgemeines

Die Bauchemie beschäftigt sich mit der Lehre und dem Aufbau der (künstlichen) Baustoffe sowie deren Umwandlung. Seit im Bauwesen neben den herkömmlichen Baustoffen (Steine, Stahl, Holz usw.) auch künstliche Werkstoffe (z. B. Kunststoffe, Holzschutzmittel, Dispersionskleber usw.) verwendet werden, ist die Kenntnis von deren chemischen Eigenschaften für den Bauhandwerker von großer Bedeutung, um Bauschäden zu vermeiden.

Baustoffe unterliegen zahlreichen Einflüssen; so passiert es, daß

- Betonstahlmatten bei mangelhafter Betondeckung infolge Luftzufuhr rosten; die Tragfähigkeit des Stahlbetons wird stark gemindert,
- Luftkalkmörtel bei CO_2-Zufuhr hart wie Stein wird, jedoch bei Feuchtigkeitszufuhr keine Festigkeit erlangt,
- salzhaltige Holzschutzmittel eingebaute Stahlteile am/im Holz zum Rosten bringen,
- ungeeignete Klebstoffe bestimmte Dämmstoffe auflösen, statt zusammenzukleben.

Die Ursachen für die oben beschriebenen chemischen Vorgänge liegen in der Verbindung zweier Stoffe zu einem neuen Stoff; z. B. entsteht Rost durch die Verbindung des Luftsauerstoffes mit Eisen. So wie aus Sand, Bindemittel und Wasser Mörtel als natürliches Stoffgemenge entsteht, so entstehen auch viele Baustoffe durch chemische Verbindungen mehrerer Stoffe:

- **Kalk** [$Ca(OH)_2$] entsteht durch die Verbindung von Calciumoxid mit Wasser.
- **Calciumhydrosilikat,** die verfestigende Substanz bei der Dampfhärtung der Kalksandsteine, entsteht durch die Verbindung des Quarzes mit gelöschtem Kalk.

Mit Hilfe der Chemie lassen sich jedoch auch chemische Verbindungen zerlegen; auch auf diese Weise kann man wichtige Baustoffe erhalten:

- **Branntkalk** (CaO) entsteht durch das Erhitzen (= Zerlegen) von Kalkstein ($CaCO_3$),
- **Roheisen** entsteht im Hochofen durch das Zerlegen des Eisenerzes,
- **Gips** ($CaSO_4 \cdot ½\ H_2O$) entsteht durch das Brennen von Gipsstein ($CaSO_4 \cdot 2\ H_2O$), 75% des Kristallwassers werden dabei freigesetzt.

Bei der Zerlegung von Stoffen gibt es jedoch auch einige, die sich nicht zerlegen lassen; diese Stoffe nennt man **Elemente** (siehe dazu S. 2–18).

Elemente: Stoffe, die sich nicht in einfachere zerlegen lassen (z. Z. 107 bekannt).

Verbindungen: Stoffe, die aus mehreren Stoffen gebildet werden können.

2.9.2. Das Periodische System

Das Periodische System stellt die Einordnung der Elemente nach steigender Ordnungszahl dar, wobei je 8 Elemente eine Periode bilden. Alle Perioden untereinander ergeben senkrechte Reihen, die Gruppen, in denen die miteinander verwandten Elemente senkrecht untereinander stehen. Im Periodischen System findet man die Metalle im linken Teil, die Nichtmetalle im rechten Teil (siehe grüne Felder).

Perioden	Alkalimetalle Grp. I	Erdalkalimetalle Grp. II	Leichtmetalle Grp. III	Kohlenstoffgruppe Grp. IV	Stickstoffgruppe Grp. V	Erzbildner VI	Halogene Grp. VII	Edelgase Grp. VIII
1	1. H	–	–	–	–	–	–	2. He
2	2. Li	4. Be	5. B	6. C	7. N	8. O	9. F	10. Ne
3	11. Na	12. Mg	13. Al	14. Si	15. P	16. S	17. Cl	18. Ar
4	19. K	20. Ca	31. Ga	32. Ge	33. As	34. Se	35. Br	36. Kr
5	37. Rb	38. Sr	49. In	50. Sn	51. Sb	52. Te	53. I	54. Xe
6	55. Cs	56. Ba	81. Tl	82. Pb	83. Bi	84. Po	85. At	86. Rn
7	87. Fr	88. Ra	89. Ac	104. Ku				

Das Periodische System in vereinfachter Darstellung; es ist nur die Ordnungszahl angegeben, die relative Atommasse wurde weggelassen. Grüne Felder bedeuten: Nichtmetalle; weiße: Metalle bzw. Halbmetalle.

2.9.3. Die Grundverbindungen

Es gibt in der anorganischen Chemie (= Chemie der Metalle und Nichtmetalle) vier Grundverbindungen: Oxide, Hydroxide, Säuren und Salze. Diese Verbindungen spielen auch im Bauwesen eine große Rolle.

Die Oxide

Bei den Oxiden handelt es sich um Metall-Sauerstoff- bzw. Nichtmetall-Sauerstoffverbindungen. Keine Oxide bilden Edelmetalle, Edelgase und Halogene.

Die Verbindungsgeschwindigkeit des Sauerstoffs mit anderen Elementen ist sehr unterschiedlich; meist dauert der Oxidationsvorgang sehr lange. Erstes Anzeichen für eine Oxidation bei Baumetallen ist eine matte, teils sich verfärbende Oberfläche; man spricht von **Korrosion.** Wird der Korrosion kein Einhalt geboten, so können schwere Bauschäden auftreten. Beispiel: Durch mangelhafte Betondeckung wird der Betonstahl der normalen Witterung ausgesetzt; er beginnt zu rosten und wird fortschreitend so zerstört, daß die Tragfähigkeit einer Brücke/Stahlbetondecke gefährdet ist. Korrosion ist ein natürlicher Vorgang, der durch die normalen Witterungseinflüsse ausgelöst wird, man spricht daher auch von atmosphärischer Korrosion.

Erscheinungsformen der Korrosion

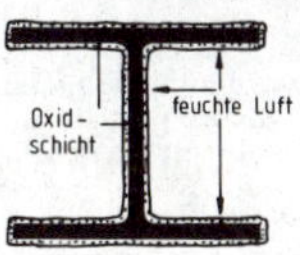

Flächenförmige Korrosion

Sie entsteht durch den allseitigen Angriff von feuchter Luft gleichmäßig auf der gesamten Bauteiloberfläche z. B. eines Stahlträgers (siehe Abb.).

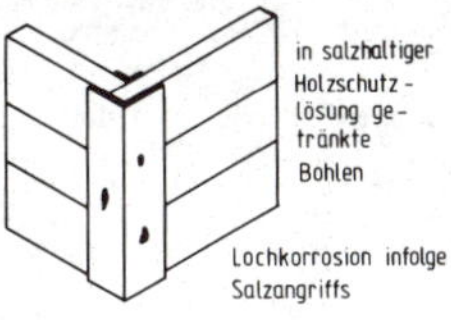

Lochkorrosion

entsteht durch die örtliche Verbindung von schädlichen Salzen mit Metallen. Beispiel: Salzhaltige Holzschutzmittel kommen an bestimmten Stellen mit Stahlbauteilen in Berührung.

2.9. Bauchemie

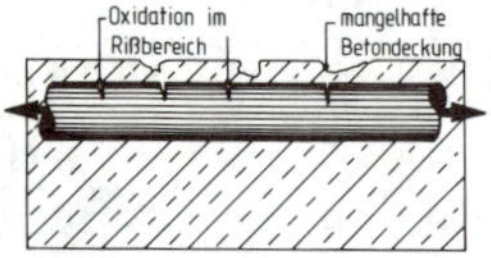

Spannungsrißkorrosion

Spannungsrißkorrosion kann bei Stählen, die unter großer Zugspannung stehen, zu schweren Bauschäden führen. Ein Beispiel hierfür ist das eingestürzte Dach der Kongreßhalle in Berlin. Die Spannungsrisse sind häufig so fein, daß man sie mit bloßem Auge kaum sehen kann.

Korrosionsschutz

Ein guter Korrosionsschutz ist dann gewährleistet, wenn man die Korrosionseigenschaften des betreffenden Baustoffes und die am Einbauort auf ihn wirkenden Einflüsse genau kennt.

Baumaßnahmen, die zu keiner Korrosion führen:

- Verarbeitung von Stahl im Beton, wenn eine ausreichende Betondeckung vorhanden ist. (Die Betondeckung richtet sich nach dem Stabdurchmesser **und** der Umwelttabelle.)
- Kupfer- und Aluminiumbleche können zur Dacheindekkung verwendet werden, da sie witterungsbeständig sind.
- Baustoffe aus Stahl, die extremer Witterung ausgesetzt sind, werden durch Verzinken für immer korrosionsbeständig, z. B. verzinkte Geländerstäbe, Flachdachblenden, Fensterbänke usw.
- Für Rohrleitungen unter Putz verzinkte Rohre oder solche aus Kupfer/Blei verwenden (z. B. sind für das Verlegen von Gasleitungsrohren im Haus neuerdings nur noch verzinkte Rohre zulässig).
- Ungeschützte Bitumenbahnen bzw. -anstriche dürfen in Fließrichtung des Wassers nicht vor metallischen Baustoffen verlegt werden, z. B. kein Bitumenanstrich bei Zinkbedachung.

Hydroxide

Metalloxide plus Wasser ergeben Hydroxide. Sie bestehen aus der Metallgruppe und der Hydroxilgruppe (= OH-Gruppe). Die Lösungen der wasserlöslichen Hydroxide (z. B. ein in Wasser gelöstes, kalkhaltiges Bindemittel) werden Laugen genannt. Diese greifen Baustoffe unterschiedlich stark an, z. B. führen kalkhaltige Bindemittel (Kalkmörtel) bei Aluminiumfenstern zu Ätzflecken! Für den Bauhandwerker bedeutet das: Metallteile müssen sofort von Kalkmörtelspritzern gereinigt werden. Die berühmte Ausnahme bildet jedoch in diesem Fall der Stahl: hier wirkt ein kalkhaltiges Bindemittel als Rostschutz (!); Zementmörtel und Stahl „vertragen" sich nicht zuletzt auch aus diesem Grunde sehr gut.

Säuren

Die Säuren sind Wasserstoff-Nichtmetallverbindungen. Der säureerzeugende Teil ist die H-Gruppe. Säuren entstehen u. a. durch Verbindung der Nichtmetalloxide mit Wasser.

Beispiele:

Schwefeltrioxid + Wasser = Schwefelsäure
$SO_3 + H_2O = H_2SO_4$

Kalkstein + Salzsäure = Calciumchlorid + Kohlensäure
$CaCO_3 + 2\,HCl = CaCl_2 + H_2CO_3$

Aus der letzten Reaktionsgleichung ist ersichtlich, daß sich verdünnte Salzsäure sehr gut für das Entfernen von Mörtelresten z. B. auf Klinkerflächen eignet, jedoch ist das Absäuern mit großer Sorgfalt durchzuführen, damit sich im Mauerwerk keine Salze bilden, die wiederum zu Ausblühungen führen können.

Zu empfehlende Maßnahmen beim Absäuern von Klinkerflächen:

- Mauerwerk vornässen, um ein Eindringen der verdünnten Säure vor allem in die Mörtelfugen zu verhindern (Schmutzfahnen-Gefahr bei Kalkmörteln),
- Abreiben des Mauerwerks mit verdünnter Salzsäure (Verdünnung mit Wasser ca. 1:20),
- Abschließend Mauerwerk mit viel Wasser abspülen, um eine Salzbildung im Mauerwerk zu vermeiden.

Klinkerflächen aus Kalksandsteinen (KS-Vb bzw. KS-Vm) nicht mit verdünnter Salzsäure absäuern, da der in diesen Steinen enthaltene Kalk sich mit der Säure verbindet und das Mauerwerk zersetzt:

Kalkstein + Säure = Salz + Wasser + Kohlenstoffdioxid
$CaCO_3 + 2\,HCl = CaCl_2 + H_2O + CO_2$

Darüber hinaus darf beim Reinigen von Klinkerflächen keine Säure mit Metallflächen (Metallfenstern, -fensterbänken, -blenden) in Berührung kommen, da sonst nicht mehr zu entfernende Ätzflächen entstehen.

Aus obigen Beispielen erkennt man:

Die meisten Metalle und kalkhaltigen Baustoffe sind säuregefährdet!

Salze

Salze sind Verbindungen von Metallen plus Säureresten; diese Verbindungen können nur im flüssigen oder gasförmigen Zustand vor sich gehen. Die Wasserbildung ist die treibende Ursache beim Entstehen einer Säure:

Metallhydroxid + Säure = Wasser + Salz
$NaOH + HCl = H_2O + NaCl$ (Neutralisation)

In der Natur kommen viele Baustoffe als Salze vor, so u. a. Kalkstein, Gipsstein, Sandstein. Die Einsatzmöglichkeit dieser Werkstoffe hängt sehr stark von ihrer Wasser- und Säurelöslichkeit ab. Werden z. B. kalkhaltige Baustoffe einem Säureangriff ausgesetzt, so erfolgt eine starke Zersetzung derselben. Ein Säureangriff liegt bereits vor, wenn aggressives Grundwasser in nicht ausreichend abgedichtetes Kellermauerwerk dringt; es kommt zu Ausblühungen infolge **Sulfatbildung**: Kalkhaltiger Baustoff + im Grundwasser vorhandene Schwefelsäure = Wasserbildung + Sulfatbildung
$Ca(OH)_2 + H_2SO_4 = 2\,H_2O + CaSO_4$

Neben der Sulfatbildung können am Bau auch noch weitere Salzbildungen infolge eines Säureangriffs entstehen:

Nitratbildung (Salpetersäure + Salze aus Metall)

Häufiges Erscheinungsbild an landwirtschaftlichen Gebäudeflächen, wenn z. B. Dünger an einer Mauer abgeladen wird. Folge: Der Putz, sofern er nicht einen Bitumenanstrich aufweist, wird durch die Nitrate zersetzt und blättert ab.

Carbonatbildung (Salze aus Metall verbinden sich dabei mit Kohlensäure)

Sehr häufiges Erscheinungsbild bei Haushaltsgeräten, wenn kalkhaltiges Wasser in diesen erwärmt wird. Durch Erwärmen des Wassers setzen sich Carbonate an den Rändern von Kesseln, Rohren usw. ab, man spricht auch von „Kesselsteinbildung".

Chloridbildung (entsteht durch die Verbindung von Salzsäure mit Salzen aus Metallen)

Chloride entstehen häufig durch falsches Absäuern von Mauerwerksflächen. Eine Beseitigung dieser Salze ist durch ständige Wasserspülung der Wandfläche möglich.

3. Baustoffe

3.1. Natürliche Steine

Gesteinsarten		Farbe Struktur	Rohdichte g/cm³	Druckfestigkeit N/mm²	Sonstige Eigenschaften	Verwendung
Vulkanische Gesteine	Granit	grau bis schwarz, grob- bis feinkörnig gesprenkelt	2,6–2,8	160–240	sehr hart, hoher Widerstand gegen Abnutzung	Pflaster- und Randsteine, Fassadenverkleidung, Fußbodenbelag
	Syenit	dunkel, grünlichbraun bis schwarz, fein- bis mittelkörnig gesprenkelt	2,6–2,8	160–240	wie Granit	wie Granit
	Porphyr	rötlich bis schwarz, feinkörnig mit einzelnen groben Körnern	2,5–2,8	180–300	sehr hart, dicht, fast glasig, dauerhaft, polierfähig	wie Granit
	Basalt	grünlich, grau bis schwarz, feinkörnig	2,9–3,0	250–400	sehr hart und zäh	Schotter und Splitt, Verkleidung im Wasserbau
	Bimsstein	hellgrau, gelblich schaumig	1,0	2,5–5,0	scharfkantig, rauh, wärmedämmend, sehr leicht	Mauersteine, Wärmedämmung
	Tuffstein	hellgelb bis hellgrau, porös, feinkörnig	1,8–2,0	20–30	wetterbeständig, feuerfest, wärmedämmend	Bausteine, Werksteine, Zementherstellung (Traß)
Ablagerungsgesteine	Quarzit	weiß bis hellgrau, geadert	2,6	150–300	sehr hart und fest, wetterbeständig	Schotter und Splitt, Treppenstufen, Bodenbelag, Wandverkleidung
	Grauwacke	hell- bis dunkelgrau, manchmal rötlich	2,6	150–300	hart, rauh	Bruchstein für Mauerwerk, Splitt, Schotter
	Sandstein	verschiedenfarbig, sandkörnig, geschichtet	2,0–2,6	30–200	fest und zäh, gut bearbeitbar; tonige und kalkige sind verwitterungsgefährdet	sehr wichtiger Baustein in allen Baubereichen
	Kalksteine Dolomit	verschiedenfarbig, hell, manchmal geadert oder gefleckt, dicht bis kristallin	1,7–2,8	20–180	gut bearbeitbar, dicht und fest, polierbar	sehr wichtiger Baustein, Rohstoff für Kalk- und Zementherstellung
	Muschelkalk	hell- bis dunkelgrau, mit erkennbaren Organismenresten	2,6–2,8	80–180	dicht, wetterbeständig, gut zu bearbeiten	Werkstein, Verblendung; Rohstoff für Kalkherstellung
	Travertin	hell, gelblich bis bräunlich, geadert, porig, löchrig	2,4–2,5	200–250	hart, fest, polierbar, gut bearbeitbar, gegen Rauchgase empfindlich	Verblendung, Innenarchitektur (früher Werkstein)
	Gipsstein	hell, körnig, blättrig oder faserig	1,8–2,6	–	weich, als Baustein nicht geeignet	Rohstoff für Gipsherstellung
	Gneis	hell bis dunkel, blau-, rot- oder braungetönt	2,6–3,0	160–280	schiefrig, weniger wetterfest	Schotter, Splitt, Werksteine, Fußwegsteine
Umwandlungsgesteine	Schiefer	dunkelgrau, „schieferblau“	2,7–2,8	–	leicht spaltbar, blättrig, wasserdicht, wetterfest	Dachdeckung, Verkleidung
	Marmor	weiß, oft grünliche oder rötliche Maserung, Färbung	2,6–2,8	80–180	polierbar, dicht, witterungsempfindlich	Verblendung, Fußboden, Repräsentativbau

3.2. Künstliche Steine

3.2.1. Mauerziegel

Rohstoff: Ton, Lehm und eventuell Zusätze.

Herstellung: Nach Abbau werden Rohstoffe in dem Beschicker in die gewünschte Mischung gebracht, im Kollergang und im Walzwerk geknetet, in einer Strangpresse geformt, in der Trockenkammer langsam getrocknet und schließlich im Tunnelofen gebrannt.

Mauerziegelarten

	Name	Kurzzeichen	Rohdichteklassen kg/dm³	Druckfestigkeit MN/m²	Vorzugsgröße	Bemerkung
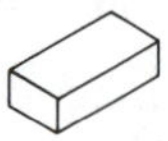	Vollziegel	Mz	1,2–2,2	4–28	DF NF	Ungelocht oder mit weniger Hochlöcheranteil als 15% der Lagerfläche (Gewichtsverringerung).
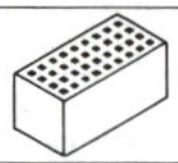	Hochlochziegel	Hlz	1,2–2,2	4–28	DF 2 DF 3 DF	3 DF mit Griffloch. Der Lochanteil ist größer als 15% der Lagerfläche.
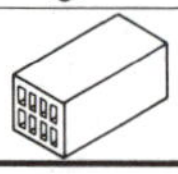	Langlochziegel	Llz	0,5–1,0	2–12	NF	Die Löcher laufen parallel mit der Lagerfläche.

Bezeichnung der Mauersteine

Frostbeständige Ziegelsteine erhalten die Zusatzbezeichnung „V“ (Vormauerziegel). Die bis zur Sintergrenze gebrannten Klinkersteine erhalten zusätzlich die Bezeichnung „K“.

Beispiel:

Ziegel DIN 105 VHz 28–2,0–NF
bedeutet:
- frostbeständig
- Vollziegel
- Rohdichte = 2,0 kg/dm³
- Druckfestigkeit = 28 MN/m²
- Normalformat

Kennzeichnung der Mauerziegel

Alle Mauerziegelarten erhalten ein Werkzeichen des Herstellers. Die Druckfestigkeit der Steine ist auf mindestens jedem 200. Stein mit Farbmarkierung sichtbar zu machen.

Druckfestigkeitsgruppe	Markierungsfarbe
4 MN/m²	blau
6 MN/m²	ohne Farbe
8 MN/m²	rot
12 MN/m²	ohne Farbe
20 MN/m²	weiß
28 MN/m²	braun

3.2.2 Leichtziegel

Rohstoff und Herstellung: ähnlich wie bei den Mauerziegeln, aber mit porenbildenden Zusätzen. Durch die Porigkeit verfügen die Leichtziegelsteine über eine hohe Wärmedämmfähigkeit.

Leichtziegel werden in der Regel als Hochlochziegel hergestellt. Nach DIN 105 (8.89) werden folgende Leichtziegelstein-Arten unterschieden:

	Kurzzeichen	Rohdichteklassen kg/dm³	Druckfestigkeit mit Farbmarkierung	Vorzugsgröße
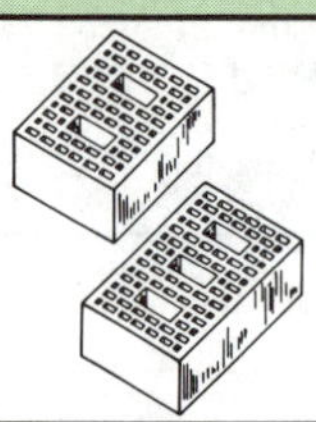	Hlz	0,6–1,0	2 MN/m² grün 4 MN/m² blau 6 MN/m² rot 8 MN/m² [1]) 12 MN/m² ohne Farbe 20 MN/m² weiß 28 MN/m² braun [1]) Kennzeichnung erfolgt durch Aufstempelung der Druckfestigkeitsklasse in schwarzer Farbe	2 DF 3 DF 4 DF 5 DF 6 DF 10 DF 12 DF 16 DF 20 DF

Die Farbmarkierung erfolgt nach den für Mauerziegel gültigen Vorschriften.

3.2. Künstliche Steine

3.2.3. Großblockziegel

Großblockziegel sind Mauersteine, die, neben den Vorzugsformaten nach DIN 105 (8.89), in anderen Zwischenformaten hergestellt werden, um rationelles Bauen zu ermöglichen. Wegen des hohen Gewichtes werden diese Steine oft mit Griffwerkzeugen versetzt. Die Mauer wird an Ecken, Abzweigungen und Keuzungen mit Ergänzungssteinen der Maßordnung angepaßt.

Großblockziegel werden als Hochlochziegel (Hlz) in folgenden Arten hergestellt:

	Rohdichte kg/dm³	Druckfestigkeit MN/m²	Abmessungen (cm) L	B	H	Format DF
	1,2–2,2	4–28	24	24	11,3	4
			24	30	11,3	5
			24	36,5	11,3	6
			24	24	23,8	8
			24	30	23,8	10
			36,5	24	23,8	12
			36,5	30	23,8	15
			49	24	23,8	16
			36,5	36,5	23,8	18
			49	30	23,8	20

Lochung [1]	Gesamtlochquerschnitt	Einzellochquerschnitt
A	> 15 %	≦ 2,5 cm²
B	≦ 50 %	≦ 6,0 cm²
C	≦ 50 %	≦ 16,0 cm²

3.2.4. Dachziegel

Dachziegelart (Beispiele)	Größe (cm)	Ziegelbedarf Stück/m²	Dachgewicht (gemäß DIN 1055) kN/m²	Mindestneigung
Hohlpfanne 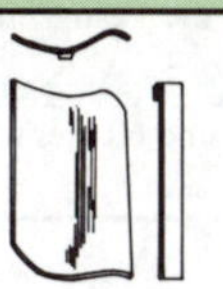	23,5 × 40	15 - 16	0,5	30°
Falzziegel 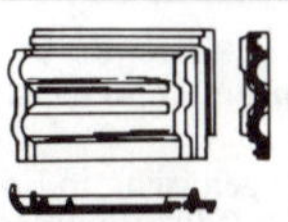	25 × 42	15	0,55	25°
Reformpfanne 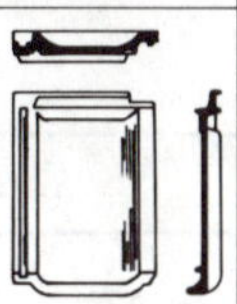	25 × 42	15	0,55	25°
Biberschwanz-ziegel 	18 × 38	35	0,8	30°

[1] Die Hochlochziegel werden mit verschiedenen Lochanteilen in der Lagerfläche sowie mit oder ohne Grifflöchern hergestellt. Je nach dem Anteil des Gesamtlochquerschnittes und der Größe der Einzellöcher unterscheidet man die Lochung A, B und C

3.2. Künstliche Steine

3.2.5. Kalksandsteine

Rohstoff: Kalksandsteine werden aus überwiegend quarzhaltigem Sand und Kalk als Bindemittel hergestellt.

Herstellung: Die Rohstoffe werden im Verhältnis von 1:9 Gewichtsanteile, meistens im Zwangsmischer, bei Zugabe von Wasser gemischt.

Aus der Mischung werden Formsteine (Rohlinge) gepreßt. Schließlich werden die Rohlinge im Härtekessel unter Dampfdruck (etwa 16 bar und 200 °C) in 4–10 Stunden gehärtet.

Nach DIN 106 werden folgende Kalksandsteinarten unterschieden:

Steinart	Kurzzeichen	Rohdichte kg/dm³	Druckfestigkeit MN/m²	Format	Bemerkung
Vollsteine 	KS	0,6–2,2	4–60	DF, NF, 2 DF, 3 DF 4 DF, 5 DF, 6 DF	Ungelocht oder mit weniger Lochanteil als 15% der Lagerfläche. Die Löcher sind von oben abgeschlossen.
	KS-Vm	1,2–2,2	12–60		
Lochsteine 	KS-L	0,6–1,6	4–60	DF, NF, 2 DF, 3 DF, 4 DF, 5 DF, 6 DF	Fünfseitig abgeschlossene Mauersteine. Die Löcher sind in mind. drei Reihen auf die Lagerfläche gleichmäßig zu verteilen.
	VKSL	1,0–1,6	12–60		
Block- und Hohlblocksteine 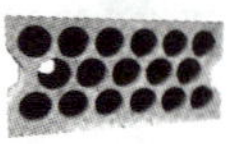	KS KS-HBL	0,6–2,0	4–60	8 DF, 10 DF, 12 DF, 15 DF, 16 DF, 20 DF	Die nach oben abgeschlossenen Hohlräume werden auf die Lagerfläche in drei bis fünf Reihen gleichmäßig verteilt.

Bezeichnung der Kalksandsteine

Beispiel:

Kalksandstein DIN 106–KSHBL–12–1,2–DF

bedeutet:
- Kalksand-Hohlblockstein
- Rohdichte = 1,2 kg/dm³
- Druckfestigkeit = 12 MN/m²
- Format: 10 DF (300 × 240 × 238 mm)

Kennzeichnung der Kalksandsteine

Kalksandsteine sind mindestens an jedem 200. Stein mit einer Kennzeichnung der Druckfestigkeit, Rohdichte und einem Werkzeichen des Herstellers zu versehen.

Wenn statt einer Stempelung eine Farbkennung benutzt wird, so sind folgende für die Festigkeitsklassen zu verwenden:
4 blau, 6 und 8 rot, 12 ohne, 20 gelb, 28 braun, 36 violett, 48 zwei schwarze Streifen, und 60 drei schwarze Streifen.

3.2.6. Hüttensteine

Hüttensteine sind in Herstellung und Format ähnlich wie Kalksandsteine.

Rohstoffe: Hüttensteine werden aus gekörnten Hochofenschlacken (Hüttensand) und meistens hydraulischen Bindemitteln hergestellt.

Herstellung: Die Bestandteile werden im Zwangsmischer bei Wasserzugabe gemischt, in Form gepreßt, und – je nach Bindemittel – an der Luft, unter Dampf oder unter kohlenstoffdioxidhaltigen Abgasen gehärtet.

Nach DIN 398 (6.76) werden folgende Hüttensteinarten unterschieden:

Hüttensteinarten	Kurzzeichen	Rohdichte kg/dm³	Druckfestigkeit MN/m²	Formate
Hütten-Vollsteine	HSV	1,6 1,8 2,0	12 20 28	DF, NF, 2 DF, 3 DF, 5 DF
Hütten-Lochsteine	HSL	1,2 1,4 1,6	6 12	2 DF, 3 DF, 5 DF
Hütten-Hohlblocksteine	HHbl	1,0 1,2 1,4–1,6	6 12	7,5 DF, 9 DF, 10 DF, 12 DF

3.2. Künstliche Steine

Bezeichnung der Hüttensteine

Beispiel:

Hüttenlochstein HSL 1,6–12–2 DF DIN 398

bedeutet: – Hütten-Lochstein
- Rohdichte = 1,6 kg/dm^3
- Druckfestigkeit = 12 MN/m^2
- Format: 2 DF

Kennzeichnung der Hüttensteine

Mindestens jeder 200. Stein soll ein Kennzeichen des Herstellers sowie eine Farbmarkierung nach der jeweiligen Druckfestigkeit, wie folgt, erhalten:

Druckfestigkeit MN/m^2	Markierungsfarbe
7,5	rot
15,0	schwarz
25,0	weiß
35,0	braun

3.2.7. Leichtbetonsteine

Leichtbetonsteine sind porig, dadurch haben sie bei geringerem Gewicht eine hohe Wärmedämmfähigkeit.

Rohstoffe: Zement oder hydraulischer Kalk als Bindemittel sowie leichte Zuschlagstoffe (Naturbims, Hüttenbims, Blähton, usw.)

Herstellung: Die in Formen verdichteten Steine erhärten an der Luft, z. T. auch unter Dampfdruck.

Leichtbetonsteinarten	Kurz-zeichen	Rohdichte kg/dm^3	Druckfestigkeit MN/m^2	Format bzw. Größe (mm)	Bemerkung
Leichtbeton-Vollstein 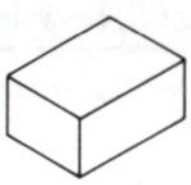	V	0,5–2,0 meistens 0,6–1,6	2 grün 4 blau 6 rot 8 ohne 12 schwarz	DF NF 2 DF 3 DF 5 DF 6 DF 8 DF 10 DF	Griffschlitz ist zulässig.
Leichtbeton-Vollblock 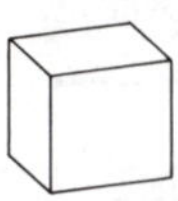	Vbl	0,5–2,0 meistens 0,6–1,6		Länge: 245–495 Breite: 175–490 Höhe: 238	Schlitze und Griffhilfen (Lochanteil) darf 10% der Lagerfläche nicht überschreiten.
Leichtbeton-Hohlblockstein 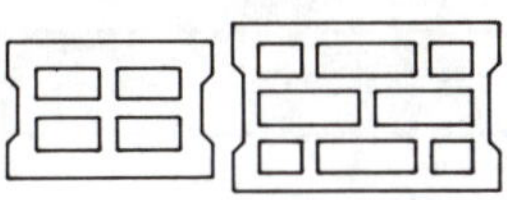	Hbl	0,5–1,4	2 4 6 8	Länge: 245–495 Breite: 175–490 Höhe: 238	Die Steine werden mit 1, 2, 3 oder 4 Hohlkammern hergestellt. Die Kammern können mit Querstegen unterbrochen werden (Kammerreihen).
Leichtbeton-Wandbauplatte 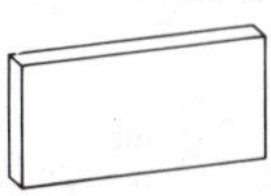	Wpl	0,8–1,4	Biegefestigkeit mind. 0,8 MN/m^2	Länge: 490–990 Dicke: 50–100 Höhe: 240–320	Die Stirnflächen können mit Nut und Feder versehen werden.

Bezeichnung der Leichtbeton-Vollsteine

Beispiel:

Vollsteine DIN 18152 - V 6 - 1,2 - 3 DF

bedeutet: – Vollstein aus Leichtbeton
- Druckfestigkeit = 6 MN/m^2
- Rohdichte = 1,2 kg/dm^3
- Format: 3 DF

Bezeichnung der Leichtbeton-Hohlblocksteine

Beispiel

Hohlblock DIN 18 151–2 K Hbl 6–1,2–16 DF–240

bedeutet: – Hohlblockstein aus Leichtbeton
- zwei Klammern
- Rohdichte = 1,2 kg/dm^3
- Druckfestigkeit = 6 MN/m^2
- Größe: 495 × 240 × 238 mm
  Formatkurzzeichen 16 DF

Bezeichnung der Leichtbeton-Wandbauplatten

Beispiel:

Wandbauplatte Wpl 1,2 - 6 - 900 DIN 18162

bedeutet: – Wandbauplatte aus Leichtbeton
- Rohdichte = 1,2 kg/dm^3
- Größe: 990 × 320 × 60 mm (Formatbezeichnung nach DIN 18162: „6")

3.2. Künstliche Steine

3.2.8. Gasbeton-Blocksteine und -Plansteine

Wandbausteine aus Gasbeton sind porig, leicht und besitzen eine hohe Wärmedämmung.
Rohstoffe: feinkörniger oder feingemahlener quarzhaltiger Sand mit hydraulischem Bindemittel und porenbildenden Zusätzen.
Herstellung: Nach Mischen der Bestandteile wird der Beton in Formen verdichtet und unter hohem Dampfdruck erhärtet.
Wandbausteine aus Gasbeton werden in folgenden Formen hergestellt:

Wandbausteinart	Kurzzeichen	Rohdichte kg/dm³	Festigkeit MN/m²	Größe ± 3/± 1,5	Bemerkung
Gasbeton-Blockstein 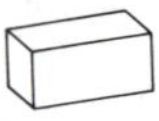	G	0,4–1,0	2 (grün) [1] 4 (blau) 6 (rot) 8 (ohne)	Länge: 240–740 mm Breite: 115–365 mm Höhe: 115–240 mm	Meistens ohne Nut hergestellt.
Gasbeton-Planstein 	GP	0,4–1,0	2 (grün) [1] 4 (blau) 6 (rot) 8 (ohne)	Länge: 249–749 mm Breite: 115–375 mm Höhe: 124–249 mm	[1]) Farbkennung oder Stempel auf mindestens jedem 10. Stein

Bezeichnung der Gasbeton-Blocksteine

Beispiel
Gasbeton-Blockstein DIN 4165–G4–0,6–490 × 240 × 240
bedeutet:
- Gasbeton-Blockstein
- Druckfestigkeit = 4 MN/m²
- Rohdichte = 0,6 kg/dm³
- Größe: 490 × 240 × 240 mm

Bezeichnung der Gasbeton-Plansteine

Beispiel
Gasbeton-Planstein DIN 4165–GP4–0,8–499 × 250 × 249
bedeutet:
- Gasbeton-Planstein
- Druckfestigkeit = 4 MN/m²
- Rohdichte = 0,8 kg/dm³
- Größe: 499 × 250 × 249 mm

3.2.9. Hohlblocksteine aus Beton (Betonhohlsteine)

Betonhohlsteine sind großformatige, mit Hohlräumen senkrecht zur Lagerfläche versehene, fünfseitig geschlossene Mauersteine aus Normalbeton.
Nach DIN 18153 (9.89) werden folgende Betonhohlsteinarten hergestellt:

Betonhohlsteinarten	Kurzzeichen	Rohdichte kg/dm³	Druckfestigkeit MN/m²	Größe
Zweikammersteine 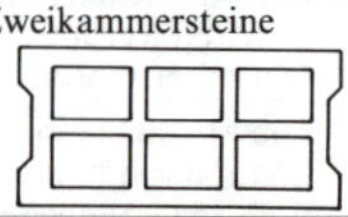	2K Hbn	0,9–2,0	2, 4, 6, 8, 12	Länge: 245–495 mm Breite: 175–300 mm Höhe: 238 mm
Dreikammersteine 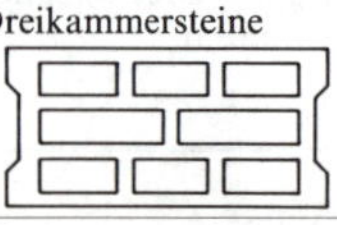	3K Hbn	0,9–2,0		Länge: 245–495 mm Breite: 240–365 mm Höhe: 238 mm
Vierkammersteine 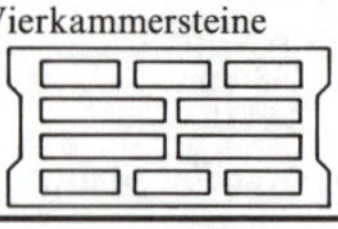	4K Hbn	0,9–2,0		Länge: 245–495 mm Breite: 240–490 mm Höhe: 238 mm

Bezeichnung der Hohlblocksteine

Beispiel
Hohlblockstein DIN 18153–3K Hbn 6–1,2–10 DF–240

bedeutet:
- Hohlblockstein aus Normalbeton
- mit drei Hohlkammerreihen
- Druckfestigkeit = 6 MN/m²
- Rohdichte = 1,2 kg/dm³
- Größe: 305 × 240 × 238 mm = 10 DF

3.3. Bindemittel

3.3.1. Zement

Zement ist ein hydraulisches Bindemittel, das mit Wasser angemacht sowohl an der Luft als auch unter Wasser erhärtet. Bei Erhärtung entwickelt der Zement Wärme, die Hydratationswärme. Der erhärtete Zement, der Zemenstein, ist druckfest und wasserbeständig.

Rohstoffe

Zement wird aus Kalkstein und Ton oder aus Kalkmergel hergestellt. Bei den verschiedenen Zementarten wird zusätzlich Hüttensand, Traß, Quarzsand, Kiesabbrand, gebrannter Ölschiefer sowie eine geringe Menge Gipsstein verwendet.

Herstellung

Der abgebaute Rohstoff wird entweder noch im Steinbruch von einem mobilen Brechwerk gebrochen oder nach Transport mit Schwerlastwagen im Zementwerk von einem Brecher zu Schotter zerkleinert. Der Rohschotter wird je nach chemischer Zusammensetzung gelagert.

Der gelagerte Rohstoff wird in einer Dosiereinrichtung in das gewünschte Mischverhältnis gebracht und in einer Rohmühle (Kugelmühle) mehlfein gemahlen und getrocknet.

Das Rohmehl wird nochmals homogenisiert, vorgewärmt und schließlich in einem Drehrohrofen bei etwa 1450 °C bis zur Sinterungsgrenze gebrannt. Dabei entstehen nußgroße, kugelförmige Teilchen: der Zementklinker.

Die Zementklinker-Körner werden abgekühlt, gelagert, und nach eventuellem Mischen mit Hüttensand, Traß oder Ölschiefer in der Zementmühle (Kugelmühle) feingemahlen. Das entstehende Produkt ist der Zement.

Zementarten nach DIN 1164 (12.86/3.90)

Name	Kurzzeichen	Bestandteile (%) Zementklinker	Hüttensand	Traß	Ölschiefer
Portlandzement	PZ	100	–	–	–
Eisenportlandzement	EPZ	min. 65	max. 35	–	–
Hochofenzement	HOZ	15-64	85-36	–	–
Traßzement	TrZ	60-80	–	40-20	–
Portlandölschieferzement	PÖZ	65-90	–	–	35-10

Zur Regulierung des Erstarrens werden zu allen Zementarten bis zu 3% Gipsstein als Steinmehl werkmäßig beigemischt.

Festigkeitsklassen

Die Druckfestigkeit vom Zement ist von der Mahlfeinheit abhängig.

Alle Zementarten müssen nach 28 Tagen eine bestimmte Mindestdruckfestigkeit erreicht haben. Mit „L" werden Zemente mit langsamer Anfangserhärtung, mit „F" solche mit hoher Anfangserhärtung gekennzeichnet. Demnach werden in DIN 1164 folgende Zementfestigkeitsklassen unterschieden:

Festigkeitsklasse		Druckfestigkeit (N/mm^2) nach 2 Tagen min	7 Tagen min	28 Tagen min	28 Tagen max
25		–	10	25	45
35	L	–	18	35	55
	F	10	–	35	55
45	L	10	–	45	65
	F	20	–	45	65
55		30	–	55	–

Weitere wichtige Zementeigenschaften

Außer der Druckfestigkeit ist die Höhe der Hydratationswärme sowie die Widerstandsfähigkeit gegen sulfathaltiges, aggressives Wasser bestimmend für die praktische Anwendung der verschiedenen Zementarten und Zementfestigkeitsklassen. Mit zunehmendem Anteil an Hüttensand und Traß nimmt die Hydratationswärme ab und erhöht sich der Sulfatwiderstand.

Zementarten	Entwicklung der Hydratationswärme	Widerstand gegen sulfathaltiges Wasser
Portlandzement	schnell	gering
Eisenportlandzement	normal	normal
Hochofenzement	langsam	hoch
Traßzement	langsam	hoch

Die Zemente der höheren Festigkeitsklassen entwickeln höhere Hydratationswärme als Zemente mit geringerer Festigkeit:

Festigkeitsklasse		Entwicklung der Hydratationswärme
25		sehr langsam
35	L	langsam
	F	normal
45	L	normal
	F	schnell
55		sehr schnell

Der mit Wasser angemachte Zement darf nur bis zu dem Erstarrungsbeginn verarbeitet werden. Das Erstarren der Normzemente darf frühestens nach einer Stunde nach dem Anmachen mit Wasser beginnen und muß spätestens zwölf Stunden nach dem Anmachen beendet sein.

3.3. Bindemittel

Bezeichnung der Zemente

B e i s p i e l

Zement DIN 1164 – PZ 35 F

bedeutet:
- Portlandzement
- Mindestdruckfestigkeit nach 28 Tagen 35 N/mm²
- hohe Anfangsfestigkeit

Zemente mit hohem Sulfatwiderstand erhalten die Zusatzbezeichnung „HS“.
z. B. **Zement DIN 1164 – HOZ 35 L – HS**

Zemente mit niedriger Hydratationswärme enthalten die Zusatzbezeichnung „NW“.
z. B. **Zement DIN 1164 – EPZ 25 – NW**

Kennzeichnung der Zemente

Zement wird entweder in Säcken verpackt oder als loser Zement in Behältern angeliefert.

Die Zementsäcke, bzw. Lieferscheine müssen folgende Angaben enthalten:
- Zementart
- Festigkeitsklasse
- Eventuelle Zusatzbezeichnung HS oder NW
- Lieferwerk
- Gewicht
- Kennzeichen für die Güteüberwachung

- Zementsäcke müssen wie folgt farbig gekennzeichnet sein:

Festigkeitsklasse		Sackfarbe	Farbe der Beschriftung
25		violett	schwarz
35	L	hellbraun	schwarz
	F		rot
45	L	grün	schwarz
	F		rot
55		rot	schwarz

Lieferscheine müssen außerdem folgende Angaben enthalten:
- Tag und Stunde der Lieferung
- Polizeiliches Kennzeichen des Lieferfahrzeuges
- Auftraggeber
- Auftragsnummer
- Empfänger

Praktische Anwendung der Zemente

Die Wahl des Zementes für eine konkrete Aufgabe ergibt sich aus den Eigenschaften der einzelnen Zemente.

Anwendungsbeispiele nach Zementart:

Zementart	Anwendungsbeispiel
Portlandzement PZ	Der meistverwendete Zement im Hochbau. (Etwa Dreiviertel des Zementverbrauches in der Bundesrepublik Deutschland)
Eisenportlandzement EPZ	Wegen ähnlicher Eigenschaften wie Portlandzement ähnliche Anwendung
Hochofenzement HOZ	Hauptsächlich im Tiefbau, wegen geringer Wärmeentwicklung bei massigen Bauteilen sowie überall dort, wo mit aggressiven Wässern gerechnet werden muß.
Traßzement TrZ	Wegen ähnlicher Eigenschaften wie Hochofenzement ähnliche Anwendung. In der Bundesrepublik Deutschland ist der Traßzement wegen geringem Traßvorkommen praktisch ohne Bedeutung.

Anwendungsbeispiele nach Festigkeitsklassen:

Festigkeitsklasse	Anwendungsbeispiel
25	Ist nur als Sonderzement mit der Zusatzbezeichnung NW für Massenbeton, oder HS bei aggressivem Wasser in der DIN 1164 vorgesehen; in der Bundesrepublik Deutschland wird er nicht hergestellt.
35 L	Wegen geringer Wärmeentwicklung für massige Bauteile in Hoch- und Tiefbau.
35 F	Alle üblichen Bauteile in Hoch- und Tiefbau. Der meistverwendete Zement: in der Bundesrepublik Deutschland etwa 60% des Zementverbrauches.
45 F	Hochbelastete Bauteile, kurze Ausschalfristen, Betonieren bei kühler Witterung, Fertigteile.
55	Bauteile bei sehr hoher Belastung, sehr kurze Ausschalfristen, Betonieren bei kalter Witterung.

3.3. Bindemittel

3.3.2. Baukalk

Luftkalke

Luftkalke sind Bindemittel, die nach dem Anmachen nur an der Luft erhärten, nicht unter Luftausschluß, also auch nicht unter Wasser.

Rohstoff:

Luftkalk wird aus Kalkstein oder aus Dolomitstein hergestellt.

Herstellung:

Nach Abbau wird der Rohstoff ($CaCO_3$) zerkleinert und im Drehrohr- oder im Schachtofen bei Temperaturen von 1000–1200 °C gebrannt. Dabei entsteht Branntkalk. Nach Wasserzugabe (Löschen) zerfällt der stückige Branntkalk zu einem Pulver (Kalkhydrat).

Bei der weiteren Verarbeitung wird das Kalkhydrat mit Wasser und Sand zu Mörtel gemischt.

Nach einiger Zeit erhärtet das Kalkhydrat im Mörtel – bei Aufnahme von Kohlenstoffdioxid aus der Luft – zu Kalkstein („Kreislauf des Kalkes“).

Handelsformen:

Luftkalke werden in zwei Handelsformen geliefert:
- Feinkalk ist feingemahlener Branntkalk,
- Kalkhydrat ist fabrikmäßig gelöschter Kalk in Pulverform.

Hydraulische Kalke

Hydraulische Kalke sind Bindemittel, die sowohl an der Luft als auch unter Wasser erhärten. Allerdings benötigen hydraulische Kalke, die unter Luftausschluß erhärten sollen, nach dem Anmachen eine kurze Luftlagerung.

Rohstoff und Herstellung

Hydraulische Kalke werden – ähnlich wie Zement – aus Kalkstein und Ton gebrannt. Dabei ist die Brenntemperatur mit etwa 1400 °C wesentlich höher als bei der Herstellung der Luftkalke, aber niedriger als bei der Zementherstellung. Beim Brennen entsteht aus dem Kalksteinanteil Branntkalk, aus dem Tonanteil Aluminiumoxid (Al_2O_3), Eisenoxid (Fe_2O_3) und Siliciumdioxid (SiO_2). Die letzteren Anteile bewirken, daß diese Kalke auch unter Wasser erhärten, sie heißen Hydraulefaktoren.

Beim Löschen mit Wasser zerfällt der Branntkalk zu Kalkhydrat.

Beim Erhärten benötigt ein Teil des Kalkhydrats Kohlenstoffdioxid aus der Luft, – deswegen die nötige kurze Luftlagerung – der Rest Kalkhydrat verbindet sich, auch unter Wasser, mit den Hydraulefaktoren zu wasserunlöslichen Aluminaten, Ferriten und Silikaten.

Druckfestigkeit nach DIN 1164

Kalkarten gelöscht	Mindestdruckfestigkeit nach 28 Tagen in N/mm^2
Weißkalkhydrat	keine Anforderung
Dolomitkalkhydrat	keine Anforderung
Wasserkalkhydrat	keine Anforderung
Hydraulischer Kalk	mindestens 2,0
Hochhydraulischer Kalk	mindestens 5,0

Kennzeichnung

Feinkalk und Kalkhydrat werden pulverförmig in Säcke verpackt geliefert. Der Aufdruck auf der Verpackung muß folgende Angaben enthalten:
- Kalkart und Handelsform (z. B. „Wasserfeinkalk“)
- Gewicht
- Verarbeitungsvorschrift
- Herstellerwerk
- Gütezeichen und Güteüberwachung
- Bei hydraulisch erhärtenden Kalken zusätzlich schwarze Streifen in mittlerer Sackhöhe, und zwar
  - für Wasserkalk 1 Streifen,
  - für hydraulischen Kalk 2 Streifen,
  - für hochhydraulischen Kalk 3 Streifen.

Beispiel einer Kalksackbeschriftung:

Kalkarten nach DIN 1060 (12.67)

Kalkarten		Tonanteil (%)	Schüttdichte (kg/dm^3)	Luftlagerung nach Anmachen (in Tagen)
Luftkalke	Weißfeinkalk	0–10	$\leqq$ 0,5	Erhärtungsdauer
	Dolomitfeinkalk	0–10	$\leqq$ 0,5	Erhärtungsdauer
Hydraulische Kalke	Wasserfeinkalk	10–15	$\leqq$ 0,7	7
	Hydraulischer Kalk	15–30	$\leqq$ 0,8	5
	Hochhydraulischer Kalk	über 30	$\leqq$ 1,0	3

3.3. Bindemittel

3.3.3. Baugips

3

Baugipse sind Bindemittel, die vorwiegend aus einer oder mehreren Hydratstufen des Kalziumsulfats bestehen. Baugips wird in der Hauptsache für Putzarbeiten, Stuckarbeiten, Rabitzarbeiten sowie für die Herstellung und den Einbau von Bauplatten verwendet.

Rohstoffe und Herstellung

Gips wird aus Gipsstein hergestellt. Gipsstein kommt in der Natur als Kalziumsulfat-Doppelhydrat ($CaSO_4 \cdot 2H_2O$) vor, also ein Molekül Kalziumsulfat bindet zwei Moleküle Kristallwasser. Bei Gipsherstellung wird aus dem Gipsstein bei Temperaturen zwischen 100 °C und 1000 °C das Kristallwasser teilweise oder vollständig herausgetrieben.

Bei Brenntemperaturen zwischen 100 °C und 300 °C wird aus dem Gipsstein etwa Dreiviertel des Kristallwassers ausgetrieben. Es entsteht ein Halbhydrat:

$$CaSO_4 \cdot 2H_2O \xrightarrow[300\,°C]{100\,°C} CaSO_4 \cdot \tfrac{1}{2}H_2O + 1\tfrac{1}{2}H_2O$$

Bei Brenntemperaturen über 300 °C wird aus dem Gipsstein das Kristallwasser vollständig ausgetrieben. Es entsteht Kalziumsulfat, sogenannter Anhydrit:

$$CaSo_4 \cdot 2H_2O \xrightarrow[1000\,°C]{300\,°C} CaSO_4 + 2H_2O$$

Die so entstehenden Produkte werden feingemahlen, eventuell mit Stellmitteln bzw. Füllstoffen vermischt und als Baugips, in Säcke verpackt, oder lose in Silos bzw. Containern ausgeliefert.

Binden des Gipses

Nach Anmachen mit Wasser nimmt der Gips Wasser auf: Halbhydrat und Anhydrit bilden sich zu Doppelhydrat, also zu Gipsstein zurück.

Baugipsarten

Nach DIN 1168 (3.55) werden folgende Gipsarten unterschieden:

Gipsart	Herstellung	Eigenschaften
Stuckgips	Brenntemperatur: 120 °C - 180 °C, dadurch besteht er überwiegend aus Halbhydrat	Versteifungsbeginn: 8–25 Minuten Versteifungsende: 20–80 Minuten Verhältnismäßig weich und erhärtet schnell. Mindestdruckfestigkeit nach 28 Tagen: 6 N/mm²
Putzgips	Die Brenntemperatur beträgt, durch ein besonderes Brennverfahren, zwischen 100 °C und 1000 °C. Das entstehende Produkt ist ein Gemisch aus Halbhydrat und Anhydrit	Versteifungsbeginn nicht früher als 3 Minuten, dennoch ist er länger zu verarbeiten als Stuckgips

Aus diesen zwei Baugips-Grundarten können durch werkseitige Beigabe von Zusätzen weitere Baugipsarten hergestellt werden. Alle genormten Gipsarten müssen mindestens 50% Halbhydrat oder Anhydrit enthalten.

Gipsarten mit werkmäßig beigemischten Zusätzen	Besondere Eigenschaften
Mörtelgips	Durch Verzögerer ist die Verarbeitungszeit bis zu 6 Stunden ausgedehnt
Haftgips	Besonders gute Haftung
Maschinenputzgips	Durch Verzögerer länger verarbeitbar
Ansetzgips	Gute Haftung und etwas verzögerte Versteifung
Fugengips	Mit Wasserrückhaltevermögen, so wird verhindert daß das Wasser dem Gips entzogen wird
Spachtelgips	Wie Fugengips

Weitere besondere Eigenschaften von Baugips

- Der Gips dehnt sich beim Abbinden geringfügig aus („treibt"). Diese Eigenschaft wird beim Einsetzen von Dübeln ausgenutzt, sie verhindert aber, Gips mit dem unelastischen Zement zu Mörtel zusammenzumischen.
- Gips ist wasserlöslich. In dauerfeuchten Räumen und im Freien darf er nicht verwendet werden.
- Gips nimmt die Luftfeuchtigkeit an, wodurch die in dem Gips eingebetteten Stahlteile rosten. Stahlteile, die mit Gips in Berührung kommen, müssen Rostschutz erhalten.
- Gips ist feuerhemmend. Durch die Hitze sondert der Gips Kristallwasser ab, dessen Verdunstung Wärmeenergie beansprucht, also kühlt.
- Gipsbauteile sind verhälnismäßig porös und haben eine gute Wärmedämmung.

Lagerung des Gipses

Baugipse verbinden sich leicht mit Feuchtigkeit, wodurch sich die Verarbeitungseigenschaften bis zur Unbrauchbarkeit verschlechtern können. Gips sollte daher in trockenen, geschlossenen Räumen gelagert werden. Auch für kurze Lagerungszeiten im Freien ist eine trockene Unterlage (z. B. Holzrost) und wasserdichte Abdeckung unerläßlich.

Der angelieferte Gips soll möglichst umgehend verarbeitet werden.

Kennzeichnung

Gips wird meistens in 40- oder 50-kg-Säcke verpackt geliefert. Die Beschriftung der Säcke muß folgende Angaben enthalten:

- Baugipsart
- Herstellerwerk
- Gewicht
- Hinweise für die Verarbeitung
- Hinweis „nach DIN 1168"
- Gütezeichen

3.4. Zuschläge für Mörtel und Beton

Nach DIN 4226 (4.83) ist Zuschlag ein Gemenge von mineralischen, in Ausnahmen metallischen, Körnern. Nach **Herkunft** können diese Stoffe aus natürlichen, ungebrochenen oder gebrochenen Gesteinen bestehen, oder, als ungebrochener oder gebrochener Zuschlag, künstlich hergestellt sein.

Beispiele:

Arten	ungebrochen	gebrochen
Natürliche Zuschläge	Sand, Kies	Brechsand, Splitt, Schotter
Künstlich hergestellte Zuschläge	Hüttensand, Blähton, Blähschiefer	Ziegelsplitt, Hüttenbims, Schlacke

Nach **Korngröße** nennt man die Zuschläge wie folgt:

Korngröße mm	Ungebrochener Zuschlag	Gebrochener Zuschlag
0–0,25	Feinstsand	Feinstbrechsand
0–1,0	Feinsand	Feinbrechsand
1–4	Grobsand	Grobbrechsand
4–32	Kies	Splitt
32–63	Grobkies	Schotter

Anforderungen an die Zuschläge

Die Zuschlagstoffe bilden etwa Dreiviertel der Beton- bzw. Mörtelmasse. Die Zuschlageigenschaften bestimmen, neben anderen Faktoren, die Güte des Betons bzw. Mörtels.

Kornform

Würfel- und kugelförmige Zuschlagkörner sind günstiger als platte oder längliche Körner.

Zuschlagkörner mit gedrungener Kornform haben eine kleinere Oberfläche als platte oder längliche Körner gleichen Volumens. Da das Bindemittel die ganze Zuschlagkornoberfläche benässen muß, erfordern platte und längliche Körner mehr Bindemittel als kugel- und würfelförmige Zuschlagkörner.

Eigenfestigkeit

Die Zuschlagkörner müssen genügende Eigenfestigkeit haben, um die geforderte Beton- oder Mörtelfestigkeit erreichen zu können. Unverwitterte natürliche Zuschlagstoffe erfüllen in der Regel diese Anforderung. Verwitterte, schiefrige und weiche Gesteine sind für Zuschläge ungeeignet.

Frostbeständigkeit

Zuschläge, die Wasser saugen, sind frostgefährdet. Die Saugfähigkeit läßt sich feststellen, indem man einen Wassertropfen auf das Zuschlagkorn gibt.

Organische Bestandteile

Organische Stoffe können im Beton und Mörtel das Erhärten stören, Quellen oder Verfärbungen verursachen.

Ob organische Stoffe in schädlichen Mengen vorhanden sind, wird mit dem Natronlauge-Versuch geprüft:

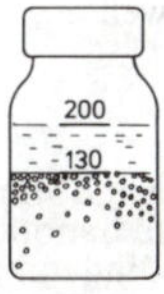

Eine bis zur Marke 130 cm^3 mit Zuschlag 0/8 mm gefüllte Meßflasche wird bis zur Marke 200 cm^3 mit 3%iger Natronlauge aufgefüllt. Nach kräftigem Durchschütteln bleibt die Meßflasche 24 Stunden stehen.

Nach 24 Stunden wird die Verfärbung der Natronlauge geprüft. Keine bzw. hellgelbe Verfärbung bedeutet, daß keine oder nur unbedeutend geringe Mengen organischer Stoffe vorhanden sind. Bräunliche, rötliche Verfärbung zeigt, daß organische Stoffe in schädlichen Mengen vorhanden sind. Solche Zuschläge sind für Mörtel und Beton nicht geeignet.

Tonige und lehmige Bestandteile

Ton und Lehm sind die feinsten Bestandteile des Zuschlagstoffes. Diese mikroskopisch kleinen, schuppenförmigen Teile bilden mit Wasser eine schmierige Substanz. Von Ton und Lehm verschmierte Zuschlagkörner können von dem Bindemittel nicht genügend miteinander verbunden werden, der Beton oder Mörtel verliert an Festigkeit.

Der Anteil an tonigen und lehmigen Bestandteilen wird mit dem Absetzversuch festgestellt:

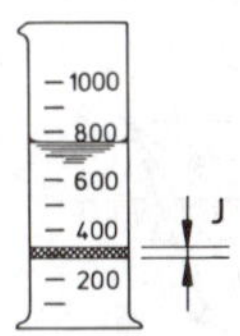

Ein bis zur Marke 500 cm^3 mit trockenem Zuschlag 0/4 mm gefüllter Meßzylinder wird bis zur Marke 750 cm^3 mit Wasser aufgefüllt. Im Abstand von 20 Minuten wird der Zylinder dreimal kräftig durchgeschüttelt. Dabei bleiben die tonigen und lehmigen Bestandteile länger im Wasser schweben, als die größeren Körner, d. h. der Zuschlagstoff wird getrennt. Eine Stunde nach dem letzten Schütteln wird die Schichtdicke der inzwischen abgesetzten Aufschlämmung abgelesen: J (cm^3).

Die Trockenrohdichte der aufschlämmbaren Stoffe beträgt etwa 0,6 g/cm^3.

Damit ist der Anteil dieser Stoffe in Gewichtsprozent:

$$G_a\,(\%) = \frac{J \cdot 0{,}6 \cdot 100}{500} = 0{,}12 \cdot J \text{ (Gewichtsprozent)}$$

Der Anteil an aufschlämmbaren Stoffen wird, wie folgt, begrenzt:

Korngröße des Zuschlages mm				Höchstgehalt in Gewichtsprozent
0/1	0/2	0/4		4
0/8	1/2	1/4	2/4	3
0/16	0/32	2/8	4/8	2
0/63	2/16	4/16	4/32	1
8/16	8/32	16/32	32/63	0,5

3.4. Zuschläge für Mörtel und Beton

Erhärtungsstörende Stoffe

Stoffe, die den Erhärtungsprozeß chemisch stören, wie Salze, Zucker, Schwefelverbindungen, usw. sind in Zuschlagstoffen unzulässig. Bei Verdacht müssen die Zuschläge im Prüflabor untersucht werden.

3

Korngröße

Zuschläge sollen möglichst grobkörnig und arm an Hohlräumen sein. Solche Zuschlagstoffe benötigen für die geforderte Festigkeit die geringste Bindemittelmenge. Diese Forderungen werden am besten von gemischtkörnigen Zuschlagstoffen erfüllt: die großen Körner haben eine relativ kleine Oberfläche, die kleineren Körner füllen die Hohlräume zwischen den größeren Körnern aus.

Die **optimalen Kornmischungen** sind in DIN 1045 wie folgt vorgegeben:

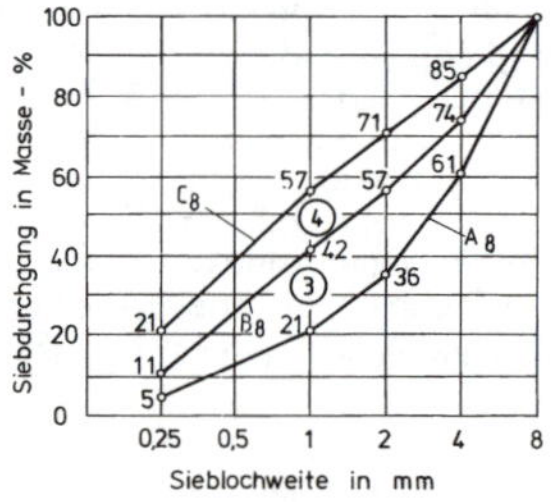

Sieblinien mit einem Größtkorn von 8 mm

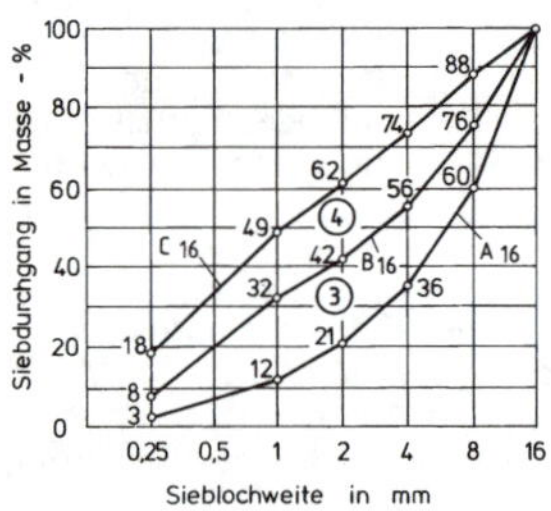

Sieblinien mit einem Größtkorn von 16 mm

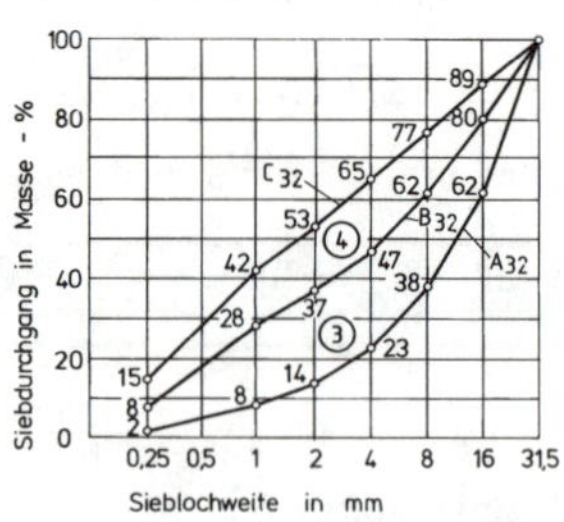

Sieblinien mit einem Größtkorn von 32 mm

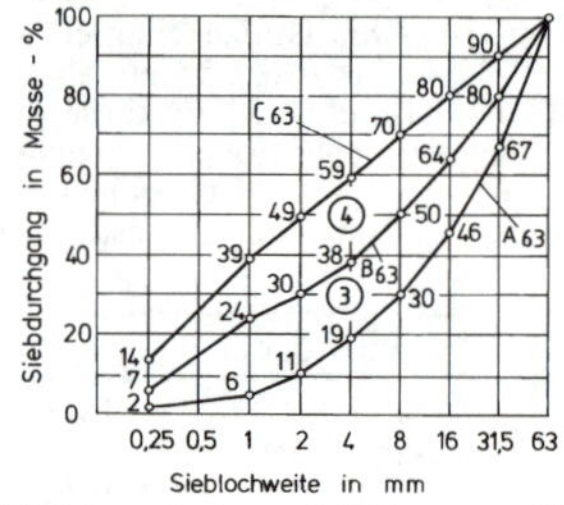

Sieblinien mit einem Größtkorn von 63 mm

Zur Prüfung der Kornzusammensetzung wird eine bestimmte gewogene Menge Zuschlagstoff mit einem genormten Prüfsieb auf die vorhandenen Korngrößen getrennt. Durch Wiegen wird festgestellt, wieviel % der Prüfmenge in den einzelnen Sieben zurückgeblieben, bzw. wieviel % der Prüfmenge durch die einzelnen Normsiebe durchgefallen ist.

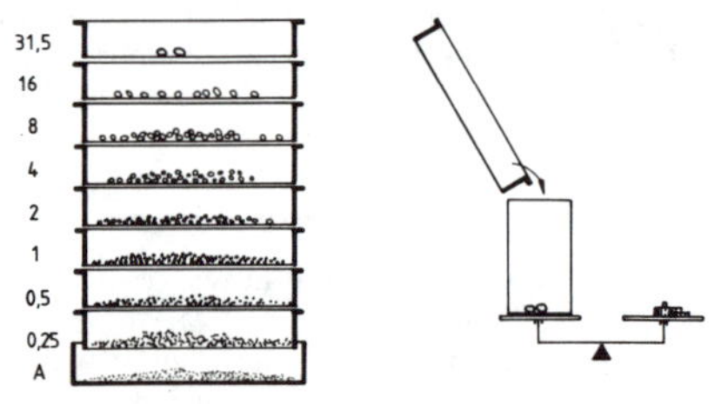

Diese Prozentzahlen werden in den entsprechenden vorgegebenen Sieb-Diagrammen eingetragen. Die Lage der eingetragenen Linie gibt Aufschluß über die Güte der Kornzusammensetzung des Zuschlagstoffes.

Beispiel:

Ein Zuschlagstoffgemisch, 3500 g, Korngruppe 0/16 mm, wurde durchgesiebt. Ergebnis:

Sieb-loch	Rückstand im Sieb	Rückstand über dem Sieb	Siebdurchgang	
mm	g	g	g	%
16	0	0	3500	100
8	1085	1085	2415	69
4	700	1785	1715	49
2	490	2275	1225	35
1	245	2520	980	28
0,5	420	2940	560	16
0,25	315	3255	245	7
(Rest)	245	(3500)	–	–

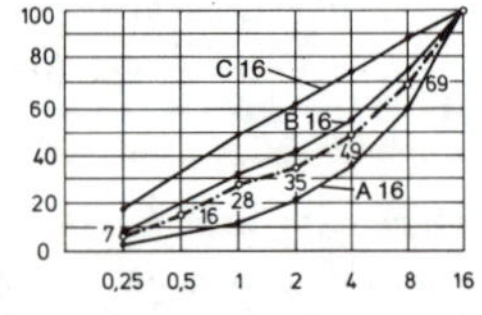

Der Zuschlagstoff liegt also im Bereich ③

3.5. Mörtel

Mörtel ist in der Regel ein Gemisch aus Zuschlag, Bindemittel und Wasser, eventuell auch Zusatzstoffe und Zusatzmittel.

Grundsätzlich sind zwei Mörtelarten zu unterscheiden: **Mauermörtel** zum Mauern und **Putzmörtel** zum Verputzen von Wänden.

Der Mauermörtel ist in DIN 1053 beschrieben, der Putzmörtel in DIN 18 550. Da diese Vorschriften viele Ähnlichkeiten aufweisen, werden die Hauptpunkte wegen der Übersichtlichkeit hier verglichen:

	Mörtelarten	
	Mauermörtel gemäß DIN 1053	Putzmörtel gemäß DIN 18550
Bindemittel	Luftkalk, Wasserkalk, hydraulischer Kalk, hochhydraulischer Kalk, Zement, Mauerbinder	Luftkalk, Wasserkalk, hydraulischer Kalk, hochhydraulischer Kalk, Zement, Gips, Anhydritbinder, Putzbinder
Zuschlagstoff Material	Sand aus Gesteinen	Im allgemeinen Sand aus Gesteinen; Beimischung von Leichtzuschlagstoffen sowie organischen oder anorganischen Faserstoffen ist zulässig.
Kornzusammensetzung	Möglichst gemischtkörnig	Möglichst gemischtkörnig. Besonders geeignet sind Sande mit 10 bis 25% Gewichtsanteil Korngröße 0/0,2 mm.
Kornform		Die gedrungene Kornform ist günstig; plattige oder langsplittrige Körner sind ungünstig.
Anteil an abschlämmbaren Bestandteilen	Der Anteil an Körnern zwischen 0 und 0,063 mm soll unter 8 Gewichtsprozent liegen.	Der Anteil an Körnern zwischen 0 und 0,09 mm soll unter 5 Gewichtsprozent liegen.
Organische Schadstoffe	Der Anteil an organischen Schadstoffen muß mit der Natronlaugeprüfung (s. Kap. 3.4.) festgestellt werden.	Wie bei Mauermörtel.
Zusatzstoffe und Zusatzmittel	Es dürfen nur Stoffe verwendet werden, die keine negative Wirkung auf den Mörtel oder das Mauerwerk haben. Vor der Verwendung eines Zusatzmittels ist stets eine Eignungsprüfung durchzuführen.	Es dürfen nur Stoffe verwendet werden, die keinen schädlichen Einfluß auf den Putz, Anstriche und Beläge ausüben. Nur lichtechte, kalkechte und zementechte Farbmittel sollen Anwendung finden.
Anforderungen an die Druckfestigkeit	Die Mindestdruckfestigkeit nach 28 Tagen soll betragen: Mörtelgruppe – MN/m^2 I – – II – 2,5 II a – 5 III – 10 III a – 20	keine
Konsistenz des Mörtels	Die Konsistenz des Mörtels soll eine vollfugige Vermauerung der Steine ohne besondere Schwierigkeiten ermöglichen.	Die Konsistenz muß dem Verwendungszweck entsprechen.
Verarbeitungszeit	Der Mörtel muß vor Beginn des Erstarrens verarbeitet sein.	Bereits im Zustand des Erstarrens befindliche Mörtel, die hydraulische Bindemittel, Baugips oder Anhydritbinder enthalten, dürfen nicht durch erneute Wasserzugabe wieder verarbeitbar gemacht werden.
Berücksichtigung der Wettereinflüsse	Bei ungünstigen Witterungsbedingungen (Nässe, niedrige Temperatur) ist meistens ein Mörtel der Gruppe II zu verwenden.	Außen darf nicht geputzt werden, wenn die zu putzenden Flächen vom Regen getroffen werden oder Nachtfröste zu erwarten sind. Mit den Innenputzarbeiten in Gebäuden darf bei Außentemperatur unter +5 °C erst begonnen werden, wenn die Fensteröffnungen verschlossen und die Decken und Wände genügend erwärmt sind.

3.5. Mörtel

Mischungsverhältnis für Mauermörtel in Raumteilen

Mörtelgruppe	Luftkalk und Wasserkalk: Kalkteig	Luftkalk und Wasserkalk: Kalkhydrat	Hydraulischer Kalk	Hochhydraulischer Kalk oder Mauerbinder	Zement	Sand (lagerfeucht)
I	1					4
		1				3
			1			3
				1		4,5
II	1,5				1	8
		2			1	8
				1		3
IIa		1			1	6
				2	1	8
III/IIIa					1	4

Mischungsverhältnis für Putzmörtel in Raumteilen

Mörtelgruppe		Mörtelart	Luftkalk Wasserkalk: Kalkteig	Luftkalk Wasserkalk: Kalkhydrat	Hydraulischer Kalk	Hochhydraulischer Kalk	Putz- und Mauerbinder	Zement	Baugipse ohne werksseitig beigeg. Zusätze: Stuckgips	Baugipse ohne werksseitig beigeg. Zusätze: Putzgips	Anhydritbinder	Sand (lagerfeucht)
I	a	Luftkalkm.	1,0	1,0								3,5–4,5 3,0–4,0
	b	Wasserkalkm.	1,0	1,0								3,5–4,5 3,0–4,0
	c	M. mit hydraulischem Kalk			1,0							3,0–4,0
II	a	M. m. hochh. Kalk o. M. mit Putz- u. Mauerbinder				1,0 o. 1,0						3,0–4,0
	b	Kalkzementm.	1,5 o. 2,0					1,0				9,0–11,0
III	a	Zementm. m. Zusatz von Kalkhydrat		≦0,5				2,0				6,0–8,0
	b	Zementm.						1,0				3,0–4,0
IV	a	Gipsm.							1,0			–
	b	Gipssandm.							1,0 o. 1,0			1,0–3,0
	c	Gipskalkm.	1,0 o. 1,0						0,5–1,0 o. 1,0–2,0			3,0–4,0
	d	Kalkgipsm.	1,0 o. 1,0						0,1–0,2 o. 0,2–0,5			3,0–4,0
V	a	Anhydritm.									1,0	≦2,5
	b	Anhydritkalkm.	1,0 o. 1,5								3,0	12,0

3.6. Beton

Beton ist ein künstlicher Baustein, der aus Zement, Wasser und Zuschlägen hergestellt wird.

Das Gemisch dieser Bestandteile nennt man Frischbeton. Durch Erhärten entsteht aus Frischbeton der steinartige Festbeton.

Nach der **Trockenrohdichte** des Festbetons werden folgende Betonarten unterschieden:

Betonart	Trockenrohdichte kg/dm³	Zuschlagstoff
Leichtbeton	höchstens 2,0	Bims, Blähton, Hüttenbims, Blähschiefer, usw.
Normalbeton	mehr als 2,0 aber höchstens 2,8	Sand, Kies, Splitt, Schotter, usw.
Schwerbeton	mehr als 2,8	Schwerspat, Erzgestein, Stahlschrott

Betonfestigkeitsklassen

Die hohe Druckfestigkeit ist eine der wichtigsten Betoneigenschaften.

Die Druckfestigkeit des Festbetons ist von folgenden Faktoren abhängig:
- Zementgüte,
- Zuschlagstoffgüte,
- Zementmenge,
- Verhältnis zwischen Wassermenge und Zementmenge („Wasser-Zement-Wert"),
- Mischungsverhältnis der Bestandteile,
- Mischungsintensität und -dauer,
- Verdichtung des Frischbetons,
- Nachbehandlung des Betons.

Die Druckfestigkeit wird nach 28 Tagen an einer, aus drei Würfeln bestehenden, Würfelserie durch Zerdrücken festgestellt. Die Würfel haben eine Kantenlänge von 200 mm und müssen aus drei verschiedenen Mischerfüllungen, bei Transportbeton - soweit möglich - aus verschiedenen Lieferungen derselben Betonsorte, stammen.

Nach der **Druckfestigkeit** wird Beton, gemäß DIN 1045, in folgende Festigkeitsklassen eingeteilt:

Betongruppe	Festigkeitsklasse	Mindestdruckfestigkeit jedes einzelnen Würfels nach 28 Tagen N/mm²	Mittlere Mindestdruckfestigkeit einer Serie nach 28 Tagen N/mm²	Bemerkungen
B I	B 5	5	8	Nur für unbewehrten Beton anzuwenden
	B 10	10	15	
	B 15	15	20	Für unbewehrten und bewehrten Beton anzuwenden
	B 25	25	30	
B II	B 35	35	40	
	B 45	45	50	
	B 55	55	60	

Konsistenz des Betons

Für die Bearbeitung des Frischbetons ist die Steife des Betons, die Konsistenz, von großer Wichtigkeit.

Die Druckfestigkeit des Festbetons ist nicht abhängig von der Frischbetonkonsistenz, d. h. ein Beton mit bestimmter Druckfestigkeit läßt sich sowohl aus weichem als auch aus steifem Frischbeton herstellen, jedoch benötigt der aus weichem Frischbeton hergestellte Beton mehr Zementleim.

DIN 1045 (7.88) unterscheidet folgende Betonkonsistenzbereiche:

Konsistenzbereich	Frischbeton beim Schütten	Verdichtungsart
KS Steifer Beton	noch lose	kräftig wirkende Rüttler oder kräftiges Stampfen in dünner Lage
KP Plastischer Beton	schollig bis knapp zusammenhängend	Rütteln oder Stochern oder Stampfen
KR/KF Weicher Beton	schwach fließend	Stochern

Zusammensetzung des Betons

Beton wird entweder nach einer durch **Eignungsprüfung** festgestellten Zusammensetzung oder nach einem **Betonrezept** gemischt. Bei der Eignungsprüfung wird vor dem Betonieren die Betondruckfestigkeit, die Konsistenz und, bei B II, zusätzlich der Wasser-Zement-Wert, das Verhältnis der Masse des Wassers zur Masse des Zementes, geprüft.

Welche dieser zwei Möglichkeiten angewendet werden muß, wird in DIN 1045 wie folgt geregelt:

Die Betonzusammensetzung muß aufgrund einer Eignungsprüfung festgestellt werden
- beim Beton B II, d. h. wenn die Festigkeitsklasse des Betons B 35 oder höher ist,
- bei Unterschreitung des für Rezeptbeton vorgeschriebenen Mindestzementgehaltes,
- bei Anwendung von Betonzusatzmitteln,
- bei Zuschlägen mit Ausfallkörnung.

Wenn diese Bedingungen nicht zutreffen, darf der Beton nach einem Betonrezept gemischt werden.

Der Beton muß soviel Zement enthalten, daß die geforderte Druckfestigkeit und - bei bewehrtem Beton - ein ausreichender Schutz der Stahleinlagen vor Korrosion erreicht werden können. DIN 1045 schreibt Mindestzementgehalte vor.

3.6. Beton

Mindestzementgehalt für Rezeptbeton mit Zuschlagstoff 0/32 mm und Zement Z 35 in kg je m³ verdichteten Betons:

Betonfestigkeitsklasse	Sieblinienbereich	Betonkonsistenz KS	KP	KR
B 5	③	140	160	-
	④	160	180	-
B 10	③	190	210	230
	④	210	230	260
B 15	③	240	270	300
	④	270	300	330
B 25	③	280	310	340
	④	310	340	380

Der Mindestzementgehalt aus der Tabelle

m u ß vergrößert werden
- bei Zement der Festigkeitsklasse Z 25 um 15%
- bei Zuschlagstoff 0/16 mm um 10%,
- bei Zuschlagstoff 0/8 mm um 20%.

d a r f verringert werden
- bei Zement der Festigkeitsklasse Z 45 um max. 10%,
- bei Zuschlagstoff 0/63 mm um max. 10%.

Mindestzementgehalt für Beton mit Eignungsprüfung

Betonart	Zementfestigkeitsklasse	Mindestzementgehalt kg/m³	
Unbewehrter Beton	-	100	
Bewehrter Beton ¹)	Z 25	280	300 ¹)
	Z 35	240	300 ¹)
	Z 45 Z 55		270 ¹)

¹) Außenbauteile

Betonrezepte für 1 m³ Beton der Festigkeitsklasse B 5

Zementfestigkeitsklasse	Korngröße des Zuschlagstoffes	Sieblinienbereich	Konsistenz	Zement kg	Wasser l	Zuschlag (feucht) kg
Z 35 L Z 35 F	0/16	③	KS KP	154 176	90 113	2069 1994
		④	KS KP	176 198	104 128	1987 1912
	0/32	③	KS KP	140 160	79 101	2107 2037
		④	KS KP	160 180	81 104	2057 1984

Betonrezepte für 1 m³ Beton der Festigkeitsklasse B 10

Zementfestigkeitsklasse	Korngröße des Zuschlagstoffes	Sieblinienbereich	Konsistenz	Zement kg	Wasser l	Zuschlag (feucht) kg
Z 35 L Z 35 F	0/16	③	KS KP KR	209 231 253	92 114 137	2018 1946 1873
		④	KS KP KR	231 253 286	107 130 153	1937 1864 1780
	0/32	③	KS KP KR	190 210 230	80 103 125	2064 1991 1919
		④	KS KP KR	210 230 260	83 107 130	2011 1937 1856
Z 45 L Z 45 F	0/16	③	KS KP KR	190 210 230	91 114 136	2037 1964 1892
		④	KS KP KR	210 230 260	106 129 152	1956 1883 1802
	0/32	③	KS KP KR	171 189 207	80 102 124	2080 2010 1941
		④	KS KP KR	189 207 234	8 106 129	2029 1959 1880

B 5 und B 10 dürfen nur als unbewehrter Beton verarbeitet werden.

3.6. Beton

Betonrezepte für 1 m³ Beton der Festigkeitsklasse B 15

Zementfestigkeitsklasse	Korngröße des Zuschlagstoffes	Sieblinienbereich	Konsistenz	Zement kg	Wasser l	Zuschlag (feucht) kg
Z 35 L, Z 35 F	0/16	③	KS	264	93	1970
			KP	297	116	1887
			KR	330	139	1803
		④	KS	297	109	1878
			KP	330	113	1793
			KR	363	156	1709
	0/32	③	KS	240	82	2018
			KP	270	104	1938
			KR	300	127	1857
		④	KS	270	86	1956
			KP	300	109	1875
			KR	330	133	1793
Z 45 L, Z 45 F	0/16	③	KS	240	93	1991
			KP	270	115	1911
			KR	300	138	1830
		④	KS	270	108	1902
			KP	300	132	1820
			KR	330	155	1739
	0/32	③	KS	216	81	2040
			KP	243	104	1961
			KR	270	126	1884
		④	KS	243	85	1980
			KP	270	108	1902
			KR	297	131	1824

Rezeptbeton B15 des Konsistenzbereiches KS darf nur als unbewehrter Beton verarbeitet werden.

Betonrezepte für 1 m³ Beton der Festigkeitsklasse B 25

Zementfestigkeitsklasse	Korngröße des Zuschlagstoffes	Sieblinienbereich	Konsistenz	Zement kg	Wasser l	Zuschlag (feucht) kg
Z 35 L, Z 35 F	0/16	③	KS	308	95	1929
			KP	341	118	1846
			KR	374	140	1763
		④	KS	341	111	1837
			KP	374	135	1752
			KR	418	159	1660
	0/32	③	KS	280	83	1983
			KP	310	106	1902
			KR	340	128	1822
		④	KS	310	87	1921
			KP	340	111	1839
			KR	380	135	1747
Z 45 L, Z 45 F	0/16	③	KS	280	94	1956
			KP	310	117	1875
			KR	340	139	1795
		④	KS	310	110	1866
			KP	340	133	1785
			KR	380	157	1693
	0/32	③	KS	252	82	2008
			KP	279	105	1929
			KR	306	127	1852
		④	KS	279	86	1948
			KP	306	109	1870
			KR	342	133	1783

Rezeptbeton B25 des Konsistenzbereiches KS darf nur als unbewehrter Beton verarbeitet werden.

3.6. Beton

Verarbeitung des Betons

Arbeitsgang	Bestimmung nach DIN 1045 (7.88)
Abmessen der Bestandteile	Alle Bestandteile müssen mit einer Genauigkeit von 3 Masse-% abgemessen werden. Zement und Wasser dürfen nur nach Masseteilen zugegeben werden. Zuschlagstoffe dürfen in Ausnahmefällen auch nach Raumteilen zugegeben werden, für B II allerdings nur dann, wenn eine Abmessungsvorrichtung die Nachprüfung der Masse gestattet.
Mischen des Betons	Baustellenbeton: Mischzeit mit Zwangsmischer mindestens ½ Minute, mit Freifallmischer mindestens 1 Minute. Handmischung ist nur für kleine Mengen der Betonfestigkeitsklassen B 5 und B 10 zulässig. Fahrzeuggemischter Transportbeton: Der Beton wird bei 4 bis 12 Trommelumdrehungen je Minute insgesamt jedoch mit mindestens 50 Umdrehungen gemischt. Nach Abschluß des Mischvorganges darf die Betonzusammensetzung nicht mehr verändert werden. Unmittelbar vor dem Entleeren des Mischfahrzeuges wird der Beton nochmals kurz durchgemischt.
Förderung des Betons zur Baustelle	Baustellenbeton: Wenn Baustellenbeton mit Fahrzeugen ohne Rührwerk befördert wird, muß der Beton bei Konsistenz KS spätestens nach 45 Minuten, bei KP und KR spätestens nach 20 Minuten nach dem Mischen vollständig entladen sein. Transportbeton: Während des Transportes ist der Beton mit 2 bis 6 Trommelumdrehungen je Minute zu bewegen. Werkgemischter Beton mit der Konsistenz KS darf auch in Fahrzeugen ohne Rührwerk befördert werden. Fahrzeuge mit Rührwerk müssen spätestens nach 90 Minuten, Fahrzeuge ohne Rührwerk spätestens nach 45 Minuten nach Wasserzugabe vollständig entladen sein.
Förderung des Betons auf der Baustelle	Während dieses Arbeitsganges besteht die Gefahr, daß der Beton sich entmischt. Dies soll verhindert werden. Der Beton darf beim Einbau nicht mehr als 1 m frei fallen. Bei hohen Schalungen sind Fallrohre, bei Förderbändern Abstreifer zu benutzen, damit der Beton nicht auseinanderfallen kann.

Arbeitsgang	Bestimmung nach DIN 1045 (7.88)
Einbau des Betons	Da die Temperatur des Frischbetons das Binden des Zementes beeinflußt, sind folgende Frischbetontemperaturgrenzen beim Einbau vorgeschrieben:

Lufttemperatur	Mindesttemperatur des Frischbetons beim Einbau
zwischen + 5 °C und − 3 °C	Beim Zementgehalt < 240 kg/m³ und bei NW-Zementen: + 10 °C, sonst + 5 °C
unter − 3 °C	+ 10 °C drei Tage lang

Die Höchsttemperatur des Frischbetons beim Einbau darf + 30 °C nicht überschreiten.

Arbeitsgang	Bestimmung nach DIN 1045 (7.88)
Verdichten des Betons	Der Beton soll nach Möglichkeit vollständig verdichtet werden. Die Verdichtungsart ist von der Betonkonsistenz abhängig:

Betonkonsistenz	Verdichtungsart
KS	stampfen, kräftig rütteln
KP	rütteln
KR/KF	stochern

Arbeitsgang	Bestimmung nach DIN 1045 (7.88)
Nachbehandeln des Betons	Beton ist bis zum genügenden Erhärten gegen schädigende Einflüsse, wie Abkühlen, Erhitzen, Austrocknen, Auswaschen, Erschüttern, usw. zu schützen. Um den Beton vor dem Austrocknen und vor eventuell entstehenden Schwindrissen zu bewahren, muß er 7 Tage feucht gehalten werden. Betontechnologisch richtig angewandte Wärme (z. B. Dampf) kann die Erhärtung wesentlich beschleunigen.

Ausschalfristen

Zementfestigkeitsklassen	Balken seitlich, Stützen, Wände	Decken	Balkenstützung, Rahmen, weitgesp. Platten
Z 25	4 Tage	10 Tage	28 Tage
Z 35 L	3 Tage	8 Tage	20 Tage
Z 35 F	2 Tage	5 Tage	10 Tage
Z 45 L	2 Tage	5 Tage	10 Tage
Z 45 F	1 Tag	3 Tage	6 Tage
Z 55	1 Tag	3 Tage	6 Tage

Wenn die Betontemperatur bei der Erhärtung unter + 5 °C liegt, sind die Tabellenwerte (bis auf den doppelten Wert) zu vergrößern.

3.7. Metalle

3.7.1. Stahlwerkstoffe

3.7.1.1. Formstahl

S t a h l s o r t e n

Für den im Bauwesen verwendeten Formstahl werden die in der DIN 17100 „Allgemeine Baustähle“ aufgeführten Stahlsorten verwendet. In der folgenden Tabelle sind die wichtigsten Stahlsorten zusammengefaßt:

Allgemeine Baustahlsorten gemäß DIN 17100 (1.80)

Stahlsorte Kurzname	Art der Desoxidation ¹)	Liefer-zustand ²)	Mechanische Eigenschaften: Zug-festigkeit R_m N/mm²	Streck-grenze R_{eH} N/mm²	Bruch-dehnung %	Kohlenstoff-anteil %
USt 37-2 RSt 37-2 St 37-3	U R RR	U, N U, N U oder N	360	235	21	0,20 0,17 0,17
St 44-2 St 44-3	R RR	U, N U oder N	430	275	18	0,21 0,20
St 52-3	RR	U oder N	510	355	18	0,20
St 50-2 St 60-2 St 70-2	R R R	U, N U, N U, N	490 590 690	295 335 365	16 12 8	0,30 0,40 0,50

¹) U = unberuhigt, R = beruhigt, RR = besonders beruhigt
²) U = warmgeformt, unbehandelt, N = normalgeglüht

Z u l ä s s i g e S p a n n u n g e n

Die zulässigen Spannungen für Bauteile aus Formstahl sind in der DIN 1050 (6.68) enthalten. Die folgende Tabelle ist eine Zusammenstellung dieser Spannungsgrenzwerte.

Zulässige Spannungen für Bauteile in N/mm²

Zeile	Spannungsart	Werkstoff St 37 Lastfall ¹) H	St 37 H + Z	St 52 Lastfall ¹) H	St 52 H + Z
1.	Druck und Biegedruck, wenn Nachweis auf Knicken und Kippen nach DIN 4114 erforderlich ist	140	160	210	240
2.	Zug und Biegezug, Biegedruck, wenn Ausweichen der gedruckten Gurte nicht möglich ist	160	180	240	270
3.	Schub	92	104	139	156
4.	Lochleibung bei Verbindung durch Niete oder Paßschrauben	280	320	420	470

¹) H = Hauptlasten, Z = Zusatzlasten, wie Windlast, Bremslast, usw.

3.7. Metalle

Stahlprofile
Warmgewalzte schmale I-Träger nach DIN 1025 (10.63)

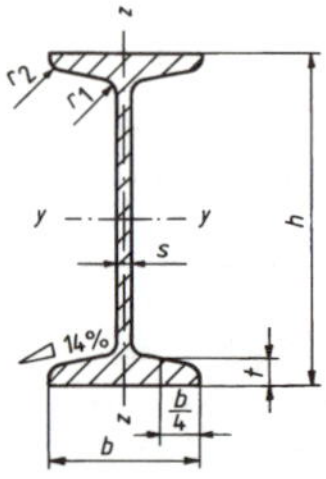

Bezeichnungsbeispiel:
I 240 DIN 1025, St 37-2

bedeutet:
- I-Träger
- $h = 240$ mm
- Profilgrößen nach DIN 1025
- Stahlsorte St 37-2 gemäß DIN 17 100

Kurzzeichen I	Abmessungen h mm	b mm	s mm	t mm	r_1 mm	r_2 mm	Querschnitt A cm²	Gewicht G kg/m	Für die Biegeachse $y-y$: I_y cm⁴	W_y cm³	i_y cm	$z-z$: I_z cm⁴	W_z cm³	i_z cm
80	80	42	3,9	5,9	3,9	2,3	7,57	5,94	77,8	19,5	3,20	6,29	3,00	0,91
100	100	50	4,5	6,8	4,5	6,8	10,6	8,34	171	34,2	4,01	12,2	4,88	1,07
120	120	58	5,1	7,7	5,1	3,1	14,2	11,1	328	54,7	4,81	21,5	7,41	1,23
140	140	66	5,7	8,6	5,7	3,4	18,2	14,3	573	81,9	5,61	35,2	10,7	1,40
160	160	74	6,3	9,5	6,3	3,8	22,8	17,9	935	117	6,40	54,7	14,8	1,55
180	180	82	6,9	10,4	6,9	4,1	27,9	21,9	1450	161	7,20	81,3	19,8	1,71
200	200	90	7,5	11,3	7,5	4,5	33,4	26,2	2140	214	8,00	117	26,0	1,87
220	220	98	8,1	12,2	8,1	4,9	39,5	31,1	3060	278	8,80	162	33,1	2,02
240	240	106	8,7	13,1	8,7	5,2	46,1	36,2	4250	354	9,59	221	41,7	2,20
260	260	113	9,4	14,1	9,4	5,6	53,3	41,9	5740	442	10,4	288	51,0	2,32
280	280	119	10,1	15,2	10,1	6,1	61,0	47,9	7590	542	11,1	364	61,2	2,45
300	300	125	10,8	16,2	10,8	6,5	69,0	54,2	9800	653	11,9	451	72,2	2,56
320	320	131	11,5	17,3	11,5	6,9	77,7	61,0	12510	782	12,7	555	84,7	2,67
340	340	137	12,2	18,3	12,2	7,3	86,7	68,0	15700	923	13,5	674	98,4	2,80
360	360	143	13,0	19,5	13,0	7,8	97,0	76,1	19610	1090	14,2	818	114	2,90
380	380	149	13,7	20,5	13,7	8,2	107	84,0	24010	1260	15,0	975	131	3,02
400	400	155	14,4	21,6	14,4	8,6	118	92,4	29210	1460	15,7	1160	149	3,13
425	425	163	15,3	23,0	15,3	9,2	132	104	36970	1740	16,7	1440	176	3,30
450	450	170	16,2	24,3	16,2	9,7	147	115	45850	2040	17,7	1730	203	3,43
475	475	178	17,1	25,6	17,1	10,3	163	128	56480	2380	18,6	2090	235	3,60
500	500	185	18,0	27,0	18,0	10,8	179	141	68740	2750	19,6	2480	268	3,72
550	550	200	19,0	30,0	19,0	11,9	212	166	99180	3610	21,6	3490	349	4,02
600	600	215	21,6	32,4	21,6	13,0	254	199	139000	4630	23,4	4670	434	4,30

I-Träger werden in Längen zwischen 4000 mm und 15000 mm hergestellt.

Warmgewalzte breite I-Träger, mit geneigten Flanschflächen

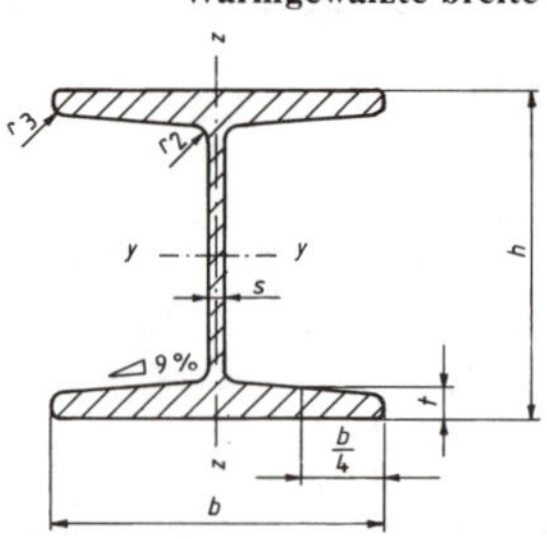

Bezeichnungsbeispiel:
IB 160 DIN 1025, St 37-2

bedeutet:
- IB-Träger
- $h = 160$ mm
- Querschnittsgrößen nach DIN 1025 (s. Tabelle)
- Stahlsorte St 37-2 gemäß DIN 17 100

Die Querschnittswerte für IB-Träger sind auf der nächsten Seite tabellarisch zusammengefaßt.

3.7. Metalle

Kurzzeichen IB	Abmessungen h mm	b mm	s mm	t mm	r_2 mm	r_3 mm	Querschnitt A cm^2	Gewicht G kg/m	Für die Biegeachse y – y: I_y cm^4	W_y cm^3	i_y cm	z – z: I_z cm^4	W_z cm^3	i_z cm
100	100	100	7,5	10,25	10	1,5	26,8	21,0	447	89,4	4,09	151	30,1	2,37
120	120	120	8	11	11	1,5	34,6	27,2	852	142	4,95	276	46,0	2,82
140	140	140	8	12	12	–	43,3	34,0	1490	213	5,86	475	67,8	3,31
160	160	160	9	14	14	–	57,4	45,0	2580	322	6,70	831	104	3,81
180	180	180	9	14	14	–	64,7	50,8	3750	417	7,62	1170	130	4,25

IB-Träger werden in Längen zwischen 4000 mm und 15000 mm hergestellt.

Warmgewalzte breite I-Träger mit parallelen Flanschflächen nach DIN 1025 (10.63)

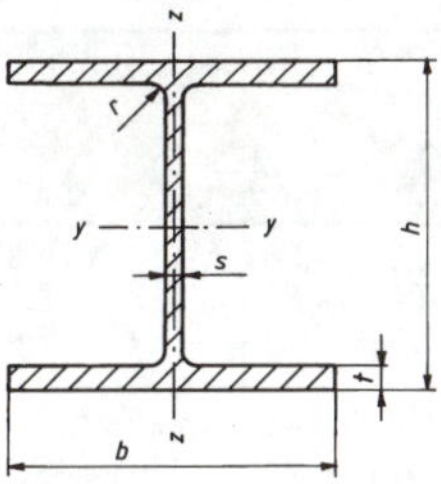

Bezeichnungsbeispiel:

IPB 200 DIN 1025 – St 37-2

bedeutet:
- IPB-Träger
- $h = 200$ mm
- Querschnittsgrößen nach DIN 1025
- Stahlsorte St 37-2 gemäß DIN 17100

Kurzzeichen IPB	Abmessungen h mm	b mm	s mm	t mm	r_1 mm	Querschnitt A cm^2	Gewicht G kg/m	Für die Biegeachse y – y: I_y cm^4	W_y cm^3	i_y cm	z – z: I_z cm^4	W_z cm^3	i_z cm
100	100	100	6	10	12	26,0	20,4	450	89,9	4,16	167	33,5	2,53
120	120	120	6,5	11	12	34,0	26,7	864	144	5,04	318	52,9	3,06
140	140	140	7	12	12	43,0	33,7	1510	216	5,93	550	78,5	3,58
160	160	160	8	13	15	54,3	42,6	2490	311	6,78	889	111	4,05
180	180	180	8,5	14	15	65,3	51,2	3830	426	7,66	1360	151	4,57
200	200	200	9	15	18	78,1	61,3	5700	570	8,54	2000	200	5,07
220	220	220	9,5	16	18	91,0	71,5	8090	736	9,43	2840	258	5,59
240	240	240	10	17	21	106	83,2	11260	938	10,3	3920	327	6,08
260	260	260	10	17,5	24	118	93,0	14920	1150	11,2	5130	395	6,58
280	280	280	10,5	18	24	131	103	19270	1380	12,1	6590	471	7,09
300	300	300	11	19	27	149	117	25170	1680	13,0	8560	571	7,58
320	320	300	11,5	20,5	27	161	127	30820	1930	13,8	9240	616	7,57
340	340	300	12	21,5	27	171	134	36660	2160	14,6	9690	646	7,53
360	360	300	12,5	22,5	27	181	142	43190	2400	15,5	10140	676	7,49
400	400	300	13,5	24	27	198	155	57680	2880	17,1	10820	721	7,40
450	450	300	14	26	27	218	171	79890	3550	19,1	11720	781	7,33
500	500	300	14,5	28	27	239	187	107200	4290	21,2	12620	842	7,27
550	550	300	15	29	27	254	199	136700	4970	23,2	13080	872	7,17
600	600	300	15,5	30	27	270	212	171000	5700	25,2	13530	902	7,08
650	650	300	16	31	27	286	225	210600	6480	27,1	13980	932	6,99
700	700	300	17	32	27	306	241	256900	7340	29,0	14440	963	6,87
800	800	300	17,5	33	30	334	262	359100	8980	32,8	14900	994	6,68
900	900	300	18,5	35	30	371	291	494100	10980	36,5	15820	1050	6,53
1000	1000	300	19	36	30	400	314	644700	12890	40,1	16280	1090	6,38

IPB-Träger werden in Längen zwischen 4000 mm und 15000 mm hergestellt.

3.7. Metalle

Warmgewalzte breite I-Träger mit parallelen Flanschflächen, leichte Ausführung nach DIN 1025 (10.63)

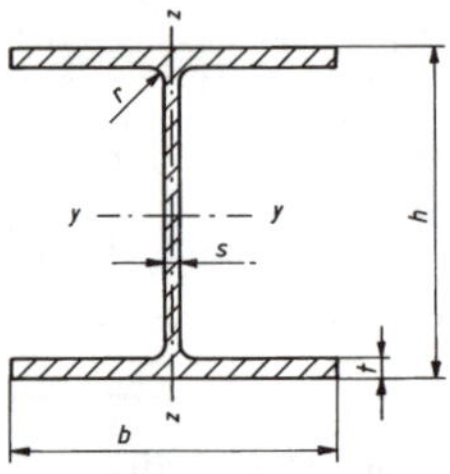

B e z e i c h n u n g s b e i s p i e l :
IPBl 360 DIN 1025 – St 37-2

bedeutet:
- IPBl-Träger
- mit dem Kurzzeichen: 360
- Querschnittsgrößen nach DIN 1025 (s. Tabelle)
- Stahlsorte St 37-2 gemäß DIN 17 100

Kurz-zeichen	Abmessungen					Quer-schnitt	Ge-wicht	Für die Biegeachse					
								$y-y$			$z-z$		
IPBl	h mm	b mm	s mm	t mm	r mm	A cm^2	G kg/m	I_y cm^4	W_y cm^3	i_y cm	I_z cm^4	W_z cm^3	i_z cm
100	96	100	5	8	12	21,2	16,7	349	72,8	4,06	134	26,8	2,51
120	114	120	5	8	12	25,3	19,9	606	106	4,89	231	38,5	3,02
140	133	140	5,5	8,5	12	31,4	24,7	1030	155	5,73	389	55,6	3,52
160	152	160	6	9	15	38,8	30,4	1670	220	6,57	616	76,9	3,98
180	171	180	6	9,5	15	45,3	35,5	2510	294	7,45	925	103	4,52
200	190	200	6,5	10	18	53,8	42,3	3690	389	8,28	1340	134	4,98
220	210	220	7	11	18	64,3	50,5	5410	515	9,17	1950	178	5,51
240	230	240	7,5	12	21	76,8	60,3	7760	675	10,1	2770	231	6,00
260	250	260	7,5	12,5	24	86,8	68,2	10450	836	11,0	3670	282	6,50
280	270	280	8	13	24	97,3	76,4	13670	1010	11,9	4760	340	7,00
300	290	300	8,5	14	27	112	88,3	18260	1260	12,7	6310	421	7,49
320	310	300	9	15,5	27	124	97,6	22930	1480	13,6	6990	466	7,49
340	330	300	9,5	16,5	27	133	105	27690	1680	14,4	7440	496	7,46
360	350	300	10	17,5	27	143	112	33090	1890	15,2	7890	526	7,43
400	390	300	11	19	27	159	125	45070	2310	16,8	8560	571	7,34
450	440	300	11,5	21	27	178	140	63720	2900	18,9	9470	631	7,29
500	490	300	12	23	27	198	155	86970	3550	21,0	10370	691	7,24
550	540	300	12,5	24	27	212	166	111900	4150	23,0	10820	721	7,15
600	590	300	13	25	27	226	178	141200	4790	25,0	11270	751	7,05
650	640	300	13,5	26	27	242	190	175200	5470	26,9	11720	782	6,97
700	690	300	14,5	27	27	260	204	215300	6240	28,8	12180	812	6,84
800	790	300	15	28	30	286	224	303400	7680	32,6	12640	843	6,65
900	890	300	16	30	30	320	252	422100	9480	36,3	13550	903	6,50
1000	990	300	16,5	31	30	347	272	553800	11190	40,0	14000	934	6,35

IPBl-Träger werden in Längen zwischen 4000 mm und 15000 mm hergestellt.

Warmgewalzte breite I-Träger mit parallelen Flanschflächen, verstärkte Ausführung nach DIN 1025 (10.63)

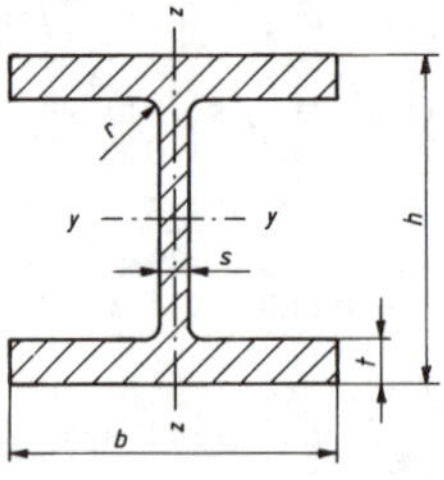

B e z e i c h n u n g s b e i s p i e l :
IPBv 360 DIN 1025 – St 37-2

bedeutet:
- IPBv-Träger
- mit Kurzzeichen: 360
- Querschnittsgrößen nach DIN 1025
- Stahlsorte St 37-2 gemäß DIN 17 100

Die Querschnittswerte für die Träger sind auf der nächsten Seite tabellarisch zusammengefaßt.

3.7. Metalle

Kurzzeichen IPBv	Abmessungen h mm	b mm	s mm	t mm	r mm	Querschnitt A cm^2	Gewicht G kg/m	Für die Biegeachse y – y: I_y cm^4	W_y cm^3	i_y cm	z – z: I_z cm^4	W_z cm^3	i_z cm
100	120	106	12	20	12	53,2	41,8	1140	190	4,63	399	75,3	2,74
120	140	126	12,5	21	12	66,4	52,1	2020	288	5,51	703	112	3,25
140	160	146	13	22	12	80,6	63,2	3290	411	6,39	1140	157	3,77
160	180	166	14	23	15	97,1	76,2	5100	566	7,25	1760	212	4,26
180	200	186	14,5	24	15	113	88,9	7480	748	8,13	2580	277	4,77
200	220	206	15	25	18	131	103	10640	967	9,00	3650	354	5,27
220	240	226	15,5	26	18	149	117	14600	1220	9,89	5010	444	5,79
240	270	248	18	32	21	200	157	24290	1800	11,0	8150	657	6,39
260	290	268	18	32,5	24	220	172	31310	2160	11,9	10450	780	6,90
280	310	288	18,5	33	24	240	189	39550	2550	12,8	13160	914	7,40
300	340	310	21	39	27	303	238	59200	3480	14,0	19400	1250	8,00
320/305	320	305	16	29	27	225	177	40950	2560	13,5	13740	901	7,81
320	359	309	21	40	27	312	245	68130	3800	14,8	19710	1280	7,95
340	377	309	21	40	27	316	248	76370	4050	15,6	19710	1280	7,90
360	395	308	21	40	27	319	250	84870	4300	16,3	19520	1270	7,83
400	432	307	21	40	27	326	256	104100	4820	17,9	19330	1260	7,70
450	478	307	21	40	27	335	263	131500	5500	19,8	19340	1260	7,59
500	524	306	21	40	27	344	270	161900	6180	21,7	19150	1250	7,46
550	572	306	21	40	27	354	278	198000	6920	23,6	19160	1250	7,35
600	620	305	21	40	27	364	285	237400	7660	25,6	18970	1240	7,22
650	668	305	21	40	27	374	293	281700	8430	27,5	18980	1240	7,13
700	716	304	21	40	27	383	301	329300	9200	29,3	18800	1240	7,01
800	814	303	21	40	30	404	317	442600	10870	33,1	18630	1230	6,79
900	910	302	21	40	30	424	333	570400	12540	36,7	18450	1220	6,60
1000	1008	302	21	40	30	444	349	722300	14330	40,3	18460	1220	6,45

IPBv-Träger werden in Längen zwischen 4000 mm und 15000 mm hergestellt.

Warmgewalzte mittelbreite I-Träger nach DIN 1025 (3.65)

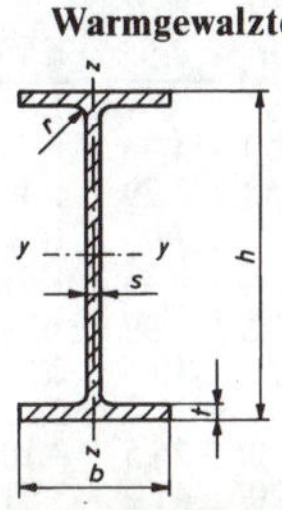

Bezeichnungsbeispiel:

IPE 200 DIN 1025 – St 37-2

bedeutet:
- IPE-Träger
- $h = 200$ mm
- Querschnittgrößen nach DIN 1025
- Stahlsorte St 37-2 gemäß DIN 17100

Kurzzeichen IPE	Abmessungen h mm	b mm	s mm	t mm	r mm	Querschnitt A cm^2	Gewicht G kg/m	Für die Biegeachse y – y: I_y cm^4	W_y cm^3	i_y cm	z – z: I_z cm^4	W_z cm^3	i_z cm
80	80	46	3,8	5,2	5	7,64	6,0	80,1	20,0	3,24	8,49	3,69	1,05
100	100	55	4,1	5,7	7	10,3	8,1	171	34,2	4,07	15,9	5,79	1,24
120	120	64	4,4	6,3	7	13,2	10,4	318	53,0	4,9	27,7	8,65	1,45
140	140	73	4,7	6,9	7	16,4	12,9	541	77,3	5,74	44,9	12,3	1,65
160	160	82	5,0	7,4	9	20,1	15,8	869	109	6,58	68,3	16,7	1,84
180	180	91	5,3	8,0	9	23,9	18,8	1320	146	7,42	101	22,2	2,05
200	200	100	5,6	8,5	12	28,5	22,4	1940	194	8,26	142	28,5	2,24
220	220	110	5,9	9,2	12	33,4	26,2	2770	252	9,11	205	37,3	2,48
240	240	120	6,2	9,8	15	39,1	30,7	3890	324	9,97	284	47,3	2,69
270	270	135	6,6	10,2	15	45,9	36,1	5790	429	11,2	420	62,2	3,02
300	300	150	7,1	10,7	15	53,8	42,2	8360	557	12,5	604	80,5	3,35

3.7. Metalle

Fortsetzung IPE-Träger:

Kurzzeichen	Abmessungen					Querschnitt	Gewicht	Für die Biegeachse					
								$y-y$			$z-z$		
	h	b	s	t	r	A	G	I_y	W_y	i_y	I_z	W_z	i_z
IPE	mm	mm	mm	mm	mm	cm^2	kg/m	cm^4	cm^3	cm	cm^4	cm^3	cm
330	330	160	7,5	11,5	18	62,6	49,1	11770	713	13,7	788	98,5	3,55
360	360	170	8,0	12,7	18	72,7	57,1	16270	904	15,0	1040	123	3,79
400	400	180	8,6	13,5	21	84,5	66,3	23130	1160	16,5	1320	146	3,95
450	450	190	9,4	14,6	21	98,8	77,6	33740	1500	18,5	1680	176	4,12
500	500	200	10,2	16,0	21	116	90,7	48200	1930	20,4	2140	214	4,31
550	550	210	11,1	17,2	24	134	106	67120	2440	22,3	2670	254	4,45
600	600	220	12,0	19,0	24	156	122	92080	3070	24,3	3390	308	4,66

IPE-Träger werden in Längen zwischen 4000 mm und 15000 mm hergestellt.

Warmgewalzter rundkantiger U-Stahl nach DIN 1026 (10.63)

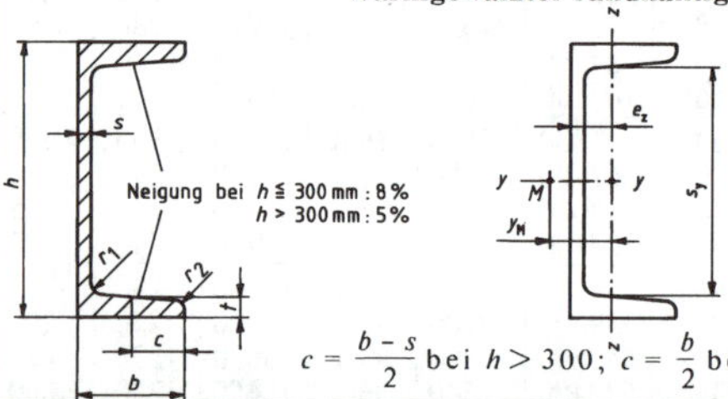

$c = \frac{b-s}{2}$ bei $h > 300$; $c = \frac{b}{2}$ bei $h \leqq 300$

B e z e i c h n u n g s b e i s p i e l :

U 300 DIN 1026 – St 37-2

bedeutet:
- U-Stahl
- $h = 300$ mm
- Querschnittsgrößen nach DIN 1026
- Stahlsorte St 37-2 gemäß DIN 17100

Kurzzeichen	Abmessungen						Querschnitt	Gewicht	Für die Biegeachse					
									$y-y$			$z-z$		
	h	b	s	t	r_1	r_2	A	G	I_y	W_y	i_y	I_z	W_z	i_z
U	mm	mm	mm	mm	mm	mm	cm^2	kg/m	cm^4	cm^3	cm	cm^4	cm^3	cm
30×15	30	15	4	4,5	4,5	2	2,21	1,74	2,53	1,69	1,07	0,38	0,39	0,42
30	30	33	5	7	7	3,5	5,44	4,27	6,39	4,26	1,08	5,33	2,68	0,99
40×20	40	20	5	5,5	5	2,5	3,66	2,87	7,58	3,79	1,44	1,14	0,86	0,56
40	40	35	5	7	7	3,5	6,21	4,87	14,1	7,05	1,50	6,68	3,08	1,04
50×25	50	25	5	6	6	3	4,92	3,86	16,8	6,73	1,85	2,49	1,48	0,71
50	50	38	5	7	7	3,5	7,12	5,59	26,4	10,6	1,92	9,12	3,75	1,13
60	60	30	6	6	6	3	6,46	5,07	31,6	10,5	2,21	4,51	2,16	0,84
65	65	42	5,5	7,5	7,5	4	9,03	7,09	57,5	17,7	2,52	14,1	5,07	1,25
80	80	45	6	8	8	4	11,0	8,64	106	26,5	3,10	19,4	6,36	1,33
100	100	50	6	8,5	8,5	4,5	13,5	10,6	206	41,2	3,91	29,3	8,49	1,47
120	120	55	7	9	9	4,5	17,0	13,4	364	60,7	4,62	43,2	11,1	159
140	140	60	7	10	10	5	20,4	16,0	605	86,4	5,45	62,7	14,8	1,75
160	160	65	7,5	10,5	10,5	5,5	24,0	18,8	925	116	6,21	85,3	18,3	1,89
180	180	70	8	11	11	5,5	28,0	22,0	1350	150	6,95	114	22,4	2,02
200	200	75	8,5	11,5	11,5	6	32,2	25,3	1910	191	7,70	148	27,0	2,14
220	220	80	9	12,5	12,5	6,5	37,4	29,4	2690	245	8,48	197	33,6	2,30
240	240	85	9,5	13	13	6,5	42,3	33,2	3600	300	9,22	248	39,6	2,42
260	260	90	10	14	14	7	48,3	37,9	4820	371	9,99	317	47,7	2,56
280	280	95	10	15	15	7,5	53,5	41,8	6280	448	10,9	399	57,2	2,74
300	300	100	10	16	16	8	58,8	46,2	8030	535	11,7	495	67,8	2,90
320	320	100	14	17,5	17,5	8,75	75,8	59,5	10870	679	12,1	597	80,6	2,81
350	350	100	14	16	16	8	77,3	60,6	12840	734	12,9	570	75,0	2,72
380	380	102	13,5	16	16	8	80,4	63,1	15760	829	14,0	615	78,7	2,77
400	400	110	14	18	18	9	91,5	71,8	20350	1020	14,9	846	102	3,04

U-Träger werden in Längen zwischen 3000 mm und 15000 mm hergestellt.

3.7. Metalle

Warmgewalzter gleichschenkliger rundkantiger Winkelstahl nach DIN 1028 (10.76)

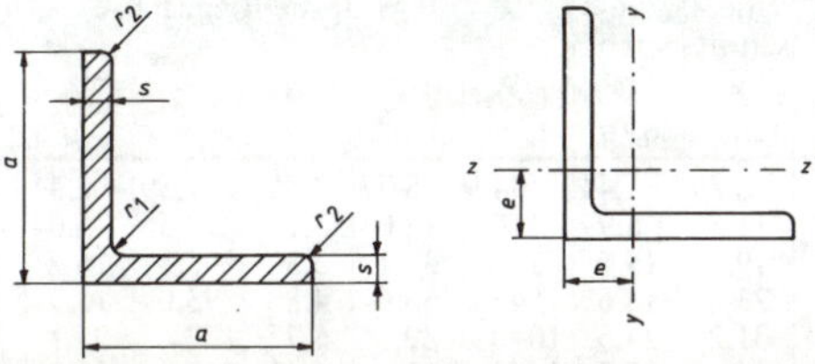

B e z e i c h n u n g s b e i s p i e l:

Winkel 80 × 8 DIN 1028 – USt 37-2

bedeutet:
- Winkelstahl
- Schenkelbreite = 80 mm
- Schenkeldicke = 8 mm
- Querschnitt nach DIN 1028
- Stahlsorte USt 37-2 gemäß DIN 17100

Kurzzeichen L	Abmessungen a mm	s mm	r_1 mm	r_2 mm	Querschnitt A cm^2	Gewicht G kg/m	Achsabstand e cm	Für die Biegeachse $y-y=z-z$: $I_z = I_y$ cm^4	$W_z = W_y$ cm^3	$i_z - i_y$ cm
20 × 3	20	3	3,5	2	1,12	0,88	0,60	0,39	0,28	0,59
25 × 3	25	3	3,5	2	1,42	1,12	0,73	0,79	0,45	0,75
30 × 3	30	3	5	2,5	1,74	1,36	0,84	1,41	0,65	0,90
35 × 4	35	4	5	2,5	2,67	2,10	1,00	2,96	1,18	1,05
40 × 4	40	4	6	3	3,08	2,42	1,12	4,48	1,55	1,21
45 × 5	45	5	7	3,5	4,30	3,38	1,28	7,83	2,43	1,35
50 × 5	50	5	7	3,5	4,80	3,77	1,40	11,0	3,05	1,51
60 × 6	60	6	8	4	6,91	5,42	1,69	22,8	5,29	1,82
70 × 7	70	7	9	4,5	9,40	7,38	1,97	42,4	8,43	2,12
80 × 8	80	8	10	5	12,3	9,66	2,26	72,3	12,6	2,42
90 × 9	90	9	11	5,5	15,5	12,2	2,54	116	18,0	2,74
100 × 10	100	10	12	6	19,2	15,1	2,82	177	24,7	3,04
110 × 10	110	10	12	6	21,2	16,6	3,07	239	30,1	3,36
120 × 12	120	12	13	6,5	27,5	21,6	3,40	368	42,7	3,65
150 × 15	150	15	16	8	43,0	33,8	4,25	898	83,5	4,57
180 × 18	180	18	18	9	61,9	48,6	5,10	1870	145	5,49
200 × 20	200	20	18	9	76,4	59,9	5,68	2850	199	6,11

Winkel-U-Stähle werden in Längen zwischen 6000 mm und 12000 mm hergestellt.

Warmgewalzter ungleichschenkliger rundkantiger Winkelstahl nach DIN 1029 (7.78)

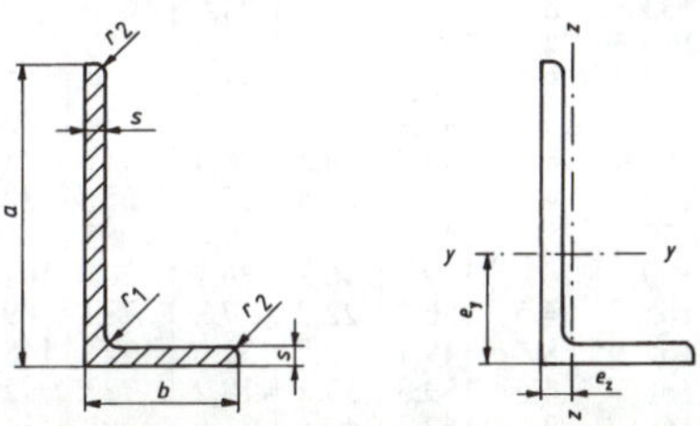

B e z e i c h n u n g s b e i s p i e l:

L 100 × 50 × 8 DIN 1029 – USt 37-2

bedeutet:
- ungleichschenkliger Winkelstahl
- Abmessungen a = 100 mm, b = 50 mm, s = 8 mm
- Querschnitt nach DIN 1029
- Stahlsorte USt 37-2 gemäß DIN 17100

Kurzzeichen L	Abmessungen a mm	b mm	s mm	r_1 mm	r_2 mm	Querschnitt A cm^2	Gewicht G kg/m	Für die Biegeachse $y-y$: I_y cm^4	W_y cm^3	i_y cm	$z-z$: I_z cm^4	W_z cm^3	i_z cm
30 × 20 × 3	30	20	3	3,5	2	1,42	1,11	1,25	0,62	0,94	0,44	0,29	0,56
40 × 20 × 3	40	20	3	3,5	2	1,72	1,35	2,79	1,08	1,27	0,47	0,30	0,52
50 × 30 × 5	50	30	5	4,5	2	3,78	2,96	9,41	2,88	1,58	2,54	1,12	0,82
60 × 30 × 5	60	30	5	6	3	4,29	3,37	15,6	4,04	1,90	2,60	1,12	0,78
65 × 50 × 5	65	50	5	6,5	3,5	5,54	4,35	23,1	5,11	2,04	11,9	3,18	1,47
75 × 50 × 5	75	50	5	6,5	3,5	6,04	4,74	34,4	6,74	2,39	12,3	3,21	1,43

3.7. Metalle

Fortsetzung: ungleichschenkliger Winkelstahl

Kurzzeichen L	Abmessungen					Querschnitt	Gewicht	Für die Biegeachse y – y			Für die Biegeachse z – z		
	a mm	b mm	s mm	r_1 mm	r_2 mm	A cm²	G kg/m	I_y cm⁴	W_y cm³	i_y cm	I_z cm⁴	W_z cm³	i_z cm
80 × 40 × 6	80	40	6	7	3,5	6,89	5,41	44,9	8,73	2,55	7,59	2,44	1,05
100 × 50 × 8	100	50	8	9	4,5	11,5	8,99	116	18,0	3,18	19,5	5,04	1,31
120 × 80 × 10	120	80	10	11	5,5	19,1	15,0	276	34,1	3,80	98,1	16,2	2,27
150 × 75 × 11	150	75	11	10,5	5,5	23,6	18,6	545	56,6	4,80	93,0	15,9	1,98
180 × 90 × 12	150	90	12	14	7	31,2	24,5	1040	89,3	5,77	177	25,1	2,38
200 × 100 × 12	200	100	12	15	7,5	34,8	27,3	1440	111	6,43	247	31,3	2,67
250 × 90 × 14	250	90	14	15	7,5	45,9	36,0	2960	192	8,03	216	29,7	2,17

Winkelstahl L wird in Längen zwischen 3000 mm und 12 000 mm hergestellt.

Stahlrohre nach DIN 2448 (2.81)

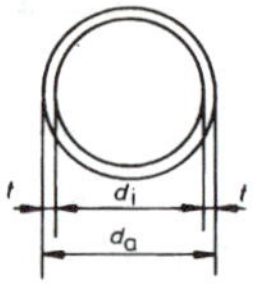

Bezeichnungsbeispiel:

Rohr 159 × 4,5 DIN 2448 – St 52-3

bedeutet:
- Stahlrohr
- Rohraußendurchmesser = 159 mm
- Rohrwandstärke = 4,5 mm
- Querschnitt nach DIN 2448
- Stahlsorte St 52-3 gemäß DIN 17 100

d_a mm	t mm	d_i mm	A cm²	G kg/m	I cm⁴	W cm³	i cm	d_a mm	t mm	d_i mm	A cm²	G kg/m	I cm⁴	W cm³	i cm
10,2	1,6	7	0,432	0,344	0,041	0,081	0,31	95	3,6	87,8	10,3	8,11	108	22,8	3,23
13,5	1,8	9,9	0,662	0,522	0,116	0,172	0,42	101,6	3,6	94,4	11,1	8,76	133	26,2	3,47
16	1,8	12,4	0,803	0,632	0,206	0,257	0,51	101,6	6,3	89	18,9	14,9	215	42,3	3,38
17,2	1,8	13,6	0,871	0,688	0,262	0,304	0,55	108	3,6	100,8	11,8	9,33	161	29,8	3,69
20	2	16	1,13	0,890	0,464	0,464	0,64	108	6,3	95,4	20,1	15,8	261	48,4	3,60
20	2,9	14,2	1,56	1,22	0,59	0,59	0,61	114,3	3,6	107,1	12,5	9,90	192	33,6	3,92
21,3	2	17,3	1,21	0,96	0,57	0,54	0,69	114,3	7,1	100,1	23,9	18,8	345	60,4	3,80
25	2	21	1,45	1,13	0,92	0,77	0,82	121	4	113	14,7	11,5	252	41,6	4,14
25	3,2	18,4	2,19	1,72	1,33	1,06	0,78	127	4	119	15,5	12,2	293	46,1	4,35
30	2,6	24,8	2,24	1,77	2,12	1,41	0,97	127	8	111	29,9	23,4	532	83,7	4,22
30	4	22	3,27	2,59	2,83	1,88	0,93	133	4	125	16,2	12,8	338	50,8	4,56
35	2,6	29,8	2,65	2,08	3,50	2,00	1,15	133	8	117	31,4	24,6	616	92,6	4,43
38	2,6	32,8	2,89	2,29	4,55	2,40	1,25	139,7	4	131,7	17,1	13,5	393	56,2	4,80
38	4	30	4,27	3,38	6,26	3,29	1,21	139,7	8	123,7	33,1	25,9	720	103	4,66
42,4	2,6	37,2	3,25	2,57	6,46	3,05	1,41	152,4	5	142,4	23,2	18,2	630	82,6	5,21
44,5	2,6	39,3	3,42	2,70	7,54	3,39	1,48	152,4	8	136,4	36,3	28,4	949	125	5,11
44,5	4	36,5	5,09	4,02	10,5	4,74	1,44	159	4,5	150	21,8	17,1	652	82	5,46
48,3	2,6	43,1	3,73	2,95	9,78	4,05	1,62	159	8	143	38,0	29,6	1085	136	5,35
51	2,6	45,8	3,95	3,12	11,6	4,55	1,71	159	10	139	46,8	36,7	1305	164	5,28
51	4	43	5,91	4,66	16,4	6,44	1,67	165,1	4,5	156,1	22,7	17,8	733	89	5,68
54	2,6	48,8	4,20	3,30	13,9	5,15	1,82	165,1	8	149,1	39,5	31,0	1221	148	5,56
57	2,9	51,2	4,93	3,90	18,1	6,35	1,92	168,3	4,5	159,3	23,2	18,2	777	92	5,79
57	5	47	8,17	6,41	27,9	9,78	1,85	168,3	8	152,3	40,3	31,5	1297	154	5,67
60,3	2,9	54,5	5,23	4,14	21,6	7,16	2,03	168,3	10	148,3	49,7	39,0	1564	186	5,61
63,5	2,9	57,7	5,52	4,36	25,4	8,00	2,14	171	5	161	26,1	20,5	899	105	5,87
63,5	5	53,5	9,19	7,21	39,6	12,5	2,08	171	8	155	41,0	32,3	1364	160	5,77
70	2,9	64,2	6,11	4,83	34,5	9,85	2,37	171	10	151	50,6	39,7	1645	192	5,70
70	5	60	10,2	8,01	54,2	15,5	2,30	193,7	5,4	182,9	31,9	25,0	1417	146	6,66
76,1	2,9	70,3	6,67	5,28	44,7	11,8	2,59	193,7	8,8	176,1	51,1	40,0	2189	226	6,54
76,1	5	66,1	11,2	8,77	70,9	18,6	2,52	219,1	5,9	207,3	39,5	31,0	2247	205	7,54
82,5	3,2	76,1	7,97	6,31	62,8	15,2	2,81	219,1	10	199,1	65,7	51,6	3598	328	7,40
82,5	5	72,5	12,2	9,56	91,8	22,2	2,75	244,5	6,3	231,9	47,1	37,0	3346	274	8,43
88,9	3,2	82,5	8,62	6,81	79,2	17,8	3,03	244,5	8	228,5	59,4	46,7	4160	340	8,37
88,9	5,6	77,2	14,7	11,5	128	28,7	2,95	267	6,3	254,4	51,6	40,5	4386	329	9,22

3.7. Metalle

3.7.1.2. Betonstahl

Für Stahlbeton werden die in der DIN 488 aufgeführten Stahlsorten verwendet. In der folgenden Tabelle sind die wichtigsten Eigenschaften der Betonstähle zusammengestellt:

Sorteneinteilung und Eigenschaften der Betonstähle

Verarbeitungsform	Kurzname	Kurzzeichen	Oberfläche	Stahlherstellungsart	Nenndurchmesser d_s mm	Streckgrenze R_e bzw. $R_{p0,2}$ N/mm²	Zugfestigkeit R_m N/mm²	Schweißeignung für Verfahren[1]	Bruchdehnung A_{10} %
Betonstabstahl (S)	BST 420 S	III S	gerippt	unbehandelt oder kaltverformt	6–28	420	500	E, MAG, GP, RA, RP	10
	BST 500 S	IV S				500	550		10
Betonstahlmatte (M)	BST 500 M	IV M	gerippt	kalt verformt	4–12	500	550	E, MAG, RP	8
Bewehrungsdraht	BST 500 G BST 500 P	IV M	glatt profiliert	kalt verformt	4–12	500	550		8

[1]) E = Metall-Lichtbogenhandschweißen, MAG = Metall-Aktivgasschweißen, GP = Gaspreßschweißen, RA = Abbrennstumpfschweißen, RP = Widerstandspunktschweißen

Betonstähle müssen mit einer Werkkennzeichnung versehen sein. Ein Verzeichnis der Länder mit den entsprechenden Werkkennzeichen wird beim Institut für Bautechnik in Berlin geführt.

Zwei verbreiterte Rippen sind der Beginn der Kennzeichnung, dann folgen die Nummer des Landes und die Werknummer jeweils durch verbreiterte Rippen getrennt. Bei Nummern > 10 werden Zehner und Einerstellen durch eine verbreiterte Rippe getrennt.

Beispiel eines BSt 420 S

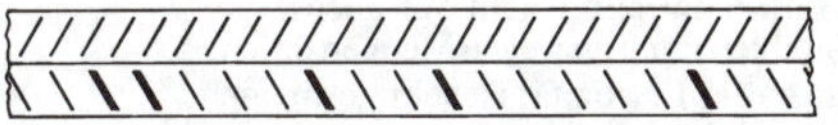

Land: 3
Werk: 25

Oberflächenbeschaffenheit gerippter Betonstähle

Kalt verwundener BST 500 S

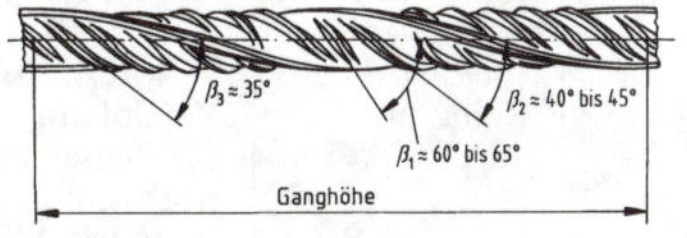

Kalt verwundener BST 420 S

Nicht verwundener BST 420 S mit Längsrippen

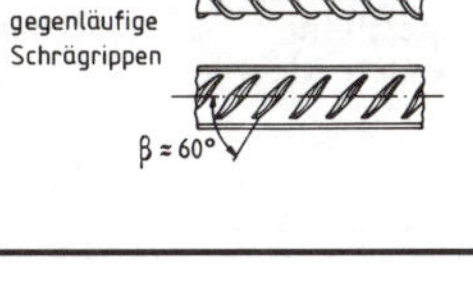

Profilierter Bewehrungsdraht BSt 500 P

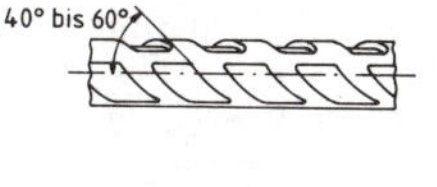

3.7. Metalle

3.7.2. Nichteisenmetalle

Name chem. Zeich.	Dichte kg/dm^3	Eigenschaften	Legierungen	Verwendung im Bauwesen
Aluminium Al	2,7	Silberglänzendes Metall, an der Luft mit schützender, mattweißer Oxidschicht überzogen: witterungsbeständig. Leicht, weich, bieg- und dehnbar. Reinaluminium hat eine geringe Festigkeit. Laugen greifen das Aluminium an, so daß es vor frischem Kalk- und Zementmörtel geschützt werden muß. Auch elektrochemische Vorgänge können das Aluminium zerstören.	Mit Magnesium und Silicium legiert erhält das Aluminium eine höhere Festigkeit, größere Härte, und einen guten chemischen Widerstand.	Dacheindeckungen, Wandverkleidungen, Sonnenschutz, Dachrinnen, Rohre, Simsabdeckungen, Türen, Fenster, Bauprofile, Abdichtungsfolien, Beschläge
Kupfer Cu	8,9	Rotglänzendes, schweres Metall, an der Luft bildet sich eine bräunliche Oxidschicht, später, mit Feuchtigkeit und Kohlendioxid, die grüne Patina. Sehr witterungsbeständig. Kupfersalze sind giftig. Sehr weich, geschmeidig, läßt sich gut verformen. Die Festigkeit des Kupfers ist sehr gering. Die Strom- und Wärmeleitfähigkeit ist sehr gut. Kupfer hat gegen Säuren und Laugen eine hohe Widerstandsfähigkeit. Elektrochemische Vorgänge greifen das Kupfer an.	Kupfer wird mit Zink, Zinn, Nickel oder Blei legiert, um die Festigkeit, Zähigkeit und Gießbarkeit zu erhöhen.	Dacheindeckungen, Wandverkleidungen, Dachrinnen, und Regenrohre, Folien zur Feuchtigkeitsabdichtung, Warmwasserleitung
Blei Pb	11,3	Bläulich-hellgraue Farbe, Bruch silberglänzend und feinkörnig. Das Blei ist korrosionsbeständig, jedoch organische Säuren und Laugen greifen es an, also auch frischer Kalk- und Zementmörtel. Blei ist sehr schwer und dicht, läßt auch radioaktive Strahlen nur in geringen Mengen durch. Die Härte und Elastizität ist sehr gering: Blei läßt sich leicht schneiden, hämmern, biegen, walzen. Sehr geringe Festigkeit. Blei und Bleiverbindungen sind giftig.	Die Legierung mit Antimon erhöht die Härte und Festigkeit (Hartblei).	Dacheindeckungen, Anschlußdichtungen am Dach (z. B. beim Kamin), Wasserrohre, Bleisperrfolien gegen Feuchtigkeit, Bleiwolle zur Rohrabdichtung, Bleipulver für Anstrichmittel, Rostschutzanstrich (Bleimennige)
Zink Zn	7,1	Bläulich-weißes, glänzendes Metall, mit grobkörnigem Bruch. An feuchter Luft entsteht an der Oberfläche eine mattgraue Oxidschicht, die das Metall vor weiterer Korrosion schützt: witterungsbeständig. Zink ist hart und spröde. Bei Wärme dehnt es sich außerordentlich stark aus. Zink wird von Säuren und Laugen angegriffen, auch frischer Kalk- und Zementmörtel zersetzen es. Elektrochemische Vorgänge zerstören das Zink.	Zinklegierung mit Titan hat eine höhere Festigkeit und eine geringere Wärmedehnung als Reinzink.	Dacheindeckungen, Mauer- und Gesimsabdeckungen, Anschlußeinfassung, Dachrinnen und Regenrohre, Verzinkung von Stahlteilen gegen Korrosion, Grundstoff für Schutzanstriche
Magnesium Mg	1,74	Weißes, silberglänzendes Metall. Sehr leicht und plastisch. Magnesiumpulver verbrennt bei Sauerstoff sehr heftig mit weißer Flamme.	Magnesium ist ein Legierungsmetall für andere Metalle.	Leichte Profile für geringe Beanspruchung, Legierungsmetall
Zinn Sn	7,3	Silberweiß, auch nach längerer Luftlagerung glänzend. Sehr beständig gegen Säuren. Beim Biegen Knirschgeräusch.	Mit Blei zum Löten (Lötzinn).	Leitungsrohre, Folien zu Isolierzwecken, Lötmetall

3.8. Stahlbeton

3.8.1. Allgemeines

Wenn ein Tragwerk mit äußeren Kräften belastet wird, entstehen im Innern des Tragwerkes – als Reaktionskräfte – auf eine Schnittfläche verteilte innere Kräfte, d. h. Spannungen. Die Spannungen treten, je nach Ursache, als Zug-, Druck-, Biege-, Schub- oder Drillspannungen auf. Da in der Regel mehrere dieser Spannungen nicht einzeln, sondern zusammen auftreten, können sie in einem konkreten Punkt vektorial addiert werden. Damit ergeben sich schräge Spannungen, die die Spannungsfläche entweder ziehen oder drücken.

Der Beton hat eine sehr hohe Druckfestigkeit, aber nur eine sehr geringe Zugfestigkeit, d. h. der Beton kann nur die entstehende Druckspannung, nicht aber die entstehende Zugspannung aufnehmen.

Stahlbeton ist ein Verbundbaustoff mit folgender Aufgabenteilung: die Zugspannungen werden von dem Stahl, die Druckspannungen in der Regel vom Beton aufgenommen. Dementsprechend müssen die Stahleinlagen überall dort vorhanden sein, wo in dem Tragwerk Zugspannungen entstehen.

Als Beispiel soll hier ein Stahlbetonbalken betrachtet werden.

Einfeldträger als Stahlbetonbalken:

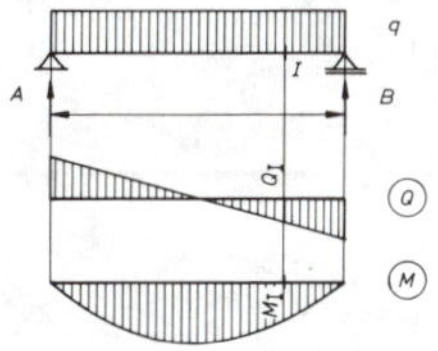

Aus den Schnittkräften M und Q entstehen im Schnitt I folgende Spannungen:

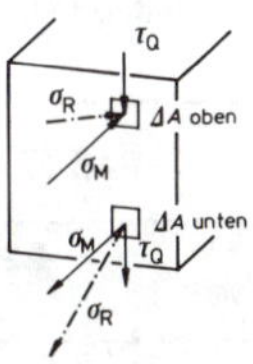

Wenn die Biege- und Schubspannungen in allen Punkten summiert werden, ergeben sich folgende Zug- bzw. Drucktrajektorien:

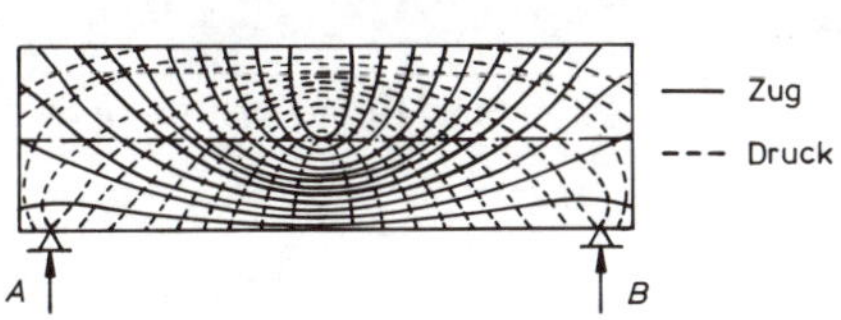

Die Stahleinlagen müssen annähernd so liegen, wie die Zugtrajektorien verlaufen. Die gängige konstruktive Lösung:

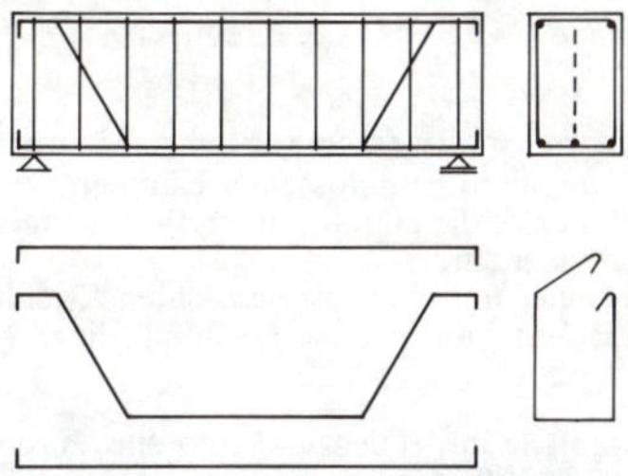

3.8.2. Bewehrungsrichtlinien

Um den Verbund zwischen Stahl und Beton zu ermöglichen, darf die Stahloberfläche nicht verschmutzt, verfettet, vereist oder mit losem Rost überzogen sein. Auch eine entsprechend starke Betonummantelung muß vorhanden sein, um den Stahl in Beton einzubinden. Parallel verlaufende Stahlstäbe müssen deswegen einen lichten Mindestabstand (ε_l) voneinander haben:

$$\varepsilon_l \geqq d_s, \text{ aber mindestens 2 cm}$$

Betondeckung der Bewehrung

Der Stahl ist korrosionsgefährdet. Die Betonummantelung bewahrt den Stahl vor dem Rosten und sichert dem Stahlbeton eine lange Lebensdauer.

Die Mindestbetondeckung der Stahleinlagen ist gemäß DIN 1045 (7.88) aus der folgenden Tabelle auf Seite 3-30 zu entnehmen. Die dort aufgeführten Werte dürfen nicht unterschritten werden. Die Normalüberdeckung setzt sich aus der Mindestüberdeckung und einem Vorhaltemaß zusammen, das in der Regel 1,0 cm beträgt. Bei Beton der Klasse B 35 und fester dürfen die Maße der Betondeckung um 0,5 cm verringert werden, sie muß aber $\geqq d_s$ und $\geqq 1{,}0$ cm sein.

In Ausnahmefällen, z. B. übergroßes Zuschlag-Größtkorn, Gleitschalung, steinmetzmäßige Bearbeitung der Betonoberfläche usw., wird die Betondeckung vergrößert.

Es darf die Tabelle auch für Beton B 15 angewendet werden, doch müssen dann bei $d_s \leqq 12$ mm min $c = 1{,}5$ cm und nom $c = 2{,}5$ cm sein.

Beispiele: Betonaußenwand (B 15/d_s = 10 mm):
Mindestüberdeckung min $c = 2{,}0$ cm
Normalüberdeckung nom $c = 3{,}0$ cm
Betoninnenwand (B 35/d_s = 16 mm), normales Klima:
Mindestüberdeckung min $c = 1{,}6$ cm
Normalüberdeckung nom $c = 2{,}0$ cm

3.8. Stahlbeton

Maße der Betondeckung *c* (bezogen auf Verbund und Umweltbedingungen)

	Umweltbedingungen	Betonstabdurchmesser d_s	Mindestüberdeckung für ≧ B 25 (min *c*)	Normalüberdeckung für ≧ B 25 (nom *c*)
1	Bauteile in geschlossenen Räumen, Bauteile, die ständig unter Wasser oder ständig trocken sind, Dächer mit einer wasserdichten Dachhaut für die Seite, auf der die Dachhaut liegt	≦ 12 mm 14, 16 mm 20 mm 25 mm 28 mm	1,0 cm 1,5 cm 2,0 cm 2,5 cm 3,0 cm	2,0 cm 2,5 cm 3,0 cm 3,5 cm 4,0 cm
2	Bauteile im Freien und Bauteile, zu denen die Außenluft ständig Zugang hat	≦ 20 mm 25 mm 28 mm	2,0 cm 2,5 cm 3,0 cm	3,0 cm 3,5 cm 4,0 cm
3	Bauteile in geschlossenen Räumen mit oft auftretender sehr hoher Luftfeuchtigkeit bei normaler Raumtemperatur, Bauteile, die wechselnder Durchfeuchtung ausgesetzt sind, Bauteil, die „schwachem“ chemischen Angriff nach DIN 4030 ausgesetzt sind	≦ 25 mm 28 mm	2,5 cm 3,0 cm	3,5 cm 4,0 cm
4	Bauteile, die besonders korrosionsfördernden Einflüssen ausgesetzt sind, z. B. durch ständige Einwirkung angreifender Gase oder Tausalze oder „starkem“ chemischen Angriff nach DIN 4030	≦ 28 mm	4,0 cm	5,0 cm

Biegung von Bewehrungsstäben

Wenn ein Bewehrungsstab gebogen wird, wird der Stahl an der Innenseite der Krümmung gestaucht, an der Außenseite der Krümmung gedehnt. Die Größe dieser Stauchung und Dehnung ist von dem Durchmesser des Stabes sowie vom Radius der Krümmung abhängig.

Die Dehnung, die der Stab ohne Beschädigung verkraftet, ist begrenzt. Damit diese Dehnungsgrenze

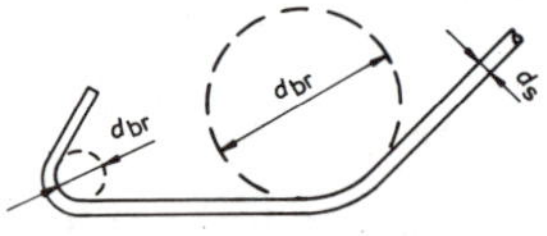

nicht überschritten wird, sind in DIN 1045 **Mindestwerte für den Biegerollendurchmesser** des Stahlbiegegerätes angegeben:

Mindestwerte der Biegerollendurchmesser d_{br} nach DIN 1045 (7.88)

Betonstahlsorte		BSt 420 S BSt 500 S
Gebogene Form		Haken, Winkelhaken, Schlaufen, Bügel
Stabdurchmesser d_s in mm	< 20	4 d_s
	20 bis 28	7 d_s
Gebogene Form		Sonstige Krümmungen von Stäben
Seitliche Betondeckung	> 5 cm und > 3 d_s	15 d_s
	≦ 5 cm oder ≦ 3 d_s	20 d_s

3.8. Stahlbeton

Verankerung der Stahlstäbe im Beton

Die Bewehrungsstabenden müssen im Beton genügend verankert sein. Die Verankerung erfolgt durch Haftung eines geraden Stabendes, durch Haken, Winkelhaken, Schlaufen oder – etwas seltener – durch Ankerkörper oder angeschweißte Querstäbe.

Länge der Verankerung nach DIN 1045 (7.88)

$$l_1 = l_0 \cdot \alpha_1 \cdot \frac{\text{erf}\,A_s}{\text{vorh}\,A_s}, \text{ aber mindestens } 10\,d_s$$

bei geraden Stabenden, bzw. mindestens

$\frac{d_{br}}{2} + d_s$ bei Haken, Winkelhaken und Schlaufen.

l_0	Grundmaß der Verankerungslänge,
α_1	Beiwert, womit die Art der Verankerung einbezogen ist (siehe Tabelle),
erf A_s	rechnerisch erforderlicher Bewehrungsquerschnitt,
vorh A_s	vorhandener Bewehrungsquerschnitt,
d_s	Stabdurchmesser,
d_{br}	Biegerollendurchmesser

$$l_0 = \frac{\beta_s}{7 \cdot \text{zul}\,\tau_1} \cdot d_s$$

β_s	Betonstahlnennstreckgrenze
d_s	Durchmesser
zul τ_1	Grundwert der Verbundspannung nach DIN 1045, Tab. 19

Grundmaß der Verankerungslänge l_0 in cm

d_s	BSt 420 S					BSt 500 S				
mm	B 15	B 25	B 35	B 45	B 55	B 15	B 25	B 35	B 45	B 55
6	26	20	17	14	12	31	24	20	17	15
8	35	27	22	19	16	41	32	26	22	19
10	43	34	28	23	20	51	40	33	28	24
12	52	40	33	28	24	62	48	39	33	29
14	60	47	38	33	28	72	56	46	39	34
16	69	54	44	37	32	82	64	52	44	39
20	86	67	55	46	40	102	80	65	55	48
25	107	84	68	58	50	128	100	81	69	60
28	120	94	77	65	56	143	111	91	77	67

Die Tabellenwerte sind gültig für alle Bewehrungsstäbe, die
- beim Betonieren zwischen 45° und 90° gegen die Waagerechte neigen,
- flacher als 45° neigen, aber beim Betonieren höchstens 25 cm über der Unterkante oder mindestens 30 cm unter der Oberkante des Betons liegen.

Alle anderen Bewehrungsstäbe benötigen zur Verankerung die doppelten Tabellenwerte.

Beiwert α_1 für Ermittlung der Verankerungslänge

Verankerungsart	Beiwert α_1 Zugstäbe	Beiwert α_1 Druckstäbe	Verankerungsart	Beiwert α_1 Zugstäbe	Beiwert α_1 Druckstäbe
1. Gerade Stabenden 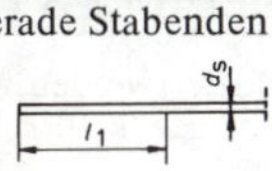	1,0	1,0	5. Gerade Stabenden mit mind. einem angeschweißten Stab innerhalb l_1 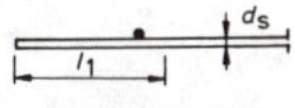	0,7	0,7
2. Haken 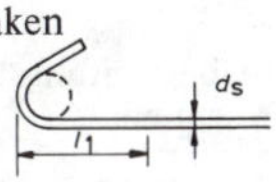	0,7 (1,0)	1,0	6. Gerade Stabenden mit mind. zwei angeschweißten Stäben innerhalb l_1 (Nur zulässig bei Einzelstäben mit d_s = 16 mm, bzw. Doppelstäben mit d_s = 12 mm) 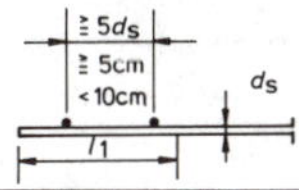	0,5	0,5
3. Winkelhaken 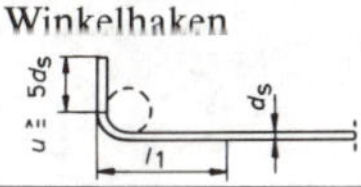	0,7 (1,0)	1,0			
4. Schlaufen 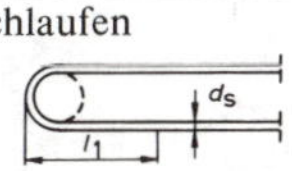	0,7 (1,0)	1,0			

Die in Klammern angegebenen Werte gelten, wenn im Krümmungsbereich rechtwinklig zur Krümmungsebene die Betondeckung weniger als 3 d_s beträgt, bzw. kein Querdruck oder keine enge Verbügelung vorhanden ist.

B e i s p i e l für die Verankerung eines Zugbewehrungsstabes:

Ein Bewehrungsstab, BSt 420 S mit einem Durchmesser von 16 mm, soll mit Winkelhaken im Beton B 25 verankert werden. Die in der statischen Berechnung für diese Stelle ermittelte erforderliche Bewehrung beträgt 1,84 cm².

Lösung:

$\min l_1 = l_o \cdot \alpha_1 \cdot \frac{\text{erf } A_s}{\text{vorh } A_s} = 54 \cdot 0{,}7 \cdot \frac{1{,}84}{2{,}01} = \mathbf{34{,}6\ cm}$

$ü = 5\ d_s = 5 \cdot 1{,}6 = \mathbf{8{,}0\ cm}$

$d_{br} = 4\ d_s = 4 \cdot 1{,}6 = \mathbf{6{,}4\ cm}$

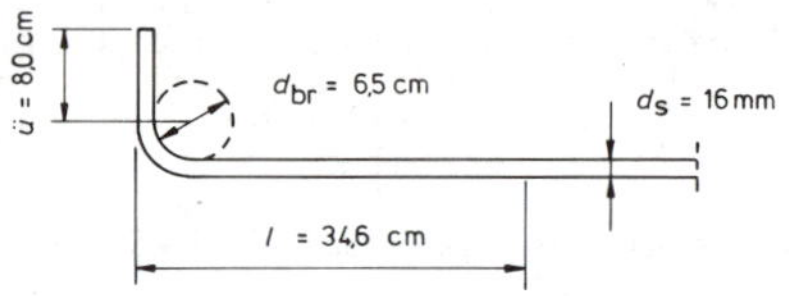

Stöße von Bewehrungsstäbe

Aus herstellungs- bzw. bewehrungstechnischen Gründen kann es erforderlich sein, Bewehrungsstäbe zu verlängern. Die Stöße können durch Übergreifen der Stäbe, durch Verschrauben, Verschweißen, Vermuffen, bzw. bei Druckstößen, durch Kontakt der Stirnflächen hergestellt werden.

Die Länge der am meisten angewendeten Übergreifung bei Zugstößen ist in DIN 1045 vorgeschrieben.

Übergreifungslänge $l_ü$ bei Zugstößen:

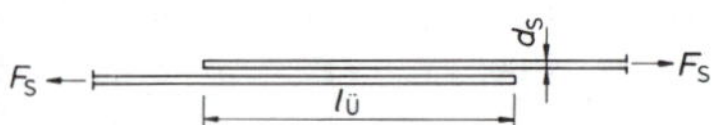

Gerade Stabenden

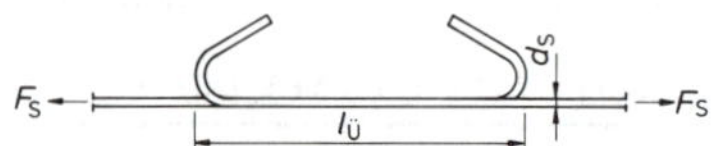

Haken

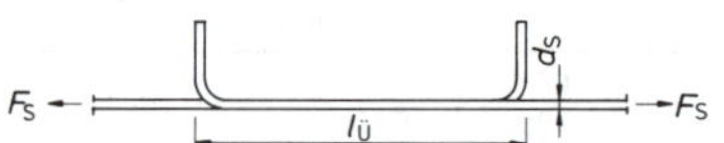

Winkelhaken

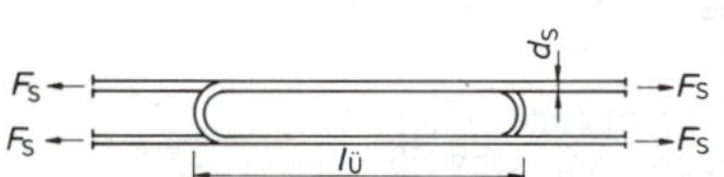

Schlaufen

Zwei Stäbe werden als übergreifend betrachtet, wenn der lichte Abstand der Stäbe höchstens 4 d_s beträgt.

Die Länge der Übergreifung bei geraden Stabenden, Haken, Winkelhaken und Schlaufen ist nach folgender Formel zu berechnen:

$$l_ü = \alpha_ü \cdot l_1 \quad \begin{cases} \geqq 20 \text{ cm in allen Fällen} \\ \geqq 15\ d_s \text{ bei geraden Enden} \\ \geqq 1{,}5\ d_{br} \text{ bei sonst. Formen} \end{cases}$$

l_1	Verankerungslänge der Bewehrungsstäbe (siehe dort), darf jedoch nicht kleiner als 0,7 in Rechnung gestellt werden,
$\alpha_ü$	Beiwert (siehe Tabelle),
d_s	Stabdurchmesser
d_{br}	Biegerollendurchmesser

Beiwerte

Lage der Bewehrung	d_s mm	Anteil der in einem Querschn. gestoß. Längsbewehrung ≦20%	>20% ≦50%	>50%
Für Stäbe, die beim Betonieren zwischen 45° und 90° gegen die Waagerechte neigen, oder flacher neigen, aber höchstens 25 cm über der Unterkante oder mindestens 30 cm unter der Oberkante des Betons liegen	<16	1,20	1,40	1,60
	≧ 16	1,40	1,80	2,20
Für alle anderen Bewehrungsstäbe	< 16	0,90	1,05	1,20
	≧ 16	1,05	1,35	1,65

Die α-Werte dürfen auf 70% reduziert werden, wenn der Achsabstand der Stöße mindestens 10 d_s, der Randabstand mindestens 5 d_s beträgt.

B e i s p i e l:

Zu ermitteln ist die Mindest-Übergreifungslänge eines Zugstoßes bei folgenden Angaben:

BSt 420 S
$d_s = 14$ mm
erf $A_s = 1{,}32$ cm²
vorh $A_s = 1{,}54$ cm²
Stabende: Haken
Beton B 35

Lösung: $\min l_ü = \alpha_ü \cdot l_1 =$

$= \alpha_ü \cdot \alpha_1 \cdot l_o \cdot \frac{\text{erf} A_s}{\text{vorh } A_s} =$

$= 1{,}60 \cdot 0{,}7 \cdot 38 \cdot \frac{1{,}32}{1{,}54} = \mathbf{36{,}5\ cm}$

3.8. Stahlbeton

In einem Bauteilquerschnitt dürfen höchstens folgende Anteile der dort vorhandenen Bewehrung gestoßen werden:

Zulässiger Anteil der gestoßenen Stäbe		
	einlagig	mehrlagig
Übergreifung	100 %	50 %
Schweißen Schrauben	100 %	
Kontaktstoß	50 %	

Wenn mehr als die in der Tabelle zugelassenen Bewehrungsanteile gestoßen werden sollen, müssen die Stöße in Längsrichtung mit 1,3 · $l_ü$ versetzt werden:

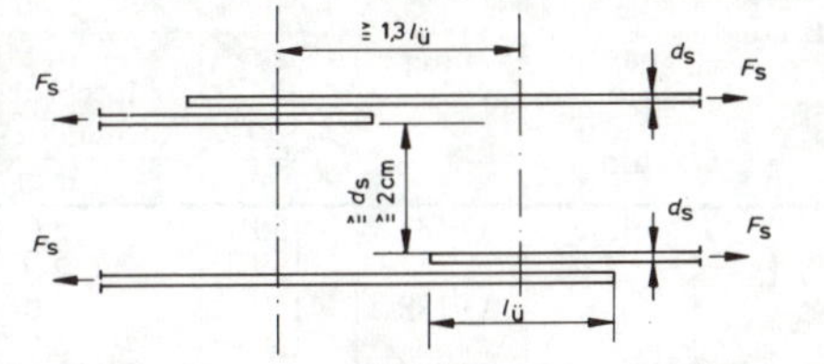

3.8.3. Querschnittstabellen

Gesamtquerschnitt A_s in cm²

d_s	Gewicht eines Stabes	Stückzahl der Stäbe									
mm	kg/m	1	2	3	4	5	6	7	8	9	10
5	0,154	0,20	0,40	0,59	0,79	0,98	1,18	1,37	1,57	1,76	1,96
6	0,222	0,28	0,56	0,85	1,13	1,41	1,70	1,98	2,26	2,55	2,83
8	0,395	0,50	1,00	1,51	2,01	2,51	3,01	3,52	4,02	4,53	5,03
10	0,617	0,79	1,57	2,36	3,14	3,93	4,71	5,50	6,28	7,06	7,85
12	0,888	1,13	2,26	3,39	4,52	5,65	6,78	7,91	9,04	10,17	11,31
14	1,208	1,54	3,08	4,62	6,16	7,70	9,24	10,78	12,32	13,86	15,39
16	1,578	2,01	4,02	6,03	8,04	10,05	12,06	14,07	16,08	18,09	20,11
18	1,998	2,54	5,09	7,63	10,18	12,72	15,27	17,81	20,36	22,90	25,45
20	2,466	3,14	6,28	9,42	12,56	15,70	18,84	21,98	25,12	28,26	31,41
22	2,984	3,80	7,60	11,40	15,20	19,01	22,81	26,61	30,41	34,21	38,01
25	3,853	4,91	9,82	14,73	19,64	24,55	29,46	34,37	39,28	44,19	49,10
28	4,834	6,16	12,32	18,47	24,63	30,79	36,95	43,11	49,26	55,42	61,58
32	6,313	8,04	16,08	24,13	32,17	40,21	48,25	56,29	64,34	72,38	80,42
36	7,990	10,18	20,36	30,54	40,72	50,90	61,07	71,25	81,43	91,61	101,8
40	9,865	12,57	25,13	37,70	50,27	62,83	75,40	87,96	100,5	113,1	125,7

Stahlquerschnitt a_s je m Plattenbreite in cm²

Abstand	Stückzahl	Stabdurchmesser d_s in mm									
cm	je m	6	8	10	12	14	16	18	20	22	25	28
10,0	10,0	2,83	5,00	7,85	11,31	15,39	20,11	25,45	31,41	38,01	49,10	61,60
10,5	9,5	2,69	4,79	7,48	10,77	14,66	19,15	24,24	29,91	36,20	46,76	58,67
11,0	9,1	2,57	4,57	7,14	10,28	13,99	18,28	23,14	28,55	34,55	44,64	56,00
11,5	8,7	2,46	4,37	6,83	9,84	13,39	17,49	22,13	27,31	33,05	42,70	53,57
12,0	8,3	2,36	4,19	6,54	9,42	12,83	16,76	21,21	26,17	31,67	40,92	51,33
12,5	8,0	2,26	4,02	6,28	9,05	12,32	16,09	20,36	25,13	30,41	39,28	49,28
13,0	7,7	2,17	3,87	6,04	8,70	11,84	15,47	19,58	24,16	29,24	37,77	47,38
13,5	7,4	2,09	3,72	5,82	8,38	11,40	14,90	18,85	23,27	28,16	36,37	45,63
14,0	7,1	2,02	3,59	5,61	8,08	11,00	14,36	18,18	22,44	27,15	35,07	44,00
14,5	6,9	1,95	3,47	5,42	7,80	10,62	13,87	17,55	21,66	26,21	33,86	42,48
15,0	6,7	1,89	3,35	5,24	7,54	10,26	13,41	16,97	20,94	25,34	32,73	41,07
15,5	6,5	1,82	3,24	5,07	7,30	9,93	12,97	16,42	20,27	24,52	31,68	39,74
16,0	6,3	1,77	3,14	4,91	7,07	9,62	12,57	15,90	19,64	23,76	30,69	38,50
16,5	6,1	1,71	3,05	4,76	6,85	9,33	12,19	15,42	19,04	23,04	29,76	37,33
17,0	5,9	1,66	2,96	4,62	6,65	9,05	11,83	14,97	18,48	22,36	28,88	36,24
17,5	5,7	1,62	2,87	4,49	6,46	8,79	11,49	14,54	17,95	21,72	28,06	35,20
18,0	5,6	1,57	2,79	4,36	6,28	8,55	11,17	14,14	17,46	21,12	27,28	34,22
18,5	5,4	1,53	2,72	4,25	6,11	8,32	10,87	13,76	16,94	20,55	26,54	33,30
19,0	5,3	1,49	2,65	4,13	5,95	8,10	10,58	13,39	16,54	20,01	25,84	32,42
19,5	5,1	1,45	2,58	4,03	5,80	7,89	10,31	13,05	16,11	19,49	25,18	31,59
20,0	5,0	1,41	2,51	3,93	5,65	7,69	10,05	12,72	15,71	19,01	24,55	30,80

3.8. Stahlbeton

Querschnittsreihe für Lagermatten der Baustahlgewebe GmbH[1])

Länge / Breite (m)	Randeinsparung (Längsrichtung)	Mattenbezeichnung [2])	Mattenaufbau in Längsrichtung / Querrichtung: Stababstände (mm)	Stabdurchmesser Innen / Rand (mm)	Anzahl der Längsrandstäbe links / rechts	Querschnitte längs / quer (cm²/m)	Gewichte je Matte (kg)	Gewichte je m² (kg)
5,00 / 2,15	ohne	Q 131	150 150	5,0 5,0		1,31 1,31	22,5	2,09
		Q 188	150 150	6,0 6,0		1,88 1,88	32,4	3,01
	mit	Q 221	150 150	6,5 / 5,0 – 6,5	4 / 4	2,21 2,21	33,7	3,14
		Q 257	150 150	7,0 / 5,0 – 7,0	4 / 4	2,57 2,57	38,2	3,55
		Q 377	150 150	6,0d / 6,0 – 8,5	4 / 4	3,77 3,78	56,0	5,21
6,00 / 2,15		Q 513	150 100	7,0d / 7,0 – 8,0	4 / 4	5,13 5,03	90,0	6,97
5,00 / 2,15	ohne	R 131	150 250	5,0 4,0		1,31 0,50	15,8	1,47
		R 188	150 250	6,0 4,0		1,88 0,50	20,9	1,95
	mit	R 221	150 250	6,5 / 5,0 – 4,0	2 / 2	2,21 0,50	21,6	2,01
		R 257	150 250	7,0 / 5,0 – 4,5	2 / 2	2,57 0,64	25,1	2,33
		R 317	150 250	5,5d / 5,5 – 4,5	2 / 2	3,17 0,64	29,7	2,76
		R 377	150 250	6,0d / 6,0 – 5,0	2 / 2	3,77 0,78	35,5	3,30
		R 443	150 250	6,5d / 6,5 – 5,5	2 / 2	4,43 0,95	41,8	3,89
6,00 / 2,15		R 513	150 250	7,0d / 7,0 – 6,0	2 / 2	5,13 1,13	58,6	4,54
		R 589	150 250	7,5d / 7,5 – 6,5	2 / 2	5,89 1,33	67,5	5,24
		K 664	100 250	6,5d / 6,5 – 6,5	4 / 4	6,64 1,33	69,6	5,39
		K 770	100 250	7,0d / 7,0 – 7,0	4 / 4	7,70 1,54	80,8	6,27
		K 884	100 250	7,5d / 7,5 – 7,5	4 / 4	8,84 1,77	92,9	7,20
5,00 / 2,45	ohne	N 94	75 75	3,0 3,0		0,94 0,94	15,9	1,48
		N 141	50 50	3,0 3,0		1,41 1,41	23,7	2,20

Randausbildung bei Randeinsparung

[1]) Nachdruck mit Genehmigung der Baustahlgewebe GmbH., Düsseldorf

[2]) Q = quadratische Matte N = nicht statische Matte R = Rechteckmatte K = Kari-Matte

3.9. Spannbeton

Spannbeton ist ein Material, bei dem der Beton derart zusammengedrückt, vorgespannt ist, daß in ihm unter Gebrauchslast keine, oder nur begrenzt, Zugspannungen entstehen.

Die Vorspannung wird in der Regel dadurch erzeugt, daß Spannglieder aus Stahl gedehnt und in diesem gedehnten Zustand mit dem Beton verbunden werden. Da die gedehnten Spannglieder durch den Beton daran gehindert werden, die Ausgangslänge zurückzugewinnen, erzeugen sie im Beton den gewünschten Druck.

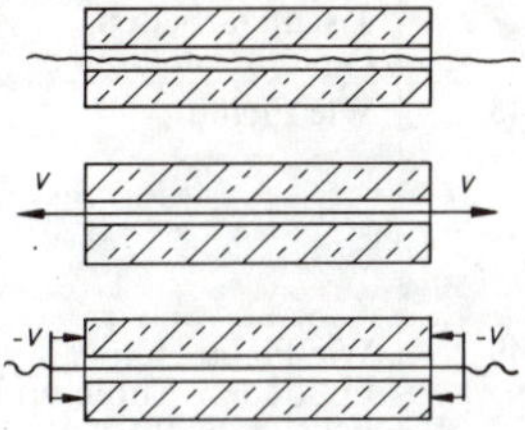

1. Der Beton ist erhärtet, die Spannglieder sind ungespannt.
2. Die Spannglieder sind gespannt, gedehnt.
3. Die gedehnten Spannglieder sind an den Betonenden festgemacht und nachgelassen.

Grad der Vorspannung

Man unterscheidet volle und beschränkte Vorspannung.

Bei voller Vorspannung sind im Beton unter Gebrauchslast in der Regel keine Zugspannungen infolge Längskraft und Biegemoment zulässig:

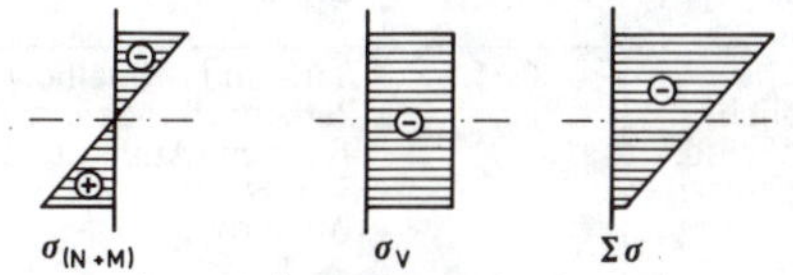

Bei beschränkter Vorspannung sind im Beton unter Gebrauchslast begrenzte Zugspannungen infolge Längskraft und Biegemoment zulässig:

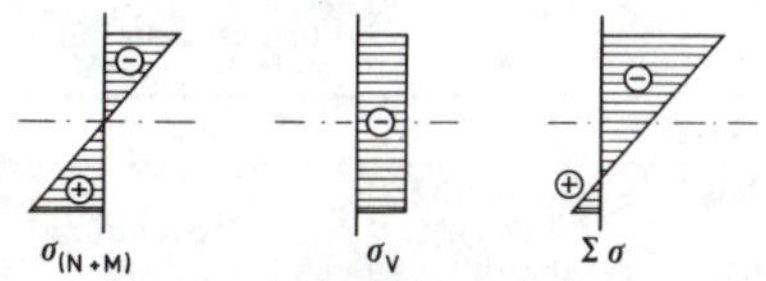

Verbund zwischen Beton und Spanngliedern

Man unterscheidet Vorspannung mit sofortigem Verbund, Vorspannung ohne Verbund und Vorspannung mit nachträglichem Verbund.

Bei Vorspannung mit sofortigem Verbund werden die Spannglieder in einem Spannbett gespannt, in Beton eingebettet, so daß der Beton beim Erhärten sich mit den Spanngliedern in ganzer Länge verbindet. Nach dem Erhärten des Betons werden die Spannglieder vom Spannbett gelöst. Die Spannkraft wird durch Haftung auf den Beton übertragen.

Da das Spannbett in der Regel sehr kostspielig ist, wird dieses Verfahren nur bei Serienfertigung von Fertigteilen angewendet. Als Spannglieder werden dünne Spanndrähte in großer Anzahl benutzt.

Bei Vorspannung ohne Verbund liegen die Spannglieder außerhalb oder ohne Verbindung innerhalb des erhärteten Betonquerschnittes. Die Vorspannkraft wird nur durch die Spanngliederenden auf den Beton übertragen. Bei diesem Verfahren ergeben sich dadurch Probleme, daß die Spannglieder wegen des fehlenden Verbundes mit dem Beton korrosionsgefährdet sind. Deshalb wird Vorspannung ohne Verbund nur selten, z. B. für provisorische Sonderkonstruktionen, angewendet.

Bei Vorspannung mit nachträglichem Verbund wird der erhärtete Beton zunächst ohne Verbund vorgespannt, nach dem Vorspannen aber nachträglich mit dem Beton in ganzer Länge verbunden. Dies kann z. B. durch Auspressen der Spanngliedhüllrohre mit Mörtel geschehen. Dieses Verfahren ist vorteilhaft, da man zum Spannen der Spannglieder kein aufwendiges Spannbett benötigt und die Spannglieder durch den nachträglichen Verbund mit dem Beton korrosionsgeschützt sind. Aus diesem Grund wird in aller Regel dieses Verfahren für die Herstellung von Einzelbauteilen aus Spannbeton angewendet.

Baustoff

Zement

Es dürfen Portland- und Eisenportlandzement der Klasse Z 35 F sowie alle Zemente der Klassen Z 45 und Z 55 angewendet werden.

Beton

Bei Vorspannung mit nachträglichem Verbund ist Beton B 25 bis B 55 zu verwenden.

Bei Vorspannung mit sofortigem Verbund muß der Beton einer Mindestfestigkeit der Klasse B 35 entsprechen.

Spannstahl

Für Spannglieder wird hochwertiger Stahl verwendet. Die Stahlgüte ist in der Zulassung für das einzelne Spannverfahren angegeben. Gängige Spannstahlgüten sind in N/mm^2: 850/1050, 1100/1250, 1350/1500, 1400/1600, 1500/1700 und 1600/1800.

Spanndrähte müssen mindestens 5,0 mm Durchmesser oder bei nicht runden Querschnitten mindestens 30 mm^2 Querschnittsfläche haben. Litzen müssen mind. 30 mm^2 Querschnittsfläche haben, wobei die einzelnen Drähte einen Mindestdurchmesser von 3,0 mm aufweisen müssen.

Betonstahl

Es ist Betonstahl nach DIN 488 zu verwenden.

Hüllrohre

Es sind Hüllrohre nach DIN 18 553 zu verwenden.

Verfahren und Messung beim Spannen

Es ist ein genaues Spannprogramm aufzustellen und der statischen Berechnung beizufügen. Das Spannprogramm muß neben der zeitlichen Folge des Spannens für jedes Spannglied Angaben über Spannkraft und Spannweg unter Berücksichtigung der Zusammendrückung des Betons, der Reibung und des Schlupfes enthalten.

Die Reihenfolge beim Vorspannen ist so zu wählen, daß keine unzulässigen Beanspruchungen entstehen. Alle beim Spannen durchgeführten Messungen sind im Spannprotokoll festzuhalten.

3.10. Holz und Holzverbindungen

3.10.1. Holzarten

Europäische Hölzer

	Holzart	Erkennungsmerkmale des Baumes	Eigenschaften des Holzes	Rohdichte lufttrocken kg/dm³	Verwendung
Nadelhölzer	Fichte (Rottanne)	Spindelförmige Baumkrone, rotbraune, schuppige Rinde, spiralförmig angeordnete Zweige.	Rötlich-weiß glänzend, deutliche Jahresringe und Harzkanäle. Harzgallen. Weich, langfaserig, biegefest.	0,43	Vielseitige Verwendung als Bauholz: Bretter, Bohlen, Kantholz und Balken. Tischlerarbeiten, Papierherstellung
	Tanne (Weißtanne)	Zylinderförmige Baumkrone, silbergrau bis braungraue Rinde, spiralförmig angeordnete, waagerechte Zweige.	Gelblich-weißes Holz, langfaserig, glanzlos. Keine Harzgallen.	0,43	Wie Fichte
	Kiefer (Föhre)	Unregelmäßige Krone, Stamm bis oben sichtbar und nur wenig verjüngend.	Rötlich bis bräunlichgelb, an der Luft nachtrocknend. Deutliche Jahresringe. Harzreich.	0,49	Wie Fichte, ferner Fußböden, Türen und Fenster, Schiffsbau, Grundpfähle, Grubenaussteifung
	Lärche	Kegelförmige Krone, waagerechte Äste mit herabhängenden Zweigen. Weiche, kurze, in Büscheln wachsende Nadeln, im Herbst abfallend.	Gelblich bis rötlich, Kern bis braun. Deutliche Jahresringe, harzreich, dauerhaft. Zäh, hart, biegsam.	0,54	Fußböden, Treppen, Wasserbau, Schiffsbau, Dachschindeln, Vertäfelungen, Grundbau
Laubhölzer	Eiche	Große, rundliche Krone mit knorrigem Stamm und unregelmäßig verteilten Ästen. Graubraune, dicke, rissige Rinde.	Splint gelblichweiß, Kern gelblichbraun, nachdunkelnd. Ringporig, langfaserig, spaltbar. Schwer, hart, fest, dauerhaft.	0,75	Bau- und Möbelholz, Parkettfußböden, Treppen, Außentüren, Schiffsbau, Wasserbau
	Rotbuche	Große, runde, einförmige Krone. Runder, langer Stamm. Silbergraue, glatte Rinde.	Hellgelb bis rötlichbraun, zerstreute Poren, kurze tangentiale Markstrahlenstriche. Hart, fest, kurzfaserig.	0,70	Treppen, Parkettfußböden, Werkzeuge, Werkbänke, Furnierherstellung (Kein Bauholz)

Außereuropäische Hölzer

	Holzart	Herkunftsland	Eigenschaften	Rohdichte lufttrocken kg/dm³	Verwendung
Nadelhölzer	Pitchpine und Redpine	USA Mittelamerika	Kernholz (Pitchpine) bzw. Splintholz (Redpine) von amerikanischer Südkiefer. Rotbraun, nachdunkelnd, hart, arbeitet nur wenig.	0,60	Innen- und Außenbau, Türen, Fenster, Fußböden, Außenverkleidung
	Brasilkiefer	Brasilien	Gelblich bis hellbraun, weich, stark arbeitend, nicht beständig.	0,50	Innenausbau, Sperrholzherstellung
Laubhölzer	Mahagoni	Westafrika Mittelamerika Südamerika	Grau bis rötlich-braun. Zäh, fest, sehr beständig.	0,45–0,65	Innenausbau, Möbelherstellung, Furnierherstellung
	Teak	Südostasien	Rötlich-braun, hart, fest, elastisch, sehr beständig.	0,65	Fenster, Türen, Außenbau, Möbelherstellung, Schiffsbau

3.10. Holz und Holzverbindungen

3.10.2. Holzfeuchtigkeit

Bestimmung des Feuchtigkeitsgehaltes nach DIN 52183 (6.52)

Zweck: Ermittlung des Feuchtigkeitsgehaltes (Wassergehaltes) von Holz, weil die Feuchtigkeit die technologischen Eigenschaften sowie die Verarbeitbarkeit und Verwendbarkeit stark beeinflußt.

Begriff: Feuchtigkeitsgehalt = Gewichtsunterschied zwischen der feuchten und trockenen Probe, bezogen auf das Gewicht der trockenen Probe.
Trockengewicht = Darrgewicht.

Probenahme: Von einem Brett wird etwa 15–20 cm vom Brettende eine 2–4 mm dicke Querschnittsprobe abgeschnitten.

Durchführung: Die Probe wird nach der Entnahme sofort auf einer Präzisionswaage auf 0,01 g genau gewogen. Anschließend wird die Probe in einen Trockenschrank gestellt und bei 103 °C ± 2 °C bis zur Gewichtskonstanz getrocknet.

Prüfbericht: Hier muß der Feuchtiggehalt bis auf 0,1% genau angegeben werden.

Der Feuchtigkeitsgehalt u des Holzes wird, wie im Bauwesen allgemein üblich, in Prozent des Darrgewichtes G_0 (= Gewicht nach der Trocknung) angegeben.

$$u = \frac{G_u - G_0}{G_0} \cdot 100\ (\%)$$

G_u = Gewicht des Holzes beim Feuchtigkeitsgehalt u in %.

Zahlenbeispiel

Gegeben: 200 g dünne Scheibe aus der Brettmitte. Nach dem Darren wog die Holzprobe noch 175 g.
Gesucht: Holzfeuchtigkeit in Gewichtsprozent.

$$u = \frac{200 - 175}{175} \cdot 100, \qquad u = 14{,}3\%$$

Nach den Gütebedingungen für Bauholz und Bauschnittholz werden **drei Feuchtigkeitsbereiche** unterschieden:

Trockenes	Bauholz	$u \leqq 20\%$
Halbtrockenes	Bauholz	$u \leqq 30\%$
Frisches	Bauholz	u = nicht begrenzt

Heute wird bei Vollholz oft die Holzfeuchte mit dem Elektrischem Holzfeuchtemeßgerät geprüft, da der Meßvorgang gegenüber der herkömmlichen Methode schneller durchgeführt werden kann.

Die Wirkungsweise der gebräuchlichen elektrischen Meßgeräte beruht auf der Widerstandsmessung, d. h. bestimmend für das Meßergebnis ist der Widerstand der Holzfaser gegen das Durchfließen eines elektrischen Stromes.

Die Leitfähigkeit der Holzfaser ist um so größer, je feuchter das Holz ist.

Das Ergebnis der Messung kann auf der Skala in Prozent Holzfeuchtigkeit abgelesen werden, sobald man die Einschlag- bzw. Einschraubelektroden am Holz befestigt hat.

Nach DIN 1052 (4.88) sind folgende **Holzfeuchtigkeitswerte** vorgeschrieben bzw. gebräuchlich:

geschlossene Bauwerke mit Heizung	$u = 9 \pm 3\%$
ohne Heizung	$u = 12 \pm 3\%$
offene, überdachte Bauwerke	$u = 15 \pm 3\%$
Hölzer für Leimverbindungen	$u \leqq 15\%$
Parkett	$u = 9 \pm 2\%$

Holzfeuchtigkeit, Relative Luftfeuchtigkeit, Feuchtegleichgewicht

Unterhalb des Fasersättigungspunktes bestehen gesetzmäßige Beziehungen zwischen Holzfeuchtigkeit, Luftfeuchtigkeit und Lufttemperatur: Ist das Holz feuchter, als es diesem Gleichgewicht entspricht, gibt es Feuchtigkeit ab; umgekehrt nimmt es Feuchtigkeit auf, wenn die Luftfeuchtigkeit höher als die entsprechende Gleichgewichtsholzfeuchte ist. Zur Veranschaulichung dient folgendes Diagramm:

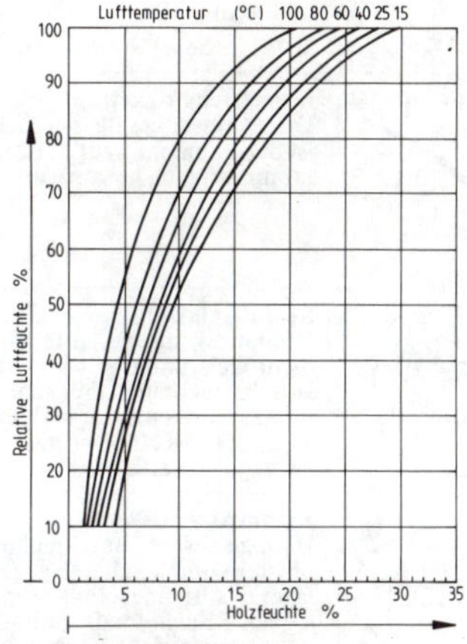

Feuchtegleichgewichtskurven für Holz bei Temperaturen von +15 °C bis +100 °C.

Übungs- bzw. Ablesebeispiele:

Wie groß muß die Relative Luftfeuchtigkeit bei einer Kammertemperatur von 40 °C und einer Holzfeuchte von 20% sein?

Antwort: ~ 91%.

Auf wieviel Prozent muß Holz, das im Freien Verwendung finden soll, heruntergetrocknet werden, wenn die durchschnittliche Luftfeuchtigkeit 72% und die durchschnittliche Außentemperatur 15 °C betragen?

Antwort: ~ 15%.

Wie weit muß Holz für eine Wandverkleidung in zentralgeheizten Räumen heruntergetrocknet werden, wenn bei einer durchschnittlichen Raumtemperatur von 20 °C die Relative Luftfeuchtigkeit 43% beträgt?

Antwort: ~ 7%.

Das Trocknen des Holzes beruht auf der Tatsache, daß die Holzfeuchtigkeit an die trockene Umgebung abgegeben wird. Dabei können Wärme, trockene und bewegte Luft den Trocknungsvorgang beschleunigen. Die natürliche Holztrocknung vollzieht sich, wenn der Fasersättigungspunkt (u = 30%) unterschritten und das Holz auf eine Holzfeuchte von 15% heruntergetrocknet wird. Ein weiteres Heruntertrocknen auf natürlichem Wege ist kaum möglich, da das Holz bestrebt ist, ein hygroskopisches Gleichgewicht zwischen seiner Feuchtigkeit, der relativen Luftfeuchte und der Lufttemperatur herzustellen.

3.10. Holz und Holzverbindungen

3.10.3. Die wichtigsten Holzfehler

Von Fehlern des Holzes spricht man dann, wenn die Verwendbarkeit des Holzes nachteilig beeinflußt wird. Ursachen für Holzfehler können sein:
- Extreme Standortlage des Baumes,
- Ernährungsstörungen,
- Witterungseinflüsse.

Abholzigkeit
Gerader Stamm verjüngt sich stark. Folge: Beim parallelen Einschnitt werden viele Holzfasern durchtrennt, dies wiederum führt zur Festigkeitsminderung.

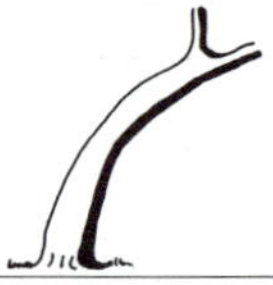

Krummschaftigkeit
Durch einseitige Beanspruchung ist der Baum im Lauf der Zeit krummschaftig geworden.

Spanrückigkeit
Die Jahresringe verlaufen hier nicht kreisrund um das Mark, Holz ist sehr dekorativ, aber schlecht zu imprägnieren und zu verleimen. Spanrückiges Holz besitzt eine „wollige“ Oberfläche.

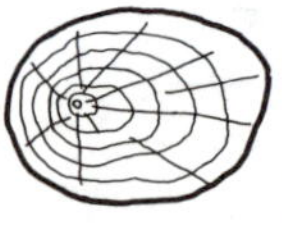

Exzentrischer Wuchs
Häufige Erscheinung bei Laubholz; entsteht durch Schräglage (Hanglage) des Baumes. Folge: erhöhtes axiales Schwindmaß, geringe Zug- und Biegefestigkeit, erhöhte Neigung zum Werfen.

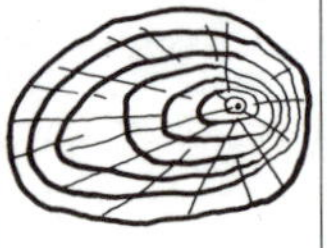

Druckholz
Entsteht bei allen Ästen und bei schiefstehenden einseitig belasteten Teilen von Nadelbäumen. Folge: unregelmäßiges Schwinden beim Trocknen, geringe Zugfestigkeit, Holz wird spröde und hart.

Drehwuchs
Fasern verlaufen wendelförmig. Folge: verarbeitetes Holz wird windschief.

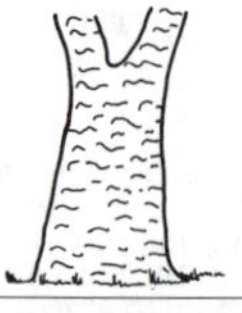

Wimmerwuchs
Der Faserverlauf ist wellig; begehrte Maserung bei der Möbelherstellung.

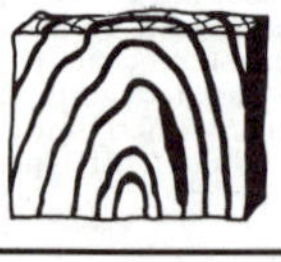

Harzgallen
sind innerhalb eines Jahresringes liegende flache, mit Harz gefüllte Hohlräume, die die Holzgüte beeinträchtigen.
Harzgallen treten nicht bei Tannen auf.

Fehler durch äußere Einwirkungen

Überwallungen
entstehen bei Verletzungen des Kambiums durch Wildfraß, Blitzschlag, Einschneiden usw. Die Wundstelle verfärbt sich; die Überwallungsschichten liegen verbindungslos auf der ehemaligen Wundstelle. Die Wertminderung des Holzes ist erheblich.

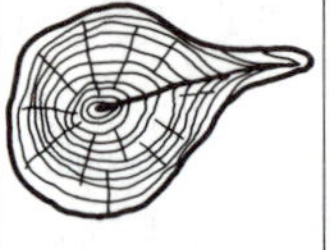

Frostleisten
sind Risse in der Längsachse des Stammes, die sich wulstartig überwallen; sie entstehen durch Frost und starken Temperaturwechsel.

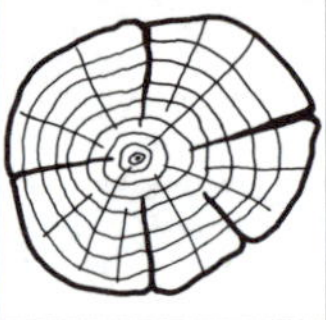

Luftrisse
bilden sich bei falscher Trocknung des Stammes. Da vielfach die äußeren Schichten des Stammes schneller trocknen als das Kernholz, ziehen sie sich auch schneller zusammen und platzen auf.

Kern- oder Sternrisse
entstehen durch Spannungen bei der Verkernung des Holzes sowie ungleichmäßiges Austrocknen des Kernes. Die Wertminderung des Holzes ist erheblich.

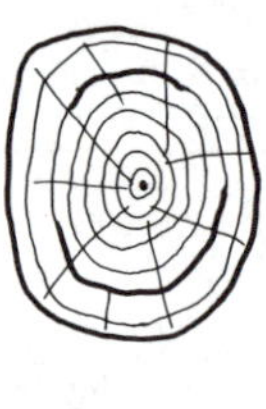

Ring- oder Schälriß
Ursachen: Spannungen im Holz aufgrund großer Hitze und großen Frostes; zum Teil auch durch Aufschlagen des Stammes beim Fällen.
Hölzer mit ungleichmäßigen Jahresringen sind besonders anfällig für Ringrisse. Solches Holz ist als Bauholz nicht mehr zu verwenden. In den Ringrissen setzt sich häufig der Ringfäule-Pilz fest.

Äste

Äste mindern dann nicht den Wert des Bauholzes, wenn sie fest mit dem Holz verwachsen sind. Wird ein Ast quer durchschnitten, spricht man von einem **Rundast;** länglich aufgeschnittene Äste bezeichnet man als **Flügeläste.** Abgestorbene Äste sind häufig nicht mehr mit dem Stammholz verbunden. Sie lösen sich daher häufig vom Stammholz und werden als **Durchfalläste** bezeichnet.

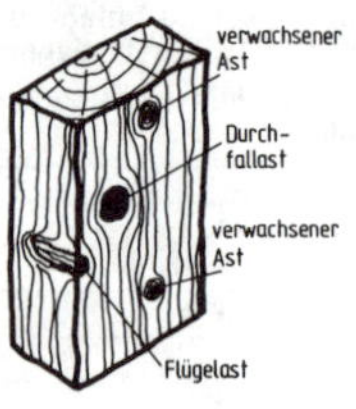

Um das nachträgliche Herausfallen der Äste zu verhindern, werden sie mit einem Forstnerbohrer ca. 5 mm tief ausgebohrt – wenn nötig, von beiden Seiten – und mit Querholzdübeln passender Größe ausgeleimt. Äste spielen bei der Einordnung des Schnittholzes in Güteklassen eine große Rolle.

3.10.4. Pflanzliche Holzzerstörer

3.10.4.1. Allgemeines

Unter den pflanzlichen Holzschädlingen gibt es
- **Holzzerstörer:** Diese Schädlinge dringen mit ihren Pilzfäden durch die Zellwände und zerstören die Wandsubstanz.
- **Holzbewohner:** Ihre Pilzfäden befinden sich in den Speicherzellen, das Zellgerüst wird nicht zerstört.

Die Pilze bestehen in ihrer Mehrzahl aus Zellfäden (Hyphen), die in ihrer Gesamtheit ein Pilzgeflecht (Mycel) bilden.

Die Nahrungsaufnahme erfolgt durch Abbau der Holzzellen infolge zersetzender Ausscheidungen an den Spitzen der Hyphen. Am raschesten werden die Eiweißstoffe im Protoplasma angegriffen, was insbesondere bei Nadelholz durch ein „Anlaufen" des Holzes zu erkennen ist. Ferner werden die im Zellsaft enthaltenen Zuckerstoffe als willkommene Nährstoffe angesehen.

Physikalische Hilfsmittel zur Untersuchung von Pilzbefall

Röntgen	Bei dieser Methode lassen sich die Pilzfäden im Holzinneren erkennen.
Ammoniak- oder Sodalösung	Bei Behandlung mit solchen Chemikalien verfärbt sich das kranke Holz anders als das gesunde (gewöhnlich Schwarzfärbung).
Wässern	Auch bei dieser Methode treten unterschiedliche Farbtönungen auf; pilzbefallenes Holz ist sehr hygroskopisch.

Veränderungen der Holzeigenschaften infolge Pilzbefalls

Klang	Krankes Holz klingt dumpf, gesundes hell,
Hygroskopizität	Krankes Holz zieht Feuchtigkeit schwammartig an.
Geruch	Jeder Pilz hat seinen arteigenen Geruch.
Festigkeit	Sehr gering.

Bei der **Beurteilung der Pilzart** sollte man auf folgende Merkmale achten:
- Farbe, Form und Größe der Fruchtkörper,
- Strangbildung (Form, Farbe, Stärke, Festigkeit),
- Wachstumsgeschwindigkeit,
- Gewichtsverlust des Holzes,
- Geruch,
- Sporen (Größe, Farbe, Form).

Temperatur

Die beste Temperatur zur Entwicklung der Holzschädlinge liegt zwischen 15 °C und 35 °C. Bei niedrigen Temperaturen verlangsamt sich die Entwicklung außerordentlich. Gegen höhere Temperaturen sind alle Holzschädlinge sehr empfindlich; lediglich die Lenzites-Arten sind relativ widerstandsfähig (Trockenstarre).

Auf der Hitzeempfindlichkeit der Holzschädlinge beruht die Wirkung des Heißluftverfahrens zur Insektenbekämpfung (z. B. Hausbock). Temperaturen von 55 °C über dem gesamten Holzquerschnitt führen bei einer Einwirkungsdauer von mindestens 1 h zu einem sicheren Abtötungserfolg.

Feuchtigkeit

Die im Holz vorliegenden Feuchtigkeitsverhältnisse sind von ganz entscheidender Bedeutung für die Entwicklung von Schadorganismen. Dabei sind die Ansprüche der einzelnen Schädlingsarten sehr unterschiedlich, doch lassen sich zwei große Gruppen unterscheiden:
- Entwicklung ausschließlich in frischem bzw. nassem und halbtrockenem Holz, d. h. erforderliche Holzfeuchtigkeit über 20%,
- Entwicklung vornehmlich in trockenem und teilweise auch halbtrockenem Holz, d. h. erforderliche Holzfeuchtigkeit unter 20%.

Zur ersten Gruppe gehören alle Holzpilze sowie die Frischholzinsekten. Als Besonderheiten sind der Echte Hausschwamm und die Holzwespen zu nennen, da sie nur zu Befallsbeginn Holzfeuchtigkeiten über 20% benötigen, sich aber später auch in trockenerem Holz weiterentwickeln können.

Zur zweiten Gruppe gehören die Trockenholzinsekten. Zu ihren Vertretern gehören: Hausbock, Klopfkäfer, Splintholzkäfer u. a.

Die Trocken- oder Bauholzinsekten leben in verbautem, überwiegend lufttrockenem Holz, das durch wiederholte Eiablage ständig neu befallen werden kann.

Voraussetzungen für die Entwicklung von Holzschädlingen und daraus abzuleitende Schutzprinzipien

Voraussetzung	Gegenmaßnahme	Schutzprinzip
geeignete Nahrung (Holzwerkstoff)	ungenießbar machen	chem. Holzschutz
geeigneter Feuchtigkeitsbereich	vermindern, fernhalten	Holztrocknung, baul. Holzschutz
ausreichendes Sauerstoffangebot	fernhalten	Naßlagerung
geeigneter Temperaturbereich	erhöhen (erniedrigen)	Bekämpfung mit Heißluft (Tiefkühlung)

Gefährdung des Holzes in Abhängigkeit vom Einsatzbereich

Einsatzbereich	Holzfeuchtigkeit	Gefährdung durch Pilze	Gefährdung durch Insekten
Holz im Spritzwasserbereich	wechselnd, häufig hoch	stark	gering
Holz mit Erdkontakt	ständig hoch	besonders stark	gering
Holz im Freien ohne Erdkontakt: a) allgemein	wechselnd	mäßig bis gering	gering bis mäßig
b) Berührungsstellen (z. B. Fugen)	wechselnd, häufig hoch	stark	gering bis mäßig
Holz im Tauwasserbereich: a) o. ausreichende konstruktive Gegenmaßnahme	hoch	sehr stark	gering bis mäßig
b) mit ausreichenden Maßnahmen	gering	gering	gering bis mäßig
Fenster a) falsche Konstruktion	hoch	sehr stark	sehr gering
b) zweckmäßige Konstruktion	gering	sehr gering	sehr gering
Dachstuhl (soweit nicht im Tauwasserbereich)	gering	gering	sehr stark

3.10.4.2. Krankheiten am stehenden Stamm (Stammfäule)

Braunfäule (auch Kern- oder Destruktionsfäule)

Bei der Braunfäule bauen holzzerstörende Pilze die Zellwand ab und verursachen hierdurch erhebliche Festigkeitsverluste. Sie bewirken eine Fäulnis, die bis zur vollständigen Zerstörung des Holzes führen kann. Die Braunfäule tritt vornehmlich an Nadelhölzern auf. Wichtige Vertreter sind u.a. der Echte Hausschwamm sowie die Lenzites-Arten. Da Braunfäule-Pilze bereits am stehenden Stamm sowie an lagerndem Rund- und Schnittholz vorkommen, können sie Holz schon vor der Verarbeitung wertlos machen. Hier ist es insbesondere der Wurzelschwamm, der bei der Fichte von den Wurzeln aufwärts bis zu einer Höhe von 6 m das Kernholz zerstört. Dabei wird in erster Linie die Zellulose (= heller Bestandteil des Holzes) zersetzt, so daß der Ligninanteil (= dunkler Bestandteil, der das Holz „verkittet") allmählich zu einer pulverförmigen Masse mit fauligem Geruch zerfällt. Das Splintholz bleibt verschont, so daß der Schaden oft erst beim Fällen des Baumes festgestellt wird.

Starke Festigkeitsabnahme, im Endstadium: würfelartiger Zerfall des Holzes. Weitere Erreger von Braunfäule sind u. a.: Schuppenschwamm, Fächerschwamm.

Weißfäule

Die Weißfäule tritt ebenso wie die Braunfäule schon am stehenden Stamm auf, hier insbesondere bei Laubholz. Bei der Weißfäule bleibt das Holzgefüge weitgehend erhalten, das Holz wird jedoch heller und leichter, im Endstadium „schwammig", meist mit marmorartigen Streifen.

Wichtigster Vertreter ist der Schmetterlingssporling.

Weißfäulepilze zerstören in erster Linie den Ligninanteil des Holzes, so daß der Zelluloseanteil übrig bleibt. Die Holzfasern werden faserig und stockig, das Holz verliert an Glanz. Die i. d. R. befallenen Splintholzschichten verbreiten einen pilzartigen Geruch.

Die von Weißfäule befallenen Bäume gehen häufig schon zugrunde, bevor im fortgeschrittenen Stadium die Holzzerstörung einsetzt.

Von Weißfäule befallene Stämme sind als Bauholz nicht mehr zu verwerten.

Ringfäule

Die Ringfäule befällt alle Baumarten. Der Befall ist häufig nur örtlich festzustellen. Häufig tritt die Ringfäule bei ringschäligem Holz auf; darunter versteht man Holz, bei dem durch ungleichmäßiges Auswachsen der Jahresringe und innere Spannungen Ringrisse entstanden sind. Die Ringrisse können aber auch durch Ernährungsstörungen hervorgerufen werden. Stets setzt sich der Pilz im Ringriß fest und zerstört das kernnahe Splintholz.

Krebskrankheiten

Krebskrankheiten werden von außen durch Pilze hervorgerufen, deren Sporen an verletzten Baumstellen haften bleiben, infolge guten Nährbodens aufkeimen und Wucherungen erzeugen. Das Mycel dringt anschließend von der Baumwunde (Wildfraß, abgerissener Ast usw.) in alle Richtungen vor und zerstört das Holz zu einem rotbraunen Mulm, der sich leicht zu Pulver zerreiben läßt.

Sichtbare äußere Kennzeichen für Krebsbefall: Beulenartige Anschwellungen, Absterben der Rinde, Wachstumsminderung. Infolge der Schwächung des Stammes treten erhebliche Folgeschäden (höhere Pilze und Insekten) auf. Durch die Zerstörung der Holzfasern stirbt der Baum ab; die krebserzeugenden Pilze befallen Laub- und Nadelhölzer.

3.10.4.3. Krankheiten am gefällten Stamm (Lagerfäule)

Oxidation

Wenn hellfarbiges Holz, gleich welcher Art, der Sonneneinstrahlung, nicht jedoch dem Niederschlag ausgesetzt ist, tritt rasch eine Vergilbung ein, die sich im Laufe der Zeit zu einer tiefen Bräunung intensiviert. Bei Buchenholz spricht man in diesem Zusammenhang von einem

E i n l a u f

Wenn Buchenholz längere Zeit trocken lagert, verändert sich die Farbe des Holzes nach und nach von der Stirnfläche zum Stamminneren hin. Grund: Wasser wird abgegeben und Luftsauerstoff tritt dafür in die Hohlräume der Zellen ein; die Zellen sterben allmählich ab.

Der Einlauf bildet stets die Grundlage für die Stockigkeit (= Ersticken des Holzes).

Vergrauung

Die Vergrauung ist eng mit der Oberflächenverwitterung des Holzes verbunden. Sie stellt im eigentlichen Sinne keine Holzkrankheit dar; allenfalls wird die Holzsubstanz geschwächt und somit Pilzbefall begünstigt. Vorkommen bei allen Holzarten, die hauptsächlich im Hochgebirge lagern, bzw. dort verarbeitet worden sind.

Verbautes Holz, das sehr lange der Ultraviolettstrahlung der Sonne ausgesetzt ist, verfärbt sich an der Oberfläche silbergrau, zumal dann, wenn es häufig beregnet wird.

Mit der Wetterbeanspruchung greift zunächst die energiereiche UV-Strahlung die oberflächennahe Holzsubstanz an, wobei vorzugsweise das Lignin abgebaut wird. Die Abbauprodukte sind wasserlöslich oder zumindest auswaschbar. Bei regenexponierter Holzoberfläche werden sie ausgelaugt, so daß die weniger strahlungsempfindliche Zellulose relativ angereichert an der Oberfläche verbleibt und den Bleicheffekt hervorruft.

Vergrautes Holz wird sehr häufig von dunkelfarbigen Schimmelpilzen besiedelt, die die Holzsubstanz bis zu einer Querschnittstiefe von 0,2 bis 0,5 mm angreifen. Als Lebensvoraussetzung benötigen sie eine Befeuchtung des Holzes mit flüssigem Wasser (Regen oder Taubildung); dabei ernähren sie sich von den ausgewaschenen Abbauprodukten des Holzes.

Verblauung

Erreger sind Bläuepilze (ca. 300 verschiedene Arten), die besonders das Splintholz der Kiefer befallen. Das Kernholz wird nicht befallen, da dieses einen Giftstoff (Pinosylvin) enthält, der den Pilz abtötet. Bläuepilze bevorzugen in erster Linie die Markstrahlen zum Besiedeln. Die Zellwände werden nicht abgebaut, jedoch teilweise durchlöchert. Erst bei sehr starkem und lang andauerndem Befall wird die Festigkeit des Holzes etwas herabgesetzt.

Der Bläuepilz setzt sich in den Luftrissen des Splintholzes fest und entwickelt sich besonders gut, wenn folgende Bedingungen vorhanden sind:

- Kiefernholz lagert mehr als drei Monate im Wald,
- der Holzfeuchtegehalt beträgt mehr als 30%,
- es herrscht eine Temperatur von 18–25 °C.

Unter dem Mikroskop betrachtet sind die Hyphen des Bläuepilzes braun (!), sie erscheinen aber aufgrund eines optischen Phänomens blau. Man unterscheidet:

- **Stammholzbläue** Diese Art von Bläue entwickelt sich sehr rasch bei schwül-warmer Witterung an frisch gefällten Bäumen,

3.10. Holz und Holzverbindungen

- **Oberflächenbläue** geht nicht tief in das Holz; sie entsteht, wenn Kiefernholz im Freien lagert, und es lange regnet. Oberflächenbläue ist durch Hobeln zu beseitigen,
- **Schnittholzbläue** hier ist die Stammware tief verblaut und im Wert stark gemindert,
- **Anstrichbläue** bei dieser Art von Bläue wachsen Hyphen unter dem Lack.

Obwohl der Bläuepilz am Holz keine zerstörenden Wirkungen hervorruft, ist verblautes Holz doch für die Aufnahme weiterer holzzerstörender Pilze sehr empfänglich. Um eine Verblauung des Schnittholzes zu verhindern, kann man eine Fungicid-Behandlung (Schwefelkalk-Lösung) durchführen.

Rotstreifigkeit

Wenn Nadelholz, insbesondere Kiefernholz, zu spät entrindet und aufgeschnitten wird, dann ziehen von den Hirn- und später auch von den Mantelflächen rote Streifen in das Holz ein. Verursacher dieser Rotstreifigkeit ist ein Weißfäulepilz, der vornehmlich vom Zellsaft und den Zellwänden lebt.

Rotstreifiges Holz verliert an Haltbarkeit und ist nur noch für untergeordnete Zwecke zu verwenden, da ein Teil der Zellwände zerstört wird.

Naßfäule/Moderfäule

Moderfäule ist eine Bezeichnung aus der Praxis, die sich nicht auf eine bestimmte Pilzart, sondern die Art der Zerstörung bezieht. Als Naßfäule bezeichnet man nasse Faulstellen, wie sie an undichten Dachtraufen, Zaunpfosten usw. im Wechsel zwischen Naß und Trocken auftreten können.

Erreger der Naßfäule können Pilze der verschiedensten Art sein, sehr häufig jedoch Coniophora. Der Pilz braucht zur üppigen Entwicklung einen Holzfeuchtegehalt von $u = 40$–60%, auf der anderen Seite kann Coniophora durch Abtrocknen des Holzes schnell zum Absterben gebracht werden.

Vorbeugung und Bekämpfung sind wegen der Auslaugung der Holzschutzmittel schwierig; bewährt haben sich Kupfer- und Phenolverbindungen bei Tiefschutz, die schwer auslaugbar sind.

Laubhölzer sind anfälliger als Nadelhölzer. Im Gegensatz zu anderen Fäulnispilzen geht die Holzzerstörung immer von der Holzoberfläche aus. Die Pilze haben eine hohe Giftresistenz.

Stockigkeit

Die Stockigkeit ist häufig bei lagernden Laubhölzern, speziell bei der Buche, anzutreffen, wenn diese nach dem Fällen längere Zeit bei warmem Wetter in der Rinde liegen bleiben. Zunächst entstehen Stockflecke bzw. grau-braune Verfärbungen, die als Folge einer Oxidation zu betrachten sind. Später gesellen sich zu den Farbfehlern Festigkeitsminderungen, die erheblich sein können.

Stockiges Holz ist besonders anfällig für Weißfäulepilze.

Vorbeugungsmaßnahmen:
- Rasche Abfuhr des Holzes mit nachfolgendem Einschnitt,
- Lagern mit Rinde und Krone,
- Wasserlagerung.

Folgeschaden bei Stockigkeit: Verthyllung, d. h.: die Tränkbarkeit des Holzes mit Holzschutzmitteln wird herabgesetzt.

Lenzites (oder auch Blättling genannt)

Lenzites ist ein Besiedler von Nadelholz, das Befallsbild ist Braunfäule. Vorkommen: Zäune, Schwellen, Bretter, Bohlen, Masten, Holzpfähle, im Haus an alten Fenstern.

Man unterscheidet:
- **Tannenblättling** (befällt besonders gern Tanne und Fichte),
- **Zaunblättling** (befällt häufig Kiefernholz).

Befallsart:
Zuerst Rotstreifigkeit, später Braunfäule mit Würfelbruch; zerstört wird der Kernbereich des Holzes. Eine Eigentümlichkeit der Lenzites-Arten ist ihre Fähigkeit, bei Hitze bzw. Trokkenheit in eine Trockenstarre überzugehen. Mycel- und Fruchtkörper können bei Feuchtigkeitszufuhr später wieder aufleben und weiterwachsen.

Die Blättlinge kann man als Innenfäule-Erreger bezeichnen, sie benötigen zum Wachsen verhältnismäßig feuchtes Holz. Die Fruchtkörper erscheinen auf dem Kernholz als 50–100 cm lange und 3–5 cm breite Leisten.

3.10.4.4. Krankheiten am verbauten Holz (Hausfäule)

Echter Hausschwamm
(Serpula lacrimans = der tränende Schwamm)

Gefährlicher Pilz, der vor allem in alten Häusern anzutreffen ist, da er dort zur Ausbildung seiner Fruchtkörper oft die benötigte konstante Feuchtigkeit vorfindet. Es werden Laub- und Nadelhölzer befallen, jedoch keine Eiche!

Der Echte Hausschwamm liebt feuchtes und verschmutztes Holz, weil er von den dort anhaftenden Kalk- und Stickstoffresten besonders gut leben kann. Die Mycelstränge erreichen Bleistiftstärke und eine Länge bis zu 6 m; sie dienen als Wasserleitungsstränge vom feuchten Holz im Keller bis zur (oft noch trockenen) Erdgeschoßholzbalkendecke. Ob die Mycelstränge noch der Wasserleitung dienen oder nicht, läßt sich durch einen einfachen Versuch feststellen:
Ist der Strang biegsam, so „lebt" der Echte Hausschwamm; ist der Strang brüchig, dann ist der Pilz an dieser Stelle tot.

Der Echte Hausschwamm kann Mauerwerk (keinen Beton) durchwachsen und sich dabei in den Fugen von Kalk ernähren.

Der Echte Hausschwamm ist als einziger Pilz in der Lage, auf trockenem Holz weiterzuwachsen und sich die Feuchtigkeit über das Strangsystem zu holen. Die Lichteinwirkung spielt beim Wachstum keine Rolle. Erkennungsmerkmal des Echten Hausschwammes ist ein widriger und stechender Modergeruch. In diesem Stadium hat der Pilz bereits weitverzweigte Mycelstränge gebildet, die ein weißliches Aussehen haben. Die Fruchtkörper sind bis zu 2 cm dicke bratpfannengroße, fleischige, wulstförmige Gebilde, die an Kellerdecken und Wänden sowie Fußboden-Scheuerleisten hervorbrechen.

Sanierung
- Holzschutzfachmann heranziehen,
- befallene Holzteile entfernen und verbrennen,
- Mauerwerk mit Speziallampen „abbrennen",
- alle bleibenden und neu eingebauten Holzteile und Mauerwerk mit Schwammschutzmittel behandeln,
- Kellermauerwerk von außen mit Sperranstrichen abdichten, so daß keine Feuchtigkeit in die Kellerräume gelangen kann.

Coniophora (auch Kellerschwamm genannt)

Im Gegensatz zum Echten Hausschwamm befällt der Coniophora-Pilz nur feuchtes Holz ($u \geqq 30\%$) bzw. kann nur auf feuchtem Holz weiterwachsen. Die Zerstörung geht meist im Inneren des Holzes vor sich, so daß die äußere Holzschicht intakt aussieht. Eine Mycelbildung ist i. d. R. kaum mit bloßem Auge zu erkennen. Bekämpfung wie Echter Hausschwamm; für Austrocknung des Holzes sorgen.

3.10. Holz und Holzverbindungen

3.10.5. Tierische Holzschädlinge

3.10.5.1. Allgemeines

Zu den Holzschädlingen gehören neben den Pilzen auch Tiere, denen das Holz als Nahrung dient oder die es zur Anlage von Brutstätten zernagen.

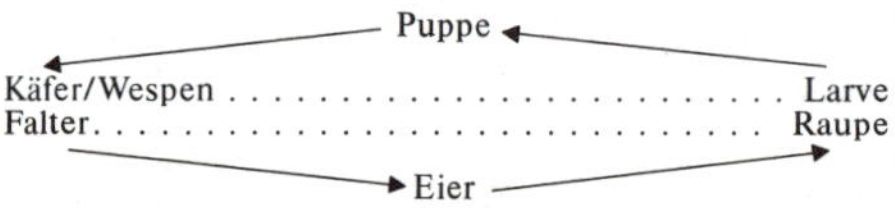

Alle Holzschädlinge machen vier Entwicklungsstufen durch. In der Regel leben die Käfer bzw. Falter nur einen kurzen Zeitraum (3–5 Wochen), in welchem sie neue Brutstätten suchen, Eier ablegen und keine weitere Nahrung mehr zu sich nehmen.

Am langlebigsten während der vier Entwicklungsstufen sind die Larven/Raupen, die als „Holzwürmer" 2–5 Jahre lang das Holz zerfressen, bevor sie sich verpuppen.

Nahrung

Die Larven sind auf Speicherstoffe des Holzes angewiesen: Eiweiß, Stärke, Zucker, Vitamine. Die Nährstoffe werden durch Mikroorganismen im Darm verdaut.

Sinnesorgane

- Tastsinn: Durch Tastborsten an der Körperunterseite; Holzschutzmittel können die Tastorgane lähmen.
- Geruchssinn: Wichtig zur Auswahl des Holzes für die Eiablage. Ätherische Öle im Harz wirken z. B. als Lockmittel.
- Lichtsinn: Larven und Käfer besitzen einzelne Sehzellen; manche Larven fliehen bei Tageslicht (z. B. Hausbock und Splintholzkäfer).
- Gehörsinn: Bei starken Geräuschen stellen die Larven ihre Bohrtätigkeit ein.

Durch die Beurteilung des Fundortes und der Holzart ist die Befallsart schon eingegrenzt; eine genaue Analyse kann durch das Fraßbild erfolgen, wenn man folgende Kriterien beachtet:
- Befall von Splint- oder Kernholz,
- Fluglöcher: Größe und Form,
- Fraßgänge: Verlauf, Struktur, Farbe,
- Inhalt der Fraßgänge: Bohrmehl, Farbe, Larven, Käfer,
- Ausmaß und Alter des Befalls,
- wird der Schädling lebend oder tot angetroffen.

3.10.5.2. Tierische Holzschädlinge am lebenden bzw. frisch geschlagenen Holz (Forstschädlinge)

Diese Art von Schädlingen miniert in der Rinden-/Bastschicht und stört dadurch das Lebensgefüge der Holzpflanze, die verkümmert oder abstirbt. Einige Holzschädlinge dringen auch in das Holz ein und entwerten es durch ihre Brutgänge. Wichtige Befallsmerkmale sind stets Fluglöcher und Fraßbild, die meist eine genaue Diagnose erlauben. Die Forstschädlinge lassen sich in drei große Gruppen einteilen:

- **Falter**: Hierzu gehören u. a. Forleule, Nonne, Kiefernspanner; ihre Raupen fressen die Nadeln und Blätter der Bäume.
- **Käfer**: Hierzu gehören verschiedene Arten von Borkenkäfern und Bockkäfern: z. B.: Pappelbock, Eichenbock, Fichtensplintbock. Borkenkäfer fressen ihre Brutgänge durch die Rinde hindurch bis zum Kambiumring. Die Larven minieren anschließend das gesamte Splintholz.
- **Hautflügler**: Hierzu gehören verschiedene Wespenarten. Holzwespen legen ihre Eier ausschließlich an kränkelnden oder frisch geschlagenen Stämmen ab, die „saftfrisch" sein müssen. Mit Hilfe des Legebohrers werden die Eier unmittelbar in das Innere von Nadelholz gesenkt. Die bald schlüpfenden Larven entwickeln eine hohe Fraßtätigkeit und hinterlassen Fraßgänge mit dicht gepreßtem Bohrmehl. Die fertigen Holzwespen verlassen das Holz durch kreisrunde bis 0,5 cm starke Fluglöcher. Dabei werden auf der Oberfläche befindliche Beläge, wie Teppiche, Linoleum usw. durchnagt.

  Bekämpfungsmaßnahmen erübrigen sich, da eine Eiablage nicht im verbauten Holz erfolgt.

3.10.5.3. Tierische Holzschädlinge des verarbeiteten Holzes (Werkholzschädlinge)

Hierunter sind diejenigen Insekten zu verstehen, die im toten (trockenen) Holz des Dachstuhls oder in Gebrauchsgegenständen (Möbel) leben. Man nennt diese Schädlinge daher auch Bau- oder Werkholzschädlinge.
Bekannte Vertreter sind:

Pochkäfer oder Nagekäfer

Erkennungsmerkmal dieser Käfer-Kategorie: schrotschußähnliche, kreisrunde Fluglöcher im Fuß alter Möbel, in Schnitzwerken und Holztreppen. Zumeist macht ausgestoßenes Fraßmehl auf die Anwesenheit von „Holzwürmern" aufmerksam. Der häufigste „Holzwurm" dieser Art ist der

Gewöhnliche Nagekäfer (Länge 2,5–4,5 mm)

Der Käfer, fälschlich auch Totenuhr genannt, schlüpft im Mai–Juli durch kreisrunde Schlupflöcher ins Freie, zieht sich aber möglichst sofort mit seinem „Ehepartner" in die Schlupflöcher zurück. Dort erfolgt die Eiablage. Die Käfer fressen nicht und sterben bald nach der Eiablage. Die winzigen Larven nagen sich in das Holz ein und benutzen dabei die Eischale als Widerlager. Lebensdauer der Larven bis zu 8 Jahren!

Der Gewöhnliche Nagekäfer ist der Hauptfeind unserer Kunstwerke aus Holz. Es werden Laub- und Nadelholz befallen.

Gescheckter Nagekäfer oder Totenuhr

Die Totenuhr nimmt mit angezogenem Kopf Klopfhaltung ein und schlägt mit der Stirn federnd in rascher Folge auf das Holz ein. Eine Schlagserie, auch als Ruf bezeichnet, besteht aus ungefähr 10 Schlägen, wobei diese bis zum letzten Schlag an Intensität zunehmen.

Käfer und Fäulnis des Holzes stehen in einem engen Zusammenhang: dies liegt daran, daß die Larven nicht kräftig genug sind, in normales, gesundes Holz einzudringen. Eine Bekämpfung des Käfers muß daher besonders mit einer Bekämpfung der Fäulniserreger verbunden sein. Die Larve frißt ca. 2–6 Jahre verborgen im Holz und nur leise Nagegeräusche künden davon.

Erkennungsmerkmal der Totenuhr: Die Larven scheiden linsenförmige Kotpillen aus.

Brauner Splintholzkäfer

Dieser Käfer wurde erst in den 50er Jahren in großer Zahl in die Bundesrepublik Deutschland eingeschleppt. Der Braune Splintholzkäfer befällt, wie alle seine Verwandten, nur Holz, das Stärke als Speicherstoff und Eiweiß in ausreichender

Menge enthält; das ist bei einigen ausländischen Hölzern, z. B. Limba und Abachi, der Fall. Aber auch einheimische Laubhölzer (Eiche, Esche, Nußbaum) sind im Splintanteil anfällig. Nadelhölzer sind i. d. R. immum gegen diesen Holzschädling.

Die Weibchen legen Dutzende von Eiern vorwiegend in den Holzporen ab. Die Larven verstopfen ihre Fraßgänge mit puderfeinem Fraßmehl, so daß der Schadensbefall oft sehr schwer zu entdecken ist. Die Fluglöcher der Splintholzkäfer sind kreisrund mit einem Durchmesser von 1-1,5 mm Durchmesser. Die Käfer sind jedoch im Gegensatz dazu flach und stäbchenförmig.

Blauer Scheibenbock

Dieser Schädling kann in Holzlagern Wertminderungen bei Stämmen verursachen. Er befällt gern frisch geschlagenes Laub- und Nadelholz, das noch in der Rinde liegt. Erkennungsmerkmal: glattrandiges, ovales Flugloch in der Rinde von ca. 4-6 mm Längendurchmesser.

Die Tragfähigkeit von Dachverbandhölzern wird kaum durch dieses Insekt beeinträchtigt. Vorbeugung: Schnelles Entrinden der Stämme.

Hausbock

Dieses Insekt ist durch seine weite Verbreitung der gefährlichste Schädling der Dachstühle; es entwickelt sich im Verborgenen, das Zerstörungswerk ist dadurch erst spät zu erkennen. Der Hausbockkäfer befällt ausschließlich Nadelholz.

Lebensweise

Die 1-2,5 cm langen Vollinsekten erscheinen im Vorsommer. Nach der Paarung bringen die Weibchen ihr Gelege in den Spalten und Rissen des verbauten Holzes unter. Nach ca. 2-3 Wochen schlüpfen die Larven aus und nagen sich in das Holzinnere ein. Hier wird besonders das Splintholz mit Fraßgängen durchzogen. Nach 3-6 Jahren erfolgt die Verpuppung und Ausbildung des Käfers. Dieser verläßt das Holzinnere durch ein knapp bleistiftstarkes, an den Rändern gefranstes, ovales Flugloch.

Die Außenschicht des Holzes wird durch die Fraßgänge nicht zerstört.

Ein rechtzeitiges Erkennen des Befalls ist schwierig, da die Käfer das Holzinnere minieren und dadurch kein Bohrmehl nach außen gelangt. Man kann bei Verdacht auf Befall das Holz mit Horchgeräten auf kratzende Geräusche abhorchen. Bei einem Hammerschlag gegen das Holz stellen die Larven ihre Nagetätigkeit ein.

Die Bekämpfung wird hauptsächlich mit chemischen Holzschutzmitteln durchgeführt. In allen Fällen ist jedoch vorher zu prüfen, ob nach dem Abbeilen der befallenen Holzteile noch die Stand- und Tragfestigkeit gewährleistet ist. Der Abfall ist stets zu verbrennen. Ist das beim Abbeilen zu Tage getretene Bohrmehl dunkelgelb oder bräunlich, so liegt meist toter Befall vor; ist es weißlich bis hellgelb, liegt augenblicklicher Befall vor.

Fraßgeschwindigkeit der Larven: 1 Körperlänge pro Tag.

Maßnahmen bei Befall von Hausbock

- Auf Standsicherheit der Bauteile achten,
- durch Kontrollabbeilungen das Ausmaß des Befalls ermitteln,
- alte Anstriche sowie vermulmte Holzteile entfernen und statisch nicht mehr ausreichend tragfähige Hölzer durch vorbeugend chemisch geschützte verstärken oder ersetzen,
- angeschnittene Fraßgänge gründlich ausbürsten und übrige Holzflächen mit Industriestaubsauger säubern,
- ausgebautes Holz und Späne verbrennen.

3.10.6. Holzschutz DIN 52 175 (1.75) und DIN 68 800 (4.90)

3.10.6.1. Allgemeines

Als Holzschutz bezeichnet man Maßnahmen, die Holz oder Holzwerkstoffe vor der Zerstörung durch tierische und pflanzliche Schädlinge schützen. Dabei unterscheidet man zwischen
- **Holzschutz vor einem Befall**
  (= vorbeugender Holzschutz),
- **Holzschutz nach einem Befall durch Schädlinge**
  (= bekämpfender Holzschutz).

Beim Holzschutz kommt es darauf an, die im Holz befindlichen Nährstoffe so umzuwandeln, daß sie auf Pilze und tierische Holzschädlinge abtötend wirken.

3.10.6.2. Vorbeugender Holzschutz durch bauliche Maßnahmen

Der Angelpunkt für mangelhaften baulichen Holzschutz heißt „Wasser". In der Folge können Pilze das Holz befallen; sie zerstören langsam die aseptische Kraft der Kernholzstoffe und erweichen das beste Holz. Erweichtes Holz + Wasser und Pilzeiweiß bieten Insekten eine Lebensgrundlage. Bis auf den Hausbock sind praktisch alle anderen „Holzwürmer" des Fachwerkhauses von solchen Situationen physikalisch oder ernährungsphysiologisch abhängig.

Vorbeugende bauliche Maßnahmen zum Schutz gegen Schädlingsbefall beinhalten in erster Linie die Verwendung von gesundem und trockenem Holz. In diesem Zusammenhang sollten folgende Grundsätze beachtet werden:
- Holz nicht in feuchtes Mauerwerk einbauen,
- Holz am Einbauort vor Feuchtigkeit schützen,
- feuchtes Holz nicht mit sperrenden Schichten versehen,
- auf sachgemäße Holzlagerung achten,
- beim Einbau von Holzbalken müssen die Balkenköpfe an ihrer Hirnseite und an den Seitenflächen einen Mindestabstand von 1 cm vom Mauerwerk haben,
- vor dem Verlegen von Holzfußböden müssen die unter dem Fußboden liegenden Baustoffe ausgetrocknet sein,
- werden Holzteile, die dem Regen ausgesetzt sind, mit einem Anstrich versehen, sollten nur solche Mittel verwendet werden, die die Poren nicht verschließen (offenporige Mittel), damit die eingedrungene Feuchtigkeit wieder verdunsten kann.

3.10.6.3. Vorbeugender Holzschutz durch chemische Schutzmittel

Wenn man chemische Schutzmittel zum Holzschutz heranzieht, so muß das eigentliche Ziel darin bestehen, aus Kiefernsplintholz Eichenkernholz zu machen; nichts anderes führt uns der lebende Baum vor, indem er abiotische Kerninhaltstoffe bildet und diese im Stamminneren ablagert. Ob ein solches Ziel erreicht werden kann, hängt von der Qualität des Schutzmittels und der entsprechenden Behandlungsmethode ab.

Geht es um die Vorbeuge gegen Fäulnis im Außenbereich, in Erdnähe und an feuchten Stellen (z. B. undichte Dachtraufe), wird man an die Qualität und Wirksamkeit eines chemischen Schutzmittels andere Forderungen stellen, als bei der Vorbeuge gegen Hausbock-Befall.

Häufig werden Holzschutzmittel je nach der beabsichtigten Wirkung entsprechend „ausgerüstet"; sie können dann sowohl gegen Pilze wie auch gegen Insekten wirken (P, I_V).

Doch noch einmal: **Trockenheit ist Holzschutz!**

Wer Holz mit Lack umhüllt oder es in Stein „einmauert", der beraubt es um eine wesentliche Eigenschaft, die man in der Praxis „Atmen" nennt. Holzschutzmittel sollen daher stets atmungsaktiv sein.

3.10. Holz und Holzverbindungen

Chemische Holzschutzmittel sind Imprägnierungsmittel zum Schutz gegen pflanzliche und tierische Holzschädlinge; sie wirken als Berührungs-, Atmungs- und Fraßgifte. Nach DIN 68 800 (4.90) dürfen Holzschutzmittel nur dann verwendet werden, wenn sie ein vom Institut für Bautechnik in Berlin ausgestelltes Prüfzeichen haben.

Bei der Wahl und Anwendung der Holzschutzmittel sind neben dem Vorhandensein des Prüfzeichens die Bestimmungen des Prüfbescheides (Prüfprädikat) sowie die Gebrauchsanweisung des Herstellers zu beachten.

Holzschutz und Umwelt

Eine Umweltgefährdung durch Holzschutzmittel kann in erster Linie während der Verarbeitung hervorgerufen werden und zwar durch:
- Schutzmittelverluste,
- Beseitigung von Schutzmittelresten,
- Reinigen von Arbeitsgeräten.

Für den Menschen ist eine mögliche Gefährdung während der Verarbeitung am größten, weil er hier unmittelbar mit den Präparaten in Berührung kommt. Daher sind die von den Herstellern angegebenen Vorsichtsmaßnahmen unbedingt zu beachten und einzuhalten.

Hinsichtlich der offiziellen Kennzeichnung von Giftstoffen schreiben die Länderverordnungen über den Handel mit Giften vor, daß auf den Behältnissen bzw. Umhüllungen der abgabefertigen Packungen von Holzschutzmitteln,

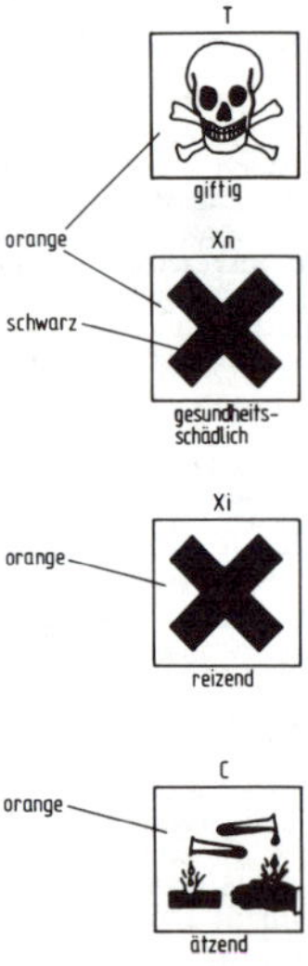

die Stoffe mit dem Gefahrensymbol **T** enthalten, deutlich erkennbar die Gefahrenbezeichnung „giftig" und die chemische Bezeichnung der Gifte anzubringen sind sowie ein schwarzes Totenkopfzeichen auf orangegelbem Grund;

die Stoffe mit dem Gefahrensymbol **Xn** bzw. **Xi** enthalten, deutlich erkennbar die Gefahrenbezeichnung „gesundheitsschädlich" bzw. „reizend" und die chemische Bezeichnung der Gifte anzubringen sind sowie ein schwarzes Andreaskreuz auf orangegelbem Grund;

die Stoffe mit dem Gefahrensymbol **C** enthalten, deutlich erkennbar die Gefahrenbezeichnung „ätzend" und die chemische Bezeichnung des Giftes anzubringen sind sowie ein schwarzes Ätzzeichen auf orangegelbem Grund.

Gleichzeitig müssen Hinweise auf besondere Gefahren (R-Sätze) und Sicherheitsratschläge (S-Sätze) angegeben werden.

Außerdem sind zur Warnung und zur Vermeidung von Verwechselungen den Salzen bestimmte Warnfarben vorgeschrieben.

Schutzklassen nach der Eindringtiefe der HSM

Der Schutz des Holzes und der Holzwerkstoffe ist von der Eindringtiefe der Schutzmittel abhängig. Nach DIN 52175 (1.75) unterscheidet man folgende Schutzklassen:

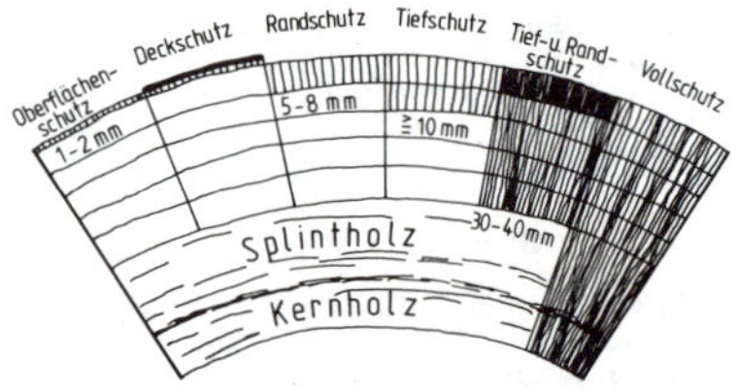

Amtliche Kennzeichnung der Holzschutzmittel

Kurzzeichen	Eigenschaften des HSM
P	wirksam gegen **P**ilze (Fäulnisschutz)
Iv	gegen **I**nsekten **v**orbeugend wirksam
(Iv) [1]	nur bei Tiefschutz ist die **v**orbeugende Wirksamkeit gegen **I**nsekten gewährleistet
Ib [1]	gegen **I**nsekten **b**ekämpfend wirksam
F [1]	wirksam zur Brandschutzausrüstung von Holz und Holzwerkstoffen (**F**euerschutzbehandlung)
S	zum **S**treichen, **S**pritzen (Sprühen) und Tauchen von Bauholz geeignet
(S) [1]	zum **S**pritzen sowie Tauchen von Bauholz in stationären Anlagen geeignet, nicht zum Streichen
St	zum **St**reichen und Tauchen von Bauholz geeignet sowie zum Spritzen in stationären Anlagen
W	auch für Holz, das der **W**itterung ausgesetzt ist, jedoch nicht in Erdkontakt oder Gewässern
E	auch für Holz, das extremer Beanspruchung ausgesetzt ist (**E**rdkontakt, fließendes Wasser)
K [1]	behandeltes Holz führt bei Chrom-Nickel-Stählen nicht zu Loch**k**orrosion
L [1]	Verträglichkeit mit bestimmten Klebstoffen (**L**eimen) entsprechend den Angaben im Prüfbescheid nachgewiesen
M [1]	geeignet zur Bekämpfung von Schwamm im **M**auerwerk

[1]) Diese Prüfprädikate laufen aus und werden in Zukunft nicht mehr vergeben. Es ist besonders zu beachten, daß das bisherige Prüfprädikat „W" nicht für Holzschutzmittel gilt, die für Holz in dauerndem Erdkontakt geeignet sind. Dafür ist das Prüfprädikat „E" eingeführt worden.

3.10. Holz und Holzverbindungen

Gefährdungsklassen und Anwendungsbereiche nach DIN 68 800 (4.90)

1	2	3	4	5	6	7	8
Gefährdungsklasse	Allgemeine Gefährdung durch Pilze	Auswaschbeanspruchung	Gefährdung durch Moderfäule	Insektenbefall	Beanspruchung	Anwendungsbereiche	Mindestens erforderliche Prüfprädikate
0	–	–	–	– [1])	Ständig trockenes, innen verbautes Holz	Wie Gefährdungsklasse 1	Iv
1	–	–	–	×		Innenbauteile bei einer mittleren relat. Luftfeuchte bis 70 % und gleichartig beanspruchte Bauteile [2])	
2	×	–	–	×	Holz, das weder dem Erdkontakt noch direkt der Witterung od. Auswaschung ausgesetzt ist, vorübergehende Befeuchtung möglich	Innenbauteile bei einer relativen Luftfeuchte über 70 % u. gleichartig beanspruchte Bauteteile Innenbauteile in Naßbereichen, Außenbauteile ohne unmittelbare Wetterbeanspruchung	Iv, P
3	×	×	–	×	Holz der Witterung od. Kondensation ausgesetzt, aber nicht in Erdkontakt	Außenbauteile mit Wetterbeanspruchung ohne ständigen Erd- u./od. Wasserkontakt, Innenbauteile in Naßräumen	Iv, P, W
4	×	×	×	×	Holz in dauerndem Erdkontakt oder ständiger starker Befeuchtung ausgesetzt	Holzteile mit ständigem Erd- u./od. Süßwasserkontakt, auch Ummantelung	Iv, P, W, E

[1]) Im Bereich der Gefährdungsklasse 0 ist kein chemischer Holzschutz erforderlich. Die Gefährdungsklasse 0 liegt vor, wenn
a) im Bereich der Gefährdungsklasse 1
– Farbkernhölzer verwendet werden, die einen Splintholzanteil unter 10 % aufweisen
– Holz gegen Insektenbefall allseitig durch eine geschlossene Bekleidung abgedeckt ist
– Holz zum Raum hin so offen angeordnet ist, daß es kontrollierbar bleibt.
b) im Bereich der Gefährdungsklasse 2
splintfreie Farbkernhölzer der Resistenzklassen 1, 2 oder 3 verwendet werden (DIN 68 364)
c) im Bereich der Gefährdungsklasse 3
splintfreie Farbkernhölzer der Resistenzklassen 1 oder 2 verwendet werden (DIN 68 364)
d) im Bereich der Gefährdungsklasse 4
splintfreie Farbkernhölzer der Resistenzklasse 1 verwendet werden (DIN 68 364).

[2]) Holzfeuchte $u < 20\%$ sichergestellt

Herkömmliche Holzkonstruktionen, z. B. Dachstühle fallen demnach in die Gefährdungsklasse 2. Innenwände und Geschoßdecken, bei denen trockenes Holz eingebaut wird, z. B. im Fertighausbau, fallen unter die Gefährdungsklasse 1. Hierfür genügt die Behandlung mit einem Holzschutzmittel mit dem Prädikat Iv. Der Vorteil dieser Schutzmittel liegt darin, daß eine geringere Menge eingebracht werden muß.

Holz, das der Gefährdung durch Insekten oder Pilze ausgesetzt ist, muß durch chemischen Holzschutz geschützt werden.

Wasserlösliche Holzschutzmittel (Salze)

Handelsform:
- gebrauchsfertige Lösungen,
- verdünnbare, konzentrierte Lösungen,
- feste Salze, die mit Wasser gelöst werden,
- Pasten zum Auftragen und Füllen von Bohrlöchern, (z. B. bei der Hausbockbekämpfung), auch als Patronen lieferbar,
- Salz-Ölgemische (Diffusionssalze mit Carbolineum).

Anwendung

Diese Holzschutzmittel sind für trockene und nasse Hölzer bis 30 % Feuchtigkeit geeignet. Auftragen durch Streichen und Spritzen.

Vorbeugend gegen pflanzliche Holzschädlinge und Insektenfraß. Wasserlösliche Holzschutzmittel ermöglichen Tief- und Feuerschutz.

Nachteile der wasserlöslichen Holzschutzmittel: Sie sind auslaugbar und greifen bei hoher Konzentration Stahlteile an.

Wasserlösliche Holzschutzmittel, die nur unter Dach anwendbar sind (da auswaschbar)

- **SF-Salze**
  Hauptbestandteile: Silicofluoride, Prüfprädikate: **P**, **Iv**, **S**, Löslichkeit < 20 %.
- Greifen Nichteisenmetalle und Glas an. Enthalten Zusätze, um die Korrosion auf Stahl herabzusetzen.
- **HF-Salze**
  Hauptbestandzeile: Hydrogenfluoride, Prüfprädikate: **P**, **Iv**, **S**, manche auch **Ib**. Löslichkeit < 20 %. Greifen Nichteisenmetalle und Glas an. Enthalten Zusätze, um die Korrosion auf Eisen und Stahl herabzusetzen. Spalten auch noch längere Zeit nach der Anwendung gasförmige Fluorwasserstoffe ab. Dadurch erhöhte Eindringtiefe. Fordern besondere Hinweise während der „Gasphase".
- **B-Salze**
  Hauptbestandteile: anorganische Borverbindungen. Löslich bis 20 %. Prüfprädikate: **P**, **Iv**, **S**, **M**. Weniger giftig als SF- und HF-Salze.

3.10. Holz und Holzverbindungen

Wasserlösliche Holzschutzmittel, auch im Freien anwendbar

Die Salze dieser Holzschutzmittel bilden zusammen mit Lignin oder der Zellulose des Holzes schwerlösliche Verbindungen.

- **CF-Salze** (auch U-Salze genannt)

  Hauptbestandteile: Fluor- und Chromsalze. Prüfprädikate: **P, Iv, W,** fast alle auch **S.** Löslichkeit: > 10%.

  Bei Anwendung im Freien Tiefschutz erforderlich. Nicht für Holz mit dauernder Erdberührung geeignet. Putz kann durchschlagen, Eisen und Glas können angegriffen werden.

- **CK-Salze**

  Hauptbestandteile: Chromate, Kupfersalze, Zusätze von Arsen-, Bor- und Fluorverbindungen. Prüfprädikate: **P, Iv,** vereinzelt nur **(Iv),** nur teilweise **P, W, E.** Löslichkeit > 20%.

  Bei Anwendung im Freien Tiefschutz, bei dauerndem Erdkontakt oder im Wasser Kesseldrucktränkung erforderlich. Mittel mit Arsen- oder Fluorbeimischung sind giftiger als solche mit Borbeimischung, ohne höhere Wirksamkeit zu haben.

- **CFB-Salze** (auch UA-Salze genannt)

  Hauptbestandteile: Chrom-, Fluor-, Borverbindungen. Prüfprädikate: **P, Iv, S, W.**

  Löslichkeit > 20%. Im Freien Tiefschutz erforderlich. Nicht geeignet für Holz mit dauerndem Erdkontakt. Nichteisenmetalle und Glas können angegriffen werden. Zusätze zur Korrosionminderung mit Eisen und Stahl in dem Salz enthalten.

Wasserlösliche Holzschutzmittel eignen sich vor allem für feuchtes und halbtrockenes Holz, weil bei feuchtem Holz eine größere Eindringtiefe erreicht wird. Muß trockenes Holz mit diesen Schutzmitteln behandelt werden, ist es ratsam, das Holz vorher anzufeuchten.

Ölige Holzschutzmittel

Handelsform: in Kanistern oder Dosen als fertige Lösungen,

Anwendung: nur bei Holz, dessen Holzfeuchtigkeit unterhalb des Fasersättigungspunktes liegt.

Vorteilhafte Wirkung

Wasserunlöslichkeit, Berührungs-, Fraß- und Atmungsgifte, keine Verstopfung der Holzporen, Nachbehandlung mit Farbe und Lack möglich, bei völliger Auslaug- und Verdunstungsbeständigkeit nachhaltiger Schutz.

Nachteilige Wirkung

Ölige Holzschutzmittel sind stark riechend und können je nach Konzentration für den Menschen gesundheitsgefährdend sein.

Kein Auftragen bei nassem Holz möglich, Tiefschutz nur bei Anwendung von Volltränkverfahren möglich.

Teerölpräparate

Hauptbestandteile: Steinkohlenteeröl-Destillate (z. B. Carbolineum). Prüfprädikate: **P, (Iv), S, W, E.** Starker langanhaltender Geruch, deshalb im Hochbau nicht anzuwenden. Hoher Widerstand gegen Auswaschung, hauptsächliche Verwendung daher im Erd- und Wasserbau. Bei dauerndem Erdkontakt ist Kesseldrucktränkung erforderlich. Deckende Anstriche sind nicht möglich (Durchschlaggefahr).

Lösemittelhaltige Präparate

Hauptbestandteile: Organische pilz- und insektentötende Wirkstoffe in organischen Lösungsmitteln. Deutliche Unterschiede in der Zusammensetzung der verschiedenen Mittel. Neben bindemittelfreien auch bindemittelhaltige und farbig pigmentierte Präparate. Prüfprädikate: **P, Iv, S, W.**

Verwendung im Innen- und Außenbereich möglich, dabei besonders auf den Prüfbescheid achten. Nicht geeignet für Holz im Erdkontakt.

Steinkohlenteeröl und chlornaphtalinhaltige Präparate

Hauptbestandteile: Spezialdestillate aus Steinkohlenteeröl, chlorierte Naphtaline. Prüfprädikate: **P, Iv, S, W, E.**

Wegen des starken, anhaltenden Eigengeruchs nur im Außenbau anwendbar. Bleibende Einfärbung des Holzes nur bei pigmentierten Mitteln möglich. Bei Holz mit Erdkontakt ist Kesseldrucktränkung erforderlich.

3.10.6.4. Bekämpfender Holzschutz durch chemische Holzschutzmittel

Hierunter versteht man einen Holzschutz, der nach dem Befall des Holzes und der Holzwerkstoffe erfolgt. Bekämpfender Holzschutz ist i. d. R. nur mit Hilfe besonders geeigneter chemischer Holzschutzmittel möglich, es sei denn, man entfernt die befallenen Holzteile. Zur Anwendung kommen meist Holzschutzmittel mit dem Prüfprädikat **Ib.**

3.10.6.5. Behandlungsverfahren des chemischen Holzschutzes

Allgemeines

Die richtige Wahl des Einbringverfahrens und der Holzschutzmittel richtet sich nach der Holzart, der vorgesehenen Eindringtiefe, dem Einbauort des Holzes, der späteren Verwendung sowie den anfallenden Kosten.

Grundsätzlich sollten alle Bearbeitungsvorgänge am Holz vor dem Auftragen der Holzschutzmittel beendet sein. Darüber hinaus sollte – soweit das in der Praxis möglich ist – die Rißbildung weitestgehend abgewartet werden, ehe man das Holzschutzmittel einbringt.

Einbringverfahren

Die Wahl des Einbringverfahrens ist abhängig von

- Gefährdungsklasse,
- Holzfeuchtigkeit,
- vorgesehenem Holzschutzmittel.

Stets ist dem Einbringverfahren mit der geringsten Umweltbelastung der Vorzug zu geben.

Bei manuellen Einbringverfahren (Streichen und Fluten) sind mindestens zwei Arbeitsgänge mit ausreichender Wartezeit erforderlich.

Spritzen außerhalb stationärer Anlagen ist verboten.

Einbringmengen

Die Einbringmengen richten sich nach

- dem Prüfbescheid,
- der Gefährdungsklasse des Holzes,
- dem anzuwendenden Einbringverfahren,
- der Art des Holzschutzmittels,
- der Querschnittsabmessung des Holzes.

Im Prüfbescheid angegebene Einbringmengen beziehen sich immer auf das Holzschutzmittel und nicht auf eventuell zur Tränkung daraus hergestellte Verdünnungen oder Lösungen.

Bei wasserlöslichen Mitteln sollen für trockenes (u = 20%) und halbtrockenes Holz (u = 30%) mindestens 15%ige Lösungen verwendet werden. Bei frischem Holz mit u > 30% sollen Lösungen von mindestens 20% Konzentration angewendet werden.

3.10. Holz und Holzverbindungen

Bei den Einbringverfahren unterscheidet man zwischen handwerklichen und großtechnischen Anwendungsverfahren.

Handwerkliche Verfahren

- Streichen, Spritzen, Fluten,
- Tauchen,
- Trog- und Einstelltränkung,
- Spezial-Verfahren (z. B. Bohrlochtränkung).

Großtechnische Verfahren

- Kesseldruck-Verfahren,
- Saftverdrängungs-Verfahren.

Streichen und Fluten

Beim Streichen und Fluten ist darauf zu achten, daß die Mittel gleichmäßig verteilt aufgebracht werden. Es sind grundsätzlich bei allen Holzschutzmitteln zwei Arbeitsgänge vorzunehmen. Bei Spritzanlagen mit regelbarem automatischen Vorschub ist eine gleichmäßige Behandlung möglich; in diesem Fall kann auf einen zweiten Arbeitsgang verzichtet werden. Das Holz muß bei der Behandlung trocken oder halbtrocken sein. Bei frischem oder durchnäßtem Holz dürfen Streichen und Fluten nur angewendet werden, wenn das Holz unter Dach eingebaut und wasserlösliche Mittel in mindestens 20%iger Lösung verwendet werden.

Beim Spritzen gehen große Schutzmittelmengen durch Sprüh- und Tropfverluste verloren. Deshalb ist dieses Verfahren nur noch in stationären Anlagen erlaubt.

Beim Spritzen werden auch vollständig umkleidete Sprühtunnel mit Hand oder automatischem Vorschub eingesetzt.

Beim Streichen und Fluten können geringe Eindringtiefen und Aufnahmemengen erreicht werden. Sowohl bei öligen Holzschutzmitteln als auch bei Salzlösungen werden in einem Arbeitsgang
- von sägerauhem Holz ca. 200 ml/m^2,
- von gehobeltem Holz ca. 80–120 ml/m^2

aufgenommen.

Tauchen

Dieses Verfahren, bei dem das Holz in der Schutzmittellösung schwimmt, wird besonders häufig zum Bläueschutz angewendet. Die Tauchzeit beträgt zwischen Sekunden und Minuten. In einem Tauchgang wird ungefähr die gleiche Schutzmittelmenge aufgebraucht, wie bei einem Spritz- oder Streichgang. Die Verlängerung der Tauchzeit führt nur zu geringfügiger Mehraufnahme an Holzschutzmitteln. Wo dies erforderlich ist, muß der Tauchvorgang nach dem Abtrocknen des Holzes eventuell mehrmals wiederholt werden. Das Tauchverfahren eignet sich für trockenes und halbtrockenes Holz. Bei frischem Holz ist es nur zulässig, wenn das Holz unter Dach eingebaut und wasserlösliche Holzschutzmittel in mindestens 20%iger Lösung verwendet werden.

Sägerauhes Holz nimmt wegen des höheren Benetzungseffektes fast doppelt soviel Lösungsmenge auf wie gehobeltes Holz. Die Eindringtiefe liegt jedoch nicht automatisch höher.

Trog- und Einstelltränkung

Bei der Trogtränkung, im Sonderfall Einstelltränkung, werden die Hölzer in Trögen in der Holzschutzflüssigkeit untergetaucht gehalten. Durch entsprechende Tränkdauer kann unter bestimmten Voraussetzungen ein tiefes Eindringen des Holzschutzmittels erreicht werden.

Eine Erhöhung der Eindringtiefe kann durch Erhitzen der Tränklösung vorgenommen werden. Die Tränkzeit kann dabei auf wenige Stunden herabgesetzt werden.

Spezial-Verfahren

Hierunter versteht man Verfahren, die zur Sonderbehandlung von Gefahrenstellen angewandt werden, um bestimmten Holzzonen größere Holzschutzmittelmengen zuzuführen. Dies geschieht durch Aufstreichen oder Aufspachteln von Sonderpräparaten mit und ohne Abdekkung, durch Anlegen von Holzschutzbandagen (z. B. bei der Diffusionstränkung) oder mit Hilfe von Bohrlöchern.

Mit diesen Methoden wird also ein Teilschutz beabsichtigt.

Spezial-Verfahren sind:

- Anbringen von Bandagen (z. B. bei Masten),
- Impfstich-Verfahren,
- Bohrloch-Verfahren (Bekämpfung von Hausbock),
- Injektions-Verfahren (Bekämpfung von Möbelkäfern).

Kesseldrucktränkung

Bei der Kesseldruck-Tränkung werden die Holzschutzmittel (ölige und salzhaltige) mit Hilfe von Druckunterschieden in das Holz eingebracht. Es bestehen verschiedene Ausführungsformen. Das Holz darf beim Einbringen in den Kessel nicht mehr als 30% Feuchtigkeit aufweisen. Eine Ausnahme bildet die Wechseldruck-Tränkung, bei der die Hölzer frisch sein können.

Anwendung des Verfahrens zur Imprägnierung von Masten, Schwellen, Grubenholz, Pfählen und Wasserbau-Hölzern. Die Kesseldruck-Tränkung garantiert einen Tief- und Vollschutz.

Von Nachteil sind die großen, stationären Anlagen; deshalb befassen sich nur wenige Firmen mit der Kesseldruck-Tränkung und decken den hohen Bedarf bei Bahn und Post.

- Volltränk-Verfahren

  Zunächst wird das Holz im Kessel mindestens 30 Minuten lang einem Vakuum ausgesetzt. Bei laufender Vakuumpumpe wird die Schutzflüssigkeit zugeführt, dann erfolgt die eigentliche Tränkung durch Überdruck, der mindestens 60 min erhalten bleiben muß. Um das Abtropfen der Lösung zu verhindern, kann zum Schluß noch einmal kurz Unterdruck erzeugt werden.

- Vakuum-Verfahren

  Das Verfahren beginnt mit einem Vakuum von mindestens 10 min Dauer. Dann wird die Imprägnierlösung unter Vakuumbedingungen zugeführt, die Tränkung erfolgt bei atmosphärischem Luftdruck. Ein Nachvakuum kann zur teilweisen Schutzmittel-Rückgewinnung dienen.

Saftverdrängungs-Verfahren

Bei diesem Verfahren wird in saftfrische Stämme durch Druck- und/oder Saugwirkung eine Salzlösung in das Holz gepreßt; das Wasser des Holzes wird dabei teils verdrängt, teils mit der Salzlösung durch osmotische Vorgänge gemischt.

- Drucksaug-Tränkung

  Bei diesem Verfahren wird die Salzlösung gleichzeitig vom Fuß- und Zopfende aus mittels Verschlußkappen in den Stamm gedrückt. In der Mitte sind Spalten von ca. 50 cm Länge angebracht, durch die das Wasser bzw. später das Schutzmittel tropft. Das Holzschutzmittel wird mit Hilfe von Kompressoren in den saftfrischen, nicht entrindeten Stamm eingeleitet. Die Stämme liegen dabei auf einem Gestell.

- Trogdrucksaug-Verfahren

  Hier werden die geschälten, saftfrischen Stämme in eine Imprägnierlösung gelegt. Fuß- und Zopfenden der Stämme erhalten Druck- und Saugkappen. Die Troglösung wird über die Mantelfläche eingesaugt.

3.10. Holz und Holzverbindungen

3.10.7. Sortierklassen für Kanthölzer bei der visuellen Sortierung nach DIN 4074 (9.89)

Sortiermerkmale	Sortierklassen **S 7** (ehemals GK III)	 **S 10** (ehemals GK II)	 **S 13** (ehemals GK I)	Erklärung
1. Baumkante	alle vier Seiten müssen durchlaufend sägegestreift sein	bis 1/3, mindestens 1/3 jeder Querschnittseite in jedem Querschnitt muß frei von Baumkante sein	bis 1/8, mindestens 2/3 jeder Querschnittseite in jedem Querschnitt muß frei von Baumkante sein	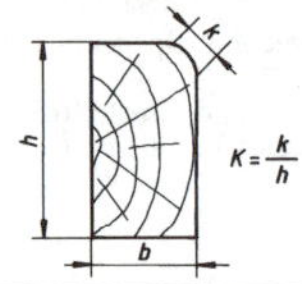
2. Äste	bis 3/5	bis 2/5 nicht über 70	bis 1/5 nicht über 50	
3. Jahrringbreite – allgemein – Douglasie	 – –	 bis 6 bis 8	 bis 4 bis 6	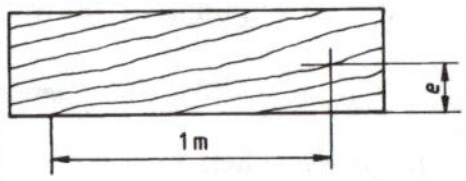
4. Faserneigung	bis 200 mm/m	bis 120 mm/m	bis 70 mm/m	
5. Risse – Trockenrisse – Blitzrisse Frostrisse Ringschäle	 zulässig nicht zulässig	 zulässig nicht zulässig	 zulässig nicht zulässig	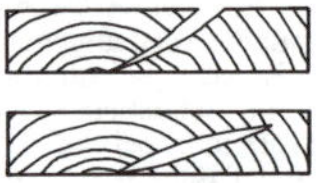
6. Insektenfraß	Fraßgänge bis 2 mm Durchmesser von Frischholzinsekten zulässig			
7. Mistelbefall	nicht zulässig	nicht zulässig	nicht zulässig	
8. Verfärbungen – Bläue – nagelfeste braune und rote Streifen – Rotfäule Weißfäule	 zulässig bis zu 3/5 des Querschnitts od. der Oberfläche zulässig nicht zulässig	 zulässig bis zu 2/5 des Querschnitts od. der Oberfläche zulässig nicht zulässig	 zulässig bis zu 1/5 des Querschnitts od. der Oberfläche zulässig nicht zulässig	
9. Druckholz	bis zu 3/5 des Querschnitts od. der Oberfläche zulässig	bis zu 2/5 des Querschnitts od. der Oberfläche zulässig	bis zu 1/5 des Querschnitts od. der Oberfläche zulässig	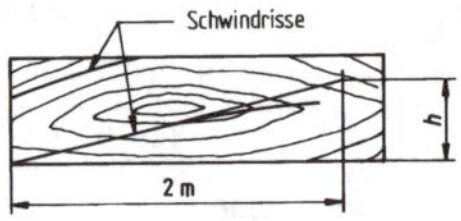
10. Krümmung – Längskrümmung, Verdrehung	bis 15 mm/2 m	bis 8 mm/2 m	bis zu 5 mm/2 m	

Die Sortierklassen und -kriterien für Bohlen, Bretter und Latten bei der visuellen Sortierung sind bis auf folgende Änderungen mit der obigen Tabelle identisch.

Klasse S 7: Schnittholz mit geringer Tragfähigkeit
Klasse S 10: Schnittholz mit üblicher Tragfähigkeit
Klasse S 13: Schnittholz mit überdurchschnittlicher Tragfähigkeit

Abweichungen der Sortierkriterien für Bohlen, Bretter und Latten bei der visuellen Sortierung von denen für Kanthölzer

1. Äste – Einzelast – Astansammlung	 bis 1/2 bis 2/3	 bis 1/3 bis 1/2	 bis 1/5 bis 1/3	
2. Krümmung – Längskrümmung, Verdrehung – Querkrümmung	 bis 15 mm/2 m bis 1/20	 bis 8 mm/2 m bis 1/30	 bis 5 mm/2 m bis 1/50	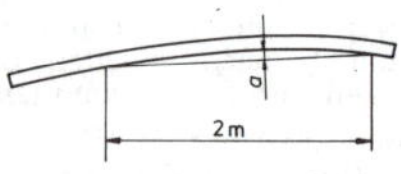
3. Markröhre	zulässig	zulässig	nicht zulässig	

3.10. Holz und Holzverbindungen

3.10.8. Zusätzliche Sortierkriterien für Schnittholz bei der maschinellen Sortierung nach DIN 4074 (9.89)

Sortiermerkmale	Sortierklassen MS 7	MS 10	MS 13	MS 17
1. Baumkante	alle vier Seiten müssen durchlaufend sägegestreift sein	bis 1/3, mindestens 1/3 jeder Querschnittseite in jedem Querschnitt muß frei von Baumkante sein	bis 1/8, mindestens 2/3 jeder Querschnittseite in jedem Querschnitt muß frei sein von Baumkante	bis 1/8, mindestens 2/3 jeder Querschnittseite in jedem Querschnitt muß frei sein von Baumkante
5. Risse – Trockenrisse – Blitzrisse Frostrisse Ringschäle	 zulässig nicht zulässig	 zulässig nicht zulässig	 zulässig nicht zulässig	 zulässig nicht zulässig
6. Insektenfraß	Fraßgänge bis 2 mm Durchmesser von Frischholzinsekten zulässig			
7. Mistelbefall	nicht zulässig	nicht zulässig	nicht zulässig	nicht zulässig
8. Verfärbungen – Bläue – nagelfeste braune und rote Streifen – Rotfäule Weißfäule	 zulässig bis 3/5 des Querschnitts od. der Oberfläche nicht zulässig	 zulässig bis 2/5 des Querschnitts od. der Oberfläche nicht zulässig	 zulässig bis 1/5 des Querschnitts od. der Oberfläche nicht zulässig	 zulässig bis 1/5 des Querschnitts od. der Oberfläche nicht zulässig
10. Krümmung – Längskrümmung, Verdrehung	bis 15 mm/2 m	bis 8 mm/2 m	bis zu 5 mm/2 m	bis 5 mm/2 m

Ergänzende Bestimmungen für die visuelle und maschinelle Sortierung

	Visuelle Sortierung	Maschinelle Sortierung
Allgemeines	Die Querschnitte von Nadelhölzern werden visuell nach der Tragfähigkeit bemessen. Dies setzt die genaue Kenntnis der Sortiermerkmale sowie ein geübtes Auge für die Auswahl der Sortierklassen voraus.	Es dürfen nur registrierte Sortiermaschinen nach DIN 4074 T 3 verwendet werden. Das Fachpersonal sowie die Werkseinrichtung sind nach DIN 4074 T 4 zu überprüfen. Hierzu muß eine Eignungsbescheinigung nach DIN 4074 T 4 ausgestellt werden.
Sortierklassen	Klasse S 7 (= geringe Tragfähigkeit) Klasse S 10 (= übliche Tragfähigkeit) Klasse S 13 (= überdurchschnittliche Tragfähigkeit)	Klasse MS 7: (= geringe Tragfähigkeit) Klasse MS 10: (= übliche Tragfähigkeit) Klasse MS 13: (= überdurchschnittliche Tragfähigkeit) Klasse MS 17: (= besonders hohe Tragfähigkeit)
Maßhaltigkeit	Bei 10% der Menge sind Abweichungen von den vorgesehenen Querschnittsmaßen nach unten bis zu 3% zulässig, wenn die mittlere Holzfeuchtigkeit 30% beträgt.	Zulässig sind bis zu 1,5% Abweichungen nach unten von den vorgesehenen Querschnittsmaßen (Holzfeuchtigkeit 30%). Größere Abweichungen bei MS 17 und MS 13 unzulässig, bei MS 10 und MS 7 bis 3% bei 10% der Menge erlaubt.
Toleranzen	Ungünstige Abweichungen bis 10% von den geforderten Grenzwerten sind bei 10% der Menge zulässig.	Ungünstige Abweichungen bis 10% von den geforderten Grenzwerten sind bei 10% der Menge zulässig.
Kennzeichnung	Schnitthölzer der Sortierklasse S 13 sind wie folgt zu kennzeichnen: – Sortierklasse – Name des Betriebes, in dem sortiert wurde – Name des ausführenden Sortierers	Schnitthölzer der Klassen MS 7 bis MS 17 sind dauerhaft zu kennzeichnen: – Sortierklasse – Name des Betriebes, in dem sortiert wurde – Name der Maschine, mit der sortiert wurde – Name des ausführenden Sortierers
Bezeichnung	Bezeichnung eines Kantholzes der Sortierklasse S 7 aus Tanne (TA): Kantholz DIN 4074 – S 7 – TA	Bezeichnung eines Kantholzes der Sortierklasse MS 10, Fichtenholz (Fi): Kantholz DIN 4074 – MS 10 – Fi

3.10. Holz und Holzverbindungen

3.10.9. Zulässige Spannungen für Bauholz nach DIN 1052 (4.88)

Art der Beanspruchung	Zulässige Spannungen in MN/m² für Nadelhölzer Güteklasse I	II	III	Brettschichtholz Güteklasse I	II	Eiche und Buche
Biegung	13	10	7	14	11	11
Zug	10,5	8,5	0	10,5	8,5	10
Druck, parallel mit den Fasern	11	8,5	6	11	8,5	10
Druck, rechtwinklig zu den Fasern	2	2	2	2	2	3
Abscheren, parallel mit den Fasern	0,9	0,9	0,9	0,9	0,9	1
Schub aus Querkraft, parallel mit den Fasern	0,9	0,9	0,9	1,2	1,2	1

3.10.10. Querschnitte und Querschnittswerte für Bauholz

Kantholz

Dicke b/h cm	Querschnitt cm²	W_x cm³	J_x cm⁴	W_y cm³	J_y cm⁴	i_y cm	1 m = m³
3/5	15	12,5	31	7,5	11,2	0,87	0,0015
4/6	24	24	72	16	32	1,16	0,0024
5/8	40	53,3	213	33,3	83	1,44	0,0040
6/10	60	100	500	60	180	1,73	0,0060
6/12	72	144	864	72	216	1,73	0,0072
8/8	64	85	341	85	341	2,31	0,0064
8/10	80	133	667	107	427	2,31	0,0080
8/12	96	192	1152	128	512	2,31	0,0096
8/14	112	261	1829	149	597	2,31	0,0112
8/16	128	341	2731	171	683	2,31	0,0128
8/20	160	533	5333	213	853	2,31	0,0160
10/10	100	167	833	167	833	2,89	0,0100
10/12	120	240	1440	200	1000	2,89	0,0120
10/14	140	327	2287	233	1167	2,89	0,0140
10/16	160	427	3413	267	1333	2,89	0,0160
10/20	200	667	6667	333	1667	2,89	0,0200
10/22	220	807	8873	367	1833	2,89	0,0220
12/12	144	288	1728	288	1728	3,47	0,0144
12/14	168	392	2744	336	2016	3,47	0,0168
12/16	192	512	4096	384	2304	3,47	0,0192
12/24	288	1152	13824	576	3456	3,47	0,0288
12/26	312	1352	17576	624	3744	3,47	0,0312
14/14	196	457	3201	457	3201	4,05	0,0196
14/16	224	597	4779	523	3659	4,05	0,0224
14/18	252	756	6804	588	4116	4,05	0,0252
14/20	280	933	9333	653	4573	4,05	0,0280
16/16	256	683	5461	683	5461	4,62	0,0256
16/20	320	1067	10667	853	6827	4,62	0,0320
16/22	352	1291	14197	939	7509	4,62	0,0352
16/24	384	1536	18432	1024	8192	4,62	0,0384
18/18	324	972	8748	972	8748	5,20	0,0324
18/22	396	1452	15972	1188	10692	5,20	0,0396
18/24	432	1728	20736	1296	11664	5,20	0,0432
20/20	400	1333	13333	1333	13333	5,78	0,0400
20/24	480	1920	23040	1600	16000	5,78	0,0480
20/26	520	2253	29293	1733	17333	5,78	0,0520
22/28	616	2875	40245	2259	24845	6,36	0,0616
24/24	576	2304	27648	2304	27648	6,94	0,0576
24/26	624	2704	35152	2496	28285	6,94	0,0624
24/28	672	3136	43904	2688	32256	6,94	0,0672
24/30	720	3600	54000	2880	34560	6,94	0,0720
26/26	676	2929	38081	3929	38081	7,51	0,0676
26/28	728	3397	47563	3155	41011	7,51	0,0728
26/30	780	3900	58500	3380	43940	7,51	0,0780
28/28	784	3659	51221	3659	51221	8,09	0,0784
30/30	900	4500	67500	4500	67500	8,67	0,0900

Rundholz

d cm	Mittl. Umfang U cm	Querschnitt A cm²	W cm³	J cm⁴	i cm	1 m = m³
7	22,0	38,5	33,7	118	1,75	0,004
8	25,1	50,3	50	201	2,00	0,005
9	28,3	63,6	72	322	2,25	0,006
10	31,4	78,5	98	491	2,50	0,008
11	34,6	95	131	719	2,75	0,010
12	37,7	113,1	170	1018	3,00	0,011
13	40,8	132,7	216	1402	3,25	0,013
14	44	153,9	269	1886	3,50	0,015
15	47,1	176,7	331	2485	3,75	0,018
16	50,3	201,1	402	3217	4,00	0,020
17	53,4	227	482	4100	4,25	0,023
18	56,6	254,5	573	5153	4,50	0,025
19	59,7	284	673	6400	4,75	0,028
20	62,8	314,2	785	7854	5,00	0,031
21	66,0	346	909	9550	5,25	0,035
22	69,1	380,1	1045	11499	5,50	0,038
23	72,3	415	1190	13740	5,75	0,042
24	75,4	452,4	1357	16286	6,00	0,045
25	78,5	491	1530	19180	6,25	0,049
26	81,7	530,9	1726	22432	6,50	0,053
27	84,8	573	1930	26090	6,75	0,057
28	88	615,8	2155	30172	7,00	0,062
29	91,1	661	2390	34720	7,25	0,066
30	94,3	706,9	2651	39761	7,50	0,071
32	100,5	804	3220	51470	8,00	0,080

Latten, Bretter und Bohlen aus Nadelschnittholz

	Normmaße nach DIN 4074 (9.89) in mm: Latte	Brett [1]	Bohle [1]	Kantholz/Balken
Dicke d bzw. Höhe h	$d \leqq 40$	$d \leqq 40$	$d > 40$	$b \leqq h \leqq 3b$
Breite b	$b < 80$	$b \geqq 80$	$b > 3d$	$b > 40$

[1]) Vorwiegend hochkant biegebeanspruchte Bretter und Bohlen sind wie Kantholz zu sortieren.

Schnitthölzer sind Holzerzeugnisse von mindestens 6 mm Dicke, die durch Sägen und Spanen von Rundholz parallel zur Stammachse hergestellt werden.

3.10. Holz und Holzverbindungen

3.10.11. Rauminhalt runder Stämme

Mittlerer Durchmesser (nach Entrindung)

$$d = \frac{d_1 + d_2}{2}$$

Berechnung von Zwischenlängen:

Beispiel für ⌀ 29, Länge 5,85 m:

Bei Länge
5,00 m. . . . . 0,3300 m^3
0,80 m. . . . . 0,0528 m^3
0,05 m. . . . . 0,0033 m^3
0,3861 m^3

Der Stamm enthält rund **0,386** Festmeter.

Zahlen für 0,80 und 0,05 m findet man bei 8 und 5 m.

Länge in m	Mittlerer Durchmesser *d* in cm									
	10	11	12	13	14	15	16	17	18	19
	Holzmenge in Festmetern									
1	0,008	0,010	0,011	0,013	0,015	0,018	0,020	0,023	0,025	0,028
2	0,016	0,019	0,023	0,027	0,031	0,036	0,040	0,045	0,051	0,057
3	0,024	0,028	0,034	0,040	0,046	0,053	0,060	0,068	0,076	0,085
4	0,031	0,038	0,045	0,053	0,062	0,071	0,080	0,091	0,102	0,113
5	0,039	0,048	0,057	0,066	0,077	0,088	0,101	0,113	0,127	0,142
6	0,047	0,057	0,068	0,080	0,092	0,106	0,121	0,136	0,153	0,170
7	0,055	0,067	0,079	0,093	0,108	0,124	0,141	0,159	0,178	0,199
8	0,063	0,076	0,091	0,106	0,123	0,141	0,161	0,182	0,204	0,227
9	0,071	0,086	0,102	0,120	0,139	0,159	0,181	0,204	0,229	0,255
10	0,079	0,095	0,113	0,133	0,154	0,177	0,201	0,227	0,254	0,284

Länge in m	Mittlerer Durchmesser *d* in cm									
	20	21	22	23	24	25	26	27	28	29
	Holzmenge in Festmetern									
1	0,031	0,035	0,038	0,042	0,045	0,049	0,053	0,057	0,062	0,066
2	0,063	0,069	0,076	0,083	0,090	0,098	0,106	0,115	0,123	0,132
3	0,094	0,104	0,114	0,125	0,136	0,147	0,159	0,172	0,185	0,198
4	0,126	0,138	0,152	0,166	0,181	0,196	0,212	0,229	0,246	0,264
5	0,157	0,173	0,190	0,208	0,226	0,245	0,265	0,286	0,308	0,330
6	0,189	0,208	0,228	0,249	0,271	0,294	0,319	0,343	0,370	0,396
7	0,220	0,243	0,266	0,291	0,317	0,344	0,372	0,401	0,431	0,462
8	0,252	0,277	0,304	0,332	0,362	0,393	0,425	0,458	0,493	0,528
9	0,283	0,312	0,342	0,374	0,407	0,442	0,478	0,515	0,554	0,595
10	0,314	0,346	0,380	0,415	0,452	0,491	0,531	0,573	0,616	0,661

Länge in m	Mittlerer Durchmesser *d* in cm													
	30	31	32	33	34	35	36	37	38	39	40	41	42	43
	Holzmenge in Festmetern													
1	0,071	0,075	0,080	0,086	0,091	0,096	0,102	0,108	0,113	0,119	0,126	0,132	0,139	0,145
2	0,141	0,151	0,161	0,171	0,182	0,192	0,204	0,215	0,227	0,239	0,251	0,264	0,277	0,290
3	0,212	0,226	0,241	0,257	0,272	0,289	0,305	0,323	0,340	0,358	0,377	0,396	0,416	0,436
4	0,283	0,302	0,322	0,342	0,363	0,395	0,407	0,430	0,454	0,478	0,503	0,528	0,554	0,581
5	0,355	0,377	0,402	0,428	0,434	0,481	0,509	0,538	0,561	0,579	0,628	0,660	0,693	0,726
6	0,424	0,453	0,483	0,513	0,545	0,577	0,611	0,645	0,681	0,717	0,754	0,792	0,831	0,871
7	0,495	0,528	0,563	0,599	0,636	0,674	0,713	0,753	0,794	0,836	0,880	0,924	0,970	1,017
8	0,566	0,604	0,643	0,684	0,726	0,770	0,814	0,860	0,907	0,956	1,005	1,056	1,108	1,162
9	0,636	0,679	0,724	0,770	0,817	0,866	0,916	0,968	1,021	1,075	1,131	1,188	1,247	1,307
10	0,707	0,755	0,804	0,855	0,903	0,962	1,018	1,075	1,134	1,195	1,257	1,320	1,385	1,452

Länge in m	Mittlerer Durchmesser *d* in cm													
	44	45	46	47	48	49	50	51	52	53	54	55	56	58
	Holzmenge in Festmetern													
1	0,152	0,159	0,166	0,173	0,181	0,189	0,196	0,204	0,212	0,221	0,229	0,238	0,246	0,264
2	0,304	0,318	0,332	0,347	0,362	0,378	0,393	0,409	0,425	0,441	0,458	0,475	0,493	0,528
3	0,456	0,477	0,498	0,520	0,543	0,566	0,589	0,613	0,637	0,662	0,687	0,713	0,739	0,792
4	0,608	0,636	0,664	0,684	0,724	0,755	0,785	0,817	0,850	0,882	0,916	0,950	0,985	1,056
5	0,760	0,795	0,831	0,867	0,905	0,943	0,982	1,021	1,062	1,103	1,145	1,188	1,232	1,321
6	0,912	0,954	0,997	1,041	1,086	1,132	1,178	1,226	1,275	1,324	1,374	1,425	1,478	1,585
7	1,064	1,113	1,163	1,214	1,267	1,320	1,375	1,430	1,487	1,544	1,603	1,663	1,724	1,849
8	1,216	1,272	1,329	1,388	1,448	1,509	1,571	1,634	1,697	1,765	1,832	1,901	1,970	2,113
9	1,368	1,431	1,495	1,561	1,629	1,697	1,767	1,839	1,911	1,985	2,061	2,138	2,217	2,377
10	1,521	1,590	1,662	1,735	1,810	1,886	1,964	2,043	2,124	2,206	2,290	2,376	2,463	2,642

Länge in m	Mittlerer Durchmesser *d* in cm													
	60	62	64	66	68	70	72	74	76	78	80	85	90	95
	Holzmenge in Festmetern													
1	0,283	0,302	0,322	0,342	0,363	0,385	0,407	0,430	0,454	0,478	0,503	0,568	0,636	0,709
2	0,565	0,604	0,643	0,684	0,726	0,770	0,814	0,860	0,907	0,956	1,005	1,135	1,272	1,418
3	0,848	0,906	0,965	1,026	1,090	1,154	1,222	1,290	1,361	1,433	1,508	1,703	1,909	2,136
4	1,131	1,208	1,286	1,368	1,453	1,539	1,629	1,720	1,814	1,911	2,011	2,270	2,545	2,835
5	1,414	1,510	1,608	1,711	1,816	1,924	2,036	2,150	2,268	2,389	2,514	2,838	3,181	3,544
6	1,697	1,812	1,930	2,053	2,179	2,309	2,443	2,581	2,722	2,867	3,016	3,405	3,817	4,253
7	1,980	2,113	2,252	2,395	2,542	2,694	2,850	3,011	3,175	3,345	3,519	3,973	4,453	4,962
8	2,263	2,415	2,573	2,737	2,906	3,078	3,258	3,441	3,329	3,822	4,022	4,540	5,090	5,670
9	2,545	2,717	2,895	3,079	3,269	3,463	3,665	3,871	4,082	4,300	4,524	5,108	5,726	6,379
10	2,827	3,019	3,217	3,421	3,623	3,848	4,072	4,301	4,536	4,778	5,027	5,675	6,362	7,088

3.10. Holz und Holzverbindungen

3.10.12. Holzverbindungen

3

3.10.12.1. Nagelverbindungen

Nagelverbindungen werden im Holzbau in der Regel mit Senkkopfdrahtnägeln hergestellt. An einer Verbindungsstelle müssen mindestens vier durch gleichgerichtete Kräfte beanspruchte Nagelscherflächen vorhanden sein. Nagelverbindungen im Hirnholz dürfen nicht als tragend betrachtet werden.

Nagelabstände

Folgende Nagelabstände gelten für das dünnste Holz der Verbindung:

	Lage zur Faserrichtung	Nagelabstände parallel der Kraftrichtung, mind. nicht vorgeb.	vorgebohrt
untereinander	∥	$10\,d_n$ ($12\,d_n$)	$5\,d_n$
	⊥	$5\,d_n$	$5\,d_n$
vom beanspruchten Rand	∥	$15\,d_n$	$10\,d_n$
	⊥	$7\,d_n$ ($10\,d_n$)	$5\,d_n$
vom unbeanspruchten Rand	∥	$7\,d_n$ ($10\,d_n$)	$5\,d_n$
	⊥	$5\,d_n$	$3\,d_n$

d_n: Nageldurchmesser
Die Werte in ( ) gelten für $d_n > 4{,}2$ mm.

Zulässige Belastung von Nägeln auf Herausziehen

Beim Nachweis der Sicherheit von Bauteilen gegen Abheben durch die Sogkraft des Windes dürfen Nägel zur Befestigung von Schalungen, Sparren und Pfetten auf Herausziehen beansprucht werden.

Schalbretter sind mit wenigstens zwei Nägeln an jedem Stiel zu befestigen.

Werden die Nägel in frisches Holz eingeschlagen, so sind die zulässigen Belastungen auf ⅔ zu ermäßigen.

Zulässige Belastungen von Schalungsnägeln auf Herausziehen

Nagelgröße	Verwendbar für Brettdicke mm	zulässige Belastung je Nagel in kN
31 × 70	20 und 22	0,15
34 × 90	22 und 24	0,20

Zulässige Belastung von Sparren- und Pfettennägeln auf Herausziehen

Nageldurchmesser d_n in $\frac{1}{10}$ mm	Zulässige Belastung der tragenden Haftlänge kN/cm
46	0,06
55	0,07
60	0,08
70	0,09
75	0,10
80	0,11

Holzdicken, Einschlagtiefen und zulässige Nagelbelastungen

Nagelgröße d_n in $\frac{1}{10}$ mm mal l_n in mm	Mindestholzdicke bei Nagellöchern: nicht vorgebohrt mm	Mindestholzdicke bei Nagellöchern: vorgebohrt mm	Einschlagtiefe mindestens: einschnittig mm	Einschlagtiefe mindestens: mehrschnittig mm	Zulässige Nagelbelastung für eine Scherfläche, Nadelholz: nicht vorgebohrt kN	Nadelholz: vorgebohrt kN	Eiche und Buche vorgebohrt kN
22 × 45 22 × 50	24 (bei Schalungen: 20)		27	18	0,2	0,25	0,3
25 × 55 25 × 60	24 (bei Schalungen: 20)		30	20	0,25	0,31	0,375
28 × 65	24 (bei Schalungen: 20)		34	23	0,3	0,375	0,45
31 × 65 31 × 70 31 × 80	24 (bei Schalungen: 20)		38	25	0,375	0,46	0,56
34 × 90	24 (bei Schalungen: 22)		41	27	0,43	0,54	0,65
38 × 100	24		46	30	0,525	0,65	0,78
42 × 110	26		51	34	0,625	0,775	0,93
46 × 130	30	28	56	37	0,725	0,905	1,09
55 × 140 55 × 160	40	35	66	44	0,975	1,22	1,46
60 × 180	50	35	72	48	1,12	1,40	1,68
70 × 210	60	45	84	56	1,44	1,80	2,16

3.10. Holz und Holzverbindungen

3.10.12.2. Bolzenverbindungen

Bolzen sind zylindrische Verbindungsmittel aus Metall. Zu unterscheiden ist zwischen mit Kopf und Mutter versehenen **Schraubbolzen** und den glatten oder gerillten **Stabdübeln** (Stahlstifte), die in vorgebohrte Löcher eingetrieben werden. Beim Herstellen von Bolzenverbindungen müssen folgende Werte eingehalten werden:

	Schraubbolzen	Stabdübel
Durchmesser des vorgebohrten Bolzenloches	Höchstens 1 mm stärker als der Bolzendurchmesser	0,2–0,5 mm kleiner als der Stiftdurchmesser
Mindestdurchmesser des Bolzen	12 mm	8 mm
Mindestanzahl der Bolzen einer Verbindung	2	4
Mindestabstände der Bolzen	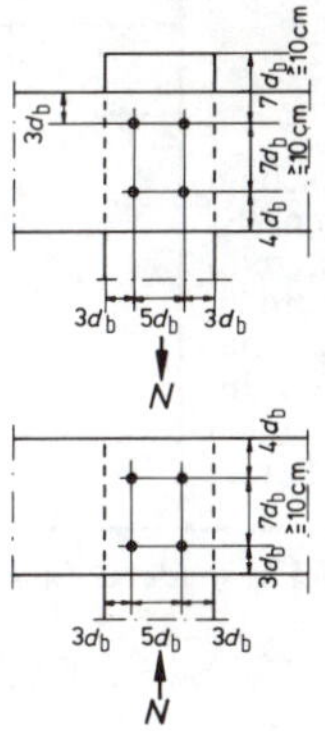	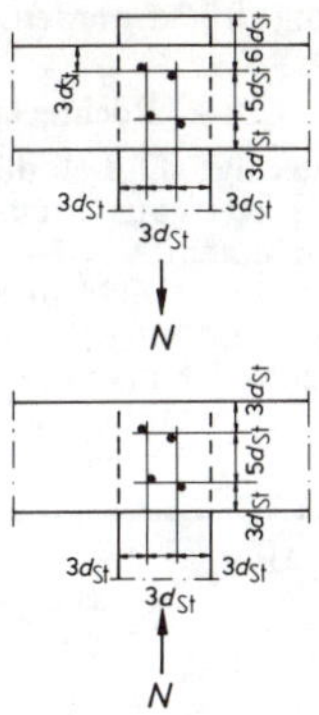
Zulässige Belastung beim Kraftangriff in Faserrichtung in kN	**zul** N = **zul** $\sigma_1 \cdot a \cdot d$ jedoch höchstens = $A \cdot d^2$ zul σ_1 zulässige mittlere Lochleibungsspannung des Holzes nach der untenstehenden Tabelle, a kleinste Holzdicke in cm, d Bolzendurchmesser in cm, A Festwert nach der untenstehenden Tabelle.	

Werte für zul σ_1 und A zur Berechnung der zulässigen Belastung von Bolzenverbindungen

Belastungsart	Holzart	Schraubbolzen zul σ_1 kN/cm²	Schraubbolzen A kN/cm²	Stabdübel zul σ_1 kN/cm²	Stabdübel A kN/cm²
Einschnittig 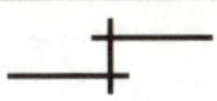	Nadelholz Eiche, Buche	0,4 0,5	1,7 2,0	0,4 0,5	2,3 2,7
Zweischnittig 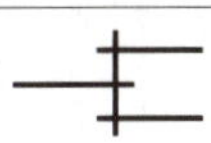					
Mittelholz	Nadelholz Eiche, Buche	0,85 1,0	3,8 4,5	0,85 1,0	5,1 6,0
Seitenholz	Nadelholz Eiche, Buche	0,55 0,65	2,6 3,0	0,55 0,65	3,3 3,9

3.10.12.3. Dübelverbindungen

Dübel sind auf Druck und Abscheren beanspruchte Verbindungsmittel. Sie werden entweder in eine vorbereitete Vertiefung eingelassen (E i n l a ß d ü b e l) oder in das Holz eingepreßt (E i n p r e ß d ü b e l). Einpreßdübel dürfen nur bei Nadelholz verwendet werden.

Hölzer, die mit Dübeln verbunden werden sollen, müssen mind. der Sortierklasse S 10 entsprechen.

Alle Dübelverbindungen müssen durch nachspannbare Schraubbolzen zusammengehalten werden, wobei alle Dübel durch Bolzen gesichert sein müssen. Die Bolzen sind so anzuziehen, daß die Scheiben geringfügig, jedoch höchstens 1 mm, in das Holz eingedrückt werden.

Rechteckige Dübel

Rechteckige Dübel dürfen nur aus trockenem Hartholz oder aus Metall hergestellt werden. Es dürfen in einem Anschluß höchstens vier hintereinanderliegende Dübel in Rechnung gestellt werden. Bei der Ermittlung der zulässigen Belastung einer Verbindung ist nachzuweisen, daß die Scherspannungen in den Dübeln sowie in den zu verbindenden Hölzern die zulässigen Werte nicht überschreiten.

Dabei werden die Leibungsspannungen als gleichmäßig verteilte Spannungen mit den folgenden Werten in die Berechnung eingesetzt.

Zulässige Leibungsspannungen in Faserrichtung

Verhältnis der Dübellänge l_d zur Einschnittiefe t_d	Anzahl der in Kraftrichtung hintereinanderliegenden Dübel	
	1 und 2 verdübelter Balken kN/cm²	3 und 4 kN/cm²
$l_d / t_d \geqq 5$	0,85	0,75
$l_d / t_d < 5$	0,40	0,35

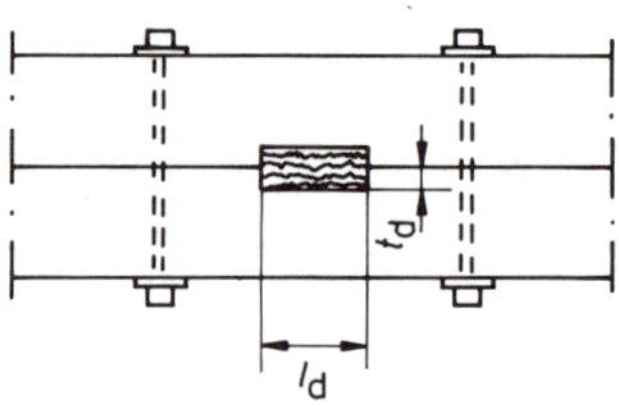

B e i s p i e l e:

Dübel besonderer Bauart

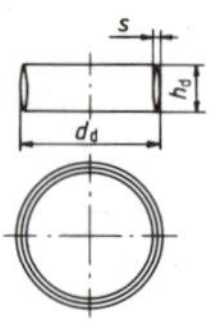

Ringkeildübel System Appel

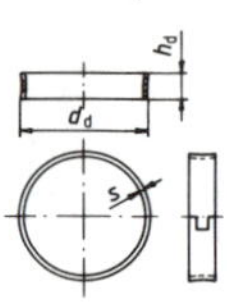

Ringdübel System Tuchscherer

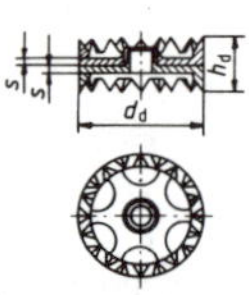

Krallendübel System Siemens - Bauunion

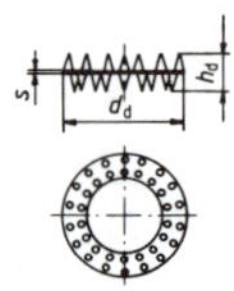

Zweiseitiger Verbinder System Geka

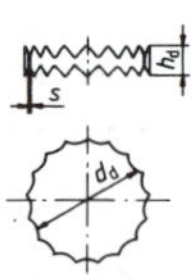

Zahnringdübel System Alligator

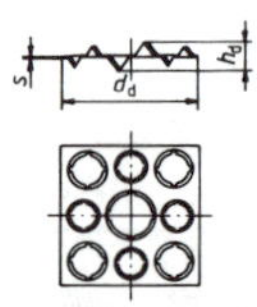

Krallenplatte System Pfrommer

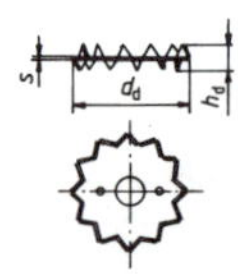

Runde Verbinder System Bulldog

Anordnung der Bolzen bei Dübelverbindungen

Bei Verbindungen mit Dübeldurchmessern bzw. Dübelseitenlängen ≧ 120 mm sind an den Enden der Außenhölzer oder Außenlaschen zusätzliche Klemmbolzen anzuordnen. Sonst ist zu jedem Dübel ein Bolzen anzuordnen.

Beim Anziehen der Bolzen dürfen in dem Holz keine unzulässigen Pressungen oder Biegespannungen entstehen.

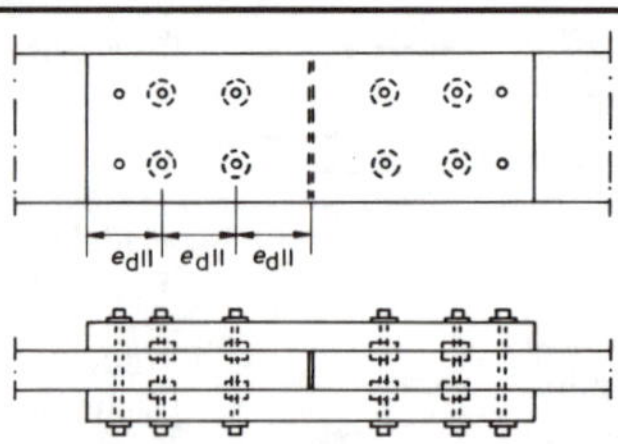

3.10. Holz und Holzverbindungen

Mindestabstände der Dübel

Die Abstände der Dübelachsen dürfen folgende Werte nicht unterschreiten:

	e_d benachbarter Dübelreihen	$e_d\|\|$ in Faserrichtung	von der Holzkante
Dübelreihen nicht gegeneinander versetzt	$d_d + t_d$	$e_d\|\|$	$\frac{b}{2}$
Dübelreihen gegeneinander versetzt	wenn: $d_d + t_d$	dann: $e_d\|\|$	$\frac{b}{2}$
	d_d	$1{,}1\ e_d\|\|$	
	$0{,}75\ d_d$	$1{,}5\ e_d\|\|$	
	$0{,}5\ (d_d + t_d)$	$1{,}8\ e_d\|\|$	

- d_d Dübeldurchmesser
- t_d Einschnittiefe des Dübels
- e_d Mindestabstand und Vorholzlänge (siehe Tabelle unten)
- b erforderliche Mindestbreite des Holzes gemäß nachfolgender Tabelle

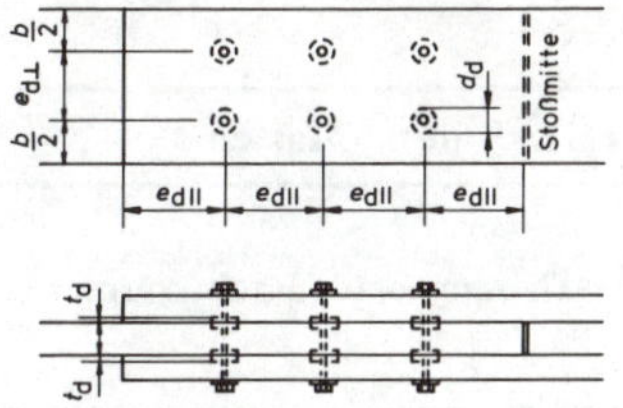

Abmessungen und zulässige Belastung einer Dübelverbindung

Art und Bezeichung der Dübel	Außen-⌀ × Höhe × Dicke	Fehlholz Δ A	Bolzen ⌀	Unterlegscheibe ⌀ × Dicke	Mindestholzabmessung bei ∢ Kraft zur Faser 0°–30° b/a	$e_d\|\|$	Zulässige Belastung eines Dübels bei ∢ 0°–30° Kraft zur Faserrichtung Anzahl der in der Kraftrichtung hintereinander liegenden Dübel: 1 oder 2	3 oder 4	5 oder 6
	mm	cm²	mm	mm	cm	mm	kN	kN	kN
Ringkeildübel System Appel	65 × 30 × 5 95 × 30 × 6 128 × 45 × 8	7,8 12,3 25,9	12 12 12	58/6 58/6 58/6	10/4 12/6 20/6	14 22 30	11,5 17,0 28,0	10,5 15,5 25,0	9,0 13,5 22,5
Ringdübel System Tuchscherer	90 × 20 × 5 130 × 29 × 5 173 × 36 × 6,5	7,7 16,4 28,1	12 16 16	58/6 68/6 68/6	12/6 17/6 21/8	13 20 30	12,0 20,0 38,0	11,0 18,0 34,0	9,5 16,0 30,5
Krallendübel System Siemens-Bauunion	55 × 30 × 3,5 80 × 37 × 5	3,9 7,9	12 12	58/6 58/6	8/6 11/5	12 15	10,0 15,0	9,0 13,5	8,0 12,0
Zweiseitiger Verbinder System Geka	50 × 27 × 3 80 × 27 × 3 115 × 27 × 3	2,8 4,6 7,0	12 20 24	58/6 80/8 105/8	8/6 11/5 14/6	12 17 23	8,0 17,0 27,0	7,0 15,0 24,0	6,5 13,5 21,5
Zahnringdübel System Alligator	55 × 19 × 1,5 95 × 24 × 1,5 125 × 29 × 1,7	2,0 4,5 7,3	12 20 24	58/6 80/8 105/8	8/6 12/6 16/8	12 17 23	6,0 12,0 18,0	5,5 11,0 16,0	5,0 9,5 14,5
Krallenplatte System Pfrommer	90 × 25 × 2	4,3	16	68/6	12/5	14	12,5	11,0	10,0
Runde Verbinder System Bulldog	50 × 10 × 1,3 95 × 25 × 1,3 165 × 33 × 1,8	0,9 4,7 11,0	12 16 24	58/6 68/6 105/8	8/6 12/5 19/8	12 14 23	5,0 12,0 30,0	4,5 11,0 27,0	4,0 9,5 24,0

3.11. Kunststoffe

Der Begriff Kunststoffe im weitesten Sinne umfaßt „organische“ Werkstoffe, die als Makromoleküle aufgebaut sind und durch Verbindungen von Elementen entstehen. Unter „organisch“ versteht man, daß diese Werkstoffe aus den Elementen Kohlenstoff (C), Wasserstoff (H_2), Sauerstoff (O_2), Stickstoff (N_2) und Schwefel (S) in den unterschiedlichsten Kombinationen gebildet werden. Makromoleküle werden nach der Definition Professor Staudingers aus dem Jahre 1922 solche Moleküle genannt, die aus mehr als 1000 Atomen gebildet werden.

3.11.1. Kunststoffarten

Plastomere oder Thermoplaste (durch Wärme verformbar)

Stoffe, die beim Erwärmen in einen plastischen Zustand übergehen, in dem sie leicht verformt werden können. Diese Verformung bleibt beim Erkalten bestehen. Der Vorgang ist wiederholbar. Plastomere bestehen aus fadenförmigen, nur gering verzweigten Molekülketten. Wegen der relativ schwachen Bindung zwischen den Molekülketten sind Plastomere meist zähelastisch.

Duromere oder Duroplaste (durus = hart)

So werden Kunststoffe genannt, die nur einmal in einem plastischen Zustand sind und dann aushärten. Danach sind sie gegen Wärme und Chemikalien besonders widerstandsfähig und nicht mehr plastisch verformbar. Der Vorgang ist nicht wiederholbar. Weil die Molekülketten stark vernetzt sind, sind Duromere bei normalen Temperaturen hart bis spröde.

Elastomere (dehnungsfähig)

Zu dieser Art zählt man die Kunststoffe, die sich innerhalb eines breiten Temperaturbereiches durch hohe Elastizität auszeichnen. Diese kommt zustande, weil das dreidimensionale Molekülnetz nur wenige Querverbindungen aufweist und dadurch die einzelnen Abschnitte der Molekülketten, im Gegensatz zum Gesamtmolekül, eine relativ gute Bewegungsmöglichkeit erhalten.

3.11.2. Herstellung

Polymerisation

Der Ausgangsstoff muß aus gleichen Molekülen bestehen. In diesen Molekülen müssen zwei mit Doppelbindung verknüpfte Atome enthalten sein. Diese Doppelbindung wird durch äußere Einwirkung (Druck, Hitze oder Chemikalien) aufgespalten und so den Molekülen die Möglichkeit gegeben, sich zum Polymer („Vielteil“) zu verbinden.

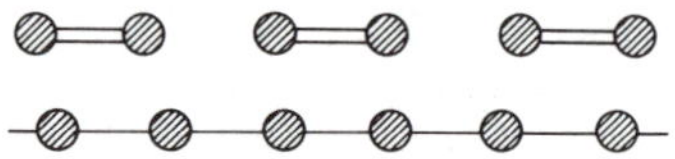

Beispiele: Polyethylen (PE), Polystyrol (PS), Polyvinylchlorid (PVC)

Polykondensation

Bei der Polykondensation sind die Ausgangsstoffe verschiedenartige Moleküle, die die Bedingung erfüllen müssen, daß eine Gruppe Sauerstoff- und die andere Gruppe Wasserstoffatome enthalten muß. Der Wasserstoff bzw. der Sauerstoff werden abgespalten, und an die Bindungsstellen können sich die Moleküle zu Molekülketten vereinigen. Die abgespaltenen Teile bilden Wassermoleküle. Durch Polykondensation entstehen vorwiegend Duromere.

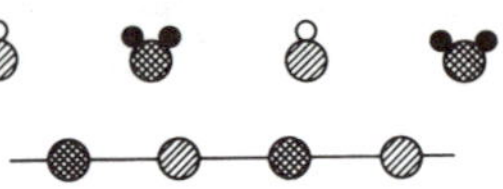

Beispiel: Polyesterharz (UP)

Polyaddition

Die Ausgangsstoffe sind verschiedenartige Moleküle. Durch Aufspaltung werden Atome frei, die sich anders gruppieren und so Bindungsmöglichkeiten ermöglichen, so daß sich die nun reaktionsfähigen Moleküle zu Makromolekülen verbinden können, ohne daß „Reststoffe“ übrig bleiben.

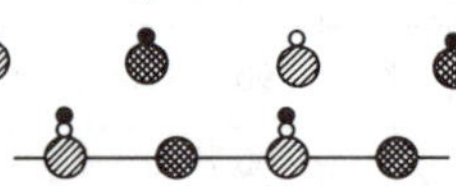

Beispiele: Epoxidharz (EP), Polyurethan (PUR)

3.11. Kunststoffe

3.11.3. Am Bau verwendete Kunststoffe

Bezeichnung	Kurzform	Eigenschaften/Fabrikate	Verwendung
Thermoplaste/Plastomere			
Acrylglas	AMMA, PMMA	lichtdurchlässig, gut bearbeitbar, hochwitterungsbest., brennbar, beständig gegen: verd. Säuren und Laugen, Benzin, Benzol, div. Öle /Plexiglas	bruchfeste Verglasung, Lichtkuppeln, Beleuchtungskörper (PMMA) Lacke, Betonzusatzmittel (AMMA)
Polyamid	PA	hochbeanspruchbar, feuchtigkeitsabhängig (versprödet beim Austrocknen), beständig gegen: Öle, Benzin, Benzol und div. Lösungsmittel /Nylon, Ultramid	Zahnräder, Beschläge, Dübel
Polycarbonat	PC	unzerbrechlich, lichtdurchlässig, warm umformbar, nicht sehr witterungsbeständig /Makrolon	unzerbrechliche Verglasungen, Einbruchsschutz, Überdachungen
Polyethylen	PE	wachsartig weich oder halbelastisch, durchscheinend, kältefest bis 233 K, temperaturbeständig bis 333 K (max. 373 K), löslich durch: Benzin, Benzol und Trichlorethylen, bei freier Bewitterung nicht alterungsbeständig, stark UV-empfindlich (zerfällt in wenigen Monaten) /Hostalen, Lupolen, Delta-Folie	Planen, Tafeln, Rohre, Verpakkung, mit Gitterverstärkung als Unterspannbahn für Dächer
PE-Bitumen-Copolymerisat	ECB	PE, das durch Synthese mit Bitumen seine Eigenschaften verändert hat: im Niedertemperaturbereich annähernd elastisches Verhalten, höhere Beständigkeit gegen UV-Strahlen und Witterung, Verklebung auf Heißbitumen möglich /Lucobit, Organat, Carbofol, oc-plan 2000G	Dach- und Abdichtungsbahnen
Chlorpolyethylen	CPE (PE-C)	PE, das vollständig mit Chlor gesättigt und dadurch beständig gegen normale Witterung und UV-Strahlung ist, beständig bis 363 K, löslich durch: Benzol, Lacke, Terpentin, Salpetersäure und Benzin /Dow-CPE, Alkorflex	Dachbahnen, Abwasserleitungen, Schwimmbad-Dichtungsbahnen
Ethylenvinylacetat-Copolymerisat	VAE	bitumenfest, heißluft- und lösungsmittelschweißbar, sehr geringer Wasserdampfdiffusionswiderstandsfaktor /Alwitra	Abdichtungsbahnen
Polyisobutylen	PIB	bei Raumtemperatur ölig bis gummiartig, plastisch verformbar, läßt sich schweißen, verrottungsfest, bitumenfest, beständig gegen die meisten Chemikalien außer: Benzin, Benzol, Öle und Ölabgase, nicht brennbar, ungiftig, langfristig bis 373 K und kurzfristig über 473 K beständig, UV-beständig /Rhepanol, Oppanol B3-B200	Baukleber, Dachdichtungsbahnen, Abdichtungsbahnen
Polystyrol	PS	glasklar und spröde, schäumbar in offen-, geschlossenzellige, belastbare und unbelastbare Schäume /Styropor, Styrodur, Roofmate, Algostat, Exporit, Thermopor	Wärmedämmstoffe, Armaturen, Schaltkästen

3

3.11. Kunststoffe

Bezeichnung	Kurzform	Eigenschaften/Fabrikate	Verwendung
		Thermoplaste/Plastomere	
Polyterephthalsäureester	PETP	hohe Reißfestigkeit, rel. temperaturunempfindlich, nicht schweißbar, verklebbar /Afraphan, Hostaphan	Gleitfolien, Abdichtungsbahnen
Polyvinylfluorid	PVF	hoch chemikalien-, licht- und witterungsbeständig, wenig reißfest und wärmebeständig /Dalbon-Dispersion, Teblar	Schutz-Folien zur Kaschierung von Metallen und anderer reißfester Träger
Polyvinylacetat	PVAC	Standardmaterial für Dispersionskleber; es lassen sich keine festen Formteile herstellen, die Beschichtungs- oder Klebemassen bilden; nach dem Auftrag klare Filmschichten, die beständig sind gegen: Wasser, Wachse, Öle, Fette und Benzin /Ardit, Appretan, Mowilith Rubacolor	Beton- und Mörtelzusatzmittel, Beschichtungsmassen, Lacke, Leime
Polyvinylchlorid	PVC	der meistgebrauchte Kunststoff, der hart ist, aber durch nicht flüchtige Lösungsmittel weich eingestellt werden kann; Hart-PVC ist beständig gegen: Laugen, Säuren, Benzin, Öle und Alkohol; lösend wirken Benzol und die meisten Treibstoffgemische, wärmebeständig bis 373 K, Weich-PVC ist je nach Lösungsmittelanteil geringer chemikalienbeständig und reagiert leicht auf Benzol, Benzin und andere organische Lösungsmittel, wärmebeständig nur bis ca 353 K, PVC-Abdichtungsbahnen sind beständig gegen Feuchtigkeit und Alterung, aber wärmeempfindlich und nicht bitumenfest /Alkorplan, Delifol, Rhenofol, Trocal	Profile, Rohre, Fußbodenbeläge, Kabelisolierungen, Abdichtungsbahnen
		Duromere	
Epoxid-Harze	EP	aus mehreren Komponenten gemischt, hohe Chemikalienbeständigkeit, auch Alkohol, Benzin und Benzol werden ausgehalten, brennbar /Apokor, Duroxin, Epoxin, Eurolan 20, Lekutherm, L-Epoxy	hochwertige Gieß- und Beschichtungen, hoch belastbare Klebverbindungen, Beschichtungen von: Fußböden, Wasserbecken, nicht geeignet für Dachbeschichtungen
Phenol-Formaldehyd-Harze	PF	sehr spröde, verträgt Temperaturen bis ca. 423 K, es gibt sehr viele Modifikationen (Zusammensetzung + Füllstoffe), dadurch sehr unterschiedliche Chemikalienbeständigkeit /Bakelit, Imperal, Pagholz	Holzleime, Schaumstoffe
Polyester	UP	beständig gegen Säuren und Laugen, nimmt kaum Wasser auf, brennbar, da UP sehr unterschiedlich eingestellt werden kann, gibt es elastische und spröde, harte Erscheinungsformen, kann auch als selbstverlöschender Typ eingestellt werden (es gehen dabei aber andere günstige Eigenschaften verloren), wird von Lösungsmitteln angegriffen /Kemperol, Leguval, Palatal, Prodoral	hochwertige Klebstoffe, Fassadenplatten, Bauelemente (mit Glasfasern verstärkt), Beschichtungsmassen

3.11. Kunststoffe

Bezeichnung	Kurzform	Eigenschaften/Fabrikate	Verwendung
Duromere			
Pulyurethan	PUR	beständig gegen: Wasser, Salzwasser, Laugen, verdünnte Säuren, Mineralöle, viele Lösungsmittel, aufschäumbar zu harten und weichen Schaumplatten, die wegen ihrer guten Dämmeigenschaft kurzfristig hohe Temperaturen aushalten /Ceresit-Estrichsiegel, Moltopren, Eurolan-FK 1, Thermotekto	Lacke, Kleber, Formteile, Beschichtungen für Fußböden, Abwasserleitungen, Wasserbecken, Wärmedämmplatten (harte Schäume), Polstermaterialien (weiche Schäume)
Silicon	SI	feuchtigkeitsabweisend, beständig gegen Temperaturen bis 573 K /Silicon, Silopren, Silon, Geldasil	temperaturfeste Gegenstände, feuchtigkeitsabweisende Beschichtungen, Dichtungen, Fugenfüller
Melamin-Formaldehyd-Harz	MF	lichtecht, farblos, durchsichtig /Madurid, Albamid	hochwerdige Leime, Preßstoffe als Deckschicht auf PF (=Resopal)
Elastomere			
Buna (Polybutadien)	BR	ältester und einfachster aufgebauter Kunstkautschuk, ungünstiges Abriebverhalten, schnelle Alterung	Fußbodenbeläge
Butyl	IIR	halbelastisch, geringe Oxidationsbeständigkeit, sehr gasdicht, haftet nicht an Bitumenklebmassen, nicht beständig gegen Mineralöle /Butyl, Butynol, Eutyl	Abdichtungsbahnen, Dachkitte, Fugenfüller, Beschichtungsmasse
Chlorsulfoniertes Polyethylen	CSM	halb-hart, gummiähnlich, beständig gegen: Alterung, die meisten Chemikalien, Oxidation und Bitumen, kommt als form- und schweißbares Plastomer zur Verarbeitung, an der Luft setzt dann die Umbildung zum Elastomer ein (4 bis 8 Wochen), im elastomeren Zustand ist CSM nicht mehr umform- und schweißbar, deshalb muß er bis zur Verarbeitung licht- und luftdicht verpackt sein /Asbylon, Hypalon, Trixolon	Abdichtungsbahnen
Ethylen/ Propylen-Terpolymer-Kautschuk	APTK	leicht, gute Altersbeständigkeit	Abdichtungsbahnen
Ethylen/ Propylen-Dien-Mixture	EPDM	3 Kautschuklagen, die beiden äußeren nicht oder schwach vernetzt (schweißbar) /Dag-Tan, Keltan, Delifol-EPDM, Unitan	Abdichtungsbahnen
Polychloropren	CR	hochelastisch, schwer entflammbar, beständig gegen Oxidation und Wärme, nicht beständig gegen: Benzin, Benzol, konzentrierte Säuren und Laugen /Neopren, Aspren, Resistit, Pattex	Dichtungsbahnen, Kitte, Teil von Brückenauflagen, in Estern oder Ketonen gelöst Grundstoff für Kontaktkleber
Polysulfid-	SR	alterungsbeständig, elastisch, gut an Betonoberflächen haftend /Thiokol	Fugendichtungsmasse im Betonfertigteilbau

4. Lastannahmen, Statik, Festigkeitslehre

4.1. Lasten am Bauwerk

Lastarten

Um die einzelnen Bauteile dimensionieren zu können, muß man die Lasten ermitteln, die diese Bauteile tragen sollen. Man unterscheidet zwei Arten von Lasten:

Ständige Lasten sind alle dauernd, d. h. ständig wirkenden Lasten, die sich im Laufe der Zeit weder nach Ort noch nach Größe verändern. (Beispiel: Eigengewicht der Bauteile). Die ständigen Lasten sind Gewichte, und werden auch so ermittelt:

$$G = V \cdot \gamma \qquad V = \text{Volumen } (m^3) \qquad \gamma = \text{Rohdichte } (kN/m^3)$$

Die γ-Werte sind aus den nachfolgenden Tabellen zu entnehmen.

Verkehrslasten sind alle Lasten, die sich im Laufe der Zeit nach Ort und Größe verändern oder verändern können. (Beispiel: Lasten von Personen, Fahrzeugen, Möbeln, Wind, Schnee, usw.) Die Verkehrslasten sind angenommene Regellasten und sind aus den nachfolgenden Tabellen zu entnehmen.

Beispiel für Lastermittlung:

Ermitteln wir die Lasten, welche die hier abgebildete Wohnhaus-Geschoßdecke tragen soll!

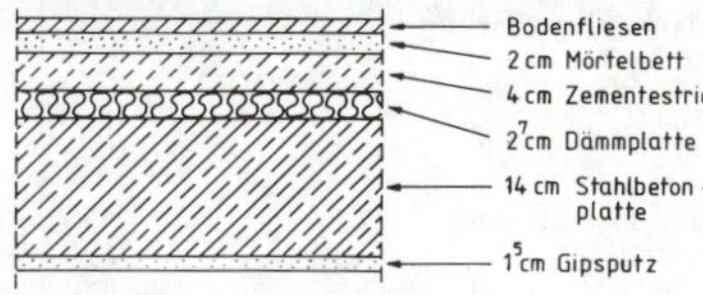

Belastungen

aus Bodenfliesen, Steinzeug, $d = 1{,}6$ cm, in 2 cm Mörtelbett
$(0{,}016 + 0{,}02) \cdot 22 = 0{,}79\ kN/m^2$

aus Zementestrich, 4 cm,
$0{,}04 \cdot 22 = 0{,}88\ kN/m^2$

aus Faserdämmstoffplatte, 2,7 cm,
$0{,}027 \cdot 1 = 0{,}03\ kN/m^2$

aus Stahlbetonplatte, $d = 14$ cm,
$0{,}14 \cdot 25 = 3{,}50\ kN/m^2$

aus Gipsputz (auf Spritzbewurf), $d = 1{,}5$ cm
$= 0{,}18\ kN/m^2$

aus ständigen Lasten $g = 5{,}38\ kN/m^2$

mit Verkehrslast für Wohnräume aus ausreichender Querverteilung der Lasten $p = 1{,}50\ kN/m^2$

Belastung insgesamt $q = 6{,}88\ kN/m^2$

4.2. Lastannahmen

4.2.1. Lagerstoffe, Baustoffe und Bauteile DIN 1055 Teil 1 (7.78)

Allgemeines

Die angegebenen Werte sind Rechenwerte. Hiervon wesentlich abweichende Werte sind durch Materialprüfung einer anerkannten Prüfanstalt zu bestätigen.

Gegenstand	kN/m^3	ϱ
Brennstoffe		
Braunkohle		
trocken	8	35°
erdfeucht	10	30°
Briketts, geschüttet	8	30°
Briketts, gestapelt	13	–
Braunkohlenstaub	5	25°
Brennholz	4	45°
Holzkohle, lufterfüllt	4	–
Steinkohle		
Koks	6,5	35°
Rohkohle, grubenfeucht	10	35°
Staubkohle	7	25°
Briketts, geschüttet	8	35°
Briketts, gestapelt	13	–
Eierbriketts und alle anderen Arten Steinkohle	8,5	30°
Torf, festgepackt	5	–
Nahrungsmittel		
Butter, verpackt	8	–
Fische in Fässern und Kisten	8	–
Gefrierfleisch	7	–
Getränke in Flaschen	8,5	–
Kaffee	7	–
Konserven aller Art	8	–
Margarine in Kisten	7	–
Mehl in Säcken	5	–
Obst in Kisten	3,5	–
Zucker in Säcken	16	–
Flüssigkeiten		
Alkohol, Benzin	8	0°
Benzol	9	0°
Bier	10	0°
Erdöl, Dieselöl, Heizöl	10	0°
Milch	10	0°
Öle	10	0°
Teer, flüssig	12	0°
Wasser	10	0°
Wein	10	0°
Sonstige Schütt- und Stapelgüter		
Bleimennige, pulverförmig	90	–
Bleiweiß, pulverförmig	80	–
Bücher und Akten	8,5	–
Eisenerz, Brasilerz	39	40°
Faser, Zellulose in Ballen	12	0°
Kleider, Stoffe, gebündelt	11	–
Papier, geschichtet	11	–
Porzellan und Steingut	11	–
PVC-Beläge in Rollen	15	–
Steinsalz, gemahlen	12	40°
Wolle, Baumwolle, gepreßt	13	–

4.2. Lastannahmen

Gegenstand	kN/m³	ϱ
Landwirtschaftliche Schütt- und Stapelgüter		
Anwelksilage	5,5	0°
Feuchtsilage	16	0°
Flachs	3	–
Grünfutter, lose gelagert	4	–
Heu, lang und lose	0,9	–
Heu, hochdruckgepreßt	1,7	–
Hopfen in Säcken	1,7	–
Kartoffeln, Rüben, geschüttet	7,6	30°
Körner		
Braugerste	8	30°
Hafer, Weizen, Roggen, Gerste	9	30°
Hülsenfrüchte	8,5	25°
Reis	8	33°
Spreu	1	–
Stroh, lang und lose	0,7	–
Stroh, in Hochdruckballen	2,7	–
Tabak, gebündelt	5	–
Torf, gepreßt, in Ballen	3	–
Düngemittel		
Gülle, Jauche	10	0°
Hofmist bis 1,5 m Höhe	6	45°
Kalisulfat	16	28°
Kompost, Höhe bis 1 m	12	45°
N-Einzeldünger	11	25°
NPK-Düngemittel	12	25°
P-Dünger	14	25°
Stapelmist	10	45°
Baustoffe als Lagerstoffe		
Blähton, Blähschiefer	15	30°
Gips, gemahlen	15	25°
Glas, in Tafeln	25	–
Acrylglas	12	–
Hochofenstückschlacke	18	40°
Hochofenschlacke, granuliert	11	30°
Hüttenbims, Naturbims	9	35°
Kalk, Luftkalke		
gebrannt, in Stücken	13	45°
gebrannt, gemahlen	13	25°
Trockenhydrat	6	25°
Kalkteig	13	0°
Kalk, hydraulische Kalke		
gebrannt, in Stücken	13	45°
gebrannt, gemahlen	13	25°
gebrannt, gelöscht	11	25°
Kalksteinmehl	13	27°
Kies und Sand, trocken und erdfeucht, bei nasser Schüttung erhöht sich der Rechenwert um 2 kN/m³	18	35°
Kunststoffe		
Polyethylen, Polystyrol als Granulat	6,5	30°
PVC als Pulver	6	40°
Polyesterharze	12	–
Leimharze	13	–
Magnesit, gemahlen	12	25°
Schaumlava	10	35°
Traß, gemahlen	15	25°
Zement, gemahlen	16	28°
Zementklinker	18	36°
Ziegelsand, Ziegelsplitt	15	35°
Metalle		
Aluminium	27	–
Blei	114	–
Bronze	85	–
Gußeisen	72,5	–

Gegenstand	kN/m³
Kupfer	89
Magnesium	18,5
Messing	85
Nickel	89
Stahl und Schweißeisen	78,5
Zink	
gegossen	69
gewalzt	72
Zinn, gewalzt	74
Holz	
(gegen Witterungs- und Feuchtigkeitseinflüsse geschützt) Zuschläge für kleine Stahlteile sind in den Berechnungsgewichten enthalten. Gewichte stählerner Zugglieder, Knotenbleche, Laschen, Schuhe und Lager sind besonders zu berücksichtigen.	
Nadelholz, allgemein	4 V 6
Brettschichtholz (Holzleimbau)	4 V 5
Laubholz	6 V 8
Hölzer aus Übersee	Nachweis erforderlich
Spanplatten	5 V 7,5
Furnierplatten	4,5 V 8
Tischlerplatten	4,5 V 6,5
Beton	
Die Rechenwerte gelten auch für Betonfertigteile. Bei Frischbeton sind die Werte im allgemeinen um 1 kN/m³ zu erhöhen.	
Gasbeton bewehrt nach DIN 4223 (7.58) Rohdichte (g/cm³)	
0,5	6,2
0,6	7,2
0,7	8,4
0,8	9,5
Leichtbeton nach den „Richtlinien für Leichtbeton und Stahlleichtbeton mit geschlossenem Gefüge"; Rohdichte (g/cm³)	
1,0	10,5
1,2	12,5
1,4	14,5
1,6	16,5
1,8	18,5
2,0	20,5
Stahlleichtbeton wie Leichtbeton, zuzüglich 1 kN/m³; Normalbeton mit geschlossenem Gefüge nach DIN 1045 (1.72)	
bis B 10	23
ab B 15	24
Stahlbeton aus Normalbeton mit geschlossenem Gefüge nach DIN 1045, ab B 15	25
Leichtbeton mit Zuschlägen aus Holzspänen Rohdichte (g/cm³)	
0,4	5
0,5	6
0,6	7
0,7	8
Leichtbeton, haufwerksporig Rohdichte (g/cm³)	
1,0	10
1,2	12
1,4	15
1,6	16
1,8	18
2,0	20

4.2. Lastannahmen

Gegenstand	kN/m³
Mauer- und Putzmörtel	
Gipsmörtel, ohne Sand	12
Kalkmörtel, Kalkgipsmörtel, Gipssandmörtel, Anhydritmörtel	18
Kalkzementmörtel	20
Lehmmörtel	20
Zementmörtel und Mörtel mit Putz- und Mauermörtel	21
Mauerwerk	
Durch die Rechenwerte ist nur unverputztes Mauerwerk erfaßt; Fugenmörtel sind enthalten.	
Mauerwerk aus natürlichen Steinen	
Erstarrungsgesteine	
Basalt, Melaphyr, Diorit, Gabbro	30
Basaltlava	24
Diabas	29
Granit, Syenit, Porphyr	28
Trachyt	26
Schichtgesteine	
Grauwacke, Sandstein, Nagelfluh	27
dichter Kalkstein, Dolomit, Muschelkalk, Marmor	28
sonstiger Kalkstein	26
Tuffstein	20
Metamorphe Gesteine	
Gneis, Granulit	30
Schiefer	28
Mauerwerk aus künstlichen Steinen	
Rohdichte (g/cm³)	
0,5	7
0,6	8
0,7	9
0,8	10
0,9	11
1,0	12
1,2	14
1,4	15
1,6	17
1,8	18
2,0	20
2,1	21
2,2	22
2,5	25
Decken	
Die Gewichte von Decken sind aus den in diesen Tabellen angegebenen Gewichten der Baustoffe zu ermitteln. Bei Decken, für die eine Zulassung besteht, sind Gewichtsangaben im Zulassungsbescheid gemacht	
	kN/m² je cm Dicke
Platten, Plattenwände, Wandbauarten, Wände aus Glasbausteinen	
Wandbauplatten aus Leichtbeton (DIN 18148)	
Plattenrohdichte (g/cm³)	
0,6	0,08
0,7	0,09
0,8	0,10

Gegenstand	kN/m² je cm Dicke
Plattenrohdichte (g/cm³)	
0,9	0,11
1,0	0,12
1,2	0,14
1,4	0,15
Gasbeton-Bauplatten unbewehrt nach DIN 4166 (12.73)	
Rohdichte (g/cm³)	
0,5	0,06
0,6	0,07
0,7	0,08
0,8	0,09
Wandbauplatten aus Gips und Gipskartonplatten	
Gips-Wandbauplatten	0,09
Porengips-Wandbauplatten	0,07
Gipskartonplatten	0,11
Wände aus bewehrten Gasbetonplatten	
Betonrohdichte (g/cm³)	
0,5	0,062
0,6	0,072
0,7	0,084
0,8	0,095
	kN/m²
Trennwände aus Gipskartonplatten (Ständerwände mit Mineralwolleausfachung)	
einfache Beplankung	0,35
doppelte Beplankung	0,50
Trennwände aus Gipsstuckbauplatten Mineralwolleausfachung	
mit Abspachtelung	0,50
mit Trockenputz	0,70
Trennwände aus Gipszwischenwandplatten	
Einfache Wände 60 mm dick	0,55
80 mm dick	0,75
100 mm dick	0,90
Doppelwand mit 40 mm Mineralwolleausfachung 200 mm dick	1,50
Doppelwand wie vor, zusätzlich 2 × 50 mm Holzwolleleichtbauplatten	1,80
Glasbaustein-Wände	
80 mm dick	1,00
100 mm dick	1,25
Sprossenlose Verglasung als Trenn- oder Lichtwand	
einschalig	0,27
zweischalig	0,54
Putze	
Drahtputz 30 mm Mörteldicke	
mit Gipsmörtel	0,50
mit Kalk-, Gipskalk- oder Gipssandmörtel	0,60
mit Zementmörtel	0,80
Gipskalkputz auf Putzträger bei 30 mm Mörteldicke	0,50
Gipskalkputz auf 15 mm dicken Holzwolleleichtbauplatten bei 20 mm Mörteldicke	0,35
Gipskalkputz auf 25 mm dicken Holzwolleleichtbauplatten bei 20 mm Mörteldicke	0,45
Gipskalkputz auf 9,5 mm dicken Gipskartonputzträgerplatten bei 8 mm Mörteldicke	0,23
Gipskalkputz auf doppeltem Rohrgewebe einschl. Rohr und Faserplatten bei 20 mm Mörteldicke	0,40

4

4.2. Lastannahmen

Gegenstand	kN/m²
Gipsputz 15 mm dick	0,18
Kalkmörtel 20 mm dick	0,35
Kalkzementmörtel 20 mm dick	0,40
Luftporenputz 20 mm dick	0,25
Putz aus Putz- und Mauerbinder nach DIN 4211 20 mm dick	0,40
Gips-Rohrdeckenputz 20 mm	0,30
Vorgehängte Fassade mit mineralischem Putz 95 mm (25 mm Edelputz)	0,50
Wärmedämmputz 50 mm (35 mm Dämmputz, 15 mm Luftporenputz)	0,40
Zementmörtel 20 mm dick	0,42
Fußboden- und Wandbeläge	**kN/m² je cm Dicke**
Asphaltbeläge	
Asphaltbeton	0,24
Asphaltmastix	0,18
Gußasphalt	0,23
Asphalt in Plattenform	0,22
Betonwerksteinplatten	0,24
Estriche	
Anhydritestrich	0,22
Gipsestrich	0,20
Gußasphaltestrich	0,23
Hartstoffestrich	0,24
Kunstharzestrich	0,22
Magnesiaestrich, begehbar	0,22
Zementestrich	0,22
Glasplatten	0,25
Gummi	0,15
Keramische Wandfliesen	0,19
Keramische Bodenfliesen	0,22
Kunststoff-Fußböden	0,15
Linoleum	0,13
Natursteinplatten	0,30
Teppichböden	0,03
Sperr-, Dämm- und Füllstoffe	
Lose Stoffe	
Asbestfaser	0,06
Bimskies, geschüttet	0,07
Blähglimmer, geschüttet	0,015
Blähperlit	0,01
Blähschiefer und Blähton	0,15
Faserdämmstoffe, geschüttet	0,01
Faserstoffe, bituminiert, als Schüttung	0,02
Gummischnitzel	0,03
Hochofenschaumschlacke, Steinkohlenschlacke, Koksasche	0,14
Hochofenschlackensand	0,10
Kieselgur	0,025
Korkschrot, geschüttet	0,02
Magnesia, gebrannt	0,10
Schaumkunststoffe	0,005
Platten, Matten oder Bahnen	
Asbestpappe	0,12
Asphaltplatten	0,22
Faserdämmstoffe	0,01
Holzfaserplatten	
hart	0,10
mittelhart	0,08
weich	0,04
Holzwolleleichtbauplatten	0,04
Kieselgurplatten	0,025
Korkschrotplatten, bituminiert oder geteert	0,02
Perliteplatten	0,02

Gegenstand	kN/m² je cm Dicke
Sperren gegen Feuchtigkeit	
Bitumendachpappen mit beidseitiger Bitumendeckschicht	0,03
Bitumen-Dachdichtungsbahnen mit Rohfilzpappeneinlage	0,04
Bituminöse Schweißbahnen	0,07
Dichtungsbahnen	0,04
Glasvlies-Bitumen-Dachbahnen	
besandet	0,02
bekiest	0,05
Kunststoffbahnen	0,02
Nackte Bitumenpappen und nackte Teerpappen	0,02
Teerdachpappen, beidseitig besandet	0,03
Teer-Sonderdachpappen und Teerbitumendachpappen	0,03
Dachdeckungen	**kN/m²**
Die Rechenwerte gelten für 1 m² Dachfläche ohne Sparren, Pfetten und Dachbinder.	
Deckung aus Dachziegeln, Betondachsteinen und Glasdachsteinen	
Die Rechenwerte gelten ohne Vermörtelung, aber einschließlich der Latten.	
Betondachsteine mit hochliegendem Längsfalz	0,55
Betondachsteine mit tiefliegendem Längsfalz	0,65
Biberschwanzziegel, Biberschwanzbetonsteine	
bei Spliesdach	0,60
bei Doppeldach	0,75
Falzziegel, Reformpfannen, Falzpfannen, Flachdachpfannen	0,55
Glasdachsteine wie vor bei gleicher Dachdeckungsart.	
Großformatige Pfannen	0,50
Kleinformatige Biberschwanzziegel und Sonderformate	0,95
Krempziegel, Hohlpfannen	0,45
Krempziegel, Hohlpfannen in Pappdocken verlegt	0,55
Mönch und Nonne (mit Vermörtelung)	0,90
Strangfalzziegel	0,60
Schieferdeckung	
Altdeutsche Schieferdeckung und Deutsche Schuppenschablonendeckung auf 22 mm Schalung, einschließlich Pappunterlage	
in einfacher Deckung	0,50
in doppelter Deckung	0,60
Englische Schieferdeckung	
auf Lattung	0,45
auf 22 mm Schalung	0,55
Metalldeckung	
Aluminiumdach, (0,7 mm Aluminium, 22 mm Schalung)	0,25
Doppelstehfalzdach aus verzinkten Blechen (0,63 mm Blech, Pappunterlage, 22 mm Schalung)	0,30
Kupferdach (0,6 mm Kupferblech, 22 mm Schalung)	0,30
Wellblechdach (verzinkte Stahlbleche, einschließlich Befestigungsmaterial)	0,25
Zinkdach mit Leistendeckung, einschließlich 22 mm Schalung	0,30

4.2. Lastannahmen

Gegenstand	kN/m² je Schicht	Gegenstand	kN/m²
Dachabdichtung und Dachdeckung für Flachdächer		**Deckung mit ebenen Asbestzement-Dachplatten**	
Ausgleichsschicht		Deutsche Deckung auf 22 mm Schalung,	
lose	0,03	einschließlich Dachpappe	0,4
einschließlich Klebemasse	0,04	Doppeldeckung auf Lattung	0,38
Dachabdichtung		Waagerechte Deckung auf Lattung	0,25
dreilagig, mit Klebemasse	0,17	**Deckung mit Asbestzement-Wellplatten**	
zweilagig, mit Klebemasse	0,13	Asbestzement-Kurzwellplatten	0,24
einlagig, lose	0,02	Asbestzement-Wellplatten	0,20
Dachdeckung, zweilagige Dachabdichtung,		**Sonstige Deckungen**	
einschließlich Klebemasse	0,15	Deckung mit Kunststoffwellplatten, einschließlich Befestigungsmaterial,	
Dampfausgleichsschicht		Plattendicke 1 mm	0,03
lose	0,02	wie vor, jedoch mit Deckkappen	0,06
einschließlich Klebemasse	0,04	aus Plexiglas, 3 mm Plattendicke	0,08
Dampfsperre		Rohr- oder Strohdach,	
aus Kunststoffbahn, lose	0,02	einschließlich Latten	0,70
einschließlich Klebemasse	0,07	Schindeldach, einschließlich Latten	0,25
Oberflächenschutz, 5 cm Kiesschüttung,		Sprossenlose Verglasung	
einschließlich Deckaufstrich	1,0	einschalig	0,27
Mehrgewicht für jeden weiteren cm	0,19	zweischalig	0,54
Bekiesung, einschließlich Kieseinbettmasse	0,20		

4.2.2. Bodenkenngrößen: Dichte und Reibungswinkel DIN 1055 Teil 2 (2.76)

Bodenkenngrößen für nichtbindige Böden

Bodenart	Lagerung	Dichte erdfeucht	Dichte wasser-gesättigt	Dichte unter Auftrieb	Reibungswinkel
		kN/m³	kN/m³	kN/m³	Grad
Sand, schwach schluffiger Sand, Kies-Sand, eng gestuft	locker mitteldicht dicht	17,0 18,0 19,0	19,0 20,0 21,0	9,0 10,0 11,0	30 32,5 35
Kies, Geröll, Steine, mit geringem Sandanteil, eng gestuft	locker mitteldicht dicht	17,0 18,0 19,0	19,0 20,0 21,0	9,0 10,0 11,0	32,5 35 37,5
Sand, Kies-Sand, Kies, weit oder intermittierend gestuft	locker mitteldicht dicht	18,0 19,0 20,0	20,0 21,0 22,0	10,0 11,0 12,0	30 32,5 35
Sand, Kies-Sand, Kies, schwach schluffiger Kies, weit oder intermittierend gestuft	locker mitteldicht dicht	18,0 20,0 22,0	20,0 22,0 24,0	10,0 12,0 14,0	30 32,5 35

Bodenkenngrößen für bindige und organische Böden

Bodenart	Zustandsform	Dichte über Wasser	Dichte unter Wasser	Reibungswinkel
		kN/m³	kN/m³	Grad
Anorganische bindige Böden mit ausgeprägt plastischen Eigenschaften	weich steif halbfest	18,0 19,0 20,0	8,0 9,0 10,0	17,5 17,5 17,5
Anorganische bindige Böden mit mittelplastischen Eigenschaften	weich steif halbfest	19,0 19,5 20,5	9,0 9,5 10,5	22,5 22,5 22,5
Anorganische bindige Böden mit leicht plastischen Eigenschaften	weich steif halbfest	20,0 20,5 21,0	10,0 10,5 11,0	27,5 27,5 27,5
Organischer Ton, organischer Schluff	weich steif	14,0 17,0	4,0 7,0	15,0 15,0
Torf ohne Vorbelastung, Torf unter mäßiger Vorbelastung		11,0 13,0	1,0 3,0	15,0 15,0

4.2. Lastannahmen

4.2.3. Verkehrslasten DIN 1055 Teil 3 (6.71)

Gleichmäßig verteilte lotrechte Verkehrslasten

Art der Nutzung	kN/m²
Dächer	
waagerechte oder bis 1:20 geneigte bei zeitweiligem Aufenthalt von Personen; bei dieser Verkehrslast brauchen im Regelfall Winddruck und Schneelast nicht berücksichtigt werden, jedoch ist der Windsog nachzuweisen.	2
zugängliche Dächer und Terrassenhäuser, Dachgärten, wenn hierfür nicht höhere Belastungen in Frage kommen	3,5
Decken	
Spitzböden, die auf Grund ihrer Querschnittsabmessungen nur bedingt begehbar sind	1
Wohnräume mit ausreichender Querverteilung der Lasten	1,5
Wohnräume ohne ausreichende Querverteilung der Lasten, z. B. Holzbalkendecken.	2
Büroräume; Verkaufsräume bis 50 m² Grundfläche in Wohngebäuden; Flure und Dachbodenräume in Wohn- und Bürogebäuden; Krankenzimmer und Aufenthaltsräume in Krankenhäusern; Kleinviehstallungen	2
Balkone und Laubengänge über 10 m² Grundfläche; Haushaltungskeller; Hörsäle, Klassenzimmer; Behandlungsräume, Küchen und Flure in Krankenhäusern.	3,5
Garagen und Parkhäuser, die von Personenkraftfahrzeugen oder ähnlichen Kraftfahrzeugen bis zu einem zulässigen Gesamtgewicht von 2,5 t befahren werden, für Stützweiten $l \geqq l_0$ mit $l_0 = 3$ m bei Platten und $l_0 = 5$ m bei Balken. Für Stützweiten $l < l_0$ ist die nebenstehende Verkehrslast mit dem Faktor l_0/l zu multiplizieren, wobei dieser Vergrößerungsfaktor nicht größer als 1,43 anzusetzen ist; dieser Faktor braucht nicht für die Weiterleitung der Verkehrslast auf Stützen oder Wände berücksichtigt werden.	3,5
Balkone, Laubengänge und offene gegen Innenräume abgeschlossene Hauslauben bis 10 m² Grundfläche; Keller besonderer Art, z. B. Kohlenkeller	5

Art der Nutzung	kN/m²
Versammlungsräume in öffentlichen Gebäuden, z. B. Kirchen, Theater- und Lichtspielsäle, Tanzsäle; Turnhallen; Tribünen mit festen Sitzplätzen; Flure zu Hörsälen und Klassenzimmern; Ausstellungs- und Verkaufsräume, Geschäfts- und Warenhäuser, Büchereien, Archive; Aktenräume; Gastwirtschaften, Großküchen, Schlächtereien, Bäckereien; Fabriken und Werkstätten mit leichtem Betrieb; nicht befahrbare Hofkellerdecken, Vorplätze; Großviehstallungen	5
Zufahrten und Rampen in Garagen und Parkhäusern, die von Personenkraftfahrzeugen oder ähnlichen Kraftfahrzeugen bis zu einem zulässigen Gesamtgewicht von 2,5 t befahren werden; für die Weiterleitung dieser Verkehrslast auf Stützen und Wände ist sie auf 3,5 kN/m² abzumindern.	5
Tribünen ohne feste Sitzplätze; Werkstätten und Fabriken sowie Lagerräume mit mittlerem Betrieb	7,5
Werkstätten und Fabriken sowie Lagerräume mit schwerem Betrieb, z. B. durch Gabelstapler. Die Verkehrslast ist in jedem Einzelfall zu bestimmen. Kommen hierfür gleichmäßig verteilte Verkehrslasten in Betracht, so empfiehlt es sich, nebenstehende Stufung zu wählen. Dient diese Verkehrslast im wesentlichen als Ersatzlast für schwere Einzellasten, so darf sie mit Zustimmung der Bauaufsichtsbehörde für Hauptträger und Stützen stufenweise abgemindert werden, wenn die Ersatzlast, die sich für die gesamte Lastfläche des Bauteils errechnet, wesentlich größer ist als die Last, die tatsächlich – auch beim Ein- und Ausbau der Maschinen – auf der Fläche wirkt.	10 12,5 15 20 25 30
Treppen	
einschließlich der Treppenabsätze und Zugänge	
in Wohngebäuden.	3,5
in öffentlichen Gebäuden.	5

Einzelverkehrslasten

Bei Dächern ist in der Mitte der einzelnen Sprossen, Sparren oder Pfetten und in der Mitte von Fachwerkstäben, die unmittelbar die Dachhaut tragen, unter Außerachtlassung der Schnee- und Windlasten eine Einzellast von 1 kN anzunehmen für Personen, die das Dach bei Reinigungs- und Wiederherstellungsarbeiten betreten, wenn die auf diese Tragteile entfallende Wind- und Schneelast kleiner als 2 kN ist.

Bei Dachlatten sind zwei Einzellasten von je 0,5 kN in den äußeren Viertelpunkten der Stützweite anzunehmen. Für hölzerne Dachlatten mit Querschnittsabmessungen, die sich erfahrungsgemäß bewährt haben, ist bei Sparrenabständen bis etwa 1 m kein rechnerischer Nachweis erforderlich.

Hofkellerdecken und andere von Kraftfahrzeugen befahrene Decken sind mindestens nach DIN 1072, Brückenklasse 6, zu berechnen; abweichend von DIN 1072 ist jedoch die Fläche außerhalb der Hauptspur mit p_1 zu belasten.

4.2. Lastannahmen

4.2.4. Windlast DIN 1055 Teil 4 (8.86)

Die hier aufgeführten Bestimmungen gelten für alle nicht schwingungsanfälligen Bauwerke. Hierzu zählen ohne besonderen Nachweis Wohn-, Büro- und Industriegebäude bis 40 m Höhe.

Windrichtung

Die Windlast ist im allgemeinen in beliebiger waagerechter Richtung mit ihrem Maximalwert wirkend anzunehmen.

Windlasten

Es ist zu unterscheiden zwischen der Windlast auf das Gesamtbauwerk und solcher auf eine Flächeneinheit eines Bauwerkes.

Windlast auf das Gesamtbauwerk

Diese setzt sich aus Druck-, Sog- und Reibungswirkungen zusammen. Die Größe dieser resultierenden Last wird, wie folgt, ermittelt:

$$W(\text{kN}) = c_f \cdot q \cdot A$$

c_f aerodynamischer Kraftbeiwert (siehe Tabelle)
q Staudruck in kN/m^2 (siehe Tabelle)
A Bezugsfläche in m^2

Wenn ein Bauwerk durch Decken- und Wandscheiben ausreichend ausgesteift ist, kann auf einen Nachweis der Windbeanspruchung des Gesamtbauwerkes verzichtet werden. Wenn die Sicherheit der Gesamtkonstruktion gegen Kippen oder Gleiten nicht eindeutig feststeht, muß sie nachgewiesen werden. Dabei wird die 1,5fache Sicherheit gefordert.

Aerodynamischer Beiwert c_f für geschlossene Baukörper mit Rechteckgrundriß

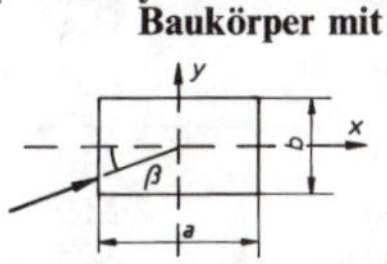

h = Ansichtshöhe
$W_x = c_{fx} \cdot q \cdot A$
$W_y = c_{fy} \cdot q \cdot A$

Windwinkel		0°	90°
Bezugsfläche	A	$b \cdot h$	$a \cdot h$
Beiwerte [1])	c_{fx}	1,3	0
	c_{fy}	0	1,3

Staudruckwerte q in Abhängigkeit von der Höhe über dem Gelände

Höhe über Gelände in m	0 bis 8	8 bis 20	20 bis 100	über 100
Windgeschwindigkeit in m/s	28,3	35,8	42,0	45,6
Staudruck q in kN/m^2	0,5	0,8	1,1	1,3

Ist ein Bauwerk wegen der Geländeformation dem Windangriff besonders stark ausgesetzt, so ist mindestens $q = 1{,}1\ \text{kN/m}^2$ anzusetzen.

Windlast je Flächeneinheit der Bauwerksoberfläche

Diese Last ist ein rechtwinklig zur Begrenzungsfläche des Baukörpers wirkender Winddruck, dessen Größe, wie folgt, ermittelt wird:

$$w(\text{kN/m}^2) = c_p \cdot q$$

c_p aerodynamisch Beiwert (siehe Tabelle)
q Staudruck in kN/m^2 (wie Windlast auf das Gesamtbauwerk, siehe Tabelle)

Die angegebenen Druck-, Sogbeiwerte sind Mittelwerte über die gekennzeichneten Bereiche. Für einzelne Bauteile z. B. Sparren, Pfetten, Wandstiele, Fassadenelemente sind die Werte für Druck um 25 % zu erhöhen.

Aerodynamischer Beiwert c_p für allseitig geschlossene, prismatische Baukörper

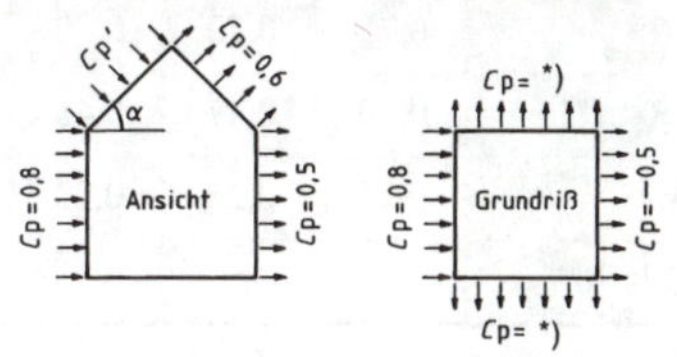

*) $c_p = -0{,}7$ für $\frac{n}{a} \geqq 0{,}5$; $c_p = -0{,}5$ für $\frac{n}{a} < 0{,}25$

c'_p-Werte

α	< 25	25	30	35	40	45	≧ 50
c'_p	[2])	0,3	0,4	0,5	0,6	0,7	0,8
		oder −0,6 [3])					

Aerodynamischer Beiwert c_p für seitlich teilweise offenen, prismatischen Baukörper

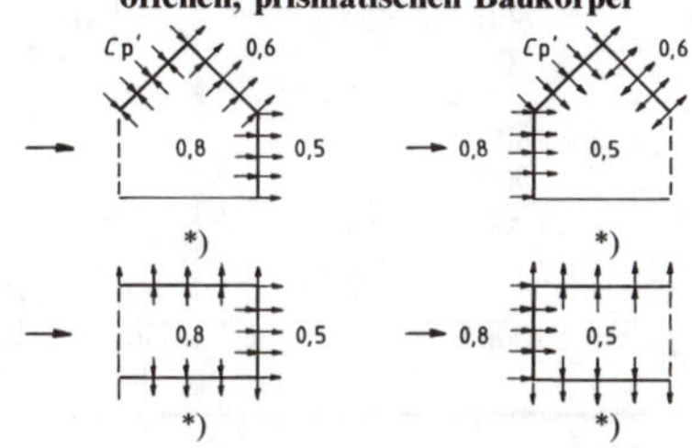

*) $c_p = -0{,}7$ für $\frac{n}{a} \geqq 0{,}5$; $c_p = -0{,}5$ für $\frac{n}{a} < 0{,}25$

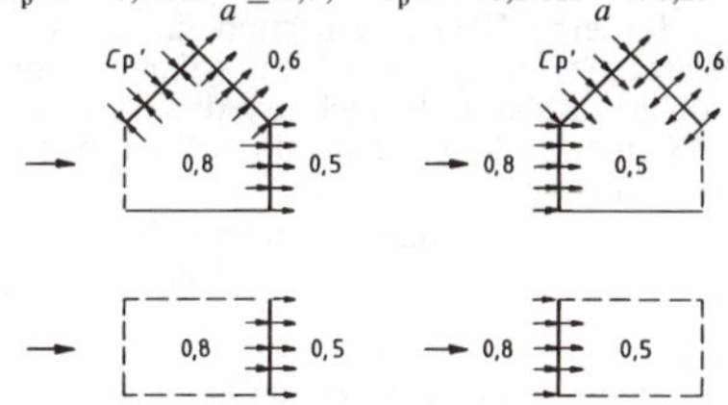

[1]) Beiwerte für andere Bauwerksformen sind in DIN 1055 Teil 4 zu finden.

[2]) $1{,}3 \cdot \sin\alpha - 0{,}6$.
[3]) Der ungünstige Wert ist maßgebend.

4.2. Lastannahmen

4.2.5. Schneelast DIN 1055 Teil 5 (6.75)

Die Schneehöhe ist im allgemeinen abhängig von der Geländehöhe über der Meereshöhe NN sowie von der klimatisch-geographischen Lage des Bauwerkstandortes. So fällt in der Regel z. B. in Berchtesgaden wesentlich mehr Schnee als in Emden.

Die Größe der Schneelast je m^2 Grundrißprojektion der Dachfläche wird, wie folgt, ermittelt:

$$s\ (kN/m^2) = k_s \cdot s_0$$

k_s Abminderungswert, der die Dachneigung einbezieht (siehe Tabelle)

s_0 Regelschneelast in kN/m^2 (siehe Tabelle)

4

Abminderungswerte k_s in Abhängigkeit von der Dachneigung α

α	0°	1°	2°	3°	4°	5°	6°	7°	8°	9°
0° bis 30°	1,0									
30°	1,00	0,97	0,95	0,92	0,90	0,87	0,85	0,82	0,80	0,77
40°	0,75	0,72	0,70	0,67	0,65	0,62	0,60	0,57	0,55	0,52
50°	0,50	0,47	0,45	0,42	0,40	0,37	0,35	0,32	0,30	0,27
60°	0,25	0,22	0,20	0,17	0,15	0,12	0,10	0,07	0,05	0,02
70° bis 90°	0									

Regelschneelast s_0 in kN/m^2

Gelände des Bauwerkstandortes über NN in m	Schneelastzone nach Karte (siehe nächste Seite) I	II	III	IV
≦ 200	0,75	0,75	0,75	1,00
300	0,75	0,75	0,75	1,15
400	0,75	0,75	1,00	1,55
500	0,75	0,90	1,25	2,10
600	0,85	1,15	1,60	2,60
700	1,05	1,50	2,00	3,25
800	1,25	1,85	2,55	3,90
900		2,30	3,10	4,65
1000			3,80	5,50
> 1000	Wird im Einzelfall durch die zuständige Baubehörde im Einvernehmen mit dem Zentralamt des Deutschen Wetterdienstes in Offenbach festgelegt.			

Einseitige Schneelast

Wenn für eine Dachkonstruktion die einseitige Schneelast eine ungünstige Belastung darstellt, muß dieser Belastungsfall untersucht werden. Allerdings darf die Schneelast s mit dem halben Wert in Rechnung gestellt werden.

Mögliche Schneeanhäufungen an besonderen Dachstellen sind zusätzlich zu berücksichtigen.

Windlast + Schneelast

Bei Dächern über 45° Dachneigung brauchen Wind- und Schneelast nicht gleichzeitig angenommen zu werden. Bei Dächern bis 45° Dachneigung genügt es, wenn die Dachflächen mit folgenden Lastkombinationen belastet werden:

$$q_1 = s + \frac{w}{2} \text{ oder } q_2 = w + \frac{s}{2}$$

Wind und Schnee gelten dann als Hauptlast. Werden die zulässigen Spannungen des Lastfalles HZ ausgenutzt, so sind Wind und Schnee mit den vollen Werten anzusetzen.

4.2. Lastannahmen

4

Karte der Schneelastzonen

— · — · — Anwendungsbereich
– – – – Schneezonengrenze zwischen Zone I und II
——— Schneezonengrenze zwischen Zone II, III und IV

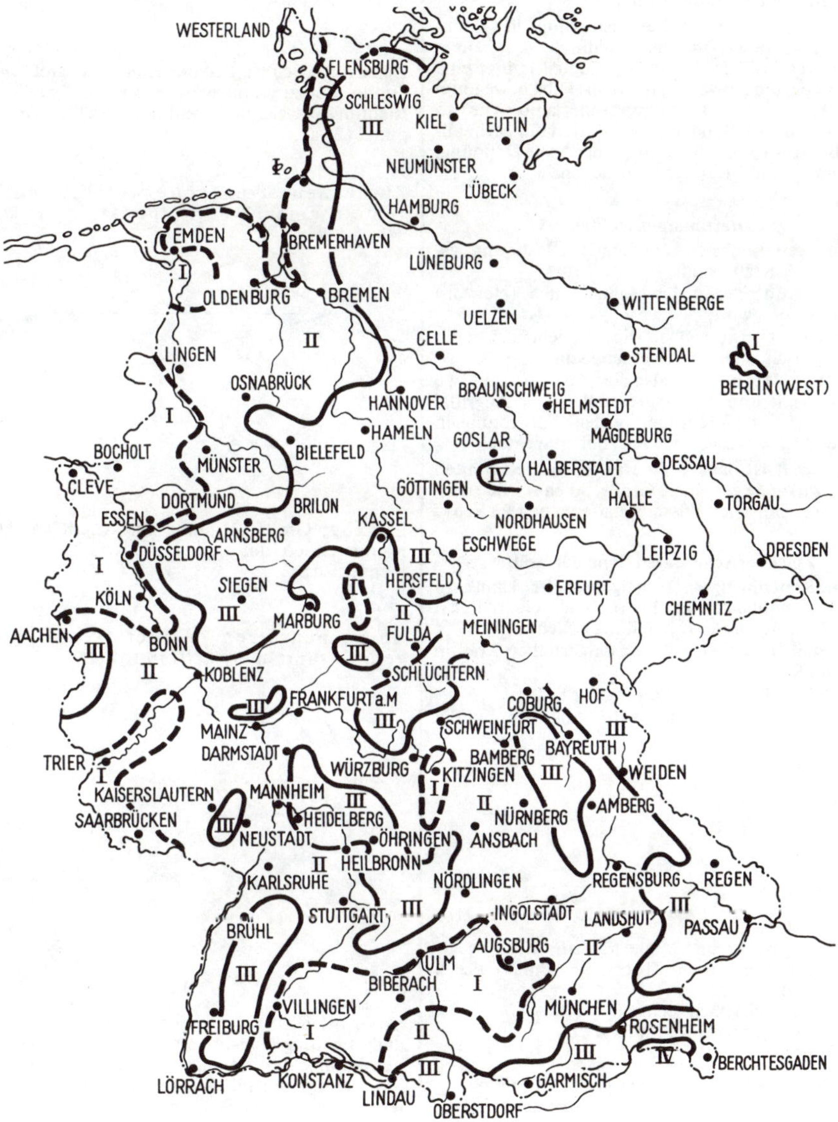

4.3. Kräfte

Allgemeines

Alle Bauwerke werden durch Kräfte belastet. Diese Kräfte, die die Bauteile tragen müssen, entstehen meistens als Folge der Erdanziehung (Gewichtskräfte), sie können aber auch als kinetische Kräfte (z. B. Windlast) oder als Folge von Bauteilverformungen (Zwangskräfte) auftreten.

Der Begriff Kraft ist eine Abstraktion: die Gegenwart von Kräften erfährt man nur durch die Wirkung, die sie verursachen. Diese Wirkung ist immer eine Bewegung, die entweder groß (z. B. Fahrtbewegung) oder klein (z. B. Dehnung) sein kann. Die an Bauwerken auftretenden Kräfte dürfen nur geringfügige Bewegungen, d. h. Verformungen, wie Dehnung, Stauchung und Biegung, verursachen.

Bestimmungsgrößen

Die wesentlichsten Merkmale (Bestimmungsgrößen) der Kräfte sind:
- die Größe, die in der Maßeinheit N (Newton) angegeben wird;
- die Richtung, wobei diese algebraisch oder graphisch angegeben werden kann;
- der Angriffspunkt, also die genaue Angabe, wo die Kraft ihre Wirkung entfaltet. Der Angriffspunkt kann, ohne Änderung der Kraftwirkung, in der Kraftwirkungslinie verschoben werden.

Die Kraft ist danach eine in einem bestimmten Punkt wirkende gerichtete Größe. Solche Größe nennen die technischen Wissenschaften einen Vektor.

Zeichnerische Darstellung der Kräfte

Eine Kraft mit ihren Haupteigenschaften kann man am verständlichsten zeichnerisch als einen Pfeil darstellen. Bei dieser Darstellung bedeutet
- die Pfeillänge die Größe der dargestellten Kraft in einem Kräftemaßstab;
- die Pfeilrichtung die Richtung der Kraft;
- der Punkt des Pfeilanfangs den Angriffspunkt der Kraft.

Beispiel:

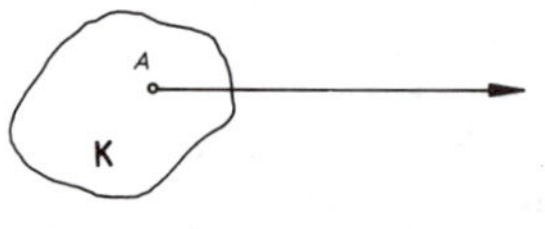

1 cm = 1000 N

Diese Kraft ist
- 2500 N groß, da ihre Länge (2,5 cm) in dem gegebenen Kräftemaßstab (1 cm = 1000 N) dieser Größe entspricht;
- wirkt von links nach rechts;
- greift den Körper *K* im Punkt *A* an.

Zusammensetzen und Zerlegen von Kräften

Kräfte können vektorial zusammengesetzt und zerlegt werden.

Zusammensetzen von zwei Kräften mit gleicher Wirkungslinie:

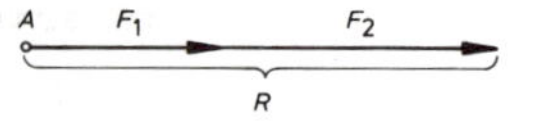

Lösung: Die resultierende Kraft ist so groß wie die Summe der zusammengesetzten Kräfte, hat dieselbe Richtung wie sie, und greift in demselben Angriffspunkt (*A*) an.

Zusammensetzen von zwei Kräften mit gemeinsamem Angriffspunkt:

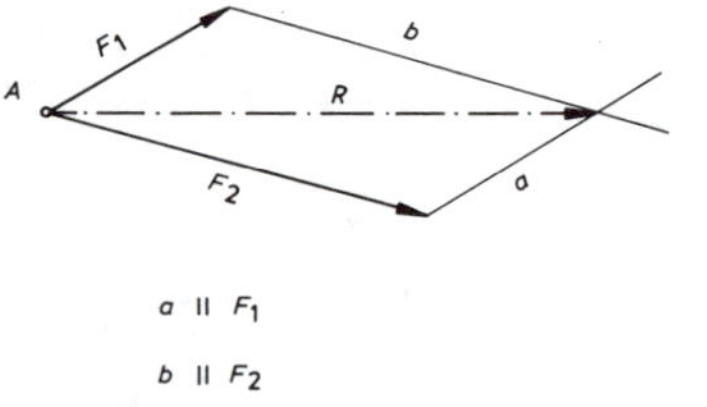

Lösung: Größe, Richtung und Angriffspunkt der resultierenden Kraft ergibt sich aus der Vektorzusammensetzung.

Zusammensetzen mehrerer Kräfte mit gemeinsamem Angriffspunkt:

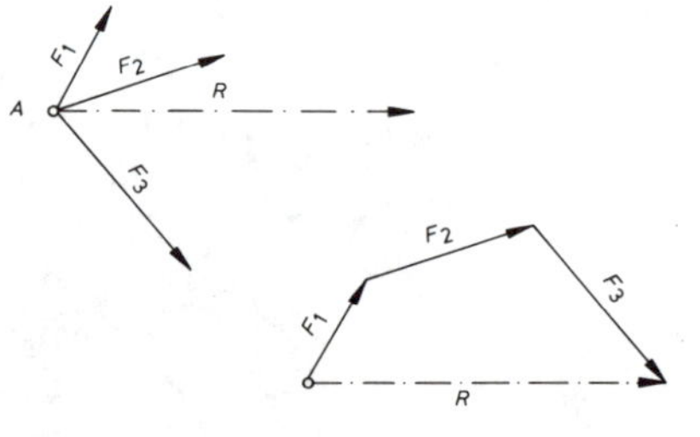

Lösung: Die Kräfte werden der Reihe nach größen- und richtungsgerecht hintereinandergesetzt. Die Verbindung des Anfangs- und Endpunktes dieser Kräftereihe ergibt die Größe und die Richtung der resultierenden Kraft. Angriffspunkt ist der Punkt *A*.

4.3. Kräfte

Zusammensetzen mehrerer Kräfte ohne gemeinsamen Angriffspunkt:

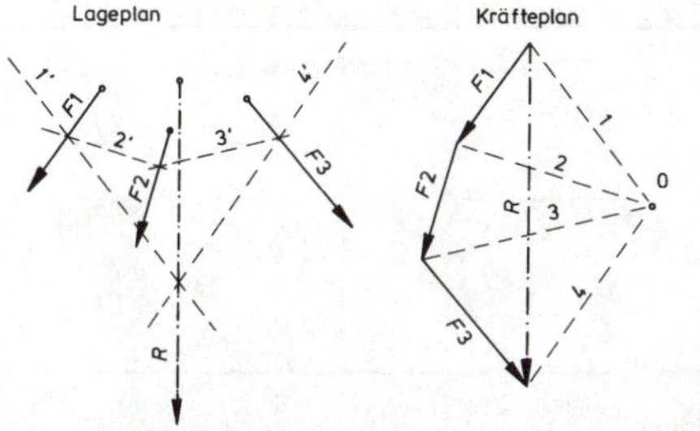

Lösung: die Kräfte werden der Reihe nach größen- und richtungsgerecht hintereinandergesetzt. Die Verbindung des Anfangs- und Endpunktes dieser Kraftreihe ergibt die Größe und die Richtung der resultierenden Kraft. Der Angriffspunkt ergibt sich wie folgt:

- Man nimmt auf dem Kräfteplan einen beliebigen Punkt (*O*) an.
- Von diesem Punkt zieht man Strahlen zu den Anfangs- und Endpunkten der Kräfte (1 bis 4).
- Man zieht im Lageplan Parallelen mit den Strahlen 1 bis 4 (1′ bis 4′).
- Der Schnittpunkt von 1′ und 4′ ergibt den Angriffspunkt *A*.

Zerlegen einer Kraft in zwei gegebene Richtungen:

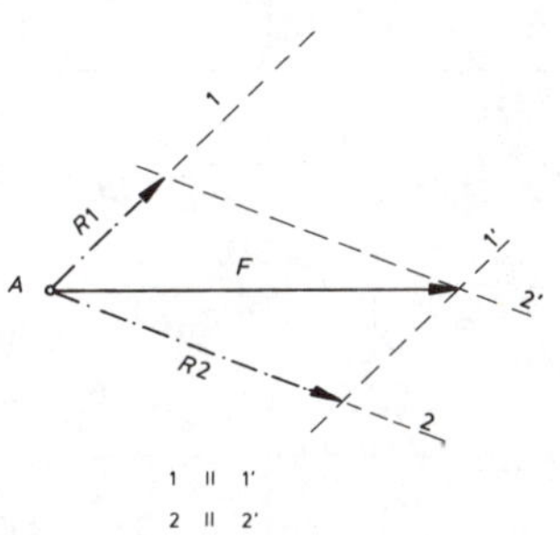

Lösung: Man zieht von dem Endpunkt der Kraft *F* Parallelen mit den gegebenen Richtungen 1 und 2 (1′ und 2′). Die Schnittpunkte von 1 und 2′ bzw. von 2 und 1′ ergeben die Endpunkte von den resultierenden Kräften R_1 und R_2. Der gemeinsame Angriffspunkt ist der Angriffspunkt von *F*: der Punkt *A*.

Drehmoment

Wenn eine Kraft ihre Wirkung auf einen Punkt *A* ausübt, der außerhalb der Wirkungslinie der Kraft liegt, entsteht neben Zug- oder Druckwirkung auch eine Drehwirkung.

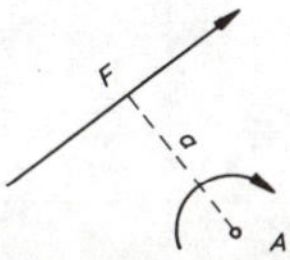

Diese Drehwirkung der Kraft um einem Punkt nennt man Drehmoment. Die Größe des Drehmomentes ist abhängig von der Kraftgröße sowie von der Entfernung zwischen Kraft und dem Drehpunkt:

$$M = F \cdot a$$

Drehmomente, die in Uhrzeigerrichtung drehen, bezeichnet man als positiv (+). Gegen die Uhrzeigerrichtung drehende Momente sind negativ (−).

Beispiel:

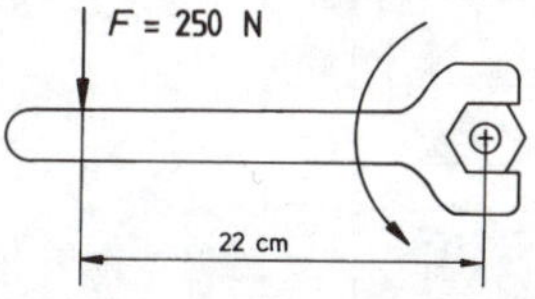

$$M = -250 \cdot 0{,}22 = -55 \text{ Nm}$$

Drehmomente können mit Berücksichtigung des Vorzeichens addiert und subtrahiert werden.

Gleichgewicht der Kräfte

Kräfte und Drehmomente würden die Bauteile, auf die sie wirken, verschieben bzw. verdrehen, wenn nicht gegen jede auftretende Kraft eine gleichgroße entgegengesetzte Reaktionskraft entstehen würde, die die angreifende Kraft im Gleichgewicht hält. (Z. B. die Gewichtskräfte würden ein Gebäude versenken, wenn nicht die im Gründungsboden entstehenden Reaktionskräfte es verhinderten.) Die Wissenschaft der Statik beschäftigt sich ausschließlich mit dem Gleichgewicht der Kräfte. Im Gleichgewichtszustand verursachen die wirkenden Kräfte keine großen Bewegungen, d. h. die Bauteile und das Gesamtbauwerk halten, bewegen sich nicht.

Allgemein läßt sich sagen, daß ein Kraftsystem im Gleichgewicht ist, wenn

- die von oben wirkenden Kräfte genau so groß sind wie die Kräfte, die von unten wirken;
- die von links wirkenden Kräfte genau so groß sind wie die Kräfte, die von rechts wirken;
- die im Uhrzeigerrichtung drehenden Momente gleich groß wie die gegen die Uhrzeigerrichtung drehenden Momente sind.

$$\Sigma V = 0$$
$$\Sigma H = 0$$
$$\Sigma M = 0$$

4

4.4. Auflagerkräfte, Biegemomente, Durchbiegung

4

Kragträger

Belastungsfall	Auflagerkräfte	Biegemoment	Durchbiegung
1. 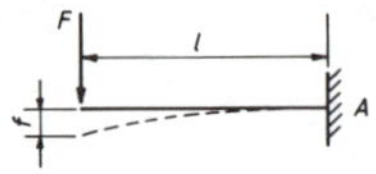	$A = F$	$M_A = -F\,l$	$f = \dfrac{F\,l^3}{3\,EI}$
2. 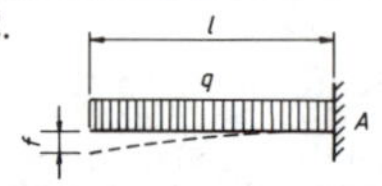	$A = q \cdot l$	$M_A = -\dfrac{q\,l^2}{2}$	$f = \dfrac{q\,l^4}{8\,EI}$

Einfeldträger

Belastungsfall	Auflagerkräfte	Biegemoment	Durchbiegung
3. 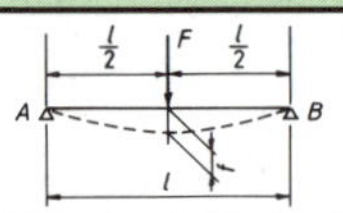	$A = B = \dfrac{F}{2}$	$\max M = \dfrac{F\,l}{4}$	$f = \dfrac{F\,l^3}{48\,EI}$
4. 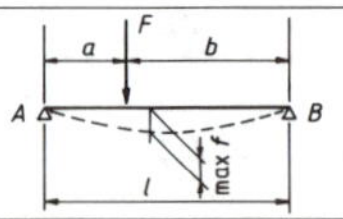	$A = \dfrac{F \cdot b}{l}$ $B = \dfrac{F \cdot a}{l}$	$\max M = \dfrac{F\,a\,b}{l}$	$f = \dfrac{F\,a^2\,b^2}{3\,EI\,l}$
5. 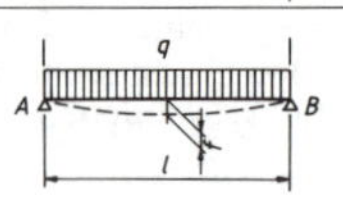	$A = B = \dfrac{q\,l}{2}$	$\max M = \dfrac{q\,l^2}{8}$	$f = \dfrac{q\,l^4}{77\,EI}$
6. 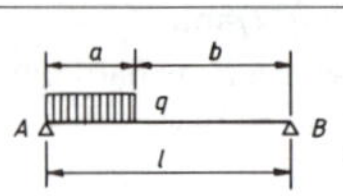	$A = \dfrac{q\,a\,(2b + a)}{2\,l}$ $B = \dfrac{q\,a^2}{2\,l}$	$\max M = \dfrac{A^2}{2q}$	
7. 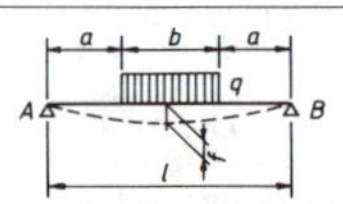	$A = B = \dfrac{q\,b}{2}$	$\max M = \dfrac{q\,b}{4}\left(l - \dfrac{b}{2}\right)$	$f = \dfrac{q\,l}{384\,EI}(8\,l^3 - 4\,lb^2 + b^3)$
8. 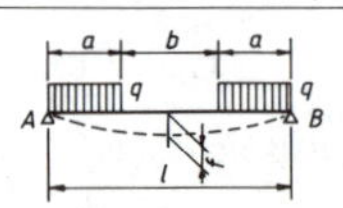	$A = B = q\,a$	$\max M = \dfrac{q\,a^2}{2}$	$f = \dfrac{q\,a^2}{48\,EI}(3\,l^2 - 2a^2)$
9. 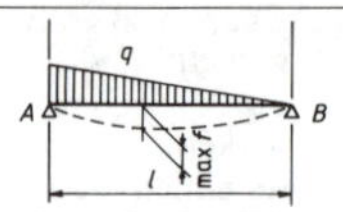	$A = \dfrac{q\,l}{3}$ $B = \dfrac{q\,l}{6}$	$\max M = \dfrac{q\,l^2}{15{,}6}$	$f = \dfrac{q\,l^4}{153\,EI}$
10. 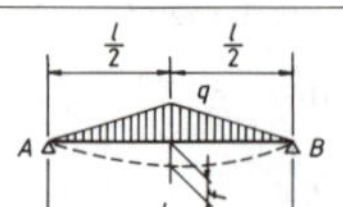	$A = B = \dfrac{q\,l}{4}$	$\max M = \dfrac{q\,l^2}{12}$	$f = \dfrac{q\,l^4}{120\,EI}$

4.4. Auflagerkräfte, Biegemomente, Durchbiegung

Belastungsfall	Auflagerkräfte	Biegemoment	Durchbiegung
11. 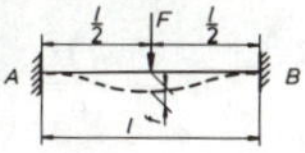	$A = B = \frac{F}{2}$	$M_A = M_B = -\frac{F\,l}{8}$ $\max M = +\frac{F\,l}{8}$	$f = \frac{F\,l^2}{192\,EI}$
12. 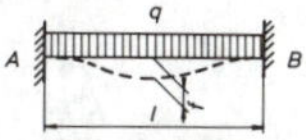	$A = B = \frac{q\,l}{2}$	$M_A = M_B = -\frac{q\,l^2}{12}$ $\max M = +\frac{q\,l^2}{24}$	$f = \frac{q\,l^4}{384\,EI}$

Einfeldträger mit Kragarm

Belastungsfall	Auflagerkräfte	Biegemoment	Durchbiegung
13. 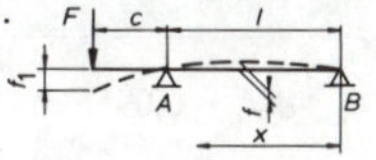	$A = \frac{F\,(l + c)}{l}$ $B = -\frac{F\,c}{l}$	$M_A = -F\,c$ $M_X = -\frac{F\,c\,x}{l}$	$f_1 = \frac{F\,c^2\,(l + c)}{3\,EI}$ $f = -\frac{F\,l^2\,c}{15{,}6\,EI}$
14. 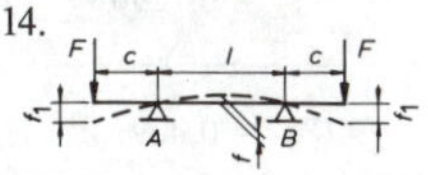	$A = B = F$	$M_A = M_B = -F\,c$ $M_{AB} = -F\,c$	$f = \frac{F\,l^2\,c}{8\,EI}$ $f_1 = \frac{F\,c^2}{3\,EI}\,(c + \frac{3\,l}{2})$

Durchlaufträger

Belastungsfall	Auflagerkräfte	Biegemomente
15. 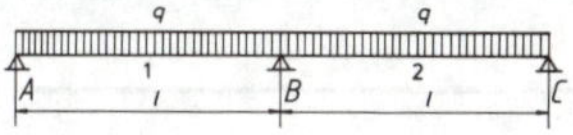	$A = C = 0{,}375\,ql$ $B = 1{,}250\,ql$	$M_1 = M_2 = +0{,}070\,ql^2$ $M_B = -0{,}125\,ql^2$
16. 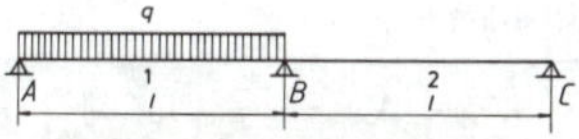	$A = 0{,}438\,ql$ $C = -0{,}063\,ql$	$M_1 = 0{,}096\,ql^2$ $M_B = -0{,}063\,ql^2$
17. 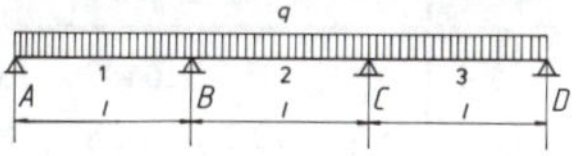	$A = D = 0{,}400\,ql$ $B = C = 1{,}100\,ql$	$M_1 = M_3 = 0{,}080\,ql^2$ $M_2 = 0{,}025\,ql^2$ $M_B = M_C = -0{,}100\,ql^2$
18. 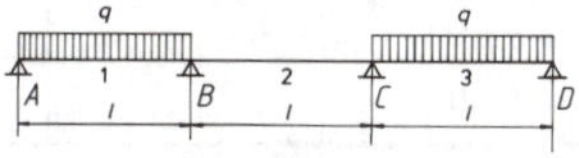	$\max A = 0{,}450\,ql$	$\max M_1 = 0{,}101\,ql^2$ $M_B = -0{,}050\,ql^2$
19. 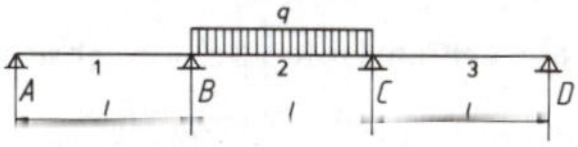	$\min A = -0{,}050\,ql$	$\max M_2 = 0{,}075\,ql^2$ $M_B = -0{,}050\,ql^2$
20. 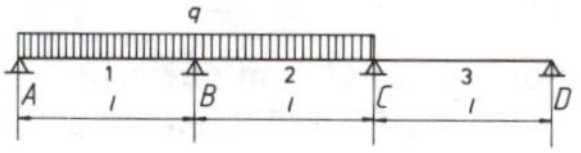	$\max B = 1{,}200\,ql$	$\min M_B = -0{,}117\,ql^2$ $M_C = -0{,}033\,ql^2$
21. 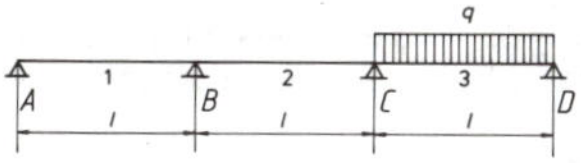	–	$\max M_B = 0{,}017\,ql^2$ $M_C = -0{,}067\,ql^2$

4

4.5. Schwerpunkt, Trägheits- und Widerstandsmoment

Querschnitt	Schwerachsenlage	Trägheitsmoment	Widerstandsmoment
1. 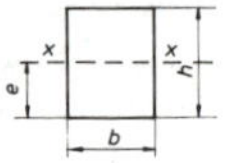	$e = \frac{h}{2}$	$I_x = \frac{b\,h^3}{12}$	$W_x = \frac{b\,h^2}{6}$
2. 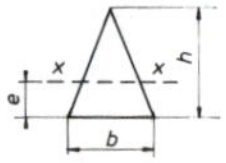	$e = \frac{h}{3}$	$I_x = \frac{b\,h^3}{36}$	$W_{xo} = \frac{b\,h^2}{24}$ $W_{xu} = \frac{b\,h^2}{12}$
3. 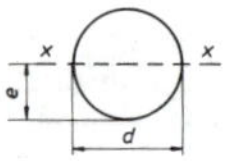	$e = \frac{d}{2}$	$I_x = \frac{\pi\,d^4}{64}$	$W_x = \frac{\pi\,d^3}{32}$
4. 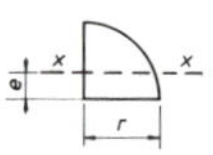	$e = \frac{4\,r}{3\,\pi}$	$I_x = \frac{\pi\,r^4}{16}$	$W_{xo} = 0{,}0956\,r^3$ $W_{xu} = 0{,}1296\,r^3$
5. 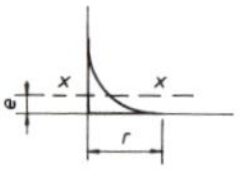	$e = 0{,}2234\,r$	$I_x = 0{,}00754\,r^4$	$W_{xo} = 0{,}0097\,r^3$ $W_{xu} = 0{,}0338\,r^3$
6. 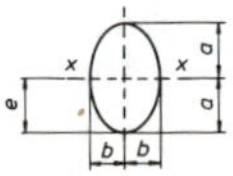	$e = a$	$I_x = \frac{\pi\,b\,a^3}{4}$	$W_x = \frac{\pi\,b\,a^2}{4}$

Tabellarische Ermittlung der Schwerachsenlage und des Trägheitsmomentes einer zusammengesetzten Querschnittsfläche

Beispiel:

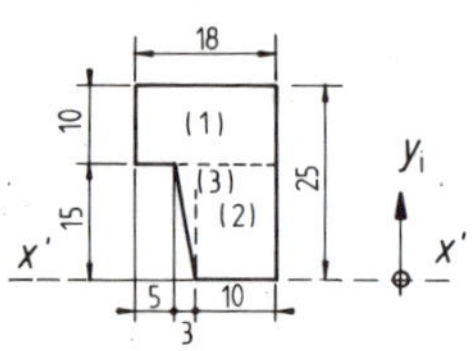

		A_i cm^2	y_i cm	$A_i \cdot y_i$ cm^3	Δy_i cm	Δy_i^2 cm^2	$A_i \cdot \Delta y_i^2$ cm^4	I_{xi} cm^4	I_x cm^4
(1)	$10 \cdot 18$	180	20	3600	6	36	6480	1500	7980
(2)	$15 \cdot 10$	150	7,5	1125	6,5	42,2	6338	2812	9150
(3)	$15 \cdot 3 \cdot \frac{1}{2}$	22,5	10	225	4	16	360	281	641
Σ		352	(14)	4950					17771

Zeichenerklärung:

A_i : Größe der einzelnen Teilflächen

y_i : Abstand zwischen der Achse $x' - x'$ und den Schwerachsen der Einzelflächen

Δy_i : Abstand zwischen der gemeinsamen Schwerachse und den Schwerachsen der Einzelflächen

I_{xi} : Trägheitsmoment der Einzelflächen um die eigene Schwerachse

I_x : $I_x = I_{xi} + A \cdot \Delta y_i^2$ (Steiner-Satz)

Abstand der gemeinsamen Schwerachse $x - x$ von der Achse $x' - x'$:

$$y = \frac{\Sigma\,(A_i \cdot y_i)}{\Sigma\,A_i} = \frac{4950}{325} = 14 \text{ cm}$$

Trägheitsmoment der Gesamtquerschnittsfläche:

$$\Sigma\,I = 17771 \text{ cm}^4$$

Bemerkung:
Aussparungen in der Querschnittsfläche sind mit negativem Vorzeichen (–) in die Tabelle einzusetzen.

4.6. Spannungen

Allgemeines

Die ein Bauteil angreifenden Kräfte versuchen den Stoff des Bauteils zu verformen, z. B. zu dehnen oder zu biegen. Diese Verformungen zwingen die Moleküle des Baustoffes, ihre Lage zueinander zu verändern, d. h. sie werden aneinandergedrückt oder auseinandergezogen. Die Stoffmoleküle entwickeln einen Widerstand gegen diese Veränderung, eine innere Reaktionskraft, die bei statischen Konstruktionen mit der äußeren Kraft im Gleichgewicht steht. Diese Eigenschaft der Baustoffe nennt man Festigkeit.

Äußere Kraft, Dehnung und die innere Reaktionskraft gehören also bei Baustoffen fest zusammen. (Stauchung kann als „Negativdehnung“ betrachtet werden.) Während die Größe der inneren Reaktionskräfte nur von den äußeren, angreifenden Kräften abhängig ist (Gleichgewicht), ist die Dehnung stoffspezifisch, also die Dehnungsgröße wird - außer von der Größe der äußeren Kraft - auch von der Baustoffart bestimmt.

Die Stoffmoleküle können gegen die Dehnung nur bis zu einer gewissen Grenze Widerstand leisten. Wenn die Dehnungsgröße diese Grenze überschreitet, wird die Kontinuität des Stoffes unterbrochen, d. h. das Bauteil reißt oder bricht.

Die Aufgabe der Festigkeitslehre ist, die Baustoffe und Querschnitte eines Bauteiles so zu bestimmen, daß die Beanspruchung des Baustoffes unter der zulässigen, baustoffspezifischen Grenze liegt, also das Bauteil die ihm zugewiesene Aufgabe erfüllen kann.

Die innere, molekulare Reaktionskraft entsteht als auf eine Schnittfläche verteilte Kraft. Solche auf eine Fläche verteilte Kraft nennt man Spannung.

Die Spannungsgrößen, bei denen der Baustoff versagt, wurden für die verschiedenen Baustoffe experimentell ermittelt. Die Baustoffe dürfen aber nicht bis zu diesen Spannungsgrößen belastet werden, weil sie hier bereits reißen (Bruchspannung), sondern nur bis zu einem mit einem Sicherheitsfaktor υ abgeminderten Wert. Diesen Wert nennt man zulässige Spannung. Die vorhandenen Spannungen dürfen höchstens so groß sein, wie die für den betroffenen Baustoff zulässigen Spannungen:

$$\text{vorhandene } \sigma \leqq \text{zulässige } \sigma$$

Die für die wichtigsten Baustoffe zulässigen Spannungen sind im Kapitel 3 aufgeführt.

Die inneren Spannungen werden nach den Beanspruchungen benannt, auf denen sie, als Reaktion, entstehen. Danach unterscheidet man folgende Spannungen:

Druckspannung

Druckspannung entsteht infolge einer Druckkraft, die eine Querschnittsfläche drückt, wie das z. B. bei Wänden, Stützen, Fundamenten, usw. der Fall ist. Die Druckspannung wird ermittelt, indem man die Druckkraft auf die gedrückte Fläche verteilt:

$$\sigma_D \left(\frac{N}{mm^2}\right) = \frac{F_D\,(N)}{A\,(mm^2)}$$

1. Beispiel:

Ein Betonwürfel mit einer Kantenlänge von 20 cm wird mit einer Druckkraft von 1040 kN belastet. Wie groß ist die Druckspannung in dem Würfel?

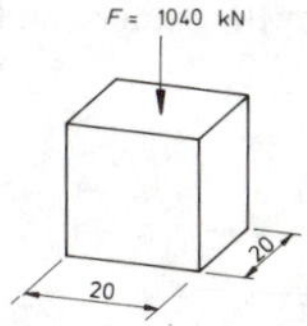

Lösung: $\sigma_D = \frac{F_D}{A} = \frac{1040000}{200^2} = \mathbf{26\ N/mm^2}$

2. Beispiel:

Ein quadratisches Stützenfundament wird mit einer Gesamtlast von 72 kN belastet.

Wie groß ist die erforderliche Seitenlänge der Fundamentsohle, wenn die für den Gründungsboden zulässige Druckspannung 0,2 N/mm² ist?

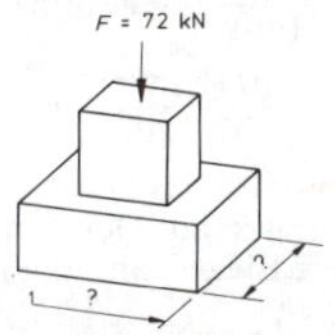

Lösung: $\text{erf } A = \frac{F_D}{\text{zul } \sigma} = \frac{72000}{0{,}2} = 36 \cdot 10^4\ mm^2$

$$a = \sqrt{A} = \sqrt{36 \cdot 10^4\ mm^2} = \mathbf{600\ mm}$$

Zugspannung

Zugspannung entsteht infolge einer Zugkraft, die eine Querschnittsfläche zieht, wie das z. B. bei Seilen und Zugstäben der Fall ist.

Die Zugspannung wird ermittelt, indem wir die Zugkraft auf die gezogene Fläche verteilen:

$$\sigma_Z \left(\frac{N}{mm^2}\right) = \frac{F_Z(N)}{A\,(mm^2)}$$

Beispiel:

Eine Zugstange aus Stahl (I-Profil) wird mit einer Zugkraft von 240 kN belastet.

Wie groß ist der erforderliche Stabquerschnitt, wenn die zulässige Zugspannung für Baustahl (St 37 nach DIN 1025) 160 kN/mm² ist?

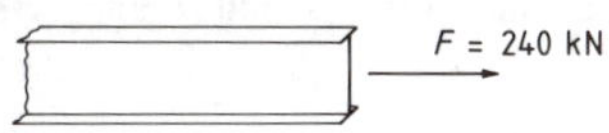

Lösung: $\text{erf } A = \frac{F_Z}{\text{zul } \sigma} = \frac{240000}{160} = 1500\ mm^2$

Gewählt **I 140** DIN 1025 (siehe Profilstahltabellen im Kapitel 3), vorhanden $A = 1820\ mm^2$, erforderlich $A = 1500\ mm^2$.

4.6. Spannungen

Biegespannung

Biegespannung entsteht in dem Querschnitt eines Stabes, der in diesem Schnitt von einem Biegemoment gebogen wird. Da beim Biegen eine Seite des Stabes gedehnt, die andere Seite gestaucht wird, entstehen in dem Biegequerschnitt sowohl Zug- als auch Druckspannungen:

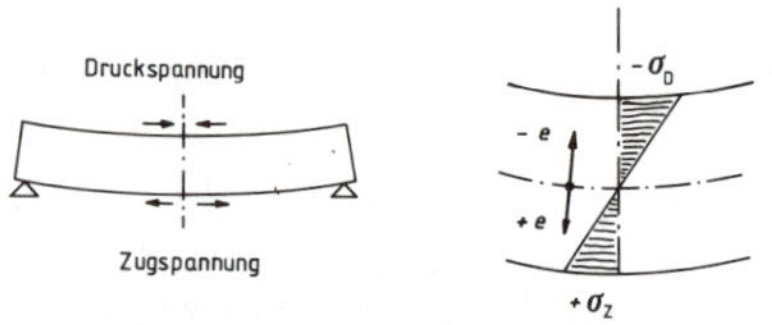

Die Größe der Spannungen ist abhängig vom
- Biegemoment (M),
- gebogenen Querschnitt (I),
- Abstand von der Querschnitt-Schwerachse (e), und wird wie folgt ermittelt:

$$\sigma_B \left(\frac{N}{mm^2}\right) = \frac{M\,(Nmm)}{I\,(mm^4)} \cdot e\,(mm)$$

$$\max \sigma_B \left(\frac{N}{mm^2}\right) = \frac{M\,(Nmm)}{W\,(mm^3)} \qquad W = \frac{I}{\max e}$$

In der Schwerachse des Querschnittes ($e = 0$), wo bei reiner Biegung keine Dehnung oder Stauchung stattfindet, ist die Biegespannung gleich Null.

1. Beispiel:

Ein Holzbalken mit einem Biegequerschnitt 8/16 cm wird von einem Biegemoment $M = +\,3{,}4$ kNm belastet. Wie groß sind die Biegespannungen?

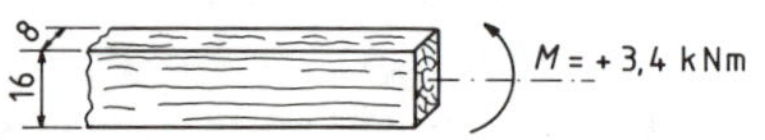

Lösung:

$$I = \frac{b h^3}{12} = \frac{80 \cdot 160^3}{12} = 273 \cdot 10^5 \text{ mm}^4$$

$$\sigma_{oben} = \frac{+\,34 \cdot 10^5}{273 \cdot 10^5} \cdot (-\,80) = -\,9{,}96 \text{ N/mm}^2 \text{ (Druck)}$$

$$\sigma_{unten} = \frac{+\,34 \cdot 10^5}{273 \cdot 10^5} \cdot (+\,80) = +\,9{,}96 \text{ N/mm}^2 \text{ (Zug)}$$

2. Beispiel:

Ein Stahlträger IPB (DIN 1025 St 37) ist mit einem Biegemoment von 10 500 kNm belastet. Wie groß ist das erforderliche Trägerprofil, wenn die zulässige Druckspannung zul $\sigma = -\,140$ N/mm² beträgt?

Lösung:

$$\text{erf } W = \frac{M}{\text{zul } \sigma} = \frac{1\,050\,000}{140} = 75\,000 \text{ mm}^3 = 75 \text{ cm}^3$$

Gewählt **IPB 100** DIN 1025 (siehe Profilstahltabellen im Kapitel 3), vorhandenes $W = 89{,}9$ cm³

vorh $W = 89{,}9$ cm³ $>$ erf $W = 75$ cm³

Schubspannungen

Wenn äußere Kräfte zwei benachbarte Querschnitte eines Bauteiles in der Schnittebene gegeneinander verschieben wollen, treten in diesen Schnitten, auf die Schnittfläche verteilt, Reaktionskräfte auf: die Schub- oder Scherspannungen.

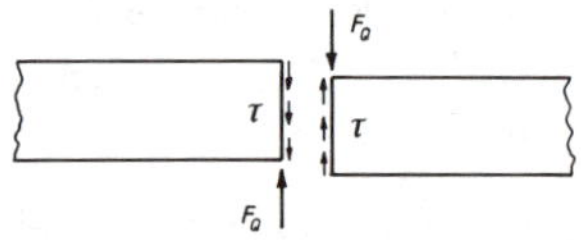

Die Größe der Schubspannung wird ermittelt, indem man die Schubkraft auf die Schubfläche verteilt:

$$\tau \left(\frac{N}{mm^2}\right) = \frac{F_Q\,(N)}{A\,(mm^2)}$$

1. Beispiel:

Die Konsole einer Stahlbetonstütze wird mit einer Kraft von $F = 18$ kN belastet. Wie groß ist die Schubspannung im Konsolenanschnitt?

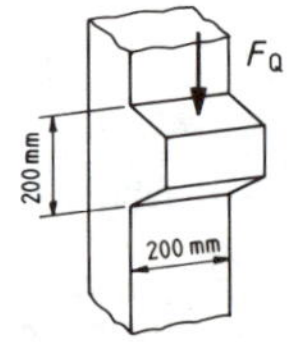

Lösung:

$$\text{vorh } \tau = \frac{18000}{200^2} = 0{,}45 \text{ N/mm}^2$$

2. Beispiel:

Am Fußpunkt eines Dachsparrens wird eine Horizontalkraft von den Sparren auf den darunter liegenden Deckenbalken durch Versatz übertragen. Die Größe der Horizontalkraft beträgt $H = 26$ kN. Die zulässige Schubspannung für Nadelholz in Faserrichtung ist zul $\tau = 0{,}9$ N/mm². Wie groß ist die erforderliche Vorholzlänge, wenn der Balken $b = 10$ cm breit ist?

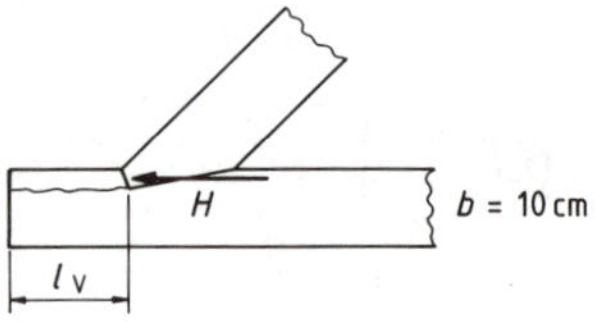

Lösung:

$$\text{erf } A = \frac{H}{\text{zul } \tau} = l_v \cdot b$$

$$\text{erf } l_v = \frac{H}{\text{zul } \tau \cdot b} = \frac{26000}{0{,}9 \cdot 100} = 289 \text{ mm}$$

4

4.7. Knicken

Allgemeines

Schlanke Stäbe, die in der Achsenrichtung auf Druck beansprucht werden, neigen dazu, bei einer bestimmten Kraftgröße seitlich auszuknicken, und so ruckartig die Zerstörung des betreffenden Bauwerkes zu bewirken.

Die Knickgefahr wird beeinflußt von

- der Kraftgröße (F_k),
- der Querschnittsgröße und Querschnittsform,
- der Stablänge (s),
- der Lagerungsart der Stabenden,
- dem Baustoff des Stabes.

Die wirksame Knicklänge s_k des Stabes wird, außer von der tatsächlichen Stablänge, von der Lagerung der Stabenden bestimmt und, wie folgt, ermittelt:

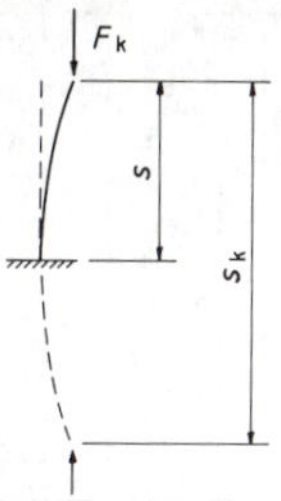

1. Fall

Ein Stabende ist eingespannt, das andere frei beweglich.

$$s_k = 2s$$

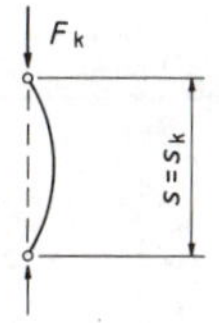

2. Fall

Beide Stabenden sind beweglich gelagert, aber in der Stabachse geführt.

$$s_k = s$$

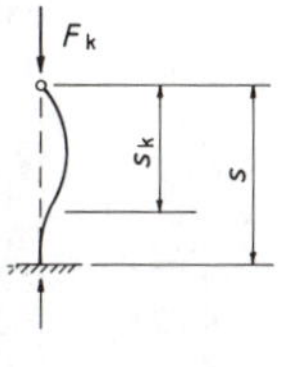

3. Fall

Ein Ende ist eingespannt, das andere beweglich und in der Stabachse geführt.

$$s_k = 0{,}7\ s$$

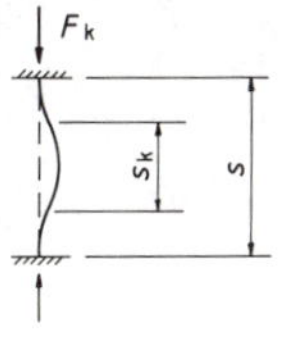

4. Fall

Beide in der Stabachse geführten Enden sind fest eingespannt.

$$s_k = 0{,}5\ s$$

Die Querschnittsgröße und Querschnittsform wird mit dem Trägheitsradius i erfaßt:

$$i = \sqrt{\frac{I}{A}}$$

Da ein Stab am ehesten quer auf die Achse des kleinsten Trägheitsmomentes ausknickt, muß dieses Trägheitsmoment in die obige Gleichung eingesetzt werden.

Alle stabbedingten Knickbestimmungsgrößen, bis auf den Baustoff, werden im Begriff Schlankheit λ zusammengefaßt:

$$\lambda = \frac{s_k}{i}$$

Der Einfluß des Baustoffes ist in die Tabellen für Knickbeiwerte ω eingearbeitet. Jedem λ-Wert ist ein ω-Wert zugeordnet.

Schließlich wird die Druckspannung eines knickgefährdeten Stabes, wie folgt, ermittelt:

$$\text{vorh } \sigma = \frac{\omega \cdot F_k}{A}$$

Diese Druckspannung muß kleiner sein als die für den betreffenden Baustoff zugelassene Druckspannung.

Begrenzung der Schlankheit

Die Größe der Stabschlankheit ist in den DIN-Normen begrenzt:

Holz:	bei einteiligen Druckstäben	$\lambda \leqq 150$
	bei fliegenden Bauten	$\lambda \leqq 250$
Stahl:	bei Hochbau allgemein	$\lambda \leqq 250$
	bei Brückenbau	$\lambda \leqq 150$

Beispiel:

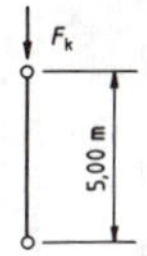

Es ist zu untersuchen, ob die nebenstehende Holzstütze, Nadelholz, Güteklasse II, 16/16 cm, die Kraft $F_k = 50{,}5$ kN tragen kann?

$$s_k = s = 500 \text{ cm}$$

$$A = 16 \cdot 16 = 256 \text{ cm}^2$$

$$I = \frac{16^4}{12} = 5461 \text{ cm}^4$$

$$i = \sqrt{\frac{5461}{256}} = 4{,}62 \text{ cm}$$

$$\lambda = \frac{500}{4{,}62} = 108 < 150$$

$\omega = 3{,}50$ (siehe Tabelle S. 4-18)

zul $\sigma = 8{,}5$ MN/m² (siehe Kap. 3.10.)

$$\text{vorh } \sigma = \frac{3{,}50 \cdot 50\,500}{25\,600} = 6{,}9 \text{ N/mm}^2$$

zul $\sigma = 8{,}5 \text{ MN/m}^2 >$ vorh. $\sigma = 6{,}9 \text{ MN/m}^2$

d. h. die Holzstütze kann die vorgesehene Belastung tragen.

4.7. Knicken

Knickzahlen ω für Vollholz aus Nadelhölzern gemäß DIN 1052 (4.88)

λ	0	1	2	3	4	5	6	7	8	9	λ
0	1,00	1,00	1,01	1,01	1,02	1,02	1,02	1,03	1,03	1,04	0
10	1,04	1,04	1,05	1,05	1,06	1,06	1,06	1,07	1,07	1,08	10
20	1,08	1,09	1,09	1,10	1,11	1,11	1,12	1,13	1,13	1,14	20
30	1,15	1,16	1,17	1,18	1,19	1,20	1,21	1,22	1,24	1,25	30
40	1,26	1,27	1,29	1,30	1,32	1,33	1,35	1,36	1,38	1,40	40
50	1,42	1,44	1,46	1,48	1,50	1,52	1,54	1,56	1,58	1,60	50
60	1,62	1,64	1,67	1,69	1,72	1,74	1,77	1,80	1,82	1,85	60
70	1,88	1,91	1,94	1,97	2,00	2,03	2,06	2,10	2,13	2,16	70
80	2,20	2,23	2,27	2,31	2,35	2,38	2,42	2,46	2,50	2,54	80
90	2,58	2,62	2,66	2,70	2,74	2,78	2,82	2,87	2,91	2,95	90
100	3,00	3,06	3,12	3,18	3,24	3,31	3,37	3,44	3,50	3,57	100
110	3,63	3,70	3,76	3,83	3,90	3,97	4,04	4,11	4,18	4,25	110
120	4,32	4,39	4,46	4,54	4,61	4,68	4,76	4,84	4,92	4,99	120
130	5,07	5,15	5,23	5,31	5,39	5,47	5,55	5,63	5,71	5,80	130
140	5,88	5,96	6,05	6,13	6,22	6,31	6,39	6,48	6,57	6,66	140
150	6,75	6,84	6,93	7,02	7,11	7,21	7,30	7,39	7,49	7,58	150
160	7,68	7,78	7,87	7,97	8,07	8,17	8,27	8,37	8,47	8,57	160
170	8,67	8,77	8,88	8,98	9,08	9,19	9,29	9,40	9,51	9,61	170
180	9,72	9,83	9,94	10,05	10,16	10,27	10,38	10,49	10,60	10,72	180
190	10,83	10,94	11,06	11,17	11,29	11,41	11,52	11,64	11,76	11,88	190
200	12,00	12,12	12,24	12,36	12,48	12,61	12,73	12,85	12,98	13,10	200
210	13,23	13,36	13,48	13,61	13,74	13,87	14,00	14,13	14,26	14,39	210
220	14,52	14,65	14,79	14,92	15,05	15,19	15,32	15,46	15,60	15,73	220
230	15,87	16,01	16,15	16,29	16,43	16,57	16,71	16,85	16,99	17,14	230
240	17,28	17,42	17,57	17,71	17,86	18,01	18,15	18,30	18,45	18,60	240
250	18,75										250

Knickzahlen ω für Stahl gemäß DIN 4114 (3.61)
Baustahl St33 und St37 allgemein

λ	0	1	2	3	4	5	6	7	8	9	λ
20	1,04	1,04	1,04	1,05	1,05	1,06	1,06	1,07	1,07	1,08	20
30	1,08	1,09	1,09	1,10	1,10	1,11	1,11	1,12	1,13	1,13	30
40	1,14	1,14	1,15	1,16	1,16	1,17	1,18	1,19	1,19	1,20	40
50	1,21	1,22	1,23	1,23	1,24	1,25	1,26	1,27	1,28	1,29	50
60	1,30	1,31	1,32	1,33	1,34	1,35	1,36	1,37	1,39	1,40	60
70	1,41	1,42	1,44	1,45	1,46	1,48	1,49	1,50	1,52	1,53	70
80	1,55	1,56	1,58	1,59	1,61	1,62	1,64	1,66	1,68	1,69	80
90	1,71	1,73	1,74	1,76	1,78	1,80	1,82	1,84	1,86	1,88	90
100	1,90	1,92	1,94	1,96	1,98	2,00	2,02	2,05	2,07	2,09	100
110	2,11	2,14	2,16	2,18	2,21	2,23	2,27	2,31	2,35	2,39	110
120	2,43	2,47	2,51	2,55	2,60	2,64	2,68	2,72	2,77	2,81	120
130	2,85	2,90	2,94	2,99	3,03	3,08	3,12	3,17	3,22	3,26	130
140	3,31	3,36	3,41	3,45	3,50	3,55	3,60	3,65	3,70	3,75	140
150	3,80	3,85	3,90	3,95	4,00	4,06	4,11	4,16	4,22	4,27	150
160	4,32	4,38	4,43	4,49	4,54	4,60	4,65	4,71	4,77	4,82	160
170	4,88	4,94	5,00	5,05	5,11	5,17	5,23	5,29	5,35	5,41	170
180	5,47	5,53	5,59	5,66	5,72	5,78	5,84	5,91	5,97	6,03	180
190	6,10	6,16	6,23	6,29	6,36	6,42	6,49	6,55	6,62	6,69	190
200	6,75	6,82	6,89	6,96	7,03	7,10	7,17	7,24	7,31	7,38	200
210	7,45	7,52	7,59	7,66	7,73	7,81	7,88	7,95	8,03	8,10	210
220	8,17	8,25	8,32	8,40	8,47	8,55	8,63	8,70	8,78	8,86	220
230	8,93	9,01	9,09	9,17	9,25	9,33	9,41	9,49	9,57	9,65	230
240	9,73	9,81	9,89	9,97	10,05	10,14	10,22	10,30	10,39	10,47	240
250	10,55										

Zwischenwerte brauchen nicht eingeschaltet zu werden.

4.7. Knicken

Knickzahlen ω für Stahl gemäß DIN 4114 (3.61)

Stahl St52 allgemein

λ	0	1	2	3	4	5	6	7	8	9	λ
20	1,06	1,06	1,07	1,07	1,08	1,08	1,09	1,09	1,10	1,11	20
30	1,11	1,12	1,12	1,13	1,14	1,15	1,15	1,16	1,17	1,18	30
40	1,19	1,19	1,20	1,21	1,22	1,23	1,24	1,25	1,26	1,27	40
50	1,28	1,30	1,31	1,32	1,33	1,35	1,36	1,37	1,39	1,40	50
60	1,41	1,43	1,44	1,46	1,48	1,49	1,51	1,53	1,54	1,56	60
70	1,58	1,60	1,62	1,64	1,66	1,68	1,70	1,72	1,74	1,77	70
80	1,79	1,81	1,83	1,86	1,88	1,91	1,93	1,95	1,98	2,01	80
90	2,05	2,10	2,14	2,19	2,24	2,29	2,33	2,38	2,43	2,48	90
100	2,53	2,58	2,64	2,69	2,74	2,79	2,85	2,90	2,95	3,01	100
110	3,06	3,12	3,18	3,23	3,29	3,35	3,41	3,47	3,53	3,59	110
120	3,65	3,71	3,77	3,83	3,89	3,96	4,02	4,09	4,15	4,22	120
130	4,28	4,35	4,41	4,48	4,55	4,62	4,69	4,75	4,82	4,89	130
140	4,96	5,04	5,11	5,18	5,25	5,33	5,40	5,47	5,55	5,62	140
150	5,70	5,78	5,85	5,93	6,01	6,09	6,16	6,24	6,32	6,40	150
160	6,48	6,57	6,65	6,73	6,81	6,90	6,98	7,06	7,15	7,23	160
170	7,32	7,41	7,49	7,58	7,67	7,76	7,85	7,94	8,03	8,12	170
180	8,21	8,30	8,39	8,48	8,58	8,67	8,76	8,86	8,95	9,05	180
190	9,14	9,24	9,34	9,44	9,53	9,63	9,73	9,83	9,93	10,03	190
200	10,13	10,23	10,34	10,44	10,54	10,65	10,75	10,85	10,96	11,06	200
210	11,17	11,28	11,38	11,49	11,60	11,71	11,82	11,93	12,04	12,15	210
220	12,26	12,37	12,48	12,60	12,71	12,82	12,94	13,05	13,17	13,28	220
230	13,40	13,52	13,63	13,75	13,87	13,99	14,11	14,23	14,35	14,47	230
240	14,59	14,71	14,83	14,96	15,08	15,20	15,33	15,45	15,58	15,71	240
250	15,83										250

Stahl St33 und St37 bei einteiligen Druckstäben aus Rundrohren

λ	0	1	2	3	4	5	6	7	8	9	λ
20	1,00	1,00	1,00	1,00	1,01	1,01	1,01	1,02	1,02	1,02	20
30	1,03	1,03	1,04	1,04	1,04	1,05	1,05	1,05	1,06	1,06	30
40	1,07	1,07	1,08	1,08	1,09	1,09	1,10	1,10	1,11	1,11	40
50	1,12	1,13	1,13	1,14	1,15	1,15	1,16	1,17	1,17	1,18	50
60	1,19	1,20	1,20	1,21	1,22	1,23	1,24	1,25	1,26	1,27	60
70	1,28	1,29	1,30	1,31	1,32	1,33	1,34	1,35	1,36	1,37	70
80	1,39	1,40	1,41	1,42	1,44	1,46	1,47	1,48	1,50	1,51	80
90	1,53	1,54	1,56	1,58	1,59	1,61	1,63	1,64	1,66	1,68	90
100	1,70	1,73	1,76	1,79	1,83	1,87	1,90	1,94	1,97	2,01	100
110	2,05	2,08	2,12	2,16	2,20	2,23	weiter wie in der Tafel für St 37				110

Stahl St52 bei einteiligen Druckstäben aus Rundrohren

λ	0	1	2	3	4	5	6	7	8	9	λ
20	1,02	1,02	1,02	1,03	1,03	1,03	1,04	1,04	1,05	1,05	20
30	1,05	1,06	1,06	1,07	1,07	1,08	1,08	1,09	1,10	1,10	30
40	1,11	1,11	1,12	1,13	1,13	1,14	1,15	1,16	1,16	1,17	40
50	1,18	1,19	1,20	1,21	1,22	1,23	1,24	1,25	1,26	1,27	50
60	1,28	1,30	1,31	1,32	1,33	1,35	1,36	1,38	1,39	1,41	60
70	1,42	1,44	1,46	1,47	1,49	1,51	1,53	1,55	1,57	1,59	70
80	1,62	1,66	1,71	1,75	1,79	1,83	1,88	1,92	1,97	2,01	80
90	2,05	weiter wie in der Tafel für St 52 allgemein									90

4.7. Knicken

4

Tragfähigkeit von quadratischen Holzstützen

(mit zul $\sigma_{D\|} = 8{,}5$ MN/m^2)

s	*A*	*i*	max *N* in kN bei einer Knicklänge s_k in m											
cm	cm²	cm	2,00	2,50	3,00	3,50	4,00	4,50	5,00	5,50	6,00	6,50	7,00	8,00
10	100	2,89	45,7	34,8	26,3	19,3	14,8	11,7	9,47	7,83	6,57	5,60	4,83	–
12	144	3,46	77,5	62,8	50,0	39,9	30,5	24,1	19,5	16,1	13,6	11,6	9,97	7,63
14	196	4,04	118	100	83,0	68,0	56,5	44,8	36,3	30,0	25,2	21,4	18,5	14,2
16	256	4,62	166	145	125	106	89,2	75,3	61,8	51,2	43,0	36,6	31,6	24,2
18	324	5,20	222	200	175	152	131	113	97,3	82,0	68,9	58,8	50,6	38,8 [2]
20	400	5,77	283	260	233	209	183	160	139	122	105	89,2	77,1	58,9
22	484	6,35	353	329	301	271	243	215	191	169	149	131	113	86,4
24	576	6,93	429	405	374	342	311	281	252	224	201	179	160	122
26	676	7,51	508	487	456	423	386	355	321	290	261	235	212	169
28	784	8,08	600	574	546	509	473	436	399	366	332	302	272	226
30	900	8,66	695	671	638	607	567	523	484	447	411	377	345	285

Tragfähigkeit von Rundholzstützen

Für Rundholz mit ungeschwächter Randzone ist: zul $\sigma_{D\|} = 1{,}2 \cdot 8{,}5 = 10{,}2$ MN/m^2)

d	*A*	*i*	max *N* in kN bei einer Knicklänge s_k in m											
cm	cm²	cm	2,00	2,50	3,00	3,50	4,00	4,50	5,00	5,50	6,00	6,50	7,00	8,00
10	78,5	2,5	36,4	26,6	18,5	13,6	10,4	8,24	6,72	5,52	4,68	–	–	–
12	113	3,0	64,3	49,7	38,4	28,2	21,6	17,0	13,8	11,4	9,60	8,18	7,08	–
14	154	3,5	101	81,8	65,2	52,3	40,1	31,7	25,7	21,2	17,9	15,2	13,1	9,96
16	201	4,0	144	121	101	82,7	68,4	54,0	43,8	36,1	30,4	25,9	22,3	17,0
18	255	4,5	196	169	145	122	102	86,4	69,8	57,8	48,5	41,4	35,6	27,4
20	314	5,0	254	226	198	170	146	124	107	88,2	74,2	63,2	54,5	41,6 [2]
22	380	5,5	320	289	256	227	198	171	148	129	108	92,5	79,6	61,1
24	452	6,0	391	360	325	290	258	227	199	174	154	131	113	86,3
26	531	6,5	467	435	401	361	326	291	258	228	203	181	156	119
28	616	7,0	552	519	483	442	403	363	327	292	261	234	209	160
30	707	7,5	638	611	572	530	484	445	403	364	328	294	266	211
35	962	8,8	894	862	825	780	728	677	631	582	535	490	447	375
40	1257	10,0	1190	1150	1110	1070	1015	963	902	843	791	736	681	583

¹) Bei Gerüsten aus Hölzern, die im Zeitpunkt der Belastung noch nicht halbtrocken sind (Feuchtigkeitsgehalt > 30 %), und bei dauernd im Wasser stehenden Stützen sind die Tafelwerte auf 2/3 zu ermäßigen.
²) Die Werte oberhalb der Stufenlinie ($\lambda > 150$) sind nur für fliegende Bauten nach DIN 4112 zulässig.

4.7. Knicken

Tragfähigkeit von Stahlstützen aus einem Breitflanschträger

zul $\sigma = 140\ \mathrm{N/mm^2}$ für St 37 Lastfall H

IPB	max N in kN bei einer Knicklänge s_k in m															
	A	i_{min}	2,00	2,50	3,00	3,50	4,00	4,50	5,00	5,50	6,00	6,50	7,00	7,50	8,00
100	26,0	2,53	238	194	152	113	86,3	68,0	55,0	45,8	38,4	–	–	–	–
120	34,0	3,06	353	303	256	215	164	130	106	87,0	73,3	62,7	53,7	46,9	
140	43,0	3,58	478	432	374	324	279	225	182	151	126	108	92,8	81,6	71,7
160	54,3	4,05	633	580	521	464	404	355	298	244	205	176	151	132	115
180	65,3	4,57	788	737	672	609	544	492	437	376	315	268	231	201	177
200	781	5,07	969	909	848	781	715	647	582	528	465	395	340	296	259
240	106	6,08	1350	1300	1237	1164	1091	1016	939	868	789	724	665	582	505
260	118	6,58	1520	1460	1400	1343	1264	1185	1109	1033	955	879	818	748	658
300	149	7,58	1960	1900	1830	1768	1696	1617	1534	1444	1363	1272	1199	1110	1033
340	171	7,53	2240	2170	2100	2029	1946	1842	1760	1651	1545	1460	1360	1260	1185
360	181	7,49	2370	2300	2223	2129	2060	1949	1850	1748	1635	1527	1440	1334	1236
400	198	7,40	2590	2520	2432	2329	2236	2126	1994	1899	1777	1650	1540	1444	1339
450	218	7,33	2852	2775	2678	2565	2442	2330	2196	2062	1932	1806	1696	1573	1460
500	239	727	3127	3042	2935	2812	2677	2535	2390	2246	2104	1980	1839	1707	1586
600	270	7,08	3533	3405	3287	3150	3000	2821	2662	2487	2333	2172	2011	1871	1734
IPBl	Breitflanschträger, leichte Ausführung														
100	21,2	2,51	191	156	122	91,0	69,5	54,9	44,4	36,6	30,8	–	–	–	–
120	25,3	3,02	260	223	188	156	120	94,5	76,2	63,4	52,9	45,4	39,0	34,1	–
140	31,4	3,52	346	310	271	234	199	159	129	107	90,1	76,1	65,7	57,4	50,5
160	38,8	3,98	449	408	367	323	283	249	203	169	141	121	104	91,0	79,6
180	45,3	4,52	547	507	466	423	378	334	296	253	212	181	156	136	120
200	53,8	4,98	661	622	579	534	486	440	396	357	310	260	224	196	172
240	76,8	6,00	977	935	889	840	785	726	676	618	566	519	465	407	360
260	86,8	6,50	1115	1075	1030	980	921	868	810	750	698	640	587	545	477
300	112	7,49	1965	1425	1388	1329	1286	1217	1155	1091	1021	953	899	833	772
340	133	7,46	1740	1693	1633	1565	1502	1432	1359	1275	1201	1122	1046	970	908
360	143	7,43	1871	1820	1756	1682	1615	1528	1461	1371	1283	1206	1125	1034	967
400	159	7,34	2080	2024	1953	1871	1795	1699	1601	1504	1409	1317	1237	1147	1065
450	178	7,29	2329	2265	2186	2094	1994	1888	1780	1684	1577	1475	1369	1271	1181
500	198	7,24	2591	2479	2432	2329	2218	2100	1980	1860	1743	1621	1507	1400	1314
600	226	7,05	2957	2850	2728	2615	2491	2361	2288	2082	1953	1818	1683	1566	1451
IPBv	Breitflanschträger, verstärkte Ausführung														
100	53,2	2,74	514	431	356	269	207	164	133	109	92,0	78,5	–	–	–
120	66,4	3,25	704	620	534	449	365	289	232	193	161	138	119	103	91,0
140	80,6	3,77	917	830	728	641	559	472	377	313	264	226	193	169	149
160	97,1	4,26	1142	1054	964	860	764	673	588	484	405	344	299	260	228
180	113	4,77	1376	1286	1189	1091	983	889	791	709	590	507	433	380	332
200	131	5,27	1623	1541	1444	1349	1231	1132	1019	926	830	719	613	538	470
240	200	6,39	2569	2479	2353	2240	2105	1986	1842	1707	1573	1443	1327	1212	1061
260	220	6,90	2852	2775	2655	2525	2406	2281	2139	1987	1855	1730	1604	1474	1357
300	303	8,00	4002	3892	3754	3657	3506	3367	3189	3030	2866	2719	2525	2383	2233
340	316	7,98	4174	4059	3915	3814	3626	3483	3326	3138	2969	2800	2618	2458	2304
360	319	7,30	4174	4060	3952	3817	3661	3517	3333	3167	2977	2809	2643	2454	2302
400	326	7,70	4306	4187	4039	3901	3711	3566	3381	3214	3003	2835	2638	2480	2305
450	335	7,59	4425	4264	4114	3975	3813	3636	3449	3257	3065	2860	2695	2495	2345
500	344	7,46	4501	4378	4225	4047	3884	3705	3515	3299	3107	2901	2706	2508	2349
600	364	7,22	4763	4591	4431	4282	4077	3861	3640	3420	3205	2980	2770	2574	2381
	Bei den mit – gekennzeichneten Werten ist $i_2 > 250$														

5. Baukonstruktion

5.1. Vermessungskunde

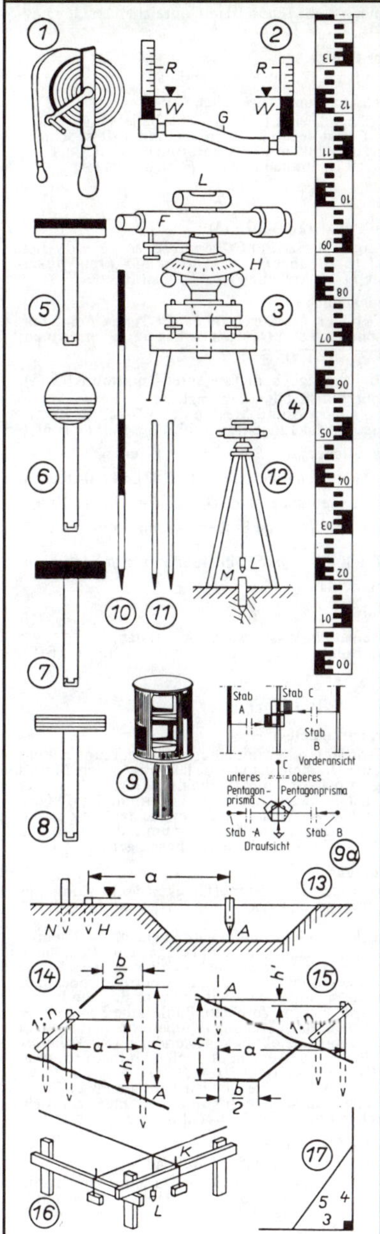

Instrumentenkunde

Geräte zur Längenmessung

Meterstab 1,00 und 2,00 m lang.
Stahlbandmaß (1) 10, 20 und 30 m lang. Leinenbandmaß ungenau und wenig haltbar. **Meßlatten** (Schneidelatten) aus Holz, 5 m lang, für genaue Längenmessungen und Staffelmessungen.

Geräte zur Höhenmessung

Schlauchwaage (2) aus 10 bis 30 m langem Gummischlauch *G*, 2 Glasröhrchen *R* mit Wasserfüllung *W* für Höhenmessungen in Hochbauten gebräuchlich. Beruht auf Prinzip der verbundenen Gefäße.
Nivellierinstrument (3) aus Wasserwaage (Libelle *L*) und Zielfernrohr *F* für genaue Höhenmessungen über größere Entfernungen unter Verwendung von **Nivellierlatten** (4). **Tafeln** zum Einschalten von Zwischenpunkten zwischen 2 gegebenen Höhen mittels Endtafel (5) oder Visierscheibe (6), schwarzer Krücke (7) und roter Krücke (8).

Geräte zur Winkelmessung

Winkelprisma (hier: Doppelpentagon) (9) besteht aus zwei übereinander angeordneten Pentagonen, die einen von links (Stab A) und rechts ankommenden Strahl (Stab B) so ablenken, daß beide Strahlen eine Gerade bilden. Der Lotfußpunkt eines rechten Winkels ist dann gegeben, wenn die Stäbe A und B der beiden Prismen mit dem Zielstab C genau übereinander stehen (9a). Die Meßpunkte A, B und C werden durch **Fluchtstäbe** (10) oder **Richtstäbe** (11) markiert. Weitere Geräte zum Messen rechter Winkel sind Kegelkreuzscheibe, einfaches Winkelprisma, Prismenkreuz. Beliebige Winkel können bei flachem Gelände mit Nivellier (3), mit Teilkreis, sonst mit einem **Theodolit** gemessen werden. Der Theodolit wird dabei mittels Lot *L* genau über den Meßpunkt *M* gesetzt (12) und der gemessene Winkel auf der 360°-Teilung des Horizontalkreises abgelesen. Für die Messung von Höhenwinkeln besitzt der Theodolit zusätzlich einen Höhenkreis. Festlegung rechter Winkel auch nach Pythagoras (17) mit Dreiecksseiten 3, 4 und 5.

Abstecken von Längsprofilen (Verpflocken)

Wird auf der Achse gearbeitet, muß außerhalb des Arbeitsraumes verpflockt werden (13). In regelmäßigen Längenabständen wird in gleichem Abstand *a* von der Achse und senkrecht zu ihr ein Höhenpflock *H* und ein Nummernpflock *N* eingeschlagen. Bei größeren Höhenunterschieden rechtwinklig zur Achse und in Krümmungen wird beiderseitig des Arbeitsraumes verpflockt.

Abstecken von Querprofilen

Böschungsfuß und Böschungswinkel werden mit Profillatten angegeben. Da bei Dammschüttungen oder Einschnitten der Achsenpflock *A* bei Arbeitsbeginn fortfällt, liegt seine Lage wie folgt fest:
Damm-Bergseite (14) und Einschnitt-Talseite (15):

$$a = \frac{b}{2} + n\,(h - h'); \qquad h' = h - \frac{a}{n} - \frac{b}{2n}.$$

Das Tafeln

Auf Festpunkt *a* steht schwarze Krücke, auf Festpunkt *b* schwarz-weiße Tafel. Festpunkt *c* wird so lange eingeschlagen, bis Oberkante rote Krücke mit der Grenzlinie der Tafel auf *b* zusammenfällt.

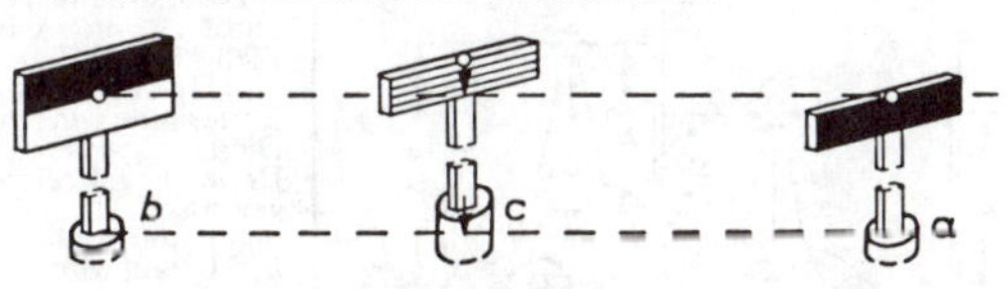

Das Schnurgerüst

Durch das Schnurgerüst (16) wird das Bauwerk dem Grundriß nach festgelegt. In ausreichendem Abstand von den Ecken werden 3 Pfähle eingetrieben und mit Steinen im Boden verspannt. Böschungswinkel bei Ausschachtung beachten! Die Pfähle werden durch waagerechte und rechtwinklig aufeinanderstoßende Bohlen verbunden. Darauf werden Außenkanten des Umfassungsmauerwerkes durch Kerbe oder Nägel markiert. Auf Markierungen werden Schnüre oder Stahldraht gelegt (längere Schnur unten, damit sie nicht auf kürzerer Schnur reitet). Von den Schnittpunkten der Schnüre aus werden die Mauerecken durch Anhalten eines Senklotes *L* „eingesenkelt“.

5.1. Vermessungskunde

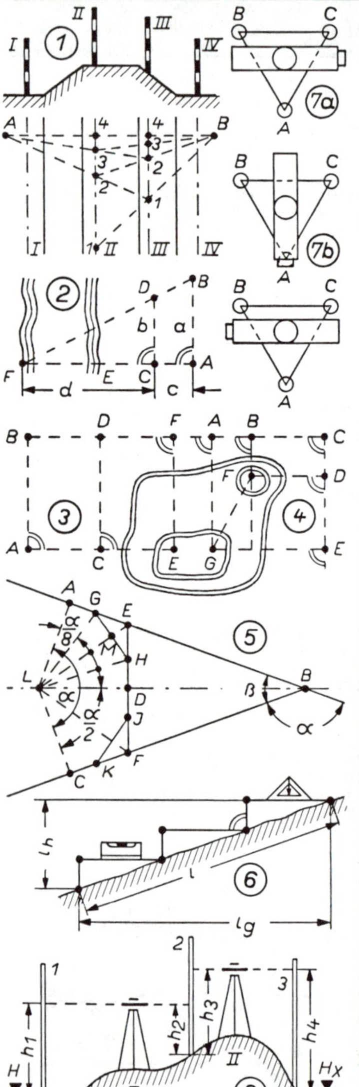

Das Vermessen

Einweisen von Achsenpunkten bei behinderter Sicht durch allmähliche Näherung mit Hilfe von 2 Fluchtstäben (1):

Gerätebedarf: 2 Fluchtstäbe.

Stellung Stab II 1 wird geschätzt, Stab III 1 wird von II 1 aus nach *B* eingefluchtet. Von III 1 wird II 2 nach *A*, von II 2 wird III 2 nach *B* eingefluchtet usw., so lange, bis die beiden Stäbe II und III mit hinreichender Genauigkeit auf Achse *AB* stehen.

Messung unzugänglicher Punkte:

Gerätebedarf: Winkelprisma, Fluchtstäbe, Bandmaß.

1. Parallele nicht möglich, ein Punkt zugänglich (2):

FE über *E* hinaus verlängert ergibt *A*. *B* liegt beliebig auf einer Senkrechten zu *FA* in *A*. *C* liegt beliebig zwischen *E* und *A*. *D* ist Schnittpunkt einer Senkrechten zu *EA* in *C* mit *FB*. Gemessen wird $AB = a$, $CD = b$ und $AC = c$. Dreieck *FAB* ist ähnlich Dreieck *FCD*; daraus folgt

$$\frac{d}{b} = \frac{d+c}{a} \text{ und } d = \frac{bc}{a-b}.$$

2. Parallele möglich, ein Punkt zugänglich (3):

EC über *C* verlängert ergibt *A*. *AB* und *CD* senkrecht zu *AE* und gleich lang, somit *BD* parallel zu *AE*. *BD* über *D* verlängert ergibt *F*. *F* mit Winkelprisma so einmessen, daß *FE* senkrecht zu *BF*. Dann ist $BF = AE$.

3. Beide Punkte nicht zugänglich (4):

Koordinatenkreuz *ACE* bilden. Punkte *G* und *F* auf *AC* und *CE* einloten. Aus den beiden Projektionen *AB* und *DE* nach Pythagoras *GF* errechnen:

$$GF = \sqrt{AB^2 + DE^2}.$$

Abstecken von Kurven bei zugänglichem Tangentenschnittpunkt *B* (5):

Gerätebedarf: Theodolit, Fluchtstäbe, Bandmaß.

Aufstellen des Theodoliten in *B* und Messen des Winkels β. Zentriwinkel $\alpha = 180° - \beta$. Abstecken der Tangentenberührungspunkte *A* und *C* von *B* aus, wobei die Haupttangente *AB* bzw. $BC = r \cdot \tan \frac{\alpha}{2}$ ist. $AE = ED = DF = FC = r \cdot \tan \frac{\alpha}{4}$; damit lassen sich *E*, *D* und *F* abstecken. Analog gilt für weitere Zwischentangenten $AG = GM = MH = HD = r \cdot \tan \frac{\alpha}{8}$ usw. Es ergeben sich folgende Proben: Nachmessen, ob $EF = 2r \cdot \tan \frac{\alpha}{4}$, prüfen ob *D* auf der Winkelhalbierenden von β liegt, nachmessen, ob $BD = r \cdot \tan \frac{\alpha}{2} \cdot \tan \frac{\alpha}{4}$.

Staffelmessung (6):

Gerätebedarf: 2···3 Meßlatten, Wasserwaage, Meterstab.

Bestimmung von Grundrißprojektion und Höhenunterschied nach (8).

Nivellieren

Einstellen des Nivellierinstrumentes:

Das Instrument wird von unten her mit einer Spannschraube auf das Dreibein aufgeschraubt, das Dreibein in die Erde fest eingetreten. Mittels der Dosenlibelle erfolgt zunächst eine Grobeinstellung, mittels der Röhrenlibelle die Feineinstellung aus folgenden Lagen: Stellung 1 (7a): Röhrenlibelle durch gegenläufiges Verstellen der Fußschrauben *B* und *C* zum Einspielen bringen. Stellung 2 (7b): Fernrohr um 180° drehen und einen evtl. Ausschlag der Libelle durch Justieren beseitigen.

Beispiel einer Höhenmessung:

Die Zielweite richtet sich nach der Leistungsfähigkeit des Instrumentes und der geforderten Genauigkeit der Vermessung. Für genaue Messungen Zielweite bis 50 m.

Gang der Vermessung (8): Das Instrument wird in I in entsprechender Entfernung von Ausgangspunkt 1 aufgestellt und eingestellt (Rückblick). Die Latte wird mit der Okularschraube deutlich sichtbar eingestellt, die Höhe h_1 abgelesen, aufgeschrieben und zur Kontrolle nochmals gemessen. Die Latte wird nach Punkt 2 versetzt und vom gleichen Instrumentenpunkt die Höhe h_2 abgelesen (Vorblick). Punkthöhe $2 = H + h_1 - h_2$. Hierauf wird das Instrument nach Stellung II umgesetzt. Latte wird in Punkt 2 der neuen Instrumentenaufstellung zugewendet, im Rückblick h_3 abgelesen. Latte wird in Punkt 3 aufgestellt und mit dem Instrument im Vorblick h_4 abgelesen. *Hx* ergibt sich mit $Hx = H + h_1 - h_2 + h_3 - h_4$. Beachte: Zielweiten der Umsetzpunkte möglichst gleichmäßig wählen, sicheren Stand für Instrument aussuchen, Instrument immer beaufsichtigen, Latte sorgfältig drehen und allseitig lotrecht halten.

Vermessen unregelmäßiger Flächen (9):

Gerätebedarf: Winkelprisma, Fluchtstäbe, Bandmaß.

Die gesamte Fläche ist in Dreiecke aufzuteilen; allzu spitze Winkel sind zu vermeiden. Von jedem Dreieck wird Basis und Höhe gemessen; die Höhe ist mit dem Winkelprisma festzustellen. Dreiecksfläche = Grundlinie × halbe Höhe. Gesuchte Fläche = Summe aller Dreiecke.

5.2. Gründungsarbeiten

5.2.1. Allgemeines

Gründungen sollen die Standfestigkeit eines Bauwerks gewährleisten und ungleichmäßige Setzungen verhindern. Ferner sollen die am Bauwerk auftretenden Lasten aufgenommen und in den Baugrund übertragen werden. In diesem Zusammenhang sind folgende DIN-Vorschriften zu beachten:

DIN 4020 Bautechnische Bodenuntersuchungen, Richtlinien.

DIN 4021 Baugrund und Grundwasser, Erkundung, Bohrungen, Schürfe, Probeentnahme, Grundsätze.

DIN 4022 Schichtverzeichnis und Benennen der Boden- und Gesteinsarten.

DIN 4023 Baugrund- und Wasserbohrungen, zeichnerische Darstellung der Ergebnisse.

Bauwerkslasten und Tragfähigkeit des Baugrundes

Bauwerkslasten setzen sich aus Eigen- und Verkehrslasten zusammen, sie sind in DIN 1055 „Lastannahmen für Bauten" zusammengestellt und unterteilen sich in Einzellasten, gleichmäßig verteilte Lasten und Streckenlasten.

Die Summe der Eigen- und Verkehrslasten bildet die Gesamtlast eines Bauwerks, diese muß vom Baugrund aufgenommen werden.

Als Baugrund bezeichnet man alle Bodenschichten, die durch ein Bauwerk belastet werden; Folge: Der Boden wird auf Druck bzw. Reibung beansprucht. Dabei führen kleinere senkrechte Belastungen zu Setzungen (= vertikale Verschiebung des Bodens infolge Zusammendrücken der Bodenschichten), zu große Belastungen zu einem Grundbruch.

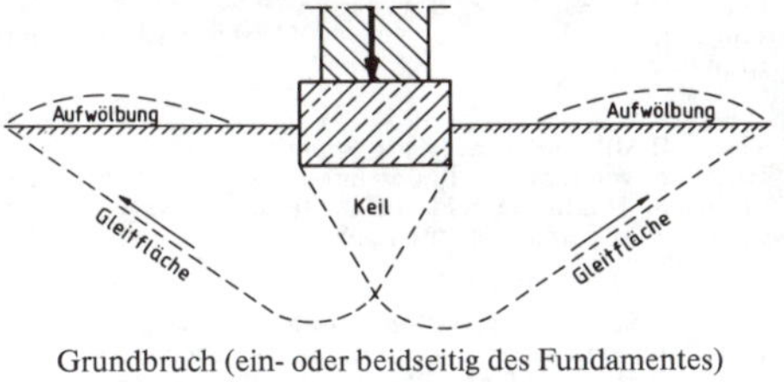

Grundbruch (ein- oder beidseitig des Fundamentes)

Ursachen eines Grundbruchs

Mit zunehmender Belastung eines Fundamentes wird der Boden unter und auch neben dem Fundament zusammengedrückt. Bei einer weiteren Steigerung der Belastung bis zur Bruchlast (Grenzbelastung) sinkt das Fundament ohne weitere Laststeigerung ein. Bei Erreichen der Bruchlast bildet sich unter Streifenfundamenten ein Keil, unter Einzelfundamenten eine Spitze verdichteten Bodens. Durch die Keilwirkung des verdichteten Bodens entstehen unter dem Fundament Gleitbereiche infolge der Überwindung des Scherwiderstandes im Boden. Der Boden wird dadurch seitlich verdrängt und aufgewölbt, die Verdrängung kann ein- und beidseitig des Fundamentes erfolgen.

Neben zu hoher Belastung können weitere Setzungsschäden auch infolge von Spannungsüberlagerungen durch benachbarte Gebäude oder durch unregelmäßige Bodenschichten entstehen.

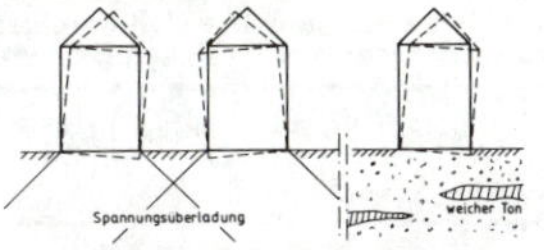

Ungleichmäßige Setzungen infolge Spannungsüberlagerung und ungleichmäßiger Bodenschichten.

Tragfähigkeit des Baugrundes

Die Tragfähigkeit des Bodens hängt ab
a) von der zulässigen Bodenpressung,
b) vom Setzungsverhalten des Bodens.

Durch die unterschiedliche Zusammensetzung des Bodens (z. B. Tonschicht, Lehmschicht, Kies usw.) erfolgt auch eine unterschiedlich lange Setzung. So setzen sich bindige Böden (Lehm, Ton Mergel, Geschiebemergel, Lößboden) stets über längere Zeiträume, weil die im Boden eingeschlossenen Wasserteilchen durch die Bauwerkslast infolge der feinen Poren sehr langsam herausgepreßt werden.

Bei nichtbindigen Böden (Sand, Kies, Kiessand z. B.) ist dagegen der größte Teil der Setzungen schnell abgeschlossen, da sich die Einzelkörner dieser Böden gegenseitig abstützen können und damit das tragende Gerippe für den Boden bilden.

5.2.2. Eignung der Böden als Baugrund

Leicht lösbarer Fels und vergleichbare Bodenarten sind ein guter Baugrund, weil sie wegen der zusammenhängenden Gesteinsmassen eine große Tragfähigkeit und ein geringes Setzungsempfinden aufweisen.

Fels Lagerungszustand	Zulässige Bodenpressung in MN/m² bei Flächengründungen und dem Zustand des Gesteins	
	nicht brüchig nicht oder nur wenig angewittert	brüchig oder mit deutlichen Verwitterungsspuren
Fels in gleichmäßig festem Verband	4	1,5
Fels in wechselnder Schichtung oder klüftig	2	1

Nichtbindige Böden bilden bei entsprechender Schichtdicke einen guten Baugrund, da die Feuchtigkeit im Boden auch bei Frost die Tragfähigkeit des Bodens kaum beeinflussen kann. Die Tragfähigkeit hängt vielmehr von der Lagerungsdichte, der Korngröße und der inneren Reibung ab. Folgende zulässige Bodenpressungen sind für nichtbindige Böden und setzungsempfindliche Bauwerke zu beachten:

Einbindetiefe	Zulässige mittlere Bodenpressung in MN/m² bei Streifenfundamenten mit Breiten von					
m	0,5 m	1 m	1,5 m	2 m	2,5 m	3 m
0,5	0,2	0,3	0,33	0,28	0,25	0,22
1	0,27	0,37	0,36	0,31	0,27	0,24
1,5	0,34	0,44	0,39	0,34	0,29	0,26
2	0,4	0,5	0,42	0,36	0,31	0,28

5

5.2. Gründungsarbeiten

Zulässige Bodenpressung bei nichtbindigem Boden und setzungsunempfindlichen Bauwerken

Einbindetiefe in m	Zulässige mittlere Bodenpressung in MN/m² bei Streifenfundamenten mit Breiten von			
	0,5 m	1,0 m	1,5 m	2,0 m
0,5	0,2	0,3	0,4	0,5
1	0,27	0,37	0,47	0,57
1,5	0,34	0,44	0,54	0,64
2	0,4	0,5	0,6	0,7
Bei kleinen Bauwerken	0,15 (von Breiten ab 0,2 m und Gründungstiefen ab 0,3 m).			

Bindige Böden bilden je nach Wassergehalt einen brauchbaren bis ungeeigneten Baugrund. Je feuchter der bindige Boden wird, um so tiefer sinkt ein Baukörper ein. Der Grund liegt in der feinen Kornzusammensetzung dieses Bodens, da ein gegenseitiges Abstützen der Körner nicht möglich ist. Allgemein gilt der Boden als bindig, der einen Korndurchmesser von weniger als 0,06 mm aufweist.

Zulässige Bodenpressung bei gemischtkörnigem Boden, z. B. Sand- oder Geschiebemergel, Geschiebelehm

Einbindetiefe in m	Zulässige mittlere Bodenpressung in MN/m² bei Streifenfundamenten mit Breiten von 0,5–2 m und einer Konsistenz		
	steif	halbfest	fest
0,5	0,15	0,22	0,33
1	0,18	0,28	0,38
1,5	0,22	0,33	0,44
2	0,25	0,37	0,5

Toniger Schluff

Einbindetiefe in m	Zulässige mittlere Bodenpressung in MN/m² bei Streifenfundamenten mit Breiten von 0,5–2 m und einer Konsistenz		
	steif	halbfest	fest
0,5	0,12	0,17	0,28
1	0,14	0,21	0,32
1,5	0,16	0,25	0,36
2	0,18	0,28	0,4

Ton

Einbindetiefe in m	Zulässige mittlere Bodenpressung in MN/m² bei Streifenfundamenten mit Breiten von 0,5–2 m und einer Konsistenz		
	steif	halbfest	fest
0,5	0,09	0,14	0,2
1	0,11	0,18	0,24
1,5	0,13	0,21	0,27
2	0,15	0,23	0,3

Organische Böden (z. B. Humus-, Schlamm- oder Torfboden) sind nicht als Baugrund geeignet, da sie sich sehr leicht zusammendrücken lassen.

Zulässige Bodenpressung bei Flachgründungen in zweifelhaften Fällen

Bodenart	Belastung in MN/m²
Angeschütteter nicht künstlich verdichteter Boden	0 bis 0,1
Gewachsener (offensichtlich unberührter) Boden:	
1. Schlamm, Torf, Moorerde i. allgemeinen	0
2. Nichtbindige festgelagerte Böden:	
Fein- und Mittelsand bis zu 1 mm ⌀	0,2
Grobsand von 1–3 mm Korngröße	0,3
Kiessand mit min. ⅓ Raumteilen	
Kies und Kies bis zu 70 mm Korngröße	0,4
3. Bindige Böden (Lehm, Ton, Mergel):	
breiig	0
weich (leicht knetbar)	0,04
steif (schwer knetbar)	0,08
halbfest	0,15
hart	0,3
4. Fels mit geringer Klüftung, gesund, unverwittert in geschlossener Schichtfolge	
von geringer Festigkeit	1,0
in fester Beschaffenheit	1,5
5. Fels, gesund in massiger oder säuliger Ausbildung	3,0

Bodenklassen

Sind bei einem Bauvorhaben größere Erdarbeiten durchzuführen, so ist der dabei geleistete Arbeitsaufwand später für Aufmaß und Abrechnung von Wichtigkeit, da z. B. felsiger Boden schwerer als sandiger abzutragen ist. Um bei der Ausschreibung und Abrechnung von Bauvorhaben den erforderlichen Arbeitsaufwand für die Erdarbeiten genauer berücksichtigen zu können, sind in der Verdingungsordnung für Bauleistungen (VOB) die Bodenarten nach dem erforderlichen Arbeitsaufwand in 7 Bodenklassen eingeteilt worden:

Klasse 1: Oberboden (Mutterboden)
ist die oberste Schicht des Bodens, die Humus und Bodenlebewesen enthält.

Klasse 2: Fließende Bodenarten
sind Böden, die wegen ihres hohen Wassergehaltes von flüssiger bis breiiger Beschaffenheit sind.

Klasse 3: Leicht lösbare Bodenarten
sind Sande und Kiese mit höchstens 30% Steinen über 63 mm Korngröße.

Klasse 4: Mittelschwer lösbare Bodenarten
Hierunter versteht man Böden mit innerem Zusammenhalt und leichter bis mittlerer Plastizität, die höchstens 30% Steine über 63 mm Korngröße enthalten.

Klasse 5: Schwer lösbare Bodenarten
Das sind Böden nach den Klassen 3 und 4, jedoch nicht mehr als 30% Steinen von über 63 mm Korngröße sowie ausgeprägt plastische Tone.

Klasse 6: Leicht lösbarer Fels und vergleichbare Bodenarten
Das sind Felsarten, die brüchig, weich oder verwittert sind sowie vergleichbare verfestigte Bodenarten.

Klasse 7: Schwer lösbarer Fels
Hierunter versteht man Felsarten, die eine hohe Gefügefestigkeit haben und nur wenig klüftig oder verwittert sind.

Bei dieser Einteilung der Bodenarten in Bodenklassen sind jedoch nicht die Eigenschaften des Bodens wie Tragfähigkeit und Setzungsverhalten, die beim Baugrund eine maßgebliche Rolle spielen, berücksichtigt worden. Hinsichtlich dieser Eigenschaften und darüber hinaus auch im Hinblick auf das Frostverhalten der einzelnen Böden ist die Unterteilung in bindige Böden und nicht bindige Böden von größerer Wichtigkeit.

5.2. Gründungsarbeiten

5.2.3. Baugrunduntersuchung

Um eine unangemessene Belastung des Baugrundes durch ein Bauwerk zu vermeiden, sollte vor der endgültigen Wahl des Baugeländes eine Baugrunduntersuchung vorgenommen werden. Dabei richten sich stets die Art und der Umfang der Baugrunduntersuchung nach den Bodenverhältnissen und der Art der Bebauung. Es werden folgende Untersuchungsverfahren unterschieden:

- **Flächenuntersuchungen**
  Hier werden Begehungen und geophysikalische Untersuchungen in Form von seismischen, elektrischen und dynamischen Verfahren durchgeführt. Diese Untersuchungen geben nur einen allgemeinen Aufschluß über die Bodenverhälnisse und sind daher durch Punktuntersuchungen zu ergänzen.
- **Punktuntersuchungen**
  bestehen aus Schürfen, Bohrungen, Sondierungen. DieseVerfahren geben zuverlässige Werte über die Baugrundbeschaffenheit und werden daher zur Aufstellung des Schichtenverzeichnisses und für Baugrundgutachten herangezogen.

Schürfen

Beim Schürfen wird außerhalb der späteren Baugrube eine Schürfstelle angelegt, da das spätere Bauwerk nicht auf aufgelockertem Boden stehen darf. Die Grundfläche einer Schürfgrube sollte $\geqq 2\ m^2$ betragen. Anhand der fertigen Grube lassen sich die Lage und die Eigenschaften der Bodenschichten direkt untersuchen. Von den einzelnen Sohlenstufen können ungestörte Bodenproben entnommen und untersucht werden. Mit Sondierungen von der Schürfgrubensohle aus können darüber hinaus Zusammensetzung und Festigkeit tieferliegender Bodenschichten ermittelt werden.

Längsschnitt und Draufsicht einer Schürfgrube

Sondierung vom Boden der Schürfgrube aus mittels Raumsonde möglich.

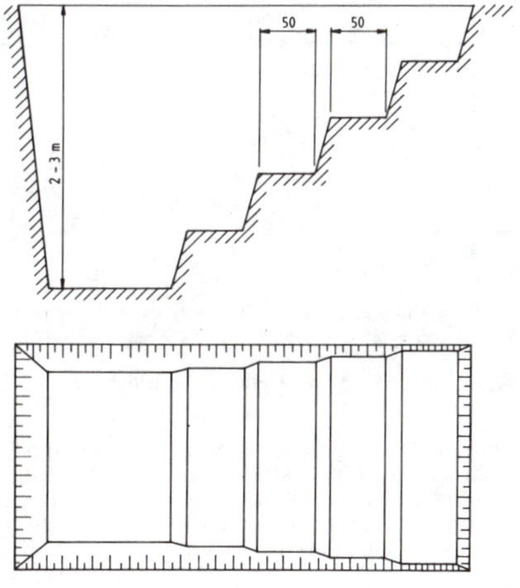

Sondierungen

Diese Verfahren werden zur Überprüfung der Bodenverhältnisse im Rahmen der Voruntersuchung des Bodens durchgeführt. Das Sondiergerät besteht aus einer Sonde (Stab und Spitze) und der Eintreibevorrichtung.

Die Sonden sind besonders gut geeignet zur Ermittlung von
- Schichtgrenzen
- Oberflächen von felsigem Boden
- tragfähigen Schichten und Hohlräumen im Untergrund.

Nach der Art der Eintreibvorrichtung unterscheidet man zwischen Ramm- und Drucksonden.

Leichte Rammsonde nach DIN 4094

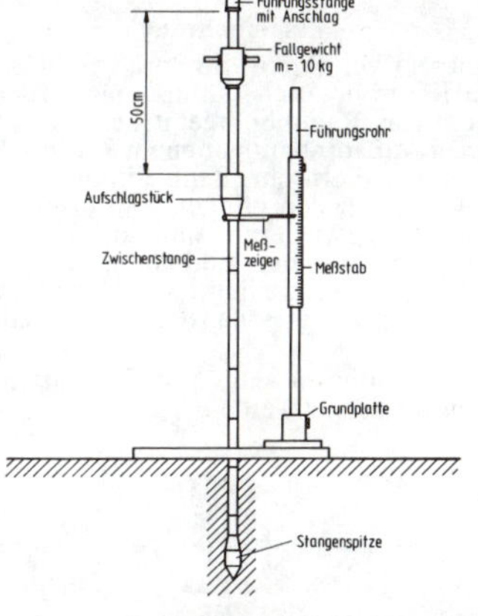

Rammsondierungen

Hier wird die Sonde mittels gleichbleibender Rammenergie in den Boden getrieben; dabei wird die Schlagzahl des Fallgewichtes festgehalten. Das Fallgewicht wird bei leichten Sonden per Hand, bei mittelschweren und schweren Sonden maschinell betätigt.

Mit der leichten Rammsonde lassen sich Bodenproben bis zu Untersuchungstiefen von 8 m entnehmen.

Drucksondierungen

Hier wird die Sonde mittels statischer Kraft (z. B. Gewinde, Pressen) gleichmäßig in den Boden getrieben und zwar 0,2 bis 0,4 m je Minute. Die Drucksonde muß für die Entnahme von Bodenproben durch Erdanker im Boden verankert werden, damit die Pressen für das Eintreiben der Sonde in den Boden einen Widerstand besitzen.

Drucksondierungen ergeben sehr gute Meßergebnisse über die Bodenbeschaffenheit.

Flügelsonden

Mit diesen Sonden kann man die Scherfestigkeit von nicht rissigen, bindigen Böden ermitteln. Die Sonde wird in den Boden gedrückt und anschließend bis zum Bruch des Bodens gedreht.

5.2. Gründungsarbeiten

Bohrungen

Bohrungen sind die häufigsten Baugrunduntersuchungen, da sie
- schnell, sicher und in großen Tiefen durchführbar sind,
- nicht durch Grundwasser behindert werden.

Die Güte der anfallenden Bodenproben ist von der angewandten Bohrmethode abhängig. Die Bohrverfahren lassen sich nach der Bohrmethode wie folgt einteilen:
- **Drehbohrungen** (oder Rotationsbohrungen)
- **Rammbohrungen**
- **Schlagbohrungen**
- **Sonderbohrverfahren**

Drehbohrungen

Ein Drehbohrgerät dreht das Bohrwerkzeug unter gleichzeitiger Druckausübung in den Boden.

Rammbohrung

Bei diesem Verfahren wird durch ein Rammbohrgerät ein Kernrohr durch Rammschläge in den Boden getrieben. Das Rammbohrgerät besteht aus einem stählernen Außenrohr mit offenem Rammschuh und einem inneren Kernrohr. Beim Einrammen gelangt der Boden durch den offenen Rammschuh in das Kernrohr, dieses wiederum kann anschließend dem Außenrohr entnommen und aufgeklappt werden. Man erhält so – wenn auch teilweise zusammengedrückt – die einzelnen Bodenschichten in natürlicher Reihenfolge.

Die Rammbohrung kann nicht bei harten Bodenschichten verwendet werden.

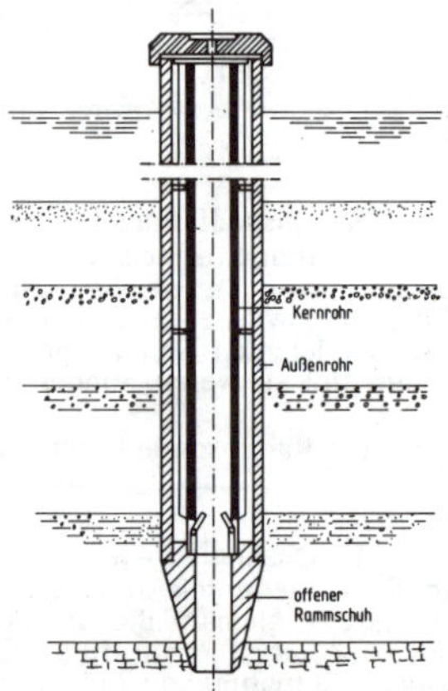

Rammbohrgerät

Schlagbohrungen

Bei diesem Verfahren wird das am Seil hängende, schwere Bohrgerät durch wiederholtes Anheben und Fallenlassen in den Boden getrieben. Je nach Bodenbeschaffenheit werden folgende Bohrgeräte verwendet: Schlagschappe, Ventilbohrer, Greifer, Meißel (aus Edelstahl), Flachmeißel, Kreuzmeißel.

Sonderbohrverfahren

Bei diesen Verfahren können im allgemeinen nur geringe Probemengen gewonnen werden. Man unterscheidet
- Handbohrung mit Kleingeräten,
- Sondierbohrung.

Bei der Handbohrung mit Kleingeräten kann man Bodenproben bis zu 5 m Tiefe entnehmen. Als Bohrgeräte dienen: Tellerbohrer, Spiralbohrer, Schnecke und Schappe. Die Probenentnahme erfolgt ohne Bohrbock und ohne Verrohrung.

Die Sondierbohrung wird mit Hilfe einer Schlitzsonde vorgenommen. Die Schlitzsonde wird per Hand oder maschinell in den Boden geschlagen.

Die Bodenuntersuchung läßt sich nach dem Herausziehen der Sonde anhand der mit Erde gefüllten Taschen vornehmen.

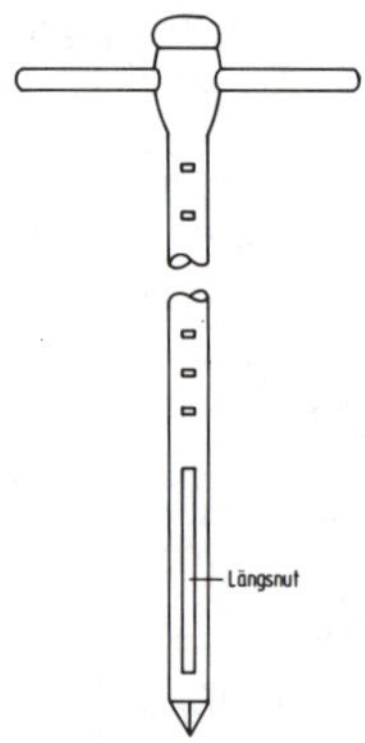

Schlitzsonde mit Längs- und Quernut

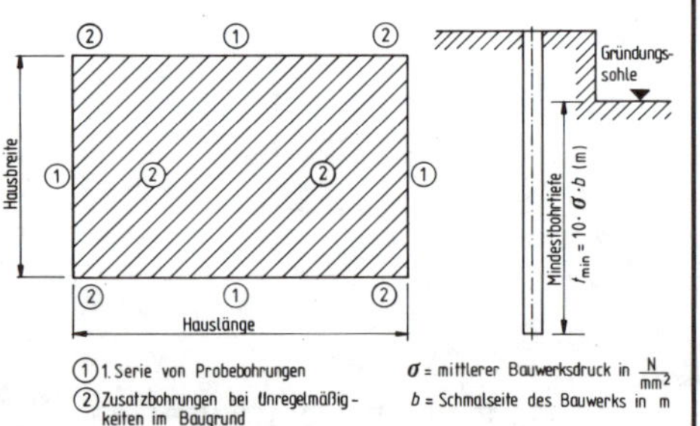

Anordnung und Tiefe von Bohrlöchern

Um aus den Bohrlöchern ungestörte Bodenproben entnehmen zu können, sind für die Verrohrung nahtlose Bohrrohre mit ≧ 159 mm Außen- und ≧ 147 mm Innendurchmesser zu benutzen. Die Verbindung der Rohre geschieht durch Verschrauben der Rohrschellen. Das Bohrrohr muß belastet werden, um dem Bohrgerät entsprechend nachzusinken.

5.2. Gründungsarbeiten

5.2.4. Gründungsarten

5.2.4.1. Allgemeines

Grundbauten müssen sämtliche Kräfte und Lasten sicher auf den Baugrund übertragen; dabei breiten sich die Lasten nach der Tiefe hin im Baugrund aus. In ersten Spannungsmessungen ging man davon aus, daß sich die Lasten unter einem Druckverteilungswinkel von 45° unter dem Fundament ausbreiten. Wenn man die Spannungsverteilung jedoch genauer erfassen will, muß man den Baugrund und seine Eigenschaften idealisieren. Versuche in diesem Zusammenhang haben ergeben, daß sich unter dem Fundament Bereiche gleicher Druckspannung in Form von kreis- bzw. zwiebelförmigen Gebilden ergeben, sogenannten Druckzwiebeln.

Die Isobaren (= Linien mit gleich großer Bodenpressung) der Druckzwiebel wachsen mit der Größe der Belastungsfläche eines Fundamentes, d. h.: bei gleicher Bodenpressung wirkt die Druckzwiebel eines breiten Fundamentes tiefer in den Boden als bei einem schmalen Fundament!

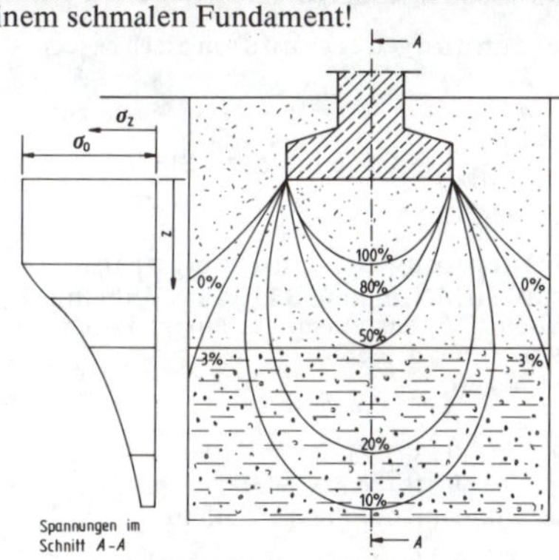

Spannungsverteilung im Baugrund bei einem breiten Fundament

5.2.4.2. Flachgründungen

Bei Flachgründungen (auch Flächengründungen) werden die Baulasten unmittelbar auf den tragfähigen Baugrund übertragen. Zu den Flachgründungen zählen:
- **Streifenfundamente** unter Wänden
- **Einzelfundamente** unter Pfeilern u. Stützen
- **Fundamentplatten**
- **Wannengründungen**

Bautechnische Forderungen an Flachgründungen

- Flachgründungen müssen druck-, schub- und biegefest sein.
- Flachgründungen müssen frostfrei gegründet sein, d. h., die Gründungssohle muß mindestens 80 cm im Erdreich liegen.
- Um Setzungen des Bauwerks zu verhindern, muß die Gründung auf gleichmäßigen und tragfähigen Bodenschichten erfolgen.
- Flachgründungen sind so zu bemessen, daß keine ungleichmäßigen Setzungen erfolgen können.
- Flachgründungen müssen widerstandsfähig gegen aggressive Stoffe im Baugrund sein.

Streifenfundamente

Streifenfundamente werden unter Bauteilen angeordnet, die gleichmäßig belastet sind, z. B. Wände, Pfeiler, Stützen. Die Streifenfundamente haben einen rechteckigen Querschnitt aus Beton und sind in der Länge fortlaufend. Der Beton wird i. d. R. gegen das Erdreich betoniert; muß das Fundament Einzellasten aufnehmen, ist eine Bewehrung erforderlich.

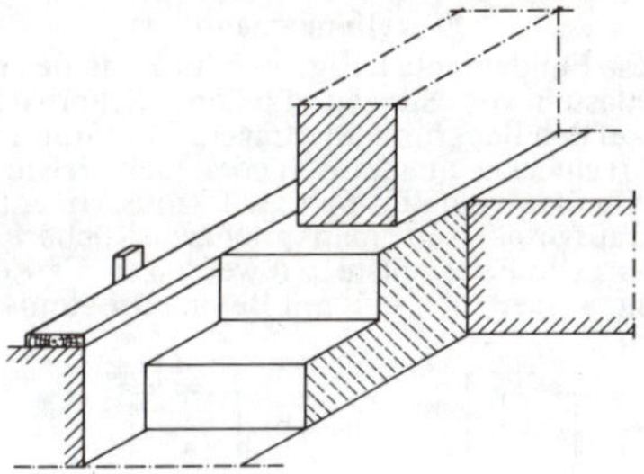

Einfaches Streifenfundament

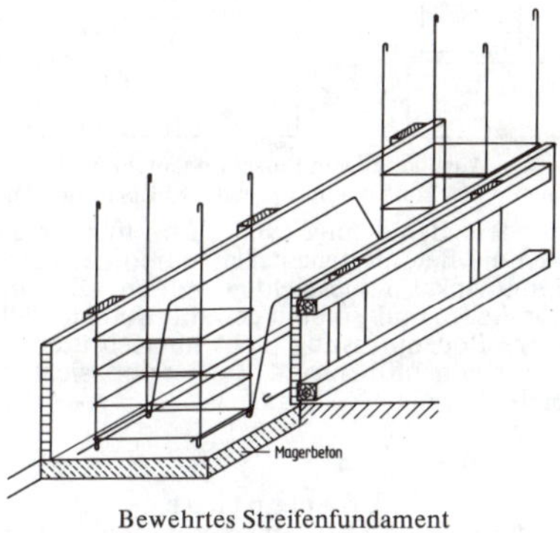

Bewehrtes Streifenfundament

Bei einfachen Bauwerken kann man die Abmessungen der Fundamente aus den Ausführungszeichnungen ersehen. Für größere Bauwerke oder für Fundamente mit verschiedenen Höhenlagen ist ein Fundamentplan notwendig; in diesen Plan werden alle Fundamente mit den aufgehenden Bauteilen eingezeichnet.

Die Fundamentsohle darf nie geneigt verlaufen. Für Neubauten ist der Einbau einer Erdungsanlage vorgeschrieben. Der Fundamenterder ist in den Fundamenten der Außenmauern als geschlossener Ring aus verzinktem Bandstahl mit einem Mindestquerschnitt von 30 × 3,5 mm bzw. 25 × 4 mm unterhalb der Sperrschicht zu verlegen. Vom Bandstahlring ist eine Anschlußfahne in den Hausanschlußraum zu führen. Sie soll 30 cm über dem Kellerfußboden aus der Wand herauskommen und mindestens 1,5 m lang sein. An die Anschlußfahne wird später vom Elektriker eine Metallschiene angeschlossen, die als

Schutzleiter für alle metallenen Leitungen (z. B. Gas-, Wasser-, Heizungsleitungen) dient.

Bewehrte Streifenfundamente sind anzuordnen, wenn
- der Baugrund schlecht ist,
- bei hohen Wandlasten die Betonfundamente zu hoch würden,
- Einzellasten (z. B. von Stützen) aufzunehmen sind.

Die Berechnung für die Bewehrung erfolgt nach DIN 1045. Bewehrte Streifenfundamente sind stets einzuschalen.

Einzelfundamente

Diese Fundamente fertigt man für Bauteile an, die Einzellasten von Stützen, Pfeilern, Schornsteinen usw. auf den Baugrund übertragen. Der Grundriß ist meist rechteckig, quadratisch oder auch kreisförmig. Einzelfundamente für Fertigteile müssen entsprechend ausgespart sein; man spricht von Köcherfundamenten. Die Fertigteilstützen werden in die Köcher gestellt, ausgerichtet und mit Beton ausbetoniert.

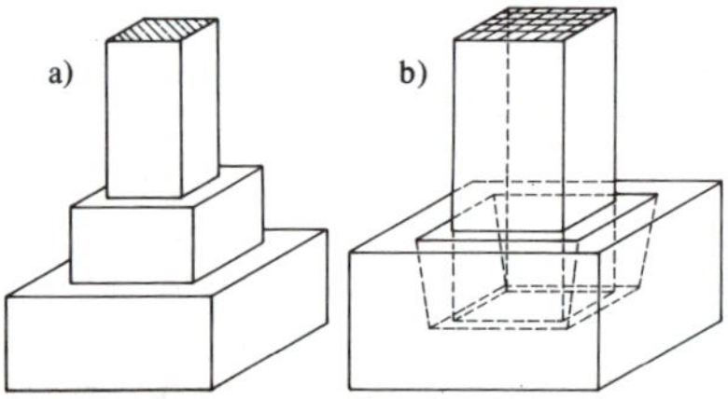

Ausbildung von Einzelfundamenten
a) abgetrepptes Fundament b) Köcherfundament

Bei der Bemessung von Einzelfundamenten müssen die Betonfestigkeitsklasse und der Lastausbreitungswinkel berücksichtigt werden. Die **Fundamentbreite** (*b*) muß so breit gewählt werden, daß die zulässige Bodenpressung nicht überschritten wird. Der Fundamentüberstand (*e*) ergibt sich nach folgender Formel: $e = \frac{b - d}{2}$

d = Breite der Auflast

Fundamenthöhe

Aus Gründen der Materialeinsparung sollte man bestrebt sein, die Fundamenthöhe (*h*) so niedrig wie möglich zu halten. In diesem Zusammenhang drückt das Verhältnis von *h* : *e* den Lastausbreitungswinkel α aus. Dieser kann aus nachstehender Tabelle der DIN 1045 (7.88) ermittelt werden:

Zulässiges Verhältnis Fundamenthöhe : Fundamentauskragung (tan des Lastausbreitungswinkels *α*).

Betonfestigkeitsklasse	zulässige Bodenpressung σ in MN/m^2				
	0,10	0,20	0,30	0,40	0,50
B 5	1,6	2,0	2,0	unzulässig	
B 10	1,1	1,6	2,0	2,0	2,0
B 15	1,0	1,3	1,6	1,8	2,0
B 25	1,0	1,0	1,2	1,4	1,6
B 35	1,0	1,0	1,0	1,2	1,3
Bei Zwischenwerten muß interpoliert werden.					

Berechnungsbeispiel (gilt auch für Streifenfundament):

Auf ein quadratisches Einzelfundament aus B 15 überträgt eine quadratische Stahlbetonsäule mit 30 cm Seitenlänge eine Stützlast von 200 kN.

Die Eigenlast des Fundamentes bleibt zunächst unberücksichtigt. Angenommene zulässige Bodenpressung: 0,30 MN/m^2. Es sind zunächst die Abmessungen des Fundamentes und dann der Nachweis der Bodenpressung zu führen.

Man beachte:
- Der Lastausbreitungswinkel *α* wird bei gleichbleibender zulässiger Bodenpressung mit zunehmender Betonfestigkeitsklasse kleiner. Der Kleinstwert von *h* : *e* ist 1,0, das entspricht einem Lastausbreitungswinkel von 45°.
- Der Lastausbreitungswinkel *α* wird mit steigender zulässiger Bodenpressung bei gleichbleibender Betonfestigkeitsklasse größer! Der Größtwert des Verhältnisses *h* : *e* beträgt 2,0, das entspricht einem Lastausbreitungswinkel von 63,5°.

Berechnung der Fundamentbreite

$\sigma \text{ zul} = \frac{F}{A}$, $A = b^2$, $b^2 = \frac{F}{\sigma \text{ zul}}$

$b^2 = \frac{0{,}2 \text{ MN m}^2}{0{,}3 \text{ MN}} = 0{,}666 \text{ m}^2$, $b = 0{,}816$ m

gewählt: $b = 85$ cm

Berechnung der Fundamenthöhe

Für σ zul 0,30 MN/m^2 und B 15 ist das Verhältnis *h* : *e* laut Tabelle 1,6; das entspricht einem Lastausbreitungswinkel von $\alpha = 58°$.

$e = \frac{0{,}85 - 0{,}30}{2}$, $e = 0{,}275$ m

$\frac{h}{e} = 1{,}6$, $h = 1{,}6 \cdot e$

$h = 1{,}6 \cdot 0{,}275 = 0{,}44$ m

gewählt: Fundamenthöhe $h = 0{,}45$ m

Nachweis der Bodenpressung

Gewicht Fundament:

8,5 dm · 8,5 dm · 4,5 dm · 2,5 kg/dm^3 = 8,13 kN

Stützlast + Fundamentgewicht: 200 + 8,13 = 208,13 kN Gesamtlast.

$\sigma = \frac{F}{A} \rightarrow \frac{208{,}13 \text{ kN}}{0{,}85 \cdot 0{,}85 \text{ (m}^2\text{)}} = 287 \text{ kN/m}^2$

σ vorhanden: 0,287 $MN/m^2 \leqq \sigma$ zulässig: 0,3 MN/m^2

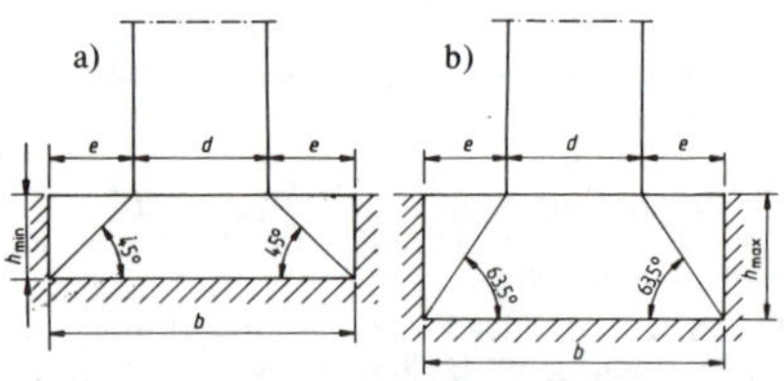

Bild a) Günstiger Fall, kleinste Fundamenthöhe; kleinstes Verhältnis *h* : *e* = 1, das entspricht dem kleinsten Lastausbreitungswinkel von 45°.

Bild b) Ungünstiger Fall, größte Fundamenthöhe; größtes Verhältnis *h* : *e* = 2, das entspricht dem größten Lastausbreitungswinkel von 63,5°.

5.2. Gründungsarbeiten

Fundamentplatten

Fundamentplatten sind Stahlbetonplatten unter der gesamten Gebäudefläche. Die Anordnung einer Fundamentplatte ist notwendig bei
- wenig tragfähigem Baugrund,
- Baugrund aus unterschiedlichen Bodenarten,
- Einzelfundamenten, die zu dicht beieinander liegen würden.

Die Bauwerkslasten werden auf die gesamte Fundamentplatte verteilt und somit die vorhandene Bodenpressung herabgesetzt. Je nach statischen Verhältnissen wird die Fundamentplatte mit einer oberen oder doppelten Bewehrung hergestellt.

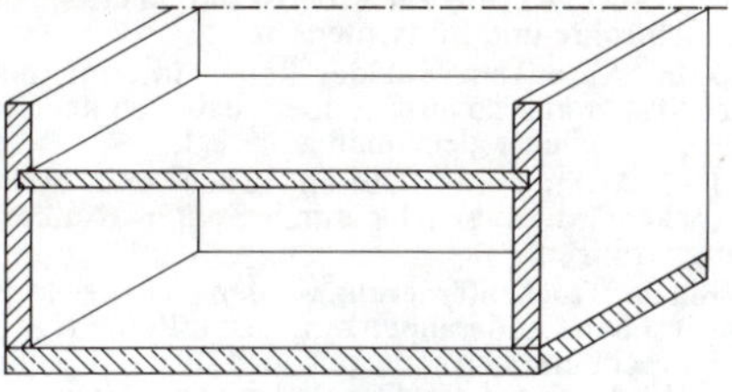

Plattengründung

Wannengründungen

Wannengründungen sind dann vorzusehen, wenn außer senkrechten auch größere waagerecht oder schräg angreifende Kräfte aufgenommen werden müssen.

Die Bauwerkslasten werden von der Bodenplatte und den Umfassungswänden ins Erdreich übertragen. Bodenplatte, Umfassungswände und Zwischenwände der Wanne werden durch Bewehrung zu einem einheitlichen Tragwerk verbunden.

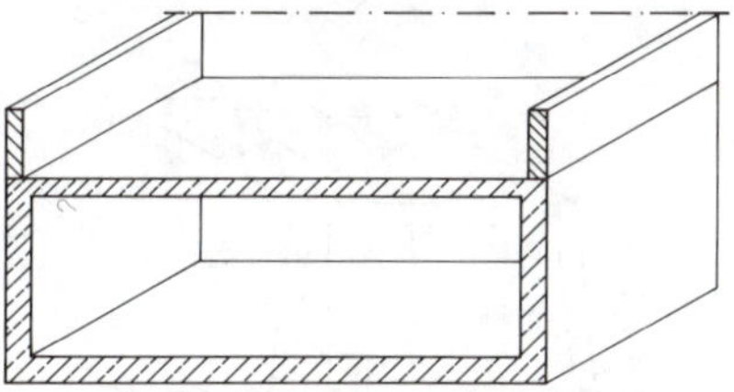

Wannengründung

5.2.4.3. Tiefgründungen

Tiefgründungen sind dann vorzunehmen, wenn ein Bauwerk z. B. auf stark wasserhaltigem, wenig tragfähigem Boden gegründet werden soll. Die Gründung wird mit Hilfe von Pfählen vorgenommen, die die wenig tragfähigen Bodenschichten durchstoßen und die Lasten auf den darunterliegenden höher belastbaren Boden übertragen.

Häufige Tiefgründungsarten sind:
Pfahlgründung, Pfeilergründung, Brunnengründung, Druckluftgründung.

Pfahlgründung

Bei dieser Gründungsart werden die Lasten eines Bauwerkes durch axial belastete Pfähle in den Baugrund übertragen.

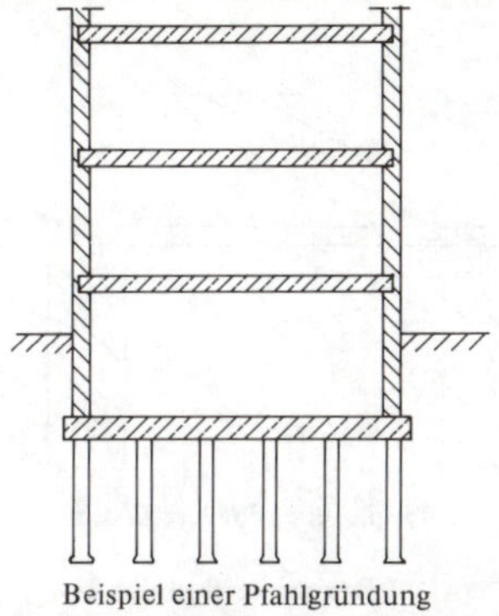

Beispiel einer Pfahlgründung

Die Pfahlkraft kann je nach Beschaffenheit des Baugrundes durch Spitzendruck, Mantelreibung oder beides zusammen auf den tragfähigen Baugrund übertragen werden.

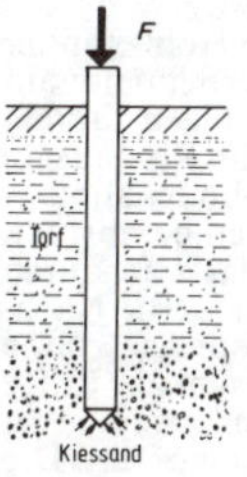

Spitzendruck im tragfähigen Baugrund

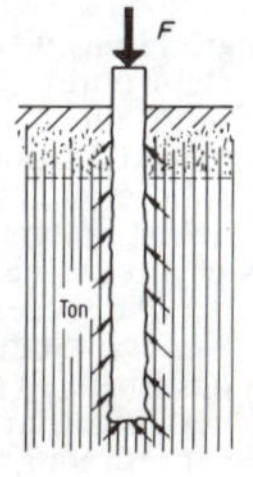

Mantelreibung bei schwebender Gründung in nicht tragfähigem Baugrund

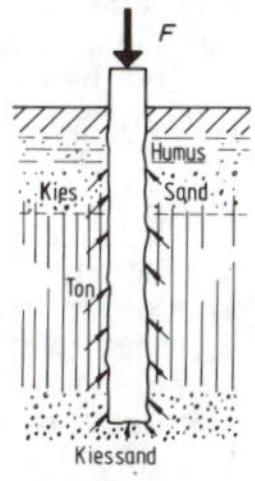

Spitzendruck und Mantelreibung

Zu **Pfahlgründungen** verwendet man **Ortbetonpfähle** oder **Fertigteilpfähle.**

Ortbetonpfähle, auch Bohrpfähle genannt, werden in den Baugrund in bewehrtem oder unbewehrtem Zustand einbetoniert. Der maximale Durchmesser beträgt 2,5 m bei einer Bohrtiefe bis zu 50 m.

Bei weichen Bodenarten muß zur Sicherung ein Stahlrohr mit eingeführt werden, das beim Betonieren wieder schrittweise herausgezogen wird.

Fertigpfähle werden in den Boden eingerammt, eingerüttelt, eingeschwemmt oder in ein vorbereitetes Bohrloch eingestellt. Sie können aus Stahl, Holz, Stahlbeton oder Spannbeton hergestellt werden. Der Querschnitt der Stahlbeton-Fertigteilpfähle kann rund, quadratisch, rechteckig oder doppel-T-förmig sein.

Pfeilergründung

Bei dieser Gründungsart werden Beton- oder Stahlbetonpfeiler bis auf den tiefliegenden tragfähigen Boden in das Erdreich einbetoniert, um die Lasten an Gebäudeecken, Kreuzungspunkten von Wänden und Säulen aufzunehmen. Das eigentliche Fundament besteht aus Stahlbetonbalken, die von Pfeilerkopf zu Pfeilerkopf gespannt sind. Die Pfeiler selbst, bestehend aus Beton, Stahlbeton und Mauerwerk, stehen auf Einzelfundamenten oder Gründungsstreifen.

5

5.2. Gründungsarbeiten

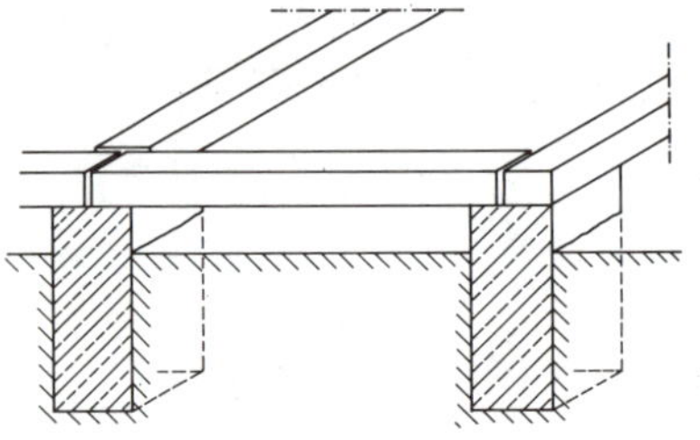

Beispiel einer Pfeilergründung

Brunnengründung

Diese Gründungsart erfüllt die gleichen Aufgaben wie die Pfeilergründung. Der Durchmesser des einzelnen Brunnens ist jedoch größer als der eines Pfeilers, nimmt größere Lasten auf und wird anders hergestellt.

Bei der **Brunnengründung** werden Hohlzylinder aus Stahlbeton oder Stahlrohre mit einer Schneide am unteren Rand auf den nicht tragfähigen Boden gesetzt. Anschließend wird der Boden im Ring ausgebaggert, so daß der Stahlbeton-Hohlzylinder allmählich durch seine Eigenlast in den Boden herabsinkt. Das Absinken läßt sich durch eine Auflast oder durch ein Gleitmittel an der Außenseite steuern. Nacheinander werden weitere Stahlbetonringe ohne Schneide auf die in das Erdreich abgesenkten Ringe aufgesetzt, bis der tragfähige Baugrund erreicht ist. Anschließend wird der Hohlraum ausbetoniert. Die Brunnen haben einen Durchmesser von 1–3 m. Bisher erreichte maximale Tiefe: 200 m.

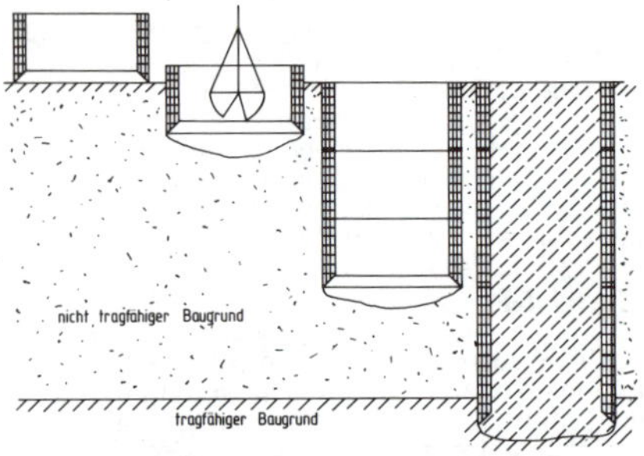

Beispiel einer Brunnengründung

Einzelgründungskörper für Stützen bzw. Wandlasten erhalten eine Betonfüllung. Im Grundwasser werden sie, nachdem das Wasser im Innern auf Höhe des Außenwassers steht, mit Unterwasserbeton ausbetoniert. Die Dicke der Grundsohlen-Betonschicht muß berechnet werden. Nach Erhärtung der Betonsohle wird das Wasser im Hohlkörper abgepumpt und anschließend im Trocknen weiter betoniert. Bei kleinen Brunnen kann auch der Hohlraum voll unter Wasser ausbetoniert werden.

Bei Brunnengründungen für Gebäude werden die Brunnen oben durch Stahbetonbalken verbunden.

Die Anordnung entspricht derjenigen für Pfeilergründungen.

Druckluftgründung

Bei diesem Gründungsverfahren wird das Fundament als unten offener, kastenförmiger Körper betoniert. Das Verfahren eignet sich für Bauwerke, deren Gründungssohle unter Wasser liegt.

Die Gründungsarbeiten werden im Schutze einer Luftblase ausgeführt, deren erforderlicher Luftdruck gleich dem jeweiligen Wasserdruck entsprechen muß. Der Zu- und Abgang zur Arbeitskammer erfolgt über Schachtrohre und Luftschleusen.

Zum Absenken wird der Boden im Innern der Arbeitskammer so ausgegraben, daß sich der Senkkasten möglichst gleichmäßig bewegt.

Der Aushub kann durch **Laden und Fördern (Trockenförderung)** oder durch **Spülen (Naßförderung)** erfolgen.

Bei der **Trockenförderung** werden kleine elektrisch angetriebene Laderaupen eingesetzt. Reine Handarbeit beschränkt sich heute nur noch auf das Beseitigen von Hindernissen etc. Der Boden wird durch eingeschleuste Kübel abtransportiert.

Die **Naßförderung** wird bei Sand, Kies, Schlamm und Schluff angewandt. Die Spül- und Saugpumpen werden außerhalb der Arbeitskammer aufgestellt. Bei diesem Verfahren ist die Arbeitsleistung höher, da z. B. das Ausschleusen des Aushubs entfällt.

Gleichlaufend mit der Absenkung werden bei dem Gründungskörper die Außen- und Innenwände bereits hochgeführt. Ist das Absenkziel erreicht, wird der angetroffene Baugrund in Augenschein genommen und auf Standsicherheit überprüft.

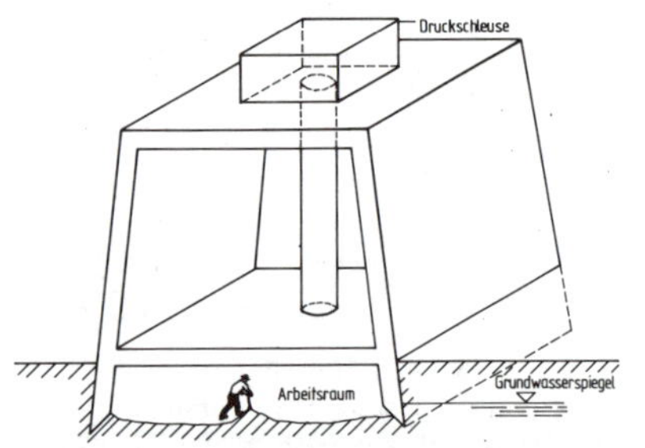

Beispiel einer Druckluftgründung

Nachdem der Gründungskörper seine volle Absenktiefe erreicht hat, wird die Arbeitskammer voll ausbetoniert. Dabei muß man auf einen dichten Anschluß des Betons an den Wänden und der Decke der Arbeitskammer achten, um eine volle Standsicherheit zu gewährleisten.

In diesem Zusammenhang ist eine an die Decke der Arbeitskammer angehängte Anschlußbewehrung von Vorteil, da sie beim Ausbetonieren der Kammer eine gute Verbundwirkung zwischen Gründungskörper und nachträglich eingebrachtem Ortbeton darstellt.

5.3. Wände

5.3.1. Allgemeines

An Wände werden folgende Forderungen gestellt:
- Standfestigkeit
- Wärme-, Schall- und Feuerschutz
- Sperren gegen Feuchtigkeit
- Knickaussteifung

In diesem Zusammenhang sind folgende DIN-Vorschriften zu beachten:
DIN 1052 Holzbauwerke, Holztafeln
DIN 1053 Mauerwerk, Berechnungen
DIN 1055 Lastannahmen für Bauten
DIN 4102 Brandverhalten von Baustoffen
DIN 4108 Wärmeschutz im Hochbau
DIN 4109 Schallschutz im Hochbau

Darüber hinaus: Einschlägige Vorschriften der Landesbauordnungen sowie das Normblatt DIN 4106 Wanddicken für Wohnungsbauten. Nach dieser Norm entfällt der Nachweis für ausreichende Standfestigkeit, Schall- und Wärmedämmung, wenn die im Normblatt angegebenen Wanddicken für bestimmte Bautypen übernommen werden.

5.3.2. Massive Wände

5.3.2.1. Grundlegende Bestimmungen der Mauerwerksausführung nach DIN 1053 (2.90)

Standsicherheit

Die zulässigen Mauerdruckspannungen werden durch die Steinfestigkeit und verwendete Mörtelgruppe bestimmt. So herrscht z. B. bei einem fünfgeschossigen Wohnhaus eine Mauerdruckspannung von ungefähr 0,4 MN/m² im Bereich der Kellerwände.

Grundsätzlich kann man feststellen, daß das Verhältnis der Wandfestigkeit zur Steinfestigkeit immer ungünstiger wird, je höher die Steinfestigkeit ist.

Zulässige Mauerdruckspannungen in MN/m² bei Mauern aus künstlichen Steinen mit Normalmörtel

Steinfestigkeits-klasse in MN/m²	Mörtelgruppe I	II	II a	III	III a
2	0,3	0,5	0,5	–	–
4	0,4	0,7	0,8	0,9	–
6	0,5	0,9	1,0	1,2	–
8	0,6	1,0	1,2	1,4	–
12	0,8	1,2	1,6	1,8	1,9
20	1,0	1,6	1,9	2,4	3,0
28	–	1,8	2,3	3,0	3,5
36	–	–	–	3,5	4,0
48	–	–	–	4,0	4,5
60	–	–	–	4,5	5,0

Zulässige Mauerdruckspannungen in MN/m² für Mauerwerk mit Dünnbett- und Leichtmörtel

Steinfestigkeits-klasse in MN/m²	Dünnbett-mörtel	Leichtmörtel LM 21	Leichtmörtel LM 36
2	0,6	0,5 [1])	0,5 [1])
4	1,0	0,7 [1])	0,8 [1])
6	1,4	0,7	0,9
8	1,8	0,8	1,0
12	2,0	0,9	1,1
20	2,9	2,9	1,1
28	3,4	0,9	1,1

[1]) Hier sind Abweichungen möglich, siehe DIN 1053, Tab. 4.

Zulässige (zul.) und nicht zulässige (N) Anwendung von Mauermörtel nach DIN 1053 Teil 1 (2.90)

Anwendungsbereich	Normalmörtel I	Normalmörtel II/II a	Normalmörtel III/III a	Leicht-mörtel	Dünn-bett-mörtel
Keller-mauerwerk	N	zul.	zul.	zul.	zul.
Gewölbe	N	N	zul.	N	N
> 2 Vollgeschosse	N	zul.	zul.	zul.	zul.
Wanddicke < 24 cm [1])	N	zul.	zul.	zul.	zul.
Mauersteine mit einer Maßabweichung in der Höhe von mehr als 1,0 mm	N	zul.	zul.	zul.	N
Nichttragende Außenschale von zweischaligen Außenwänden	N	zul.	N	N	zul.
Sichtmauerwerk, außen mit Fugenglattstrich	N	zul.	zul.	zul.	zul.
Ungünstige Witterungsbedingung (Nässe, niedrige Temperatur)	N	zul.	zul.	N	zul.

[1]) Bei zweischaligen Wänden mit und ohne Luftschicht ist nur die Wanddicke der Innenschale in Rechnung zu stellen.

Anforderungen an geputzte, einschalige Außenwände

Bauteil	Anforderung
Wanddicke	Die Außenwanddicke soll bei dauerndem Aufenthalt von Menschen mindestens 24 cm betragen, sonst 11,5 cm. Grund: Wärmeschutz, Wärmespeicherung, Feuchtigkeitspuffer.
Außenputz	Mittlere Dicke 2 cm, mindestens 1,5 cm. Die Schlagregensicherheit muß gewährleistet sein.
Innenputz	Mittlere Dicke 1,5 cm, mind. 1 cm

5.3.2.2. Zweischalige Außenwände

Bei einer zweischaligen Außenwand dient die äußere Schale als Witterungsschutz. Man unterscheidet zweischalige Außenwände:

a) mit Luftschicht

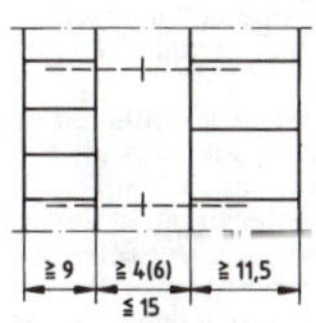

b) mit Luftschicht und Wärmedämmung

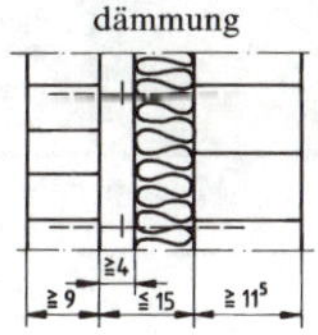

c) mit Kerndämmung

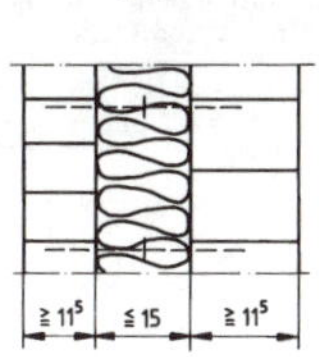

Maße in mm

5.3. Wände

5

Anforderungen an zweischalige Außenwände

Bauteil	Anforderung
Wanddicke	Für die Bemessung ist nur die Wanddicke der tragenden Innenschale anzunehmen. Die Mindestdicke beträgt 11,5 cm, sofern nicht Standsicherheit, Bauphysik, Brandschutz etc. größere Dicken vorschreiben.
Außenschale	Die Mindestdicke der Außenschale beträgt 9 cm. Die Außenschale muß auf ganzer Länge und Breite vollflächig auflagern. Außenschalen mit einer Dicke von 11,5 cm sollen bei einer Höhe von 12 m abgefangen werden. Außenschalen von weniger als 11,5 cm Dicke dürfen nicht höher als 20 m über Gelände geführt werden. Sie sind bei einer Höhe von 6 m abzufangen.
Innenschale/ Geschoßdecke	Die Innenschalen und die Geschoßdecken sind an den Fußpunkten der Zwischenräume der Wandschalen gegen Feuchtigkeit zu schützen.
Drahtanker	Die Mauerwerksschalen sind durch Drahtanker zu verbinden. Vertikaler Abstand der Drahtanker: höchstens 50 cm Horizontaler Abstand der Drahtanker: höchstens 75 cm Die Drahtanker dürfen keine Feuchtigkeit von der Außen- zur Innenschale transportieren können (z. B. Aufschieben einer Kunststoffscheibe).
Luftschicht (ohne Wärmedämmung)	Mindestdicke der Luftschicht: 6 cm Höchstdicke der Luftschicht: 15 cm Die Verminderung der Luftschichtdicke auf 4 cm ist zulässig, wenn der Fugenmörtel mindestens an der Hohlraumseite abgestrichen wird.
Lüftungs- öffnungen	Die Außenschalen sollen unten und oben Lüftungsöffnungen (z. B. offene Stoßfugen) erhalten. Die Luftschicht darf erst 10 cm über Erdgleiche beginnen.
Luftschicht (mit Wärmedämmung)	Der lichte Abstand der Mauerwerksschalen darf 15 cm nicht überschreiten. Die Mindestluftschichtdicke von 4 cm darf nicht von Unebenheiten in der Wärmedämmschicht beeinträchtigt werden.
Kern- dämmung	Die Außenschale ist hier mindestens 11,5 cm dick auszuführen. Der lichte Abstand der Mauerwerksschalen darf 15 cm nicht überschreiten. Die Verblendschale ist vollfugig zu vermauern. Entwässerungsöffnungen in der Außenschale sollen auf 20 m² Wandfläche mindestens 5000 mm² im Fußpunktbereich haben. Keine Hohlräume zwischen Kerndämmung und Außen- sowie Innenschale.

Mindestanzahl und Durchmesser von Drahtankern für 1 m² Wandfläche

	Drahtanker	
	Mindestzahl	Durchmesser
mindestens	5	3
Wandbereich > 12 m über Gelände od. Abstand der Mauerwerksschalen > 7 < 12 cm	5	4
Abstand > 12 < 15 cm	7	4

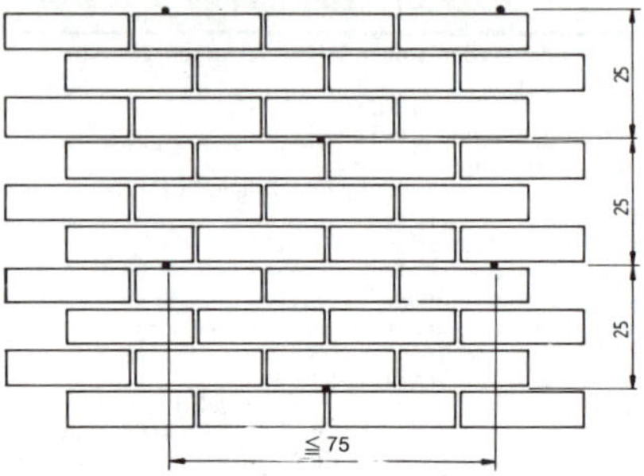

Anordnung der Drahtanker bei zweischaligem Mauerwerk mit Luftschicht

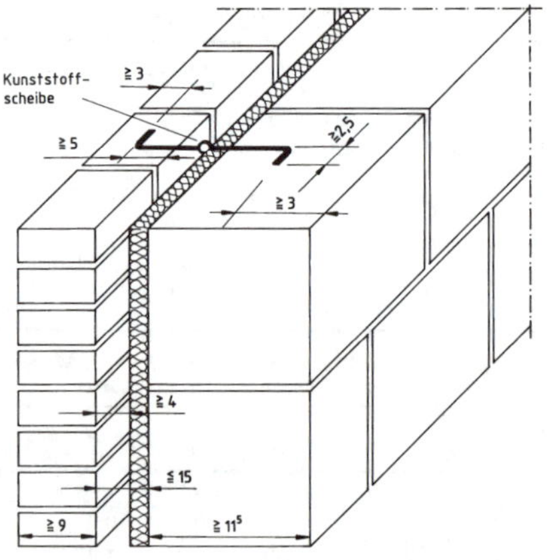

Zweischaliges Mauerwerk mit Luftschicht (verputzt und unverputzt), Mindest- und Höchstabstand der beiden Mauerschalen.

Ringanker

Werden Decken ohne Scheibenwirkung verwendet (z. B. Holzbalkendecken), so ist die horizontale Aussteifung der Wände durch Ringanker oder statisch gleichwertige Maßnahmen sicherzustellen. In alle Außenwände und die Querwände, die als lotrechte Scheiben der Abtragung waagerechter Lasten (z. B. Wind) dienen, sind durchlaufende Ringanker zu legen

- bei Bauteilen, die insgesamt mehr als zwei Vollgeschosse haben oder länger als 18 m sind,
- bei Wänden mit vielen oder besonders großen Öffnungen,
- wenn die Baugrundverhältnisse es erfordern.

Die Ringanker sind in jeder Deckenlage oder unmittelbar darunter anzubringen. Sie dürfen aus Stahlbeton, bewehrtem Mauerwerk, Stahl oder Holz ausgebildet werden und müssen unter Gebrauchslast eine Zugkraft von 30 kN aufnehmen können. Ringanker aus Stahlbeton müssen eine Mindestbewehrung von 2 ⌀ 10 haben.

5.3.2.3. Sichtmauerwerk für Außenwände (einschaliges Verblendmauerwerk)

Beim **einschaligen Verblendmauerwerk** werden Verblendung und Hintermauerung zu einer einheitlichen Außenwand im Verbund verbunden. Um die Schlagregensicherheit zu gewährleisten, muß bei der Ausführung von Sichtmauerwerk jede Mauerschicht mindestens zwei Steinreihen aufweisen, zwischen denen eine durchgehende, schichtweise versetzte, hohlraumfrei vermörtelte, 2 cm dicke Längsfuge verläuft.

Beim Sichtmauerwerk gehört die Verblendung zum tragenden Querschnitt. Für die zulässige Beanspruchung ist die im Querschnitt verwendete niedrigste Steinfestigkeitsklasse maßgebend. Die Fugen der Sichtflächen sollen – soweit kein Fugenglattstrich ausgeführt wird – mindestens 1,5 cm tief flankensauber ausgekratzt und anschließend sachgemäß ausgefugt werden.

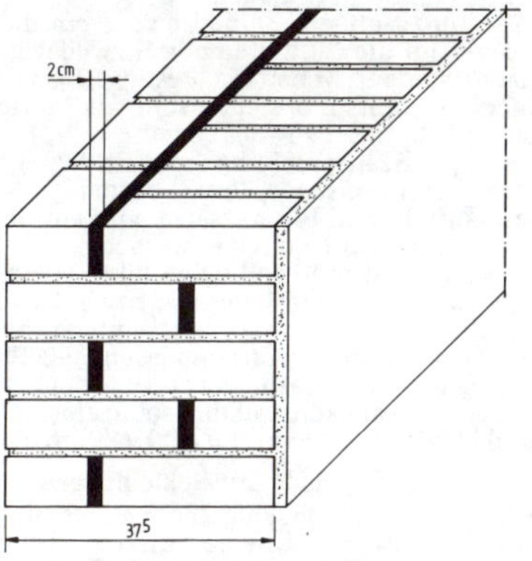

Einschaliges Verblendmauerwerk im NF

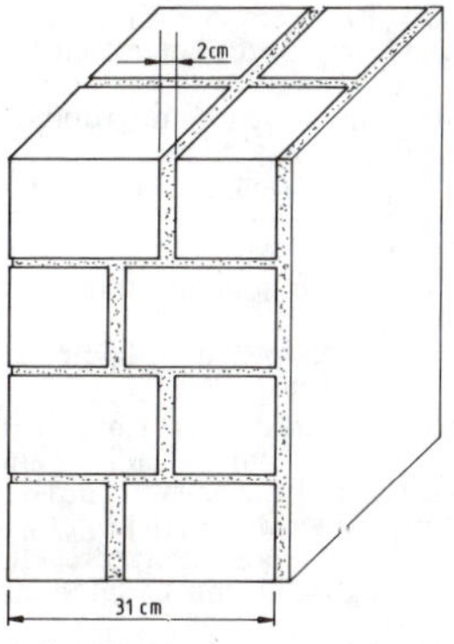

Einschaliges Verblendmauerwerk im 2 DF

Aussparungen und Schlitze

Das Anlegen von Schlitzen und Aussparungen verringert die Tragfähigkeit der Wände.

- Vertikale Schlitze verschlechtern die Aussteifung bzw. die vertikale Halterung.
- Horizontale Schlitze erzeugen Ausmittigkeiten infolge Lastumlenkung.

Horizontale und schräge Schlitze – nachträglich hergestellt –

Wanddicke d cm	Schlitzlänge l_s unbeschränkt Tiefe t_1 [1]) mm	Schlitzlänge l_s $\leqq$ 1,25 m lang Tiefe t_2 [2]) mm
$\geqq$ 11,5	–	–
$\geqq$ 17,5	0	$\leqq$ 25
$\geqq$ 24	$\leqq$ 15	$\leqq$ 25
$\geqq$ 30	$\leqq$ 20	$\leqq$ 30
$\geqq$ 36,5	$\leqq$ 20	$\leqq$ 30

[1]) Die Tiefe t_1 darf um 1 cm erhöht werden, wenn Werkzeuge mit Tiefengenauigkeit verwendet werden.
[2]) Bei Schlitzen mit Tiefe t_2: Mindestabstand in Längsrichtung von Öffnungen $a_1 \geq 49$ cm, vom nächsten Horizontalschlitz a_2: 2fache Schlitzlänge.

Beachte:

- Horizontale Schlitze sind bei 11,5 cm Wanddicke verboten.
- Horizontale und schräge Schlitze sind nur zulässig in einem Bereich 0,4 m ober- und unterhalb der Rohdecke sowie jeweils an einer Wandseite.
- Horizontale Schlitze dürfen nur mit Werkzeugen hergestellt werden, die das Gefüge der Wand nicht zerstören.

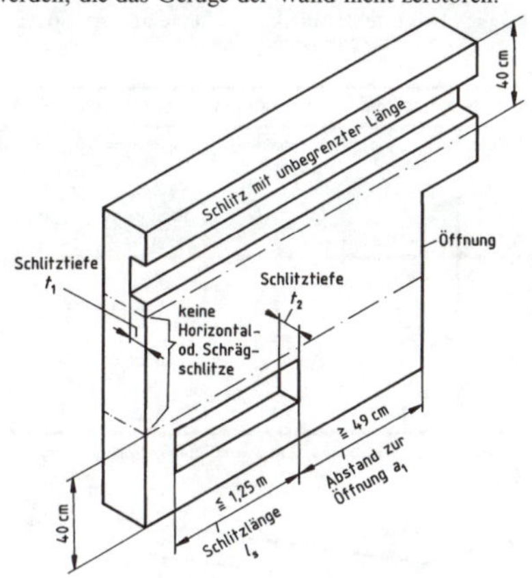

Bestimmungen für nachträglich hergestellte horizontale und schräge Schlitze

Vertikale Schlitze und Aussparungen – nachträglich hergestellt –

Wanddicke d cm	Tiefe t_3 [1]) mm	Einzelschlitzbreite b_1 mm	Abstand der Schlitze u. Aussparungen von Öffnungen a_3 mm	Gesamtbreite von Schlitzen [2]) mm
$\geqq$ 11,5	$\geqq$ 10	$\leqq$100	$\leqq$11,5	–
$\geqq$ 17,5	$\leqq$ 30	$\leqq$ 100	$\leqq$ 11,5	$\leqq$ 260
$\geqq$ 24	$\leqq$ 30	$\leqq$ 150	$\leqq$ 11,5	$\leqq$ 385
$\geqq$ 30	$\leqq$30	$\leqq$ 200	$\leqq$ 11,5	$\leqq$ 385
$\geqq$ 36,5	$\leqq$ 30	$\leqq$ 200	$\leqq$ 11,5	$\leqq$ 385

[1]) Schlitze, die bis maximal 1 m über Fußboden reichen, dürfen bei Wanddicken > 24 cm bis 80 mm Tiefe und 120 mm Breite ausgeführt werden.
[2]) Je 2 m Wandlänge l_w, proportionale Werte bei $l_w < 2$ m.

(Abb. siehe S. 5-14)

5

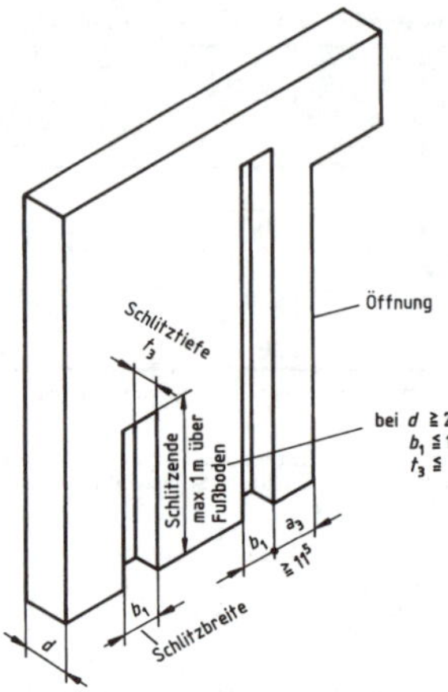

Nachträglich hergestellte vertikale Schlitze und Aussparungen (Tab. siehe S. 5-13)

Vertikale Schlitze und Aussparungen im gemauerten Verband

Wanddicke d	Breite b_2 ¹)	Restwanddicke d_R	Abstand der Schlitze und Aussparungen	
			von Öffnungen a_4	untereinander a_5
cm	cm	cm	mm	mm
11,5	–	–		
17,5	26	11,5	≧ 2-fache Schlitzbreite bzw.	≧ Schlitzbreite
24	38,5	11,5		
30	38,5	17,5		
36,5	38,5	24	≧ 365	

¹) Gesamtbreite von Schlitzen je 2 m Wandlänge l_w, proportionale Werte bei $l_w < 2$ m

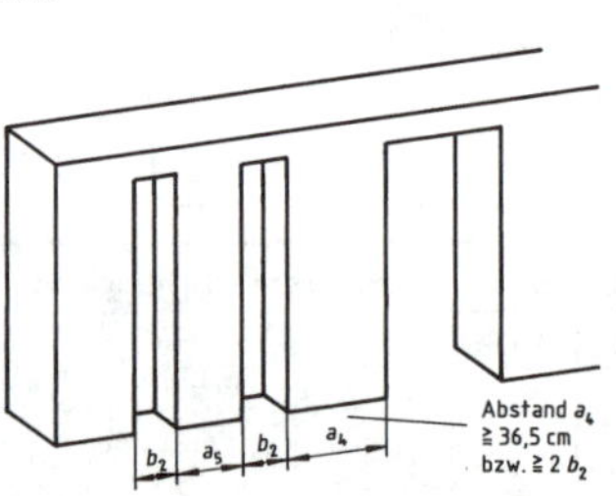

Vertikale Schlitze und Aussparungen im gemauerten Verband

Hinweise für den Praktiker

- Schlitztiefe so gering wie möglich halten.
- Keine Wände unter 17,5 cm Wanddicke schlitzen.
- Horizontale Schlitze nur dicht unter der Decke oder über dem Fußboden ausführen.
- Schlitze und Aussparungen niemals in Pfeilern anbringen.
- Schonende Werkzeuge sollen eine Störung des Mauerverbandes verhindern.

5.3.2.4. Wände mit Außenputz

Für eine Vielzahl von einschaligen Außenwänden stellt der Außenputz eine wirtschaftliche Form der Außenverkleidung dar, da die heute hochwärmedämmenden Wandbaustoffe (z. B. Porotonziegel) aufgrund ihres Saugvermögens wirksam gegen Niederschlag geschützt werden müssen. Ein einwandfrei hergestellter Putz ist durchaus in der Lage, einen wirkungsvollen Schlagregenschutz zu bieten.

Voraussetzung für die Funktionsfähigkeit aller Putze - vom einfachen Luftkalkmörtel bis zum wasserabweisenden Edelputz - ist eine fehlstellenfreie, geschlossene Oberfläche sowie ein möglichst geringes Saugvermögen bei gleichzeitiger Wasserdampfdurchlässigkeit. Bei der Herstellung von verputzten Außenwänden sind im wesentlichen folgende Punkte zu beachten:

- Außenputze müssen mindestens 2 cm dick sein und bis auf die Luftporenmörtel zweilagig aufgetragen werden, wobei ein Festigkeitsgefälle von innen nach außen bestehen soll. Als Mörtelgruppen sind Ib und II zu verwenden.
- Bei starker Beanspruchung durch Schlagregen sollten wasserabweisende Putze bevorzugt werden; dies kann durch Mörtelzusätze oder entsprechendem Außenanstrich erreicht werden.
- Der Putzgrund muß vollfugig und fest sein. Trockene und saugende Mauerflächen sind vorzunässen, glatte oder stark saugende Untergründe sind mit einem Spritzbewurf mindestens 12 Stunden vor Beginn der Putzarbeiten zu versehen.
- Die fertige Wandkonstruktion sollte einen Wärmedurchlaßwiderstand von 1,0 m^2 K/W erreichen.

5.3.2.5. Wände mit Bekleidungen

Äußere Bekleidungsschichten bieten den Außenwänden Schutz vor Klimaeinwirkungen, darüber hinaus kann man bestimmte formale Wirkungen bei der Gestaltung der Außenwand-Fassade erreichen.

Bekleidungen lassen sich unmittelbar auf den Untergrund aufbringen oder mit Abstand vor einem beliebigen Untergrund unter Ausbildung einer hinterlüfteten Fassade erstellen. Für das unmittelbare Aufbringen auf den Untergrund durch Ansetz- oder Hinterfüllmörtel sind geeignet:

- kleinformatige Platten aus Werksteinen,
- Fliesen
- Spaltplatten sowie Riemchen.

Für die Verwendung einer hinterlüfteten Fassade bieten sich an:

- Platten und vorgefertigte Tafelelemente mit Abmessungen ≧ 0,1 m^2.

Da eine Bekleidung das konstruktive und bauphysikalische Verhalten einer Außenwand erheblich verändern kann, muß die Auswahl des Konstruktionssystems immer unter Berücksichtigung der zu erwartenden Beanspruchungen infolge Regen, Temperatur und Wind erfolgen. Davon hängt auch die Art der Bekleidung ab.

Um Schäden von vornherein zu vermeiden, sollte man bei Wänden mit Bekleidung folgendes beachten:

- Bei starker Schlagregenbeanspruchung sollten Außenwände stets mit hinterlüfteter Fassade versehen werden.
- Eine zusätzliche Wärmedämmschicht sollte an der Außenseite der tragenden Wand angeordnet und von einer mindestens 2 cm vor der Wärmedämm-

schicht angebrachten und hinterlüfteten Bekleidung geschützt werden.
- Die Abmessungen zusammenhängender Flächen sollten bei unmittelbar mit Mörtel auf tragfähigem Grund aufgebrachten Plattenbekleidungen bis zu 3 cm Dicke maximal 3,0 × 3,0 m betragen.
- Am Fuß- und Kopfpunkt von Unterkonstruktionen sind über die gesamte Wandlänge Zu- und Abluftöffnungen mit einem freien Querschnitt von mindestens 100 cm^2 je Meter Wandlänge vorzusehen.

5.3.2.6. Verarbeitung von künstlichen Steinen

Bei stark saugfähigen Steinen ist die Saugfähigkeit durch Vornässen oder andere geeignete Maßnahmen so weit einzuschränken, daß dem Mörtel nicht zu viel Wasser entzogen wird.

Es muß stets im Verband gemauert werden, d. h., die Stoß- und Längsfugen übereinanderliegender Schichten müssen versetzt sein:

$ü \geqq 0{,}4\ h \geqq 4{,}5$ cm, wobei h die Steinhöhe ist.

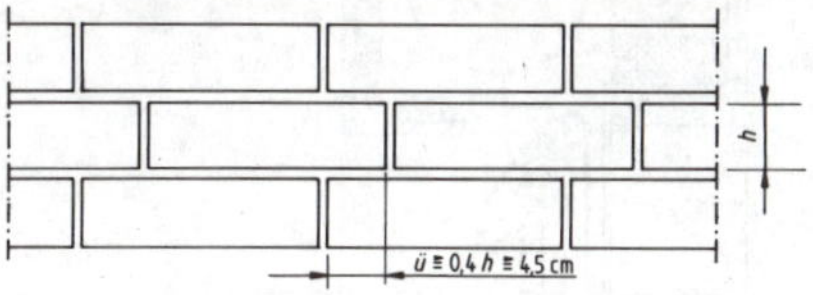

Mauerverband, Mindestversetzmaße

Bei Frost darf Mauerwerk nur unter besonderen Schutzmaßnahmen ausgeführt werden. Es dürfen keine gefrorenen Baustoffe verwendet werden. Auf gefrorenem Mauerwerk darf nicht weitergemauert werden. Durch den Einsatz von Salzen zum Auftauen können Schäden am Mauerwerk auftreten. Mauerwerk, das durch Frost beschädigt ist, ist vor dem Weiterbau abzutragen.

5.3.2.7. Aussteifungen von Wänden

Nach DIN 1053 (2.90) fallen die starren Aussteifungsbedingungen für Wände weg. Es wird danach nicht mehr festgelegt, bei welchen Geschoßhöhen, Deckenspannweiten und Wanddicken Wände auszusteifen sind.

Aussteifende Wände können dort angeordnet werden, wo es der Grundriß ohne Einschränkung der Nutzung zuläßt.

Bei beidseitig angeordneten nicht versetzten Querwänden darf auf das gleichzeitige Hochführen verzichtet werden, wenn beide Querwände den Kriterien für aussteifende Wände genügen. Die aussteifenden Wände können dann später im Verband oder mit Hilfe der Stumpfstoßtechnik hochgemauert werden.

Vorteile der Stumpfstoßtechnik:
- Wegfall der arbeitsaufwendigen Einbindung der Mauersteine,
- Arbeitserleichterung bei Verwendung unterschiedlicher Steinhöhen in der tragenden und der aussteifenden Wand,
- bei Kellermauerwerk entfällt der Bewehrungs- und Einbindebügel, da durch den Erddruck kein zugfester Anschluß benötigt wird.

5.3.2.8. Wand-Details, Konstruktionsbeispiele

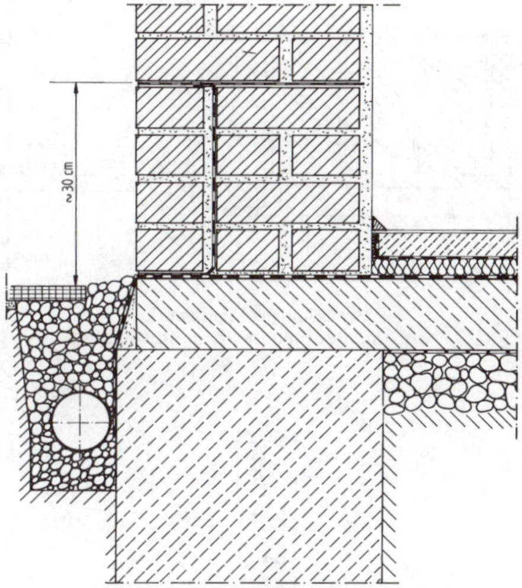

Sockelanschluß bei Wänden aus einschaligem Sichtmauerwerk (Verblendmauerwerk).

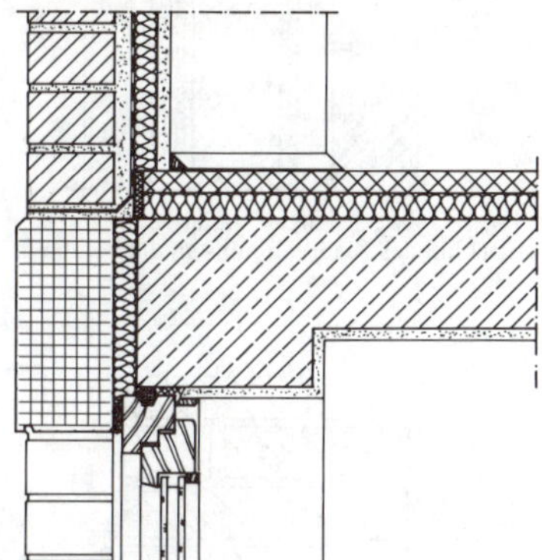

Geschoßdeckenauflager bei Wänden aus einschaligem Sichtmauerwerk (Verblendmauerwerk).

Beachte:

- Die im Sturz angeordnete Wärmedämmschicht sollte lückenlos bis zum Fenster-Blendrahmen geführt werden.
- Bei Verwendung von Stahlbetonbauteilen im Fensterbereich sollte die Wärmedämmschicht den gleichen Wärmedämmwert wie die umgebende Wand erreichen.

5.3. Wände

5

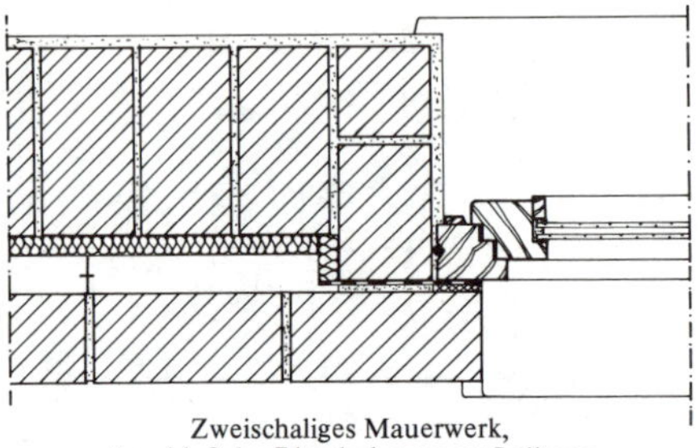

Zweischaliges Mauerwerk,
Anschluß des Blendrahmens an Laibung.

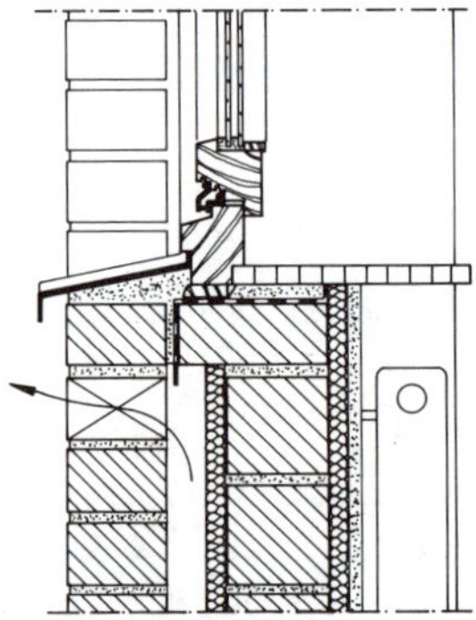

Zweischaliges Mauerwerk,
Anschluß des Blendrahmens an die Sohlbank.

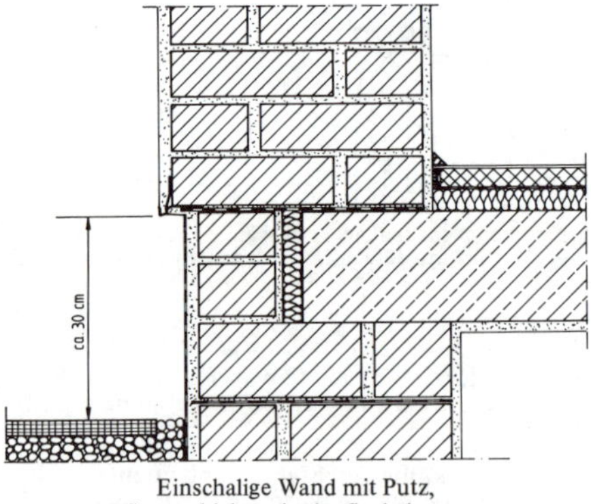

Einschalige Wand mit Putz,
Sperrschichten in der Sockelzone.

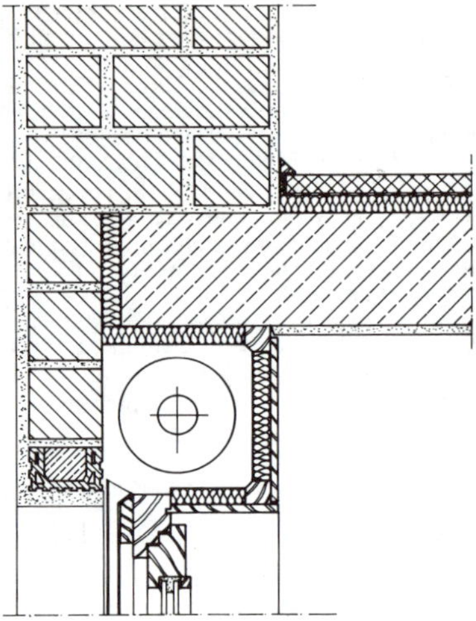

Einschalige Wand mit Putz,
Wandauflager mit Rolladenschürze.

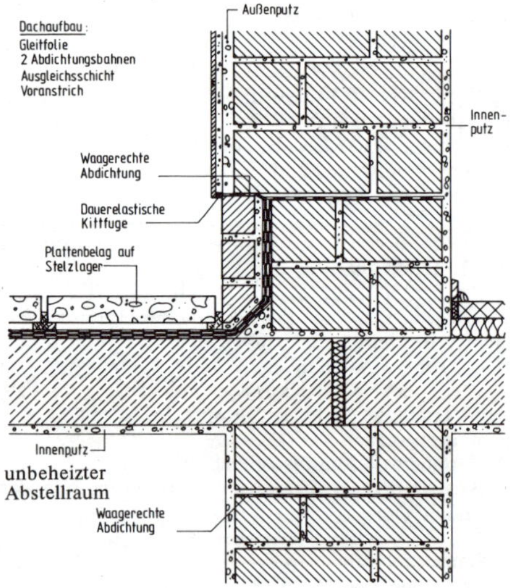

Wand mit Bekleidung,
Sockel- und Dachanschluß eines begehbaren Flachdaches.

5.3. Wände

5.3.3. Wände aus Holz

5.3.3.1. Tragende Wände

Fachwerkwände

Die tragenden Teile beim Holzfachwerk bilden Schwellen, Pfosten (Stiele), Streben, Riegel und Rähme. Die Gefache werden i. d. R. ausgemauert. Die Fachwerkwand wird auf waagerechten Schwellen angeordnet, die wiederum flach und waagerecht auf dem Sockel (Fundament) aufliegen.

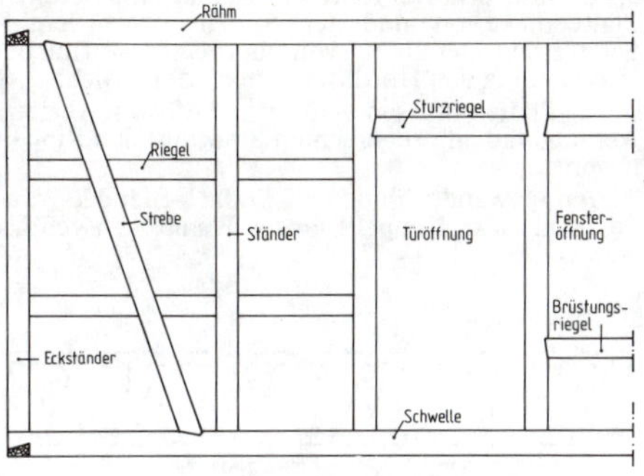

Fachwerkwand

Bestandteile einer Fachwerkwand

Die Fachwerkwand wird auf witterungsbeständigen Schwellen aufgebaut, die mit einer Sperrschicht vom Unterbau/Fundament getrennt sein müssen.

Tragendes Gerippe der Fachwerkwand bilden die Ständer (Pfosten, Stiele), die in bestimmten Abständen in die Schwellen eingezapft werden.

Parallel zu den Schwellen werden über den Stielen Rähme hochkant angeordnet und mit den Stielen verzapft. Die Rähme bilden also eine Art „Ringanker" und tragen bei Höherführung des Gebäudes die Holzbalkenlage. Um die Fachwerkwand im Längsverband auszusteifen, werden gegenläufig geneigte Strebenpaare angeordnet; dadurch entsteht ein unverschieblicher Dreiecksverband.

Die Riegel dienen zur Aufteilung der Wand in Gefache; damit verbunden ist die waagerechte Begrenzung für Fenster- und Türöffnungen.

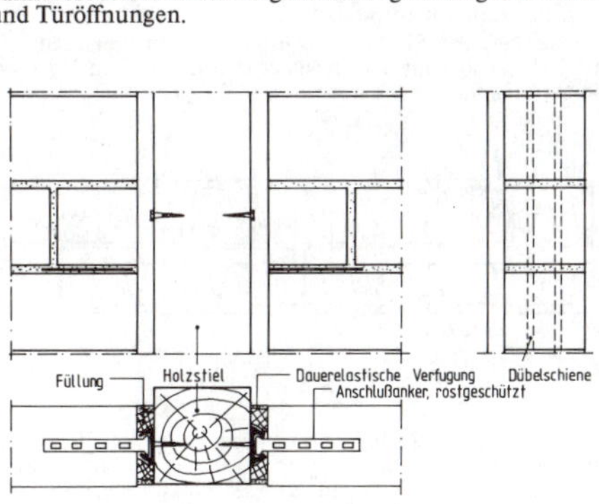

Anschluß Stiel - Mauerwerksausfachung

Tafelwände

Wände aus Holz werden neben der herkömmlichen Fachwerkausbildung auch in neuzeitlicher Tafelbauweise hergestellt. Eine Tafelwand besteht aus Rippen, die in bestimmter Zuordnung ein Skelett bilden. Dabei werden am Kopf- und Fußpunkt waagerecht durchlaufende Rippen verwendet, zwischen denen die lotrechten Rippen angeordnet werden. Zur Anwendung kommen Kleintafeln von 1,25 m Länge, aber auch Großtafeln von 10 m Länge.

Eine umgekehrte Tafelwandkonstruktion - durchgehende lotrechte Rippen am Kopf- und Fußpunkt - hätte zwar den Vorteil, daß die ungünstige Flächenpressung quer zur Faser, die zumeist die Tragfähigkeit der Wand bestimmt, nicht auftritt. Sie ist aber konstruktiv äußerst nachteilig, z. B. bei Anschlüssen an andere Bauteile oder bei Verankerung mit der Unterkonstruktion.

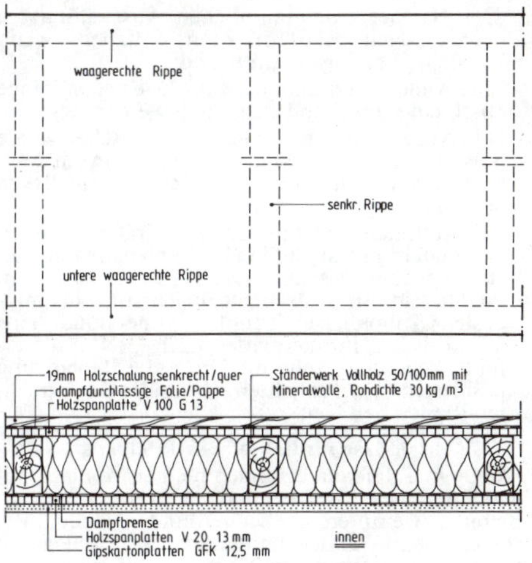

Unbelüftete Außenwand in Tafelbauweise in Grundriß und Ansicht

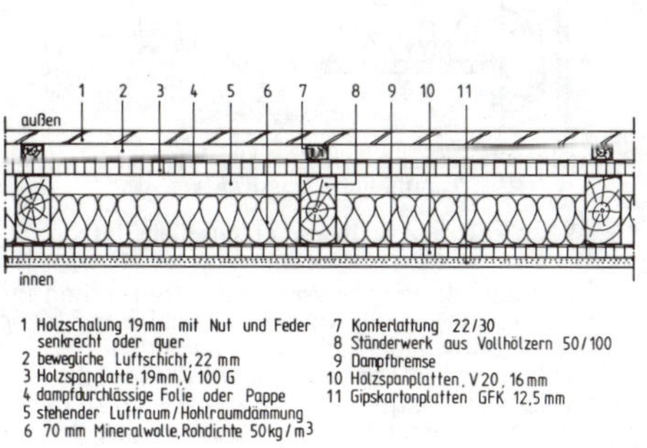

Belüftete Außenwand in Tafelbauweise, Grundriß

5

5.3. Wände

In der Holztafelbauart unterscheidet man Wände mit:

- **Aussteifender Beplankung.** Diese Beplankung dient zur Knickaussteifung gedrückter Rippen oder zur Kippaussteifung schlanker, auf Biegung beanspruchter Rippen.
- **Mittragender Beplankung.** Diese Beplankung dient zur Aufnahme und Weiterleitung von lotrechten und waagerecht in Wandebene angreifenden Lasten.

Die Größe der Wandtafelelemente hat kaum einen Bezug auf deren Tragfähigkeit. Das Rastermaß der Vollholzstiele kann beliebig unter Beachtung der Holzstärken vergrößert werden. Zu berücksichtigen sind jedoch Biegesteifheit und Widerstand der Gesamtkonstruktion gegenüber stoßartiger Belastung und die ausreichende Tragfähigkeit der Anschlüsse an angrenzende Bauteile.

Der Nachweis der räumlichen Aussteifung bei eingeschossigen Häusern kann entfallen, wenn folgende Bedingungen erfüllt sind:

- Eine Außenwand muß nach höchstens 6 m Länge durch eine Querwand ausgesteift werden.
- Die Außen- und aussteifenden Zwischenwände müssen auf je 12 m Länge mindestens 3 vollflächige Wandelemente von mindestens je 1 m Breite besitzen.
- Bei Auftreten von horizontalen Kräften müssen Wandtafeln mit aussteifender Beplankung ausreichend schubfest sein. Diese Forderung wird von Wandtafeln mit beidseitiger Beplankung aus mindestens 8 mm dicken Spanplatten oder mindestens 5 mm dicken Furnierplatten nach DIN 68705 erfüllt. Außerdem sollte die Dicke der Beplankung mindestens $^1/_{50}$ des lichten Abstandes der lotrechten Rippen betragen

Anschlüsse für Bauteile in Tafelbauart

Wände in Tafelbauart müssen bei der Montage mit herkömmlichen Baustoffen (Ziegelmauerwerk, Beton) sowie untereinander verbunden werden. Bei vorgefertigten Wandelementen sind ggf. Montageöffnungen vorzusehen, damit die Anschlüsse für den Handwerker erreichbar sind.

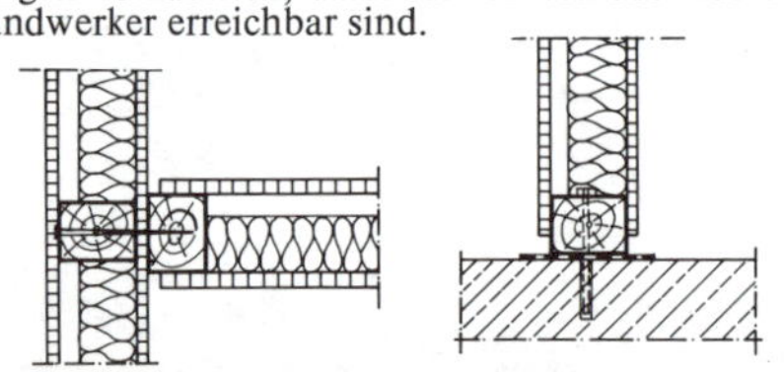

Anschluß Trennwand - Trennwand sowie Verankerung Trennwand - Massivdecke.

5.3.3.2. Nichttragende innere Trennwände, DIN 4103 (7.84)

Nichttragende Wände dienen der Raumtrennung und sind leicht gebaut. Man spricht daher auch von leichten Trennwänden oder Leichtwänden, die eine geringe Dicke und Eigenlast aufweisen und darüber hinaus keine wesentlichen Bauwerkslasten zu tragen haben. Leichte Trennwände werden durch Befestigung an anschließende Bauteile standsicher gemacht. Die Eigenlast soll 1,5 kN/m² nicht überschreiten.

Leichte Trennwände aus Holzwerkstoffen werden häufig als Gerippewände ausgebildet, die zum Teil fertige Wandoberflächen aus unterschiedlichen Werkstoffen besitzen.

Die **Gerippewände** selbst bestehen aus einem Gerüst aus Holz oder Stahlblechprofilen, das ein- oder beidseitig mit Platten bekleidet wird. Das Holzgerippe besteht aus lotrechten Kanthölzern von 8–10 cm Dicke, die untereinander einen Abstand von höchstens 67 cm besitzen dürfen, wenn die zur Bekleidung erforderliche Platte eine Dicke von ≦ 3,5 cm aufweist. Der Kantholzabstand kann bei einer Plattendicke von mindestens 5 cm bis 100 cm vergrößert werden. Der Einbau von Querriegeln wird nur bei Verwendung von Holzfaserplatten erforderlich.

Die Platten müssen beim Wandaufbau so versetzt werden, daß alle senkrechten Stöße auf den Rippen liegen.

Gerippewände können als **Einfach-Ständer-Wände** und als **Doppel-Ständer-Wände** ausgeführt werden.

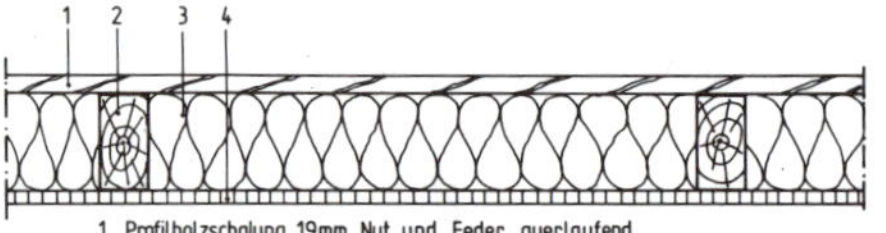

1 Profilholzschalung, 19mm, Nut und Feder, querlaufend
2 Vollholzstiele 50/100 $e = 60$ cm
3 Mineralwolle 100 mm
4 Holzspanplatten, V 20, 13 mm

Einfach-Ständer-Gerippewand, ausgebildet als nichttragende Innenwand.

Flächengewicht: 36 kg/m², Wärmedurchlaßwiderstand: 1,57 m² K/W, Wärmedurchgangskoeffizient: k = 0,58 W/m²K, bewertetes Bauschalldämmaß = 38 R_w' (dB).

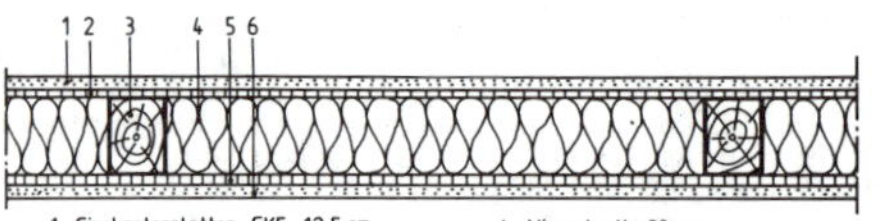

1 Gipskartonplatten GKF 12,5 cm
2 Holzspanplatten V20, 8 mm
3 Vollholzstiele 60/80 mm
4 Mineralwolle 80 mm
5 Holzspanplatten V 20, 8 mm
6 Gipskartonplatten GKF 12,5 cm

Einfach-Ständer-Gerippewand, ausgebildet als tragende/nichttragende Innenwand.

Flächengewicht: 57 kg/m², Wärmedurchlaßwiderstand: 1,64 m² K/W, Wärmedurchgangskoeffizient: k = 0,55 W/m² K, bewertetes Bauschalldämmaß = 48R_w' (dB).

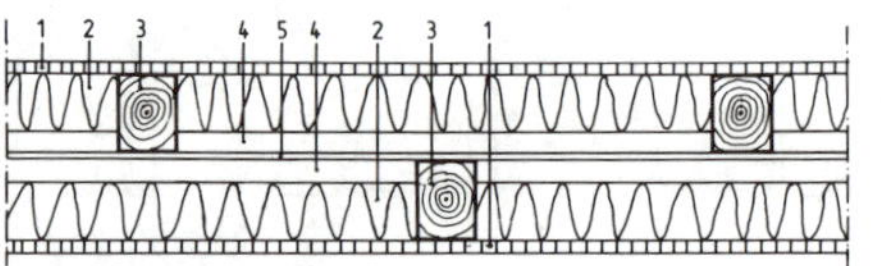

1 Holzspanplatten V 20 13mm
2 Mineralwolle 60mm Rohdichte ≡ 50 kg/m³
3 Vollholzstiele 60/80mm, versetzt angeordnet
4 stehende Luftschicht 20mm
5 Trennfuge 5mm

Doppel-Ständer-Gerippewand, ausgebildet als tragende/nichttragende Wand. Flächengewicht: 44 kg/m², Wärmedurchlaßwiderstand: 2,87 m² K/W, Wärmedurchgangskoeffizient: k = 0,33 m² K/W, bewertetes Bauschalldämmaß: 51 R_w' (dB).

5.3. Wände / Isometrische Darstellung eines zweistöckigen Fachwerkbaues

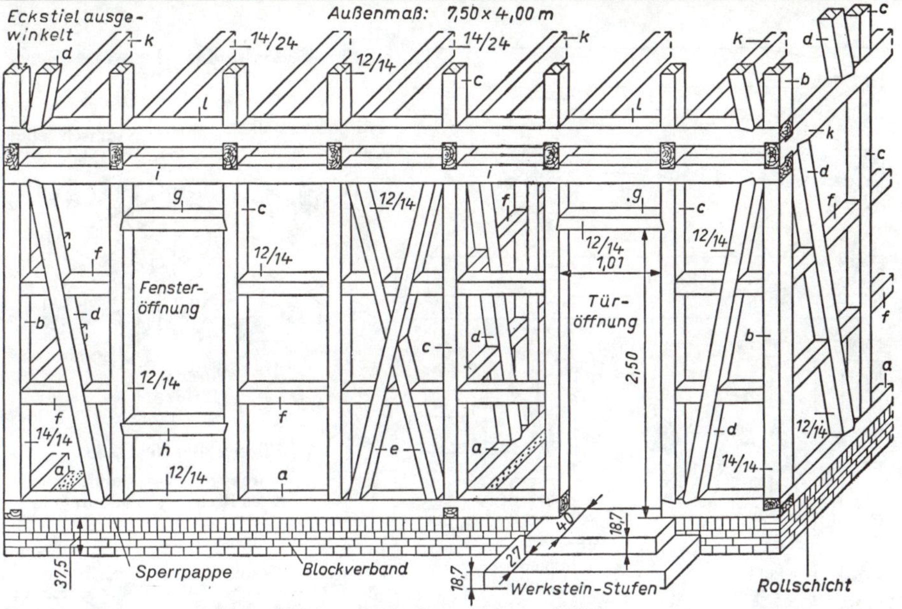

<u>Bezeichnungen:</u>

a Schwelle	c Pfosten, Stiel	f Riegel	i Rähm
b Eckpfosten	d Strebe	g Sturzriegel	k Balken
	e Andreaskreuz	h Brüstungsriegel	l Saumschwelle

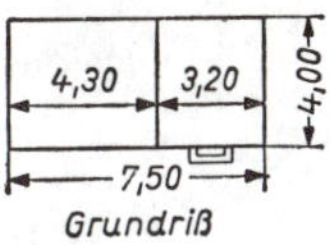

Grundriß

Auflagerung der Schwelle

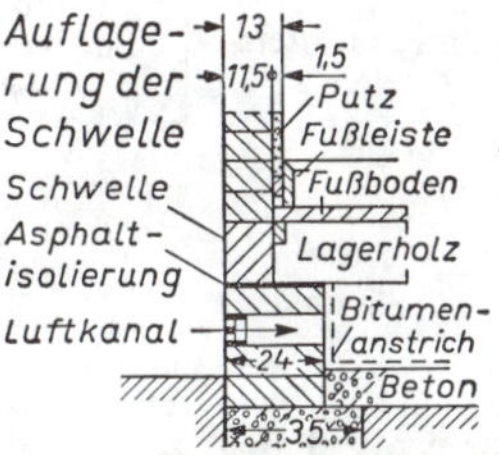

Ausmauerung der Gefache

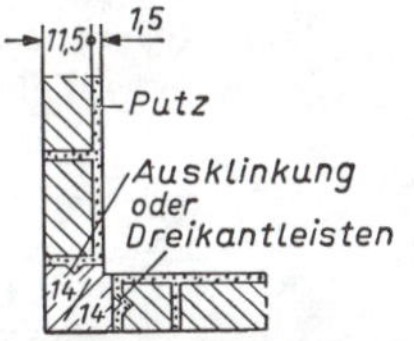

Verbindung zwischen Stufe und Schwelle

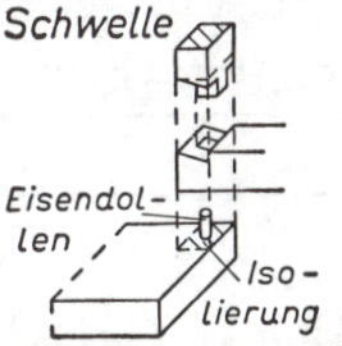

<u>Aufgabe:</u>
Die vordere Fachwerkswand ist im M 1:20 aufzutragen, die rechte Seitenwand ist zu ergänzen; alle Holzverbindungen im M 1:5 auftragen.

Zimmermannszeichen

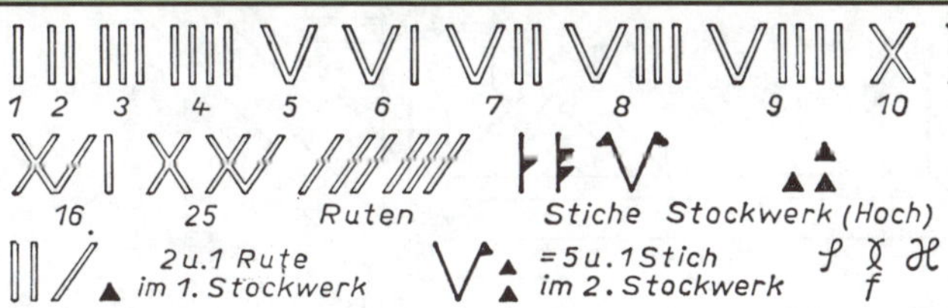

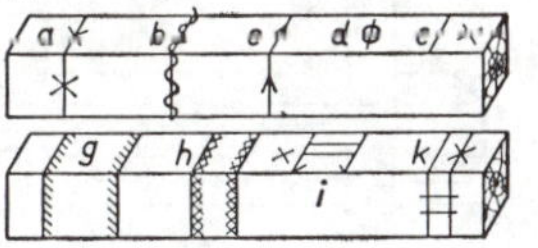

Die Zimmermannszeichen werden entweder mit Stemmeisen oder Stoßaxt eingeschlagen, mit Reißhaken eingeschnitten oder mit Blei- oder Farbstift angebracht. Sie sind örtlich verschieden. Von der Hauptfront aus gesehen, beginnt man mit den Zeichen links.

Längswände bekommen Ruten (schräger Strich), Querwände Stiche (Kerbe am Zifferzeichen). Das 1. Stockwerk erhält ein Dreieck, auch Hoch genannt, das 2. Stockwerk zwei Dreiecke usw. Pfosten, Streben, Kopfbänder erhalten die Zeichen unten, Riegel, Schwellen, Pfetten, Zangen und Rähme links. Außerdem gibt es noch folgende Zeichen: **a** Abschnitt, **b** ungültiger Riß, **c** Mittelriß, **d** Bohrloch, **e** Bund- oder Sprungriß, **f** Bundzeichen, **g** Wandrisse, **h** Pfettenrisse, **i** Zapfenloch für Strebe, **k** Zapfen mit Abschnitt.

5

5.3. Wände / Einzelheiten zur Fachwerkswand

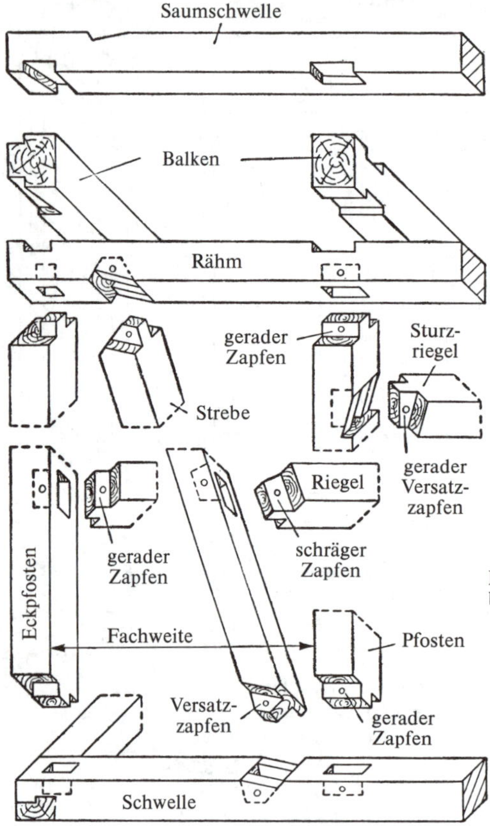

Verbindungsbauweise durch Füllholz

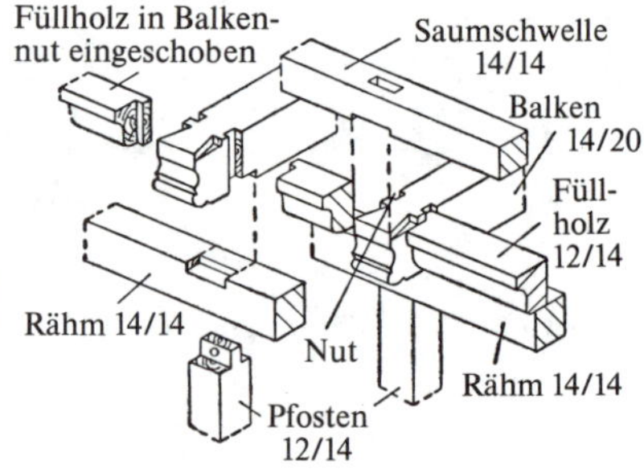

Auskragen der Geschosse

durch schräges Brett | **durch Füllholz**

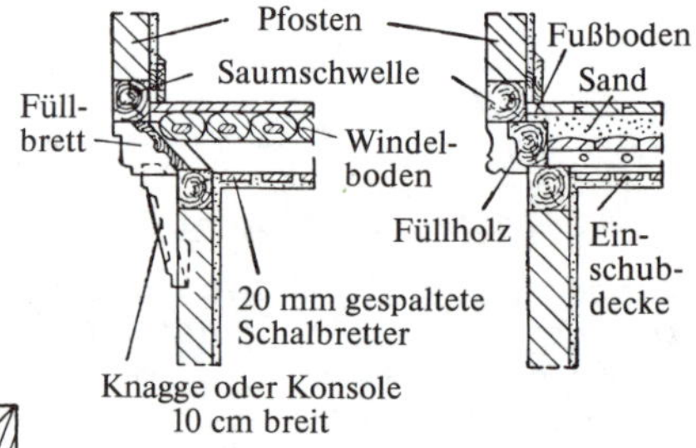

Ecke der Fachwerkswand mit Anordnung der Balkenköpfe nach allen Seiten

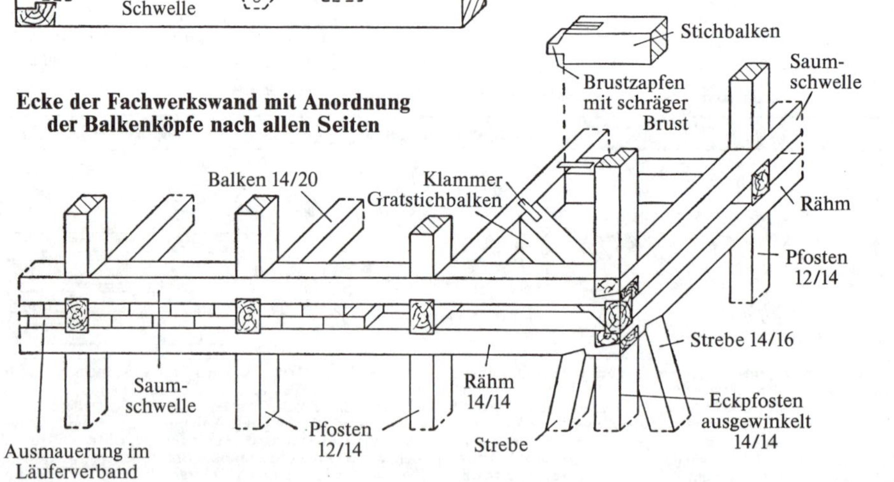

5.3.4. Maßordnung im Hochbau DIN 4172 (6.55)

Allgemeines

Die Maßordnung im Hochbau zielt darauf ab, alle Maße am Bau aufeinander abzustimmen. Sie gewährleistet, daß sich immer gleiche Achsenabstände, Geschoßhöhen, Mauerdicken usw. ergeben. Der Maßordnung liegt das **Oktametersystem** zugrunde: 1 m wird in 8 gleiche Teile aufgeteilt, die die Grundlage für die Baurichtmaße bilden.

Baurichtmaße

Die **Baurichtmaße** (R) sind zunächst rein theoretische Maße, nach denen man sich beim Errechnen der eigentlichen Baumaße, der **Baunennmaße,** richtet. Die Richtmaße bauen sich auf dem Grundmaß 25 auf, das in Teilen (½, ⅓, ¼) oder ganzen Vielfachen (z. B. 2¼) zur Anwendung kommt. Es hat sich als zweckmäßig erwiesen, das Achtelmeter (= am = 12,5 cm) als Baumaßeinheit anzusehen. Damit kann ein versierter Techniker in kürzester Zeit einen Grundriß normgerecht vermaßen. Das Achtelmeter des Zeichners entspricht genau dem Kopfmaß, mit dem der Maurer rechnet, weil alle Steinformate genormt sind und auf die Baurichtmaße der Maßordnung abgestimmt sind. Das Kopfmaß setzt sich aus der Steinbreite von 11,5 cm und der Fugendicke von 1 cm zusammen. Daraus ergibt sich wiederum, daß die Baurichtmaße immer die Fuge einschließen und Abstände von Mitte Fuge bis Mitte Fuge sind.

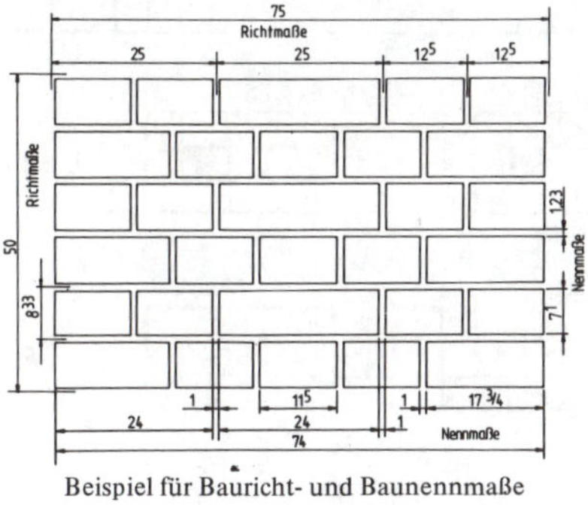

Beispiel für Baauricht- und Baunennmaße

Baunennmaße

Baunennmaße (N) sind die wirklichen Maße der Bauteile, die in die Bauzeichnung eingetragen werden. Man errechnet sie aus den Baurichtmaßen. Betrachtet man sich einmal die Steinformate einiger herkömmlicher Mauersteine, so sind die unterschiedlichsten Steinarten trotzdem gleich lang oder hoch: 5,2 cm, 7,1 cm, 11,3 cm, 17,5 cm, 24 cm, 36,5 cm, 49 cm usw.

Die folgende Tabelle zeigt die Ableitung dieser Steinformate von den Baurichtmaßen:

Bezeichnung	Baurichtmaß	– Fuge	= Nennmaß
Steinlänge	25 cm	– 1 cm	= 24 cm
Steinbreite	$\frac{25}{2}$ cm = 12,5	– 1 cm	= 11,5 cm
Steinhöhe	$\frac{25}{3}$ cm = 8,33	– 1,23 cm	= 7,1 cm
Steinhöhe	25/4 cm = 6,25	– 1,05 cm	= 5,2 cm
Steinhöhe	25/2 cm = 12,5	– 1,2 cm	= 11,3 cm

Berechnung von Mauermaßen

Die Berechnung von Mauermaßen aus der Zahl der Köpfe erfolgt nach den Richtmaßen für Mauersteine. Es bedeuten: n = Anzahl der Köpfe, R = Richtmaß, N = Nennmaß.

Als Beispiel sind im folgenden Mauersteine im Normalformat (NF) aufgeführt:

Richtmaß
R = $n \cdot 12^5$

Freistehendes Mauerwerk
N = R – 1 Fuge

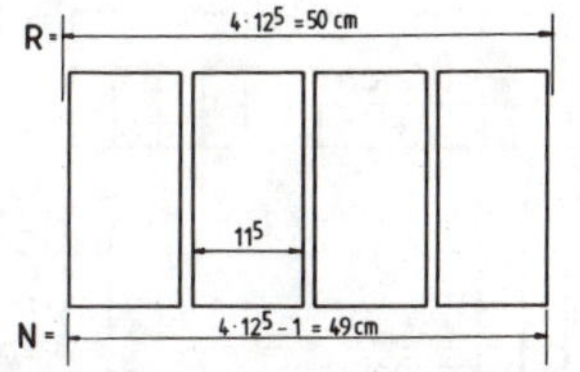

Anstoßendes Mauerwerk
N = R

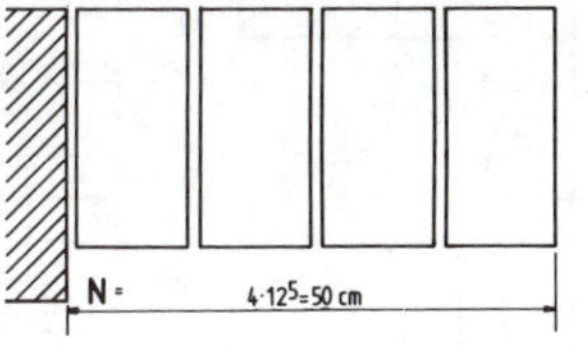

Zwischengebautes Mauerwerk
N = R + 1 Fuge

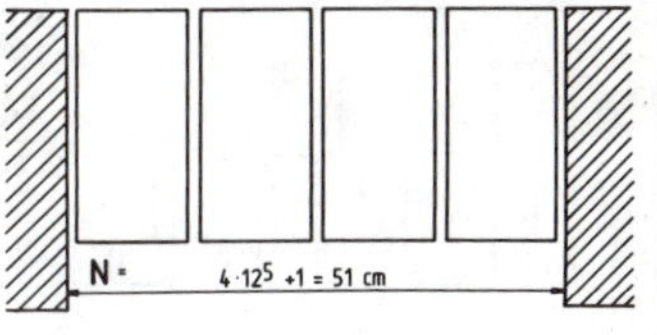

Mauerdicken

Sämtliche Mauerdicken werden wie freistehendes Mauerwerk berechnet.

Mauerhöhen

Das Richtmaß (R) beträgt hier: R = $n \cdot 8{,}33$

Höhe einer Mauer
Nennmaß N = Richtmaß R

Höhe einer Maueröffnung
Nennmaß N = Richtmaß R + 1 Fuge

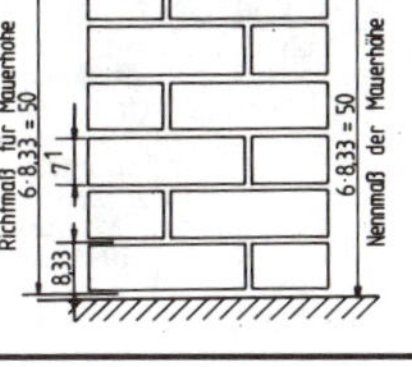

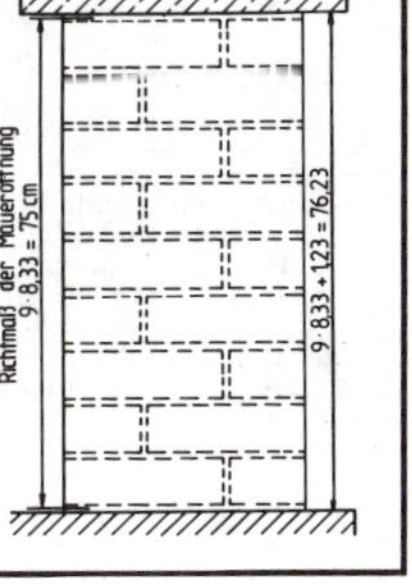

5.3. Wände

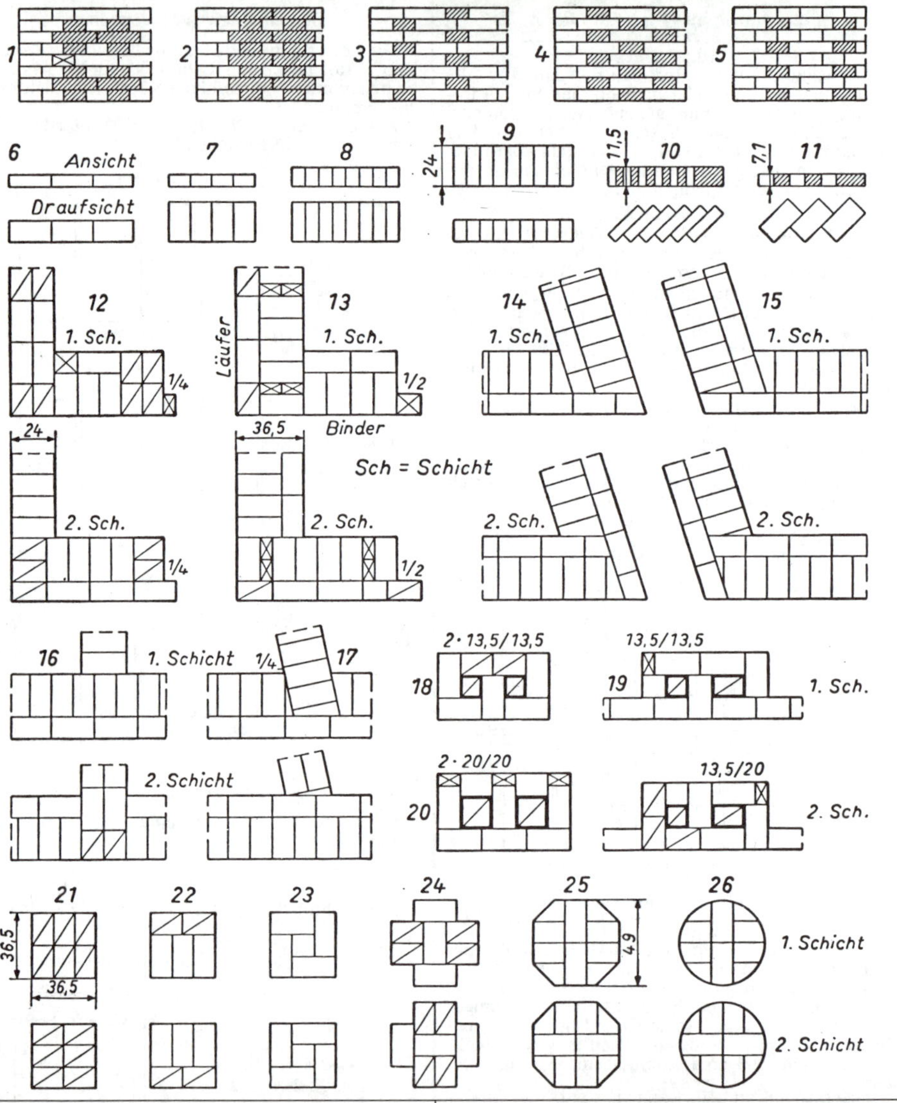

1 Kreuzverband (jede 2. Läuferschicht wird um einen halben Stein versetzt), 2 Blockverband, 3 Märkischer Verband, 4 Gotischer Verband, 5 Holländischer Verband, 6 Läuferschicht, 7 Binderschicht, 8 Rollschicht, 9 Ziegelband, 10 Schränkschicht, 11 Stromschicht, 12 Ecke mit Mauerende und Fensteranschlag, Allgemeine Verbandregeln: Schichten waagerecht. Stoßfugen von übereinanderliegenden Schichten müssen mindestens ¼ Stein versetzt sein. Bei rechtwinkligen Ecken wird die durchgehende Mauer als Läuferschicht, die anstoßende als Binderschicht ausgeführt. Läuferschicht beginnt mit Dreiquartieren. 13 Ecken mit Mauerenden und ½ Stein Fensteranschlag unter Verwendung von ¼-Steinen, 14 Spitzwinklige Mauerecke, von außen angelegt, 15 Stumpfwinklige Mauerecke, 16 Rechwinkliger Maueranschluß, 17 Schräger Maueranschluß, 18 Schornsteinverband; Zungen einseitig einbinden, Stoßfugen im Schornstein so wenig wie möglich; 19 Zweirohriger Schornstein im Verbande mit ½ Stein dicker Wand, 20 Schornstein mit zwei Rohren 20/20 unter Verwendung von ¼-Steinen, 2. Schicht durch Umwerfen des Verbandes, 21 Pfeiler mit Dreiquartieren, 22 Praktischer Pfeilerverband, 23 Pfeiler im Spar- oder Schornsteinverband, 24 Kreuzpfeiler, 25 Achteckiger Pfeiler, 26 Runder Pfeiler.

5.4. Decken

5.4.1. Holzbalkendecken

Bei der Konstruktion von Holzbalkendecken muß große Sorgfalt auf den Deckenaufbau verwendet werden, da weder Luft- noch Trittschallschutz einer Holzbalkendecke in Normalausführung den Mindestanforderungen von DIN 4109 entspricht. Die Ursache von hellhörigen Holzbalkendecken liegt in der direkten Schallübertragung vom Fußboden über die Balken zur Putzschale.

Eine Verbesserung des Schallschutzes kann durch Unterbrechung des Schallübertragungsweges zwischen Fußboden und Balken sowie Balken und Putzschale erreicht werden. Grundsätzlich ist daher auch bei einer Holzbalkendecke eine gute Luft- und Trittschalldämmung möglich, sie muß nur ausreichend schwer und zweischalig ausgeführt werden. In bezug auf den Wärmeschutz erreichen Holzbalkendecken ohne Schwierigkeiten die an sie gestellten Forderungen. Der hohe Wärmedämmwert findet seine Ursachen in den Lufträumen der losen Schüttungen und den Dämmstoffen.

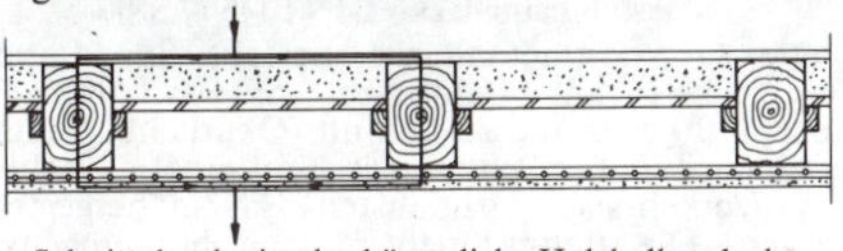

Schnitt durch eine herkömmliche Holzbalkendecke, direkte Schallübertragung möglich.

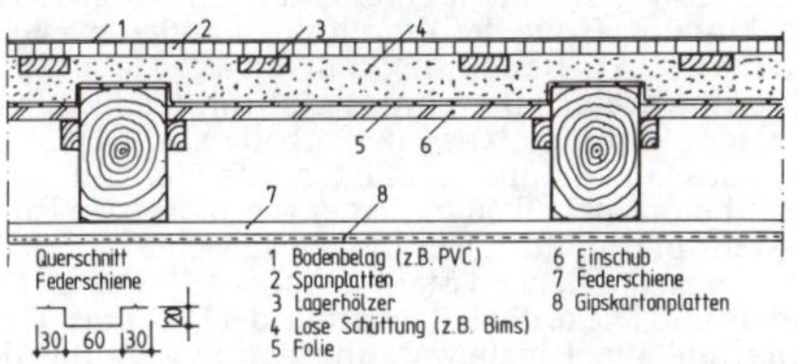

Schnitt durche eine luft- und trittschallgedämmte Holzbalkendecke, hier besteht keine direkte Verbindung von Ober- und Unterdecke mit den Holzbalken.

Beachte:

Der Einbau einer Holzbalkendecke erfordert stets den Einbau eines Ringankers mit der Mindestbreite und -höhe von 12 cm. Die Mindestbewehrung beträgt 2 ∅ 10.

Aufgabe des Ringankers: Klammerfunktion und Aussteifung des Gebäudes.

5.4.2. Massivdecken

Die vielfältigen Formen der Massivdecken sind durch die verschiedenen Forderungen an die einzelnen Decken entstanden: so sind im Laufe der Zeit lohn-, schalungs-, bauzeit-, gewicht-, konstruktionshöhe- und stahlsparende Massivdecken entwikkelt worden. Die Vielzahl dieser Massivdeckenausführungen läßt sich in Plattendecken und Balkendecken einteilen.

5.4.2.1. Plattendecken

Stahlbeton-Vollplatte

Die Stahlbeton-Vollplatte ist ein Verbundkörper aus Betonstahl und Kies- bzw. Ziegelsplittbeton. Laut DIN 1045 (7.88) beträgt die Mindestdicke einer Stahlbetonplatte im allgemeinen 7 cm, sie ist aber zusätzlich stets von der Stützweite abhängig und beträgt z. B. bei einer Einfeldplatte mit 4 m Stützweite ca. 13 cm. Bei Stützweiten über 6 m wird die Stahlbeton-Vollplatte unwirtschaftlich, da die Deckendicke hier bereits 20 cm und mehr betragen muß. Die Auflagertiefe von Plattendecken hängt von der Größe der Auflagerkraft und von der Tragfähigkeit des Auflegers ab. In der Regel ist eine Mindestauflagerfläche von 7 cm bei Auflagerung der Platte auf Mauerwerk oder Beton B 5 und B 10 vorzusehen. Bei Stahlbeton-Vollplatten unterscheidet man einachsig gespannte Platten.

Einachsig gespannte Platten

Hier liegt die Vollplatte auf zwei gegenüberliegenden Wänden oder Trägern auf, d. h., die Tragbewehrung muß rechtwinklig zu den Auflagern angeordnet werden. Da Stahlbeton-Vollplatten vorzugsweise mit Betonstahlmatten bewehrt werden, liegen folglich die größeren Stabquerschnitte stets in Tragrichtung.

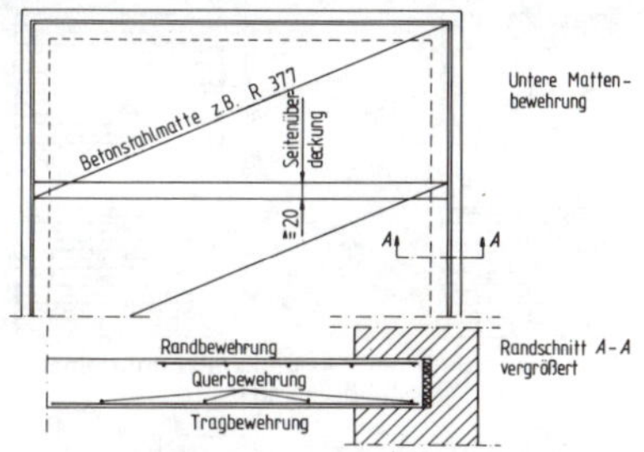

Einachsig gespannte Stahlbeton-Vollplatte

Zweiachsig gespannte Platten

Hier liegt die Vollplatte auf drei bzw. vier Wänden auf und erhält eine kreuzweise Bewehrung aus Betonstahlmatten, die in Längs- und Querrichtung gleiche Stahlquerschnitte haben. Dadurch werden die Lasten in beiden Auflagerrichtungen abgetragen.

Um den Zeitaufwand des Einschalens und Betonierens auf der Baustelle einzusparen, werden heute von Betonwerken Stahlbeton-Vollplatten auch als Fertigteile ausgeliefert. Die vorgefertigten Plattenelemente werden per Hebekran auf die Mauern aufgelegt und die Stoßfugen mit Mörtel ausgegossen.

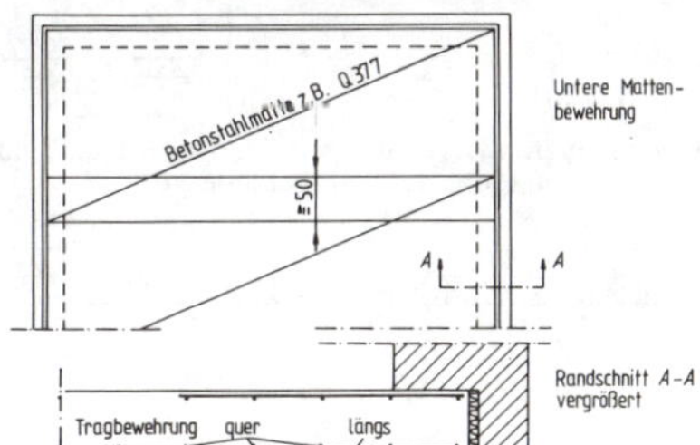

Zweiachsig gespannte Stahlbeton-Vollplatte

5.4. Decken

Stahlsteindecke DIN 1045 (7.88)

Die Stahlsteindecke besteht aus Deckenziegeln (DIN 4159), Beton oder Zementmörtel und Betonstahl. Durch die Deckenziegel wird das Deckengewicht gegenüber der Stahlbeton-Vollplatte erheblich gemindert. Die Deckenziegel werden zur Aufnahme der an der Deckenoberseite auftretenden Druckspannungen herangezogen, so daß ein Druckbeton darüber nicht erforderlich ist. Man unterscheidet Deckenziegel für teilvermörtelbare und vollvermörtelbare Stoßfugen (siehe Abbildung).

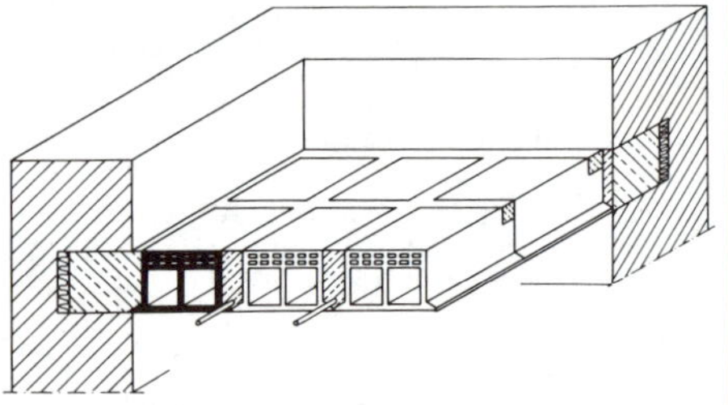

Schnitt durch eine Stahlsteindecke mit teilvermörtelbaren Stoßfugen.

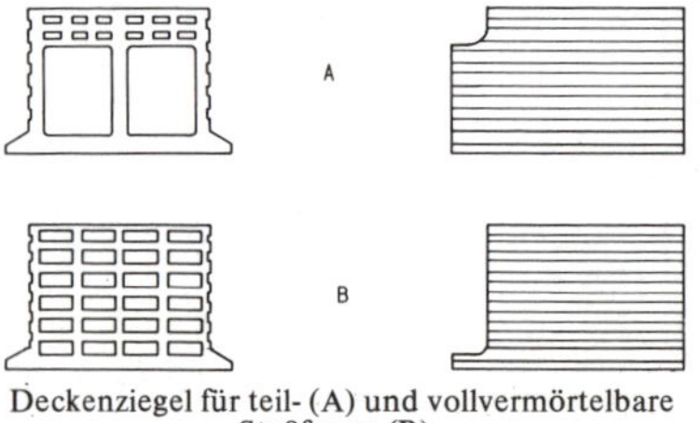

Deckenziegel für teil- (A) und vollvermörtelbare Stoßfugen (B).

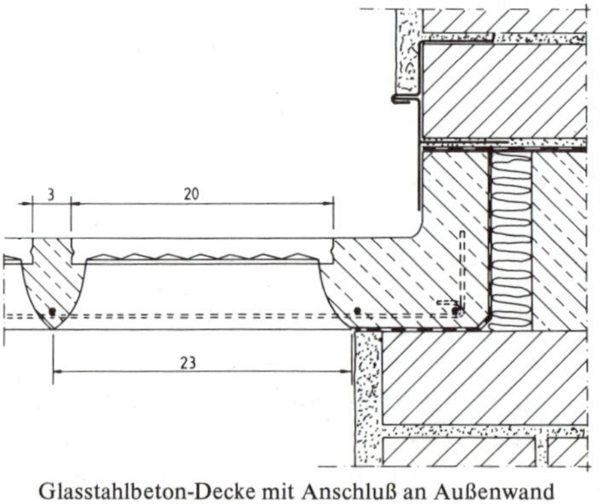

Glasstahlbeton-Decke mit Anschluß an Außenwand in Höhe der Stahlbetondecke.

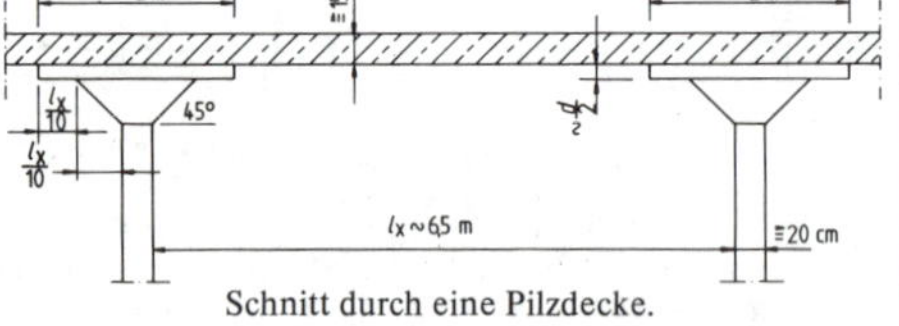

Schnitt durch eine Pilzdecke.

Die Bewehrung der Stahlsteindecke liegt in den durch die Deckenziegel gebildeten Rippen. Sie wird vorwiegend nur in einer Richtung (einachsig) in den Längsfugen untergebracht. Grundsätzlich dürfen Stahlsteindecken nur als einachsig gespannt gerechnet werden. Der Achsabstand der Bewehrungsstähle darf 25 cm nicht überschreiten. Der Fugenbeton muß mindestens die Festigkeitsklasse B 15 besitzen.

Beim Verlegen der Decke ist auf das Annässen der Deckensteine vor dem Einbringen des Betons zu achten, damit sie kein Wasser saugen. Die Deckenauflager sind aus Beton herzustellen; die Deckenziegel dürfen daher nicht auf den Auflagerwänden aufliegen. Darüber hinaus müssen auch sich neben Wänden ergebende Randstreifen aus Beton hergestellt werden.

Glasstahlbetondecke DIN 1045 (7.88)

Die Glasstahlbetondecke besteht aus Beton, Betongläsern und Betonstahl. Sie darf nur als Abschluß gegen die Außenluft (Oberlicht, Abdeckung von Lichtschächten usw.) mit einer aufnehmbaren Verkehrslast von höchstens 5 kN/m^2 hergestellt werden. Die Betonrippen müssen bei einachsig gespannten Tragwerken mindestens 6 cm hoch, bei zweiachsig gespannten Tragwerken mindestens 8 cm hoch und in Höhe der Bewehrung mindestens 3 cm breit sein. Als Bewehrung müssen alle Haupt- und Querrippen einen Bewehrungsstab mit einem Durchmesser von mindestens 6 mm erhalten. Alle Deckenteile aus Glasstahlbeton müssen einen umlaufenden Stahlbetonringbalken mit einer geschlossenen Ringbewehrung erhalten. Der Ringbalken kann innerhalb eines anschließenden Stahlbetonbauteils liegen. Die Breite und Dicke des Balkens muß der Dicke des Tragteils und die Ringbewehrung der Bewehrung der Hauptrinnen entsprechen. Die Bewehrung aller Rippen ist bis an die äußeren Ränder des umlaufenden Balkens zu führen.

Bauteile aus Glasstahlbeton dürfen mit Ortbeton oder als Fertigteile hergestellt werden.

Pilzdecke

Pilzdecken werden über sehr großflächigen Räumen angeordnet, die leicht überschaubar sein sollen. Die Pilzdecken müssen eine Mindeststärke von 15 cm haben; die Bewehrung wird kreuzweise angeordnet. Die runden oder rechteckigen Säulen unterstützen die Decke punktförmig; Decke und Säulen sind biegefest oder gelenkig verbunden. Pilzdecken können auch ohne Kopfverstärkung hergestellt werden, d. h., außer den Säulen sind keine Unebenheiten unter der Decke zu sehen; man spricht dann von einer Flachdecke. In diesem Fall muß konstruktiv Vorsorge getroffen werden, daß die Decke nicht durchstanzt, d. h., die Säulen sich in die Decke ein- oder gar durchdrücken.

Bei Pilzdecken und Flachdecken ist außer der Tragbewehrung um den Stützkopf eine Schubbewehrung aus Bügeln oder aufgebogenen Stäben erforderlich. Die Stützweite zwischen den einzelnen Säulen beträgt ca. 6,5 m.

5.4. Decken

Stahlbeton-Hohldecke (Röhbau-Decke)

Bei Spannweiten über 6 m wird die herkömmliche Stahlbetonvollplatte unwirtschaftlich (große Konstruktionshöhe, hohes Gewicht). Um die Deckenlast herabzusetzen, werden deshalb bei der

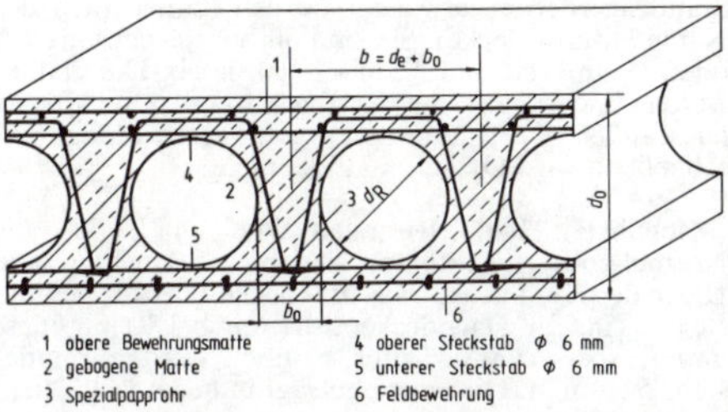

Querschnitt durch eine Röhbau-Decke

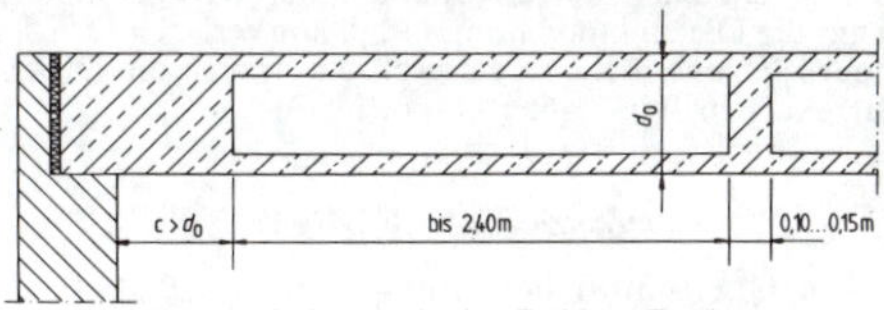

Längsschnitt durch eine Röhbau-Decke

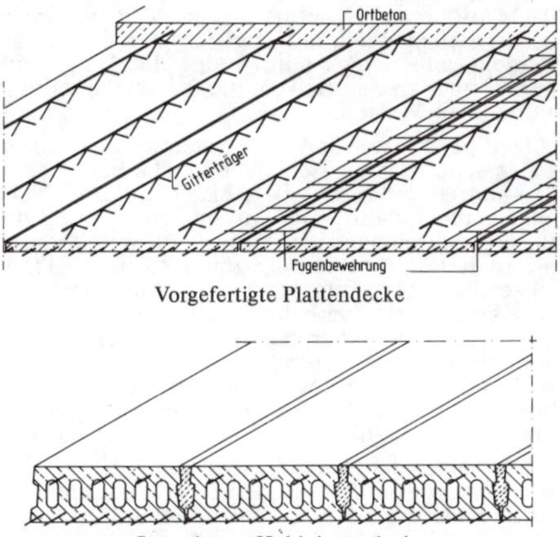

Vorgefertigte Plattendecke

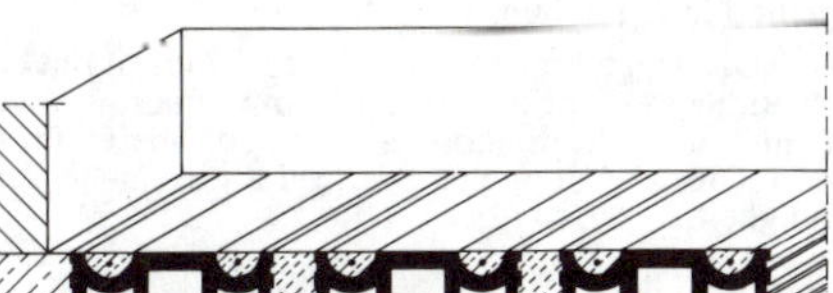

Spannbeton-Hohlplattendecke

Ziegelbalken-Decke

Stahlbeton-Hohldecke in der Mitte, wo die Druck- und Zugspannungen am geringsten sind, Hohlräume eingebaut, die nach Fertigstellung der Decke nicht mehr sichtbar sind.

Ein bekannter Vertreter dieser Deckenkonstruktion ist die Röhbau-Decke. Sie kann einachsig und kreuzweise bewehrt werden. Als Hohlkörper werden in der Deckenmitte wasserdichte, auf beiden Seiten geschlossene Spezialpapprohre einbetoniert. Die Rohre werden durch Bügelkörbe aus Baustahlgewebe zu Rohrbatterien verbunden und auf die vorher verlegte Baustahlgewebe-Bewehrung aufgelegt. Dabei müssen die Rohre so an der Bewehrung verankert werden, daß sie während des Betonierens nicht aufschwimmen.

Die Röhbaudecke bringt eine Gewichtsersparnis von 20–40%.

Abmessungen der Röhbau-Decken							
d_o (cm)	23	28	33	38	43	48	53
d_R (cm)	10	15	20	25	30	35	40
b_o (cm)	8	8	8	8	8	10	10
b (cm)	18	23	28	33	38	45	50

Für sehr große Stützweiten sind weitere Deckensysteme auf der Basis der Hohldecke entwickelt worden. Die Hohlkörper bestehen hier aus Hartschaumstoff bzw. aus profiliertem Stahlblech.

Decken aus großflächigen, vorgefertigten Deckenplatten

Bei diesen Decken entfällt das Einschalen auf der Baustelle, es sind lediglich Montagestützen beim Einbau der großflächigen, vorgefertigten Deckenplatten erforderlich. Die Deckenplatten werden mit unterschiedlichen Querschnittsformen von den Betonwerken angeboten, z. B. als

- vorgefertigte Plattendecke
- Spannbeton-Hohlplattendecke
- Ziegelbalken-Decke

Vorgefertigte Plattendecke

Diese Decke wird im Betonwerk in der erforderlichen Länge und mit einer Breite bis zu 2,50 m, auf der Baustelle auch in Raumgröße, hergestellt. Dazu werden an Gitterträgern aus Stahl 4–6 cm dicke Platten anbetoniert, in denen die Tragbewehrung untergebracht ist. Auf den auf Montagejochen verlegten Deckenelementen wird eine Querbewehrung angeordnet und anschließend Ortbeton in der erforderlichen Dicke aufgebracht.

Spannbeton-Hohlplatten

Die als Fertigteil hergestellten Deckenelemente sind in der Regel 33,3 cm oder 50 cm breit und werden bis zu einer Höhe von 20 cm hergestellt. Die Schmalseiten der Platten sind konisch genutet und werden nach dem Verlegen mit Fugenmörtel vergossen. Auf die verlegten Hohlplatten braucht kein Ortbeton mehr aufgebracht zu werden.

Ziegelbalken-Decke

Bei dieser Decke werden Deckenziegel im Herstellerwerk bis zur gewünschten Balkenlänge aneinandergereiht, in die vorgefertigten Aussparungen der Deckenziegel die Tragbewehrung verlegt und anschließend vermörtelt. Nach dem Verlegen wird Ortbeton in die Balkenzwischenräume eingebracht.

5

5.4. Decken

5.4.2.2. Balkendecken

Unbewehrte Decken zwischen I-Trägern

Bei diesen Stahlträger-Decken werden Deckenplatten ohne Schalung und mit wenig Mörtel oder Beton zwischen die einzelnen Stahlträger verlegt. Als gebräuchlichste Deckenplatten sind im Baustoffhandel **Hourdisplatten** und **Stahlbeton-Hohldielen** erhältlich. Die Decken werden aus einzelnen schmalen Plattenstreifen in Standardgrößen am Einbauort zusammengesetzt.

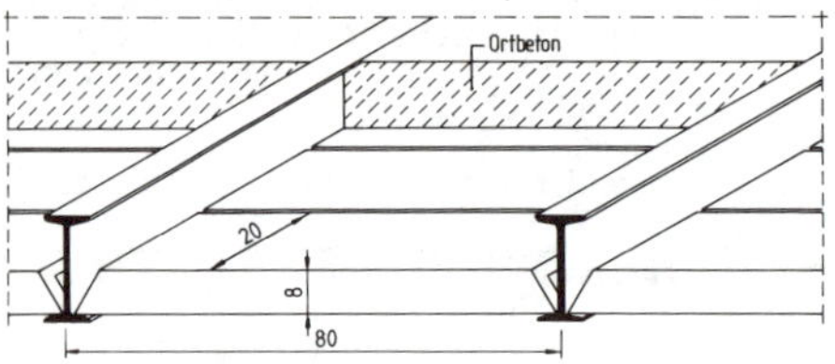

Stahlträger-Decke mit Hourdisplatten

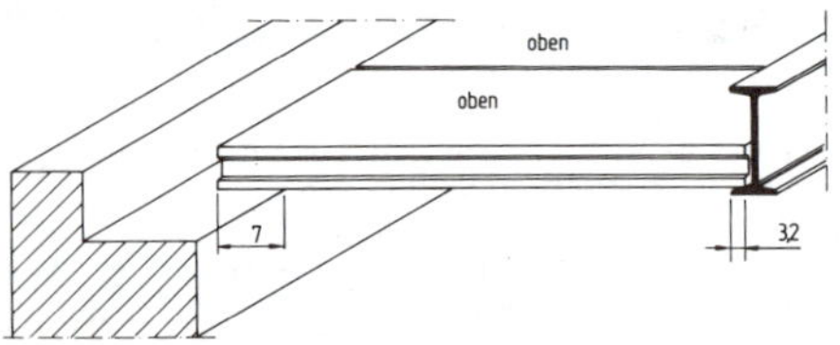

Stahlträger-Decke mit Stahlbeton-Hohldielen

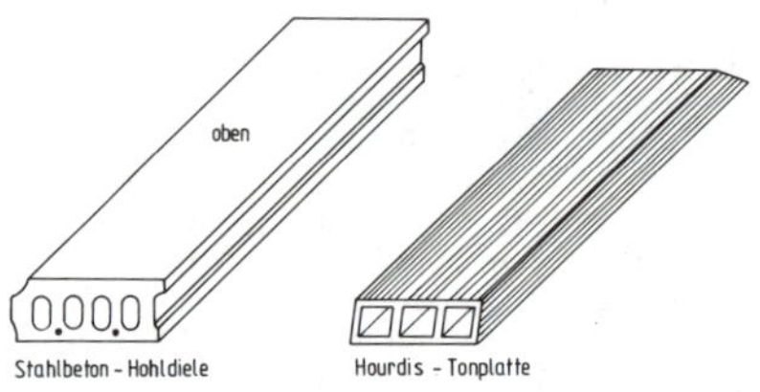

Stahlbeton-Hohldiele und Hourdisplatte

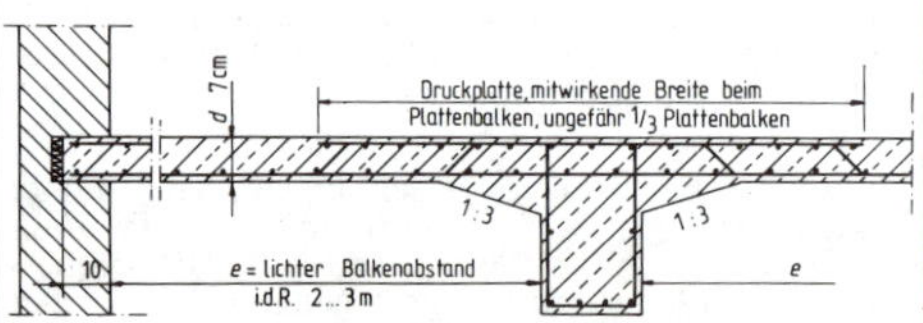

Schnitt durch eine Plattenbalken-Decke

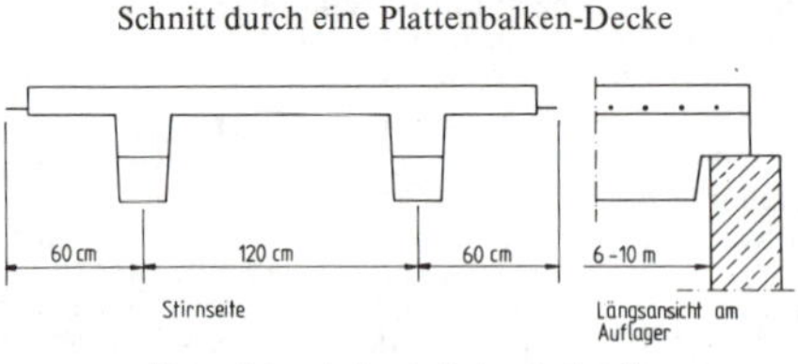

Doppelstegplatte als Betonfertigteil

Hourdisplatten nach DIN 278 (9.78) sind geriffelt gebrannte Tonhohlplatten, die als Einschub für die Stahlträgerdecke verwendet werden (daher auch der Name Hourdisdecke). Sie sind 50 bis 100 cm lang, 20 oder 25 cm breit und 3,5 bis 10 cm hoch. Die Platten werden in der Regel mit der abgeschrägten Stirnfläche nach außen in bzw. auf die Trägerflansche verlegt, anschließend wird Ortbeton aufgebracht.

Stahlbeton-Hohldielen nach DIN 1045 (7.88) aus Normal- oder Leichtbeton sind bis zu 3 m lang. Die Dicke der Hohldielen muß für Geschoßdecken mindestens 6 cm, für Dachdecken, die nur bei Reinigungs- und Ausbesserungsarbeiten betreten werden, mindestens 5 cm sein. Die Breite beträgt in der Regel 33 cm.

Zur besseren Verbundwirkung befinden sich an den Längsseiten der Dielen Nut und Feder; darüber hinaus sind die Dielen innen hohl. Um beim Verlegen Druck- und Zugzone nicht zu verwechseln, tragen die Dielen die Aufschriften „oben" und „unten".

Plattenbalkendecke nach DIN 1045 (7.88)

Im Querschnitt betrachtet, bestehen Plattenbalkendecken aus einer Stahlbeton-Vollplatte mit unterseitigem Stahlbetonbalken. Diese Decke ist für großflächige Räume geeignet, da an statisch nicht erforderlichen Stellen Beton und zugleich Gewicht gespart werden kann. Die Spannrichtung der Platte muß immer quer zu den Balken, die die Zugbewehrung aufnehmen, verlaufen.

Darüber hinaus sind die Platten an die Balkenseiten schubfest anzuschließen, da die Balkendicke (d_0) von Unterfläche Balken bis Oberfläche Decke angenommen wird. Die im oberen Bereich des Balkens auftretenden Biegedruckkräfte werden durch die schubfeste Verbindung zum Teil in die Platte eingeleitet. Dadurch steht zur Aufnahme der Druckkräfte ein verhältnismäßig großer Betonquerschnitt zur Verfügung. Auf diese Weise verschiebt sich die neutrale Zone (Nullinie) von der Balkenmitte in Richtung der Platte, wodurch die Tragbewehrung im unteren Bereich des Balkens wirksamer wird.

Die Balken der Plattenbalkendecke können relativ schmal ausgebildet werden, da ein seitliches Ausbrechen der Balken durch die Verbindung mit der Platte verhindert wird. In diesem Zusammenhang müssen die vorhandenen Bügel im Balken immer bis in die Platte reichen.

Die Tragfähigkeit eines Balkens nimmt mit dem Quadrat der Höhe und in gleichem Verhältnis mit der Breite zu, d. h.: die doppelte Balkenhöhe ergibt die vierfache, die doppelte Breite die zweifache Tragfähigkeit.

Plattenbalkendecken werden häufig auch als Fertigteile hergestellt, wobei die Bewehrung vorgespannt werden kann. Aus Transportgründen beträgt die Plattenbreite ca. 2,50 m. Diese Fertigteile werden als Doppelstegplatten bzw. als Trogplatten bezeichnet.

5.4. Decken

Stahlbeton-Rippendecken

Stahlbeton-Rippendecken sind Plattenbalkendecken mit einem lichten Abstand der Rippen von ≦ 70 cm. Sie kommen vorwiegend für weitgespannte Decken in Frage. Für die Platten der Rippen ist kein

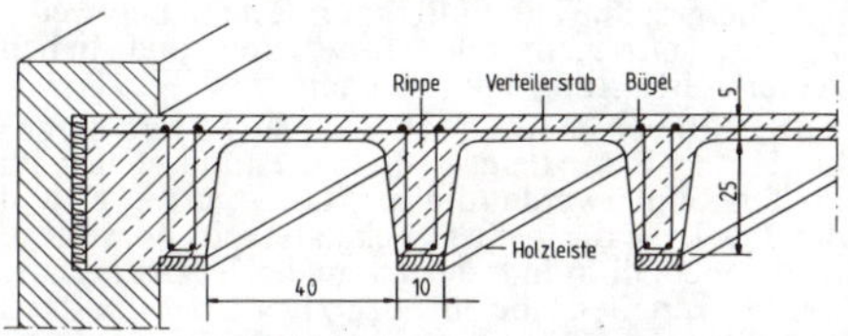

Schnitt durch eine Stahlbeton-Rippendecke ohne Füllkörper

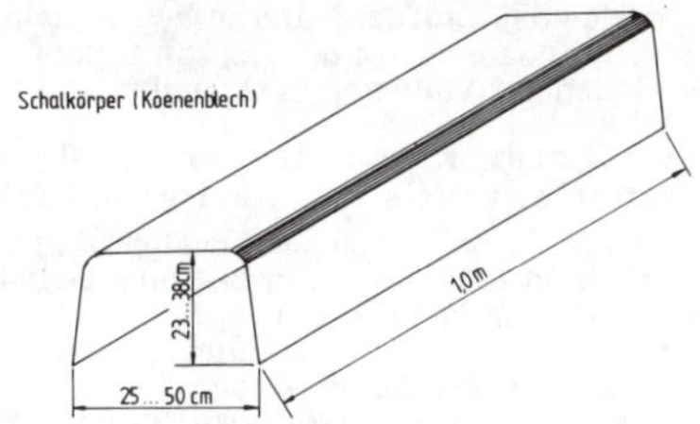

Stahlblech für Stahlbeton-Rippendecke ohne Füllkörper

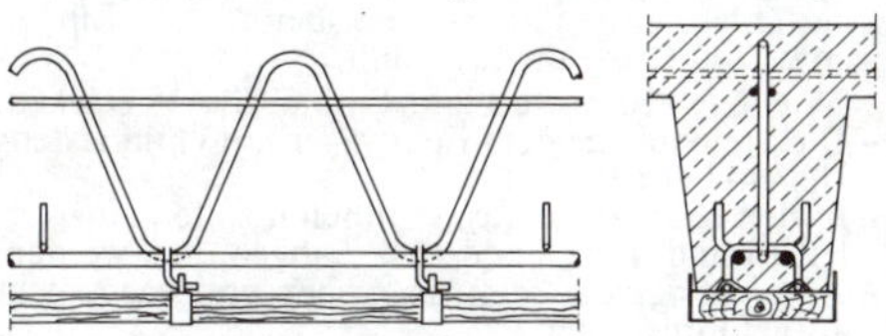

Gitterträger für Stahlbeton-Rippendecke aus Ortbeton

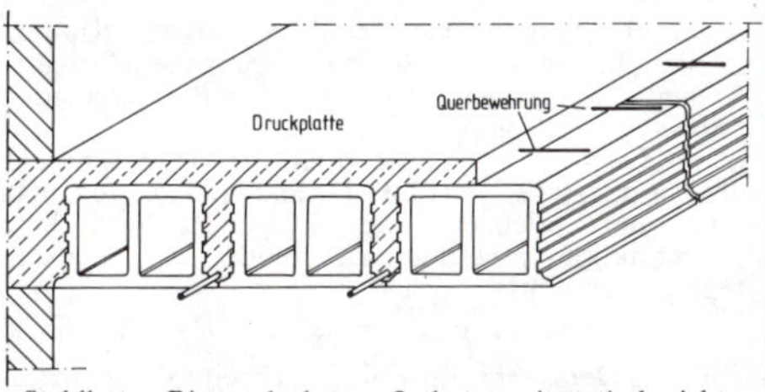

Stahlbeton-Rippendecke aus Ortbeton mit statisch nicht mitwirkenden Ziegel-Füllkörpern

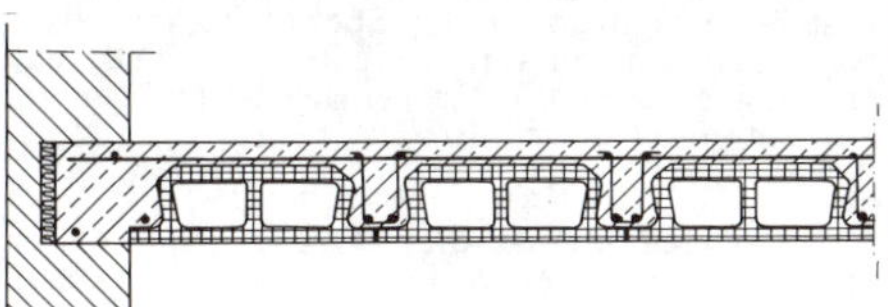

Stahlbeton-Rippendecke aus Ortbeton mit statisch nicht mitwirkenden Leichtbeton-Hohlkörpern

statischer Nachweis zu führen. Die Vielzahl der Stahlbeton-Rippendecken läßt sich wie folgt einteilen:

nach der **Herstellung**
- aus Ortbeton
- aus vorgefertigten Teilen

nach der **Konstruktion**
- ohne Füllkörper
- mit Füllkörper

nach der **Art der Füllkörper**
- mit Leichtbetonfüllkörpern
- mit Deckenziegeln
- mit anderen Füllkörpern

nach der **statischen Aufgabe der einzelnen Teile**
- mit Druckplatte
- ohne Druckplatte

nach dem **Deckenaufbau**
- Einschalendecke
- Zweischalendecke

Stahlbeton-Rippendecke aus Ortbeton ohne Füllkörper

Diese Decke wird bevorzugt in Geschäftshäusern und Verwaltungsgebäuden eingebaut. Statt der Füllkörper werden verschiedene Größen von Stahlblechen für die Formgebung der Rippen und der Druckplatte verwendet. Sollen die einzelnen Rippen an der Deckenunterseite nicht sichtbar sein, kann man einen Putzträger in Form von Holzleisten mit einbetonierten Nägeln an den Rippen befestigen. Als Putzträger bieten sich an: Rippenstreckmetall, Stabilrohrgewebe, Holzwolle-Leichtbauplatten usw. Auf diese Weise erhält man eine zweischalige Decke.

Stahlbeton-Rippendecke aus Ortbeton mit Gitterträgern

Tragende Bestandteile dieser Decke sind biegesteife Gitterträger, die im Abstand von 50–62,5 cm verlegt werden. Die Schalkörper werden zwischen die Träger eingebaut, eingeölt und nach Erhärten des Betons wieder entfernt. An der Unterseite der Gitterträger sind Holzleisten eingebaut, die zur Lagerung der Stahlbleche und später zur Befestigung der Unterdecke dienen. Die Gitterträger müssen mindestens 11,5 cm auf den Wänden aufliegen, darüber hinaus sind im Beton des Auflagers zwei Betonstähle mit einem Mindestdurchmesser von 10 mm anzuordnen.

Bei den neueren Stahlbeton-Rippendecken ohne Füllkörper hat man die Schalkörper aus Stahlblech durch solche aus Holz-Hartfaserplatten ersetzt; diese Platten bleiben als verlorene Schalung in der Decke.

Siehe **„Kaiser-Decke“:**

Hier werden Leichtschalungskörper aus Werzalit verwendet, die sogenannte Sicken zur Verbesserung der Aussteifung und Querverteilung der Lasten besitzen. Die Rippen bestehen wieder aus vorgefertigten Gitterträgern.

Siehe **„Omnia-Decke“:**

Hier werden als verlorene Schalung Kästen aus Holz-Hartfaserplatten verwendet. Aufbau sonst wie Kaiser-Decke.

5.4. Decken

Will man bei einer Stahlbeton-Rippendecke aus Ortbeton eine ebene Deckenunterfläche bekommen, so ist der Einbau einer zweiten Deckenschale, die meist an den Holzleisten der Gitterträger aufgehängt wird, erforderlich.

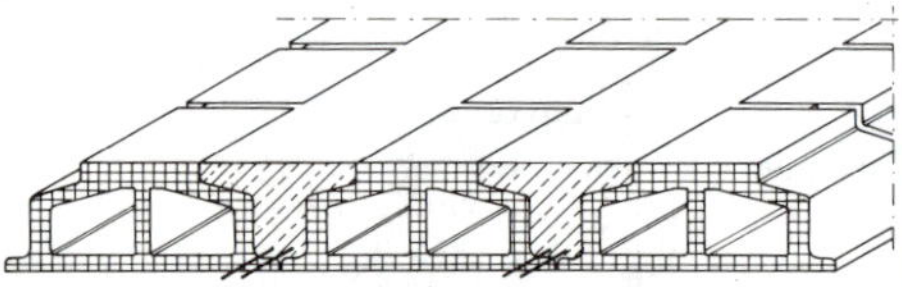

Stahlbeton-Rippendecke aus Ortbeton und statisch mitwirkenden Deckenziegeln

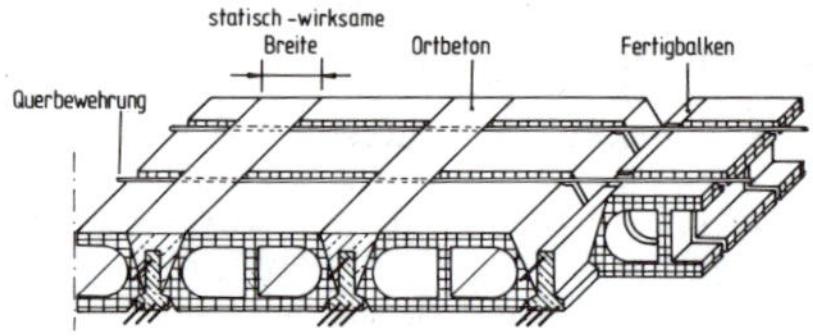

Stahlbeton-Rippendecke auf der Konstruktionsbasis einer Fertigteildecke (keine Druckplatte)

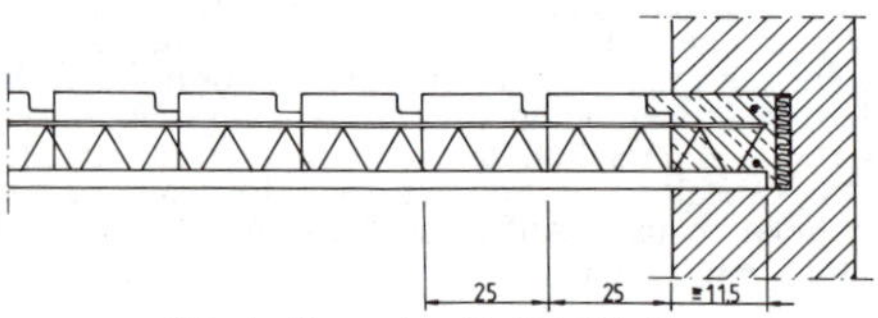

Wandauflager einer Fertigteildecke

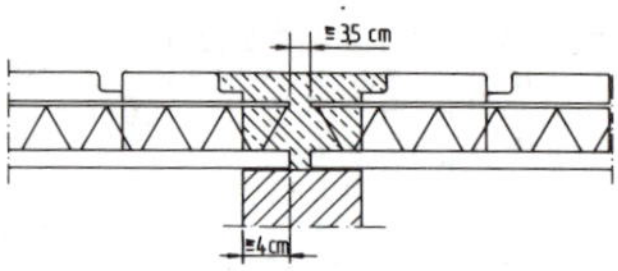

Zwischenauflager einer Fertigteildecke

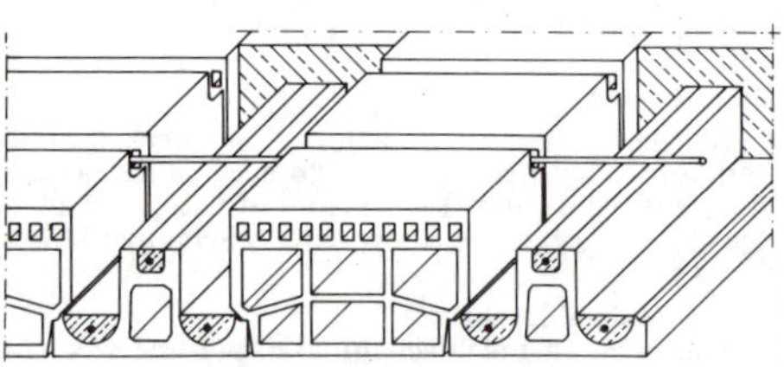

Esto-Decke mit allseitig 2 cm Betondeckung

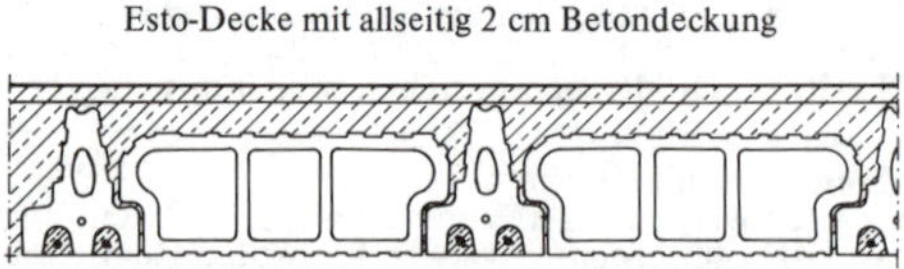

Rapid-Decke mit statisch nicht mitwirkenden Deckenziegeln

Stahlbeton-Rippendecke aus Ortbeton mit statisch nicht mitwirkenden Ziegel-Füllkörpern oder Deckenhohlkörpern aus Leichtbeton

Bei dieser Deckenart wird durch den Einbau von Füllkörpern von vornherein eine ebene Deckenunterseite hergestellt. Die Füllkörper bestehen entweder aus Deckenziegeln oder Bimsbeton und haben keinerlei Belastung aufzunehmen.

Die Rippen und die Druckplatte werden aus bewehrtem Beton hergestellt. In die mindestens 5 cm breiten Rippen werden die Tragstäbe (meist zwei) und die Bügel, die bis in die Druckplatte reichen, verlegt. In der ebenfalls mindestens 5 cm dicken Druckplatte werden Verteilerstäbe eingelegt. Der Höchstabstand zwischen den Rippen darf von Mitte bis Mitte gemessen nicht mehr als 70 cm betragen. Die Hohlkörper dürfen nicht auf der Wand aufliegen, vielmehr sind alle Wandauflager und Deckenstreifen über Mittelwänden aus Vollbeton herzustellen.

Stahlbeton-Rippendecken auf der Konstruktionsbasis von Fertigteildecken

Der Vorteil dieser Decken liegt vor allem darin, daß wenig Ortbeton hergestellt und fast ohne Schalung gearbeitet werden kann. Die Rippen bestehen aus vorgefertigten biege- und verdrehungssteifen Gitterträgern, die Zwischenräume werden durch Deckenziegel, die entweder statisch mitwirken oder nicht, ausgefüllt. Der untere Teil der Gitterträger mit den Zugstählen besteht aus Werksbeton, die Rippen werden mit Ortbeton ausgefüllt.

Wichtige Hinweise beim Einbau dieser Decken:
- Die Steinauflage der Gitterträger muß mindestens 11,5 cm betragen.
- In den Endbalken aus Stahlbeton sollen am Auflager mind. 1 ∅ 10 oder 2 ∅ 7 angeordnet werden.
- Alle Auflagerbänke müssen eben und waagerecht ausgeführt werden.

Ziegelfertigteildecken DIN 4159 (4.78) **und 4160** (8.78)

Ziegelfertigteildecken sind Stahlbeton-Rippendecken, bei denen die Bewehrung aus vorgefertigten Ziegelbalken besteht. Zwischen den Balken werden entweder statisch mitwirkende oder nicht mitwirkende Deckenziegel angeordnet. Im letzteren Fall ist eine mindestens 5 cm dicke Druckplatte anzuordnen. Aus der Vielzahl der Ziegelfertigteildecken-Konstruktionen werden im folgenden zwei Deckentypen vorgestellt:

Esto-Decke

Diese Decke besteht aus 25 cm breiten Trägern aus Hohlziegeln, die für Deckendicken von 11,5–16,5 cm geeignet sind. Bei größeren Deckenstärken werden Gitterträger verwendet. Die Deckenhohlkörper bestehen aus 50 cm breiten Spezial-Deckenziegeln. Nach deren Einbau werden die Rippen mit Ortbeton ausbetoniert und die Deckenziegel-Stoßfugen mit Zementmörtel ausgefüllt.

Rapid-Decke

Besondere Merkmale dieser Decke sind die extrem leichten Ziegelbalken sowie die in nach unten gerichteten Rillen eingelegte Bewehrung. Dadurch wird statische Nutzhöhe gewonnen, obwohl die Betonüberdeckungsdicke gleich bleibt.

5.5. Treppen

5.5.1. Grundbegriffe/Allgemeines DIN 18064 (11.79) und DIN 18065 (7.84)

Treppen müssen sorgfältig geplant und hergestellt werden, damit sie ohne Gefahren benutzt werden können. Dazu gehören:
- Festlegen des Raumbedarfs für das Treppenhaus,
- Festlegen der Treppenform,
- Bestimmung der Treppenmaße (Steigungshöhe, Auftritt, Untertritt, Wangenstärke usw.),
- Errechnen der Verziehungsmaße,
- Beachtung der Treppenbauvorschriften (meist festgelegt in den Länder-Bauordnungen).

Treppen können aus verschiedenen Werkstoffen hergestellt werden. Am häufigsten werden Steintreppen aus natürlichen und künstlichen Steinen sowie Holztreppen mit naturbehandelter Oberfläche je nach Zweck und Ästhetik in die Häuser eingebaut. Darüber hinaus gibt es aber auch Treppen aus verschieden zusammengesetzten Werkstoffen, z. B. Stahl und Holz oder Stahl und Betonwerkstein. Das die Treppen ergänzende Geländer dient der Sicherheit und der Verschönerung des Treppenaufgangs.

Festlegen des Raumbedarfs für ein Treppenhaus

Wie die folgende Zeichnung zeigt, kann man bei gleichem Steigungsverhältnis und damit gleicher Lauflänge zu recht unterschiedlichen Treppenraumgrößen kommen:

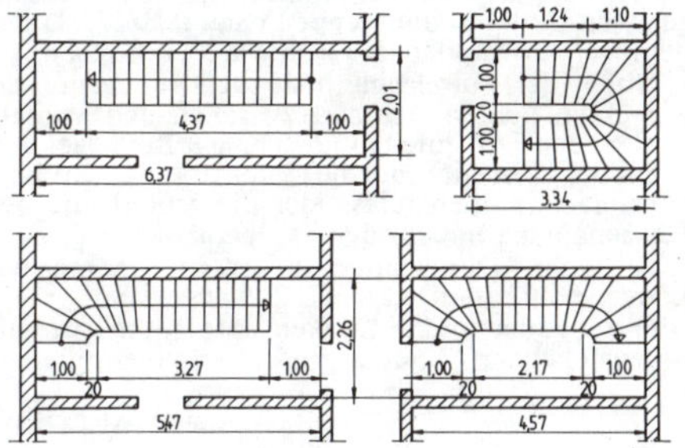

Raumbedarf bei Treppen mit normalem Steigungsverhälnis

Die endgültige Festlegung des Treppenhaus-Raumbedarfs richtet sich nach den Treppenvorschriften der Landesbauordnungen (z. B. Mindestbreite von Treppen in öffentlichen Gebäuden, Einbau eines Zwischenpodestes nach einer gewissen Stufenanzahl usw.) und der späteren Funktion des Treppenhauses (z. B. starker Publikumsverkehr, kaum benutzte Bodentreppe usw.).

Festlegen der Treppenform

Die Treppenform ist von der Größe des Treppenhauses bzw. des Treppenraumes abhängig. Darüber hinaus können aber auch gestalterische Gesichtspunkte bei der Wahl der richtigen Treppenform eine Rolle spielen.

Die Treppen werden nach der Grundrißform, der Zahl der Läufe sowie der Podestarten unterteilt. Darüber hinaus unterscheidet man Rechts- und Linkstreppen. Faßt man beim Hinaufgehen den Geländer-

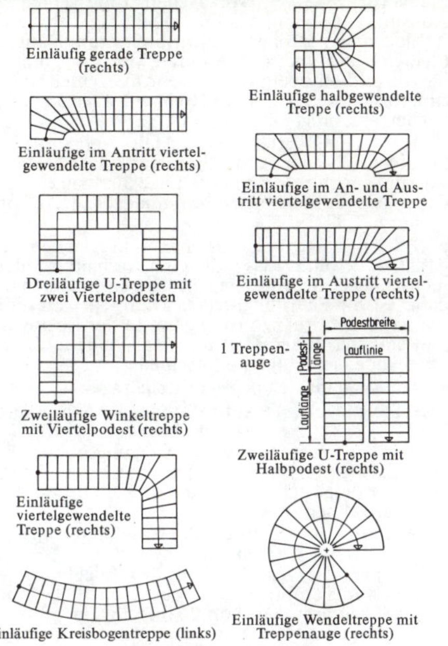

Grundrißformen von Treppen

handlauf mit der rechten Hand, spricht man von einer Rechtstreppe und umgekehrt von einer Linkstreppe.

Bestimmen der Treppenmaße

Treppen müssen gehsicher und bequem sein, daher müssen die Stufenmaße der natürlichen Gehbewegung angepaßt sein. Eine Treppenstufe setzt sich aus Steigungshöhe und Auftrittbreite zusammen. Der Bezug der beiden Maße heißt Steigungsverhältnis.

Damit eine Treppe weniger anstrengend zu begehen ist, sollte die Steigungshöhe zwischen 16 und 18 cm liegen. Im allgemeinen gelten folgende **Richtwerte für die Steigungshöhe:**

Treppen im Freien und in Bahnhöfen	14–16 cm
Treppen in Schulen, Kaufhäusern und Versammlungsräumen	15–17 cm
Treppen in Mehrfamilienhäusern	17–18 cm
Treppen in Einfamilienhäusern	17–19 cm
Keller- und Speichertreppen	19–20 cm

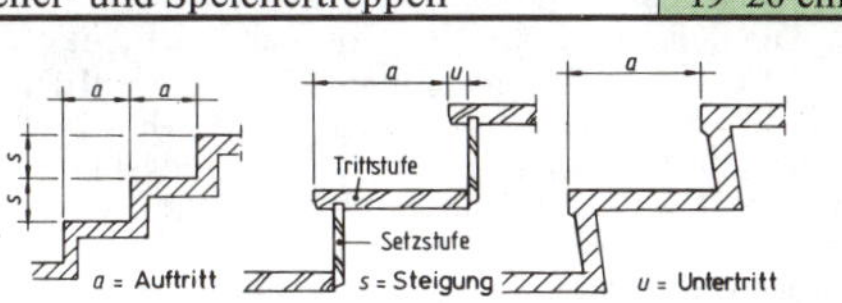

Steigungshöhe und Auftrittbreite bei Holz- und Steintreppen

5.5. Treppen

5

Die Auftrittbreite sollte so bemessen sein, daß der gesamte Fuß auftreten kann, d. h., es ist eine Auftrittbreite von 25-32 cm vorzusehen. Eine schmälere Auftrittbreite kann beim Abwärtsgehen zum Abgleiten, eine größere Auftrittbreite zum Hängenbleiben an der Stufenkante führen. Man kann indirekt die Auftrittbreite vergrößern, wenn man einen Untertritt vorsieht (z. B. bei Holztreppen) oder die Stoßflächen abschrägt oder auskehlt.

Das Steigungsverhältnis drückt das Verhältnis von Steigungshöhe zur Auftrittbreite aus. Das Größenverhältnis wird in Zentimeter ungekürzt angegeben, dabei steht die Steigungshöhe immer vor der Auftrittbreite, z. B. 17/29.

Um eine Treppe gehsicher und bequem zu gestalten, sollte das Steigungsverhältnis dem menschlichen Schritt angepaßt sein; ein guter Anhalt dafür ist die Schrittmaßregel: Man geht von einer normalen Schrittlänge von 63 cm in der Ebene aus und verkürzt dieses Maß um das Doppelte des zu überwindenden Höhenunterschiedes.

Daraus ergibt sich die **Schrittmaßregel:**

Zwei Steigungen (s) + Auftrittbreite (a) = Schrittlänge

$$2\,s + a = 59 - 65 \text{ cm}$$

Da in den meisten Fällen die Steigungshöhe durch die festgelegte Geschoßhöhe feststeht, kann man mit Hilfe der umgestellten Schrittmaßregel die Auftrittbreite errechnen:

Auftrittbreite = Schrittlänge − zwei Steigungen

$$\mathbf{63\ cm - 2\,s = a}$$

Will man die Auftrittbreite ausschließlich nach obiger Formel ermitteln, so ergeben sich nur bei mittleren Steigungshöhen von 16 bis 18 cm günstige Auftrittbreiten. Wird die Steigungshöhe geringer, erhält man eine zu große Auftrittbreite, z. B. bei einer Steigungshöhe von 15 cm einen Auftritt von 33 cm (63 - 2 · 15 = 33 cm), ist die Steigungshöhe ≧ 19 cm, wird die Auftrittbreite zu klein.

Es empfiehlt sich daher, das Schrittmaß wie folgt zu variieren:

Bei 15 cm Steigungshöhe 61 cm - 2 · 15 cm = 31 cm
17 cm Steigungshöhe 63 cm - 2 · 17 cm = 29 cm
19 cm Steigungshöhe 65 cm - 2 · 19 cm = 27 cm

Liegen in einem Treppenhaus von vornherein An- und Austritt der Treppe fest, läßt sich die Auftrittbreite nicht mehr nach der Schrittmaßregel ermitteln. In diesem Fall muß die vorgefundene Lauflänge durch die Anzahl der Steigungen minus 1 Auftritt geteilt werden.

Berechnung einer Treppe

Beim Berechnen einer Treppe geht man in drei Abschnitten vor:
- **Berechnung der Steigungshöhe**
- **Festlegen der Auftrittbreite**
- **Berechnung der Lauflänge**

Stets ist zu beachten, daß die Auftrittbreite im Bereich der Lauflinie auch bei verzogenen Treppenstufen gleich sein muß.

Die Steigungshöhe ermittelt man wie folgt:

Stockwerkshöhe : angenommene Stg. = Anzahl der Stg.
275 cm : 18 cm = 15,3 Steig.

Zur Bestimmung der genauen Steigungshöhe wird die Stockwerkshöhe durch die ermittelte Anzahl der Steigungen dividiert:

Stockwerkshöhe : Zahl d. Stg. = Steigunghöhe
275 cm : 15 = 18,33 cm

Die Auftrittbreite, die der Steigungshöhe von 18,33 cm entspricht, ermittelt man - sofern Aus- und Antritt der Treppe durch bauliche Gegebenheiten noch nicht festliegen - mit Hilfe der Schrittmaßregel. Da die Steigungshöhe 18 cm überschreitet, sollte man auch das Schrittmaß auf 64 cm erhöhen: 64 cm - 2 · 18,33 = 27,3 cm. Damit ist eine Treppe gewählt, die 15 Steigungen 18,3/27,3 cm besitzt.

Das festgelegte Steigungsverhältnis kann anschließend mit dem idealen Steigungsverhältnis verglichen werden, indem man folgende Formeln zu Hilfe nimmt:

Bequemlichkeitsformel: $a - s = \mathbf{12}$
Gehsicherheitsformel: $a + s = \mathbf{46}$

In der Baupraxis kommt man jedoch wegen der unterschiedlichen Anforderungen an Treppen und der verschiedenen Geschoßhöhen nicht immer mit dem idealen Steigungsverhältnis aus. DIN 18065 gibt in diesem Zusammenhang Auskunft über Steigungsverhältnisse und Treppenhausgrößen, DIN 4174 über Geschoßhöhen, Stufenzahl und Stufenhöhen.

Darüber hinaus sind auch noch die einschlägigen Treppenvorschriften der Länder-Bauordnungen zu berücksichtigen.

Die **Lauflänge** einer Treppe ist die Länge des Treppenlaufes in der Grundrißebene, man spricht auch von dem Treppengrundmaß. Die Lauflänge erhält man, wenn von der Anzahl der Steigungen 1 Auftritt abgezogen wird, da die Austrittbreite stets bei der Berechnung des Treppengrundmaßes außer Ansatz gelassen wird. Für die Treppe 15 Stg. 18,3/27,3 lautet demnach die Lauflänge: 14(!)Stg. · 27,3 = 3,82 m.

Unter der **Durchgangshöhe** versteht man den lotrechten lichten Abstand zwischen den Vorderkanten der Trittstufen und dem darüberliegenden Bauteil. Das ist entweder die Unterkante des darüberliegenden Treppenlaufes oder die Unterkante der Deckenaussparung für den Treppenlauf.

Die lichte Durchgangshöhe ist in den meisten Länder-Bauordnungen mit ≧ 2 m angegeben.

Die Lage der unteren Deckenkante läßt sich wie auf untenstehender Abbildung zeichnerisch ermitteln.

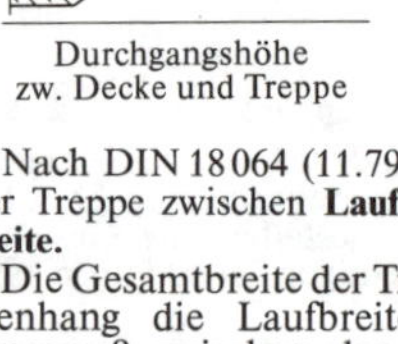

Durchgangshöhe zw. Decke und Treppe

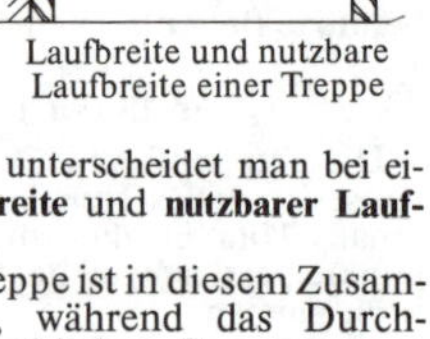

Laufbreite und nutzbare Laufbreite einer Treppe

Nach DIN 18064 (11.79) unterscheidet man bei einer Treppe zwischen **Laufbreite** und **nutzbarer Laufbreite.**

Die Gesamtbreite der Treppe ist in diesem Zusammenhang die Laufbreite, während das Durchgangsmaß zwischen den seitlichen Begrenzungen eines Treppenzuganges die nutzbare Laufbreite darstellt, z. B. die Begrenzung zwischen Treppenhauswand und Handlauf. Die nutzbare Treppenbreite ist in den Bauordnungen nach Gebäudeart und -größe festgelegt.

Stufenverziehung gewendelter Treppen

Eine Stufenverziehung wird notwendig, wenn Treppen eine Richtungsänderung ohne Anordnung von Zwischenpodesten erfahren. Bei viertel- und halbgewendelten Treppen erhalten mehrere Trittstufen im Bereich der Wendelung keilförmige Auftritte. Dadurch wird die Neigung der Innenwange steiler, die der Außenwange flacher als die Lauflinie, der entlang das gewählte Steigungsverhältnis einer Treppe gleichbleibend weiterlaufen muß. Die Lauflinie hat im Bereich der Wendelung in der Regel die Form eines Kreisbogens, der unmittelbar an die mittig verlaufende gerade Lauflinie der Resttreppe anschließt. Bei Treppenkrümmungen verläuft also die Lauflinie nicht in der Treppenmitte; dies ist auch nicht erforderlich, da man beim Begehen der Wendelung eher den Bereich der Lauflinie als den der Treppenmitte benutzt. Das Einfügen der keilförmigen Auftritte soll nicht unvermittelt, sondern stetig erst kleiner und dann größer werdend, erfolgen. Dadurch werden Sprünge und Kanten in Wangen- und Handlaufzone vermieden und der Benutzer kann sich in die Richtungsänderung sicher einfühlen.

Die Anzahl der zu verziehenden Stufen muß nach freiem Ermessen erfolgen, je größer die Zahl der verzogenen Stufen, desto gleichmäßiger ist der Treppenschwung und es entstehen in der Auftrittbreite keine Sprünge. Werden jedoch zu viele Stufen verzogen, so entsteht beim Benutzer der Eindruck einer falschen Gehrichtung. Im allgemeinen ist die Anzahl der verzogenen Stufen von der Treppenform abhängig: Bei viertelgewendelten Treppen sollten von der Eckstufe aus mindestens drei Stufen verzogen werden. Im Antritt oder Austritt sollten viertelgewendelte Treppen mindestens 6 verzogene Stufen besitzen, halbgewendelte Treppen 12–13.

Im folgenden werden zwei von zahlreichen Verziehungsmethoden vorgestellt, die bei allen Treppenverziehungen sinngemäß angewendet werden können. Die Treppenbreite richtet sich nach den örtlichen Gegebenheiten. Der Radius des Krümmlings und die Zahl der zu verziehenden Auftritte sind beliebig, jedoch nicht zu klein und so zu wählen, daß keine Setzstufe in die äußere Wangenecke läuft, sondern mindestens 10 cm von der Wangen- bzw. Wandecke entfernt liegt. Darüber hinaus soll jede Keilstufe an der Innenwange einen Mindestauftritt von 10 cm – gemessen von Vorderkante Setzstufe zu Setzstufe – besitzen.

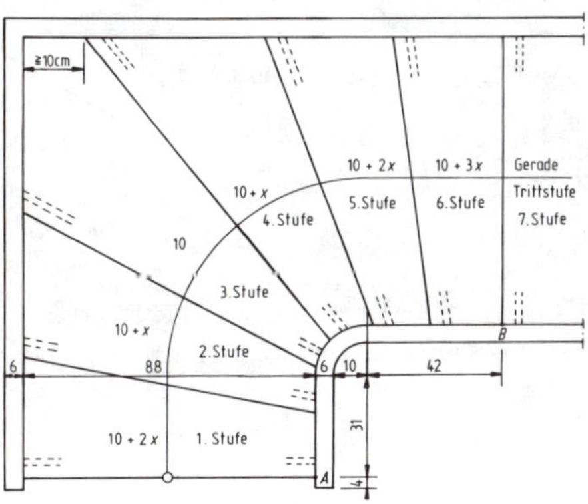

Treppenverziehung einer im Antritt ¼ gewendelten Treppe nach der x-Methode

Die gesamte, in Keilstufen einzuteilende Strecke an der Innenwange für die im Beispiel gewählten 6 Auftritte von $A - B$ beträgt 98 cm, siehe Abbildung.

Die 3. Stufe soll, da sie in der Mitte liegt, einen Mindestauftritt von 10 cm erhalten. Jeder dann folgende Auftritt davor und dahinter wird nun um ein noch unbekanntes Maß x größer als der vorhergehende. Daraus ergibt sich dann folgende Gleichung zur Ermittlung von x:

$$6 \cdot 10 + 9x = 98 \text{ cm}$$
$$x = 4{,}2 \text{ cm}$$

Die letzte verzogene Stufe wird demnach an der Innenwange 22,6 cm breit.

Zur Kontrolle, ob die 6. Stufe nicht zu stark verzogen worden ist (= Trittstufensprung), kann man folgende Rechnung anstellen:

$x + 2 = 6{,}2$ cm, $x - 2 = 2{,}2$ cm, Gerader Auftritt = 28 cm.

28,0 cm	28,0 cm
− 6,2 cm	− 2,2 cm
21,8 cm	25,8 cm

$$10 + 3x = 22{,}6 \text{ cm}$$

Da das Maß 22,6 in der Toleranz zwischen 21,8 und 25,8 cm liegt, entsteht zwischen der 6. und 7. Stufe kein Trittstufensprung.

Verziehen einer halbgewendelten Treppe nach dem Halbkreisverfahren

Bei einer halbgewendelten Treppe sind mindestens 9, höchstens 17 Stufen zu verziehen. Beim Halbkreisverfahren sind folgende Arbeitsschritte vorzunehmen, nachdem der Treppengrundriß mit Wangen, Treppenauge und Gehlinie aufgetragen worden ist:

- Treppenachse (= Mitte Treppenauge) eintragen,
- nach beiden Seiten der Treppenachse je die Hälfte der festgelegten Auftrittbreite an der Gehlinie und der Mindestauftrittbreite (10 cm) am Treppenauge abtragen,
- die Verbindung der Punkte ergibt die Mittelstufe (A),
- von der Mittelstufe ausgehend alle Auftrittbreiten an der Gehlinie abtragen,
- die gerade Vorderkante der in Laufrichtung ersten und die gerade Hinterkante der letzten verzogenen Stufe schneiden die Treppenachse in Punkt M,
- um Punkt M einen Halbkreis schlagen, der die Innenwangen der Mittelstufe berührt,
- den Kreisbogen in soviel gleiche Abschnitte teilen, wie Stufen verzogen werden sollen, ein Abschnitt ist bei 9 verzogenen Stufen $\frac{r \cdot \pi}{13}$,
- von den Teilpunkten rechtwinklig zur Mittelachse Verbindungslinien bis zur Innenwange zeichnen,
- die Schnittpunkte auf der Innenwange mit den Teilpunkten auf der Gehlinie verbinden.

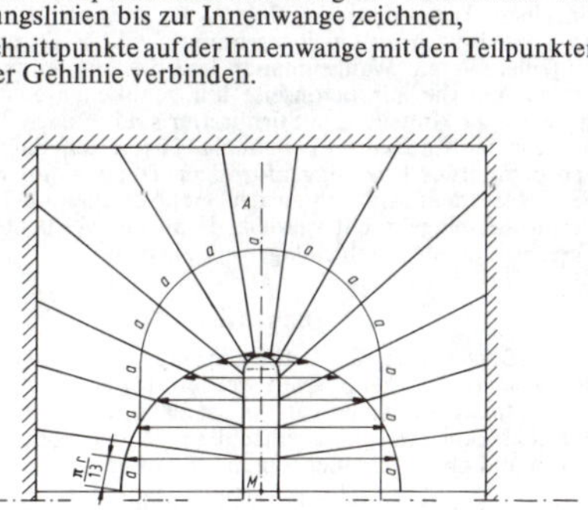

Treppenverziehung nach dem Halbkreisverfahren

5.5. Treppen

5.5.2. Massivtreppen

Zu den Massivtreppen gehören Treppen aus Natursteinen, Betonwerksteinen und Beton, sie sind weitgehend unempfindlich gegen Witterungseinflüsse und Feuchtigkeitseinwirkungen. Im Brandfall widerstehen sie längere Zeit der Zerstörung.

Eine der am häufigsten hergestellten Massivtreppen ist die Stahlbetontreppe, zumal diese Treppe dem jeweiligen Zweck in jeder beliebigen Form angepaßt und darüber hinaus statisch einwandfrei, feuersicher und formschön ausgeführt werden kann.

Stahlbetontreppen lassen sich in zwei Gruppen einteilen:
- **Ortbetontreppen,** sie bestehen aus einer Laufplatte mit aufbetonierten oder aufgesetzten Stufen,
- **Fertigteiltreppen.**

5

Einschalen von Ortbetontreppen

Beim Einschalen werden zunächst die Schalgerüste für die Podeste und Laufplatten aufgestellt, auf die dann eine ebene Schalhaut aufgelegt wird.

Die Laufplatten bilden geneigte Ebenen, deshalb müssen die Druckübertragungen mit besonderer Sorgfalt ausgebildet werden, um ein seitliches Verschieben der Streben zu verhindern. Darüber hinaus müssen auch die Verbindungspunkte Podestschräge–Laufplatte besonders biegefest ausgebildet werden. Die seitliche Einschalung wird durch Wangenplatten gewährleistet.

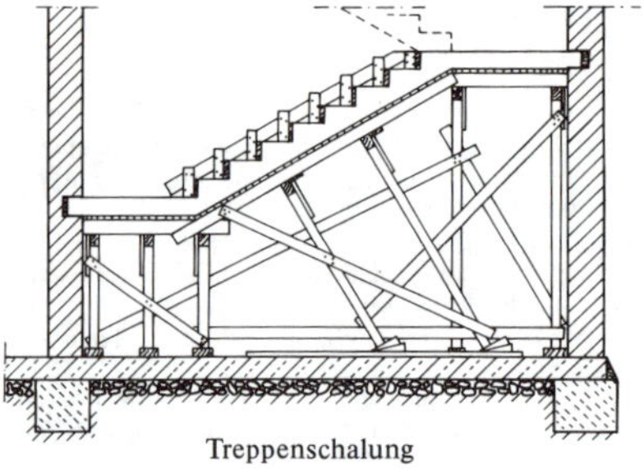

Treppenschalung

Werden beim Einschalen einer Treppe auch schon die einzelnen Trittstufen ausgebildet, so müssen die Stufenbretter selbst sehr genau zugeschnitten werden. Dazu werden Stufenlehren an Wangenmauer und Seitenschalung angebracht, um die zur Betonseite hin gehobelten Stirnbretter einsetzen zu können. Die Stirnbretter sind je nach Treppenbreite in der Mitte ein- bis zweimal abzuspreizen, damit durch den Betondruck keine bogenförmigen Treppenkanten entstehen. Nach dem Anfeuchten der Treppenschalung kann ein Beton KR eingebracht werden, damit ein Verdichten ohne Verschiebung der Stahleinlagen möglich ist.

Bewehren

Die Bewehrung der Ortbetontreppen kann längs- oder quergespannt vorgenommen werden. Im ersteren Fall wird die Laufplatte entweder von Podest zu Podest gespannt, oder die geknickte Laufplatte einschließlich der Podeste lagert unten und oben auf einer tragenden Wand.

Bei Quereinspannung kann die Laufplatte zwischen den Wangenträgern liegen oder kragarmartig seitlich einbinden.

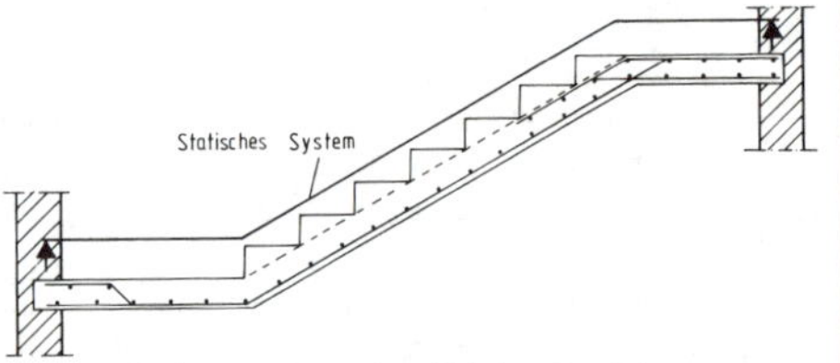

Ortbetontreppe mit geknickter Laufplatte

Im weiteren Arbeitsgang wird die Bewehrung mit entsprechenden Abstandshaltern auf die Schalung gelegt. Aus der Bewehrungszeichnung kann der Abstand der Längsstäbe entnommen und auf der Schalung angerissen werden. Nachdem die einzelnen Positionen ausgelegt worden sind, können sie mit den Verteilerstäben verbunden werden. Der Arbeitsvorgang erfolgt von unten nach oben, der Flechter steht dabei auf den rutschfesten Stählen.

Betonieren

Das Betonieren einer Treppe erfolgt von unten nach oben, dabei spielt die Konsistenz des Betons eine wichtige Rolle: bevorzugt wird die Konsistenz KR, da die Mischung sonst – vor allem während des Verdichtens – nach unten rutscht. Das Verdichten selbst sollte durch Stampfen oder Rütteln vorgenommen werden.

Treppen aus Stahlbeton-Fertigteilen

Bei diesen Treppen handelt es sich vorwiegend um Treppen aus Werksteinstufen, die an beiden Enden von vorgefertigten Treppenwangen unterstützt werden. Die Wangen haben im Schnitt ein L-förmiges Aussehen, wobei der untere Schenkel den Stufen als Auflager dient.

Die Vielzahl der Stahlbeton-Fertigteiltreppen unterscheidet sich vorwiegend durch die verschiedenen Querschnittsformen der Stufen; so gibt es abgeschrägte Blockstufen, Winkelstufen, L-Stufen usw. Die Stahlbeton-Fertigteiltreppe wird auch häufig als Wangentreppe bezeichnet.

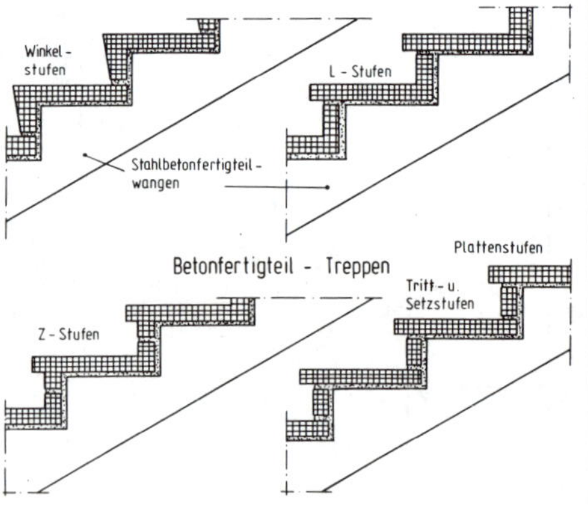

5.5. Treppen

5.5.3. Holztreppen

Holz eignet sich gut als Werkstoff für Treppen, da es leicht zu bearbeiten ist und als Naturholz eine raumgestaltende Wirkung erzielt. Die Verkehrslast wird von den Trittstufen auf die Frei- und Wandwangen und von dort zu den Auflagerpunkten an Podest und Decke weitergeleitet.

Geeignete einheimische Hölzer für die Trittstufen sind: Buche, Eiche, Esche; für die Wangen: Tanne, Fichte, Kiefer, Lärche.

Um Holztreppen den jeweiligen baulichen und gestalterischen Erfordernissen anpassen zu können, hat man je nach der Verbindungsart der Trittstufen mit den Wangen die Holztreppen in drei Bauweisen eingeteilt:

- die **aufgesattelte Treppe,**
- die **eingeschobene Treppe,**
- die **eingestemmte Treppe.**

Aufgesattelte Treppe

Bei der aufgesattelten Treppe werden die Trittstufen auf Tragholme aufgesetzt d. h.: aufgeschraubt, verdübelt oder verleimt. Die waagerechte Auflage auf dem geneigten Holm für die Trittstufe bezeichnet man als Sattel.

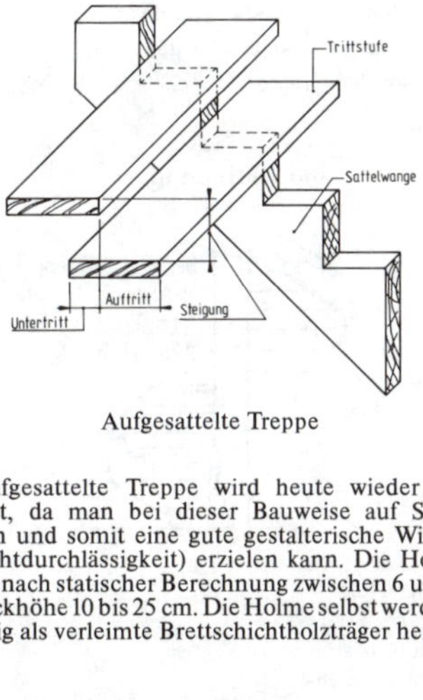

Aufgesattelte Treppe

Die aufgesattelte Treppe wird heute wieder häufiger verwendet, da man bei dieser Bauweise auf Setzstufen verzichten und somit eine gute gestalterische Wirkung (= große Lichtdurchlässigkeit) erzielen kann. Die Holmbreite beträgt je nach statischer Berechnung zwischen 6 und 12 cm, die Besteckhöhe 10 bis 25 cm. Die Holme selbst werden heute sehr häufig als verleimte Brettschichtholzträger hergestellt.

Eingeschobene Treppe

Bei der eingeschobenen Treppe stehen die Trittstufen vorne über die Wangen vor. Die Wangen selbst werden durch Schraubbolzen im Abstand von 4–5 Stufen zusammengehalten. Die Trittstufen werden waagerecht in ca. 2 cm tiefe Wangennuten von vorn bis zum Anschlag eingeschoben. Werden die Wangennuten schwalbenschwanzförmig ausgebildet, kann auf die Schraubbolzen verzichtet werden, da diese Holzverbindung einen genügenden Zusammenhalt der Trittstufen mit den Wangen gewährleistet.

Die eingeschobene Treppe wird heute noch für untergeordnete Zwecke verwendet.

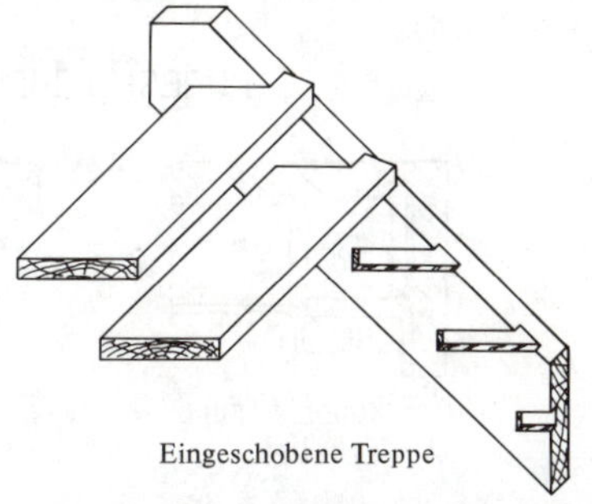

Eingeschobene Treppe

Eingestemmte Treppe

Die eingestemmte Treppe besitzt geschlossene Stufen, die aus Tritt- und Setzstufen bestehen. Die Setzstufen bezeichnet man auch als Stoßbretter oder Futterbretter. Die Tritt- und Setzstufen werden in ca. 2 cm tiefe Wangennuten eingesetzt. Um das Knarren der Treppe zu vermeiden, nutet man heute nicht mehr die Setzstufe am Untertritt in die Trittstufe, sondern befestigt sie an einer Deckleiste (siehe Abbildung).

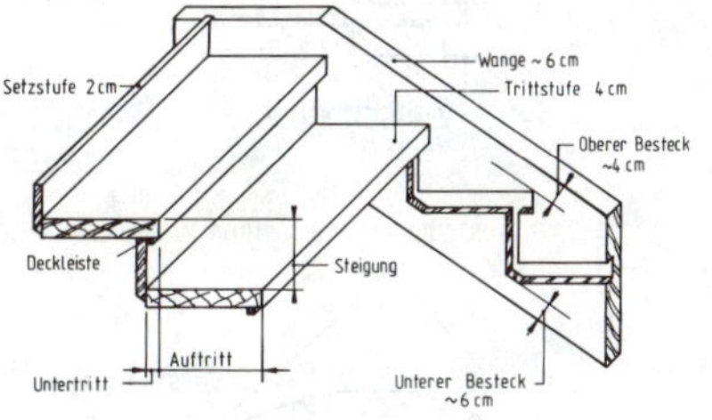

Eingestemmte Treppe

Die Setzstufen erhalten an der Oberkante eine leichte Wölbung (Stich), so daß die Trittstufe nur im mittleren Bereich unterstützt wird; dadurch wird das Knarren der Treppe auf ein Mindestmaß reduziert.

5.5.4. Treppengeländer

Treppengeländer bestehen aus dem Handlauf und der Geländerfüllung. Die Handläufe sollen eine glatte Oberfläche und einen griffgerechten Querschnitt haben. Die Handlaufhöhe muß im Lot gemessen von der Vorderkante Trittstufe ab gemessen 90 cm betragen.

Die Geländerfüllung kann aus lotrechten Stäben (Höchstabstand untereinander ≦ 13 cm) oder geneigten Füllbrettern bestehen.

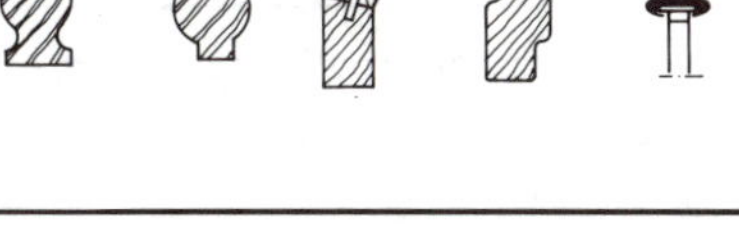

Podestbildung und Stufenprofile

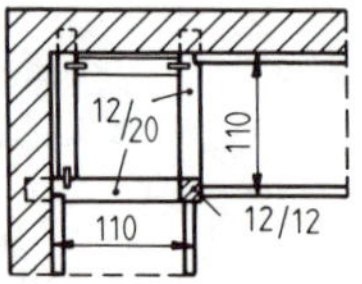

Eckpodest mit Eckstiel

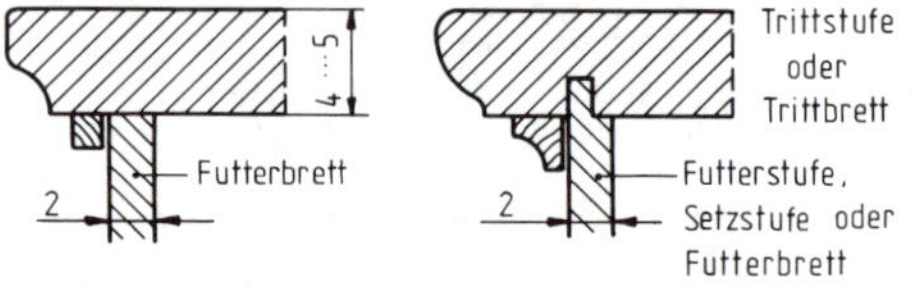

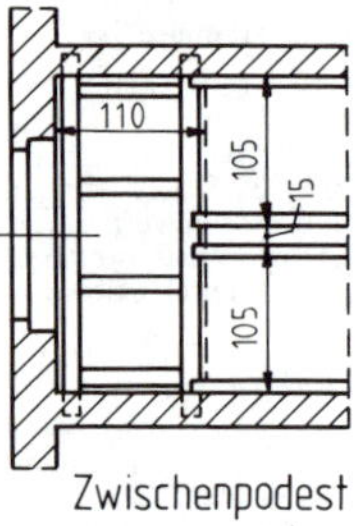

Zwischenpodest

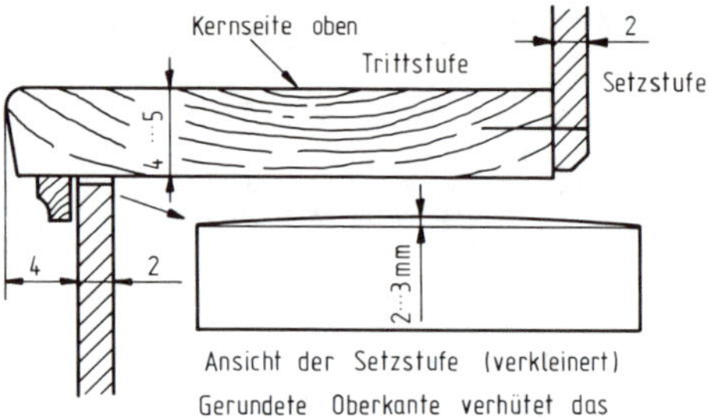

Ansicht der Setzstufe (verkleinert)

Gerundete Oberkante verhütet das Knarren der Treppe

Austragung eines Handläuferkrümmlings

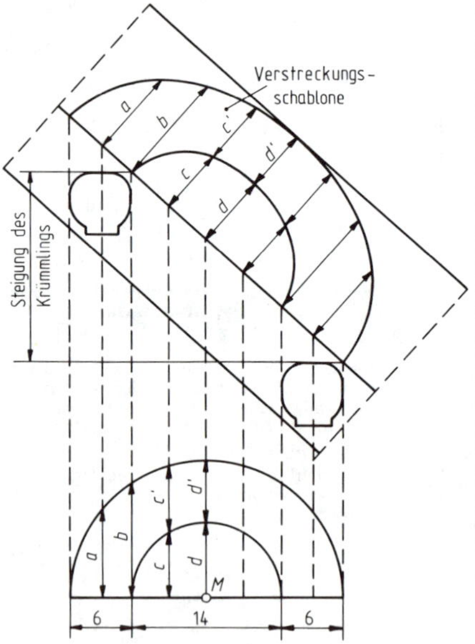

Wendeltreppe

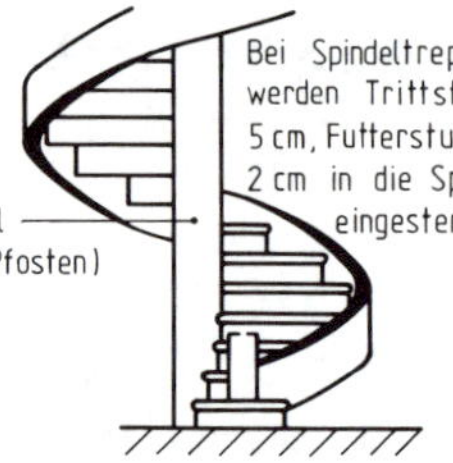

Bei Spindeltreppen werden Trittstufen 5 cm, Futterstufen 2 cm in die Spindel eingestemmt.

Mind. 12 Stufen bei 18 cm Steigungshöhe, um überall 1,8 … 2 m Durchgangshöhe zu erhalten

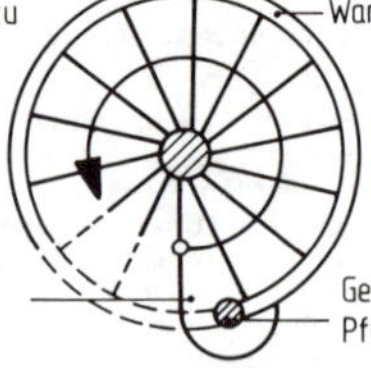

5.5. Treppen

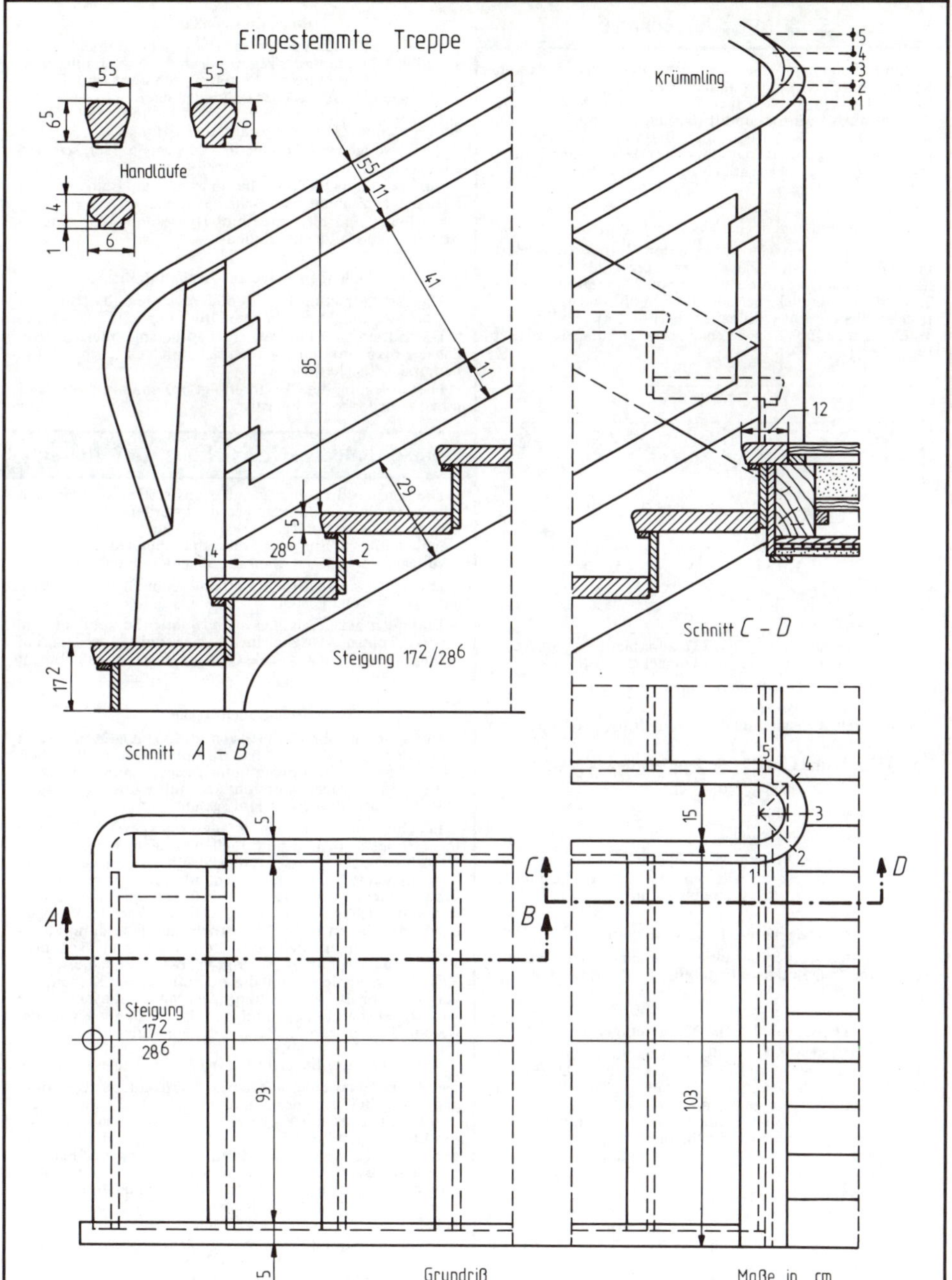
Eingestemmte Treppe
Handläufe
Krümmling
Schnitt A – B
Schnitt C – D
Steigung 17²/28⁶
Grundriß
Maße in cm

5.6. Fußböden

5.6.1. Massive Fußböden

Roh-Fußböden in Wohnräumen werden meist mit Parkett, Kunststoff (PVC) oder Teppichboden ausgelegt, da diese Materialien ein behagliches Wohnklima vermitteln und darüber hinaus wärme- und trittschalldämmend sind. Aber schon in Fluren, Bädern, Küchen, Terrassen, Kellerräumen wird sehr häufig ein Massivfußboden verlegt, da dieser widerstandsfähiger gegen Feuchtigkeit und Abnutzung ist als die o. a. Fußbodenbeläge.

Fußbodenbelag aus Kunststeinen

Kunststeinplatten werden aus Beton, Terrazzo oder Hartbeton (mit Hartgestein-Zuschlägen) hergestellt. Die Platten haben quadratische Abmessungen von 20 bis 60 cm Kantenlänge, die Plattendicke beträgt 2 bis 6 cm. Neben den quadratischen Platten gibt es für die Abschlußzone Fußboden – Wand auch Halbplatten, Dreieckplatten und Viertelplatten (vgl. hierzu auch DIN 486).

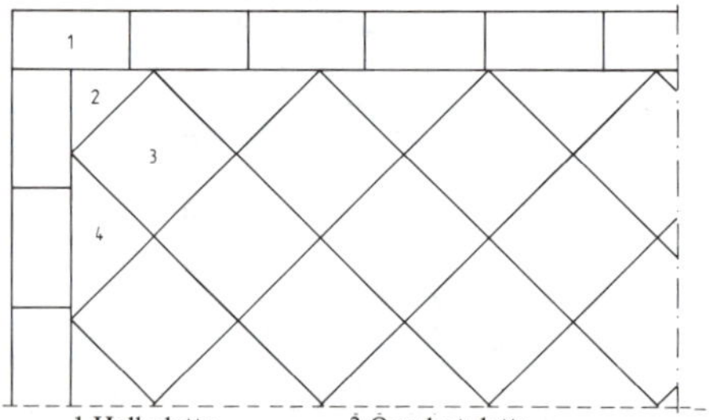

1 Halbplatte 3 Quadratplatte
2 Viertelplatte 4 Dreieckplatte

Kunststeinplattenarten im Verbund

Unter den Kunststeinplatten werden folgende Gruppen unterschieden:

- Ungefärbte und eingefärbte Betonplatten,
- mehrfarbige Mosaikplatten,
- Terrazzoplatten,
- ungefärbte Hartgesteinplatten,
- mit Dampf und Hartstoff gehärtete Platten,
- Verbundplatten aus zwei Schichten, bei denen die eine aus Beton, die andere aus Asphalt besteht.

Verlegen der Kunststeinplatten

Die Platten werden auf einer 8–10 cm hohen Kiessandschicht mit festgewalztem Untergrund in Mörtel der Gruppe II und IIa verlegt.

Fußbodenbelag aus Natursteinplatten

Diese Platten werden häufig in Hallen und Fluren, aber auch für Gartenwege und Terrassen verwendet. Die Platten besitzen ein dichtes Gefüge, das auf das zur Herstellung verwendete geringporige Steinmaterial zurückzuführen ist. Als Ausgangsmaterialien werden verwendet: Solnhofer-Jurakalk (rauh, geschliffen und halbgeschliffen), Travertin, Schiefer und Urtonschiefer, Weser-Sandstein u. a.

Die Platten haben quadratische Abmessungen von 15 bis 60 cm Kantenlänge und sind i. d. R. 2 bis 3 cm dick. Als Mörtel verwendet man hydraulischen Kalkmörtel, da Zementmörtel als Fugenmörtel leicht zu Flecken auf den Steinen führen kann (diese können wiederum durch Annässen der Plattenaußenkanten vermieden werden). Die Plattendicke ist nicht für die Haltbarkeit ausschlaggebend.

Bodenfliesenbeläge

Die Bodenfliesen werden aus trockenem Tonmehl hergestellt, das in Stahlmatrizen unter hohem hydraulischem Druck gepreßt und bis zur Sinterung gebrannt wird. Eigenschaften der Fliesen: wasserundurchlässig, sehr hart, geringe Abnutzungsgefahr. Lieferung in den Farben: Weiß, Grau, Schwarz, Blau, Gelb, Rot, Braun und Grün.

Abmessungen der Fliesen: 10/10/0,9 cm, 15/15/1,3 cm und 25/25/1,8 cm.

Verarbeitung: Die Bodenfliesen werden auf Beton in einer 2 cm dicken Zementmörtelschicht verlegt.

Die Fugen sind mit Zementbrei (Dyckerhoff-Weiß), Fugenweiß usw. sorgfältig auszufüllen.

Fußbodenbeläge aus Asphaltplatten

Die Asphaltplatten für Fußböden werden aus erhitztem Asphaltsteinmehl unter hohem Druck gepreßt.

Die Platten sind quadratisch (Kantenlänge meist 25 cm, Dicke 2 bis 5 cm) und zeichnen sich durch elastische Festigkeit und Trittsicherheit aus.

Die Verlegung der Platten erfolgt in Zementmörtel ($\geqq$ 15 mm dick) oder Asphaltmastix.

5.6.2. Bodenbeläge aus Kunststoff-Fliesen

Die meisten Bodenbeläge aus Kunststoffen können nach folgenden Gesichtspunkten geordnet werden:

- Hauptausgangsstoff (z. B. PVC)
- Schichtaufbau (Ein- oder Mehrschichtbeläge)
- Verlegeform (Fliesen, Bahnen, Spachtelböden)

Die meisten Kunststofffliesen und -bahnen werden heute auf PVC-Basis hergestellt.

Einschichtbeläge, als Fliesen und Bahnen ausgebildet, sind 1,5 bis 2,5 mm dick, Mehrschichtbeläge sind dicker, da sie auf einer Trägerschicht aus Kork, Gewebe, Filz o. ä. aufgebracht sind.

PVC-Bodenfliesen

PVC-Fliesen haben Größen von 30×30 bis 64×64 cm und besitzen folgende Eigenschaften: abriebfeste glatte Oberfläche, wasserdicht, unempfindlich gegen Säuren, Laugen, Fette, Benzin; dagegen besteht gegenüber Lösungsmitteln, z. B. Terpentin, Benzol, Angriffsgefahr.

Feuchtigkeit aus dem Unterboden kann gewisse Füllstoffe in den Trägerschichten zum Quellen bringen, daher muß der Unterboden sauber, rissefrei und vor allem stets trocken sein. Schwimmende Estriche müssen mindestens 3,5 cm dick sein, schwimmende Asphaltestriche müssen auf einer druckunempfindlichen Dämmschicht aufliegen. Vor dem Verlegen der Bodenplatten sollte der Estrich mehrfach dünn aufgespachtelt werden. Bei Asphaltestrichen muß vor dem Verlegen der Bodenfliesen eine geschlossene Spachtelschicht aufgetragen werden, damit die asphaltlösenden Klebemittel von der Asphaltschicht getrennt werden. Es dürfen nur die von den Lieferanten empfohlenen Spezialkleber verwendet werden. Fliesen von der Raummitte aus verlegen.

Kunststoff-Hartfliesen

Diese Fliesen werden aus Asbestfasern und sonstigen anorganischen Stoffen in den Kantenlängen von 22,5 bis 30 cm und einer Dicke von 1,5 bis 3,2 mm hergestellt, dabei werden die Asbestfasern durch Kunstharze zusammengebunden. Vor dem Verlegen werden die Hartfliesen über einer Flamme geschmeidig gemacht, damit sie sich dem Untergrund ohne Spannungen anpassen. Die fugenlos aneinandergesetzten Fliesen werden mit einem Kunststoff- oder Bitumenkleber auf glattem Unterboden aufgebracht.

In Naßräumen sollte man Wasser nicht längere Zeit auf den Fliesen stehenlassen. Platten vor übermäßiger Sonneneinstrahlung schützen, Vorsicht bei Fußbodenheizung!

5.6. Fußböden

5.6.3. Fußböden aus Holz

Holzfußböden können wie folgt eingebaut werden:

- als Dielung aus gespundeten, gesäumten oder gefalzten Brettern,
- als Parkett,
- als plattenförmige Unterkonstruktion aus Holzwerkstoffen.

Dielenfußboden

In Wohnräumen werden Dielenfußböden aus gehobelten und gespundeten Brettern nach Güteklasse II hergestellt. Nach DIN 4072 (8.77) sind die gespundeten Bretter wie folgt genormt: bei einer Brettdicke von 24 und 26 mm beträgt die Federdicke 6 mm, die Federlänge 7 mm. Über der Feder ist das Holz etwa 2 mm höher als unter der Feder. Bei einem Balkenabstand ≦ 80 cm soll die Dicke der Dielen 21 (Rauhmaß 24 mm) bis höchstens 23 mm (Rauhmaß 26 mm) betragen.

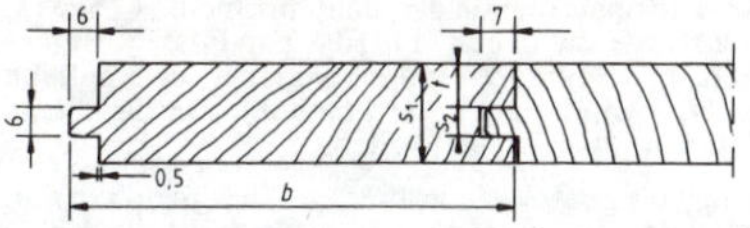

Bezeichnung eines gehobelten Brettes mit Nut und Feder von der Dicke S_1 = 20 mm, b = 95 mm, t = 9 mm, S_2 = 6 mm und Länge l = 3000 mm.

Wie aus obiger Abbildung ersichtlich, besitzen die Bretter eine Unterfügung von 0,5 mm; Nut- und Federkanten sind leicht gerundet und ermöglichen ein Zusammentreiben der Bretter mit geringem Kraftaufwand.

Fußboden aus Hobeldielen wird auf Lagerhölzern verlegt, die meist wegen der Trittschalldämmung in einer Schüttung liegen. Die Balken einer Balkenlage können als Lagerhölzer dienen, vorausgesetzt, die Balkenoberfläche wird waagerecht ausgeglichen und ausgewogen.

Vor dem Verlegen der Bretter in einem Neubau sollte das Holzfeuchte-Gleichgewicht überprüft werden. Stimmen Raumtemperatur, relative Luftfeuchte und die Holzfeuchte der Bretter nicht überein, so arbeitet das Holz und die Bretter können sich werfen. Zweckmäßig ist daher die Lagerung des Fußbodenmaterials für eine gewisse Zeit am Ort der Verwendung, damit es sich akklimatisieren kann.

Beim Verlegen der Fußbodenbretter ist darauf zu achten, daß sie laut VOB mit der Kernseite nach unten auf den Lagerhölzern vernagelt werden. Bei verdeckter Nagelung ist jedes Brett auf jedem Lagerholz mit mindestens einem Nagel, bei sichtbarer Nagelung mit mindestens zwei Nägeln zu befestigen. Beim Verspannen der Bretter sollen alle Fugen in der Dielung dicht werden.

Parkettfußboden

Parkettfußboden ist nach DIN 280 (4.90) ein Holzfußboden, der aus gesundem Holz, welches sorgfältig zu trocknen ist, hergestellt sein muß.

Abmessungen von Fertigparkett-Elementen nach DIN 280 (4.90) Maße in mm.

Form	Dicke	Breite	Länge
lang	8–26	100–240	ab 1200
kurz	8–26	200–400	ab 400
quadratisch	8–26	200–650	200–650

Im allgemeinen werden die folgenden **Parkettarten** unterschieden:

- **Stabparkett,** besteht aus Parkettstäben, die ringsum genutet sind und beim Verlegen mit Hirnholzfedern verbunden werden.
- **Riemenparkett,** besteht aus Parketthölzern, die jeweils an einer Längskantenfläche und Hirnholzkantenfläche eine angehobelte Feder und an den anderen Kantenflächen entsprechende Nuten besitzen.
- **Mosaikparkett,** besteht aus kleinen Parketthölzern (Lamellen), die glatte Kanten besitzen und zu bestimmten Verlegeplatten zusammengesetzt, verarbeitet werden.
- **Fertigparkett,** besteht aus industriell hergestellten Fertigparkett-Elementen, die oberflächenbehandelt sind und nach dem Verlegen keiner Nachbehandlung bedürfen.

Handelsübliche Holzarten für Parkett sind: Eiche, Buche, Esche, Kiefer, Mahagoni, Kambala.

Die **Parkettverlegung** soll möglichst nach Abschluß der Maler- und Tapezierarbeiten vorgenommen werden. Um eine einwandfreie Parkettverklebung – in seltenen Fällen auch Vernagelung – zu gewährleisten, muß der Unterboden (Estrich, Holzspanplatten) fest, trocken, eben und sauber sein. In der Regel wird auf den Unterboden ein mit dem eigentlichen Parkettkleber abgestimmter Voranstrich aufgetragen, bevor das Parkett dann in das Klebebett des Parkettklebers verlegt wird.

Nach Abbinden der Klebemasse wird die Parkettfläche gleichmäßig abgeschliffen und versiegelt.

Die Versiegelung soll sofort nach dem letzten Schleifgang erfolgen, um die Holzporen zu füllen und auf dem Parkett einen haftfesten Film zu bilden. Als Versiegelungsmittel kommen in Frage: Öl-Kunstharz-Siegel, Säurehärtende Siegel, Polyurethan-Siegel. Ausschlaggebend für die Haltbarkeit der Versiegelung ist die Einhaltung der vom Hersteller angegebenen Vorschriften (z. B. Trocknungs- und Aushärtungszeiten, Raumtemperatur, Luftfeuchtigkeit, Anzahl der Anstriche).

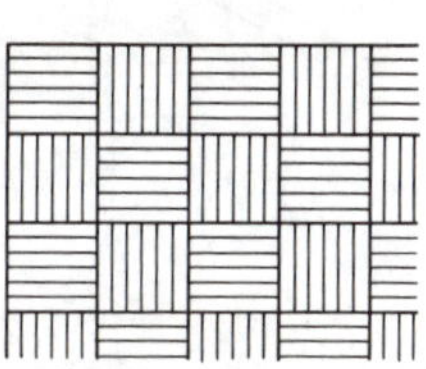

Mosaikparkett

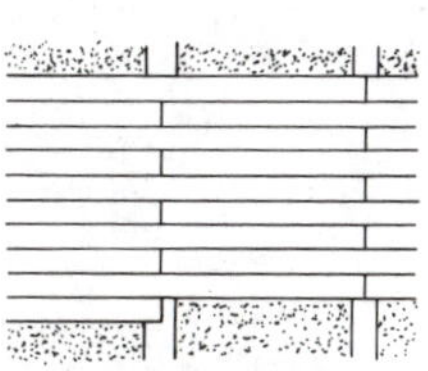

Parkett-Riemenboden im Verband auf Balkenlage

Fußboden-Unterböden aus Holzwerkstoffen

Um den Estrich – gerade bei Holzbalkendecken – zu sparen, können die Fußbodenbeläge aus Textilien, Kunststoffen oder Parkett auch auf Holzwerkstoff-Fußboden-Fertigplatten aufgebracht werden. Bei diesen Fertigplatten handelt es sich um phenolharzverleimte, mehrschichtige Holzspanplatten mit Feuchtigkeitsschutz. Die Holzspan-Fußbodenplatten sind an allen Kanten genutet und können, mit Federn flächenbündig gestoßen, leicht verlegt werden. Die Verlegung kann auf drei Arten erfolgen:

- vollflächig schwimmend auf massiven Decken,
- auf Lagerhölzern auf Massiv- und Holzbalkendecken,
- auf alten Dielenböden.

Die Plattenstöße müssen verleimt werden.

5.7. Dächer

5.7.1. Pfettendächer

Systemskizzen

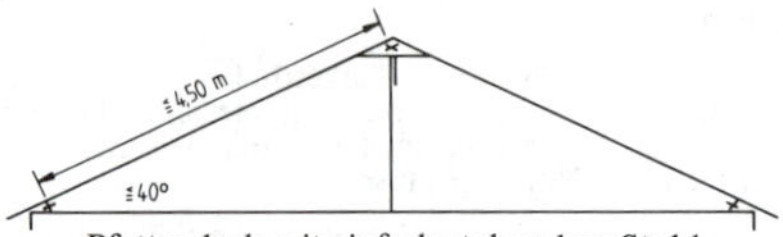

Pfettendach mit einfach stehendem Stuhl

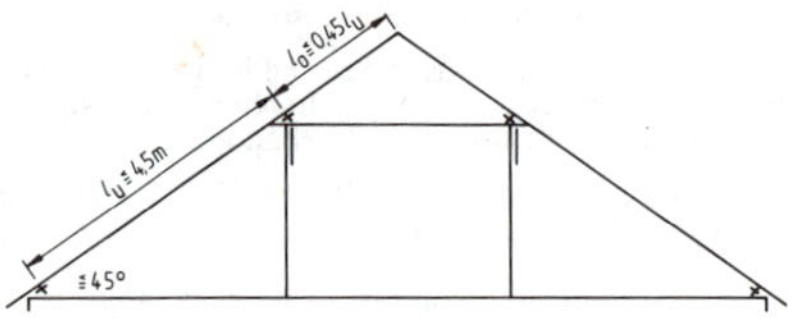

Pfettendach mit doppelt stehendem Stuhl

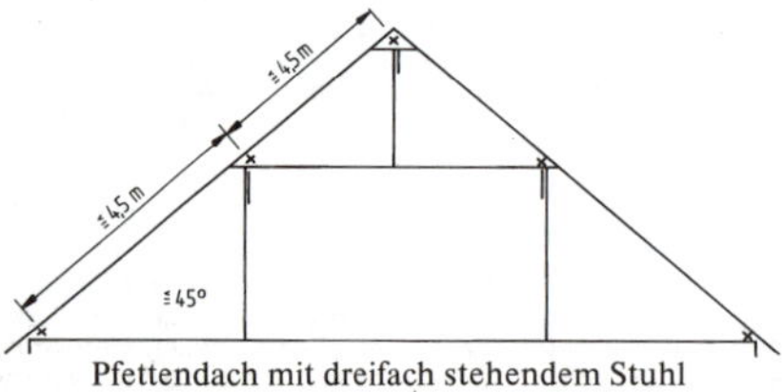

Pfettendach mit dreifach stehendem Stuhl

Das Dachgerüst eines **Pfettendaches** besteht aus dem Dachstuhl, auf den die Pfetten aufgeklaut werden. In der Regel besteht der Dachstuhl aus den Stielen und den auf diesen lagernden Pfetten. Die quer zum First stehenden Stiele mit Doppelzangen und Sparrenpaar bilden einen Binder. Der Abstand der Binder untereinander beträgt ca. 4 m. Zwischen den Bindern liegen die Leergebinde; die Sparren der Leergebinde brauchen nicht unbedingt paarweise einander gegenüber zu liegen. Jeder Sparren wird auf die Pfetten aufgeklaut und durch Sparrennägel gegen Abheben gesichert. Über der Firstpfette werden die Sparren stumpf gestoßen. Beträgt die Sparrenlänge weniger als 4,5 m, so genügt neben den beiden Fußpfetten die Anordnung einer Firstpfette (Pfettendach mit einfach stehendem Stuhl).

Längere Sparren sind durch Mittelpfetten zu unterstützen; dadurch ergibt sich das Pfettendach mit doppelt stehendem Stuhl. Hierbei kann die Sparrenlänge (l_u) von Fuß- bis Mittelpfette 4,5 m betragen, das über die Mittelpfette auskragende freie Sparrenende darf dann noch eine Länge (l_o) von 45% der unteren haben. Für die am First frei endenden Sparren wird keine Verbindung verlangt, es empfiehlt sich jedoch die Anordnung einer Firstbohle, an die die auskragenden Sparren genagelt werden.

Beträgt die Sparrenlänge über 7 m, so wird neben Fuß- und Mittelpfetten die Anordnung einer Firstpfette unerläßlich; es entsteht dadurch ein Pfettendach mit dreifach stehendem Stuhl.

Die Sparrenlänge zwischen den Pfetten sollte bei diesem Dachstuhl nicht länger als 4,5 m sein. Bei allen Pfettendächern mit dreifach stehendem Stuhl wirft die Unterstützung der Firstpfette eine gewisse Schwierigkeit auf. Eine gute Lösung ist hier das Absprengen des Firststieles mit Streben.

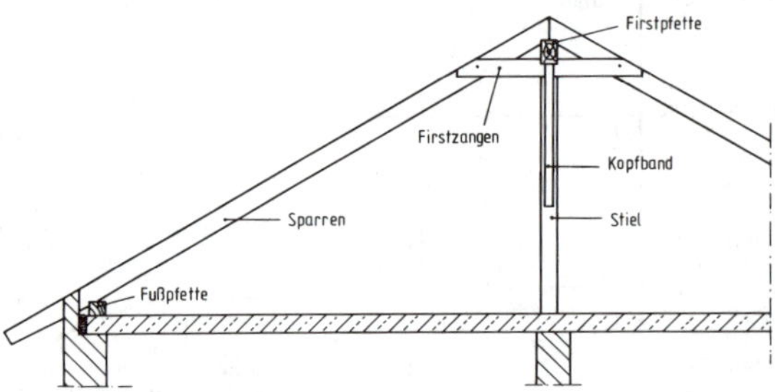

Pfettendach mit einfach stehendem Stuhl

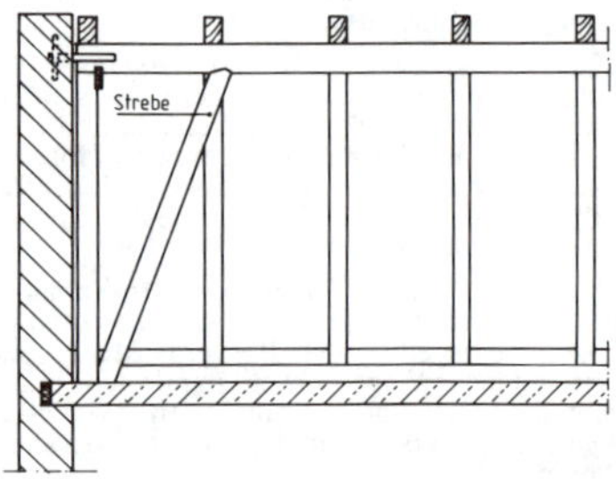

Schnitt in Quer- und Längsrichtung

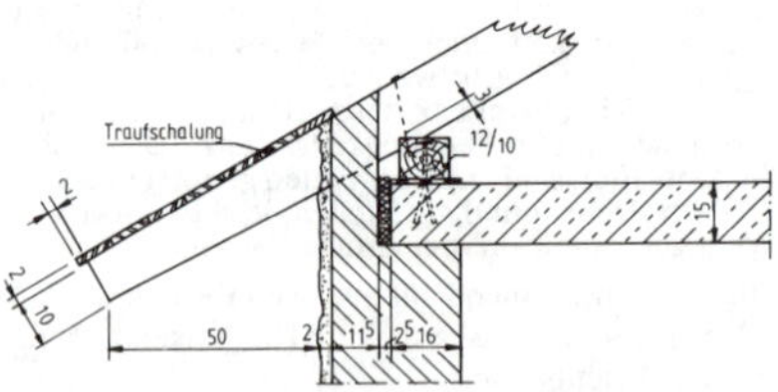

Sparrentraufgesims zum Pfettendach

Anmerkungen zum Pfettendach mit einfach stehendem Stuhl

Alle Stiele werden mittels Doppelzangen (Firstzangen) im First mit einem Sparrenpaar verbunden. Dadurch entsteht zwischen Stiel, zugehörigem Sparrenpaar, Zangen und Decke eine scheibenartige Verbindung (Binderfeld oder Binderscheibe). Diese Art der Queraussteifung ist nur bei einer Dachneigung ≦ 40° anwendbar; bei größerer Dachneigung müssen die Stiele in Querrichtung mit Streben versehen werden. Die Längsaussteifung des Dachverbandes übernehmen unter 45° angeordnete Kopfbänder, die mit Stiel und Pfette ein unverschiebliches Dreieck bilden. Wird die Firstpfette nicht über die Giebelwand hinausgeführt, so muß am Pfettenende eine Strebe die Längsaussteifung sichern.

5.7. Dächer

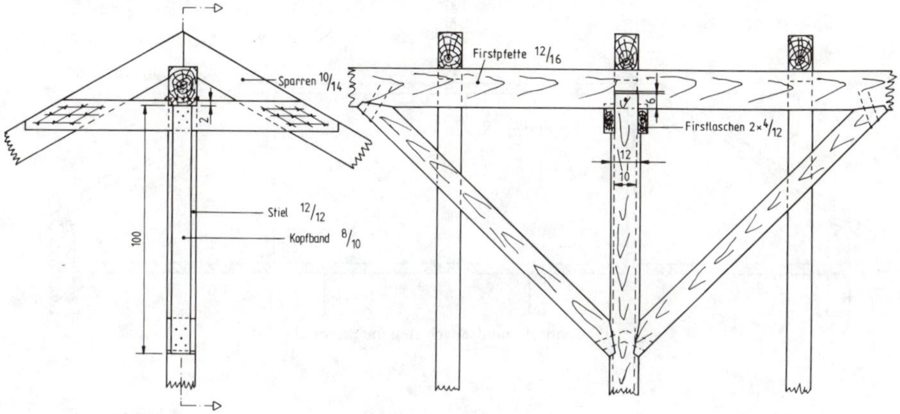

Firstpunkt zum Pfettendach mit einfach stehendem Stuhl

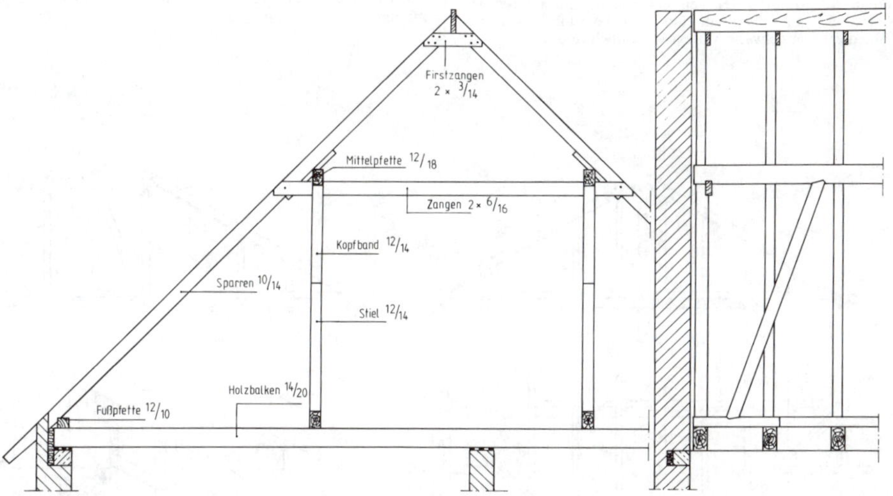

Pfettendach mit doppelt stehendem Stuhl

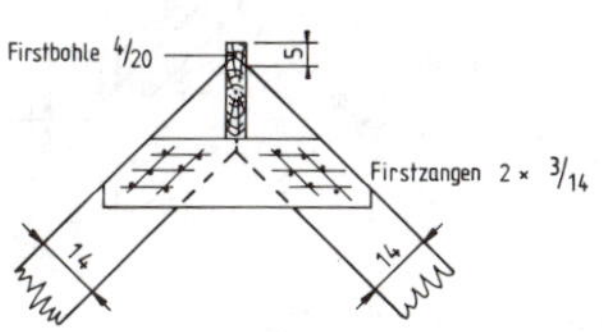

Firstpunkt Binderfeld beim Pfettendach m. dopp. steh. Stuhl

Anmerkungen zum Pfettendach mit doppelt stehendem Stuhl

Die Sparren werden im Firstpunkt in Querrichtung durch Laschen und in Längsrichtung durch eine Firstbohle verbunden, um ein Verwerfen der Firstlinie im Laufe der Zeit zu vermeiden. Die Firstbohle ist jedoch kein Auflager für die Sparren! Eine Ausklauung der Sparren an der Mittelpfette ist unzweckmäßig, da der Sparren durch die Klaue erheblich geschwächt wird; an dieser Stelle wird jedoch der Kragarm stark auf Biegung beansprucht.

5.7. Dächer

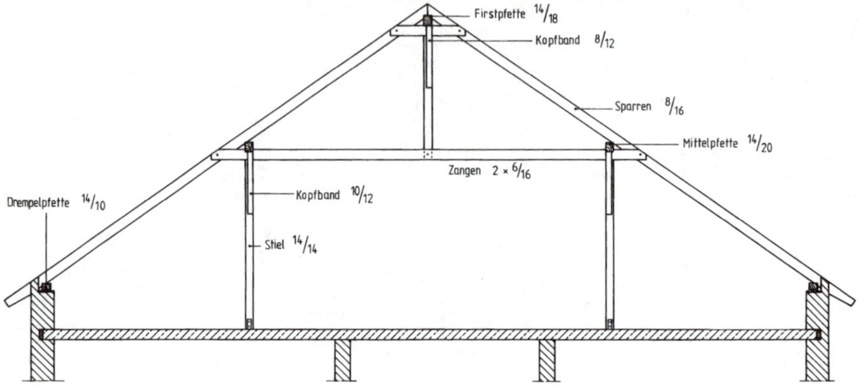

Pfettendach mit dreifach stehendem Stuhl

Anmerkungen zum Pfettendach mit dreifach stehendem Stuhl

Wenn der Dachraum von Satteldächern besser ausgenutzt werden soll, dann bietet sich der Einbau eines Drempels (Kniestocks) an. In diesem Fall wird die Fußpfette in der Höhe der Drempelwand verlegt (Drempelpfette).

Um den Dachraum besser nutzen zu können, geht der Stiel unter der Firstpfette nur bis zu den Zangen. Um die Zangen selbst nicht zu belasten, kann der Stiel durch Streben abgesprengt werden.

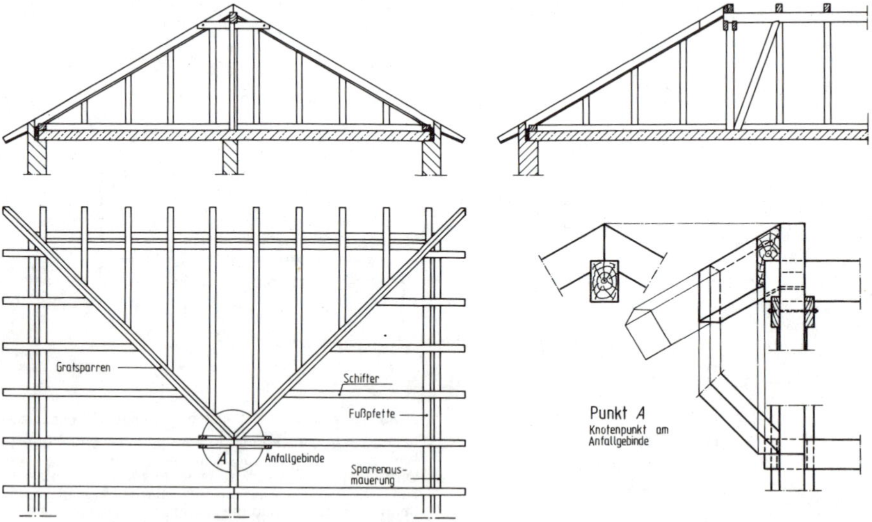

Pfettenwalmdach mit einfach stehendem Stuhl in Grund-, Auf- und Seitenriß

5.7. Dächer

5.7.2. Sparrendächer

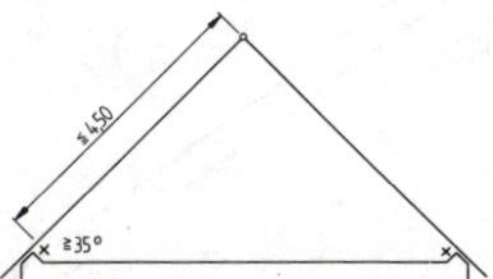

Einfaches Sparrendach

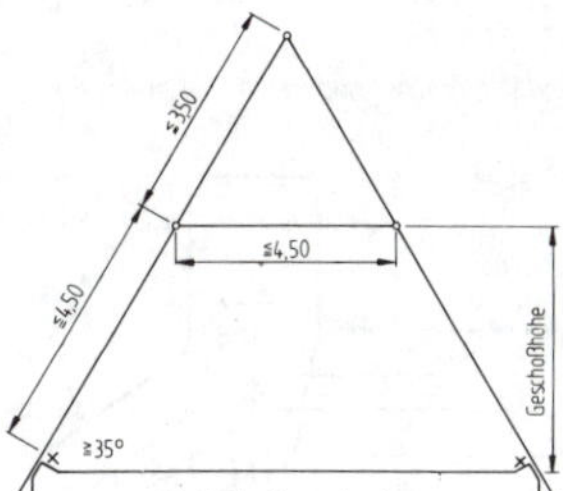

Kehlbalkendach

Sparrendächer bieten einen freien Dachraum und erleichtern somit den Dachausbau. Die einzelnen Sparrenpaare bilden mit dem dazugehörigen Holzbalken der Dachbalkenlage bzw. mit dem zugehörigen Ausschnitt der Massivdecke ein unverschiebbares Dreieck; die gesamte Dachlast wird in der Regel auf die Außenwände übertragen. Das Dachgerüst wird dadurch geschlossen, daß ausreichend bemessene Sparren an den Fußpunkten nicht nur ein tragfähiges Auflager erhalten, sondern mit ihm zugfest verbunden sind. Im First werden die Sparren überblattet und durch Aufnageln von Brettlaschen fest miteinander verbunden. Das Richten des Dachstuhles wird durch eine Firstbohle erleichtert, die unter die Sparrenköpfe genagelt wird.

Die Sparren übertragen die Dachlast auf die Auflager; die hier auftretenden Schubkräfte sind um so kleiner, je steiler die Sparren stehen. Eine Dachneigung unter 35° sollte daher beim Sparrendach vermieden werden. Zur Aussteifung des Längsverbandes der Sparren werden Windrispen schräg unter das Sparrenfeld genagelt. Sparrendächer sind bei Einhaltung gebräuchlicher Sparrenabmessungen für Dächer anwendbar, deren Sparrenlänge nicht über 4,5 m hinausgeht.

Die Konstruktion des **Kehlbalkendaches** ist dann vorzusehen, wenn die Sparrenlänge über 4,5 m hinausgeht. Um eine Durchbiegung des überlangen Sparrens zu verhindern, wird ein Kehlbalken in Höhe der Dachgeschoßdecke eingebaut. Die über dem Kehlbalkenanschluß bis zum First verbleibende Sparrenlänge kann bis zu 3,5 m betragen. Wird diese Länge noch überschritten, so ist der Einbau eines zweiten Kehlbalkens, genannt Hahnenbalken, erforderlich. Die First- und Traufpunkte sind wie beim Sparrendach auszubilden.

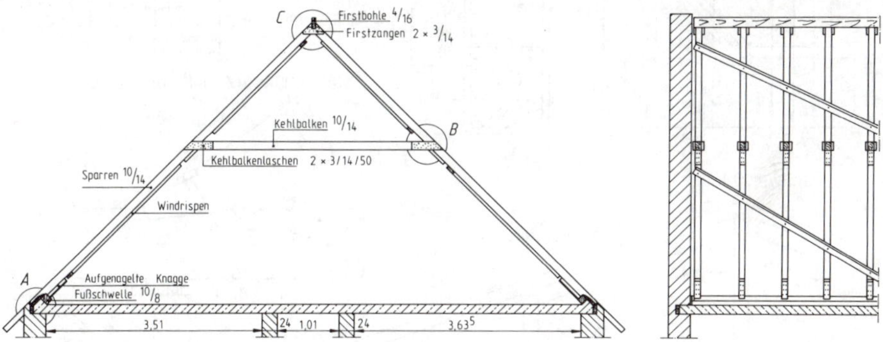

Kehlbalkendach mit Massivdecke

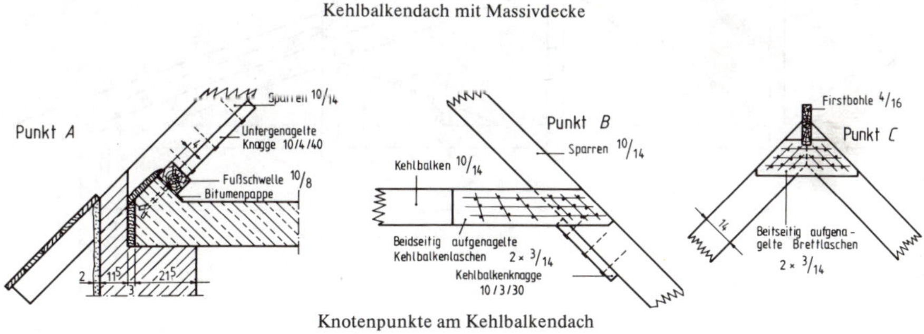

Knotenpunkte am Kehlbalkendach

5

5.7. Dächer/Freitragende Dachbinder

Doppeltes Hängewerk

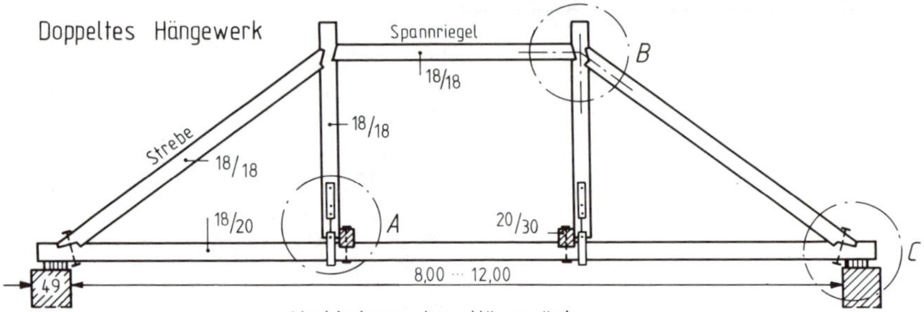

Verbindung der Hängesäule

mit dem Hängebalken

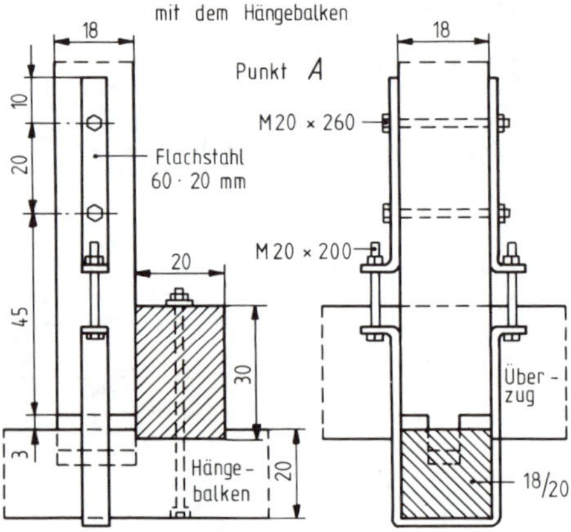

mit Strebe und Spannriegel

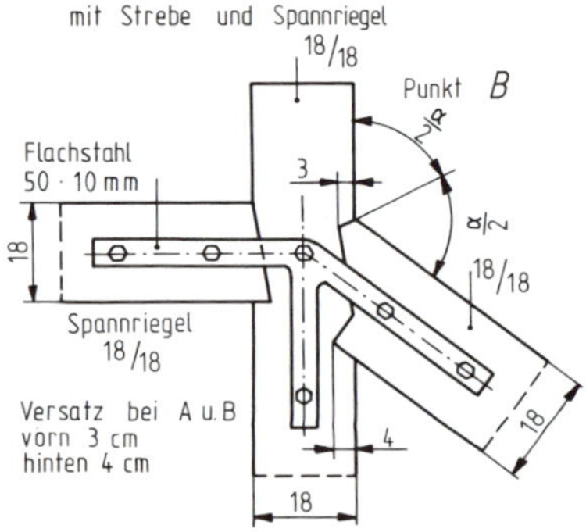

Strebenansatz mit doppeltem Versatz

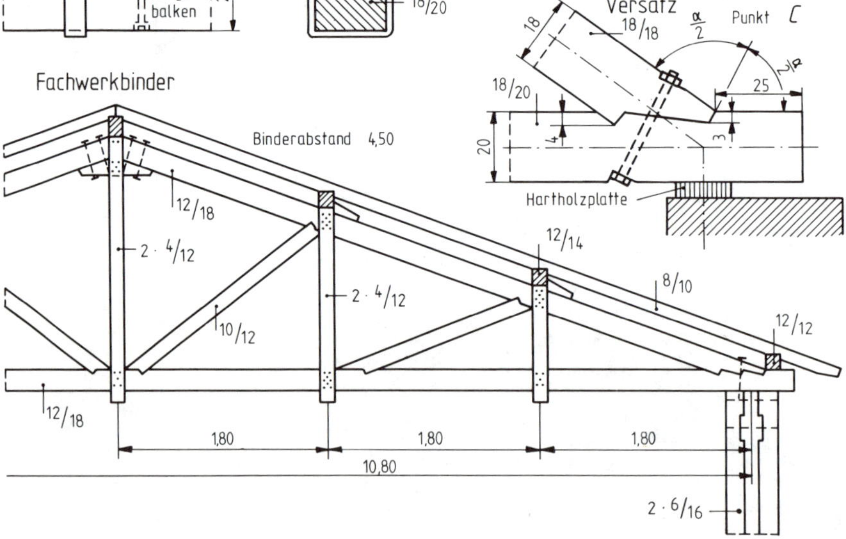

Fachwerkbinder

5.7. Dächer

5.7.3. Flachdach aus Holz, ausgebildet als Kaltdach

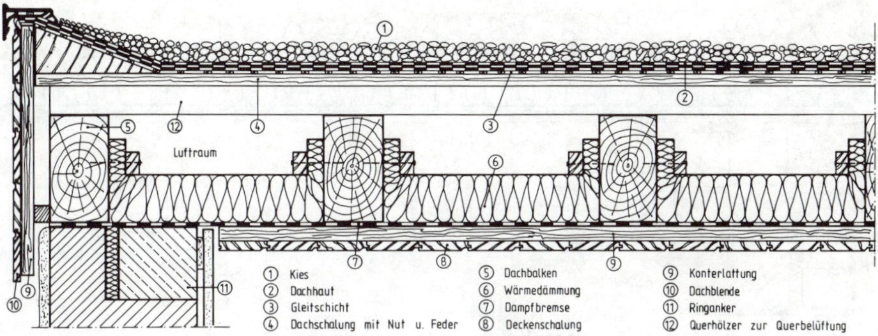

Kaltdach, Schnitt quer zu Balkenachse

5

Allgemeines

Der Einbau eines Kaltdaches bietet sich an bei:

- geringen Gebäudetiefen,
- ungehinderter Belüftung an den vier Dachseiten,
- geschlossener Deckenverkleidung.

Treten in einem Wohngebäude Spannweiten bis zu 5 m auf, genügen für die tragende Flachdachkonstruktion i. d. R. Vollholzbalken. Für Spannweiten bis zu 12 m sowie bei hoher Belastung eignen sich Fachwerk- oder Stegträger in Leim- oder Nagelbauausführung besser. DIN 1055 Teil 4 (6.87) schreibt vor, daß die Balken bzw. Träger auf tragenden Wänden verankert werden müssen.

Bauliche Ausbildung von Kaltdächern

Aufbau

Auf die untere Deckenverkleidung wird unmittelbar die Wärmedämmung angebracht; dadurch ergibt sich zwischen den Balken einerseits sowie zwischen Wärmedämmung und Dachschalung andererseits ein belüfteter Hohlraum. Die Dachschalung wird entweder unmittelbar auf die Balken oder auf über diesen angeordnete Querhölzer genagelt. Die oberste Schicht bildet die Dachhaut, bestehend aus Bitumenbahnen und Kiesschüttung.

Belüftung

Die Belüftung erfolgt in dem Hohlraum zwischen Wärmedämmung und Dachschalung. Der Luftaustausch wird bei Flachdächern fast ausschließlich von der Bewegung der Außenluft abhängen, da durch die kaum vorhandene Dachneigung kein thermischer Auftrieb erfolgen kann. Über Wohnräumen mit 50–60% Luftfeuchtigkeit ist daher eine Zu- und Abluftöffnung vorgeschrieben, deren freier Querschnitt mindestens 1/500 der Dachgrundfläche betragen soll.

Durch Auswechselungen für Schornsteine, Lichtkuppeln usw. kann es vorkommen, daß nicht alle Holzbalken in einer Richtung liegen. Dadurch entstehen tote Bereiche ohne Querlüftung, in denen sich Kondenswasser bilden kann. In diesen Fällen sind Konstruktionen mit ausreichender Querbelüftung zu wählen.

Dampfbremse

Um den Dampfdurchgang durch die Wärmedämmschicht möglichst gering zu halten, sollte man beim Kaltdach aus Holz eine Dampfbremse anordnen, an deren Dampfdurchlaßwiderstand allerdings keine so hohen Anforderungen wie beim Warmdach zu stellen sind.

Wärmedämmung

Maßgebend für die Bemessung der Wärmedämmschicht ist der nach dem Energie-Einsparungsgesetz festgelegte Mindestwärmedurchlaßwiderstand von $\geqq 1{,}3\ m^2\,K/W$ für Decken, die Aufenthaltsräume nach oben gegen die Außenluft abgrenzen, wenn das Deckengewicht $\geqq 300\ kg/m^2$ beträgt. Darüber hinaus muß bei der Wärmedämmberechnung der mittlere k_D-Wert ermittelt werden ($\leqq 0{,}38$ bzw. $0{,}45\ W/m^2\,K$).

Ferner ist stets zu berücksichtigen, daß keine Tauwasserbildung im Bereich unterhalb der Wärmedämmschicht auftreten darf.

Obwohl die meisten Flachdächer aus Holz ein geringeres Deckengewicht als $300\ kg/m^2$ aufweisen, ist der Wärmedurchlaßwiderstand nicht entsprechend dem Deckengewicht abzumindern. Es muß für alle Flachdächer immer ein Mindestwärmedurchlaßwiderstand von $1{,}3\ m^2\,K/W$ zugrunde gelegt werden.

Als Dämmaterial kommen in erster Linie anorganische Faserdämmstoffe nach DIN 18165 in Form von Matten und Filzen in Frage. Stets muß darauf geachtet werden, daß durch eine ausreichende Wärmedämmung keine Tauwasserbildung an der Unterseite des Daches sowie im Inneren der Konstruktion entstehen kann. Das heißt: die Taupunkttemperatur muß an der Unterseite der Dampfbremse unter der dort gemessenen Raumtemperatur liegen, erst dann besteht auch in den übrigen Bereichen der Konstruktion keine Kondenswassergefahr.

Dachhaut

Auf die Dachschalung, die meist aus gespundeten Brettern nach DIN 4072 (8.77) besteht, werden i. d. R. bituminöse Dachpappen aufgetragen. Als Gleitschicht dient eine unterseitig besandete Glasvliesbitumenbahn, die auf die Schalung genagelt wird. Darauf wird eine dreilagige Dachdichtung im Gieß- oder Einwalzverfahren mit Heißbitumen aufgeklebt. Darüber hinaus sind in den letzten Jahren auch Kunststoffdachbahnen entwickelt worden, die auf Holzschalung genauso verlegt werden können wie auf jedem anderen Rohdach.

Um die aufgeklebten Dachbahnen gegen Sonneneinstrahlung zu schützen, wird heute auf Flachdächern eine mindestens 4 cm dicke Kiesschüttung (Korngröße 16/32) aufgetragen.

Für die Tragkonstruktion empfiehlt sich eine Mindestneigung von 3°, um eine Wassersackbildung zu vermeiden.

5.7. Dächer

5.7.4. Flachdach aus Holz, ausgebildet als Warmdach

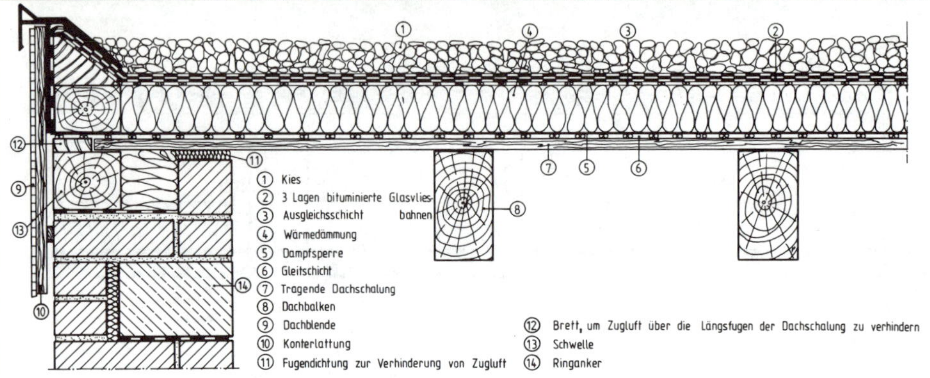

Warmdach aus Holzbalken, die sichtbar bleiben; Schnitt quer zur Balkenlage.

Allgemeines

Der Einbau eines Warmdaches bietet sich an bei:
- großen Gebäudetiefen
- behinderter Belüftungsmöglichkeit
- sichtbar bleibendem Tragwerk.

Hohe Luftfeuchtigkeit im Gebäude bildet für eine Holzkonstruktion grundsätzlich keine Probleme.

Bauliche Ausbildung von Warmdächern

Aufbau

Beim Warmdach liegen Trag-, Dämm- und Dichtungsschicht unmittelbar aufeinander; dabei liegt die Dämmschicht über der Tragkonstruktion, so daß diese wiederum im warmen Bereich liegt.

Wenn aus gestalterischen Gründen das Tragwerk nicht sichtbar bleiben soll, müssen die Profilbretter für die Unterdecke mit offenen Fugen verlegt werden, oder es muß zwischen Wandputz und Profilbrettern ein ausreichender seitlicher Abstand gelassen werden (≧ 5 cm). Die Dampfsperre wird auf der Schalung verlegt. Auf der Dampfsperre liegt die Dämmschicht mit der Dachhaut.

Dampfsperre

Die Dampfsperre beim Warmdach muß einen hohen Dampfdurchlaßwiderstand besitzen. Zweckmäßigerweise stellt man die Dampfsperre aus folgenden Materialien her:

Zunächst wird auf die Schalung eine unterseitig bekieste Glasvliesbitumenbahn genagelt und darauf eine Abdichtungsbahn mit eingebauter Aluminiumfolie in Heißbitumen geklebt. Durch die punktförmige Nagelbefestigung der Dampfsperre wirkt diese gleichzeitig als Gleitschicht, so daß Bewegungen der Holzschalung ohne Schäden überstanden werden können.

Wärmedämmung

Als Material für die Wärmedämmung kommen speziell für die Flachdachdämmung hergestellte Platten, z. B. bituminierte Holzfaserdämmplatten, Polystyrolschaum und Polyurethanschaum in Frage.

Die Bemessung der Dämmschichtdicke sowie die physikalische Berechnung zur Tauwasserverhütung wird nach den gleichen Richtlinien wie beim Kaltdach vorgenommen. Um eine dem Energie-Einsparungsgesetz gerecht werdende Wärmedämmung zu erhalten, ist heutzutage eine Dämmschichtdicke von mindestens 10 cm erforderlich.

Berechnungsbeispiel

Gegeben: 120 mm Dämmschicht aus Korkplatten, Dichte 160 kg/m³, 30 mm Holzschalung, Relative Luftfeuchte 60%, Innentemperatur: +20 °C, Außentemperatur: -5 °C.

Gesucht: Berechnung des Wärmedurchganges und der einzelnen Temperaturen im Bereich der Bauteilschichten. Dabei muß die Taupunkttemperatur niedriger als die Temperatur an der Dampfsperre sein, damit keine Kondenswasserbildung auftreten kann.

Rechengang

Die gesamte Temperaturdifferenz (hier: 25 °C) wird durch den Wärmedurchgangswiderstand (hier: 2,78) geteilt und jeweils mit den Einzelwerten multipliziert.

Schicht	Dichte kg/m²	Dicke (m)	Flächengewicht kg/m²	Wärmeleitfähigkeit λ	Wärmedurchlaßwiderstand	Temperaturdifferenz	Temperatur
Wärmeübergangswiderstand (außen)					0,04	0,4	5 4,6
12 cm Korkplatten	100	0,12	12	0,05	2,4	21,6	17
3 cm Holzschalung	600	0,03	18	0,14	0,21	1,9	18,9
Wärmeübergangswiderstand (innen)					0,13	1,1	20
Wärmedurchgangswiderstand $1/k$					2,78		

Ermittlung der Taupunkttemperatur unterhalb der Wärmedämmung

Auswertung

An der Unterseite der Dämmschicht wurde eine Temperatur von +17 °C gemessen, diese ist größer als die im Taupunktdiagramm abzulesende Taupunkttemperatur von ca. 11 °C.

5.8. Schornsteine

5.8.1. Allgemeines

Schornsteine sollen Verbrennungsgase nach Möglichkeit senkrecht nach oben ins Freie abführen und gleichzeitig Frischluft für den Verbrennungsvorgang in der Feuerungsanlage nachsaugen. Man unterscheidet bei Schornsteinen (auch Kamin, Esse, Schlot genannt) **Rauchgasschornsteine** und **Abgasschornsteine.**

Rauchgasschornsteine führen die Verbrennungsgase fester und flüssiger Brennstoffe wie Kohle, Koks und Heizöl ab, während in **Abgasschornsteinen** die Rückstände von gasförmigen Brennstoffen hochgeführt werden.

Hausschornsteine sind solche Schornsteine, die innerhalb eines Gebäudes hochgeführt werden. Für das Erstellen von Hausschornsteinen sind im wesentlichen folgende Vorschriften zu beachten:

- DIN 18160 Hausschornsteine,
- DIN 18150 Baustoffe u. Bauteile für Hausschornsteine,
- Landesbauordnung des jeweiligen Bundeslandes.

Wrasenabzüge, Lüftungsschächte und -rohre werden nicht als Schornsteine bezeichnet.

5.8.2. Schornsteinzug

Hausschornsteine sollen gas- und rauchförmige Verbrennungsrückstände über Dach ins Freie führen und frische Verbrennungsluft ansaugen. Diese Aufgabe wird durch den Auftrieb der erwärmten Verbrennungsgase erreicht, da nach physikalischem Gesetz erwärmte Gase leichter werden und nach oben steigen. Die dadurch auftretende gegenseitig abhängige Sogwirkung nennt man Schornsteinzug, denn nach dem Hochsteigen der alten Verbrennungsgase kann frische Luft durch die Ofentür und sonstige Zuluftöffnungen in den Verbrennungsraum nachströmen.

5.8.3. Maßvorschriften

Die sachgerechte bauliche Ausführung eines Schornsteins hat wesentlichen Einfluß auf den Schornsteinzug. Deshalb sind folgende technische Hinweise und Vorschriften zu beachten:

Dicke der Schornsteinwangen

Schornsteinwandungen müssen eine ausreichende Wärmedämmung gewährleisten, damit ein großer Temperaturunterschied zwischen der kalten Außenluft und den warmen Rauchgasen im Schornstein besteht. Denn wenn die Rauchgase schon vor der Schornsteinmündung infolge mangelnden Wärmeschutzes abkühlen, entsteht ein „Stau"; der Schornstein „zieht" nicht mehr. In der Folge können Beschädigungen am Schornstein auftreten; so kann sich z. B. Wasserdampf vorzeitig niederschlagen und mit Schwefeldioxid zu Säuren und Laugen verbinden. Die sich dann absetzenden Teeröle können durch die Wand dringen und zu Geruchsbelästigungen und Zerstörung kalkhaltiger Schornsteinwände führen. Man spricht vom **Versotten** des Schornsteins.

Die Mindestdicke von Wangen und Zungen muß mindestens 11,5 cm bei Schornsteinen aus Mauersteinen betragen. Die Wangen müssen mindestens 24 cm dick sein, wenn

- der Querschnitt > 400 cm² ist,
- die Rauchgastemperaturen sehr hoch sind,
- die Wangen frei nach außen liegen (z. B. über Dach).

Schornsteinquerschnitt

Baugesetzlich vorgeschrieben wird ein Querschnitt von 13,5 × 13,5 cm oder von 13,5 cm Durchmesser für Rauchschornsteine; dabei ist egal, ob Mauersteine oder Formstücke verwendet werden. Abgasschornsteine aus Formstücken müssen mindestens einen lichten Querschnitt von 10 × 10 cm oder 10 cm Durchmesser haben. Darüber hinaus geben DIN-Tabellen die notwendigen Schornsteinquerschnitte im Einzelfall an. So gibt z. B. DIN 18160 (2.87) die Anschlußwerte für Einzel- oder Gasfeuerstätten an und DIN 4705 die für Zentralheizungen.

Der Querschnitt von Hausschornsteinen muß durchgehend und gleichbleibend sein. Dabei kann der lichte Querschnitt eine runde, quadratische oder rechteckige Form haben.

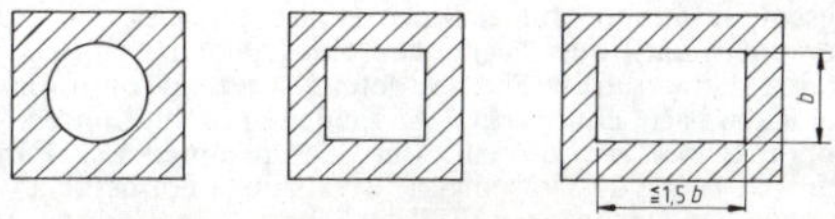

Querschnittsformen von Schornsteinen

Die beste Rauchrohr-Querschnittsform ist die runde, da hier die Rauchgase wirbelfrei hochsteigen können. Bei quadratischem Querschnitt entsteht in den Ecken eine gewisse Wirbelbildung, so daß der ungehinderte Abzug der Rauchgase nicht immer gewährleistet ist. Das gleiche trifft für rechteckige Querschnitte zu, wenn das Seitenverhältnis maximal 1:1,5 beträgt. Ein größeres Seitenverhältnis ist in den meisten Bauordnungen wegen zu großer Wirbelbildung nicht erlaubt.

Schornsteinhöhe

Je höher ein Schornstein ist, umso besser ist der Schornsteinzug. Die Begründung liegt in dem physikalischen Gesetz des Auftriebes: danach wächst die Auftriebskraft mit zunehmendem Volumen.

Nach DIN 18160 (2.87) muß die wirksame Höhe eigener Schornsteine mindestens 4 m betragen.

Abstände zu anderen Bauteilen

Um ungleiche Setzungen und damit Risse in der Schornsteinwand zu vermeiden, dürfen Schornsteine nicht als Auf- oder Widerlager für andere Bauteile dienen. Deshalb müssen Bauteile aus brenn- oder schwer entflammbaren Baustoffen mindestens 5 cm von der Außenfläche eines Rauchschornsteines entfernt liegen. Darüber hinaus wird in manchen Bauordnungen zusätzlich ein Abstandsmaß von mindestens 20 cm – gemessen von Innenfläche Schornstein bis zur Balken- oder Sparrenlage – verlangt. Der zwischen Sparren bzw. Deckenbalken sich ergebende Raum muß mit nichtbrennbaren festen Stoffen, z. B. Beton, verfüllt werden. Dieser Betonring um den Schornstein, auch Verwahrung genannt, dient gleichzeitig zur Führung und damit Stabilisierung des Schornsteins.

Bei Einbau von Schornstein-Formstücken muß auch zu Bauteilen aus nicht brennbaren Baustoffen ein Abstand von 2 cm vorhanden sein.

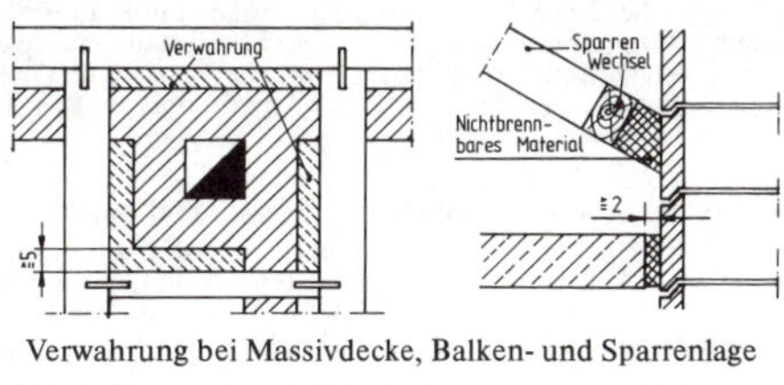

Verwahrung bei Massivdecke, Balken- und Sparrenlage

5.8. Schornsteine

Bei Abgasschornsteinen aus dünnwandigen Formstücken (Asbest oder Schamotte-Ton) muß der Mindestabstand Schornsteininnenfläche – Sparren bzw. Holzbalken 10 cm betragen, wenn keine besondere Wärmedämmung angeordnet worden ist.

Schornsteinführung

Schornsteine sollen nach Möglichkeit senkrecht hochgeführt und im Firstbereich ins Freie gelangen. Dabei dürfen die Schornsteinwangen nicht gestemmt oder geschlitzt werden. Mehrzügige Schornsteine dürfen nicht im First zusammengeführt werden. Schornsteine dürfen innerhalb eines Geschosses oder Dachraumes bis zu 30° gezogen oder geschleift werden, ohne daß sich dabei der lichte Querschnitt verändern darf. Beim Verziehen eines gemauerten Schornsteins ist innen an den abgerundeten Kanten ein 12 mm dicker Rundstahl als Schutz gegen Ausschleifen (beim Kehren des Schornsteins) anzuordnen. Bei Schornsteinen aus Formstücken sind die jeweiligen Ergänzungs-Formstücke zu verwenden. Der gezogene Teil der Schornsteinwandung muß mit feuerbeständigem Material unterstützt bzw. untermauert werden.

Die Schornsteinmündung ist so hoch über Dach zu führen, daß der freie Windstrom saugend wirken und damit den Schornsteinzug erhöhen kann. Das Mindestmaß der Schornsteinhöhe über Dach hängt von der Dachdeckung, der Dachneigung, von brennbaren Dachaufbauten und vom Abstand zur letzten Feuerstätte ab. Nach DIN 18 160 (2.87) müssen Schornsteinmündungen den Dachfirst mindestens 40 cm überragen oder mit ihren Außenkanten mindestens 1 m von der Dachfläche entfernt sein, dies gilt für Dächer mit einer Dachneigung ≦ 20°.

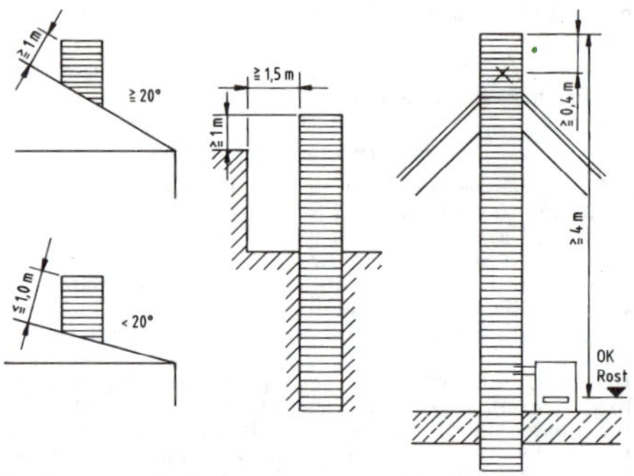

Höhen der Schornsteinmündungen über Dach sowie Abstand von Feuerstätte und Schornsteinmündung

Bei weicher Bedachung muß die Schornsteinmündung 80 cm über Firsthöhe geführt werden. Der Mindestabstand von der Schornsteinmündung zur obersten Feuerstätte soll bei Rauchschornsteinen 4,0 m und bei Abgasschornsteinen je nach Heizleistung 2 m betragen.

Anschluß von Feuerstätten und Reinigungsöffnungen

Der Einbau von Rauchrohranschlüssen ist bei Schornsteinen aus Mauerwerk während des Hochmauerns und bei Schornsteinen aus Formstücken beim Versetzen derselben vorzunehmen. Die Rohranschlüsse bestehen aus Rohrhülsen bzw. Futterrohren aus Stahlblech oder besonderen Anschlußsteinen. Nachträgliche Anschlüsse müssen mit Spezialgeräten ausgefräst werden. Die Anschlußrohre sollen leicht ansteigend in den Schornstein geführt werden, damit der Rauch besser abziehen kann.

Mehrere Feuerstätten dürfen an einem Schornstein angeschlossen werden, wenn jeweils nur eine Feuerstätte betrieben werden kann u. der Schornstein für jede Feuerstätte geeignet ist.

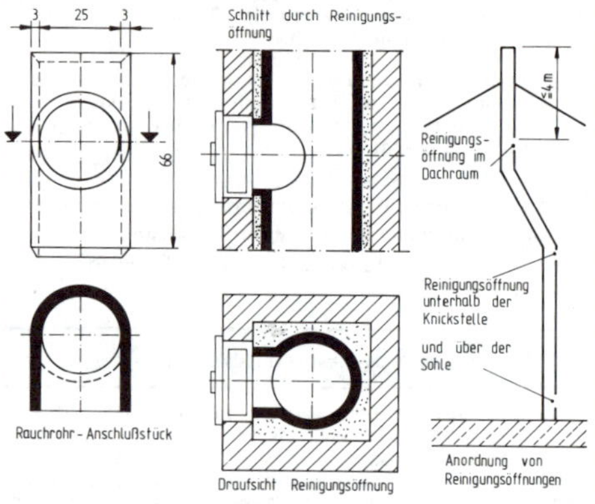

Anschluß von Reinigungsöffnungen am Schornstein

Rauchrohr-Anschlußstück und Lage der Reinigungsöffnungen

Reinigungsöffnungen dienen zum Entfernen des Rußes und werden für jeden Schornstein an der Sohle in Höhe von ca. 80 cm über Kellerfußboden und in der Regel im Dachraum eingebaut. Bei gezogenen Schornsteinen erfolgt zusätzlich ein Einbau unterhalb der Knickstelle.

Reinigungsöffnungen müssen mindestens 10 × 18 cm groß sein, aus nicht brennbaren Stoffen bestehen und dicht schließen. Gemeinsame Reinigungsöffnungen für mehrere Rauchrohre sind unzulässig. Die Reinigungsöffnung muß ≧ 20 cm tiefer als der unterste Feuerstättenanschluß liegen.

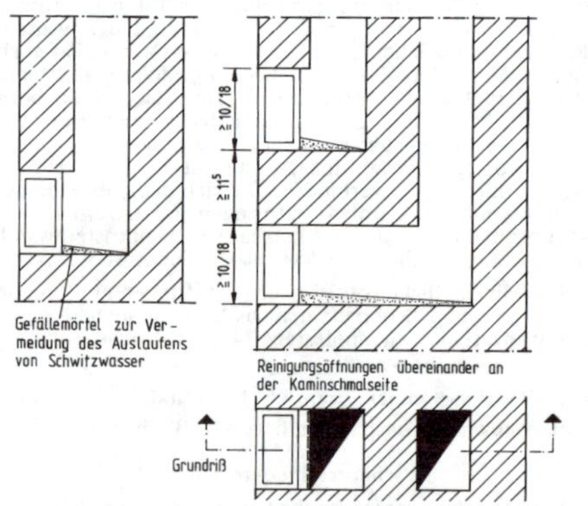

Reinigungsöffnungen für gemauerte Kamine

5.8. Schornsteine

5.8.4. Anordnung und Bauart von Schornsteinen

Hausschornsteine können einzeln oder in Gruppen an Außen- oder Innenwänden angeordnet werden.

Um eine vorzeitige Abkühlung der Rauchgase zu vermeiden, sollten Schornsteine im Inneren des Gebäudes hochgeführt und nach Möglichkeit erst in Firstnähe ins Freie geführt werden. Darüber hinaus sollte man mehrere Schornsteine zu Schornsteingruppen zusammenfassen und damit die wärmeabstrahlenden Außenflächen verkleinern.

Muß ein Schornstein unbedingt an der Außenwand angeordnet werden, so ist die Wange mit einer ausreichenden Wärmedämmung, bestehend aus einer mindestens 6 cm dicken nichtbrennbaren Dämmschicht, zu versehen. Außerdem muß in diesem Fall die freiliegende Außenwange mindestens 24 cm dick sein. Es ist sicherzustellen, daß die Temperatur an ihrer inneren Oberfläche unmittelbar unter der Schornsteinmündung mindestens der Wasserdampftaupunkttemperatur des Abgases entspricht.

Die Anordnung mehrerer zusammengefaßter Schornsteine in Innenwanddecken erfolgt meist aufgrund geringer Rauchgasabkühlung und günstiger Lage der Rauchrohranschlüsse. Dabei sollen die Rauchrohre mindestens ½ Achtelmeter von der Ecke entfernt liegen, da sonst Rauchrohrstutzen und Reinigungsöffnungen schlecht einzusetzen sind.

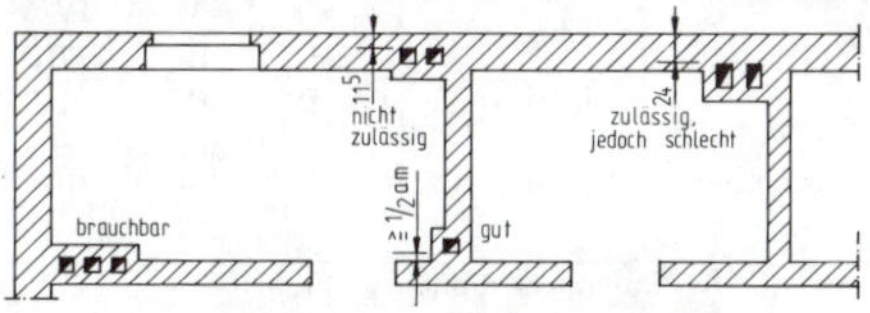

Lage der Schornsteine im Gebäude

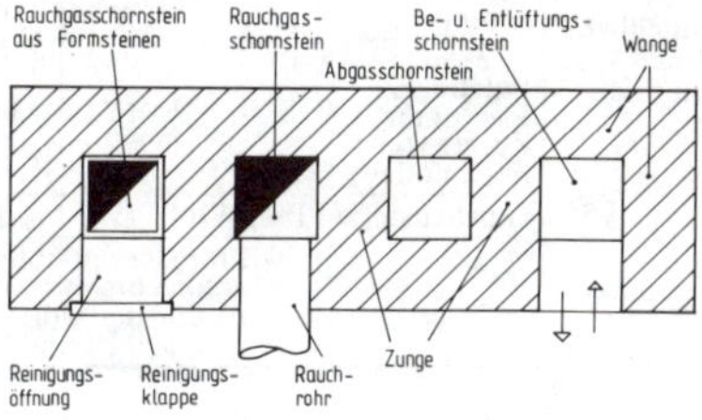

Symbole für Schornsteine in Zeichnungen

Gemauerte Schornsteine

Zum Mauern einschaliger Schornsteine dürfen verwendet werden:
- Formstücke aus Leichtbeton DIN 18150
- Mauerziegel DIN 105 außer Hochlochziegel B u. C
- Kalksandvollsteine nach DIN 106
- Hüttenvollsteine nach DIN 398

Sind Schornsteine infolge hoher Heizleistungen besonderen Spannungsunterschieden ausgesetzt, oder soll der Schornstein durch mehr als 5 Vollgeschosse geführt werden, ist ein Mauern im Verband mit dem angrenzenden Mauerwerk nicht erlaubt.

Die für den Schornsteinbau verwendeten Mauersteine müssen feuerbeständig und über Dach auch frostbeständig sein. Um den Reibungswiderstand der Rauchgase an den Schornsteinwandungen möglichst gering zu halten, müssen diese glatt und mit geschlossenen Fugen ausgeführt werden.

DIN 18160 (2.87) schreibt deshalb vor, daß Stoß- und Lagerfugen vollfugig gemauert werden müssen.

Der herabfallende Mörtel ist abzufangen und nicht auf der Steinfläche aufzutragen, da in diesem Fall der Mörtel infolge Wärmespannungen bald abplatzen würde.

Beim Mauern von Schornsteinen ist großer Wert auf die Dichtheit des Wangenmauerwerks zu legen.

Daraus ergeben sich folgende **Grundregeln beim Mauern:**
- Möglichst ganze Steine verwenden,
- möglichst wenig Stoßfugen an den Innenwangen,
- keine Kreuzfugen an den Querschnittecken,
- die Zungen müssen abwechselnd in die Wangen einbinden,
- Quartierstücke dürfen nicht an den Schornsteininnenseiten liegen,
- vollfugig mauern,
- an die Läuferschicht der Wand wird der Schornstein mit Läuferdreiquartieren angeschlossen,
- an die Binderschicht wird er durch Binder mit außenliegenden Quartierstücken angeschlossen,
- bildet der Schornstein eine Vorlage, stößt die Binderschicht stumpf gegen das Schornsteinmauerwerk, die Läuferschicht bindet ein.

Schornsteine aus Formstücken

Schornsteine aus Formstücken bieten gegenüber gemauerten Schornsteinen den Vorteil des geringen Zeitaufwandes für das Versetzen und darüber hinaus die Möglichkeit, bessere strömungstechnische Eigenschaften zu erzielen. Weitere Vorteile sind: glatte Wandungen, keine Stoßfugen, die Ecken sind strömungstechnisch ausgerundet, kreisförmige Querschnittsausbildung möglich, Einbau von Dämmschichten erhöht den Schornsteinzug.

Nach DIN 18150 (9.79) können Schornsteine als zwei- und dreischalige Schornsteine ausgebildet werden.

Zweischalige Schornsteine bestehen aus inneren Schamotteton-Formstücken und äußeren Mantelformstücken aus Leichtbeton. Die Wandungen sind nur 2 bis 3 cm dick. Zwischen Innenrohr und äußerem Mantel bleibt nach dem Versetzen ein 1,5 bis 2 cm dicker Luftraum.

Bei **dreischaligen Schornsteinen** wird der Hohlraum zwischen Innenrohr und Mantel mit einer nicht brennbaren Wärmedämmschicht ausgekleidet.

Der Mantel kann aus Formsteinen oder auch in herkömmlicher Bauweise aus Mauersteinen hergestellt werden. Dadurch ist eine Verzahnung des Schornsteinmauerwerks mit den anschließenden Wänden möglich, es entstehen keine Risse.

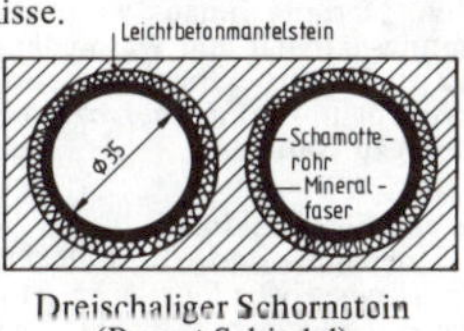

Dreischaliger Schornstein (Bauart Schiedel)

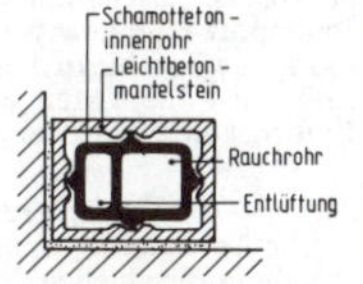

Zweischaliger Schornstein

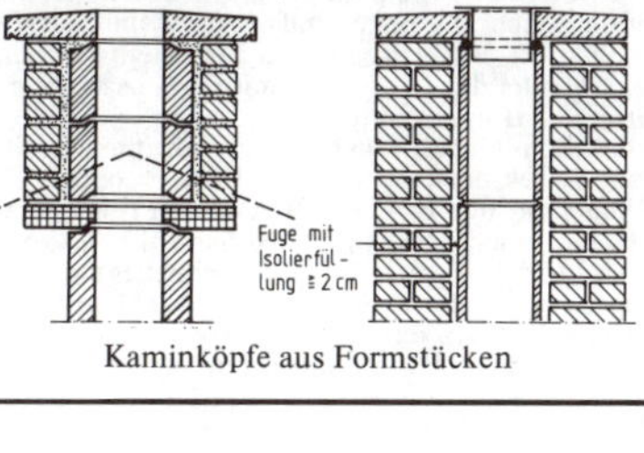

Kaminköpfe aus Formstücken

5.9. Putz

5.9.1. Allgemeines

Putz hat die Aufgabe, ein Gebäude von außen vor Witterungseinflüssen zu schützen und innen die Unebenheiten des Mauerwerks auszugleichen, damit für Tapeten und Anstriche ein glatter Untergrund vorhanden ist. Man unterteilt daher den Putz in **Innen-** und **Außenputz.** Die Eigenschaften und Anforderungen an die verschiedenen Putzarten sind in DIN 18550 genormt. Danach wird Putzmörtel je nach Art der Bindemittel und Mischungsverhältnisse mit dem Zuschlag in 5 Gruppen eingeteilt.

Putzmörtel nach DIN 18550 (1.85)

Mörtelgruppe		Mörtelart	Mischungsverhältnis in Raumteilen							
			Kalkteig	Kalkhydrat	hydr. Kalk	hhydr. Kalk u. PM-Bin.	Zement	Anhydrit	Gips	Sand [1]
P I	a	Luftkalkmörtel	1,0	1.0						3,5–4,5 3,0–4,0
	b	Wasserkalkmörtel	1,0 1,0	1,0						3,5–4,5 3,0–4,0
	c	Mörtel mit hydr. Kalk			1,0					3,0–4,0
P II	a	Mörtel mit hochhydr. Kalk od. mit PM-Binder				1,0				3,0–4,0
	b	K-Z-Mörtel	1,5 od. 2,0				1,0			9,0–11,0
P III	a	Zementmörtel mit Kalkhydr.		≦ 0,5			2,0			6,0–8,0
	b	Zementmörtel					1,0			3,0–4,0
P IV	a	Gipsmörtel							1,0	–
	b	Gipsmörtel							1,0	3,0–4,0
	c	Gipskalkmört.	1,0 od. 1,0						1,0	3,0–4,0
	d	Kalkgipsmört.	1,0 od. 1,0						0,2–0,5	3,0–4,0
P V	a	Anhydratmö.						1,0	1,0	≦ 2,5
	b	A-Kalkmörtel	1,0 od. 1,5					3,0		12,0

[1]) Die Werte dieser Tab. gelten nur für mineral. Zuschläge mit dichtem Gefüge

5.9.2. Innenputz

Aufgaben

Mit dem Auftragen des Innenputzes soll eine glatte Wandoberfläche geschaffen werden. Darüber hinaus wird vom Innenputz eine gewisse Atmungsaktivität und Wärmedämmung gewünscht; zu diesem Zweck muß der Innenputz porig sein, um größere Mengen Wasserdampf aufnehmen bzw. bei Lufttrockenheit wieder abgeben zu können.

Anforderungen und Eigenschaften

Die Anforderungen an den Innenputz sind je nach Putzanwendung verschieden. Wird z. B. eine ebene Putzfläche gefordert, so werden häufig dünne Feinschichten, z. B. aus Stuckgips, auf einen Unterputz aufgetragen. Ober- wie Unterputz sollten die gleiche Festigkeit aufweisen, damit der Oberputz nicht abblättert. Bei Feinschichten aus Baugips ist der Unterputz aus Mörtel der Gruppe P I mit Gipszusatz oder Mörtel der Gruppe P II auszuführen.

Festigkeit und Oberflächenbeschaffenheit müssen dem Verwendungszweck entsprechen; dies trifft besonders dann zu, wenn klimaregelnde Eigenschaften an den Innenputz gestellt werden: hier spielt die richtige Mörtelwahl eine große Rolle. Putze der Mörtelgruppe P II nehmen schneller und mehr Luftfeuchtigkeit auf als Putze mit Weißkalk oder Gips. Putzmörtel der Gruppe P III wirken wie Feuchtigkeitssperren und sind für Wandflächen in Wohnräumen ungeeignet.

Um die aufgeführten Eigenschaften und Anforderungen zu erfüllen, muß der Putz mindestens 1,5 cm dick – nach Möglichkeit in zwei Lagen – aufgetragen werden. Den zweckmäßigen Aufbau des Innenputzes zeigen die folgenden Tabellen.

Zweckmäßiger Aufbau des Innenputzes

Putzanwendung	Putzgrund	Mörtelgruppen P Spritzbewurf	Unterputz	Oberputz
Innenputz $d \geqq 1{,}5$ cm				
In Räumen üblicher Luftfeuchte (einschließlich häuslicher Küchen und Bäder)	Mauerwerk aus saugfähigen oder rauhflächigen Steinen, Schüttbeton	–	I	I
		–	II	I, II, IV
		IVa, IVb	IV	IV
		V	V	IV, V
	Mauerwerk aus wenig saugend. u. glatten Steinen, Holzwolleleichtbauplatten	II, III	I	I
			II	I, II, IV
		IVa, IVb	IV	IV
		V	V	IV, V
	Schwerbeton	II, III	I	I
			II	I, II, IV
		IVa, IVb	IV	IV
		V	V	IV, V
		III	III	III
	Gipsbaustoffe	IVa, IVb	IV	IV
in Feuchträumen	alle Wandbauarten	wie in Räumen üblicher Luftfeuchte mit Ausnahme der Mörtelgruppen IV und V		
Innendeckenputze $d \geqq 1{,}5$ cm				
in Räumen üblicher Luftfeuchte (einschließlich häuslicher Küchen und Bäder)	Massivdecken	II, III	II	I, II, IV
	Holzwolleleichtbauplatten	IVa, IVb	IV	I, IV
		V	V	I, IV, V
	Decken mit Putzträger (ggf. unter Zusatz von Faserstoffen)	–	II	I, II, IV
		–	IV	I, IV
		–	V	I, IV, V
	Gipsbaustoffe	IVa, IVb	IV	IV
in Feuchträumen		wie für Decken üblicher Luftfeuchte mit Ausnahme der Mörtelgruppen IV und V		

Putzgrund

Hierunter versteht man die zu putzende Fläche; sie kann glatt oder rauh sein.

Je rauher der Putzgrund, desto größer ist die Haftfähigkeit des Mörtels (z. B. bei Leichtbetonsteinen aus Naturbims). Die gute Mörtelbindung mit dem Putzgrund entsteht durch das Eindringen des Mörtels in die Hohlräume der Mauersteine. Die porige Oberflächenbeschaffenheit bestimmter Steinarten kann aber bei warmer Witterung zum Aufbrennen des Putzes führen, wenn der Putzgrund nicht genügend vorgenäßt wird.

Ein glatter Putzgrund bietet dem Mörtel oft keine genügende Haftung; dies ist der Fall bei Beton, Kalksandsteinen, Stahl, Holz usw.

Reicht die Saugfähigkeit des Putzgrundes nicht aus, muß man einen Spritzbewurf oder einen Putzträger aufbringen. In einigen Fällen genügt auch ein gründliches Vornässen der Steine. Der Spritzbewurf soll die Oberfläche vergrößern und aufrauhen. Dabei ist Mörtel der Gruppen P II, P III, P IV zu verwenden. Der Mörtel soll grobkörnig sein und mit der Kelle so angeworfen werden, daß der Putzgrund nur noch durchscheint oder bedeckt ist.

5.9. Putz

Der eigentliche Putz darf auf den Spritzbewurf erst aufgetragen werden, wenn dieser nicht mehr mit der Hand abgerieben werden kann.

Wandputz

Beim Putzen einer Wand wird der in seiner Konsistenz plastische Mörtel angeworfen; durch dieses Verfahren wird die Luft seitlich verdrängt, und es entsteht eine bessere Mörtelhaftung als beim Aufziehen des Mörtels mit einer Kartätsche.

Im letzteren Fall wird der Mörtel mit einem zu geringen Druck an die Wand gepreßt, so daß auch infolge der höheren Mörtelsteife nicht alle Unebenheiten ausgefüllt werden.

Zum Festellen der richtigen Putzdicke kann man an einzelnen Punkten Nägel in die Wandfläche schlagen.

Putzträger

Wenn Wände aus unterschiedlichen Baustoffen bestehen, muß die Anschlußzone einen Putzgrund erhalten, damit später im Putz keine Risse entstehen. Hierfür gibt es spezielle Putzträger in Form von Streckmetall, Drahtziegel- oder Rabitzgewebe. Sind in einer Mischwand Stahl- oder Betonbauteile eingebaut, so ist zusätzlich eine Dämmplatte zur Vermeidung von Wärmebrücken anzuordnen.

Der Putzträger hat die Aufgabe, den Putz genauso wie die Wand zu tragen. Zu diesem Zweck muß eine ausreichende Überdeckung auf dem Mauerwerk vorhanden sein (≧ 10 cm). Die Befestigung muß so erfolgen, daß die Gewichtskraft des Mörtels den Putzträger nicht verbiegen kann.

Bei Beton- und Stahlbetonbauteilen muß der Putzträger beim Betonieren schon in seine endgültige Lage gebracht werden; ein nachträgliches Annageln wie bei Stahl- oder Holzbauteilen ist nicht erlaubt.

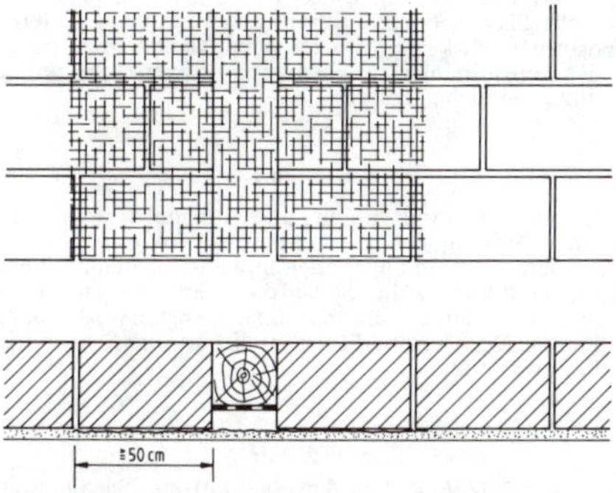

Überspannen eines Holzstieles mit Rabitzgewebe

Deckenputz

Grundsätzlich werden an Deckenputz die gleichen Anforderungen wie an Innenwandputz gestellt.

Nach DIN 4102 (5.81) darf die Putzdicke von 1,5 cm für feuerhemmende und feuerbeständige Deckenbauteile nicht unterschritten werden.

Die richtige Mörtelwahl hängt von der Oberflächenbeschaffenheit des Putzgrundes ab. So erfordert eine Stahlbetondecke einen Spritzbewurf, während er bei einer zweischaligen Decke mit Putzträger nicht notwendig ist.

Deckenputz auf Rohrmatten; Arbeitsregeln

- Schilfrohrmatten mit 10 cm überdeckten Stößen auf Unterkonstruktion (Lattenrost, Schalung) aufbringen und alle 10–20 cm fest vernageln, so daß die Matten Erschütterungen und dem Gewicht des Putzes standhalten.
- Kalkgipsmörtel auf das Schilfrohrgewebe aufbringen und dieses dabei „auswerfen“.
- Anschließend Putz in mehreren Lagen anwerfen, dabei muß ohne Unterbrechung gearbeitet werden, damit der Gipskalkmörtel nicht erstarrt.
- Nach dem Anziehen des Mörtels auf einem bestimmten Teilstück der Decke wird mit angenäßter Kartätsche abgezogen.
- Nach dem Abziehen des Mörtels diesen in seiner Eigenfeuchte abreiben.

Deckenputz auf Holzwolle-Leichtbauplatten

Holzwolle-Leichtbauplatten bieten aufgrund ihrer rauhen Oberfläche und Porigkeit einen vorzüglichen Putzträger. Da sich jedoch an den Plattenstößen später aufgrund unterschiedlicher Bewegungen der Bauteile leicht Risse einstellen, sollte an diesen Stellen der Putz mit weitmaschigen Drahtnetzstreifen bewehrt werden. Darüber hinaus sollte die Befestigung der Leichtbauplatten an der Deckenunterseite sehr sorgfältig durchgeführt werden, um ein Durchhängen der großen Plattenelemente zu verhindern (Befestigung daher als verlorene Schalung mit Kunststoffankern).

Der Putz soll auf die Leichtbauplatten in mehreren Lagen aufgebracht werden, zunächst ein Spritzbewurf gefolgt vom Unter- und Oberputz.

Dabei darf die nächste Putzlage erst aufgetragen werden, wenn die vorherige angezogen hat.

Deckenputz auf Massivdecken

Stahlbetondecken, ausgebildet als Vollplatten, weisen einen glatten Putzgrund mit geringer Haftfähigkeit auf. Deshalb ist hier ein Spritzbewurf unbedingt erforderlich. Der anschließend aufgebrachte Deckenputz sollte 1,5 cm dick sein, da eine dünnere Putzschicht auftretende Spannungen nicht aufnehmen, und als Folgeerscheinung feine Putzrisse auftreten können.

Darüber hinaus sollte der Deckenputz auch aus Gründen des Feuerschutzes mindestens 1,5 cm dick sein und zweilagig aufgetragen werden, da die Tragfähigkeit einer Stahlbetondecke bei Temperaturen von 400–500 °C verloren geht. Hier kann ein fachmännisch aufgebrachter Deckenputz erheblich feuerhemmend wirken.

In zunehmendem Maße werden Stahlbetondecken heute als Fertigteildecken geliefert. Hier erübrigt sich oft ein Deckenputz, da die Fertigteil-Elemente schon im Betonwerk eine vollkommen ebene Unterseite erhalten.

Wenn bei Stahlbetonträger-Decken ein Deckenputz aufgebracht wird, so sollte der Stahlbetonträger dann, wenn die Füllkörperdecken aus Deckenhohlziegeln bestehen, schon bei der Herstellung der Decke mit Ziegeldrahtgewebe ummantelt werden.

Geschieht das nicht, zeichnen sich die Stahlbetonträger deutlich durch hellere oder dunklere Färbung in der Putzfläche ab, falls nicht noch weitergehende Mängel in Form von Putzrissen auftreten. Bei Deckenhohlziegelflächen genügt für den Spritzbewurf ein Gipszusatz von 10% zum Kalkmörtel, um eine genügende Putzhaftung zu bekommen. Der Spritzbewurf sollte aus scharfkörnigem Flußsand hergestellt werden, um eine rauhe Putzfläche zu bekommen. Das Anwerfen der weiteren Putzlagen darf erst nach dem Abbinden des Spritzbewurfs erfolgen.

5

5.9. Putz

5.9.3. Außenputz

Außenputz muß in erster Linie wetterbeständig und seine Oberfläche möglichst lange ansehnlich sein. Man wählt daher für Außenputze sehr häufig Kalk- und Zementmörtel. In bauphysikalischer Hinsicht sind das Saugverhalten und die Wasserdampfdurchlässigkeit des Putzes von großer Bedeutung; so darf z. B. die kapillare Wasserabgabe nicht zu langsam vor sich gehen. Zementmörtel haben in diesem Zusammenhang ein geringes Saugvermögen.

Saugverhalten von Kalk- und Zementmörteln

Mörtelart	Wasseraufnahme	Saugvermögen	Wasserabgabe	Eignung als Außenputz
Kalkmörtel P I	normal	schnell	sehr schnell	gut
Kalkzementmörtel P II	mäßig	schnell	schnell	sehr gut
Kalkzementmörtel P II a	gering	langsam	mäßig	brauchbar
Zementmörtel P III	gering	langsam	schlecht	wenig brauchbar

Der Außenputz von bewohnten Räumen sollte stets wasserdampfdurchlässig sein, damit bei einer Dampfdiffusion von innen nach außen kein Feuchtigkeitsstau auftritt. Wie aus obiger Tabelle ersichtlich, lassen Putzmörtel der Gruppe P I einen normalen Feuchtigkeitswechsel zu. Mörtel der Gruppe P II verhindern sehr gut das Eindringen von Schlagregen und besitzen zusätzlich auch eine gute Wasserdampfdurchlässigkeit. Putzmörtel der Gruppe P III wird meist als wassersperrender Putz verwendet, seine Wasserdampfdurchlässigkeit ist sehr gering und daher für eine Verwendung von aufgehendem Mauerwerk ungeeignet. Den zweckmäßigen Aufbau des Außenputzes zeigt folgende Tabelle:

Aufbau von Außenputzen

Putzanweisung	Putzgrund	Mörtelgruppen Spritzbewurf	Unterputz	Oberputz
Außenwand- und Außendeckenputz $d \geqq 2$ cm				
Für aufgehende Wände	Mauerwerk aus saugfähigen oder rauhflächigen Steinen, Schüttbeton	–	P I	P I
		–	P II	P I, II
	Mauerwerk aus wenig saugenden und glatten Steinen, Holzwolleleichtbauplatten	P II, III	P I	P I
			P I	P I, II
	Normalbeton	P II, III	P I	P I
			P I	P I, II
		P III	P III	P III
Außenputz für Sockel u. Wände unter der Erdoberfläche	alle Wandbauarten	P III	P III	P III
Außendeckenputz	Massivdecken	P II, III	P I	P I
			P II	P I, II
		P IVa, IVb	P IV	P IV
		P V	P V	P V

Putzaufbau

Außenputz hat eine mittlere Putzdicke von 2 cm, die nicht unterschritten werden sollte, da eine zu dünne Mörtelschicht keinen Feuchtigkeitsausgleich zu schaffen vermag. Darüber hinaus kann Schlagregen durch den Putz in das Mauerwerk dringen. Der Außenputz darf niemals einlagig aufgebracht werden. Ober- und Unterputz sollen aus der gleichen Mörtelgruppe hergestellt werden, da es bei unterschiedlichen Mörtelgruppen zu Spannungen zwischen den Putzlagen kommt. In der Folge kann sich z. B. der Ober- vom Unterputz lösen.

Putzverfahren

Das Putzverfahren setzt sich aus der Arbeitsweise und der Oberflächengestaltung der Außenputze zusammen.

Beim Auftragen des Putzes gibt es zwei **Arbeitsweisen:** das Putzen von Hand und das Putzen mit der Maschine.

Beim **Putzen** von Außenwandflächen **mit der Hand** gelten die gleichen Arbeitsregeln wie beim Putzen von Innenwandflächen: kräftiges Anwerfen des Mörtels, um Luft aus Oberflächenporen des Putzgrundes zu verdrängen, nächste Putzlage erst anwerfen, wenn vorherige angezogen hat, gleicher Mörtel für alle Putzlagen, die Dicke einer jeden Putzlage sollte ungefähr dem dreifachen Durchmesser vom Zuschlaggrößtkorn entsprechen.

Beim **Putzen mit Maschine** wird der Mörtel mittels Preßluft angeworfen. Die Mörtelmaschine besteht aus einem kombinierten Mörtelfördergerät und Mörtelantraggerät. Häufig wird ein Mörtelmischgerät zugeschaltet. Der Mörteltransport erfolgt durch Rohre und Schläuche. Am Rohr- oder Schlauchende wird das Mörtelantraggerät befestigt, dieses wirft mittels Preßluft von 1 bis 2 bar den Mörtel an. Der Preßdruck muß so dosiert werden, daß grobes Korn nicht am Putzgrund abprallt. Das Aufspritzen des Mörtels geschieht durch gleichmäßiges Führen der Spritzdüsen.

Das Verputzen von Außenflächen ist bei Regen und zu erwartenden Nachtfrösten nicht erlaubt.

Die **Oberflächengestaltung** des Außenputzes richtet sich nach den Wünschen des Bauherrn und Architekten. Eine sehr rauhe Putzoberfläche kann das Niederschlagswasser nur schlecht ableiten, es entstehen dabei häufig Verschmutzungen durch Staubablagerungen. Durch Schmutzablagerung verunreinigtes Regenwasser kann aber auch jede andere Putzoberfläche schnell verunreinigen, wenn man vor allem im Fensterbereich keine vorbeugenden Maßnahmen ergreift, z. B. Fensterbänke mit Wassernasen versehen und im Leibungsbereich aufkanten.

Glattputz

Glattputz kann als Innen- und Außenputz angewendet werden. Der möglichst wasserarme und feinkörnige Putz wird mit einem Filzbrett abgerieben und anschließend mit einer Bürste kräftig abgekehrt. Sobald die Oberfläche glatt ist, muß man mit dem Reiben aufhören, da sich sonst zu viel Bindemittelleim an der Putzoberfläche anreichert und Schwindrisse auftreten können.

Kratzputz

Dieser Putz gehört zu den Rauhputzen. Der Oberputz, bestehend aus Perlkies mit einem Korndurchmesser von 5 bis 8 mm, wird zunächst glatt auf getragen. Nach Eintritt einer geeigneten Putzhärte wird der Putz mit einem Nagelbrett oder Blechkamm von unten nach oben gekratzt und anschließend mit einem weichen Besen abgekehrt. Bei diesem Putz entstehen ganz selten Schwindrisse.

Spritzputz

Der Putz wird häufig mit einem Spritzputzgerät angeworfen und ergibt eine ähnliche Oberfläche wie der Kratzputz. Durch mehrmaliges Spritzen in jeweils einer anderen Richtung erhält man einen sehr gleichmäßigen Putz.

5.9. Putz

Beim Aufbringen von Hand erhält man ebenfalls eine gleichmäßige Oberfläche, wenn man einen Reiserbesen gegen eine Holzlatte schlägt.

Kellenputz (Kellenstrichputz)

Bei diesem Putz wird der Mörtel mit einer Glättkelle angeworfen und abgezogen. Der waagerecht, bogenförmig oder fächerförmig geführte Kellenstrich bleibt sichtbar und ergibt eine ungeglättete Oberfläche.

Nesterputz

Bei diesem Putz wird die oberste Putzlage ungleichmäßig dick angeworfen und später bis auf kleine Nester geglättet. Die Anzahl der Nester darf jedoch einen bestimmten Anteil der Gesamtputzfläche nicht überschreiten.

Sgraffito

Sgraffito ist ein mehrfarbiger Kratzputz, bei dem zunächst mehrere verschiedenfarbige Putzlagen mit gleicher Mörtelzusammensetzung angeworfen werden. Die auf den Putzgrund aufgetragenen Farbschichten sind ungefähr 5 mm dick.

Mit Hilfe von genauen Zeichnungen und Schablonen wird anschließend die geforderte Farbschicht herausgekratzt, bis die darunterliegende andersfarbige Schicht freigelegt ist. Das Herstellen von Sgraffito erfordert eine geübte Hand.

Edelputze

Edelputze werden als fabrikmäßig hergestellte und durchgefärbte Kalk- oder Kalkzement-Putzmassen für wetterbeständige Außenputze im Handel angeboten. Die trockene farbige Putzmasse besteht aus besonders reinem, kieselsäurehaltigem Sand, der mit erprobten Bindemitteln, deren Zusammensetzung nur dem Lieferwerk bekannt ist, aufbereitet wird.

Die Farbigkeit der Edelputze erreicht man durch Beimischen von licht- und feuchtigkeitsbeständigen Färbungsmitteln, die auch vom Bindemittel nicht angegriffen werden. Durch das Einfärben des gesamten Putzes weist dieser gegenüber einem Anstrich eine wesentlich längere Haltbarkeit auf.

Da das Gefüge der Edelputze locker und porig ist, sollten sie auf einen dichten Unterputz aus Kalkzementmörtel aufgebracht werden, der genügend erhärtet sein muß. Ober- und Unterputz müssen gleiche Festigkeiten besitzen.

Kunststoffputz

Kunststoffputze bestehen aus Spachtel- oder Anstrichmaterialien auf wäßriger Kunststoffbasis (Kunststoffdispersion). Das Bindemittel bei Kunststoffputzen besteht aus einer Kunststoffdispersion, die Füllung aus Kunststoffkörperchen oder aus reinem kieselsäurehaltigem Sand.

Der im Anlieferzustand fertige Putz wird nach einem vom Hersteller mitgelieferten wäßrigen Grundieranstrich auf den 15 bis 20 mm dicken Unterputz/Sockelputz mit der Glättkelle aufgezogen. Das Arbeitsverfahren ist sehr aufwendig, jedoch wird vom Hersteller eine Verminderung der Schmutzaufnahme, Unempfindlichkeit gegen Industrieabgase, Haftfestigkeit auf jedem Untergrund (auch Stahl), leichte Reinigung sowie Herstellung mit jeder beliebigen Oberflächenstruktur und Farbe dagegen gehalten. Viele Kunststoffputze sind heute bereits soweit entwickelt, daß sie wasserabweisend und dennoch wasserdampfdurchlässig sind. Die Entwicklung der Kunststoffputze ist noch nicht abgeschlossen.

Das Auftragen und Abreiben muß gleichmäßig erfolgen, damit beim schnellen Erhärten des Kunststoffmörtels keine Absätze entstehen.

Wärmedämmender Außenputz

Dieser Putz besteht aus Spritzputz, Dämmputz und Oberputz und gewährleistet im fertigen Zustand eine so gute Wärmedämmung, daß eine Zusatzdämmung in Form von Hartschaumplatten nicht notwendig ist. Immerhin besitzt der Putz eine Trockenrohdichte von ungefähr 300 kg/m^3 und eine Wärmeleitfähigkeit von 0,09 W/mK.

Der Wärmedämmputz ist im Handel als Trockenmörtel (50-kg-Sack) erhältlich.

Vor dem Mischen ist die Mischanweisung auf den Säcken genau durchzulesen. Das Auftragen des Mörtels kann von Hand oder mit Maschine vorgenommen werden.

5.9.4. Putzschäden

Putzschäden können im wesentlichen folgende Ursachen haben:

- falsche und ungenügende Vorbereitung des Putzgrundes
- Mängel in den Ausgangsstoffen für einen bestimmten Putz
- falsche Verarbeitung der Baustoffe
- fehlerhafte Baumaßnahmen vor oder nach dem Putzen
- äußere Einflüsse

Erscheinungsformen und Ursachen von häufigen Putzschäden im einzelnen:

Feuchtigkeitsschäden im Außenputz

- unsachgemäße Verarbeitung von Frostschutzmitteln
- ausblühende Salze

Feuchtigkeitsschäden im Innenputz

- Kondenswasser

Verfärbungen und Fleckenbildung bei Außenputzen

- ausblühende Salze
- Farbabweichung durch ungleichmäßige Mischungsverhältnisse
- zu dünne Putzdicke
- Mischmauerwerk als Putzgrund
- Regenfahnen durch konstruktive Mängel

Lösen des Putzes vom Putzgrund

- zu starker Wasserentzug durch Putzgrund
- zu geringe Rauhigkeit des Putzgrundes
- zu große Putzdicke in einem Arbeitsgang aufgetragen
- Mörtel nicht angeworfen, sondern aufgetragen
- fehlender Spritzbewurf

Absanden der Putzfläche

- zu geringer Bindemittelanteil des Mörtels
- zu stark saugender Putzgrund
- zu schnelle Austrocknung der Putzfläche

Kraterförmige Aussprengungen des Putzes

- nachlöschende Bestandteile des Kalkes, das Korn zerfällt bei Berührung zu Pulver

Einzelrisse im Innen- wie Außenputz

- Setzungserscheinungen des Gebäudes
- falsche Verwahrung von Bauteilen aus Holz oder Stahl im Putzgrund
- Mischmauerwerk als Putzgrund
- Arbeitsfugen beim Putzauftrag

Unregelmäßig und netzartig verlaufende Risse

- der Bindemittelanteil im Putz ist zu hoch
- Oberputz ist fester als Innenputz

5.10. Wandbekleidungen

5.10.1. Allgemeines

Innenräume können ganz oder teilweise mit unterschiedlichen Werkstoffen bekleidet werden. Häufige Werkstoffe für Wandbekleidungen sind: Holzwerkstoffe in Form von Tafeln oder Paneelen, Holzwolle-Leichtbauplatten, Gipskartonplatten. Die wärmedämmende, optische und akustische Wirkung einer Wandverkleidung hängt vom Material, der Aufteilung des Bekleidungsmaterials auf der Wandfläche sowie der Oberflächenbehandlung ab. Konstruktion und Gestaltung üben eine enge Wechselwirkung aus.

5.10.2. Werkstoffe

Holzwerkstoffe

Die häufigsten Holzwerkstoffe für Wandbekleidungen sind: Eiche, Kiefer, Fichte, Lärche, Oregon, Mahagoni, Limba, Red Cedar. In der Regel bietet der Handel diese Hölzer als Halbfertigerzeugnisse an, einschließlich der dazugehörigen Leime und Oberflächenbehandlungsmittel.

Die meisten Halbfertigerzeugnisse bestehen aus Tafeln oder Paneelen mit unterschiedlichen Abmessungen, deren Oberfläche glatt, gesandet, gebürstet oder geflammt ist.

Die Herstellung der Holzwerkstoffe geschieht nach folgendem Verfahren: Feinzerspantes Holz wird mit Kunstharzen durchtränkt, imprägniert, in Formen gepreßt und anschließend fugenlos mit Holzstruktur (Furnieren) ummantelt. Die Holzwerkstoff-Platten sind auf Dauer wartungsfrei und witterungsbeständig.

Holzwolle-Leichtbauplatten

Holzwolle-Leichtbauplatten sind Platten aus Holzwolle und mineralischen Bindemitteln, z. B. Zement und Baugips. Der Baustoffhandel bietet diese Platten in folgender Abmessung an: 2 m Länge, 50 cm Breite, 1,5–10 cm Dicke.

Die Platten werden auf die Unterkonstruktion im Verband dicht gestoßen genagelt, dabei sollen die Plattenlängsseiten waagerecht verlaufen und an jedem Holz mit mindestens 3 Nägeln befestigt werden.

Holzwolle-Leichtbauplatten dienen in erster Linie der Erhöhung des Wärmeschutzes, sie werden nach Anbringen auf die Unterkonstruktion verputzt.

Gipskartonplatten

Nach DIN 18180 (9.89) bestehen diese Platten im wesentlichen aus einem breit ausgewalzten Gipskern, der einschließlich der Längskanten mit Karton ummantelt ist, während die geschnittenen Querkanten den Gipskern zeigen. Der Karton ist mit dem Gipskern fest verbunden.

Die auf dem Band gefertigten Gipskartonplatten sind eben, rechteckig und in der Regel großflächig (Regelbreite 125 cm, Länge ca. 200 bis 450 cm, Dicke 9,5 bis 25 mm).

Nach Fertigung und Verwendungszweck werden unterschieden:

- **Gipskarton-Bauplatten (GKB)** zum Befestigen auf flächiger Unterlage, zum Ansetzen als „Wandtrockenputz". Ab 12,5 mm sind diese Platten auch zum Befestigen auf Unterkonstruktionen für Wand- und Deckenbekleidung und zur Herstellung von Montagewänden geeignet.
- **Gipskarton-Feuerschutzplatten (GKF).** Der Anwendungsbereich ist besonders auf den baulichen Brandschutz ausgerichtet. Der Gipskern dieser Platten enthält in der Regel einen Zusatz von Glasfasern.
- **Imprägnierte Gipskartonplatten** sind mit Zusätzen versehen, die die Wasseraufnahme verzögern.

Sie besitzen eine gewisse Schutzwirkung gegenüber Feuchtigkeitseinwirkung. Sie werden bezeichnet als

Gipskarton-Bauplatten, imprägniert (GKBI)

Ihr Anwendungsbereich entspricht dem der GK-Bauplatten (GKB) mit Dicken ≧ 12,5 mm.

Gipskarton-Feuerschutzplatten, imprägniert (GKFI)

Ihr Anwendungsbereich entspricht dem der GK-Feuerschutzplatten (GKF) mit Dicken ≧ 12,5 mm.

Gipskarton-Putzträgerplatten (GKP)

Diese Platten werden lediglich mit 9,5 mm Dicke und einer Regelbreite von 400 mm hergestellt.

5.10.3. Unterkonstruktion, Befestigungsmöglichkeiten

Je nach Art und Aufbau der Wand können die Wandbekleidungselemente entweder direkt auf dieser oder auf einer Unterkonstruktion befestigt werden. Eine direkte Befestigung der Beplankungen wird sehr häufig bei Fachwerk- oder Gerippewänden vorgenommen.

Bei gemauerten Wänden besteht die Unterkonstruktion aus senkrecht oder waagerecht mit Spreizdübeln angeschraubten Latten. Die Richtung der Latten sollte immer quer zu der Bekleidung verlaufen. Ein Verputzen der Wand ist nicht notwendig.

Um bei gemauerten Wandflächen eine Hinterlüftung der Unterkonstruktion zu gewährleisten, werden die Latten entweder unterbrochen, oder es wird eine Konterlattung befestigt. Anschließend wird die Bekleidung auf der Unterkonstruktion durch verdecktes Nageln oder mit entsprechenden Klammern angebracht. Da es für die verschiedenen Beplankungen unterschiedliche Befestigungsverfahren gibt, sollten die Verlegehinweise der Hersteller beachtet werden.

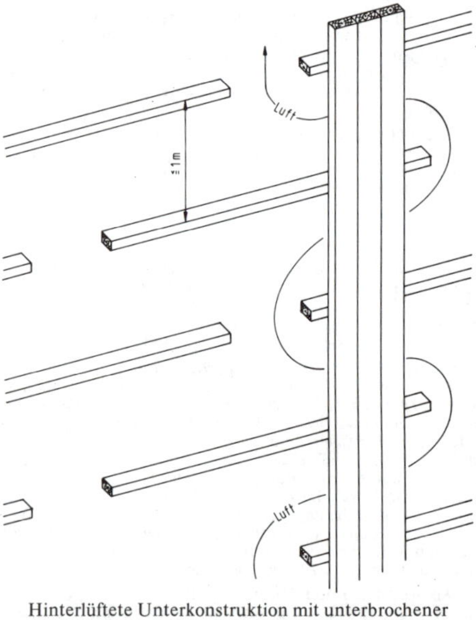

Hinterlüftete Unterkonstruktion mit unterbrochener Lattung für vertikale Verkleidung

5.10. Wandbekleidungen

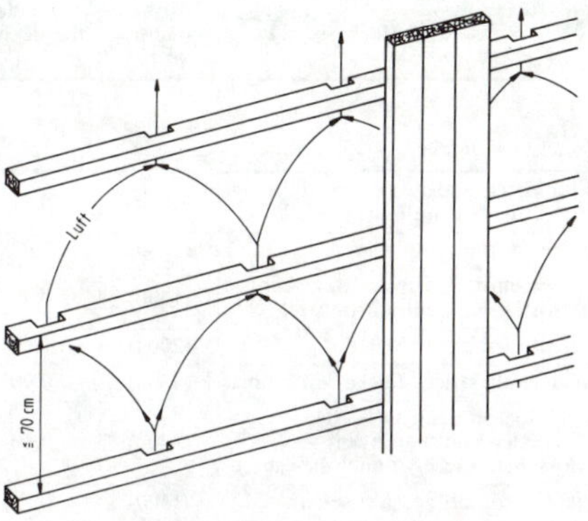

Unterkonstruktion für vertikale Verkleidungen mit Hinterlüftung der Verlattung

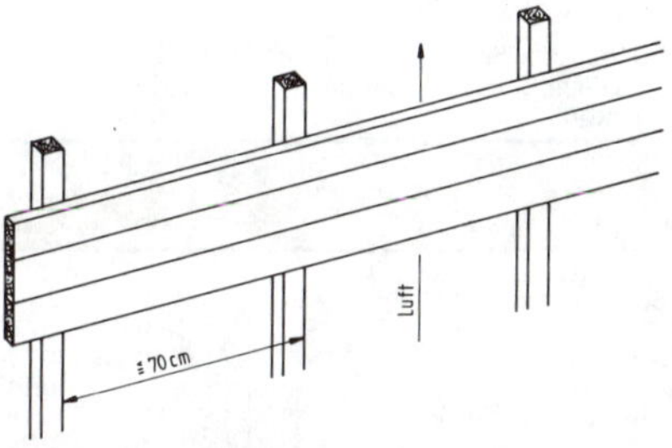

Mit Dübeln an die Wand geschraubte Unterkonstruktion für horizontale Verkleidung

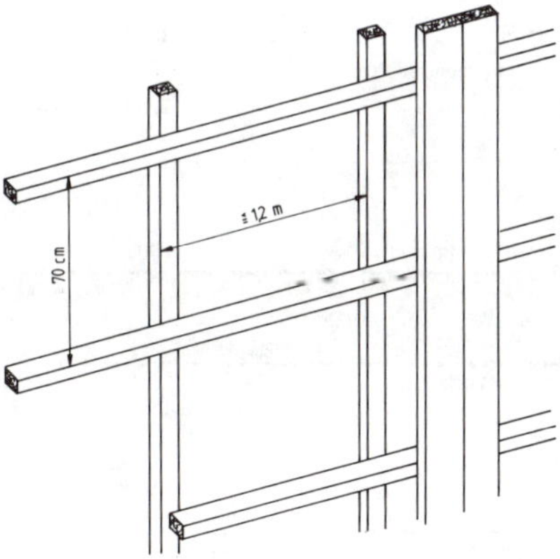

Hinterlüftung mit Konterlattung

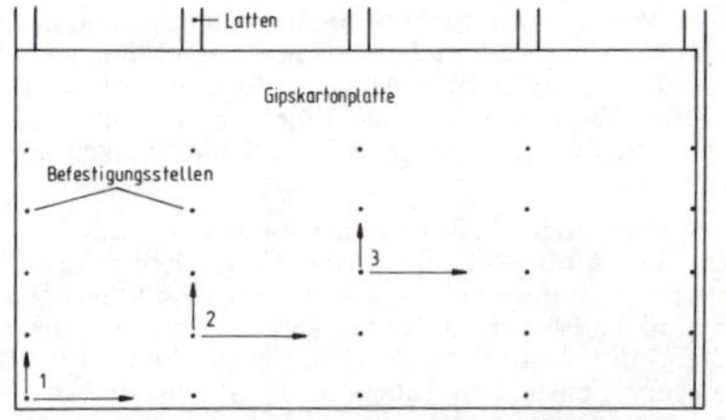

Befestigungsfolge bei Gipskartonplatten

Gipskartonplatten sollten mit Schnellbauschrauben, wie auf obiger Abbildung dargestellt, befestigt werden. Man beginnt entweder in der Plattenecke oder auch von der Mitte aus nach rechts und links mit dem Verschrauben der Platte.

Verbretterung

Verbretterungen werden zum Bekleiden von Innen- aber noch häufiger von Außenwänden vorgenommen.

Giebel verkleidet man sehr häufig in senkrechter Verbretterung mit Hilfe von besäumten Brettern und Deckenleisten, während man für Hauswände eher Stabbretter mit Falz oder Nut und Feder verwendet.

Bei waagerechter Verbretterung ist darauf zu achten, daß die gefalzten oder gespundeten Bretter keine fallende Fuge besitzen.

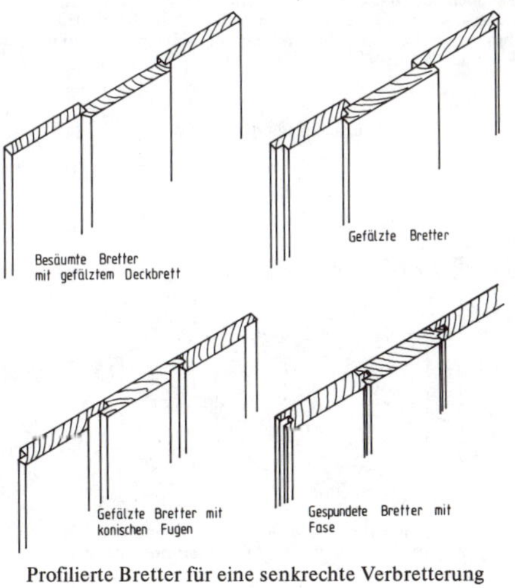

Profilierte Bretter für eine senkrechte Verbretterung

Wenn Bretter bei Außenwandbekleidungen in einer Ecke zusammenkommen, empfiehlt sich die bewußte Ausbildung einer Fuge, da paßgenau zusammengefügte Bretter durch das fast unvermeidliche Arbeiten des Holzes zu häßlichen Fugen führen.

5.11. Bauliche Schutzmaßnahmen

5

5.11.1. Wärmeschutz im Hochbau, DIN 4108

Allgemeines

Zum Wärmeschutz im Hochbau zählen die Maßnahmen, die zu einer Verringerung der Wärmeübertragung führen. Damit soll für den Menschen ein behagliches Raumklima geschaffen und darüber hinaus möglichst wenig Energie verbraucht werden. Denn Wärmebedarf und Höhe der Heizkosten hängen entscheidend von einer guten Wärmedämmfähigkeit der Bauteile ab.

Energiesparender Wärmeschutz kann und darf aber nicht heißen, die Luftdurchlässigkeit von Gebäudeöffnungen völlig zu unterbinden. Fenster z. B. sollen nicht absolut dichten, vielmehr muß die Forderung lauten, keine undichten Fenster einzubauen. Ein bestimmter Frischluftaustausch ist trotz geschlossener Fenster im Interesse eines behaglichen Wohnklimas durchaus wünschenswert. Die Folgerung daraus kann daher nur sein, keinen **maximalen**, sondern einen **optimalen Wärmeschutz** anzustreben.

Wärmespeicherfähigkeit

Wärmedämm- und Wärmespeicherfähigkeit dürfen nicht verwechselt werden. Ein Hauptunterschied resultiert aus der Materialdichte:
Mit steigender Dichte nimmt die Wärmespeicherung zu, während umgekehrt die Wärmedämmung abnimmt. In bewohnten Räumen wirkt so eine gute Wärmespeicherfähigkeit stets temperaturausgleichend.

Nachweis einer ausreichenden Wärmedämmung

Wenn in Wohnungen ein behagliches Raumklima herrschen soll, dann müssen Wände und Decken aus Baustoffen bestehen, die die Wärme möglichst wenig leiten und gut speichern. Tabellen der DIN 4108 T4 (12.85) geben Auskunft, wie gut oder schlecht die verschiedenen Baustoffe die Wärme leiten; dies geschieht durch die Angabe der Wärmeleitfähigkeit λ der einzelnen Baustoffe.

Wärmeleitfähigkeit λ (W/mK)

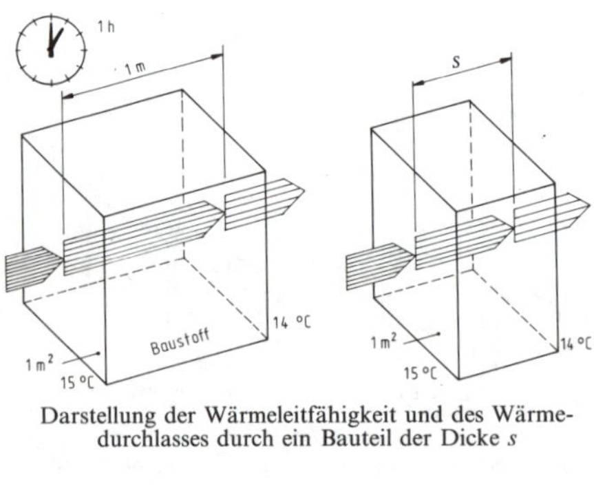

Darstellung der Wärmeleitfähigkeit und des Wärmedurchlasses durch ein Bauteil der Dicke *s*

Die Wärmeleitfähigkeit λ (sprich Lambda) gibt die Wärmemenge in W (Watt) an, die durch einen Quadratmeter einer 1 m dicken Wand in 1 Stunde hindurchgeht, wenn der Temperaturunterschied zwischen beiden Seiten 1 Kelvin (K) beträgt.

Wärmeleitfähigkeit der Baustoffe DIN 4108 T4 (12.85)

Baustoffe	Rohdichte kg/m³	Wärmeleitfähigkeit λ W/mK
Mörtel und Betone		
Kalkmörtel, Kalkzementmörtel, Mörtel aus hydraulischem Kalk	(1800)	0,87
Zementmörtel	(2000)	1,40
Kalkgipsmörtel, Gipsmörtel, Anhydritmörtel, Kalkanhydritmörtel	(1400)	0,70
Zementestrich	(2000)	1,40
Gußasphaltestrich, Dicke ≧ 15 mm	(2300)	0,90
Normalbeton nach DIN 1045 (Kies- oder Splittbeton mit geschlossenem Gefüge; auch bewehrt)	(2400)	2,10
Leichtbeton mit geschlossenem Gefüge	1400 1600	0,79 1,0
Haufwerkporige Betone aus nichtporigen Zuschlagstoffen, z. B. Kies	1600 1800 2000	0,81 1,10 1,40
Leichtbeton mit porigem Zuschlag, ausschließlich unter Verwendung von Naturbims	500 700 900	0,15 0,20 0,27
Leichtbeton mit porigem Zuschlag, ausschließlich unter Verwendung von Blähton	500 700 900	0,18 0,23 0,30
Gebräuchliche Stoffe		
Lose Schüttungen, abgedeckt, aus porigen Stoffen: – Blähperlit – Blähglimmer – Hüttenbims – Blähton, Blähschiefer – Bimskies	 (≦ 100)[1] (≦ 100) (≦ 600) (≦ 400) (≦ 1000)	 0,060 0,070 0,13 0,16 0,22
Lose Schüttungen aus Sand, Kies, Splitt (trocken)	(≦ 1800)	0,70
Fliesen	(2000)	1,0
Natursteine	(2500)	0,80
Wärmedämmender Putz	(600)	0,20
Kunstharzputz	(1100)	0,70
Stahl		60
Aluminium		200
Kupfer		380
Gummi (kompakt)	(1000)	0,20
Steine		
Kalksand-Vollsteine	1600 1800 2000	0,79 0,99 1,10
Kalksand-Lochsteine	1200 1400 1600	0,56 0,70 0,79

[1]) Die in Klammern angegebenen Rohdichtewerte dienen nur zur Ermittlung der flächenbezogenen Masse, z. B. für den Nachweis des sommerlichen Wärmeschutzes.

5.11. Bauliche Schutzmaßnahmen

Baustoffe	Rohdichte kg/m³	Wärmeleitfähigkeit λ W/mK
Kalksand-Hohlblocksteine	1000	0,50
	1200	0,56
	1400	0,70
	1600	0,79
Leichtbeton-Vollsteine (DIN 18152)	800	0,40
	1000	0,46
	1200	0,54
	1400	0,63
	1600	0,74
Leichtb.-Hohlblockst. (DIN 18151)	500	0,29
2-Kammer-Steine, Breite ≦ 24 cm	600	0,32
3-Kammer-Steine, Breite ≦ 30 cm	700	0,35
4-Kammer-Steine, Breite ≦ 36,5 cm	800	0,39
Gas- und Schaumbetonsteine,	800	0,44
Leichtkalkbetonsteine,	1000	0,56
luftgehärtet	1200	0,70
Gasbeton-Blocksteine (DIN 41165)	500	0,22
	600	0,24
	700	0,27
	800	0,29
Lochsteine aus Leichtbeton (DIN 18149)	600	0,35
	700	0,40
	800	0,47
Mauerwerk aus Mauerziegeln DIN 105 einschließlich Mörtelfugen		
Vollklinker	(2000)	0,96
Hochlochklinker	(1800)	0,79
Vollziegel, Vormauerziegel	1600	0,68
	1800	0,81
	2000	0,96
Leichthochlochziegel n. DIN 105 Teil 2, Typ A und B	700	0,36
	800	0,39
	900	0,42
	1000	0,45
Glas		
Flachglas (Fensterglas, Mittelwert)	(2500)	0,80
Metall		
Gußeisen und Stahl		60
Kupfer		380
Aluminium		200
Holz (lufttrocken und Holzwerkstoffe)		
Eiche, Buche	(800)	0,20
Fichte, Kiefer, Tanne	(600)	0,13
Sperrholz	(800)	0,15
Harte Holzspanplatten DIN 68750 und DIN 68751	(1000)	0,17
Poröse Holzfaserplatten DIN 68750	≦300	0,056
Holzspanplatten, Flachpreßplatten	(700)	0,13
Bitumige Stoffe		
Asphalt	2000	0,70
Bitumen	1100	0,17
Bitumendachbahnen nach DIN 52128	(1200)	0,17
Wärmedämmstoffe		
Mineralische Faserdämmstoffe (Glas-, Stein-, Schlackenfasern nach DIN 18165)	8 bis 200	0,040
Holzwolleleichtbauplatten:		
Plattendicke 15 mm	(570)	0,15
Plattendicke > 25 mm		0,093
Korkplatten, DIN 18161 Teil 1	80 bis 500	0,045
		0,050
		0,055

Wärmeübergangskoeffizient α (W/m²K)

An der Oberfläche von festen Stoffen mit angrenzender Luftschicht kommt es zu Wärmeübertragungen, die vornehmlich auf Strahlung und Konvektion und nur zum geringen Teil auf direkter Leitung beruhen. Da die Konvektion je nach Luftbewegung unterschiedlich groß sein kann, wird diese Wärmeübergangsgröße stufenweise abhängig von der Luft- oder Windgeschwindigkeit angegeben.

Der **Wärmeübergangskoeffizient** α kennzeichnet die Wärmemenge in W, die in 1 Stunde zwischen einem Quadratmeter der Oberfläche und der berührenden Luft beim Dauerzustand der Beheizung ausgetauscht wird, wenn der Temperaturunterschied zwischen der Luft und Oberfläche 1 Kelvin beträgt.

Nach DIN 4108, Teil 4 (12.85) müssen für die einzelnen Gebäudeteile folgende Wärmeübergangswiderstände in Rechnung gestellt werden: [1]) [2])

Zeile	Bauteil[3])	Wärmeübergangswiderstand $\frac{1}{\alpha_i}$ m²K/W	$\frac{1}{\alpha_a}$ m²K/W
1	Außenwände (ausgenommen solche nach Zeile 2)		0,04
2	Außenwand mit hinterlüfteter Außenhaut[4]), Abseitenwand zum nicht wärmegedämmten Dachraum		0,08[5])
3	Wohnungstrennwand, Treppenraumwand, Wand zw. fremden Arbeitsräumen, Trennwand zu dauernd unbeheiztem Raum, Abseitenwand zum wärmegedämmten Dachraum	0,13	[6])
4	An das Erdreich grenzende Wand		0
5	Decke oder Dachschräge, die Aufenthaltsräume nach oben gegen die Außenluft abgrenzt (nicht belüftet)	0,13	0,04
6	Decke unter nicht ausgebautem Dachraum, unter Spitzboden oder unter belüftetem Raum (z. B. belüfteter Dachschräge)		0,08[5])
7	Wohnungstrenndecke und Decke zwischen fremden Arbeitsräumen		
7.1	Wärmestrom von unten nach oben	0,13	[6])
7.2	Wärmestrom von oben nach unten	0,17	
8	Kellerdecke		[6])
9	Decke, die Aufenthaltsräume nach unten gegen die Außenluft abgrenzt	0,17	0,04
10	Unterer Abschluß eines nicht unterkellerten Aufenthaltsraumes (an das Erdreich grenzend)		0

[1]) Vereinfachend kann in allen Fällen mit $\frac{1}{\alpha_i}$ = 0,13 m²K/W sowie – die Zeilen 4 und 10 ausgenommen – mit $\frac{1}{\alpha_a}$ = 0,04 m²K/W gerechnet werden.

[2]) Für die Überprüfung eines Bauteils auf Tauwasserbildung auf Oberflächen siehe besondere Festlegung in DIN 4108, Teil 3 (8.81).

[3]) Zur Lage der Bauteile im Bauwerk siehe Abb. auf Seite 5–56.

[4]) Für zweischaliges Mauerwerk mit Luftschicht nach DIN 1053, Teil 1 gilt Zeile 1.

[5]) Diese Werte sind auch bei der Berechnung des Wärmedurchgangswiderstandes von Rippen neben belüfteten Gefachen anzuwenden.

[6]) Auf beiden Seiten ist mit demselben Wärmedurchgangswiderstand zu rechnen.

Wärmeübergangswiderstände an verschiedenen Stellen eines Gebäudes: vgl. auch Abb. nächste Seite.

5

5.11. Bauliche Schutzmaßnahmen

Die folgende Abbildung zeigt die verschiedenen **Wärmeübergangswiderstände** an einem Gebäude. Dabei entsprechen die Zahlen von 1 bis 10 denjenigen der Tabelle auf der Vorseite.

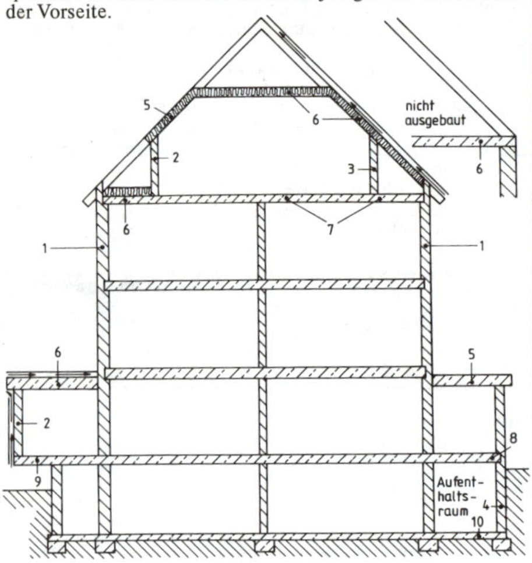

Lage der Wärmeübergangswiderstände im Gebäude

Wärmeübergangswiderstand $1/\alpha$ (m^2K/W)

Der Wärmeübergangswiderstand ist der Kehrwert des Wärmeübergangskoeffizienten α.

Der Wärmeübergangswiderstand kennzeichnet den Widerstand, den ein Bauteil dem stündlichen Wärmefluß an der Übergangsstelle zwischen der Bauteiloberfläche und der angrenzenden Luft auf 1 m^2 Bauteiloberfläche entgegensetzen kann, wenn zwischen Bauteiloberfläche und angrenzender Luft 1 Kelvin Temperaturunterschied besteht.

Die Wärmeübergangswiderstände sind an der Innen- und Außenfläche der Bauteile unterschiedlich groß und bekommen zur besseren Unterscheidung die Indizes *i* (für innen) und *a* (für außen).

Wärmedurchlaßkoeffizient Λ (W/m^2K)

Als Ausgangsgröße für die Berechnung der Wärmedämmung dient die definierte Wärmeleitfähigkeit λ. Da diese auf eine Stoffdicke von 1 Meter bezogen ist, muß die tatsächlich vorhandene Stoffdicke *s* in die Rechnung einbezogen werden, wenn der Wärmedurchlaßkoeffizient ermittelt wird:

$$\Lambda = \frac{\lambda_R}{s} \ (W/m^2K)$$

Der Wärmedurchlaß durch ein Bauteil ist abhängig
- von der Wärmeleitfähigkeit,
- von der Zeit,
- von der Größe der Fläche in m^2,
- von der Dicke des Bauteils,
- vom Temperaturunterschied.

Der **Wärmedurchlaßkoeffizient** Λ (sprich Groß-Lambda) gibt demnach die Wärmemenge in W an, die durch einen Quadratmeter einer Wand der Dicke *s* in 1 Stunde hindurchgeht, wenn der Temperaturunterschied zwischen beiden Seiten 1 Kelvin (K) beträgt.

Wärmedurchlaßwiderstand $1/\Lambda$ (m^2K/W)

Der Wärmedurchlaßwiderstand stellt den Kehrwert des Wärmedurchlaßkoeffizienten dar.

Der **Wärmedurchlaßwiderstand** gibt den Widerstand an, der stündlich dem Wärmedurchlaß durch 1 m^2 Stoff der Dicke *s* (in m) entgegengesetzt wird, wenn beide Oberflächen um 1 K verschiedene Temperaturen haben.

Mindestwerte der Wärmedurchlaßwiderstände $1/\Lambda$ und Maximalwerte der Wärmedurchgangskoeffizienten *k* von Bauteilen (mit Ausnahme leichter Bauteile) nach DIN 4108 Teil 2 (8.81)

Bauteile		Wärmedurchlaßwiderstand $\frac{1}{\Lambda}$		Wärmedurchgangskoeffizient *k*	
		im Mittel	a.d. ungünst. Stelle	im Mittel	a.d. ungünst. Stelle
		m^2 K/W		W/m^2K	
Außenwände[1])	allgemein	0,55		1,39; 1,32[2])	
	für kleinflächige Einzelbauteile bei Gebäuden mit einer Höhe d. Erdgeschoßfußbodens ≦ 500 m über NN	0,47		1,56; 1,47[2])	
Wohnungstrennwände [3]) und Wände z. fremden Arbeitsräumen	in nicht zentralbeheizten Gebäuden	0,25		1,96	
	in zentralbeheizten Bürogebäuden[4])	0,07		3,03	
Treppenraumwände		0,25		1,96	
Wohnungstrenndecken[3]) und Decken zw. fremden Arbeitsräumen[6])[7])	allgemein	0,35		1,64[8]); 1,45[9])	
	in zentralbeheizten Bürogebäuden[4])	0,17		2,33[8]); 1,96[9])	
Unter Abschluß nicht unterkellerter Aufenthaltsräume[6])	unmittelbar an das Erdreich grenzend	0,90		0,93	
	über einen nicht belüfteten Hohlraum an das Erdreich grenzend			0,81	
Decken unter nicht ausgebauten Dachräumen[6])[10])		0,90	0,45	0,90	1,52
Kellerdecken[6])		0,90	0,45	0,81	1,27
Decken, die Aufenthaltsräume gegen die Außenluft abgrenzen[6])	nach unten	1,75	1,30	0,51 0,50[2])	0,66 0,65[2])
	nach oben	1,10	0,80	0,79	1,03

[1]) Die Zeile 1 gilt auch für Wände, die Aufenthaltsräume gegen Bodenräume, Durchfahrten, offene Hausflure, Garagen oder dergleichen abschließen oder an das Erdreich angrenzen. Zeile 1 gilt nicht für Abseitenwände, wenn die Dachschräge bis zum Dachfuß gedämmt ist.

[2]) Dieser Wert gilt für Bauteile mit hinterlüfteter Außenhaut.

[3]) Wohnungstrennwände und -trenndecken sind Bauteile, die Wohnungen voneinander oder fremden Arbeitsräumen trennen.

[4]) Als zentralbeheizt im Sinne dieser Norm gelten Gebäude, deren Räume an eine gemeinsame Heizzentrale angeschlossen sind, von der ihnen die Wärme mittels Wasser, Dampf oder Luft unmittelbar zugeführt wird.

[5]) Die Zeile 3 gilt auch für Wände, die Aufenthaltsräume von fremden, dauernd beheizten Räumen trennen (z. B. Kellerräume, Ställe, Lagerräume).

[6]) Bei schwimmenden Estrichen: Dicke der Wärmedämmung im belasteten Zustand ansetzen.

[7]) Die Zeile 4 gilt auch für Decken unter Räumen zw. gedämmten Dachschrägen und Abseitenwänden bei ausgebauten Dachräumen.

[8]) Für Wärmestromverlauf von unten nach oben.

[9]) Für Wärmestromverlauf von oben nach unten.

[10]) Die Zeile 6 gilt auch für Decken, die unter einem belüfteten Raum liegen, der nur bekriechbar oder niedriger ist sowie für Decken unter belüfteten Räumen zwischen Dachschrägen und Abseitenwänden bei ausgebauten Dachräumen.

5.11. Bauliche Schutzmaßnahmen

Der Wärmedurchlaßwiderstand ist abhängig vom Baustoff und der Dicke der daraus hergestellten Bauteile. Je dicker ein Bauteil und je geringer dessen Wärmeleitfähigkeit ist, desto größer ist der Wärmedurchlaßwiderstand.

Setzt sich ein Bauteil aus mehreren Schichten verschiedener Stoffe zusammen, so ergibt sich der Wärmedurchlaßwiderstand aus der Summe der Durchlaßwiderstände der Einzelschichten.

Beispiel:

Gegeben: Mehrschichtige Wand aus Ziegelmauerwerk mit Dämmplatte sowie Innen- und Außenputz.

Gesucht: Wärmedurchlaßwiderstand; dieser muß größer als der gültige Wert von 0,55 m^2K/W sein.

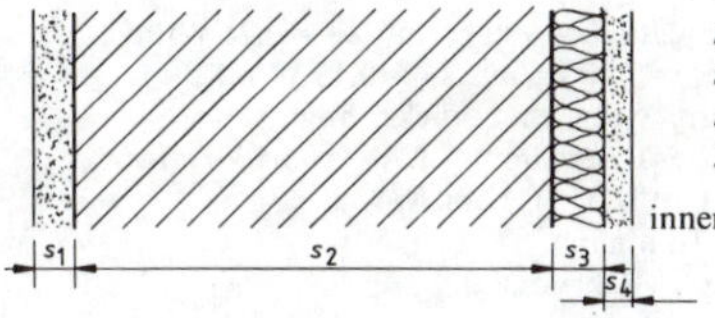

s_1 = 2,0 cm
s_2 = 24 cm
s_3 = 2,5 cm
s_4 = 1,5 cm

$$1/\Lambda = \frac{0{,}015}{0{,}87} + \frac{0{,}025}{0{,}09} + \frac{0{,}24}{0{,}79} + \frac{0{,}02}{0{,}87} = 0{,}62$$

Ergebnis: Der Wärmedämmwert der Wand ist ausreichend.

Wärmedurchgangswiderstand $\frac{1}{k}$ (m^2K/W)

Jedes Bauteil setzt dem Wärmefluß von der wärmeren zur kälteren Seite hin einen Widerstand entgegen. Je größer der Wärmedurchgangswiderstand ist, umso größer wird der Wärmefluß durch ein Bauteil gebremst, d. h., der Wärmedurchgangswiderstand ist das Maß für den Wert der Wärmedämmung eines Bauteils.

Bei der Ermittlung des Wärmedurchgangswiderstandes sind neben dem Wärmedurchlaßwiderstand $1/\Lambda$ zusätzlich die Wärmeübergangswiderstände $1/\alpha_i$ und $1/\alpha_a$ zu berücksichtigen.

$$\frac{1}{k} = \frac{1}{\alpha_i} + \frac{1}{\Lambda} + \frac{1}{\alpha_a}$$

Der **Wärmedurchgangswiderstand** gibt demnach den Widerstand an, den ein Bauteil dem stündlichen Wärmemengenaustausch auf 1 m^2 seiner Fläche bei einem Temperaturunterschied von 1 K entgegensetzen kann.

Für das obige Wandbeispiel beträgt die Größe des Wärmedurchgangswiderstandes:

$$\frac{1}{k} = 0{,}13 + 0{,}62 + 0{,}04, \qquad \frac{1}{k} = 0{,}79\ m^2K/W$$

Nach DIN 4108 sind an raumschließende Bauteile Forderungen des Mindestwärmeschutzes zu stellen. Diese Tabellenwerte sind teilweise recht großzügig bemessen und geben z. B. keine genaue Auskunft über den Wärmeverlust. Durch Einführung der Wärmeschutzverordnung (2.82) sind diese Tabellenwerte dort wesentlich schärfer gefaßt worden u. allein für die Wärmeschutzberechnung eines Gebäudes maßgebend.

Laut Wärmeschutzverordnung ist jedoch das Hauptziel gerade eine wirksame Reduzierung der Wärmeverluste, um Heizkosten einzusparen. Als Kenngröße für den Wärmeverlust dient der Wärmedurchgangskoeffizient k, ein Maß für den Durchtritt der Wärme durch die den beheizten Teil des Gebäudes abgrenzenden Bauteile.

Wärmedurchgangskoeffizient k (W/m^2K)

Die Größe des Wärmeverlustes, die innerhalb eines Raumes festzustellen ist, hängt von zwei Umständen ab:

- der Temperaturdifferenz zwischen dem Innen- und Außenraum und
- der Fähigkeit der Trennwand, Wärme zu leiten.

Der **Wärmedurchgangskoeffizient** ist der Kehrwert des Wärmedurchgangswiderstandes und gibt an, welche Wärmemenge durch jeden Quadratmeter der Umfassungsfläche eines beheizten Bauwerks pro Stunde nach außen dringt, wenn die Innentemperatur 1 K höher ist als die Außentemperatur.

Berechnungsbeispiel

Für eine Decke unter einem nicht ausgebauten Dachgeschoß ist der Wärmedurchgangskoeffizient zu berechnen. Dabei ist zu prüfen, ob der Deckenaufbau ausreichend gedämmt ist.

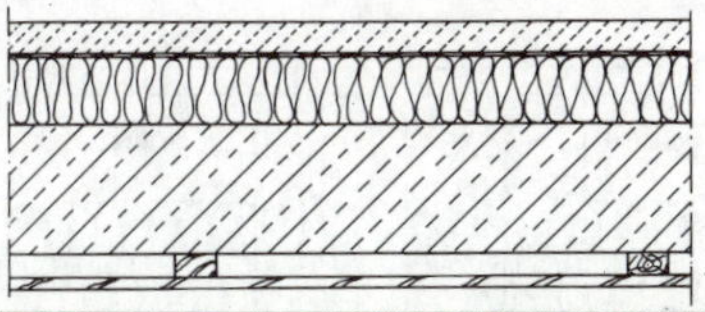

Deckenaufbau von innen nach außen	Rohdichte kg/m^3	Dicke s (m)	Flächengewicht kg/m^2	Wärmeleitfähigkeit λ(W/mK)	Wärmedurchlaßwiderstand $\frac{1}{\Lambda}$ (m^2K/W)
1,5 cm Holzverschalung auf Latten	600	0,015	9	0,13	0,115
3 cm Luftschicht, stehend	–	–	–	–	0,17
16 cm Stahlbeton B 25	2400	0,16	384	2,1	0,08
8 cm Dämmschicht aus Korkplatten	100	0,08	8	0,05	1,00
1 Lage Ölpapier	–	–	–	–	–
4 cm Betonestrich	2000	0,04	80	1,4	0,03
			481 kg/m^2		**$\frac{1}{\Lambda}$ = 1,395**

Der vorhandene Wärmedurchlaßwiderstand von 1,395 m^2K/W ist größer als der zulässige von 0,90 m^2K/W[1]).

Berechnung des Wärmedurchgangskoeffizienten

$$\frac{1}{k} = \frac{1}{\alpha_i} + \frac{1}{\Lambda} + \frac{1}{\alpha_a} \rightarrow \frac{1}{k} = 0{,}13 + 1{,}395 + 0{,}08$$

$$\frac{1}{k} = \mathbf{1{,}605}\ m^2K/W, \qquad k = \frac{1}{\frac{1}{k}} \rightarrow \frac{1}{1{,}395} \qquad \mathbf{k = 0{,}72\ W/m^2K}$$

Ergebnis: Die zulässige k_D-Zahl von 0,90 W/m^2K[1]) wird durch die vorhandene k_D-Zahl von 0,72 W/m^2K nicht überschritten, d. h.: Die Decke ist ausreichend gedämmt, wenn man den einschlägigen Wärmedurchgangskoeffizienten der DIN 4108, Teil 2, Tabelle 1 (8.81) zugrunde legt.

Der obige k-Wert von 0,72 W/m^2K ist jedoch **nicht** ausreichend, wenn man den höchstzulässigen Wert der Wärmeschutzverordnung (2.82) von $k \leq 0{,}30\ W/m^2K$ berücksichtigt (siehe auch Tab. S. 5–60).

[1]) siehe Tab. S. 5–56.

5

5.11. Bauliche Schutzmaßnahmen

Berechnung des Wärmedurchlaßwiderstandes bei Bauteilen mit Abdichtungen

Bei der Berechnung des Wärmedurchlaßwiderstandes $1/\Lambda$ werden nur die Schichten innenseits der Bauwerksabdichtung bzw. der Dachhaut berücksichtigt.

Berechnung des Wärmedurchgangswiderstandes $1/k$ bzw. Wärmedurchlaßwiderstandes $1/\Lambda$ des Rippenbereichs neben belüfteten Gefachebereichen

Bei Querschnitten mit belüfteten Gefachebereichen sind für die Berechnung von $1/k$ bzw. $1/\Lambda$ im Rippenbereich die in der folgenden Abbildung in Abhängigkeit von der Anordnung der Dämmschicht eingetragenen Bereiche zu berücksichtigen (siehe auch DIN 4108 Teil 2, (8.81).

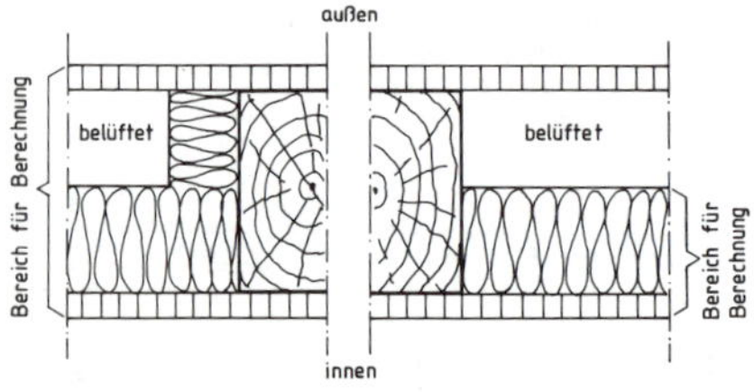

Berechnung des Rippenbereichs neben belüfteten Gefachebereichen

Mindestwerte der Wärmedurchlaßwiderstände $1/\Lambda$ und Maximalwerte der Wärmedurchgangskoeffizienten k für Außenwände, Decken unter nicht ausgebauten Dachräumen und Dächer mit einer flächenbezogenen Gesamtmasse unter 300 kg/m² (leichte Bauteile)

Flächenbezogene Masse der raumseitigen Bauteilschichten¹) ²) kg/m²	Wärmedurchlaßwiderstand des Bauteils $\frac{1}{\Lambda}$ ¹) ²) m²K/W	Wärmedurchgangskoeffizient des Bauteils k¹) ²) W/m²K	
		Bauteile mit nicht hinterlüfteter Außenhaut	Bauteile mit hinterlüfteter Außenhaut
0	1,75	0,52	0,51
20	1,40	0,64	0,62
50	1,10	0,79	0,76
100	0,80	1,03	0,99
150	0,65	1,22	1,16
200	0,60	1,30	1,23
300	0,55	1,39	1,32

¹) Als flächenbezogene Masse sind in Rechnung zu stellen:
- bei Bauteilen mit Dämmschicht die Masse derjenigen Schichten, die zwischen der raumseitigen Bauteiloberfläche und der Dämmschicht angeordnet sind. Als Dämmschicht gilt hier eine Schicht mit $\lambda_R \leqq 0{,}1$ W/mK und $1/\Lambda \geqq 0{,}25$ m²K/W
- bei Bauteilen ohne Dämmschicht (z. B. Mauerwerk) die Gesamtmasse des Bauteils.

Werden die Anforderungen nach obiger Tabelle bereits von einer oder mehreren Schichten des Bauteils
- und zwar unabhängig von ihrer Lage - erfüllt, so braucht kein weiterer Nachweis geführt zu werden.

Holz und Holzwerkstoffe dürfen näherungsweise mit dem 2fachen Wert ihrer Masse in Rechnung gestellt werden.

²) Zwischenwerte dürfen geradlinig interpoliert werden.

Erläuterungsbeispiel A zur letzten Tabelle
hier: Wand in Holztafelbauart

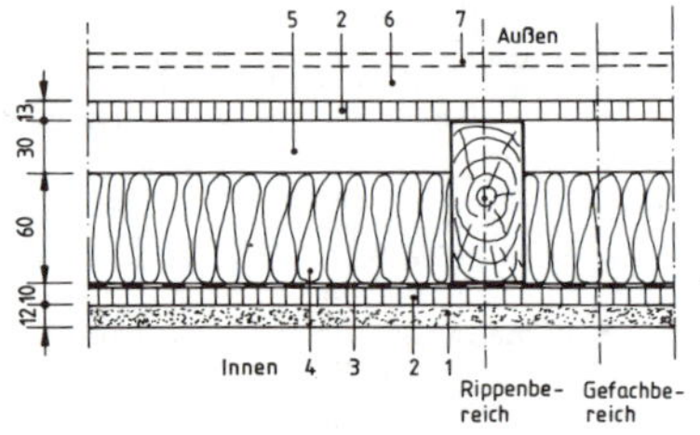

1 Gipskartonplatte $\varrho = 900$ kg/m³, $\lambda_R = 0{,}21$ W/mK,
2 Spanplatte $\varrho = 700$ kg/m³, $\lambda_R = 0{,}13$ W/mK,
3 Dampfsperre wird nicht berücksichtigt,
4 Mineralischer Faserdämmstoff $\lambda_R = 0{,}04$ W/mK,
5 Stehende Luft $1/\Lambda = 0{,}17$ m²K/W
6 Belüfteter Hohlraum,
7 Wetterschutz (Bekleidung).

Flächenbezogene Masse der raumseitigen Bauteilschichten 1 und 2:

$$0{,}0125 \cdot 900 + 0{,}01 \cdot 700 = 25 \text{ kg/m}^2$$

Erforderlicher Wärmedurchlaßwiderstand im Gefachbereich (Interpolation):

$$\text{erf. } 1/\Lambda = 1{,}35 \text{ m}^2\text{K/W}$$

Vorhandener Wärmedurchlaßwiderstand im Gefachbereich:

$$\text{vorh. } 1/\Lambda = \frac{0{,}0125}{0{,}21} + \frac{0{,}01}{0{,}13} + \frac{0{,}06}{0{,}04} + 0{,}17 + \frac{0{,}013}{0{,}13}$$

$$= 1{,}91 \text{ m}^2\text{K/W} > \text{erf. } 1/\Lambda = 1{,}35 \text{ m}^2\text{K/W}$$

Erläuterungsbeispiel B
hier: Leichtbeton mit zusätzlicher Innendämmung

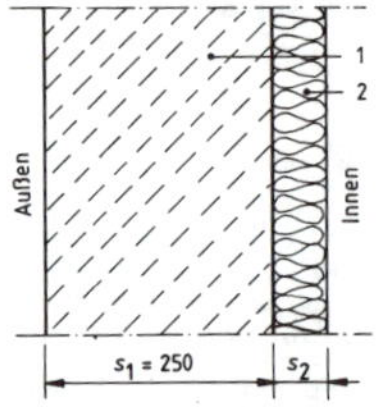

1 Leichtbeton $\varrho = 600$ kg/m³ $\lambda_R = 0{,}18$ W/mK
2 Raumseitige Dämmschicht

Es wird zunächst geprüft, ob die Anforderungen laut Tabelle bereits von der außenliegenden Schicht 1 erfüllt werden:

Flächenbezogene Masse der Schicht 1:

$$0{,}25 \cdot 600 = 150 \text{ kg/m}^2$$

Erforderlicher Wärmedurchlaßwiderstand für Schicht 1:

$$\text{erf. } 1/\Lambda = 0{,}65 \text{ m}^2\text{K/W, vorh. } 1/\Lambda = \frac{0{,}25}{0{,}18} = 1{,}39 \text{ m}^2\text{K/W}$$

d. h. ausreichend, da die Anforderung laut nebenstehender Tabelle bereits durch die Schicht 1 allein erfüllt werden. Ein Nachweis für das gesamte Bauteil braucht also nicht mehr geführt zu werden.

Rechenwerte der Wärmedurchlaßwiderstände von Luftschichten¹)

Lage der Luftschicht	Dicke (s) der Luftschicht in mm	Wärmedurchlaßwiderstand $1/\Lambda$ m²K/W
lotrecht	10 bis 20	0,14
	über 20 bis 500	0,17
waagerecht	10 bis 500	0,17

¹) Die Werte für Luftschichten, die nicht mit der Außenluft in Verbindung stehen und für Luftschichten bei mehrschaligem Mauerwerk nach DIN 1053, Teil 1.

5.11. Bauliche Schutzmaßnahmen

Lage des Taupunktes in Gebäudeteilen

Um ein Niederschlagen von unerwünschtem Wasserdampf in raumschließenden Bauteilen zu verhindern, ist die Wärmedämmung so anzuordnen, daß die diffundierende Feuchtigkeit sich möglichst weit an der Außenfläche abkühlt. Denn Tauwasser, welches sich im Bereich der Wärmedämmung niederschlägt, setzt den Wärmedurchlaßwiderstand herab und verursacht Bauschäden.

Die Luft enthält stets eine größere oder kleinere Menge an Feuchtigkeit (Wasserdampf); dabei kann warme Luft mehr Wasserdampf aufnehmen als kalte. Die tatsächlich vorhandene Wasserdampfmenge ist die **absolute Feuchtigkeit** (g/m³ Luft).

Unter der **relativen Luftfeuchte** versteht man das Verhältnis der absoluten zur größtmöglichen Feuchtigkeit, d. h. zum gesättigten Zustand (Angabe erfolgt in %).

Kühlt die gesättigte Luft ab, nimmt die relative Luftfeuchtigkeit zu, wenn die absolute Feuchtigkeit gleich groß bleibt. Wird beim Abkühlen der Luft eine relative Feuchtigkeit von 100% erreicht, so erfolgt bei weiterem Abkühlen die Kondensation von Wasserdampf (z. B. Schwitzwasser am Fenster).

Der **Taupunkt** ist also die Temperatur, bei der der vorhandene Feuchtigkeitsgehalt der Luft bei Abkühlung zur Sättigungsfeuchte wird. Dann ist die relative Luftfeuchte 100%, d. h., die Kondensation von Wasserdampf beginnt.

Die Lage des Taupunktes in einem Gebäudeteil kann rechnerisch ermittelt werden. Eine gute Hilfe bietet auch das Taupunktdiagramm.

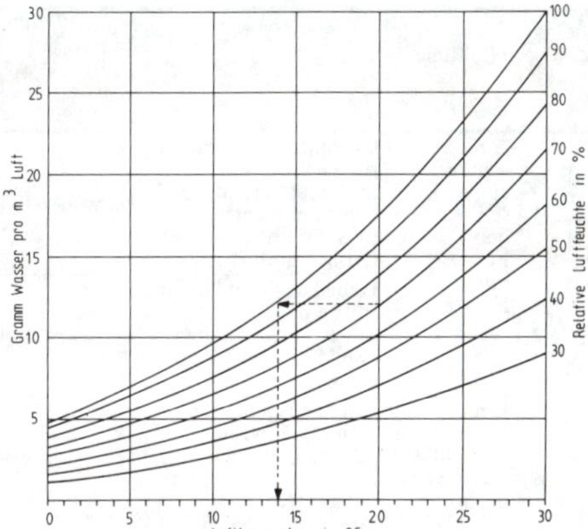

Taupunktdiagramm

Ablesebeispiel: Bei 70% Luftfeuchtigkeit und 20 °C Raumtemperatur liegt der Taupunkt bei 14 °C.

Nachweis des Wärmeschutzes von Bauteilen einschließlich graphischem Temperaturverlauf

Beispiel 1

Von einer mehrschaligen Außenwand ist der *k*-Wert zu berechnen und der Temperaturverlauf durch diese Wand graphisch darzustellen. Die Außentemperatur soll −10° C, die Innentemperatur +20° C und die relative Luftfeuchte 60% betragen.

Wandschichten (von außen und innen)	Dicke s (m)	Rohdichte kg/m³	Flächengewicht kg/m²	λ W/mK	$\frac{s}{\lambda}$ m²K/W
11,5 cm KHlz 20	0,115	1800	207	0,79	0,15
5 cm Luftschicht	0,05	–	–	–	0,17
4 cm Wärmedämmung	0,04	100	4	0,04	1,00
17,5 cm Hlz 12/1,0	0,175	1000	175	0,47	0,37
1,5 cm Innenputz	0,015	1800	27	0,87	0,02

Flächengewicht = 413 kg, $\frac{1}{\Lambda} = \mathbf{1{,}71}$

Bei der Feststellung des höchstzulässigen *k*-Wertes für Außenwände sind Gebäudeart (z. B. freistehendes Haus) und der noch festzustellende Wärmedurchgangskoeffizient vorhandener Fensterflächen zu berücksichtigen.

$$\frac{1}{k} = \frac{1}{\alpha_i} + \frac{1}{\Lambda} + \frac{1}{\alpha_a}, \quad \frac{1}{k} = 0{,}13 + 1{,}71 + 0{,}04$$

$$\frac{1}{k} = \mathbf{1{,}88\ m^2K/W}$$

Demnach beträgt der Wärmedurchgangskoeffizient

$$k = \frac{1}{\frac{1}{k}} \rightarrow \frac{1}{1{,}88} = \mathbf{0{,}53\ W/m^2K,}$$ dieser Wert ist

ausreichend, da er ≦ 1,20 W/m²K ist, siehe Wärmeschutzverordnung (2.82) Tab. 2.

Graphischer Temperaturverlauf durch obige Wand

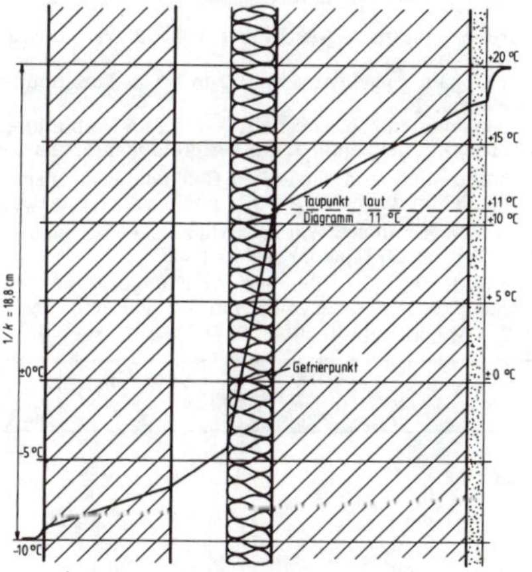

Graphischer Temperaturverlauf durch eine zweischalige Wand

Um den Temperaturverlauf graphisch darzustellen, wird die Wand maßstäblich aufgezeichnet und der Wärmedurchgangskoeffizient durch Verschieben des Kommas um eine Stelle nach rechts in cm auf der Wandfläche aufgetragen. Anschließend Strecke $1/k$ in vorgegebene Temperaturskala unterteilen und Übergangs- sowie Durchlaßwiderstände auftragen.

5

5.11. Bauliche Schutzmaßnahmen

Berechnung des Wärmeschutzes gemäß Wärmeschutzverordnung vom 24. Februar 1982

Allgemeines

Auf Grund des Energieeinsparungsgesetzes vom 22. Juli 1976, geändert durch Gesetz vom 20. Juli 1980, hat die Bundesregierung mit Zustimmung des Bundesrates die Wärmeschutzverordnung unter Einbeziehung baulicher Änderungen bestehender Gebäude erlassen. Der Anwendungsbereich der neuen Wärmeschutzverordnung ergibt sich aus folgenden 3 Abschnitten:

Abschnitt 1: Gebäude mit normalen Innentemperaturen, hierzu zählen u. a.:
- Wohngebäude,
- Büro- und Verwaltungsgebäude,
- Schulen, Bibliotheken,
- Krankenhäuser,
- Waren- und Geschäftshäuser.

Abschnitt 2: Gebäude mit niedrigen Innentemperaturen, hierzu zählen Betriebsgebäude (Werkstätten, Werkhallen, Lagerhallen), die nach ihrem üblichen Verwendungszweck auf eine Innentemperatur von mehr als 12 °C und weniger als 19 °C und jährlich mehr als 4 Monate beheizt werden. Betriebsgebäude, die nur teilweise, insbesondere mit Hochtemperaturstrahlungsheizungen, beheizt werden, fallen nicht unter die Wärmeschutzverordnung.

Abschnitt 3: Gebäude für Sport und Versorgungszwecke, hierzu zählen Gebäude, die sportlichen oder Versammlungszwecken dienen und auf eine Innentemperatur von mindestens 15 °C und jährlich mehr als 3 Monate beheizt werden. Dies gilt nicht für Kirchen.

Berechnung des Wärmedurchgangs

Die Begrenzung des Wärmedurchgangs ist in der Wärmeschutzverordnung festgelegt
- für Gebäude nach Abschnitt 1 in § 2 in Verbindung mit Anlage 1,
- für Gebäude nach Abschnitt 2 in § 5 in Verbindung mit Anlage 3,
- für Gebäude nach Abschnitt 3 in § 8 in Verbindung mit Anlage 1, für Hallenbäder in Verbindung mit Anlage 4.

Im einzelnen wird danach für **Gebäude nach Abschnitt 1** (Gebäude mit normalen Innentemperaturen) festgelegt:

Anforderungen an den Wärmedurchgangskoeffizienten in Abhängigkeit von A/V laut WSchVO (2.82)

Die in der folgenden Tabelle in Abhängigkeit vom Wert A/V angegebenen maximalen mittleren Wärmedurchgangskoeffizienten $k_{m,\,max}$ dürfen nicht überschritten werden.

A/V[1]) in m^{-1}	$k_{m,\,max}$ in W/m^2K
≦ 0,22	1,20
0,30	1,00
0,40	0,86
0,50	0,78
0,60	0,73
0,70	0,69
0,80	0,66
0,90	0,63
1,00	0,62
≧ 1,10	0,60

[1]) Zwischenwerte sind nach folgender Gleichung zu ermitteln:

$$k_{m,\,max} = 0{,}45 + 0{,}165\,\frac{1}{A/V}\ \text{in W/m}^2\text{K}$$

Berechnung der wärmeübertragenden Umfassungsfläche A

Die Berechnung erfolgt nach folgender Formel:

$$A = A_W + A_F + A_D + A_G + A_{DL}$$

Dabei bedeuten:

A_W = Fläche der an die Außenluft grenzenden Außenwände. Es gelten die Gebäudeaußenmaße. Gerechnet wird von der Oberkante des Geländes oder, falls die unterste Decke über der Oberkante des Geländes liegt, von der Oberkante dieser Decke bis zu der Oberkante der obersten Decke oder der Oberkante der wirksamen Dämmschicht,

A_F = Fensterfläche (lichte Rohbaumaße),

A_D = wärmegedämmte Dach- oder Dachdeckenfläche,

A_G = Grundfläche des Gebäudes, sofern sie nicht an die Außenluft grenzt; sie wird aus den Gebäudeaußenmaßen bestimmt. Werden Keller beheizt, sind in der Gebäudegrundfläche A_G neben der Kellergrundfläche auch die erdberührten Wandflächenanteile zu berücksichtigen.

A_{DL} = Deckenfläche, die das Gebäude nach unten gegen die Außenluft abgrenzt.

Berechnung des mittl. Wärmedurchgangskoeffizienten k_m

Für den mittleren Wärmedurchgangskoeffizienten k_m gilt:

$$k_m = \frac{k_W \cdot A_W + k_F \cdot A_F + 0{,}8 \cdot k_D \cdot A_D + 0{,}5 \cdot k_G \cdot A_G + k_{DL} \cdot A_{DL}}{A}$$

wobei k_W, k_F, k_D, k_G und k_{DL} die zu wählenden Wärmedurchgangskoeffizienten für die entsprechenden Flächenanteile bedeuten.

Anforderungen an den Wärmedurchgangskoeffizienten für einzelne Außenbauteile

Zeile 1		Bauteile 2	3	max. Wärmedurchgangskoeffizient in W/m^2K 4
1	1.1	Außenwände einschließlich Fenster und Fenstertüren	Gebäude, deren Grundriß[1]) ein Quadrat mit einer Seitenlänge von 15 m nicht umschreibt (Abb. 1 und Abb. 2)	$k_{m,\,W+F} \leqq 1{,}20$
	1.2		Gebäude, deren Grundriß[1]) ein Quadrat mit einer Seitenlänge von 15 m umschreibt (Abb. 3)	$k_{m,\,W+F} \leqq 1{,}50$
2		Decken unter nicht ausgebauten Dachräumen und Decken (einschließlich Dachschrägen), die Räume nach oben und unten gegen die Außenluft abgrenzen.		$k_D \leqq 0{,}30$
3		Kellerdecken, Wände und Decken gegen unbeheizte Räume sowie Decken und Wände, die an das Erdreich grenzen.		$k_G \leqq 0{,}55$

[1]) Für die Einordnung in die Zeile 1.1 und 1.2 ist das Vollgeschoß zugrunde zu legen, das den kleinsten Wert k_{W+F} ergibt.

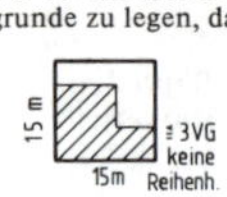

Abb. 1

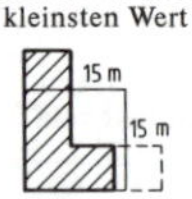

Abb. 2

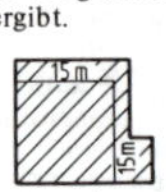

Abb. 3

Berechnung des mittleren Wärmedurchgangskoeffizienten für Außenwände

$$k_{m,\,W+F} = \frac{k_W \cdot A_W + k_F \cdot A_F}{A_W + A_F}$$

5.11. Bauliche Schutzmaßnahmen

Anforderungen zur Begrenzung des Wärmedurchgangs bei erstmaligem Einbau, Ersatz oder Erneuerung von Außenbauteilen bestehender Gebäude laut WSchVO (2.82)

Bei erstmaligem Einbau oder Ersatz von Außenbauteilen bestehender Gebäude dürfen die in der folgenden Tabelle, Spalte 2, aufgeführten maximalen Wärmedurchgangskoeffizienten nicht überschritten werden. Diese Anforderungen gelten als erfüllt, wenn die in dieser Tabelle, Spalte 3, angegebenen Dämmstoffdicken eingehalten werden.

Zeile	Bauteile 1	max. Wärmedurchgangskoeffizienten W/m^2K[1] 2	erf. Mindestdämmstoffdicke ohne Nachweis[2] 3
1	Außenwände	0,60	50 mm
2	Fenster	Doppel- oder Isolierverglasung	
3	Decken unter nicht ausgebauten Dachräumen und Decken (einschließlich Dachschrägen), die Räume nach oben oder unten gegen die Außenluft abgrenzen	0,45	80 mm
4	Kellerdecken und Decken gegen Erdreich, Wände und Decken, die an unbeheizte Räume grenzen	0,70	40 mm

Verfahren zum Nachweis des Wärmeschutzes

Nach Ermittlung von Grund-, Decken- und Fensterflächen kann der Wärmeschutz wahlweise nach zwei Verfahren nachgewiesen werden.

Verfahren 1

Bei diesem Verfahren wird ein Mittelwert (k_m) aus allen Umfassungsflächen errechnet; somit können stark wärmedurchlässige Bereiche (Fenster) durch weniger durchlässige Bauteile (Poroton-Ziegelwand) kompensiert werden. Für den mittleren k-Wert wird kein genereller Höchstwert festgelegt, vielmehr wird der Höchstwert $k_{m,max}$ vom Verhältnis A/V (Umfassungsfläche des beheizten Gebäudes/zugehöriges Volumen) abhängig gemacht.

Da das Verhältnis A/V eines Gebäudes von seiner Architektur bestimmt wird, wirkt sich die Architektur direkt auf den Grad der erforderlichen Wärmeschutzmaßnahmen aus.

Verfahren 2

Bei diesem Verfahren braucht k_m nicht ermittelt zu werden. Dafür werden jedoch an den k-Wert der Außenwand einschließlich Fenster sehr viel strengere Anforderungen als beim Verfahren I gestellt und darüber hinaus die Wärmedurchgangskoeffizienten (k) der anderen Bauteile relativ eng begrenzt.

Somit greift das rechnerisch einfachere Verfahren II stärker in die Planung und Architektur ein als das Verfahren I.

Im einzelnen gilt:

- Decken unter nicht ausgebauten Dachräumen und Decken, die Räume gegen die Außenluft abgrenzen, $k_D \leqq 0{,}30\ W/m^2K$
- Kellerdecken, Wände, Decken gegen unbeheizte Räume, $k_G \leqq 0{,}55\ W/m^2K$
- Außenwände (einschl. Fenster). $k_{(W+F)} \leqq 1{,}20\ W/m^2K$

[1]) Der Wärmedurchgangskoeffizient kann unter Berücksichtigung vorhandener Bauteilschichten ermittelt werden.

[2]) Die Dickenangabe bezieht sich auf eine Wärmeleitfähigkeit $\lambda = 0{,}04\ W/mK$.

Berechnungsbeispiel

Bauvorhaben: Wohnhaus „A"

Nachweis des Wärmeschutzes

Baubeschreibung

Außenwände: 30 cm dick, Porotonziegel $0{,}8\ kg/dm^3$,

Fenster und Fenstertüren: beidseitig geputzt, ohne Nischen, aus Holz, Rahmenmaterial Gruppe 1, Isolierverglasung 12 mm Luftzwischenraum, $k = 3{,}0\ W/m^2K$.

Kellerdecke: Fertigteildecke mit Füllkörpern, System „X", $s = 20$ cm mit schwimmendem Estrich.

Decke über EG: Flachdach als Kaltdach, Dämmatten $s = 10$ cm, Holzverschalung innen 24 mm. Holzbalken 12/24 $e = 70$ cm.

Der Keller ist unbeheizt.

Gebäudeskizze

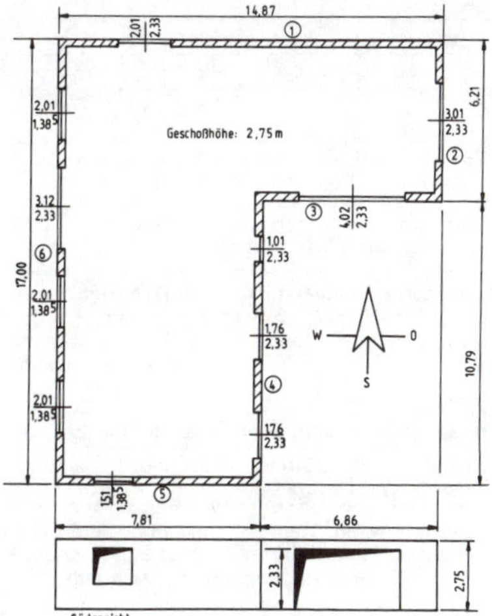

Flächenberechnung

Bauteile	Länge · Breite/Höhe m	Detailfläche (m^2)	Gesamtfläche (m^2)
A_{W+F}	(17,00 + 14,67 + 6,86 + 6,21 + 10,79 + 7,81) · 2,75		174,19
A_F	2,01 · 2,33	4,68	
	3,01 · 2,33	7,01	
	4,02 · 2,33	9,37	
	1,01 · 2,33	2,35	
	2 · (1,76 · 2,33)	8,20	
	1,51 · 1,385	2,09	
	3 · (2,01 · 1,385)	8,35	
	3,13 · 2,33	7,29	49,34
A_W	174,19 – 49,34		124,85
A_D	17,00 · 7,81	132,77	
	6,21 · 6,86	42,60	175,37

Umschlossenes Volumen:

$V = 175{,}37 \cdot 2{,}75 = \mathbf{482{,}267\ m^2}$

5.11. Bauliche Schutzmaßnahmen

Formblatt für Wärmeschutzmaßnahmen nach Verfahren 1 und 2 — Formblatt 1

Energiesparender Wärmeschutz von Gebäuden
Nachweis gemäß Wärmeschutzverordnung (Energieeinsparungsgesetz – ENEG)

Objekt: ***Wohnhaus „A"***

Bauteil: ***Außenwand***

1. Berechnung des Wärmedurchlaßwiderstandes 1/Λ

1	2	3	4 (2 · 3)	5	6 (3:5)
Baustoffschichten von innen nach außen	Rohdichte	Schichtdicke s	Flächengewicht	Wärmeleitfähigkeit λ	s/λ
	$\frac{kg}{m^3}$	m	$\frac{kg}{m^2}$	$\frac{W}{m \cdot K}$	$\frac{m^2 \cdot K}{W}$
1,5 cm Innenputz, Kalkmörtel	***2000***	***0,015***	***30***	***0,87***	***0,017***
30 cm Hlz Poroton; ϱ = 0,8	***800***	***0,30***	***240***	***0,34***	***0,882***
2 cm Außenputz, K.-Z.-Mörtel	***2000***	***0,02***	***40***	***0,87***	***0,022***
			310		***0,921***

erf. Wärmedurchlaßwiderstand nach DIN 4108 Teil 2 Tab. 1 oder Tab. 2 (Bauteile ≦ 300 kg/m²)	$\frac{1}{\Lambda}$ =	***0,55***[1])	$\frac{m^2 \cdot K}{W}$
vorh. Wärmedurchlaßwiderstand des Bauteils (aller anrechenbaren Schichten)	$\frac{1}{\Lambda}$ =	***0,92***	$\frac{m^2 \cdot K}{W}$

2. Wärmeübergangswiderstände nach DIN 4108

Bauteile — Fußnoten siehe Tabelle 5 DIN 4108 Teil 4	$1/\alpha_i$ $\frac{m^2 \cdot K}{W}$	$1/\alpha_a$ $\frac{m^2 \cdot K}{W}$
Außenwand (ausgenommen solche nach Zeile 2)	0,13	0,04
Außenwand mit hinterlüfteter Außenhaut [4]), Abseitenwand zum nicht wärmegedämmten Dachraum		0,08[5])
Wohnungstrennwand, Treppenraumwand, Wand zwischen fremden Arbeitsräumen, Trennwand zu dauernd unbeheiztem Raum, Abseitenwand zum wärmegedämmten Dachraum		[6])
An das Erdreich grenzende Wand		0
Decke oder Dachschräge, die Aufenthaltsraum nach oben gegen die Außenluft abgrenzt	0,13	0,04
Decke unter nicht ausgebautem Dachraum, unter Spitzboden oder unter belüftetem Raum (z. B. belüftete Dachschräge)		0,08[5])
Wohnungstrenndecke und Decke zwischen fremden Arbeitsräumen		
Wärmestrom von unten nach oben	0,13	[6])
Wärmestrom von oben nach unten	0,17	
Kellerdecke	0,17	[6])
Decke, die Aufenthaltsraum nach unten gegen die Außenluft abgrenzt		0,04
Unter Abschluß eines nicht unterkellerten Aufenthaltsraumes (an das Erdreich grenzend)		0

$1/k$ = ***0,13*** + ***0,04*** + ***0,92*** k = ***0,92*** $\frac{W}{m^2 \cdot K}$

Laut DIN 4108 wird die Bauteildicke neuerdings in s angegeben!

[1]) [4]) [5]) [6]) Siehe Tabelle S. 5-56.

5

5.11. Bauliche Schutzmaßnahmen

Formblatt für Wärmeschutznachweis nach Verfahren 1 und 2 — Formblatt 1 A

Energiesparender Wärmeschutz von Gebäuden
Nachweis gemäß Wärmeschutzverordnung (Energieeinsparungsgesetz – ENEG)

Objekt: ***Wohnhaus „A"***

Berechnung des Wärmedurchlaßwiderstandes $1/\Lambda$ und des Wärmedurchgangskoeffizienten k

Bauteil: ***Kellerdecke***

1	2	3	4 (2 · 3)	5	6 (3:5)
Baustoffschichten von innen nach außen	Rohdichte	Schicht-dicke s	Flächen-gewicht	Wärmeleit-fähigkeit λ	s/λ
	$\frac{kg}{m^3}$	m	$\frac{kg}{m^2}$	$\frac{W}{m \cdot K}$	$\frac{m^2 \cdot K}{W}$
4 cm Zementestrich	***2300***	***0,04***	***92***	***1,4***	***0,028***
2,5 cm Dämmschicht	***200***	***0,025***	***5***	***0,04***	***0,625***
20 cm Fèrtigdecke mit Füllkörpern	***–***	***0,20***	***220***	***lt. Werksang.***	***0,30***
1,5 cm Putz, K.-Z.-Mörtel	***2000***	***0,015***	***30***	***0,87***	***0,017***
nach Tab. 1 oder 2 – DIN 4108 Teil 2	: $1/\Lambda$ erf. = ***0,90***		***347***	$1/\Lambda$ =	***0,97***
				$1/\alpha_i$ +	***0,17***
				$1/\alpha_a$ +	***0,17***
				$1/k$ =	***1,31***

$k = \frac{1}{1/k} = \frac{1}{\mathbf{1{,}31}} =$ **0,76** $\frac{W}{m^2 \cdot K}$

Bauteil: ***Dachdecke (Flachdach als Kaltdach)***

1	2	3	4 (2 · 3)	5	6 (3:5)
2,4 cm Holzdecke (Profilbretter)	***–***	***0,024***	***15***	***0,13***	***0,18***
10 cm Dämmatte	***–***	***0,10***	***15***	***0,04***	***2,50*** } ***1,81*** ²)
Holzbalken 12/24, e = 70 cm		***0,10***	***~ 160***	***0,13***	***0,77***
nach Tab. 1 oder 2 – DIN 4108 Teil 2	: $1/\Lambda$ erf. = ***1,49*** ¹)		***190***	$1/\Lambda$ =	***1,99***
				$1/\alpha_i$ +	***0,13***
				$1/\alpha_a$ +	***0,08***
				$1/k$ =	***2,20***

$k = \frac{1}{1/k} = \frac{1}{\mathbf{2{,}20}} =$ **0,454** $\frac{W}{m^2 \cdot K}$

Bauteil:

1	2	3	4 (2 · 3)	5	6 (3:5)
nach Tab. 1 oder 2 – DIN 4108 Teil 2	: $1/\Lambda$ erf. =			$1/\Lambda$ =	
				$1/\alpha_i$ +	
				$1/\alpha_a$ +	
				$1/k$ =	

$k = \frac{1}{1/k} = \frac{1}{} =$ ☐ $\frac{W}{m^2 \cdot K}$

Aufgestellt:

¹) Siehe Tabelle S. 5-58
²) Errechneter Mittelwert zw. Feld- u. Sparrenbereich

5.11. Bauliche Schutzmaßnahmen

Nachweis gemäß Wärmeschutzverordnung vom 24. Febr. 1982

Anlage 1 Nr. 1 sowie Anlage 3 der Wärmeschutzverordnung — Formblatt 2/84

Objekt: ***Wohnhaus „A" Verfahren 1***

Nachweis der Forderung: $k_m = \dfrac{k_w \cdot A_w + k_F \cdot A_F + 0{,}8\, k_D \cdot A_D \cdot 0{,}5\, k_G \cdot A_G + k_{DL} \cdot A_{DL} + 0{,}5\, k_{A,B} \cdot A_{AB}}{A} \leqq k_{m,\max}$

Spalte	1	2	3	4	5 (3 · 4)	6	7 (5 · 6)
Zeile	Bauteil	Kurzzeichnung	Fläche A	Wärmedurchgangskoeffiz. k	$k \cdot A$	Faktor	
			m^2	$\frac{W}{m^2 \cdot K}$	$\frac{W}{K}$		$\frac{W}{K}$
1	Wand	W_1	**124,85**	**0,92**	**114,86**	1	**114,86**
		W_2					
		W_3					
		W_4					
2	Fenster, Fenstertüren (DIN 4108, Teil 4, Tab. 3)	F_1	**49,34**	**3,0**	**148,02**	1	**148,02**
		F_2					
3	Dach, Decke zum nicht ausgebauten Dachgeschoß	D_1	**175,37**	**0,454**		0,8	**63,69**
		D_2					
4	Grundfläche, Kellerdecke, Wände gegen Erdreich bei beheizten Räumen	G	**175,37**	**0,76**		0,5	**66,64**
5	Decke gegen Außenluft unten (Durchfahrt, Kragdecke)	DL				1	
6	Angrenzende Bauteile (unbeheizte Räume)	AB				0,5	
7	k_m $k_m \leqq k_{m,\max}$	$A =$	524,93		$\frac{393{,}21}{524{,}93} =$	**0,749**	**393,21** $\frac{W}{m^2 \cdot K}$
8	$k_{m,\max}$ aus Tab. 1, Anl. 1 A = Umfassungsfläche V = Bauwerksvolumen	$\frac{A}{V} =$	$\frac{524{,}93}{482{,}267} = 1{,}088$ [1]	$\rightarrow k_{m,\max} =$		**0,60** [2]	$\frac{W}{m^2 \cdot K}$

Aufgestellt:

[1]) Siehe Tab. S. 5-60.

[2]) Das Gebäude ist nach Verfahren I nicht ausreichend gedämmt, da $K_{m\,vorh}$ 0,749 > $K_{m\,ml}$ 0,60.

5.11. Bauliche Schutzmaßnahmen

Nachweis gemäß Wärmeschutzverordnung vom 24. Febr. 1982

Anlage 1 Nr. 2 der Wärmeschutzverordnung — Formblatt 3/84

Objekt: ***Wohnhaus „A" Verfahren 2***

Anforderungen an einzelne Außenbauteile, Tab. 2

Zeile	Abbildungen	Bauteile	gef. k in W/(m² · K)		vorh. $k \leqq k_{max}$
1.1	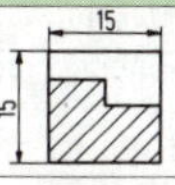	Außenwände und Fenster Gebäude deren Grundriß ein Quadrat mit einer Seitelänge von 15 m nicht umschreibt	$k_{m,W+F} \leqq$	1,20	**1,51** [1]
1.2	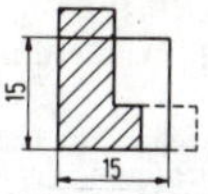	Außenwände und Fenster Gebäude deren Grundriß ein Quadrat mit einer Seitenlänge von 15 m umschreibt Reihenhäuser n. Anlage 1, Nr. 8.3	$k_{m,W+F} \leqq$	1,50	
2	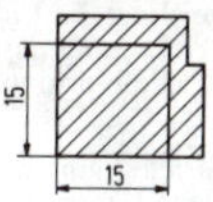	Decken unter nicht ausgebauten Dachräumen und Decken (einschl. Dachschrägen), die Räume gegen Außenluft abgrenzen	$k_D \leqq$	0,30	***0,454** [1]
3		Kellerdecken, Wände und Decken gegen unbeheizte Räume sowie Decken und Wände, die an das Erdreich grenzen	$k_G \leqq$	0,55	***0,76** [1]

Nachweis der Anforderungen $k_{m,W+F} = \dfrac{k_W \cdot A_W + k_F \cdot A_F}{A_W + A_F} \leqq$ **1,20** nach Zeile 1.1 bzw. 1.2

Spalte	1	2	3	4	5 (3 · 4)
Zeile	Bauteil	Kurzbez.	Fläche A m²	Wärmedurchgangskoeffizient k $\frac{W}{m^2 \cdot K}$	$k \cdot A$ $\frac{W}{K}$
1	Wand	W_1	124,85	0,92	114,86
		W_2			
		W_3			
		W_4			
2	Fenster (DIN 4108, Teil 4, Tab. 3)	F_1	49,34	3,0	148,02
		F_2			
			174,19		**262,88**
3	$k_{m,W+F}$			$= \dfrac{262{,}88}{174{,}19} =$	**1,51** $\frac{W}{m^2 \cdot K}$
4	Bauteile nach Zeile 2 u. 3 der Anforderungstabellen (siehe oben)	* Der Nachweis erfolgt in den Formularen 1/84 und 1 A/84			

Aufgestellt:

[1]) Das Gebäude ist nicht ausreichend gedämmt.

5.11. Bauliche Schutzmaßnahmen

5.11.2. Schallschutz DIN 4109 (11.89)

Allgemeines

Im Gegensatz zum Wärmeschutz sind Berechnungen im vorhinein zur Lösung schalltechnischer Probleme praktisch nicht möglich. Vielmehr beruht der Schallschutz auf Meßwerten und Erfahrungen, die bei Ausführungsbeispielen gesammelt und anschließend zu allgemeinen Richtlinien erhoben wurden.

Im Bauwesen unterscheidet man je nach den Stoffen, in welchen sich Schallwellen ausbreiten können, zwischen **Luftschall** und **Körperschall.**

Luftschallwellen sind Verdichtungsschwingungen der Luft; sie breiten sich mit einer Geschwindigkeit von 340 m/sek aus und können vom menschlichen Ohr in einem Tonhöhenbereich (Frequenz) von 16 bis 16000 Hertz wahrgenommen werden (1 Hertz = 1 Schwingung pro Sekunde). Die im Bauwesen interessanten Frequenzen liegen zwischen 100 und 3200 Hz.

Neben der Tonhöhe ist vor allem die **Lautstärke** eine wichtige Kenngröße für den Schallschutz. Die Lautstärke – gemessen in dB(A) ist das Maß für die Schallempfindung; es bedeuten

0 dB(A) = Beginn der Hörempfindlichkeit
50 dB(A) = normale Unterhaltungssprache
120 dB(A) = Schmerzgrenze
10 dB(A) = Blätterrauschen in leicht bewegter Luft
20 dB(A) = Geräusche in ruhigen Gärten
30 dB(A) = Geräusche in ruhiger Wohnstraße, Flüstern in Leerräumen
40 dB(A) = leise Rundfunkmusik
50 dB(A) = üblicher Straßenlärm
60 dB(A) = Wasserleitungsgeräusche, Personenkraftwagen, Unterhaltungslautstärke, Staubsaugergeräusche
70 dB(A) = Geräusche in Gast- und Geschäftshäusern, Lärm im Eisenbahnwagen
80 dB(A) = Starker Straßenlärm, sehr laute Rundfunkmusik in geschlossenen Räumen
90 dB(A) = Starker Fabriklärm
100 dB(A) = Lautes Geknatter eines Kraftrades
120 dB(A) = Flugzeugpropeller aus nächster Nähe.

Der Unterschied von 1 dB(A) ist eben hörbar. Beträgt der Unterschied 10 dB(A) **verdoppelt** bzw. **halbiert** sich die Lautheitsempfindung. Neben dieser Erkenntnis muß man bei jeder Schallschutzmaßnahme weiterhin überlegen, ob eine Dämmung gegen Luft- oder Körperschaft erfolgen soll.

Man beachte bei der **Luftschalldämmung:**
Schallweiche Stoffe dämmern sehr gut zwischen schallharten Bauteilen und schallharte Materialien umgekehrt sehr gut zwischen schallweichen.

Bei Dämmung gegen Körperschall dürfen die dämmenden Baustoffe nicht ihre Federung und Elastizität verlieren.

Die Lösung schalltechnischer Probleme im vorhinein ist deshalb so schwierig, weil neben einer physikalischen Skala (dB) noch eine subjektive, auf Hörbewertung beruhende Skala dB(A) besteht. In der Wärmeschutztechnik rechnet man dagegen nur mit einer rein physikalischen Skala, der Temperaturskala.

Grundsatz für den Schallschutz

Wird danach gefragt, wie eine bestimmte Schallquelle vom Ohr wahrgenommen wird, ist die Lautstärkeskala dB(A) zu gebrauchen. Wird danach gefragt, wie ein bestimmtes Bauteil konstruiert sein muß, um schalldämmend zu wirken, ist die physikalische Skala (dB) anzuwenden.

Luftschalldämmung

Wenn Schallwellen auf Wände und Decken fallen, so regen sie diese Bauteile je nach deren Gewicht zu Schwingungen an. Die Schwingungen werden auf der rückwärtigen Seite wieder als Luftschall abgestrahlt. Massive Wände und Decken können in diesem Zusammenhang als träge Masse betrachtet werden, deren Dämmwirkung hauptsächlich vom Gewicht bestimmt wird. Zwei- und mehrschalige Wände ergeben bei gleichem Gewicht wesentlich höhere Dämmwerte.

Zur Bewertung der Luftschalldämmung werden vorwiegend zwei Größen verwendet:

- Das **Schalldämm-Maß** (R_w) und das
- **Schalldämm-Maß** R'_w

Sie werden in der Einheit **Dezibel** (dB) ausgedrückt.

Das **Schalldämm-Maß** R_w kennzeichnet die Luftschalldämmung von Bauteilen, ohne Berücksichtigung der Schallnebenwege (Laborwerte).

Das **Schalldämm-Maß** R'_w kennzeichnet die Luftschalldämmung von Bauteilen unter Berücksichtigung der Schallübertragung über flankierende Bauteile. Die Normanforderungen sind immer R'_w-Werte.

Bei mittleren Tonhöhen entspricht einem bestimmten Dämmwert in Dezibel etwa die gleiche Lautstärkenverminderung in dB(A) d.h. z.B.: Wenn vor einer Wand, die ein Dämm-Maß von 20 dB besitzt, ein Geräusch 70 dB(A) laut ist, dann wird man hinter der Wand nur noch eine Lautstärke von ca. 50 dB(A) messen.

Schalldämmwerte für homogene Einfachwände lassen sich anhand einer durch Laboratoriumsmessungen ermittelten Kurve feststellen, wenn das Flächengewicht bekannt ist.

Um die geforderten Schalldämmwerte zu erreichen, gehen die in den Ausführungsbeispielen des DIN 4109 (11.89) angegebenen bewerteten Schalldämm-Maße von einer mittleren flächenbezogenen Masse der flankierenden Bauteile von mindestens 300 kg/m² aus.

Leichte Einfachwände genügen nicht einer ausreichenden Schalldämmung. Hier kann man durch Vorsetzen einer Putz- oder Rigipsplattenschale auf 2 bis 3 cm dicke Sillan-Platten eine wirkungsvollere Schalldämmung erzielen als bei einer herkömmlichen Doppelwand, bestehend aus zwei Bims- oder Gipsdielenplatten mit Steinwolle im Hohlraum.

Trittschalldämmung

Trittschall ist ein erzeugter Körperschall, hervorgerufen durch das Begehen von Decken oder anderer Stoßanregungen. Die Decke wird dabei in Biegeschwingungen versetzt. Diese Schwingungen pflanzen sich in der Decke und den angrenzenden Wänden fort und sind in den darunterliegenden Räumen zu hören.

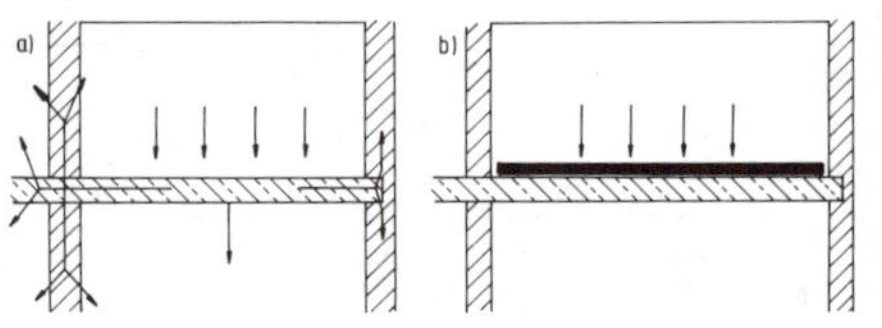

Wege des Trittschalls

a) ohne ausreichende b) mit ausreichender Dämmung

5.11. Bauliche Schutzmaßnahmen

Die Trittschalldämmung einer Decke überprüft man mit Hilfe eines Hammerwerkes, das mit 600 Schlägen pro Minute die Decke in Biegeschwingungen versetzt. Die Hämmer haben je 500 g Gewicht. Die Schlagklöppel sind aus Stahl und fallen aus 4 cm Höhe frei herab. Im Raum unter der Decke wird parallel zu den Klopfgeräuschen der erzeugte Schallpegel festgestellt. Das so gemessene Schalldämm-Maß R'_w erfordert mindestens 50 dB nach DIN 4109 (11.89) Beibl. 2 Tab. 3.

Massivdecken, insbesondere Hohlkörperdecken, müssen stets mit einem ausreichenden Trittschallschutz versehen werden, der nach Möglichkeit an der Deckenoberseite nahe dem Erregungsort angebracht werden sollte. In der Regel garantiert eine mit der Bezeichnung „Schwimmender Estrich" charakterisierte Konstruktion einen ausreichenden zusätzlichen Trittschallschutz. Als Dämmschicht haben sich Sillan-Steinwolle-Platten oder -Rollfilze sehr gut bewährt. Mit der Anordnung von Steinwolle als Dämmschicht läßt sich auch zusätzlich die Luftschalldämmung erheblich verbessern. Die Dämmatten müssen fugendicht verlegt werden, damit keine Schallbrücken entstehen.

Schwimmender Estrich gewährleistet nur dann eine ausreichende Trittschalldämmung, wenn keine festen Verbindungen zwischen Estrichschicht und Rohdecke einerseits sowie Estrichschicht und umgebenden Wänden anderseits bestehen. Eine einzige Schallbrücke in der Dämmschicht kann schon genügen, das Trittschallmaß (TSM) um 15% herabzusetzen.

Die meisten **Roh**decken haben Trittschallschutzmaße von -4 (schwere Massivdecken und zweischalige Decken) bis -17 dB (leichte Hohlkörperdecken). Bei Anordnung von schwimmendem Estrich auf Sillan-Platten ergibt sich ohne weiteres eine Verbesserung des Trittschallschutzes um 15 bis 25 dB.

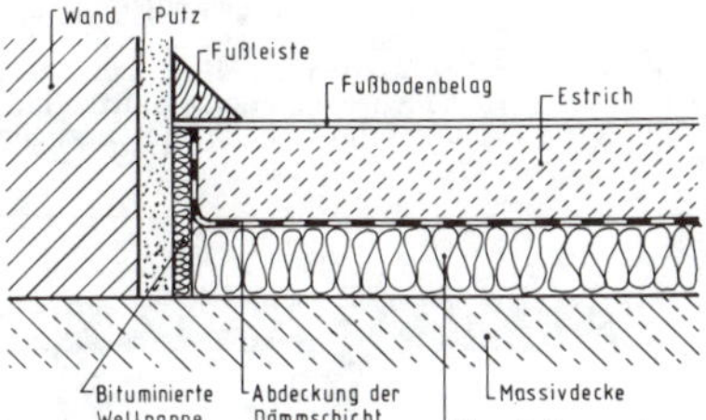

Wandanschluß bei schwimmendem Estrich

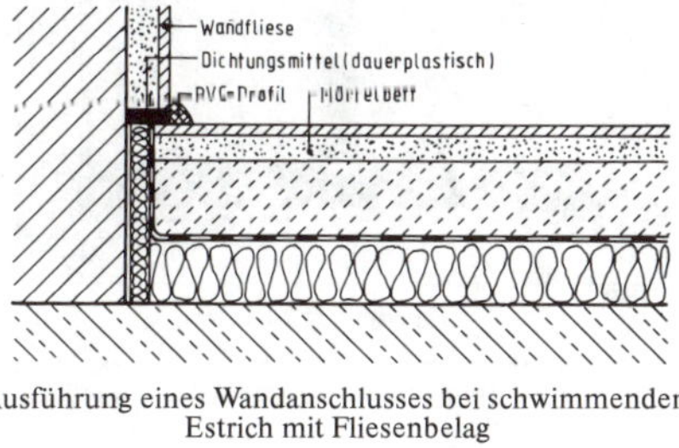

Ausführung eines Wandanschlusses bei schwimmendem Estrich mit Fliesenbelag

Bezüglich ihres Trittschallverhaltens können Massivdecken in drei Gruppen eingeteilt werden:

- Homogen ausgebildete, einschalige Plattendecken (z. B. Stahlbetonvollplatte),
- Inhomogen ausgebildete, einschalige Massivdecken (z. B. Stahlbeton-Fertigteildecken mit Hohlkörpern),
- Zweischalige Massivdecken (z. B. Stahlbetonrippendecken mit Unterdecke aus biegeweichem Material).

Das Trittschallverhalten der **einschaligen Stahlbetonvollplatten** erweist sich dann als günstig, wenn diese Decken genügend schwer ausgebildet werden, so daß kein Resonanzeffekt entstehen kann.

Im Normalfall besitzt eine solche Decke schon ein Trittschallmaß von -4 bis 0 dB.

Das Trittschallverhalten der **inhomogen ausgebildeten Massivdecken** ist wesentlich ungünstiger als das der schweren Massivdecken: Durch geringes Flächengewicht, große Hohlkörperflächen und kleine Rohdichte der Decken-Hohlkörper kann diese Decke sehr schnell in Biegeschwingungen versetzt werden.

Die Gruppe der **zweischaligen Massivdecken** verhält sich bei der Dämmung des Trittschalls dann günstig, wenn die untere Schale selbsttragend ausgeführt wird. Der gleiche Effekt kann auch mit einer biegeweichen Schale, die punktweise an der Decke befestigt wird, erzielt werden.

In jedem Fall ist jedoch die Anordnung eines hochwertigen schwimmenden Estrichs besser, da das Gebäude weitgehend frei von Körperschall bleibt.

Nachweis des Schallschutzes

Der Nachweis des geforderten Schallschutzes erfolgt durch Prüfungen. Mit Hilfe von Kondensatormikrophonen und Schallpegelmessern kann man die Schallpegeldifferenz zwischen zwei Räumen messen. Die Eignungs- und Güteprüfungen werden von einer amtlich anerkannten Prüfstelle entweder im Labor oder im Gebäude selbst durchgeführt.

Wird für ein Gebäude der Nachweis des Schallschutzes gefordert, so muß bei Decken und Wänden angegeben werden, nach welcher Tabelle bzw. nach welchem Bild der DIN 4109 die Ausführung erfolgen soll. Gemäß DIN 18164 und 18165 müssen Dämmschichten mit Stoffbezeichnung, Lieferform und die Schichtdicke mit zwei Zahlen (wegen der Zusammendrückbarkeit) angegeben werden.

In DIN 4109 sind Richtlinien für den Schallschutz festgelegt; so soll z. B. das Schalldämm-Maß für Wohnungstrennwände erf. $R'_w = 53$ dB, das für Treppenhauswände erf. $R'_w = 52$ dB betragen. Das entspricht einer beiderseits verputzten 24 cm dicken Vollziegelwand.

Die festgelegten Schallschutzwerte sind Mindestwerte, deshalb werden in den zwei Beiblättern zu DIN 4109 ausdrücklich zusätzliche Verbesserungsmaßnahmen empfohlen. Vielfach sind schlecht verlegte Versorgungsleitungen heute die Ursache von akustischen Mängeln. Man sollte daher im vorhinein beachten:

- Rohrleitungen von Küchen, Bädern und Aborten nicht in Schlafzimmerwänden verlegen,
- Räume mit häufig benutzten Wasserzapfstellen möglichst neben- bzw. übereinander anordnen,
- Leichte Trennwände aus Hohlblocksteinen zusätzlich mit Schalldämm-Material verkleiden, da die Gefahr der Schallübertragung durch Nebenwege umso größer ist, je leichter die anschließenden Wände sind,
- Fußboden in Bädern und Küchen auch schwimmend verlegen.

5

5.11. Bauliche Schutzmaßnahmen

5.11.3. Brandschutz DIN 4102 (5.81)

Allgemeines

Brandschutzmaßnahmen dienen der erhöhten Sicherheit von Menschen und Material. Die vorbeugenden und bekämpfenden Brandschutzmaßnahmen bestimmen Bauordnungen, Durchführungsverordnungen und Verwaltungsvorschriften. Darüber hinaus gibt es Sonderverordnungen für Schulen, Versammlungsstätten, Warenhäuser, Garagen und Industriebauten.

Baustoffklassen, eingeteilt nach ihrem Brandverhalten

Baustoffklasse A	Nichtbrennbare Baustoffe
A 1 [1] A 2	Beton, Kies, Gips, Asbestzementplatten Gipskartonplatten
Baustoffklasse B	**Brennbare Stoffe**
B 1	Schwerentflammbare Baustoffe: Holzwolleleichtbauplatten, mit Feuerschutzmittel behandelte Holzwerkstoffe
B 2	Normalentflammbare Baustoffe: Holz und Holzwerkstoffe über 2 mm
B 3	Leichtentflammbare Baustoffe: Holz und Holzwerkstoffe bis 2 mm; Papier, Schilf, Pappe.

Brandverhalten von Baustoffen

Die Brennbarkeit von Baustoffen hängt von folgenden drei Faktoren ab:

- **Sauerstoff**
  Beim allgemeinen Feuerschutz geht man davon aus, den Flammpunkt des Holzes zu erhöhen, um den Beginn des Brandes zu verzögern, man spricht vom Schwerentflammbarmachen des Holzes. Infolge Wärmeeinwirkung bilden die Holzschutzmittel eine Schaumschicht, die den Sauerstoffzutritt zum Holz verhindert. Andere Holzschutzmittel bilden bei Hitze ein Gas, das die Flamme allmählich erstickt.
- **Entzündungstemperatur**
  Die meisten unpräparierten Baustoffe entzünden sich in Verbindung mit Sauerstoff bei einer entsprechend hohen Temperatur, so z. B. Holz bei Temperatur von 200 bis 300 °C. Die Entzündungsgefahr von leicht brennbaren Baustoffen kann durch feuerhemmende Putze erheblich gemindert werden, da diese Putze eine schlechte Wärmeleitfähigkeit besitzen.
- **Brennbarer Stoff**
  Wenn ein Baustoff nicht brennen soll, dann darf er keine Affinität zu Sauerstoff besitzen. Ein solcher Baustoff ist z. B. Beton, der aus chemischen Verbindungen besteht (SiO_2, Al_2O_3, C_aCO_3 u. a.), die sich bereits mit Sauerstoff verbunden haben und daher bei hohen Temperaturen nicht brennen, sondern schmelzen.

Feuerwiderstandsdauer und -klassen

Grundlage des Brandschutzes bildet das Brandverhalten der Baustoffe, die aufgrund dieser Eigenschaft in Feuerwiderstandsklassen eingeteilt werden. Die Feuerwiderstandsklasse wird durch eine bestimmte Anzahl von Minuten gekennzeichnet, während der ein Bauteil besondere Anforderungen erfüllen muß, wie z. B.:

- Verhinderung des Feuerdurchgangs,
- Festigkeitsbestand trotz dauernder Hitze,
- Erhaltung der Tragfähigkeit,
- Beständigkeit des Gefüges,
- Geringe Durchbiegungsgeschwindigkeit,
- langsame Erwärmung der feuerabgekehrten Seite.

Feuerwiderstandsklassen nach DIN 4102 Teil 2 (9.77)

Feuerwiderstandsklassen	Feuerwiderstandsdauer in Minuten
F 30	$\geq$ 30
F 60	$\geq$ 60
F 90	$\geq$ 90
F 120	$\geq$ 120
F 180	$\geq$ 180

Brennbare Stoffe haben zum Teil ein günstigeres Brandverhalten als nichtbrennbare Stoffe. Dies zeigt sich deutlich beim Vergleich zwischen Holz und Stahl. Dieser scheinbare Widerspruch findet seine Erklärung in der Tatsache, daß Holz beim Abbrennen eine immer dicker werdende Kohleschicht bildet, die wegen ihres geringen Wärmeleitvermögens den inneren Bereich des Holzes schützt. Stark dimensionierte Hölzer halten daher bei einer Verkohlungsgeschwindigkeit von nur 0,4 bis 0,8 mm pro Minute länger einem Brand stand als Stahlträger, die sich im ungeschützten Zustand sehr schnell verbiegen und dabei den Beton zerstören.

Feuerschutzmittel sind mehr oder weniger abwaschbar, ihre Anwendung kann daher nur dort erfolgen, wo sie nicht der Witterung ausgesetzt sind. Das Aufbringen von Feuerschutzmitteln auf tragende Holzkonstruktionen ist im Bauwesen mit besonderer Sorgfalt durchzuführen, da die bauaufsichtlichen Vorschriften den Einbau von nichtbrennbaren oder zumindest feuerhemmenden Bauteilen vorschreiben. Achtung: Feuerschutzmittel schützen nicht vor Insekten und Pilzen!

Ein besonderes Augenmerk sollte man auch auf das Brandverhalten von Stützen richten, vor allem, wenn ein hoher Stahlanteil verarbeitet worden ist. Hier kann es u. U. notwendig werden, die feuergefährdeten Stützen mit einer Bekleidung, bestehend aus Steinen oder Beton, zu ummanteln.

Verkleidete Stahlstütze

Putzträger: Rippenstreckmetall, Putz: Perlite Zementputz $\geqq$ 3,5 cm. Zur Erhöhung der Putzstabilität Drahtgeflecht mit Bügeln in den Putz legen!

[1] Die Baustoffklassen müssen durch Prüfzeugnis bzw. Prüfzeichen nachgewiesen werden. Bei A_1 genügt ein Prüfzeugnis, wenn die Baustoffe keine brennbaren Bestandteile enthalten; bei A_2 besteht Prüfzeichenpflicht.

5.11. Bauliche Schutzmaßnahmen

5.11.4. Schutz gegen Feuchtigkeit DIN 18195 (8.83)

Allgemeines

Bei der Planung und Ausführung von Bauwerken muß im Rahmen des Feuchtigkeitsschutzes darauf geachtet werden, daß kein Außen- und Innenwasser in die Bauteile eindringen darf. Dies kann man durch Abdichtungs- und Sperrmaßnahmen verhindern.

Abdichtungsmaßnahmen werden gegen drückendes Wasser durchgeführt, z. B. dann, wenn Gebäudeteile im Grundwasser stehen. Sowohl die Außen- wie die Innenabdichtungen müssen gegen Beschädigungen geschützt werden. Werkstoffe für die Abdichtung sind:

- Bituminöse Voranstriche, kalt zu verarbeiten,
- Bituminöse Deckanstriche, kalt zu verarbeiten,
- Bituminöse Deckanstriche, heiß zu verarbeiten,
- Spachtelmassen, kalt zu verarbeiten,
- Spachtelmassen, heiß zu verarbeiten,
- Klebemassen, nur heiß zu verarbeiten,
- Dachbahnen (Bitumenschweiß-Bahnen),
- Dichtungsbahnen mit Einlagen aus Rohfilz, Jutegewebe oder Glasgewebe, darüber hinaus auch aus Kupfer oder Aluminiumfolien.

Thermoplastische Kunststoffolien sind ebenfalls Abdichtungsmittel, die in bezug auf Dehnbarkeit, Wetterfestigkeit und Haltbarkeit recht zufriedenstellende Werte aufweisen, während die Verklebung bzw. Verschweißung einen Schwachpunkt darstellt. Weitere Abdichtungsmöglichkeiten bestehen durch die Verwendung von

- **Sperrmörtel**
  Zur Sperrwirkung wird diesem Zementmörtel ein Dichtungsmittel zugegeben (siehe Verarbeitungshinweise auf der Verpackung).
- **Sperrbeton**
  Die Sperrwirkung wird bei diesem Beton durch entsprechende Zusammensetzung, Verdichtung und Zusatzmittel erreicht.

Bauwerke werden nicht nur gegen drückendes Wasser abgedichtet; von Abdichtung spricht man auch bei Schutzmaßnahmen gegen nichtdrückendes Oberflächen- und Sickerwasser sowie gegen Spritzwasser.

Sperren

Wenn Bauwerke gegen Bodenfeuchtigkeit abgedichtet werden, spricht man von Sperren. Bei der Bodenfeuchtigkeit handelt es sich in diesem Fall um nichtdrückendes Wasser, das im Bereich der Fundamente und Kellergeschoßwände auftritt.

Die soeben geschilderten Sachverhalte werden in den einschlägigen Normen wie folgt unterteilt:

- Wasserdruckhaltende Abdichtungen gegen hydrostatisch drückendes Wasser, die auch gegen natürliche oder durch Lösungen aus dem Zementboden entstandenes Wasser unempfindlich sind DIN 18195 (8.83).
- Abdichtungen gegen das im Erdreich vorhandene Wasser, das nicht drückt, wie Saugwasser, Haftwasser, Kapillarwasser und nicht stauendes Sickerwasser DIN 18195 (8.83).

Waagerechte und senkrechte Abdichtung von Wänden

Kellerwände werden gegen aufsteigende Feuchtigkeit geschützt, indem waagerechte Lagen von Bitumenpappestreifen in die Lagerfugen des Mauerwerks eingelegt werden. Bei Außenwänden von unterkellerten Gebäuden müssen mindestens zwei waagerechte Sperren angeordnet werden. Die untere Sperre soll dabei 10 bis 15 cm über dem Kellerfußboden, die obere etwa eine Steinschicht unterhalb der Kellerdecke möglichst 30 cm über Gelände liegen. Wenn die Kellerdecke geländegleich liegt, muß eine dritte Sperre 30 cm über Gelände angeordnet werden. Die Sperrlagen müssem über das Mauerwerk hinausragen und an die senkrechte Sperrschicht anschließen, damit der Putz keine Feuchtigkeitsbrücke bildet.

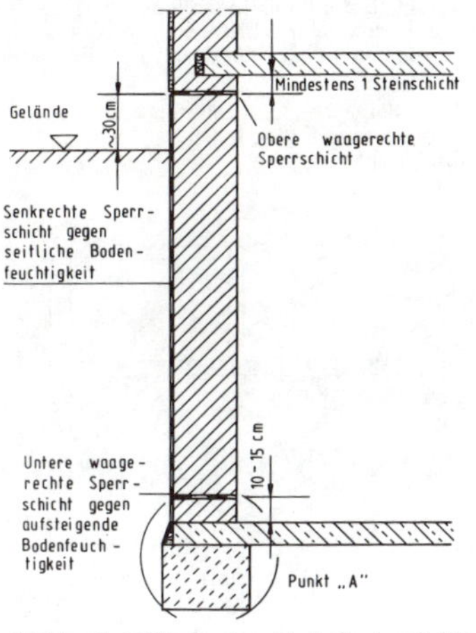

Sperrschichten bei Wänden in unterkellerten Gebäuden, Prinzipskizze

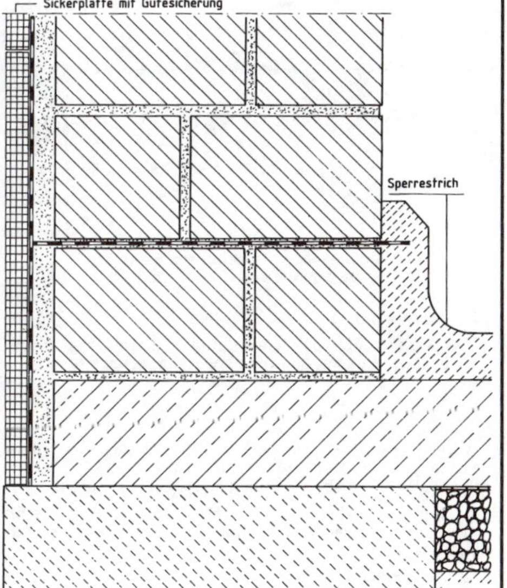

Detail: Punkt A (aus obiger Abb.)
Die horizontale Sperrschicht muß an die Dichtungsschicht des Kellerbodens angeschlossen werden.

5.11. Bauliche Schutzmaßnahmen

Die senkrechte Abdichtung der Kelleraußenwand muß unten bis zum Fundamentabsatz und oben bis ca. 30 cm über Gelände geführt werden. Die Sperrschicht besteht im Erdreich aus mehrfachen bituminösen Anstrichen, über Erdreich aus Sperrputz auf Zement- oder Kunststoffbasis oder vorgeblendeten Klinkerriemchen.

Die vorgesetzten Drainplatten sollen beim Hinterfüllen des Arbeitsraumes die Sperrschicht schützen und später das Einwirken von Feuchtigkeit auf die Kelleraußenwand verringern.

Wird das Kellergeschoß als Wohnung ausgebaut, empfiehlt sich der Einbau einer Fußbodensperrschicht (siehe nachfolgende Abbildung).

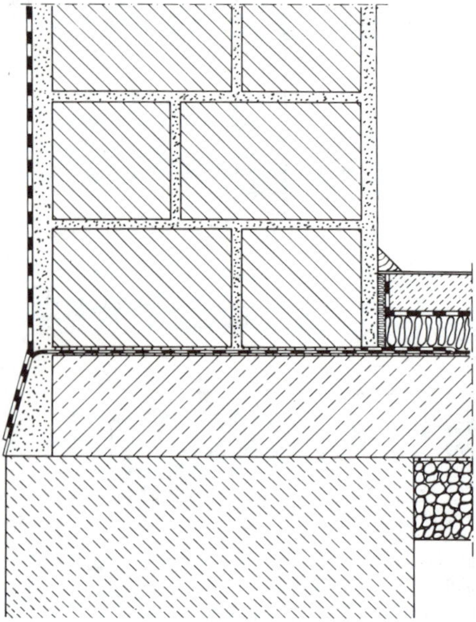

Fußbodensperrschicht bei zur Wohnung ausgebautem Kellergeschoß

Man beachte bei obiger Konstruktion:

Die waagerechte Sperrschicht muß an die vertikale Sperrschicht der Kelleraußenwand angeschlossen werden.

Liegt die Kellerdecke in Geländehöhe oder sogar darunter, so ist in ca. 30 cm Höhe über dem Gelände eine dritte Sperrschicht als zusätzliche Sicherheitsmaßnahme anzuordnen.

Werden Kellerwände aus Beton hergestellt, so ist die untere waagerechte Sperrschicht in Höhe des Fundamentabsatzes einzubauen.

Als waagerechte Sperrschicht in den Wänden ist eine Lage 500er Teer-Sonderdachbahn oder Teer-Bitumendachbahn anzuordnen. Bei anderen oder dünneren Bahnen sind zwei Lagen erforderlich. Die Lagen müssen sich an den Stößen um mindestens 10 cm lose überlappen, ein Überkleben ist nicht erlaubt. Vor Aufbringen der waagerechten Sperrlagen ist mit Mörtel der Gruppe II oder III eine ebene Auflagefläche herzustellen, damit Steinsplitter die Sperrbahn nicht durchstoßen können.

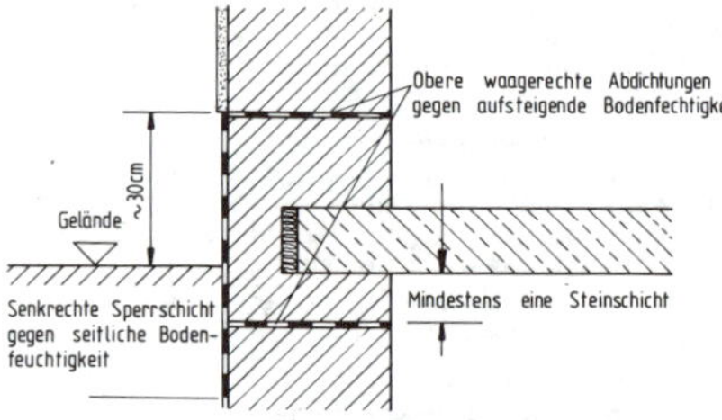

Kellerdecke in Geländehöhe,
Anordnung der Sperrschichten, Prinzipskizze

Kellerwände, die das Erdreich berühren, müssen eine senkrechte Sperrschicht gegen seitliche Feuchtigkeit erhalten. Um Feuchtigkeitsbrücken zu vermeiden, muß die senkrechte Sperrschicht auf ihrer ganzen Länge an die waagerechte Sperrschicht angeschlossen werden.

Die senkrechten Sperrschichten dürfen nur auf einen ebenen, festen und trockenen Untergrund aufgebracht werden; diese Voraussetzungen erfüllt ein Mörtel der Gruppe III. Das Aufbringen von Sperrschichten bei Feuchtigkeit (Schlagregen) hat zu unterbleiben.

Mit dem Hinterfüllen des Arbeitsraumes darf erst begonnen werden, wenn der Sperranstrich trocken ist. Der Sperranstrich unter Erdreich muß nach DIN 4095 (6.90) „Dränung zum Schutz baulicher Anlagen" mit einer Sicker- u. Filterschicht abgedeckt werden. Material für die Sickerschicht: Sickerplatten mit Gütesicherung. Material für die Filterschicht: Trenn- u. Filtervlies aus Polyester.

Abdichtung gegen Hangwasser

Am Hang stehende Gebäude sind an der Hangseite einem verstärkten Feuchtigkeitsanfall ausgesetzt, so daß oftmals die üblichen Sperrschichten nicht ausreichen. Hier ist der Einbau einer Sickersohle notwendig, die den größten Teil des Hangwassers schon vor Erreichen des Gebäudes abfängt und ableitet. In der Sickersohle gelangt das Hangwasser durch Kies- und Schotterschichten in ein Drainrohr und wird in diesem in Höhe der Fundamentsohle um das Bauwerk geleitet. Die Drainrohre haben Durchmesser von 4–20 cm und bestehen aus Kunststoff.

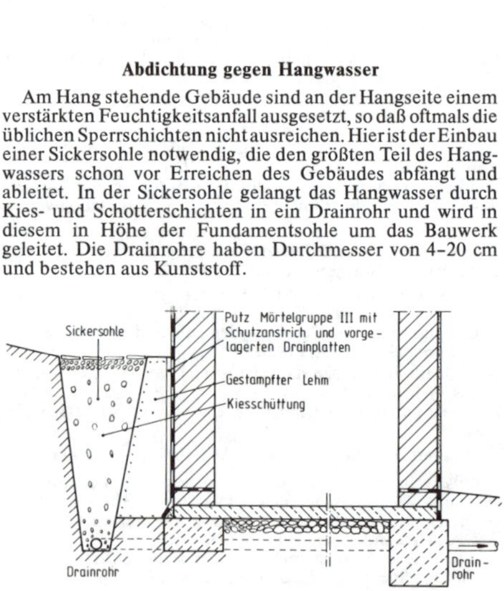

Prinzipskizze einer Sickersohle gegen Hangwasser

5.12. Montagebau

5.12.1. Allgemeines

Der Montagebau dient dem Ziel, großformatige, transportable Bauelemente unter Beachtung der einschlägigen DIN-Vorschriften und bestimmter Rastermaße in Fabriken bis in die Einzelheiten vorzufertigen und sie auf der Baustelle in kurzem Zeitabstand zusammenzusetzen. Damit wird die Hauptarbeit von der Baustelle in die Werkstätten verlegt, wo die Bauelemente in genau aufeinander abgestimmten Arbeitsgängen, teil- oder vollmechanisiert, kostengünstig und unter Ausschluß von Witterungseinflüssen hergestellt werden können. Jedoch muß auf der anderen Seite ein höherer Transportaufwand in Rechnung gestellt werden.

5.12.2. Großtafelbauweise

Die Montageelemente des Großtafelbaues kann man in folgende Gruppen einteilen:

- **Montage-Wände** für außen und innen
- **Montage-Deckenelemente**
- **Sonderelemente** (Decken, Treppenhausschächte)

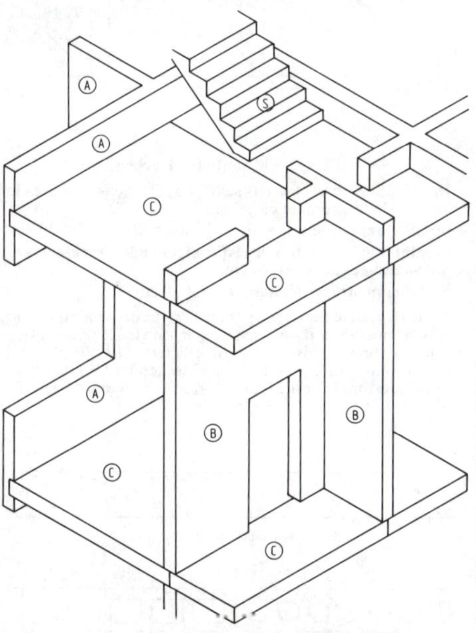

Montage-Elemente des Großtafelbaues
(A) = Außenelemente (C) = Deckenelemente
(B) = Innenelemente (S) = Sonderelemente

Montagewände

Unter Montagewänden versteht man großflächige, transportable Wandelemente, die in Werkstätten als selbsttragende Scheiben, Elemente und Tafeln hergestellt und auf der Baustelle montiert werden. Die Montagewände können als nichttragende und tragende Wände ausgeführt werden. Tragende Montagewände nehmen ohne zusätzliche Tragkonstruktion die Decken- und Dachlasten auf, sie erhalten dabei ihre Aussteifung durch den Verbund mit den Decken.

Montagewände setzen sich aus Außen- und Innenwandelementen zusammen. Nach der Art der Beanspruchung werden die Montagewände wie folgt unterteilt:

- **Montagewände aus geschoßhohen, massiven Elementen bauursterbedingter Abmessungen,** die durch Fugenverguß und Anker in Geschoßhöhe verbunden werden. Material: u. a. Leichtbeton, Gasbeton, Schaumbeton.

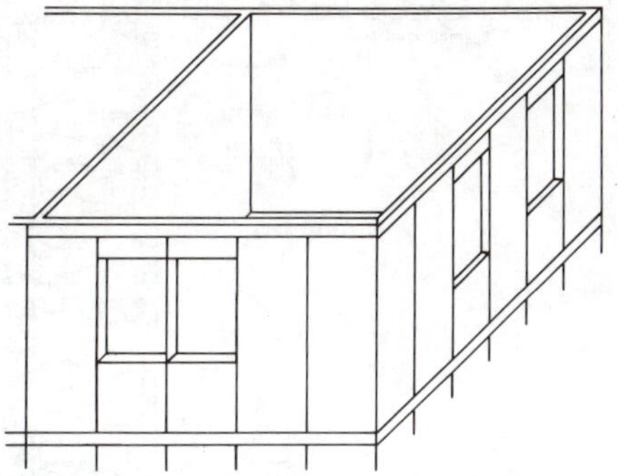

Montagewände aus geschoßhohen, massiven Elementen

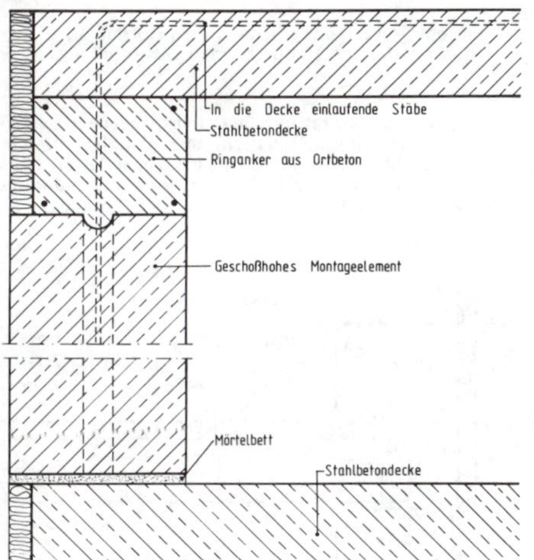

Vertikaler Schnitt durch eine Montagewand mit geschoßhohen verankerten Wandelementen aus Leichtbeton, Dicke der Elemente ≧ 20 cm

5.12. Montagebau

- **Montagewände aus geschoßhohen, beidseitig beplankten Holzrahmen mit eingelegter Wärmedämmung.** Die Verbindung der Elemente untereinander erfolgt mit Schrauben, Dollen, Nut und Feder oder Laschen. Vorzugsweise Verwendung dieser Elemente für Innenwände.

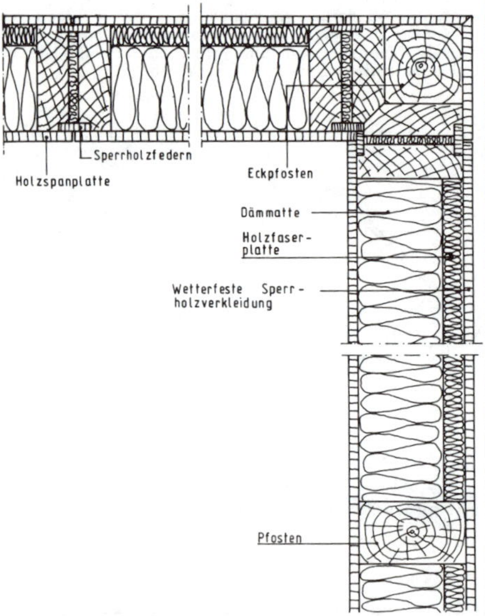

Montagewand aus geschoßhohen Holztafeln, horizontaler Schnitt durch eine Eckverbindung

- **Montagewände aus raumgroßen, selbsttragenden Mehrschichttafeln** (Sandwich-Platten) aus dampfgehärtetem Stahlbeton mit Höhen von 2,60 m bis 4,0 m und Breiten bis zu 9,0 m. Verbindungen der Elemente untereinander mit Hilfe von Ankern, Dübeln, Schrauben oder Nutfedern.

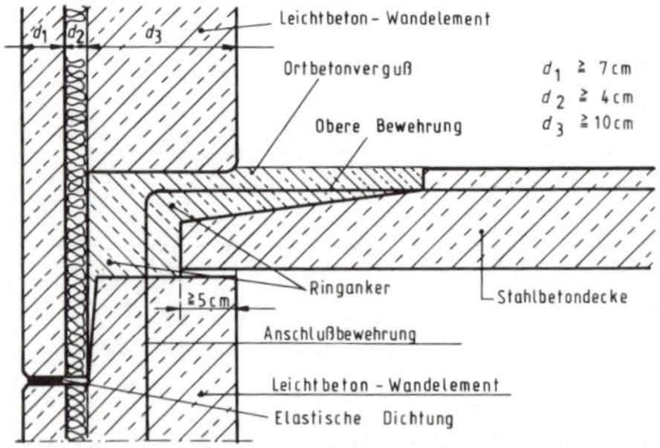

Außenwand-Auflager bei selbsttragenden Mehrschicht-Plattenelementen

- **Montagewände als nichttragende Scheiben aus Leichtbeton-, Stahlblech-, Glas- oder Kunststoffplatten.** Verwendung bei Gebäuden in Zellen- oder Schottenbauweise; die Befestigung erfolgt an den tragenden Querwänden und Decken.

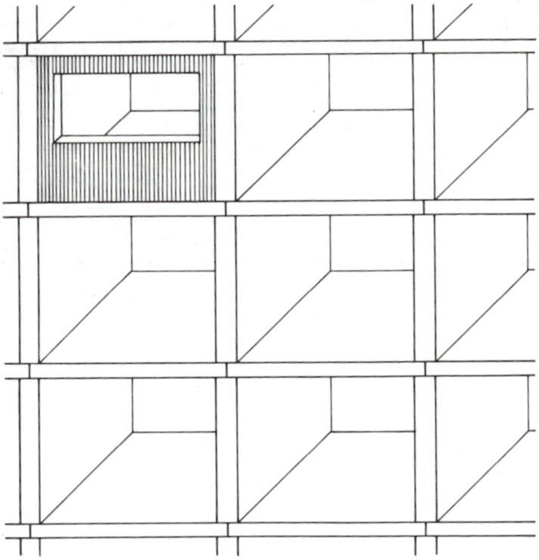

Montage-Elemente für Decken

Im Großtafelbau lassen sich die Deckenelemente in folgende Hauptgruppen einteilen:

- **Stahlbetonplatten mit vollem Querschnitt,** d = 14–20 cm,
- **Stahlbetonplatten mit kreisförmigen oder rechteckigen Aussparungen,** d = 20–40 cm,
- **Stahlbeton-Rippenplatten,** d = 15–30 cm.

Volle Platten haben eine Spannweite (Breite) von ca. 4,0 m; Deckenelemente mit Aussparungen sowie Rippenplatten werden in Breiten bis zu 2,40 m geliefert. DIN 1045 (7.88) schreibt weiter für Fertigteilgeschoßdecken im Großtafelbau eine Mindestbreite von 2,0 m vor, darüber hinaus dürfen die

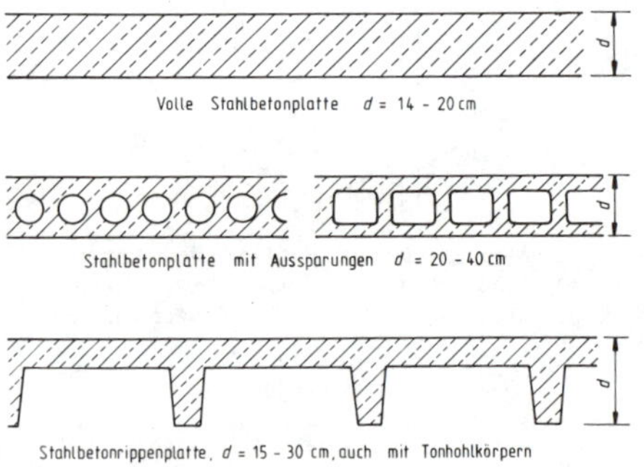

Montage-Elemente für Decken im Großtafelbau

5.12. Montagebau

Deckenelemente in einem von Wandelementen begrenzten Raum höchstens zwei Fugen bilden. Es müssen in einem solchen Fall entsprechend breite Deckenelemente angeordnet werden. Ausnahmen bilden: Treppenhauspodeste, Loggien, Aufzugsschächte u. ä.

Montage-Sonderelemente

Hierunter fallen beim Großtafelbau z. B. Treppen, Aufzugsschächte, Balkon- und Loggienplatten, Balkonbrüstungen, Installationsschächte.

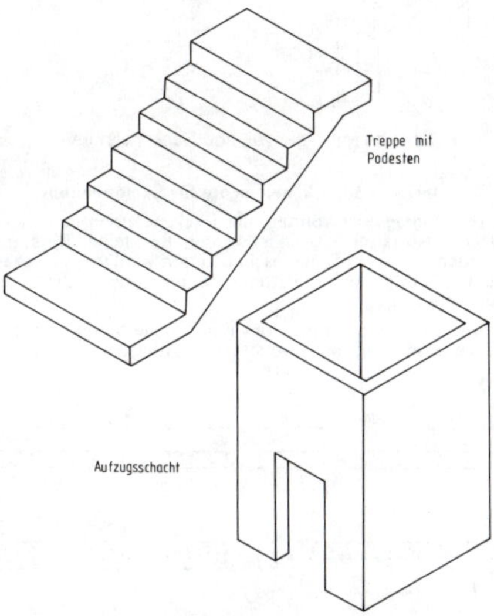

Sonderelemente im Großtafel-Montagebau

Anschluß der Montage-Elemente

Die Montage-Elemente müssen mit großer Sorgfalt verbunden werden, um im zusammengebauten Zustand voll belastbar zu sein. So dürfen sich z. B. bei unterschiedlicher Belastung von zwei Wandelementen grundsätzlich keine Durchbiegungsunterschiede einstellen. Eine sehr häufig angewandte Methode zur Verbindung zweier Wandelemente zeigt nachstehende Abbildung:

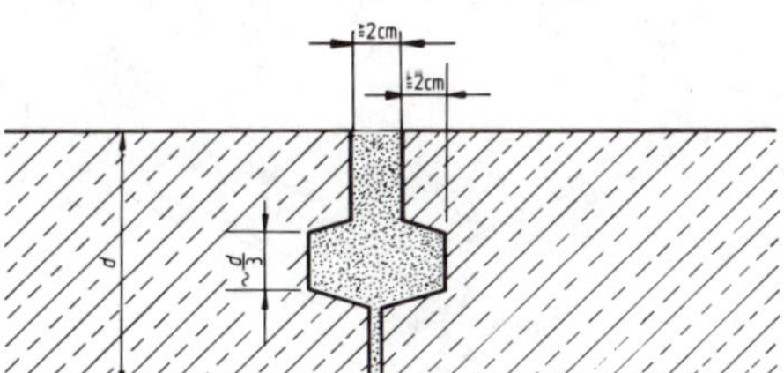

Fuge zwischen Fertigteilplatten nach DIN 1045 (7.88)

Der Zementmörtel für den Fugenverguß von Fertigteilen muß folgende Bedingungen erfüllen:

- Zement muß DIN 1164 entsprechen und mindestens die Festigkeitsklasse Z 35 F besitzen,
- Mindestzementgehalt: 400 kg/m³ verdichteten Mörtels,
- Zuschlag aus gemischtkörnigem, sauberem Sand.

Statt Zementmörtel kann auch Beton der Festigkeitsklasse B 15 verwendet werden.

Ausbildung der Deckenauflager

- Mindestauflagertiefe im endgültigen Zustand auf Beton oder Stahl: 5 cm,
- Fertigteile müssen im eingebauten Zustand an den Auflagern in Zementmörtel oder Beton liegen,
- druckbeanspruchte Fugen sollen mindestens 2 cm breit sein (wegen der Mörtelausfüllung); sollen die Fugen nachträglich mit Mörtel ausgepreßt werden, ist eine Fugenbreite von ≧ 0,5 cm erforderlich,
- die Außenwand-Elemente sind mit dem Decken-Element durch Bewehrung oder andere Stahlteile zu verbinden, z. B. Bolzen, Dorne etc.; der waagerechte Abstand der Verbindungsmittel untereinander darf nicht größer als 2 m und vom Tafelrand nur 1 m betragen,
- am oberen Rand tragender Innenwandtafeln muß eine Bewehrung von mindestens 0,7 cm²/m in den Zwischenraum zwischen den Deckenelementen eingreifen; i. d. R. genügt ein Anschlußpunkt in Tafelmitte.

Fugen in den Außenwänden

Die Fugen der Außenwandelemente müssen fachgerecht verschlossen werden, damit z. B. Kälte, Staub und Wasser nicht in das Bauwerk eindringen können. Die Fugenausbildung kann auf folgende Arten vorgenommen werden:

- konstruktiv geschlossene Fugen,
- druckausgleichende Fugen,
- Fugenverfüllung mit Dichtungsmassen.

Konstruktiv geschlossene Fugen werden häufig beim Horizontalstoß der Außenwand-Elemente angeordnet (siehe nachfolgende Abbildung).

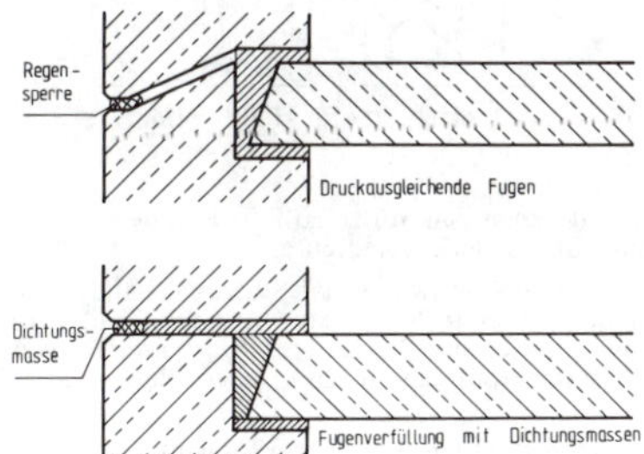

Arten der Fugenausbildung, Prinzipskizzen

5.12. Montagebau

5.12.3. Skelettbauweise

Eine Skelettkonstruktion besteht aus **Stützen, Bindern** und **Unterzügen.**

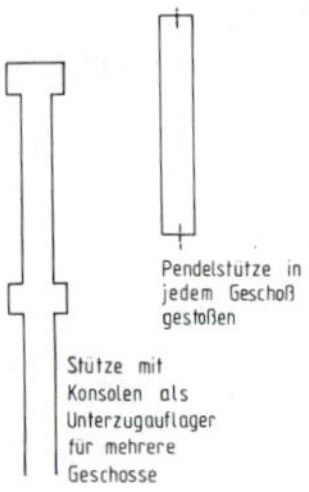

Stützen für Geschoßbauten

Die **Stützen** bilden das tragende Gerippe für die Binder und Unterzüge. Durchgehende Stützen erhalten Konsolen als Auflager für die Unterzüge. Gehen die Stützen nicht durch die Geschosse durch, werden sie gelenkig in jedem Geschoß gestoßen.

Im Erdreich erfolgt die Verbindung durch ein Köcherfundament.

Die Mindestdicke für Stützen mit vollem Querschnitt beträgt 14 cm, bei Hohlquerschnitten muß eine Mindestwanddicke von 5 cm vorhanden sein.

Bei Hallenbauten werden auf die Stützen **Dachbinder** aufgesetzt; dabei unterscheidet man zwei statische Systeme:

- Eingespannte Stützen mit gelenkig aufgelagerten Dachbindern,
- Eingespannte Stützen mit aufgelagerten Dachbindern, die nachträglich biegesteife Eckverbindungen erhalten.

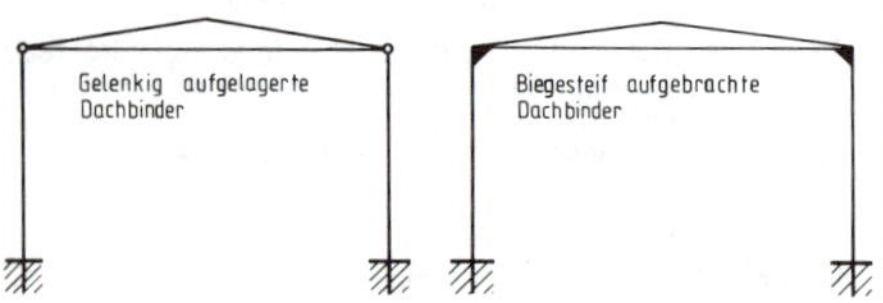

Statische Systeme bei Hallenbauten

Vollwandbinder verwendet man bei Spannweiten bis zu 20 m, bei größeren Abmessungen besitzen die Binder Hohlquerschnitte. In beiden Fällen werden die Binder aus Spannbeton hergestellt.

Querschnitte für Hallenbinder

Die **Unterzüge** von Stütze zu Stütze bilden das tragende Gerippe für die Deckenelemente.

Bei kleinen Spannweiten (= Stützenabstand) haben die Unterzüge einen rechteckigen Querschnitt, bei größeren Spannweiten werden sehr häufig ⊥-Querschnitte angeordnet. Bei diesem Profil lagern die Deckenelemente auf den Flanschen.

Eine weitere Querschnittsform für Unterzüge bildet der Trogquerschnitt, dessen Stege über die Stützen hinausragen und somit die Spannweite der Deckenelemente verkürzen.

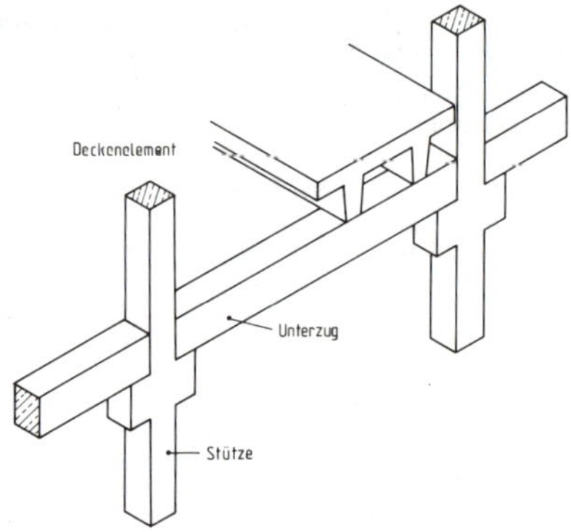

Stützen mit Unterzug und Deckenelement

Dach- und Deckenelemente für Skelettbauten

Im Montagebau können alle Deckenelemente auch zur Dachkonstruktion verwendet werden. Bei kleinen Binderabständen (bis zu 4 m) in Geschoßbauten werden als Deckenplatten Stahlbeton-Vollplatten verwendet und auf die Unterzüge aufgelegt.

Bei größeren Spannweiten werden Spannbeton-Elemente bis zu 20 m Länge angeordnet (siehe Abb.).

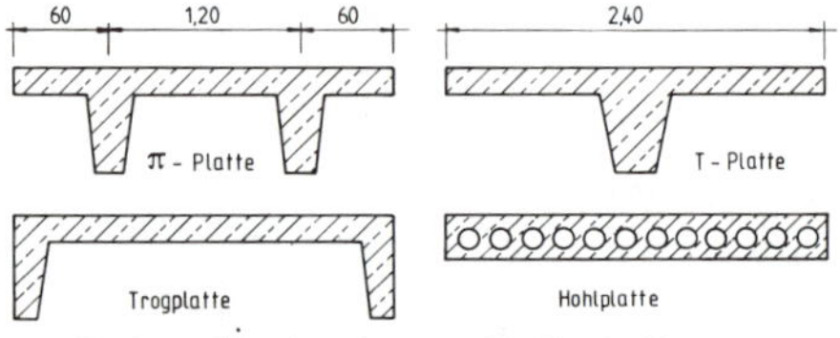

Dach- und Deckenelemente für Geschoßbauten

Im Hallenbau verwendet man aus Gründen der Kostenersparnis auch sehr häufig für die Dachkonstruktion Stahlpfetten mit leichten Dachplatten.

Die Dachplatten bestehen aus Bims- oder Gasbeton und besitzen Hohlquerschnitte. Ihre Abmessungen betragen in der Breite: 0,5 bis 1,0 m und in der Länge: 2,5 bis 6,0 m.

Der Stahlpfettenabstand darf 2,50 m nicht überschreiten, da die leichten Dachplatten nur bis zu diesem Maß gespannt werden dürfen.

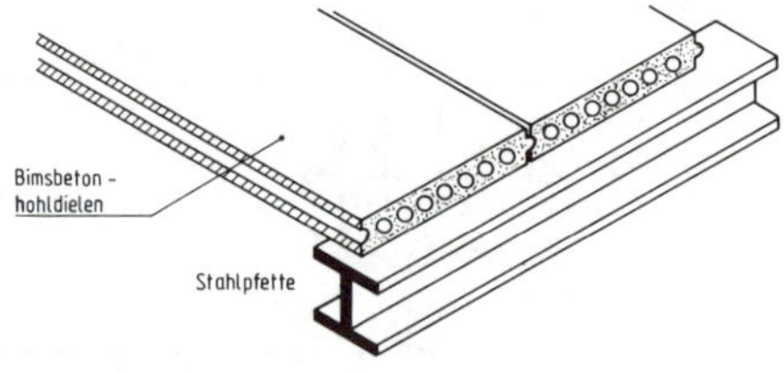

Dachkonstruktion aus Stahlpfetten und Dachplatten

5

5.13. Gerüstbau

5.13.1. Allgemeines

Gerüste sind in DIN 4420 genormt. Je nach Art der Verwendung unterscheidet man Arbeits- und Schutzgerüste. Die Gerüste werden auf der Baustelle aus Einzelteilen zusammengesetzt. Die Bauberufsgenossenschaft und der Sicherheitsbeauftragte haben die fach- und sachgerechte Aufstellung der Gerüste zu überwachen.

5.13.2. Arbeitsgerüste

Arbeitsgerüste sind von bestimmter Höhe an für die Ausführung von Maurer- und Putzarbeiten, für das Verkleiden von Fassaden sowie von Unterhaltungsarbeiten an Wänden und Decken erforderlich. Charakteristisch für diese Gerüstgruppe ist, daß sie außer Personen noch Baustoffe und Arbeitsgeräte tragen muß.

Gruppeneinteilung der Arbeitsgerüste nach ihrer Belastung

Gerüstgruppe	Belastung in kN/m²	Mindestbreite der Belagfläche	Arbeiten
I	bis 1	0,50 m	Arbeiten mit wenig Material und ohne schweres Arbeitsgerät
II	bis 2	0,60 m (0,5 m für Leitergerüst)	Putzarbeiten von Hand und Plattierungsarbeiten
III	bis 3	0,95 m	Plattierungs- und Maurerarbeiten ohne Kranbeschickung
IV	> 3	0,95 m	
	Gerüste der Gruppe IV müssen immer statisch nachgewiesen werden.		

Treten bei einem Arbeitsgerüst Einzellasten größer als 1,5 kN auf (z. B. Steinkorb), so muß immer eine statische Berechnung angefertigt werden.

5.13.3. Schutzgerüste

Schutzgerüste sollen als **Fanggerüste** oder **Schutzdächer** Personen vor herabfallenden Baustoffen und Materialien schützen, sie dienen n i c h t als Arbeitsplattform.

Fanggerüste sind ab einer Arbeitshöhe von 5 m erforderlich. Der Gerüstbelag darf dabei nicht mehr als 4 m unterhalb der Arbeitsstelle liegen.

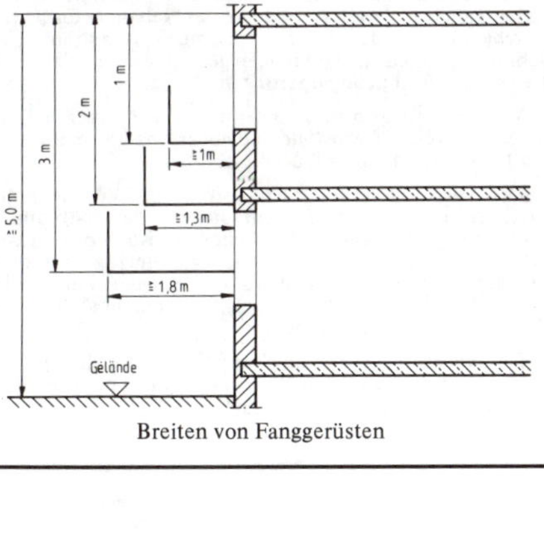

Breiten von Fanggerüsten

Wie aus der Abbildung ersichtlich ist, richtet sich die Breite der Fanggerüste nach dem jeweiligen Abstand von Arbeitsstätte bis Gerüstboden.

Richtlinien für den Bau von Gerüsten, Gerüstbelag

Der Gerüstbelag besteht aus Gerüstbrettern, die beim Begehen nicht verrutschen und wippen dürfen. Werden zwei Bretter gestoßen, so muß beidseitig des Querriegels eine Überdeckung von mindestens 20 cm vorhanden sein oder unter jedem Bohlenende ein Querriegel angeordnet werden (siehe Abb.). Jede benutzte Gerüstlage ist vollflächig mit Brettern auszulegen.

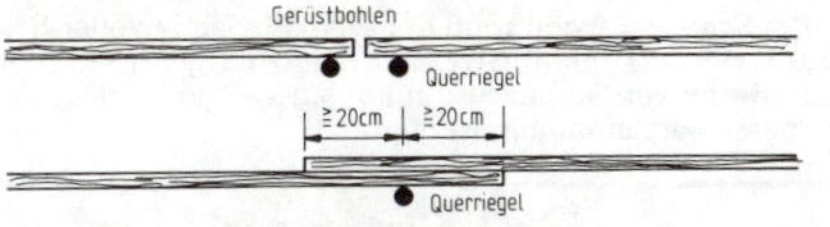

Stoß des Gerüstbelages

Größte Stützweite für Gerüstbohlen und -bretter

Brett- oder Bohlenbreite in cm	Gerüstgruppe	Zulässige Stützweite in m bei einer Brettdicke von 3 cm	3,5 cm	4 cm	4,5 cm	5 cm
20	I, II	1,25	1,75	2,25	2,75	3,00
	III	0,75	1,00	1,50	1,75	2,00
24	I, II	1,50	2,00	2,50	3,00	3,25
	III	1,00	1,25	1,75	2,00	2,50
28	I, II	1,75	2,25	2,75	3,00	3,50
	III[1])	1,00	1,50	2,00	2,50	3,00

[1]) gilt nicht für Einzelgewichte > 150 kg

Seitenschutz

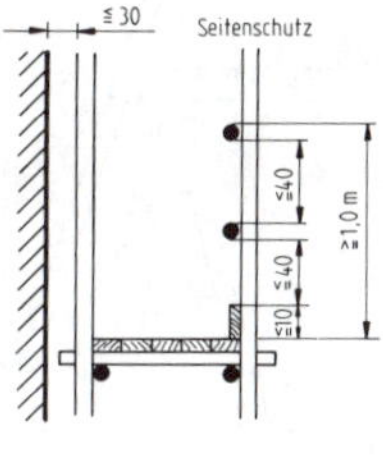

Gerüste, deren Belag mehr als 2 m über dem Boden liegt, müssen an der Außenseite einen Seitenschutz erhalten. Der gleiche Seitenschutz ist auch an der Innenseite anzuordnen, wenn das Gerüst mehr als 30 cm vom Gebäude entfernt steht und darüber hinaus an den Gerüst-Stirnseiten. Die einschlägigen Abmessungen für den Seitenschutz sind aus nebenstehender Abbildung ersichtlich.

Verstrebung

Gerüste müssen zur Längsaussteifung durch Strebenkreuze oder Strebenzüge auf ganzer Gerüstlänge und -höhe verstrebt werden. Jeder Strebenzug darf höchstens 5 Gerüstfelder übergreifen und muß an den Kreuzungspunkten mit den Ständern und Längsriegeln fest verbunden werden.

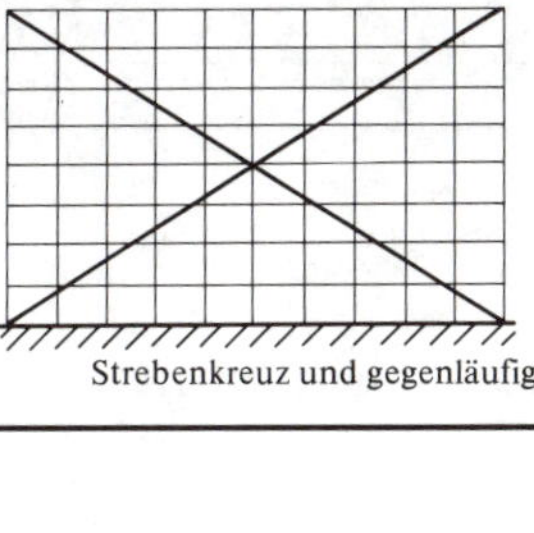
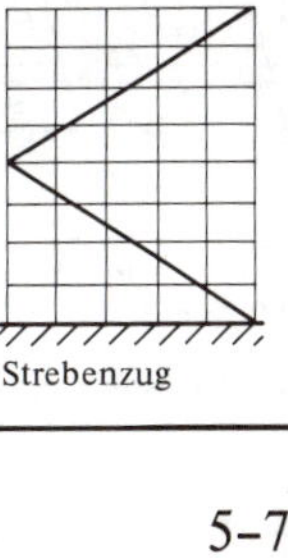

Strebenkreuz und gegenläufiger Strebenzug

5

5.13. Gerüstbau

Verankerung

Gerüste, soweit sie freistehend nicht standsicher sind, müssen am Gebäude so verankert werden, daß sie weder zum noch vom Hause abkippen können. Die Verankerungen müssen also Druck- und Zugkräfte aufnehmen. Je nach Gerüstbauart schreibt DIN 4420 (3.80) Mindestwerte für die Belastung und Höchstwerte für die lot- und waagerechten Abstände vor.

Grundsätzlich muß die Verankerung der Randständer mindestens in jeder zweiten Gerüstlage und in Abständen ≦ 4 m vorgenommen werden.

Eckausbildung

Bei Schutzgerüsten muß der Gerüstbelag in voller Breite um die Hausecke geführt werden. Bei Arbeitsgerüsten genügt eine Breite von 50 cm, wenn an den Gebäudeecken keine Arbeiten vorgenommen werden.

5.13.4. Gerüstarten

Gerüste werden wie folgt eingeteilt:
Bockgerüst, Stangengerüst, Leitergerüst, Stahlrohrgerüst, Auslegergerüst, Hängegerüst.

Bockgerüst

Ein Bockgerüst besteht aus Gerüstböcken und Gerüstbelag; die hölzernen oder stählernen Gerüste müssen auf einer sicheren Unterlage stehen.

Bockgerüste sind bis zu einer Höhe von 4 m zulässig, dabei dürfen zwei Bockreihen übereinander gestellt werden. Die Böcke sind miteinander ausreichend zu verstreben; der Abstand der Böcke darf 3 m nicht überschreiten. Liegt der Gerüstbelag > 2 m über dem Boden, ist ein Seitenschutz erforderlich. Bockgerüste können in zwei Bauarten ausgeführt werden (siehe Abbildung):

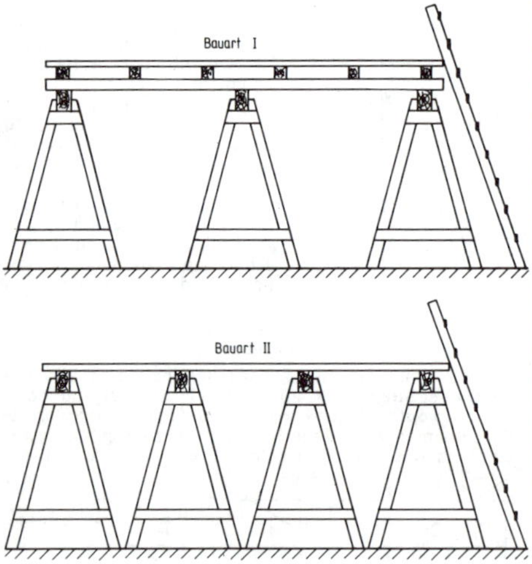

Bockgerüste

Bauart I:
Die Gerüstbretter lagern auf Quer- und Längsriegeln; Belagbreite ungefähr 1,50 m.

Bauart II:
Die Gerüstbohlen werden unmittelbar auf die Böcke aufgelegt.

Stangengerüst

Dieses Gerüst wird heute nur noch selten aufgestellt und soll hier nur der Vollständigkeit wegen erwähnt werden.

Das Stangengerüst besteht aus ein- oder zweireihig hergestellten Rundholzstangen, wobei diese mit Rüstdrähten, Drahtseilen, Ketten und Gerüsthaltern untereinander verbunden werden.

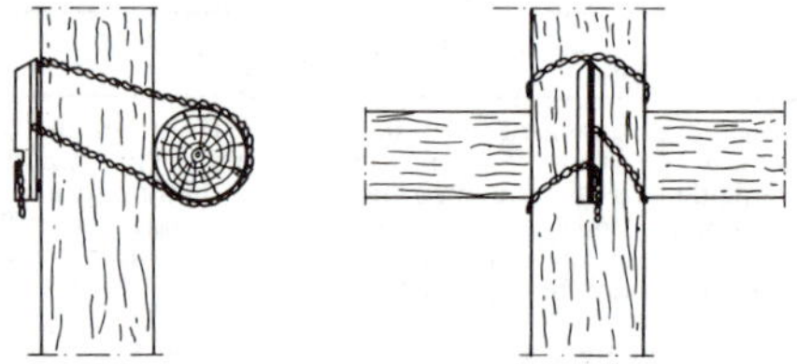

Stangenkreuz mit Gerüstkette

Einreihiges Stangengerüst: Die Querriegel werden auf der Außenseite durch Längsriegel (Stangen) und auf der Innenseite durch das Mauerwerk getragen.

Zweiseitiges Stangengerüst: Die Querriegel lagern zu beiden Seiten auf den Längsriegeln (Stangen). Die senkrechten Stangen müssen mindestens 1 m tief, leicht zum Gebäude geneigt, eingegraben werden.

Bei Verlängerung eines Ständers muß der zweite Ständer den ersten mindestens 2 m überdecken.

Bei Verlängerung von waagerechten Stangen (Längsriegeln) darf ein Übergreifungsstoß nur an den Ständern vorgenommen werden. Die Längsriegel müssen sich mindestens 1 m übergreifen. Alle waagerechten und senkrechten Stöße müssen wenigstens an zwei Stellen (Endbereiche) verbunden werden. Weitere Einzelheiten zu diesem Gerüst wie Mindest- und Höchstabstände der Stangen, Seitenschutz, Verstrebungen, Verankerungen usw. siehe DIN 4420 (3.80) sowie Entwurf (12.88).

Leitergerüst

Im Gegensatz zum Stangengerüst erfordern Leitergerüste wesentlich kürzere Auf- und Abbauzeiten.

Leitergerüste werden aus Gerüstleitern und besonderen Einzelteilen hergestellt; sie dienen als Unterhaltungs- und Arbeitsgerüste für Putz-, Maurer- und Malerarbeiten (Gerüstgruppe I und II).

Die Gerüstleitern haben hölzerne Holme und Sprossen aus Holz oder Stahlstäben. Der Gerüstbelag muß innerhalb der Leitern auch an den Eckpunkten eines Gebäudes fortlaufend durchgeführt werden. Die Leiterholme müssen so auf Leiterschuhe oder sonstige Unterlagen gestellt werden, daß sie die Belastung gleichmäßig übertragen.

Verstrebungen sind zur Aufnahme waagerechter Kräfte in jedem zweiten Gerüstfeld und höchstens 4,50 m über dem Erdboden beginnend anzuordnen.

Der Anschlußpunkt der Kreuzstrebe am Leiterholm muß in der Höhe des Geländerholmes liegen. Die Verstrebungen müssen an jeder kreuzenden Leiter mit Kopf- oder Hakenschrauben verbunden werden. Jeder Leiterzug ist mit dem Gebäude im lotrechten Abstand von höchstens 4 m zu verankern. Die oberste Verankerung darf nicht mehr als 2 m unter der letzten Gerüstlage liegen.

Der Gerüstbelag kann im Normalfall auf die Holzsprossen der Leitern gelegt werden; dabei darf er nicht mehr als 30 cm über die letzte Leiter hinausragen.

Leitergerüste können bis zu 25 m hoch sein.

5.13. Gerüstbau

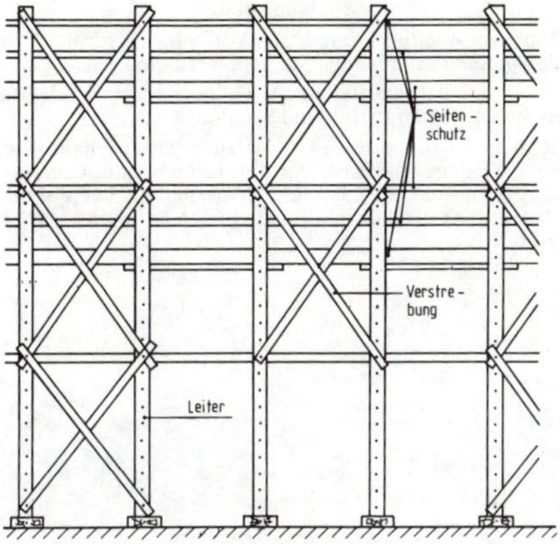

Leitergerüst

Die endgültige Gerüsthöhe ist von der Belagbreite, der Gerüstgruppe und der Belastung abhängig.

Gerüstbelag und Höchstabstände der Leitern

Gerüstbohlen Breite/Dicke mindestens cm	Höchstabstände der Leitern in m
29/4,5 24/4,5 20/4,5	3,0 m
29/4,0 20/4,5	2,75 m
24/4,0 20/4,0	2,50 m 2,20 m

Stahlrohrgerüste

Die Stahlrohrgerüste haben heute die Stangengerüste ersetzt. Das Stahlrohrgerüst besteht aus Stahlrohren und besonderen Verbindungsstücken. Der Gerüstbelag besteht aus Bohlen. Das Stahlrohrgerüst kann für alle Verwendungsarten benutzt werden. Die verzinkten Stahlrohre dienen als Ständer, Längs- und Querriegel und haben einen Außendurchmesser von 48,3 mm.

Die Stahlrohrständer müssen unverschiebbar auf eine Fußplatte gesetzt werden. Die Ständerstöße sind in der Nähe der Knotenpunkte anzuordnen und dürfen nicht senkrecht übereinander liegen.

Die Längsriegel müssen über mindestens zwei Gerüstfelder reichen und mit jedem Ständer verbunden werden. Der Höchstabstand beträgt 2 m.

Querriegel sind an jeder Kreuzung von Ständern und Längsriegeln erforderlich und immer an die Ständer anzuschließen. Der Abstand der Querriegel ist von der Gerüstgruppe und dem Gerüstbelag abhängig.

Verstrebungen sollen über die Kreuzungspunkte der Ständer geführt und mit Kupplungen an den Querriegeln angeschlossen werden. Strebenstöße müssen druck- und zugfest ausgebildet werden.

Verankerungen sind gegeneinander versetzt an jedem Ständer anzuordnen. Ihr lotrechter Abstand darf bei Gerüsten bis zu 20 m Höhe maximal 8 m, bei Gerüsthöhen über 20 m $\leqq$ 4,0 m betragen. Der 4-m-Abstand gilt in jedem Fall auch für die Randständer. Stahlrohre dürfen in der Regelausführung bis zu einer Höhe von 60 m gebaut werden.

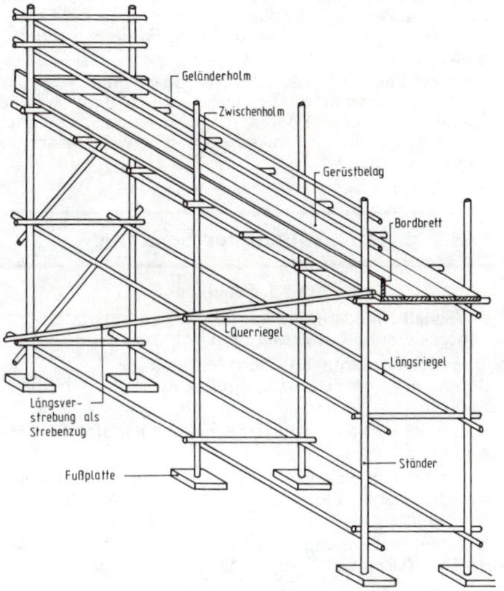

Stahlrohrkupplungsgerüst

Auslegergerüst

Auslegergerüste werden kragartig aus dem Bauwerk vorgestreckt und gehören als Arbeitsgerüste der Gruppe I an. Als Schutzgerüste werden sie besonders gern bei hohen Gebäuden verwendet.

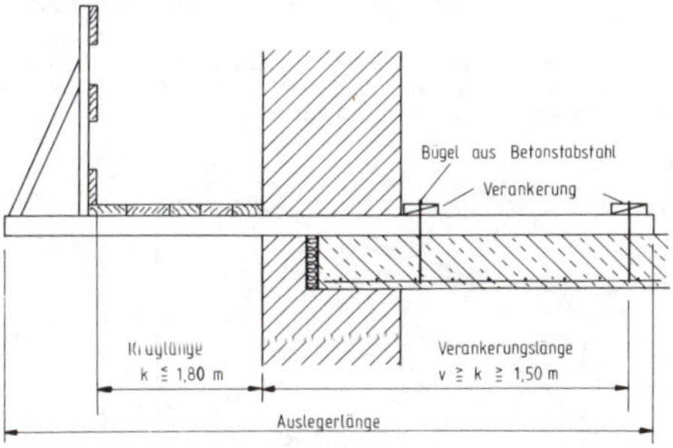

Auslegergerüst

Die Ausleger müssen in das Bauwerk so weit hineinreichen, wie sie nach außen auskragen. Die Mindestverankerungslänge beträgt 1,50 m. Die Befestigung muß im Gebäudeinneren so erfolgen, daß der Kragarmträger weder abheben noch sich verschieben läßt. Die Verankerungsbügel der Ausleger sind in die Decke einzubetonieren.

5

5.14. Schalungsbau

5.14.1. Allgemeines

Frischbeton muß, da er formbar ist, in eine entsprechende Form gefüllt werden, in der er erhärten kann. Diese Form heißt Schalung und wird für alle Bauteile aus Ortbeton und Betonfertigteile benötigt. Da die Herstellung einer Schalung meist sehr aufwendig ist, sollte sie von vornherein so hergestellt und behandelt werden, daß eine Wiederverwendung möglich ist.

Die Schalung setzt sich aus Schalhaut und Tragkonstruktion zusammen. Je nach Aufbau und späterer Verwendung unterscheidet man verschiedene Schalungsarten, für deren Ein- und Ausschalarbeiten wichtige Arbeitsregeln zu beachten sind.

5.14.2. Aufbau der Schalung

5.14.2.1. Schalhaut

Die Schalhaut bestimmt die endgültige Form und Oberflächenbeschaffenheit des erhärteten Betons.

Folgende Anforderungen sind zu erfüllen:

Beton, der verputzt wird, muß eine rauhe Oberfläche besitzen.

Damit der Beton nicht an der Schalhaut haftet, sollte diese glatt sein.

Die einzelnen Schalelemente dürfen nicht zu groß und zu schwer sein, da sonst Ein- und Ausschalarbeiten zu aufwendig werden.

Das Material für die Schalhaut besteht sehr häufig aus Schalbrettern und Schalungsplatten.

Schalbretter

Bretterschalung eignet sich gut für Stützen und Unterzüge, da komplizierte Konstruktionen oft nur mit Brettern wirtschaftlich eingeschalt werden können. Der Holzverschnitt bei Schalbrettern ist dagegen sehr groß und die Nutzungsdauer gering, bereits nach 4- bis 8maligem Gebrauch sind sie kaum noch zu verwenden. Darüber hinaus erfordern Entnageln und Reinigen hohen Zeitaufwand.

Die Brettdicke der Schalbretter beträgt üblicherweise 20 bis 24 mm; dies erfordert eine häufigere Versteifung als bei Bohlen. Soll eine dichte und gleichmäßige Betonoberfläche erreicht werden, kann man Schalbretter mit Nut und Feder verwenden.

Häufig werden auf der Baustelle Schalbretter zu Schalelementen zusammengenagelt. Diese Elemente, auch Schilde genannt, sind nur einseitig zu verwenden.

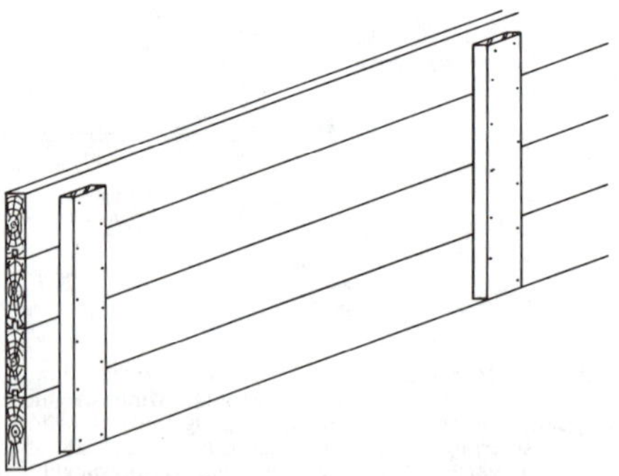

Schalelemente aus Schalbrettern (Schild)

Schalungsplatten

Schalungsplatten können aus Vollholz, Sperrholz, Faser- oder Spanplatten oder aus Stahl/Leichtmetall bestehen.

Bei den Schalungsplatten aus Vollholz unterscheidet man zwischen Rahmenplatten und Schalungsplatten.

Rahmenplatten aus Vollholz sind Schalungselemente, bei denen die Schalbretter auf einem Kantholzrahmen aufgenagelt sind. Zur besseren Aussteifung der Rahmenplatte werden zusätzlich Sprossen in den Rahmen eingebaut (siehe Abb.).

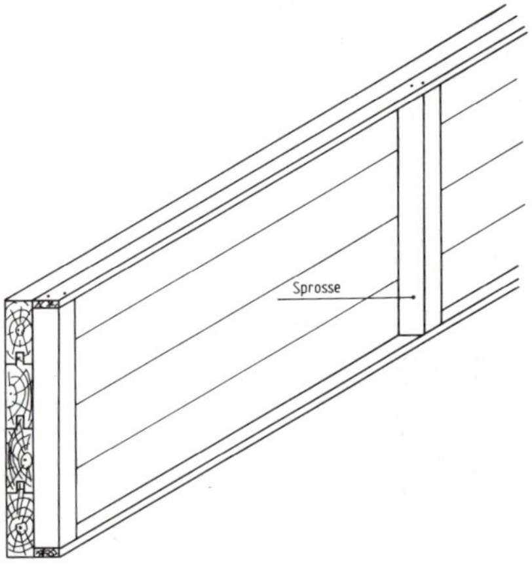

Rahmenplatte aus Vollholz

Da die Rahmenplatte zugleich tragendes Element und Schalhaut ist, kann sie weiter als lose Bretter gespannt werden. Der Rahmen übernimmt zum Teil die Aufgaben der Versteifung. Rahmenschaltafeln werden sehr häufig zum Einschalen größerer gerader Flächen eingesetzt, wie z. B. bei Wandschalungen von Kellerwänden. Wegen ihrer Größe ist die Anpassungsfähigkeit der Rahmentafel an die Form der jeweiligen Konstruktion begrenzt. Bei entsprechender Auswahl der Beschichtung (z. B. Sperrholz) kann man Rahmenschaltafeln auch für Sichtbeton verwenden.

Schalungsplatten aus Vollholz sind in DIN 18215 genormt. Danach versteht man unter diesen Platten vollflächige und ebene Schalungselemente mit einer Länge von 1,50 m, einer Breite von 0,50 m und einer Dicke von 21 mm. Die Fertigung der Schalungsplatten erfolgt auf industriellem Wege; dabei werden Bretter beidseitig gehobelt und längsseits meist stumpf oder gespundet wetterbeständig miteinander verleimt. Nachdem die Platten scharfkantig und rechtwinklig zugeschnitten worden sind, erhalten sie zum Schutz der Stirnkanten einen Metallrahmen.

Verschiedene Fabrikate haben zusätzlich einen Eckschutz. Der Kantenschutz darf das Arbeiten des Holzes nicht behindern und muß mit der Plattenfläche bündig abschließen.

Vollholz-Schalungsplatten können beidseitig verwendet werden, vor Gebrauch sollten sie wie alle Schalelemente eingeölt werden, um einerseits das Holz zu schützen und andererseits das Ausschalen und Reinigen der Schalplatten zu erleichtern.

5.14. Schalungsbau

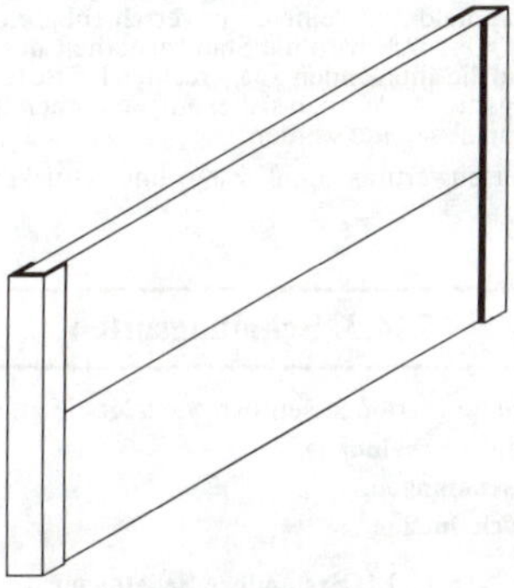

Schalungsplatte

Schalungsplatten aus Sperrholz

Nach DIN 68791 (3.79) versteht man hierunter Großflächen-Schalungsplatten von 2,50 m Länge und 1,20 m Breite (und größer), die beidseitig verwendbar sind und je nach Dicke als gekrümmte, als Vorsatzschalung oder als selbsttragende Schalung verwendet werden können.

Zum Zweck der besseren Wiederverwendung sind die Oberflächen der Platten mit Kunstharzfilmen bzw. -folien überzogen, die so beschaffen sein müssen, daß sie Formänderungen der Platten ohne Schaden überstehen. Beim Reinigen der Platten sollte man die vom Hersteller empfohlenen Mittel verwenden.

Hartfaser- und Kunststoffplatten

Diese Platten geben dem Beton eine ebene und glatte Oberfläche. Sie werden häufig auf die fertige Schalung (Sparschalung) lose aufgelegt oder mit dieser verbunden.

Schalungsplatten aus Metall

Die Anschaffungskosten der Stahlblechschalung sind bedeutend höher als die der Holzschalung; dafür können aber Metall-Schalungsplatten häufiger eingesetzt und kürzere Arbeitszeiten erreicht werden (Baukastenprinzip).

Weitere Vorteile der Stahlblech-Schalung:
- kein Verschnitt,
- das Entnageln entfällt,
- leichtes Reinigen der Schaltafeln.

Bei den heutigen Metall-Schalungselementen unterscheidet man zwischen **Ganzstahl-Schalungsplatten** und **kombinierten Schalungsplatten.**

Ganzstahl-Schalungsplatten besitzen zusätzlich zur Schalhaut aus Stahlblech noch einen versteiften Stahlrahmen. Die Schalungsplatten sind meist lackiert, verzinkt oder mit einem Kunststoff-Überzug versehen. Die Länge und Breite der Schaltafeln richtet sich häufig nach dem Rastersystem. Der Zusammenbau der Schalungselemente erfolgt durch besondere Verbindungselemente.

Kombinierte Schalungsplatten bestehen aus Furnierplatten, die von einem Stahlrahmen umgeben sind. Die meisten Schalungssysteme haben Vorrichtungen für das Anbringen von Gerüstkonsolen.

Für das Einschalen von Stützen mit rechteckigem und quadratischem Querschnitt gibt es Schalungselemente in **Sonderausführung.** Zu dieser Sonderausführung gehören auch Schalungselemente für Rundsäulenschalungen sowie verstellbare Schalungen für das Einschalen von Treppen, Decken und Rohrprofilen.

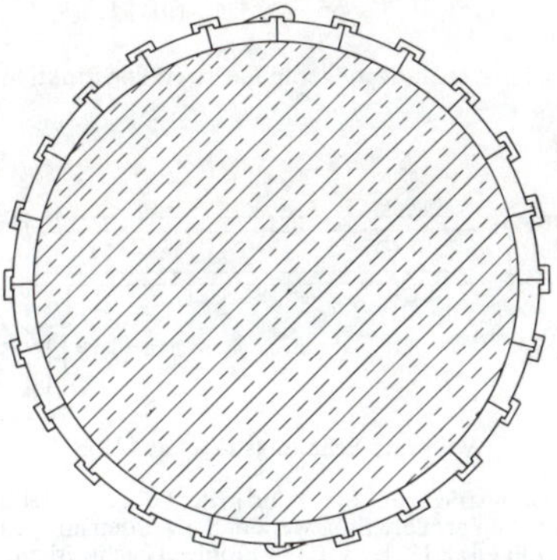

Rundsäulenschalung aus Aluminium

Ein besonderes Schalungselement ist die **Schlauchschalung.** Sie besteht aus einem aufblasbaren, widerstandsfähigen, gummiartigen Schlauch und hat einen Durchmesser bis zu 3 m und eine Länge bis zu 30 m. Die Schlauchschalung eignet sich zur Herstellung von Kanälen aus Ortbeton, von Entlüftungsschächten und geschoßhohen Kaminen. Zum Ausschalen wird das Luftventil geöffnet und der Schlauch entnommen.

Vorsatzschalung dient zur Gestaltung von Betonoberflächen. Die meist aus Kunststoff geformte Schalung stellt die umgekehrte Form der späteren Fassadenoberfläche dar und wird auf der regulären Schalung befestigt.

5.14.2.2. Tragkonstruktion

Die Tragkonstruktion dient zur Unterstützung der Schalhaut und des Frischbetons bis dieser erhärtet ist und das eingeschalte Stahlbeton-Bauteil sich selbst tragen kann. Folgende Forderungen müssen von der Tragkonstruktion erfüllt werden:
- Hohe Standfestigkeit gegenüber der Last des Frischbetons,
- Aufnahme von Zusatzlasten (Arbeitskräfte, Geräte, Maschinen, Wind),
- Widerstandsfähigkeit gegenüber Erschütterungen (z. B. Schalungsrüttler).

Große Tragkonstruktionen nennt man **Rüstungen;** für diese muß eine statische Berechnung angefertigt werden (z. B. bei Lehrgerüsten für Hallen, Tunnel, Brücken usw.).

Die Tragkonstruktion für eine Schalung setzt sich zusammen aus Schalungsträger, Stützen und Verschwertungen.

5.14. Schalungsbau

Schalungsträger sind aus Holz oder Stahl. Die hölzernen Schalungsträger bestehen aus Kanthölzern oder verleimten Holzträgern.

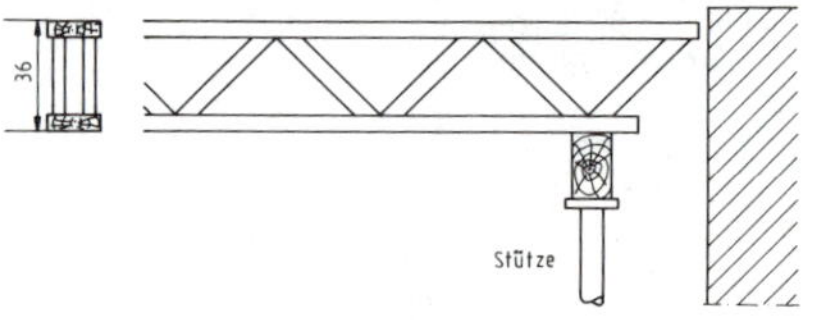

Holz-Schalungsträger in Fachwerkkonstruktion

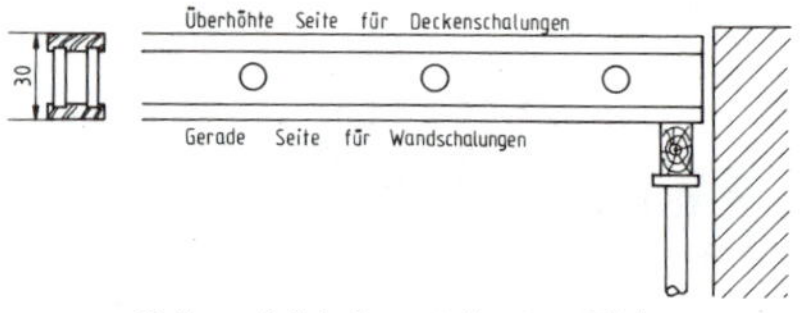

Vollwand-Schalungsträger aus Holz

Schalungsträger aus Stahl sind in der Länge verstellbar und ermöglichen größere Stützweiten. Sie werden aus gelochten Stahlprofilen als U-, E-, T- und I-Profile in Fachwerkgitter- und Vollwandkonstruktion hergestellt.

Schalungsträger aus Stahl in Gitterkonstruktion

Zum Abstützen der Schalungsträger werden Holz- und Stahlstützen verwendet.

Rundholzstützen müssen am Zopfende einen Mindestdurchmesser von 7 cm besitzen, Kantholzstützen müssen mindestens 8 × 8 cm dick sein. Die Schalungsstützen sind mit Brettlaschen an der Unterkonstruktion zu befestigen, sie dürfen einmal in Längsrichtung gestoßen werden. Die Stoßstelle darf dabei nur im oberen oder unteren Drittel der Stütze liegen und muß gegen Ausbiegen und Knicken mit mindestens 70 cm langen aufgenagelten Laschen gesichert werden. Rundholzstützen müssen 3, Kanthölzer 4 Brettlaschen erhalten.

Holzstützen mit Stützenstoß dürfen bei Deckenschalung nur als jede zweite, bei Balkenschalungen als jede dritte angeordnet werden.

Stahlrohrstützen sind ausziehbar und lassen sich durch Bolzen und Gewindemuffen zu jeder gewünschten Länge einstellen. Die aufgeschweißte Bodenplatte am Fußende dient zur Befestigung auf der Unterlage (Bohle, Fußplatte), die Kopfplatte besteht meist aus verschiedenartigen, aufsetzbaren Kopfstützen, die eine gute Verbindung mit der Unterkonstruktion gewährleisten (z. B. U-Profil).

Um eine ausreichende Standsicherheit und Lastübertragung auf dem Untergrund zu gewährleisten, müssen die Stützen auf eine sichere und unverrückbare Unterlage aus Kanthölzern oder Bohlen gestellt werden. Die Verwendung von Mauersteinen, Kästen, Kisten usw. ist nicht erlaubt.

Verschwertungen sind in Längs- und Querrichtung zur Aufnahme waagerechter Kräfte erforderlich. Sie bestehen meist aus diagonal angeordneten Brettern oder Bohlen, die das Stützenfeld zu einem unverschiebbaren Dreieck ausbilden. Dadurch wird die Standsicherheit der Schalung erhöht und die anfallenden waagerechten Kräfte (z. B. Schub aus Schrägstützen) können sicher aufgenommen und in den Untergrund abgeleitet werden.

Die Verschwertung muß Zug- und Druckkräfte aufnehmen!

5.14.3. Schalungsarten

Die Schalungsarten lassen sich wie folgt einteilen:
- **Systemlose Schalungen,**
- **Systemschalungen,**
- **Sonderschalungen.**

5.14.3.1. Systemlose Schalungen

Die systemlose Schalung wird häufig als Einzelschalung für Ortbeton hergestellt. Die Schalhaut besteht dabei aus Brettern oder Schaltafeln, die häufig nur wenige Male wiederverwendet werden können. Der Aufwand an Schalungsmaterial und Arbeitszeit ist sehr groß.

Die systemlose Schalung wird häufig zum Einschalen von Stahlbetonbalken und -stürzen, Massivdecken, Betonwänden und Stahlbetonsäulen angewendet.

Balken- und Sturzschalung

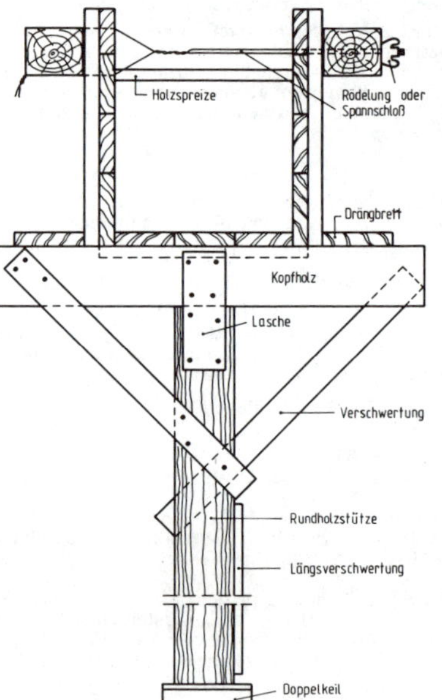

Balkenschalung mit mittlerer Unterstützung

5

5.14. Schalungsbau

Bei geringer Balkenbreite (bis 36,5 cm) genügt eine einreihige Anordnung der Schalungsstützen in der Querschnittsbreite. Die Stützen stehen auf Bohlen oder Bohlenstücken und werden verkeilt. Dadurch ist eine Ausrichtung der waagerechten Schalung in der Höhe möglich. Einreihige Schalungsstützen müssen eine Längs-, zweireihige Schalungsstützen eine Längs- und Querverschwertung erhalten. Am Kopfende haben die Schalungsstützen Brettlaschen, an die die querliegenden Kopfhölzer angenagelt werden. Diese tragen den Schalboden und die Seitenplatten. Die gesamten Schalungsteile bestehen aus Schalbrettern, die durch Brettlaschen zusammengehalten werden.

Der Schalungsboden liegt immer zwischen den Seitenplatten. Das Drängbrett soll ein Ausweichen der seitlichen Schalung im unteren Bereich verhindern. Im oberen Bereich wird der waagerechte Betondruck durch waagerecht verlaufende Kanthölzer, die miteinander verrödelt sind, aufgenommen.

Die Holzspreizen sollen einen gleichmäßigen Abstand der Seitenplatten gewährleisten. Sie werden kurz vor dem Betonieren herausgenommen.

Der Abstand der Rundholzstützen darf bei einreihiger Anordnung der Schalungsstützen maximal 70 cm betragen.

Bei breiten Stahlbetonbalken (Balkenbreite größer 36,5 cm) müssen zwei Stützen unter den Kopfhölzern angeordnet werden. Soll ein Plattenbalken eingeschalt werden, so ist die Unterstützung der Balkenschalung auch zur Unterstützung der Deckenschalung mit heranzuziehen. Dies geschieht durch Anordnung von Rundholz- oder Kantholzstützen zwischen Rahmen- und Kopfhölzern.

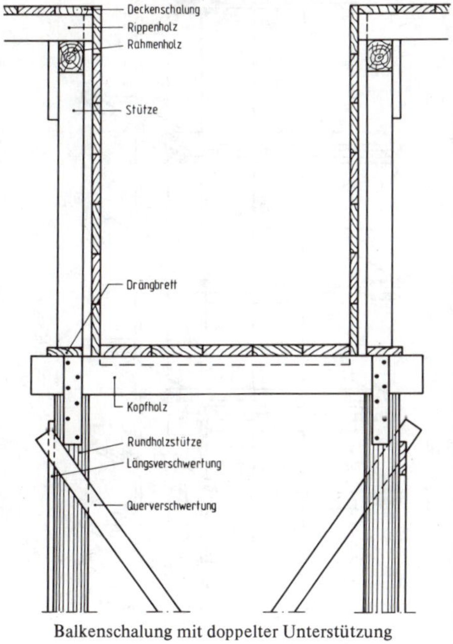

Balkenschalung mit doppelter Unterstützung

Stahlrohrstützen verringern erheblich den Zeitaufwand für das Einschalen von Stahlbetonbalken.

Die Balkenschalung wird hier durch eine jochähnliche Verbindung unterstützt, die in der Breite verstellbar ist und die Stützen miteinander verbindet.

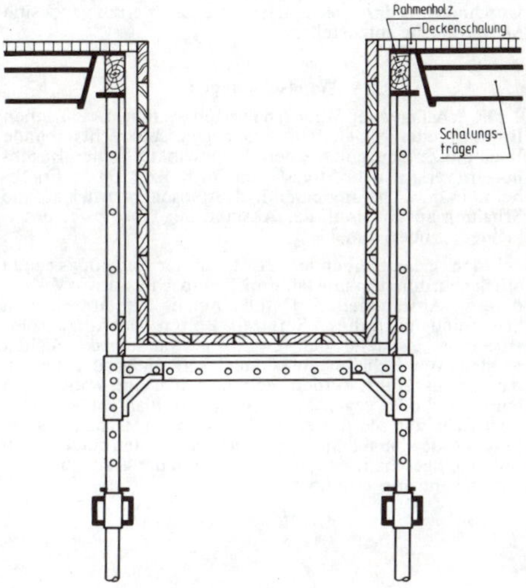

Balkenschalung mit Stahlrohrstützen

Deckenschalung

Eine Deckenschalung mit ebenem Schalungsboden ist für alle aus Ortbeton hergestellten Decken notwendig. Die Deckenschalung besteht aus der Schalhaut, den Schalungsträgern, den Gurthölzern und den Schalungsstützen (siehe Abb.). Für die Schalhaut verwendet man heut-

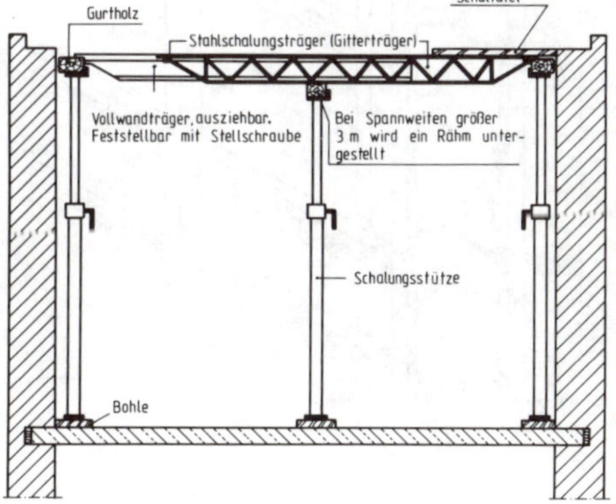

Beispiel für eine Deckenschalung

5

5

zutage Schalungsplatten, die auf die Schalungsträger (hochkantstehende Kanthölzer, ausziehbare Metallträger) aufgelegt werden. Paßstücke stellt man dabei aus Schalbrettern her. Die Schalungsträger lagern auf Gurt- oder Rahmenhölzern, diese wiederum werden von den Schalungsstützen (aus Stahl oder Holz) unterstützt.

Montage-Decken aus Platten-, Balken- oder Rippendecken erfordern keine Verschalung. Um während der Montage ein Durchbiegen der Deckenelemente zu vermeiden, sind Montagejoche aufzustellen.

Wandschalungen

Die Schalhaut von Wandschalungen besteht aus einzelnen Brettern oder Schaltafeln, die gegen senkrechtstehende Bogenhölzer genagelt werden. Rechtwinklig zu den Bogenhölzern verlaufen die Streck- oder Gurthölzer. Da der Frischbeton in der Schalung einen hydrostatischen Druck auf die Schalung ausübt, muß der Abstand der Gurthölzer unten kleiner als oben sein.

Einen gleichbleibenden Abstand der Schalungswände erhält man durch Spannstähle mit Spannschlössern in Verbindung mit Abstandhaltern. Darüber hinaus können die beiden Schalwände auch durch Spreizen, Bolzen oder kurze Rohrstücke im Abstand der jeweiligen Wanddicke gehalten werden. Wandschalungen können einhäuptig oder doppelhäuptig ausgeführt werden: Betoniert man eine Wand gegen ein Bauteil oder gegen Erdreich, spricht man von **einhäuptiger Schalung,** da nur eine Wandseite eingeschalt werden muß. Bei der **doppelhäuptigen Schalung** werden beide Wandseiten eingeschalt. Stets muß die Schalungskonstruktion ausreichend ausgesteift werden.

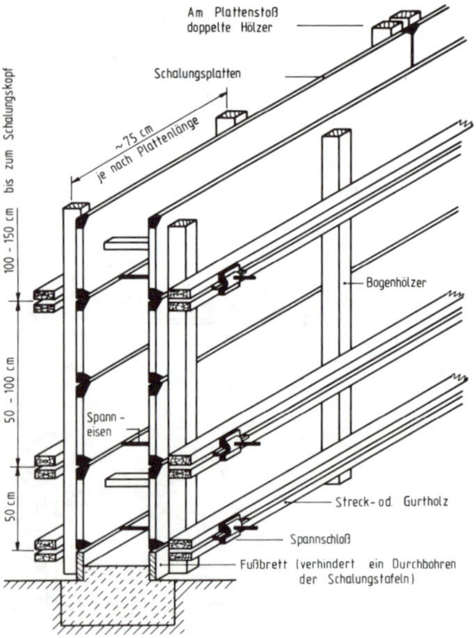

Beispiel einer doppelhäuptigen Wandschalung

Stützenschalung

Für rechteckige oder quadratische Stützenquerschnitte verwendet man häufig die gleichen Schalungselemente wie für Balken und Wände. Die einzelnen Schalelemente bestehen oft aus selbstgefertigten Schildern, die durch Säulenzwingen zusammengehalten werden.

Bei Stützen mit großen Querschnitten bestehen die Säulenzwingen aus Kanthölzern, die an den überstehenden Enden durch Spannstangen zusammengehalten werden.

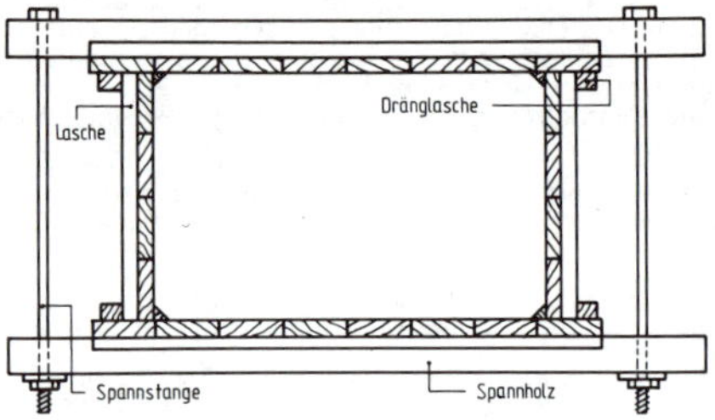

Spannstangen bei Stützen mit großem Querschnitt

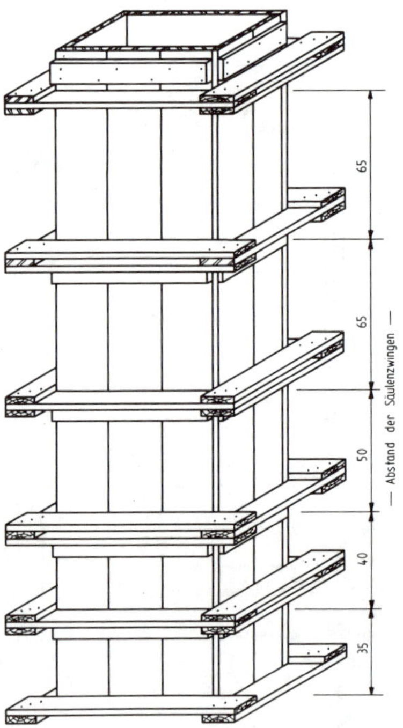

Beispiel einer Stützenschalung aus Holz

5.14. Schalungsbau

Da der Frischbeton auch gegenüber einer Säulenschalung einen hydrostatischen Druck ausübt, müssen die Säulenzwingen im unteren Drittel der Stütze enger angeordnet werden.

Nach DIN 1045 (7.88) sind am Stützenfuß **Reinigungsöffnungen** vorzusehen.

In letzter Zeit werden immer häufiger **Systemschalungen** aus Stahl oder Leichtmetall in Verbindung mit Holz für Schalarbeiten verwendet. Mit Hilfe solcher Spezialschalungen lassen sich alle gewünschten Stützenquerschnitte einschalen. Dabei unterscheidet man zwei Konstruktionsprinzipien:

- **Schalhaut und Unterstützung bilden ein Element.**

  Die Schalung besteht hier aus einem Stahlrahmen mit eingebauter Schalhaut, diese wiederum aus einer oberflächenvergüteten Mehrschichtenplatte. Die einzelnen Schalelemente können auf- oder nebeneinander gestellt und durch entsprechende Vorrichtungen schnell miteinander verriegelt werden.

- **Schalhaut und Unterstützung sind getrennt.**

  Die Schalhaut, bestehend aus oberflächenvergüteten Mehrschichtplatten wird durch senkrecht gestellte Holzgitterträger unterstützt, die ihrerseits durch besonders ausgebildete Stahlriegel zusammengehalten werden.

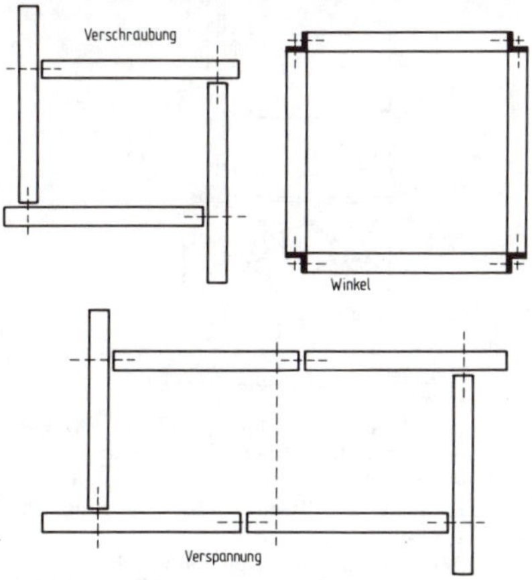

Standardisierte Schalungselemente, bei denen Schalhaut und Unterstützung ein Element bilden, können auf die verschiedenste Art miteinander verschraubt oder verspannt werden.

5.14.3.2. Systemschalungen

Bei Systemschalungen bestehen die Schalungselemente aus vorgefertigten, standardisierten Schalungselementen, die durch eingebaute Vorrichtungen schnell und sicher miteinander verriegelt werden können. Man unterscheidet ebene Großflächenschalungen und räumliche Schalungen.

Ebene Großflächenschalungen, die bis zu 30 m^2 groß sein können, verwendet man zum Einschalen von Wänden und Decken.

Räumliche Schalungen bestehen aus Wand- und Deckenschalung. Diese Art von Schalung ist nur wirtschaftlich, wenn sie häufig eingesetzt werden kann (z. B. bei der Zellenbauweise).

5.14.3.3. Sonderschalungen

Zu dieser Schalungsart gehören z. B. die Kletterschalung, die Gleitschalung und die Wanderschalung. Meist werden Sonderschalungen zum Erstellen von hohen Bauteilen oder von außergewöhnlichen Bauvorhaben (Staumauern, Tunnelbau, Fahrstuhlschächte usw.) verwendet.

5.14.4. Einschalen

Das Einschalen umfaßt die Vorbehandlung, das Herstellen und die Pflege der Schalung.

Vor der Wiederverwendung sind Schalungen von Schmutzteilchen zu säubern und gegebenenfalls mit Trennmitteln zu behandeln, damit später ein leichtes Ausschalen und eine glatte Betonoberfläche gewährleistet sind.

Zunächst wird beim Herstellen einer systemlosen Schalung die Tragkonstruktion aufgestellt und verschwertet, damit diese nicht umstürzen kann. Anschließend beginnt dann das Verlegen der Schalhaut. Stets ist darauf zu achten, daß bei Wand-, Balken- und Sturzschalungen die seitlichen Schalungselemente den gleichen Abstand haben. Dies kann man z. B. durch den Einbau von Spreizen und Schalungsankern erreichen.

Bei der Verwendung von Schalungsankern kann man die Wanddicke mit Hilfe des Mittelbolzens und der dazugehörenden Metallkonusse genau festlegen. Anschließend wird der Schalungsanker zur besseren Verspannung auf beiden Seiten der Schalung verschraubt. Eine Wiederverwendung des Mittelbolzens ist möglich, wenn man diesen in ein Hüllrohr steckt.

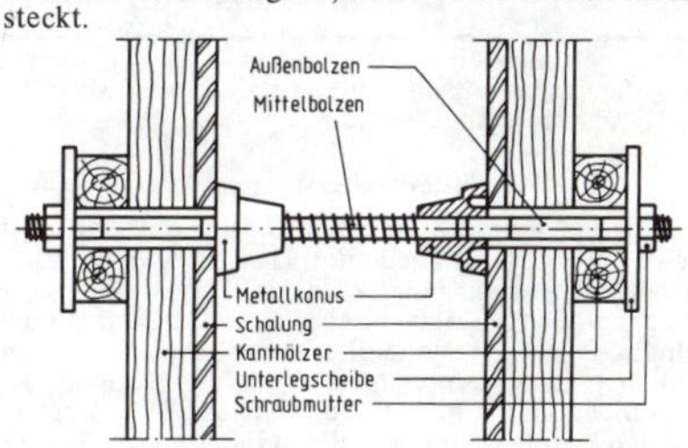

Verspannung einer Schalung mit Schalungsanker

Die Schalhaut muß so dicht verlegt werden, daß beim Betonieren kein Beton aus den Fugen fließen kann. Darüber hinaus darf sich die Schalung durch das Betongewicht nicht verformen. Stets ist darauf zu achten, daß die Schalung wieder gefahrlos abgebaut werden kann.

5.14.5. Ausschalen

Mit den Ausschalarbeiten darf erst begonnen werden, wenn der Beton ausreichend erhärtet ist. DIN 1045 (7.88) gibt zu diesem Zweck folgende Anhaltswerte:

Zementfestigkeitsklasse	Für seitliche Balkenschalung und Wände Tage	Für die Schalung der Deckenplatten Tage	Rüstung der Platten/Balken Tage
25	4	10	28
35 L	3	8	20
35 F und 45 L	2	5	10
45 F und 55	1	3	6

5

5.15. Entwässerung

5.15.1. Allgemeines

Bei der Planung von Gebäuden und Wohnsiedlungen spielt die Beseitigung der anfallenden Abwässer in hygienischer und wirtschaftlich tragbarer Weise eine ebenso große Rolle, wie die Versorgung mit Trinkwasser. Dabei gibt es zwei Möglichkeiten der Entwässerung:

- Alle Abwässer werden an ein öffentliches Abwassernetz angeschlossen,
- Die Abwässer werden örtlich beseitigt.

Den Anschluß der Abwässer an ein öffentliches Abwassernetz bezeichnet man als Schwemmkanalisation. In diesem Fall werden die Abwässer zu Sammelkläranlagen geleitet und dort zentral mechanisch oder biologisch gereinigt. Anschließend wird das bakteriologisch unschädliche Wasser häufig in Gewässer geleitet, oder man läßt es versickern.

Die ordnungsgemäße Beseitigung des Abwassers in einem Gebäude einschließlich des Anschlusses der Abwasserleitung an den Straßenkanal liegt im Verantwortungsbereich des Bauherrn und seines Architekten.

Ist keine Möglichkeit vorhanden, die Abwässer eines Gebäudes an die Schwemmkanalisation anzuschließen, müssen Bauherr und Architekt für Reinigung und Beseitigung des Abwassers (= Klären) selbst sorgen. In diesem Fall muß die örtliche Abwasserbeseitigung durch eine Kleinkläranlage vorgenommen werden.

5.15.2. Schwemmkanalisation

Das städtische Entwässerungsnetz kann als Mischsystem oder Trennsystem angelegt sein.

Mischsystem

Bei diesem Verfahren werden sämtliche Abwässer durch ein einziges Rohrnetz abgeleitet. Das Mischsystem ist in der Rohrnetzanlage zwar billiger als das Trennsystem, erfordert aber sehr große Sammelkläranlagen. Darüber hinaus besteht bei heftigem Regen die Gefahr des Rückstaus, weil in den Kanal auch das gesamte auf den Straßen anfallende Regenwasser fließt. Daher besteht beim Mischsystem trotz Sicherheitsvorkehrungen immer die Gefahr von Kanalüberschwemmungen.

Bei Neuanlage eines Kanalisationsnetzes wird heute aus den dargelegten Gründen das Trennsystem bevorzugt.

Trennsystem

Bei diesem Verfahren wird das Regenwasser direkt in den nächsten Vorfluter geleitet, während die übrigen Abwässer in die nun kleiner zu bemessende Kläranlage gelangen. Das Schmutzwassernetz ist leichter zu erweitern.

In die Leitungen der Stadtentwässerung (Misch- wie Trennsystem) dürfen nicht eingeleitet werden:

- Abwässer, die feuergefährliche Stoffe enthalten, z. B. Benzin, Öle usw.,
- Abwässer mit hohem Fett- oder Säurengehalt,
- Abwässer mit Temperaturen über 35 °C,
- Sand, Asche, Müll usw.

Bei der Erstellung eines Gebäude-Entwässerungsplanes zwingen diese Vorschriften oft zu besonderen Vorkehrungen, z. B. Einbau eines Benzinabscheiders bei Garagen, besondere Vorkehrungen bei der Beseitigung von Abwässern aus Laboratorien und Großküchen.

Die Straßenkanäle bestehen bei kleineren Querschnitten aus Steinzeug- oder Betonrohren, bei größeren Querschnitten auch aus Klinkermauerwerk.

Vom Straßenkanal aus wird der Anschlußkanal möglichst gradlinig bis zum Reinigungsschacht auf dem privaten Baugrundstück geführt. Der Reinigungsschacht sollte entweder unmittelbar hinter der Grundstücksgrenze (i. d. R. 1 m) oder im Gebäude selbst im Hausanschlußkeller liegen.

Im Anschluß an den Reinigungsschacht beginnt die Grundleitung, d. h. der private Teil der Entwässerungsanlage.

Der Anschlußkanal einschließlich des Reinigungsschachtes wird vom städtischen Tiefbauamt in Auftrag gegeben.

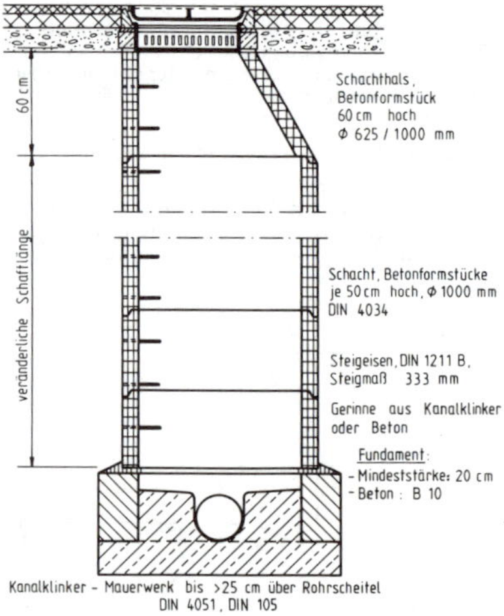

Muster eines Reinigungsschachtes

Im Mischsystem müssen die Regenwasserleitungen vor dem Reinigungsschacht zu einer Mischwasserleitung zusammengeführt werden.

Im Trennsystem müssen zwei Reinigungsschächte angeordnet werden.

Im Straßenkanal sind in Abständen von 40 m Revisions- oder Prüfschächte eingebaut. Von diesen Prüfschächten aus werden die Abzweigungen der Anschlußkanäle quotiert. Aus den Höhenlagen von Straßenkanal- und Kellersohle ergibt sich das Gefälle der Grundleitungen und des Anschlußkanals. Dieses soll i. d. R. 2% betragen und 1% nicht unterschreiten. Die Einhaltung dieses Gefälles ist im allgemeinen unproblematisch, wenn das Haus an einer bereits bebauten und ausgebauten Straße liegt.

5.15.3. Planung des Anschlusses

Grundlage für das richtige Planen einer Hausentwässerungsanlage ist DIN 1986 Teil 1 und 2: Entwässerungsanlagen für Gebäude und Grundstücke, Techn. Bestimmungen für den Bau. Daneben sind aber auch die Auflagen und Bestimmungen der örtlichen Tiefbauämter zu beachten. Der Architekt muß sich daher vor Beginn der Entwurfsarbeiten beim Bauamt über folgende Punkte informieren:

5.15. Entwässerung

- Höhe der Kanalsohle (angegeben in NN),
- Art des Entwässerungssystems,
- Lage und Gefälle des vom Tiefbauamt ausgeführten Anschlußkanals,
- Lage der Prüfschächte,
- Höhequoten der Straßenoberfläche, evtl. auch der Außenanlagen.

Zur Genehmigung eines Bauvorhabens müssen zusammen mit den Bauplänen folgende **Entwässerungsplanunterlagen** eingereicht werden:

Lageplan mit Eintragung von
- Straßenkanälen,
- Anschlußkanal,
- Reinigungsschacht,
- evtl. Prüfschächten.

Plan des Kellergeschosses (Maßstab 1 : 100) mit
- Anschlußkanal,
- Reinigungsschacht,
- Grundleitungen; das sind die unter dem Kellerfußboden verlegten Leitungen, an die die senkrechten Fall-Leitungen angeschlossen werden,
- Fall-Leitungen.

Darüber hinaus müssen im Kellergeschoß-Plan alle Teile der Entwässerungsanlage nach Material und Dimension angegeben werden.

Außer dem Lageplan und dem Grundleitungsplan müssen noch eingereicht werden:
- Normalgeschoß-Grundriß (Maßstab 1 : 100) mit Eintragung der Entwässerungsgegenstände,
- Schnitt (Maßstab 1 : 100).

Die Schnittführung soll in Richtung der Hauptgrundleitung vorgenommen werden. Es sind einzutragen:

Zu entwässernde Einrichtungsgegenstände, Fall-Leitungen, Entlüftungsleitungen, Dachrinnen, Regenfall-Leitungen (sämtl. mit ∅-Angabe).

In den Zeichnungen sind darzustellen:
- schwarz: vorhandene Anlagen,
- rot: Mauerwerk im Schnitt,
- braun: Steinzeugrohre,
- blau: Graugußrohre, Einrichtungsgegenstände (z. B. Waschbecken usw.)
- gelb: Bleirohre,
- zinnoberrot: Zinkrohre,
- grau: Beton- und Zementrohre,
- gelb durchstreichen: wegfallende Leitungen und Bauteile.

Darüber hinaus sind die in DIN 1986 T. 1 S. 9 gegebenen Sinnbilder zu verwenden. Laut DIN 1986 (6.88) werden für die Sinnbilder der Entwässerungsanlage folgende Linienbreiten vorgeschrieben:

Sanitärausstattungsgegenstände:
0,5 mm für den Maßstab 1 : 50
0,25 mm für den Maßstab 1 : 100

Linienbreiten für Rohrleitungen:
1,0 mm für den Maßstab 1 : 50
0,5 mm für den Maßstab 1 : 100

Schriftgröße (Schriftform B, gerade):
5,0 mm für den Maßstab 1 : 50
2,5 mm für den Maßstab 1 : 100.

Wichtige Sinnbilder und Zeichen für Entwässerungsanlagen DIN 1986 (6.88) s. rechte Spalte.

Lfd. Nr.	Benennung	Grundriß	Aufriß	Bemerkung
1	Abwasserleitungen			
1.1	Schmutzwasserleitung			Druckleitung wird mit DS gekennzeichnet
1.2	Regenwasserleitung			Druckleitung wird mit DR gekennzeichnet
1.3	Mischwasserleitung			
1.4	Lüftungsleitung beginnend und aufwärtsverlauf.			
1.5	Fall-Leitung		Je nach Leitungsart	
1.6	Richtungshinweise a) hindurchgehend b) beginnend und abwärtsverlauf. c) von oben kommend u. endend d) beginnend u. aufwärtsverlaufend	a) b) c) d)	Je nach Leitungsart	
1.7	Werkstoffwechsel			
1.8	Reinigungsrohr			
1.9	Nennweitenänderung	100 125	100 125	
1.10	Geruchsverschluß			
2	Abläufe, Abscheider, Hebeanlagen, Schächte			
2.1	Ablauf ohne Geruchsverschluß			
2.2	Ablauf mit Geruchsverschluß			
2.3	Ablauf mit Rückstauverschluß			
2.4	Hofablauf mit Geruchsverschluß			
2.5	Schlammfang	S	S	
2.6	Fettabscheider	F	F	
2.7	Benzinabscheider	B	B	
2.8	Heizölabscheider	H	H	
2.9	Heizölsperre	HSp	HSp	
2.10	Heizölsperre mit Rückstauverschluß	HSp	HSp	
2.11	Rückstauverschluß für fäkalienfreies Abwasser			
2.12	Rückstauverschluß für fäkalienhaltiges Abwasser			
2.13	Schacht mit offenem Durchfluß			
2.14	Schacht mit geschloss. Durchfluß			
2.15	Ausgußbecken			
2.16	Doppelspüle			

5

5.15. Entwässerung

5.15.4. Verlegen von Leitungen

Allgemeine Bestimmungen

Liegende Leitungen sind mit Gefälle zu verlegen, das nicht größer als 1:20 sein soll. Richtungsänderungen von Grund- oder Sammelleitungen dürfen nur mit 15°-, 30°- und 45°-Bögen ausgeführt werden.

Eine Leitung darf in Fließrichtung nicht in eine solche mit geringerem Querschnitt eingeleitet werden. Bei Übergängen auf größere Querschnitte müssen Übergangsformstücke verwendet werden.

Das Mindestgefälle von Leitungen muß nach DIN 1986 Teil 1 (6.88) betragen:

- Für Schmutzwasserleitungen und Mischwasserleitungen innerhalb von Gebäuden:
  1:50 bei DN bis 100 mm,
  1:66,7 bei DN = 125 mm und 150 mm,
  1:DN/2 ab DN = 200 mm.
- Für Regenwasserleitungen innerhalb von Gebäuden:
  1:100 bei DN bis 100 mm, 125 mm, 150 mm,
  1:DN/2 ab DN = 200 mm.

Grundleitungen werden unter dem Kellerfußboden verlegt. Vorsicht beim Kreuzen einer Grundleitung mit einem Fundament! Rohr nicht fest in den Beton einbetonieren! Außerhalb des Gebäudes sollen die Grundleitungen in frostfreier Tiefe parallel zu den Außenwänden verlegt werden, um ein evtl. Aufgraben zu erleichtern.

Falleitungen

Falleitungen für Schmutzwasser sollen nach Möglichkeit an den Innenwänden frostfrei und gradlinig durch die einzelnen Geschosse geführt werden. Etwa 40 cm über dem Kellerfußboden, unmittelbar vor dem Übergang in eine Sammel- oder Grundleitung ist in die Falleitung eine Reinigungsöffnung einzubauen.

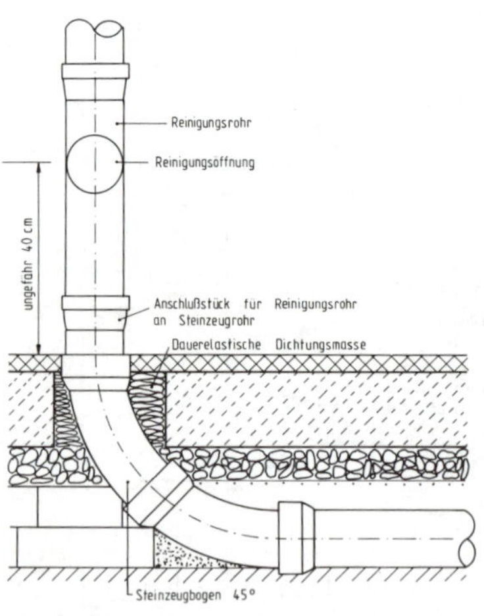

Anschluß eines Schmutzwasser-Fallrohres an die Grundleitung

Falleitungen für Regenwasser sollen im allgemeinen an den Außenseiten des Gebäudes verlegt werden. In die Regenfallrohre darf kein Schmutzwasser eingeleitet werden. Die Regenfallrohre sind in Sockelhöhe (bis 1,5 m) aus Grauguß herzustellen und können unter der Erde aus Steinzeug bestehen.

Sollen Regenfalleitungen im Inneren des Gebäudes verlegt werden, so sind sie aus den für Abwasserleitungen angegebenen Bauteilen auszuführen (siehe hierzu DIN 1986 Teil 4) und mindestens im oberen Geschoß gegen Schwitzwasser zu sichern.

Entlüftung

Alle Fall- und Grundleitungen müssen entlüftet werden, damit das Abwasser schnell abfließen kann und sich keine Sinkstoffe ablagern. Darüber hinaus verhindert diese Maßnahme ein Leersaugen der Geruchverschlüsse.

Zur Entlüftung muß jede Falleitung als Lüftungsleitung bis über Dach geführt werden. Grund- und Sammelleitungen in Gebäuden ohne Falleitung sind mit einer Lüftungsleitung zu versehen.

Reinigungsöffnungen

Reinigungsöffnungen sind an folgenden Stellen einzubauen:

- Am oberen Ende der Sammelanschlußleitungen von Reihenanlagen, als Reinigungs- u. Rohrendverschlüsse,
- In Falleitungen und im lotrechten Teil von Sammelleitungen unmittelbar vor dem Übergang in eine Sammel- oder Grundleitung,
- In Grundleitungen als Reinigungsrohre oder Reinigungsverschlüsse,
- In Grundleitungen vor Richtungsänderungen in der Leitungsführung von 45° und mehr.

In Arbeitsräumen von Bäckereien, Fleischereien, Lebensmittel-Lagerräumen usw. dürfen keine Reinigungsöffnungen eingebaut werden.

Reinigungsöffnungen müssen so eingebaut werden, daß sie ständig zugänglich bleiben können.

Prüfschächte

Prüfschächte mit Reinigungsöffnungen werden in den Hauptgrundleitungen unmittelbar hinter der Grundstücksgrenze, jedoch höchstens 15 m vom Straßenkanal entfernt, ferner mindestens alle 40 m und vor Richtungsänderungen in der Leitungsführung von 45° und mehr gefordert. Darüber hinaus müssen auch alle Bodenabläufe eine sichtbar anzuordnende luft- und wasserdicht zu verschließende Reinigungsöffnung erhalten.

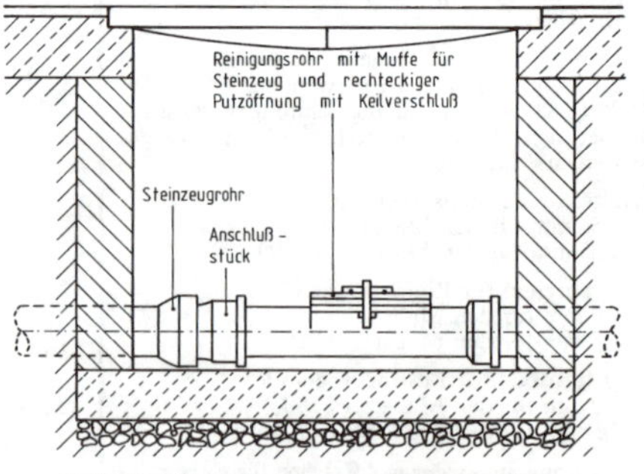

Prüfschacht mit Reinigungsöffnung im Keller

5.15. Entwässerung

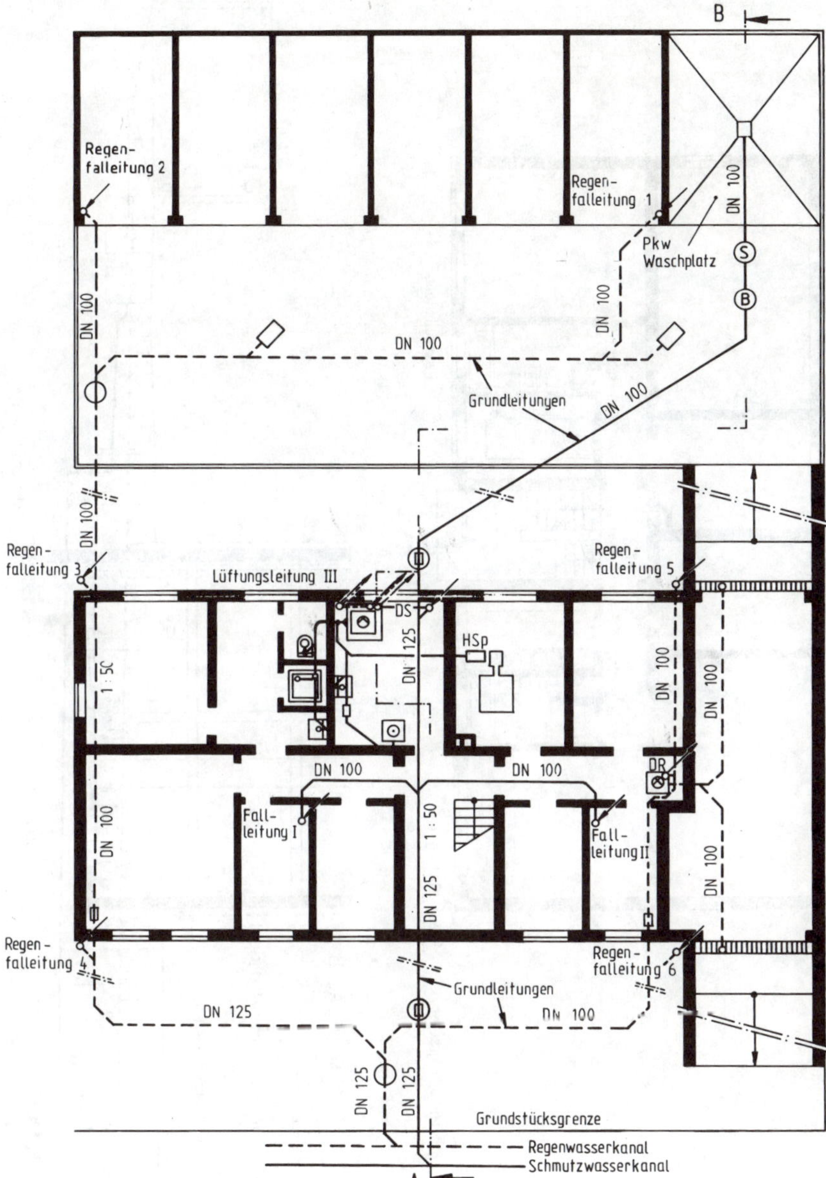

Kellergeschoß mit Grund- und Sammelleitungen sowie Abwasserhebeanlagen beim Trennverfahren

5

5.15. Entwässerung

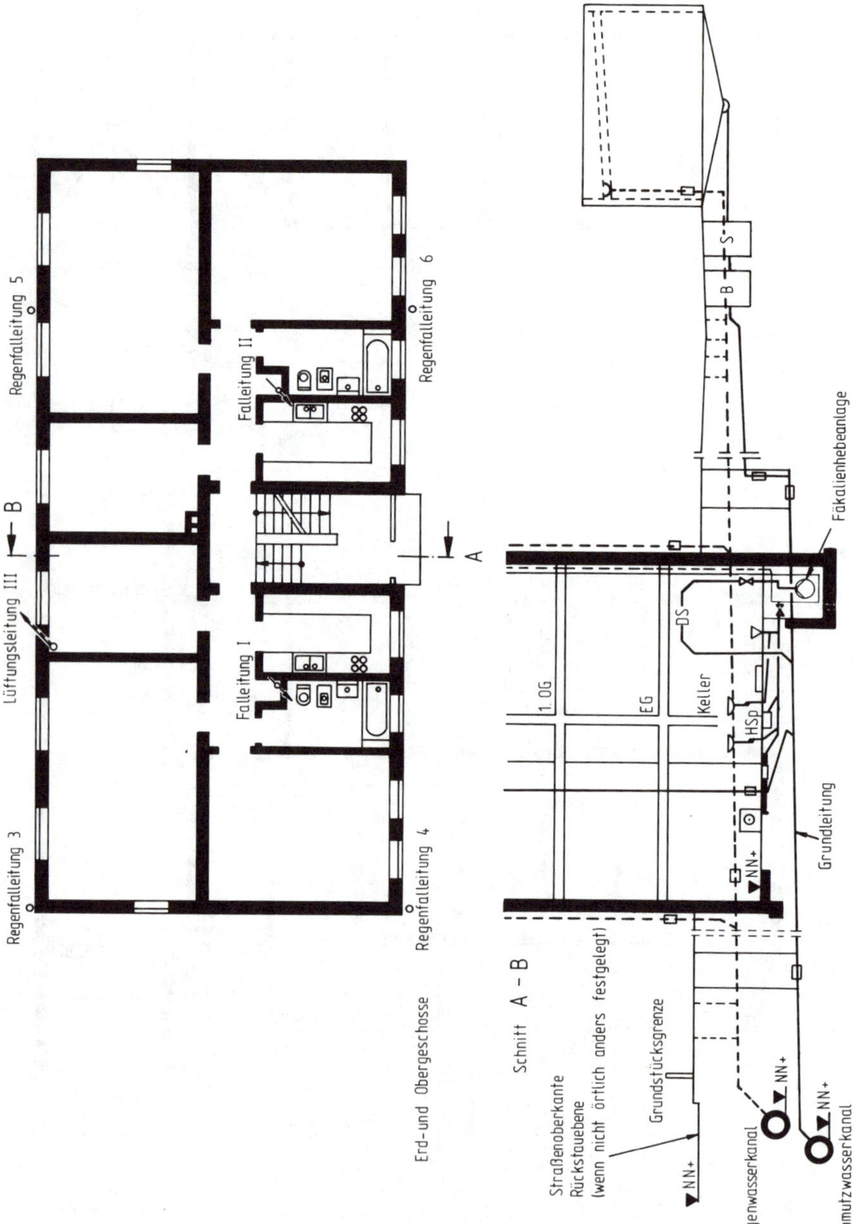

Leitungsschema zum Grundriß auf S. 5-87

6. Darstellungstechnik/Bauzeichnen

6.1. Geometrische Konstruktionen

6.1.1. Grundbegriffe der Geometrie

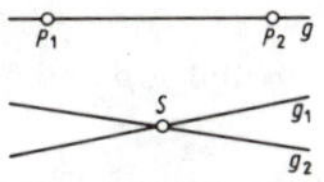

Gerade g
- nach beiden Seiten hin unbegrenzt
- durch 2 voneinander verschiedene Punkte eindeutig bestimmt

S = Schnittpunkt der Geraden g_1 und g_2

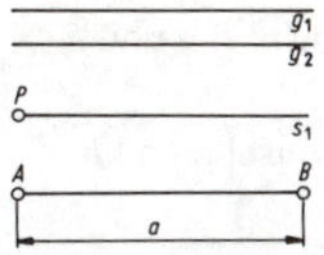

g_1 und g_2 liegen parallel zueinander $g_1 \parallel g_2$

Strahl s_1 = Halbgerade = einseitig begrenzt

Strecke $\overline{AB} = a$ = zweiseitig begrenzt = kürzeste Verbindung zwischen 2 Punkten

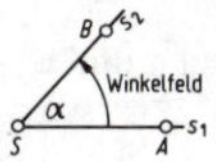

Winkel $\alpha = \sphericalangle ASB = \sphericalangle(\overline{s_1, s_2})$
$\overline{S}$ = Gemeinsamer Begrenzungspunkt = Scheitelp.
$\overline{AS}$ und $\overline{BS}$ = Strahlen = Schenkel
Drehung des Strahles s um seinen Begrenzungspunkt S

Nullwinkel $\alpha = 0°$

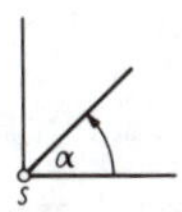

Spitzer Winkel $0° < \alpha < 90°$

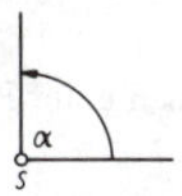

Rechter Winkel $\alpha = 90° = 100^g$

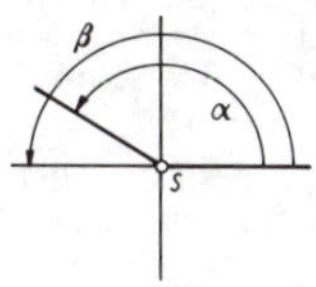

Stumpfer Winkel $90° < \alpha < 180°$

Gestreckter Winkel $\beta = 180° = 200^g$

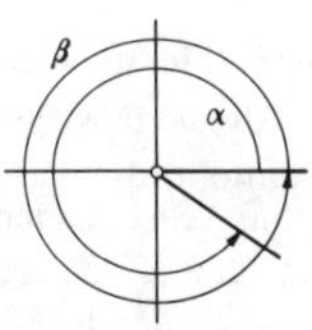

Überstumpfer Winkel $180° < \alpha < 360°$

Vollwinkel $\beta = 360° = 400^g$

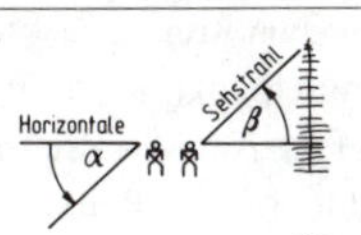

α = Neigungswinkel
= Senkungswinkel
= Tiefenwinkel
β = Erhebungswinkel
= Höhenwinkel

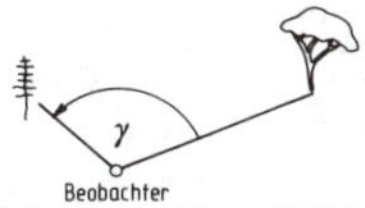

γ = Sehwinkel

6

6.1. Geometrische Konstruktionen

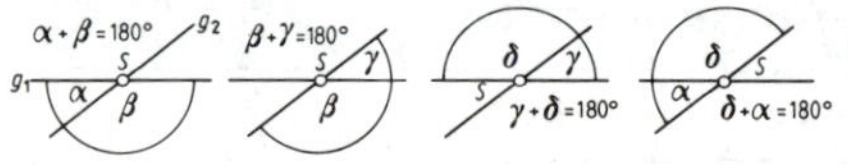	Nebenwinkel α u. β, β u. γ, γ u. δ, δ u. α
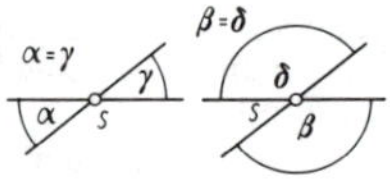	Scheitelwinkel α und γ, β und δ
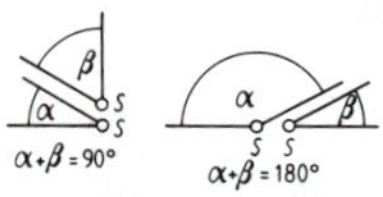	Komplementwinkel α und β Supplementwinkel α und β
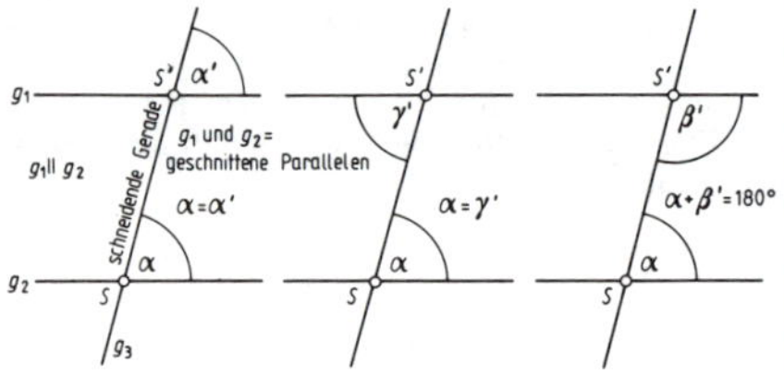	Stufenwinkel α und α' Wechselwinkel α und γ' Entgegengesetzte Winkel α und β'
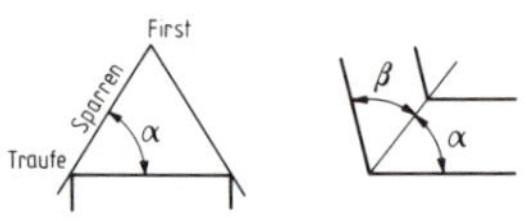	Neigungswinkel eines Satteldaches Gehrungswinkel einer Eckverbindung
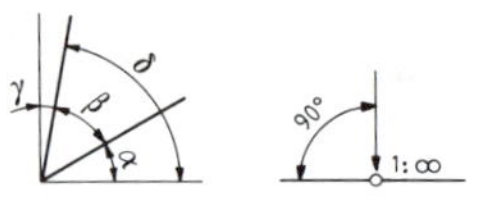	Winkel an Werkzeugschneiden α = Freiwinkel γ = Spanwinkel β = Keilwinkel δ = Schnittwinkel Ein ruhig hängendes Lot bildet mit einer waagerechten Geraden einen rechten Winkel.
(Winkelmeßgeräte siehe auch Kap. 5.1. „Vermessungskunde")	**Winkelmeßgeräte:** (hier nicht dargestellt) Winkelmesser (Altgrad bzw. Neugrad). Theodolit = Fernrohr, drehbar um eine waagerechte u. lotrechte Achse; Fadenkreuz, Skalen.
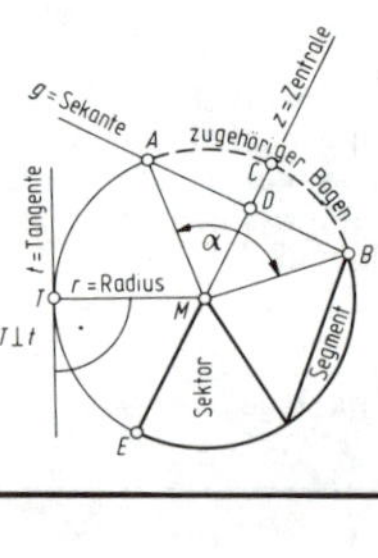	**Bezeichnungen am Kreis:** M = Kreismittelpunkt; α = Mittelpunktswinkel $\overset{\frown}{AB}$ = Teil der Kreislinie = Kreisbogen b $\overline{AB}$ = Verbindung von 2 Punkten der Kreislinie = Kreissehne s $\overline{CE}$ = Sehne durch M = Kreisdurchmesser d Segment = Kreisabschnitt Sektor = Kreisausschnitt

6.1. Geometrische Konstruktionen

6.1.2. Dreiecke

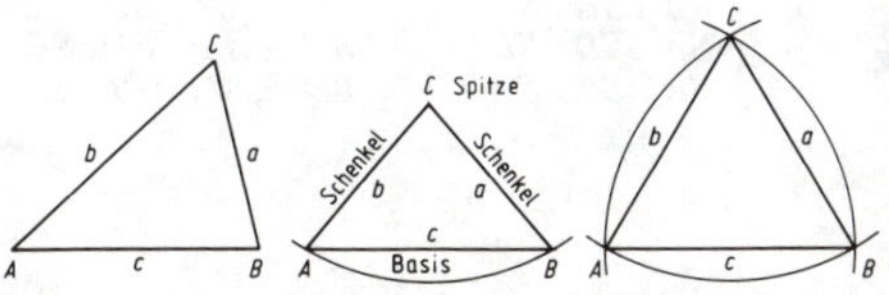

Im Dreieck hat jede Seite zwei Anwinkel und einen Gegenwinkel; jeder Winkel hat zwei einschließende Seiten und eine Gegenseite.

Einteilung der Dreiecke nach den Seiten

Ungleichseitiges Dreieck	$a \neq b \neq c$
Gleichschenkliges Dreieck	$a = b \neq c$
Gleichseitiges Dreieck	$a = b = c$

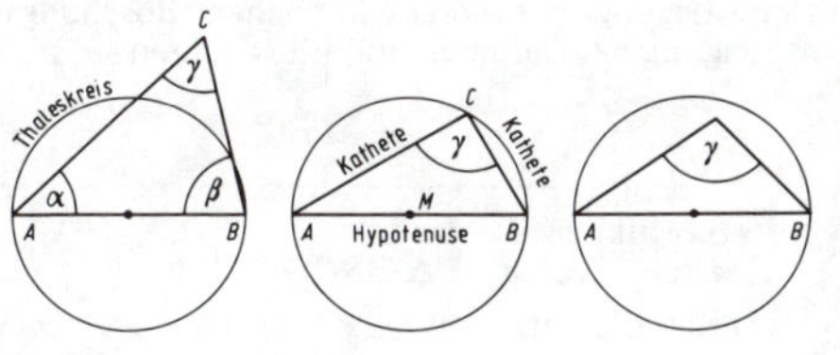

Einteilung der Dreiecke nach den Winkeln

Spitzwinkliges △	$\alpha < 90°, \beta < 90°, \gamma < 90°$
Rechtwinkliges △	$\gamma = 90°$
Stumpfwinkliges △	$\gamma > 90°$

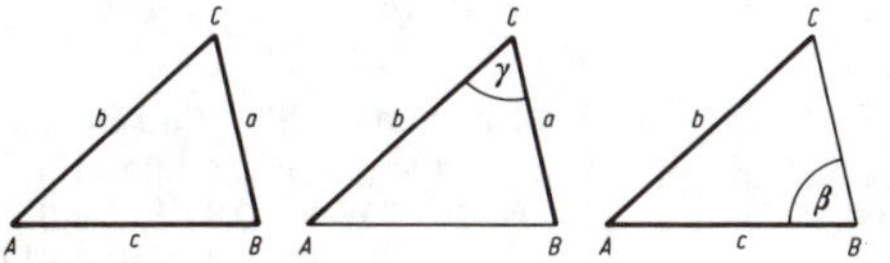

Kongruenzfälle (Deckungsgleichheit)

3 Seiten	a, b, c SSS-Satz
2 Seiten und Zwischenwinkel	a, b, γ SWS-Satz
2 Seiten und Gegenwinkel	b, c, β
Fall I.	$b > c$ SSW-Satz
II.	$b = c$ SWW-Satz
III.	$b < c$ 2, 1 oder keine Lösung

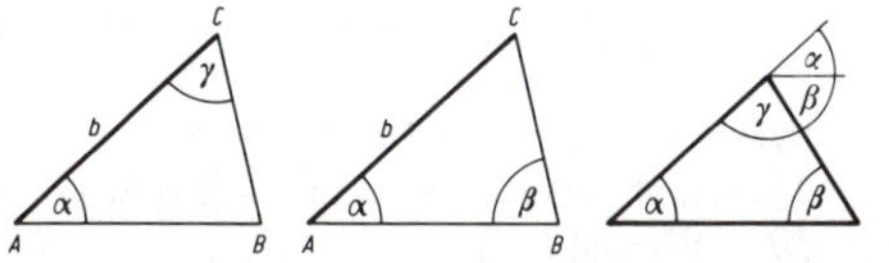

1 Seite und 2 Winkel	b, α, γ WSW-Satz
1 Seite und 2 Winkel	b, α, β SWW-Satz

Summe der 3 **Innenwinkel** = 180° oder 2 R

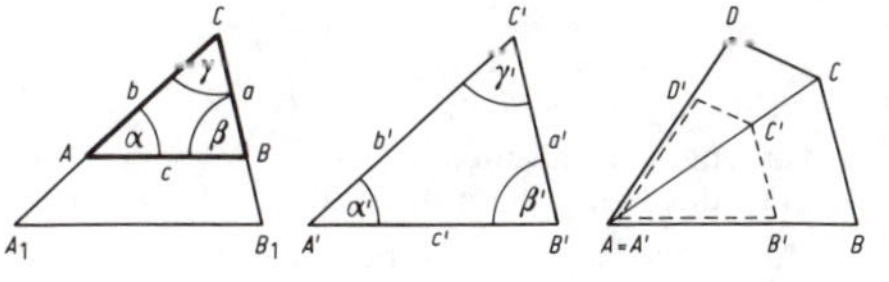

Ähnlichkeitsbeziehungen $\triangle ABC \sim \triangle A_1B_1C$

Ähnliche Figuren haben dieselbe Form oder Gestalt; sie sind formgleich.

$a' : a = k$ = Maßstab = Bildstr.: Originalstrecke
$k > 1$ heißt Vergrößerung
$k < 1$ heißt Verkleinerung

(1) $a' : a = b' : b = c' : c = k$
(2) $a' : a = b' : b$ und $\gamma' = \gamma$
(3) $\beta' = \beta$ und $\gamma' = \gamma$
(4) $a' : a = c' : c$ und $\gamma' = \gamma$ $(c > a)$

Zerlegung eines Vielecks in Dreiecke

6

6.1. Geometrische Konstruktionen

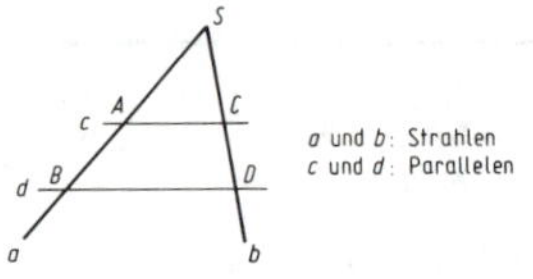

Strahlensätze = Proportionallehrsätze

$$\frac{SA}{SB} = \frac{SC}{SD} \qquad \text{und} \qquad \frac{AC}{BD} = \frac{SA}{SB}$$

$$SA = SB \cdot SC : SD \qquad SA = AC \cdot SB : BD$$
$$SB = SA \cdot SD : SC \qquad SB = SA \cdot BD : AC$$
$$SC = SA \cdot SD : SB \qquad AC = SA \cdot BD : SB$$
$$SD = SB \cdot SC : SA \qquad BD = AC \cdot SB : SA$$

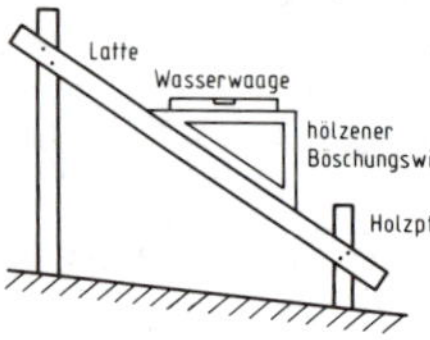

Böschungslehre

Festlegung der vorgeschriebenen Böschungsneigung bei Dämmen und Einschnitten

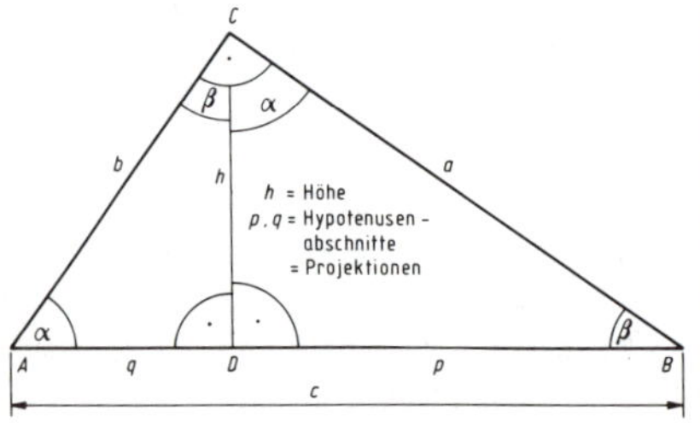

Rechtwinkliges Dreieck

$\triangle ABC \sim \triangle ADC \sim \triangle DBC$

(1) Kathetensatz (Euklid) $\quad c : a = a : p \qquad a^2 = cp$
$\qquad c : b = b : q \qquad b^2 = cq$

(2) Höhensatz $\quad p : h = h : q \qquad h^2 = pq$

(3) Pythagoras-Satz $\quad \frac{\triangle DBC}{\triangle ABC} = \frac{a^2}{c^2} \qquad \frac{\triangle ADC}{\triangle ABC} = \frac{b^2}{c^2}$

$$c^2 = a^2 + b^2$$

Pythagoräische Zahlen (rechter Winkel)

a	3	5	15	7	21	9	0,6	1,2	1,0
b	4	12	8	24	20	40	0,8	1,6	1,0
c	5	13	17	25	29	41	1,0	2,0	1,414

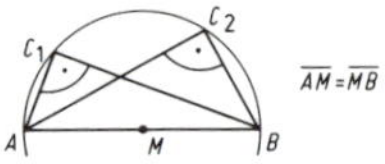

Satz des Thales: Der Winkel im Halbkreis = 90°

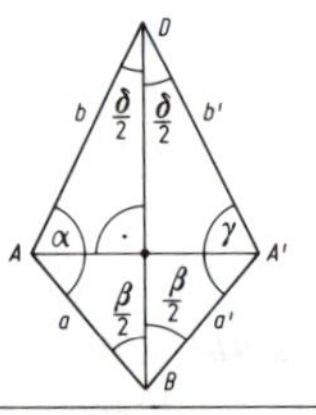

Symmetrieachse eines Drachenvierecks

2 gleichschenklige △ mit gemeinsamer Basis

DB = Verbindungslinie:
- halbiert die Winkel in der Spitze β, δ
- halbiert die gemeinsame Basis AA'
- steht senkrecht auf der Basis

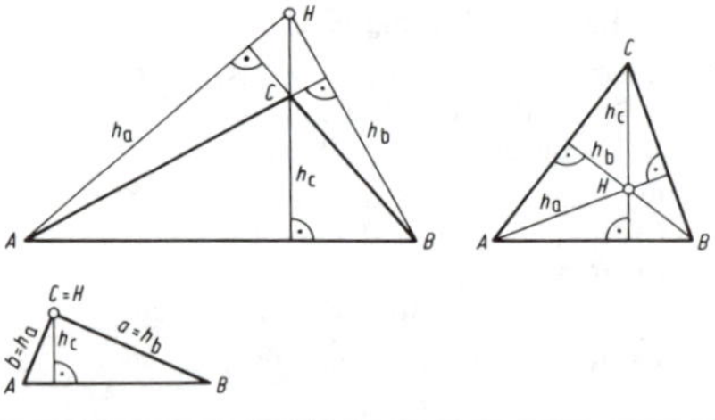

Höhenkonstruktionen

Lage des Höhenschnittpunktes

stumpfwinkliges △ → außerhalb des △
spitzwinkliges △ → innerhalb des △
rechtwinkliges △ → im Scheitelpunkt des rechten Winkels

6.1. Geometrische Konstruktionen

6.1.3. Streckenteilungen, Winkelkonstruktionen[1])

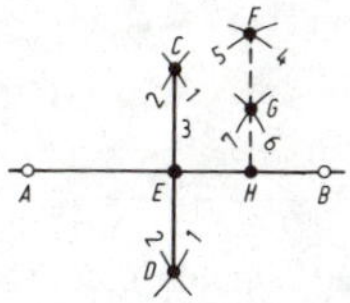

Streckenhalbierung (Viertelung)

Gegeben: Strecke $\overline{AB}$. Lösung: (1, 2) Kreise um A und B mit r $(r > \frac{AB}{2}) \to C$ und D. (3) Verbindung $CD \to E \to$ Teilungspunkt.

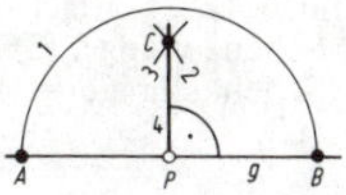

Senkrechte in P (P liegt auf der Geraden)

Gegeben: g und P. (1) Kreis um P mit r (r = beliebig) → A und B. (2, 3) Kreise um A und B (r = beliebig) → C. (4) Verbindung CP → Senkrechte.

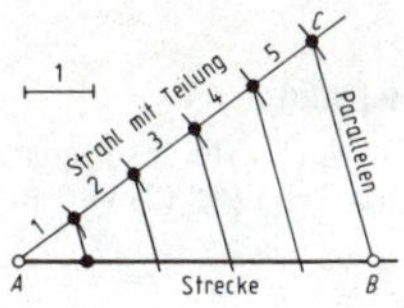

Streckenteilung (beliebige Anzahl)

Gegeben: Strecke $\overline{AB}$. (1) Beliebiger Strahl durch A. (2) Hierauf soviel gleiche Teile abtragen wie für AB gefordert sind (Länge eines Teils = beliebig). (3) Verbindung C mit B und Parallelverschiebung durch die Teilpunkte → Teilung.

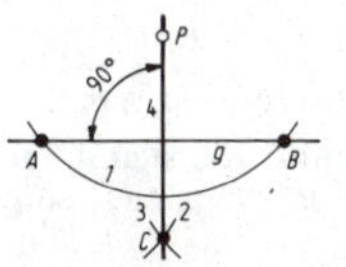

Senkrechte durch P (P liegt außerhalb von g)

Gegeben: g und P. (1) Kreis um P (r = beliebig) → A und B. (2, 3) Kreise um A und B mit r $(r > \frac{AB}{2})$ → C. (4) Verbindung PC → Senkrechte.

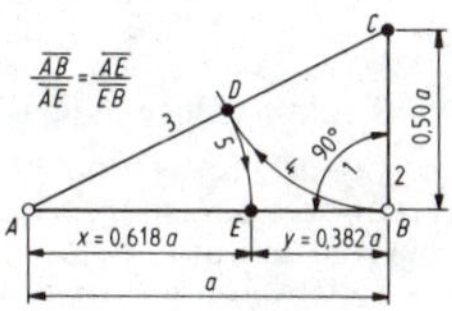

Stetige Teilung (goldener Schnitt)

Gegeben: Strecke $\overline{AB}$. (1, 2) Senkrechte in B mit Schenkellänge 0,5 a → C. (3) Verbindung AC. (4) Kreis um C mit $r = CB \to D$. (5) Kreis um A mit $r = \overline{AD} \to E \to$ Teilungspunkt.

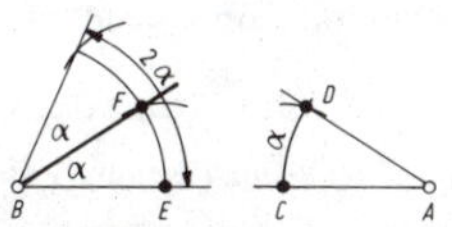

Winkelübertragung

Gegeben: ∢ α, Strahl mit Punkt B. Kreis um A (r = beliebig) → C und D. Kreis um B, $r = \overline{AC}$ → E. Kreis um E, $r = \overline{CD}$ → F. Verbindung FB.

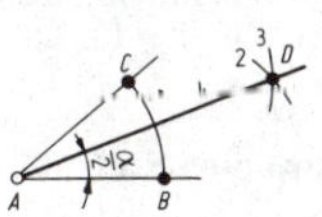

Winkelhalbierung[2])

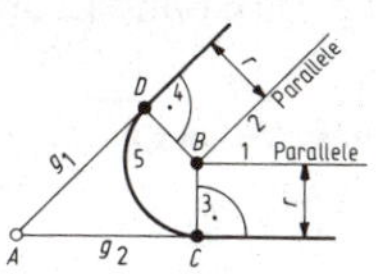

Winkelausrundung[2])

Gegeben: 2 Geraden mit Schnittpunkt A; Radius r.

[1]) Die folgenden Aufgaben sind nur mit Zirkel und Lineal zu lösen.
[2]) Die Beschreibung ist aus den Zeichnungen ersichtlich.

6.1. Geometrische Konstruktionen

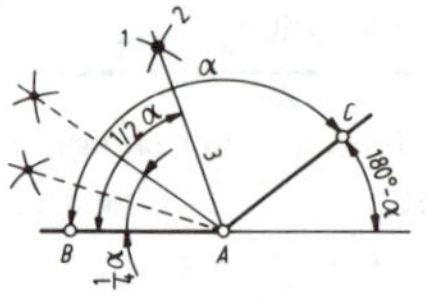

Winkelteilungen[1])

Gegeben: ∢ α

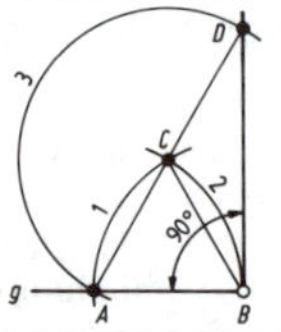

Senkrechte im Endpunkt *B* der Geraden *g*

Gegeben: *g* und *B*. (1, 2) Gleichseitiges △ *ABC* mit beliebiger Schenkellänge. (3) Gleichschenkliges △ *BCD* (Schenkellänge = $\overline{AB}$; *D* liegt auf Verlängerung *AC*).

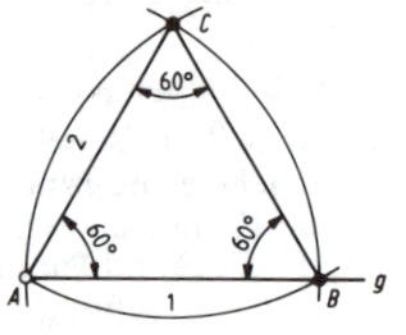

Winkelkonstruktion 60°

Gegeben: *g, A*. (1) Gleichseitiges △ *ABC* mit beliebiger Schenkellänge. (2) Verbindung *AC* → 60°.

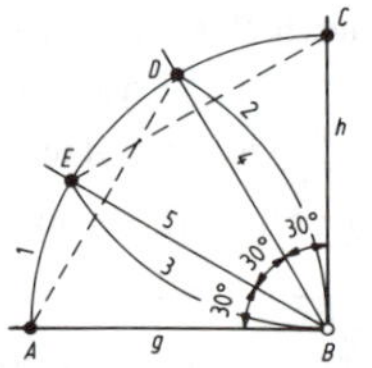

Drittelung eines rechten Winkels

Gegeben: *g* und *h*, die sich unter 90° schneiden → *B*. Konstruktion der gleichseitigen △ *ABD* und *BEC*.

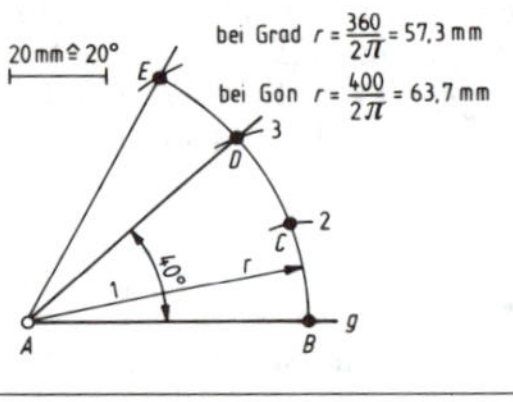

Winkelkonstruktion Bogenlänge

Gegeben: *g, A*. (1) Kreis um *A* mit r = 57,3 mm → *B*. (2) Auf dem Kreisbogen von *B* aus die gewünschte Gradzahl in mm abtragen (wegen des Bogens → Teilabschnitte abtragen).

Bei Winkelkonstruktionen im Freien: r = 0,573 m; Bogenlänge mit dem Gliedermaßstab in cm abtragen.

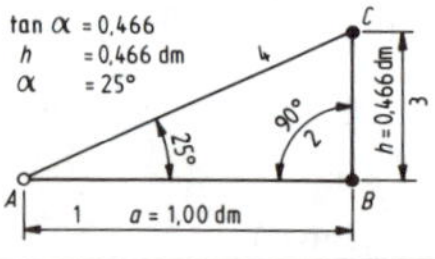

Winkelkonstruktion Tangens-Funktion

Gegeben: *g* und *A*. Konstruktion rechtwinkliges △ *ABC* mit $\overline{AB}$ = 1,00 dm und $\overline{BC}$ = Tabellenwert bzw. Taschenrechnerwert für tan α in dm.

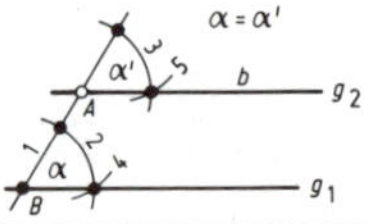

Parallelenkonstruktion Stufenwinkel

Gegeben: g_1 und *A*. *B* beliebig auf g_1 annehmen. Abtragung der Stufenwinkel α und α' → g_2.

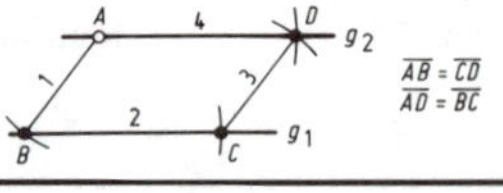

Parallelenkonstruktion Parallelogramm

Gegeben: g_1 und *A*. *B* beliebig auf g_1 annehmen. Parallelogramm *ABCD* → g_2.

[1]) Die Beschreibung ist aus den Zeichnungen ersichtlich.

6.1. Geometrische Konstruktionen

6.1.4. Regelmäßige Vielecke, Kreise, Bögen

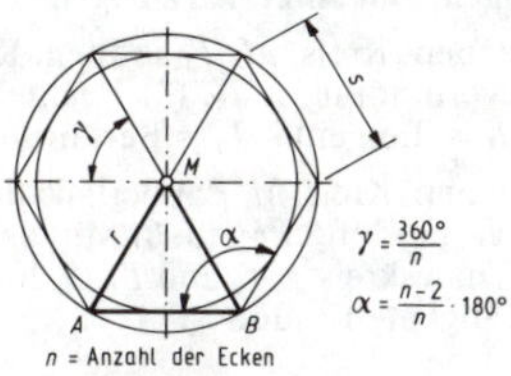

Bezeichnungen beim regelmäßigen *n*-Eck
△ *ABM* = gleichschenkliges Dreieck
△ *ABM* = Urbilddreieck = Bestimmungsdreieck
α = Eckenwinkel, γ = Mittelpunktswinkel

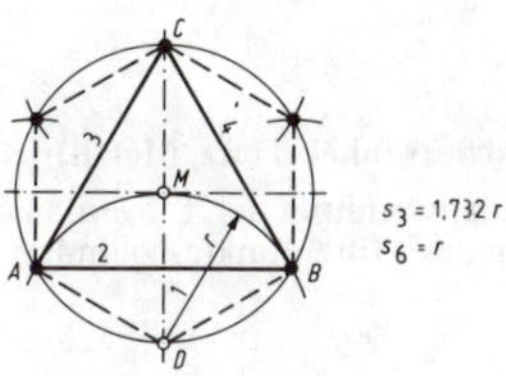

Regelmäßiges Dreieck
Gegeben: *r*. Mittelsenkrechten → *M, C, D.* (1) Kreis um *D* mit *r* → *A, B.* (2, 3, 4) Verbindungen *A, B, C.*
Dreiecksfolge = fortgesetzte Halbierung des Mittelpunktswinkels → 6Eck, 12Eck, 24Eck.

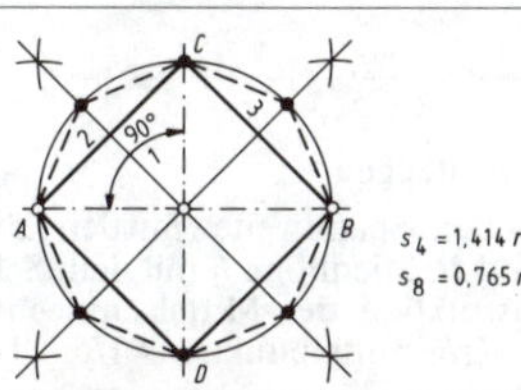

Regelmäßiges Viereck (Quadrat)
Gegeben: *r*. Mittelsenkrechten → *A, B, C, D.* *AC* = Seitenlänge. Vierecksfolge = fortgesetzte Halbierung des Mittelpunktswinkels → 8Eck. . .

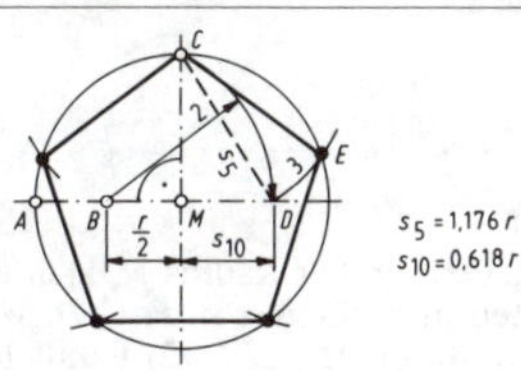

Regelmäßiges Fünfeck
Gegeben: *r*. Mittelsenkrechten → *A, M, C.*
(1) $\overline{AM}$ halbieren → *B.* (2) Kreis um *B* mit $r = \overline{BC}$ → *D.* (3) Kreis um *C* um $r = \overline{CD}$ → *E* → $\overline{CE}$ = Fünfeckseite; *MD* = Zehneckseite (s. stetige Teilung).

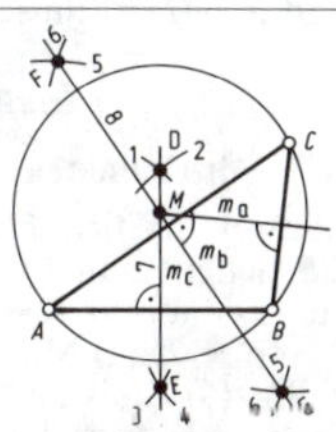

Umkreismittelpunkt eines Dreiecks
Gegeben: △ *ABC.* Konstruktion der Mittelsenkrechten → Umkreismittelpunkt *M.* Der Umkreismittelpunkt liegt bei spitzwinkligen △ innerhalb des △; bei stumpfwinkligen △ außerhalb des △; bei rechtwinkligen △ im Mittelpunkt der Hypotenuse.

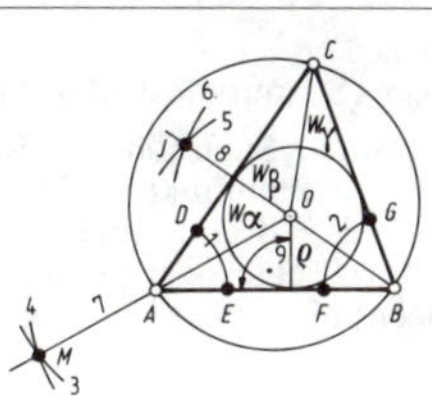

Inkreismittelpunkt eines Dreiecks
Gegeben: △ *ABC.* Konstruktion der Winkelhalbierenden von α, β, γ → Schnittpunkt = Inkreismittelpunkt. Inkreisradius = ϱ[1]) durch Fällung des Lotes von *0* auf die Dreieckseiten.

[1]) ϱ Rho

6.1. Geometrische Konstruktionen

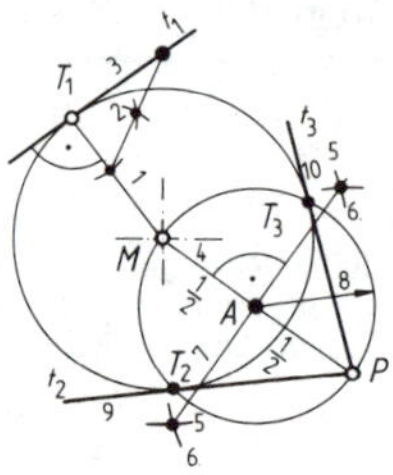

Tangente an einen Kreisbogen

Gegeben: Kreis, M, T_1 auf dem Kreisbogen. (1) Verbindung $\overline{MT_1}$. (2) Rechter Winkel in T_1. (3) t_1 = Tangente. T_1 = Berührungspunkt [1]).

Gegeben: Kreis, M, P außerhalb des Kreisbogens. (4) Verbindung PM. (5, 6) Mittelsenkrechte → A. (8) Thaleskreis → T_2 und T_3. (9, 10) Verbindungen → Tangenten t_2 und t_3.

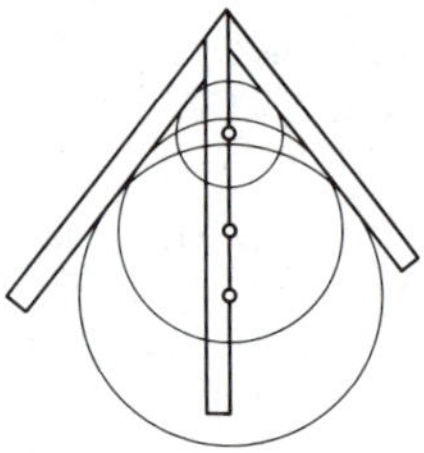

Zentrierwinkel (Holz, Metall)

Als Anwendung der Tangentensätze zur Ermittlung des Mittelpunktes zylindrischer Körper.

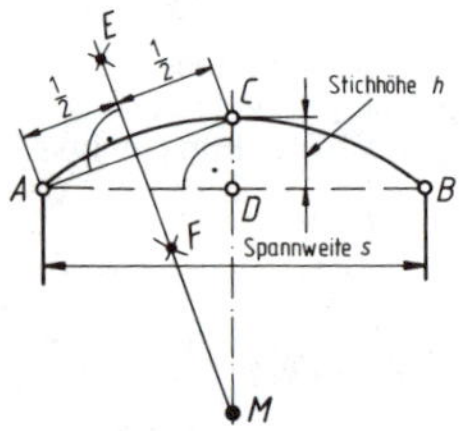

Segmentbogen

Gegeben: Spannweite s mit den Kämpferpunkten A und B, Stichhöhe h mit dem Scheitelpunkt C. Konstruktion der Mittelsenkrechten zu $\overline{AC}$ → M = Kreismittelpunkt. h = 1/6 ... 1/12 der Spannweite s.

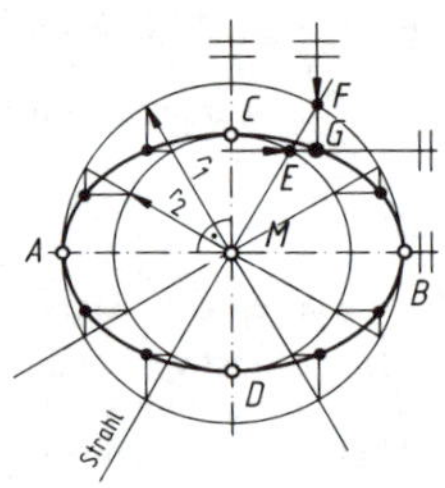

Ellipse

Gegeben: großer Radius r_1, kleiner Radius r_2 → Mittelsenkrechten → A, B, C, D, M. (1) Beliebiger Strahl durch M → EF. (2) Parallelen zu $\overline{AB}$ und $\overline{CD}$ durch E und F → G → Ellipsenpunkt.

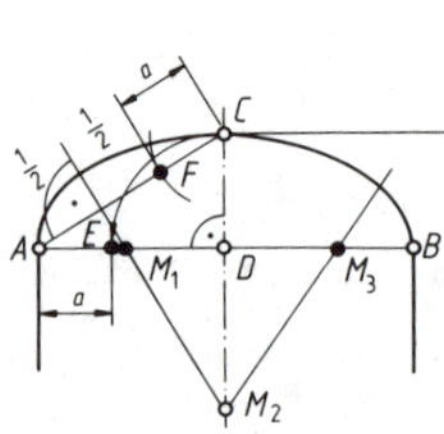

Korbbogen mit 3 Mittelpunkten

Gegeben: Spannweite s, Stichhöhe h → Kämpferpunkte A und B, Scheitelpunkt C. (1) Verbindung AC. (2) Kreis um D mit $r = CD$ → E. (3) Kreis um C mit $r = a = AE$ → F. (4) Mittelsenkrechte zu AF → M_1 und M_2. (5) Kreis um D mit $r = DM_1$ → M_3. M_1, M_2, M_3 → Kreismittelpunkte.

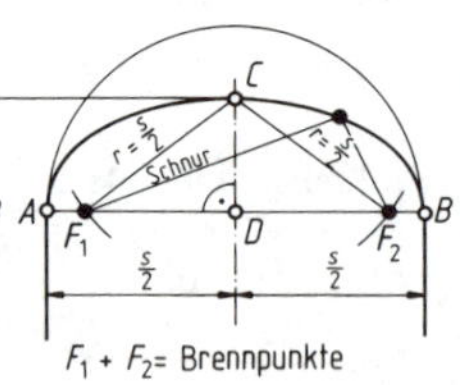

Elliptischer Bogen (Schnurkonstruktion)

Gegeben: Spannweite s, Stichhöhe h → Kämpferpunkte A und B, Scheitelpunkt C. (1) Kreis um C mit $r = AD = s/2$ → Brennpunkte F_1 und F_2. (2) Schnur in F_1 und F_2 befestigen; Schnurlänge = $s = AB$. (3) Bogenlinie von A bis B (gespannte Schnur).

[1]) Tangente = Gerade, die eine Kurve berührt.

6.2. Normschrift

6.2.1. Schriftgrößen

ABCDEFGHIJK aabcdefg

ABCDEFGHIJK aabcd

ABCDEFGIaabc

ABCDEFaab

ABCDaa

ABCaab

AaAa

Die Schriftgrößen und Linienbreiten sind nach $\sqrt{2}$ – Sprung gestuft.
Vorteile: normgerechte Linien und Schriftgrößen bei Verkleinerungen bzw. Vergrößerungen.

6.2.4. Linienbreiten

0,13 mm

0,18 mm

0,25 mm

0,35 mm

0,5 mm

0,7 mm

1,0 mm

1,4 mm

2,0 mm

6.2.2. Schriftarten nach ISO [1]) 3098 (8.87) bzw. DIN 6776 (4.76)

Typ A (Engschrift vertikal)

ABCDEFGHIJKLMNOPQRSTUVWXYZ

aabcdefghijklmnopqrstuvwxyz

◅Φ0,123456789▻ □ [(&?!:;-=+±×·:◇√%)]

Typ A (Engschrift kursiv[2])

ABCDEFGHIJKLMNOPQRSTUVWXYZ

aabcdefghijklmnopqrstuvwxyz

◅Φ0,123456789▻ □ [(&?!:;-=+±×·:◇√%)]

Typ B (Mittelschrift vertikal)

ABCDEFGHIJKLMNOPQRSTUVWXYZ

aabcdefghijklmnopqrstuvwxyz

◅Φ0,123456789▻ □ [(&?!:;-=+±×·:◇√%)]

Typ B (Mittelschrift kursiv[2])

ABCDEFGHIJKLMNOPQRSTUVWXYZ

aabcdefghijklmnopqrstüvwxyz

◅Φ0,123456789▻ □ [(&?!:;-=+±×·:◇√%)]

6.2.5. Schriftform Typ B

6.2.6. Abstände Typ B

Schriftgröße	*h*
Höhe der Großbuchstaben	10/10 *h*
Höhe der Kleinbuchstaben	7/10 *h*
Mindestabstand zwischen den Schriftzeichen	2/10 *h*
Mindestabstand zwischen den Grundlinien	14/10 *h*
Mindestabstand zwischen den Wörtern	6/10 *h*
Linienbreite	1/10 *h*

6.2.3. Schräge Mittelschrift m DIN 16 (12.67)

ÄÅBCDÊFGHIJKLMÑÖP

äåbcdêfghijklmñöpqrst

6.2.7. Schräge griechische Schrift DIN 1453 (5.58) [3])

ΑΒΓΔΕΖΗΘΙΚΛΜΝΞΟΠΡΣΤΥΦ

αβγδεζηϑθιχλμνξοπρσςτυφχψω 1234567890

[1]) International Organization for Standardization
[2]) Unter einem Winkel von 15° nach rechts geneigt (= 75°-Schrift)
[3]) s. Seite 2–3

Weitere Schriftarten: DIN 1450, 1451, 1455

6.2. Normschrift

6.2.8. Linien in Zeichnungen DIN 15 (6.84), 919 (8.86), 1356 (7.74)

Linienarten[1]	Linienbreiten: breit (0,7; 0,5 mm)	Linienbreiten: mittelbreit (0,5; 0,35)	Linienbreiten: schmal (0,35; 0,25)
Vollinie ———————	Begrenzungen von Flächen geschnittener Bauteile; Schweißnähte, Schweißsinnbilder; Fugen in Schnitten	Kanten sichtbarer Bauteile; Maßzahlen; kleinste Beschriftung	Maßlinien, Maßhilfslinien; Hinweislinien; Bezugslinien; Höhenlagen; Schraffung bei Schnittflächen
Strichlinie - - - - - - - - - -		unsichtbare Kanten von Bauteilen	Nebenrasterlinien
Strichpunktlinie -·-·-·-·-·-·-·-	Kennzeichnung von Schnittebenen (mit Angaben der Blickrichtung in Großbuchstaben)	Stoffachsen, Symmetrieachsen	Kennzeichnung von Änderungen im Schnittverlauf; Grenzstellungen beweglicher Teile und Kanten
Punktlinie	Anmerkungen: Abstufungsverhältnis der Linienbreiten: DIN 15 = 1 : 0,7 : 0,5 DIN 1356 = 2 : 1 : 0,5 Die Liniengruppen 0,7 und 0,5 sind vorzugsweise anzuwenden. Die Breite der Linien verspringt in allen Zeichnungen von der Außenkante der Begrenzung nach innen, damit das genaue Außenmaß des Bauteils erhalten bleibt.		Abzubrechende oder nebensächlich dargestellte Bauteile
Freihandlinie ———————			Bruchlinien für Metall, Steine; Schraffur von Holz-Schnittflächen

6.2.9. Bleistifte (Härtegrade und Anwendungen)

Härtegrade v. sehr weich b. sehr hart	Schulstifte	Schreiben Kurzschrift	Zeichnen Skizzieren Schattieren	Technisches Zeichnen	Zeichnen von Vermessungspl.	Zeichnen auf harten Flächen
8 B			×			
7 B			×			
6 B			×			
5 B			×			
4 B			×			
3 B 1	×	×	×			
2 B		×	×			
B 2	×	×	×	×		
HB		×	×	×		
F 3	×	×	×	×		
H			×	×	×	
2 H 4	×			×	×	
3 H				×	×	
4 H				×	×	
5 H				×	×	
6 H				×	×	
7 H					×	×
8 H						×
9 H						×

B = black = schwarz; F = firm = fest;
H = hard = hart; HB = halfblack = mittelhart.

Die Härten 6 H bis 9 H sind nicht lichtpausbar.

6.2.10. Zeichnungsarten DIN 199; 919 und 1356

Nach der Art der Darstellung

Skizze, Zeichnung, Plan, Graphische Darstellung

Nach der Art der Herstellung

Original: Blei-Z. (Skizze), Tusche-Z. (Skizze); Vervielfältigung: Lichtpause, Kopie, Druck, Film

Nach dem Zweck

Entwurfs-Z., Formgebungs-Z. (Gestaltungs-Z.), Fertigungs-Z. (Ausführungs-Z., Fertigungsriß), Angebots-Z.; Z. für Bauvorlagen, Baustatik, Installation, Baubestand, Auftragsabrechnung

Nach dem Inhalt

Gesamt-Z., Gruppen-Z. (Tür mit Zarge), Einzelteil-Z., Detail-Z., Gruppenteil-Z., Modell-Z.

6.2.11. Arbeitsschritte beim Zeichnen

- Arbeitsplatz herrichten.
- Zeichengeräte bereitstellen (Sauberkeit!).
- Zeichenblatt auswählen und aufspannen.
- Zeichenblattgröße auftragen (DIN-A-Reihe).
- Zeichenrand und Schriftfeld einzeichnen.
- Blattaufteilung vornehmen.
- Faltmarkierungen auftragen.
- Mit H- oder 2H-Bleistiftminen dünn vorzeichnen.
- Überprüfen, ergänzen; sauberradieren.
- Bemaßen (Maßordnung[2]) beachten).
- Körperkanten ausziehen (F, HB oder Tusche).
- Schraffieren und beschriften (ISO-Normschrift).
- Stücklisten anfertigen (z. B. Stahllisten).
- Blatt beschneiden und Rand einfassen.
- Vervielfältigen, registrieren, archivieren.
- Arbeitsplatz und Geräte nachbereiten.

[1]) Weitere Linienarten: Strich-Zweipunkt Linie, Zickzacklinie

[2]) siehe Seite 5–21

6.3. Faltung von Zeichnungen

Entstehen der Blattformate durch Halbieren

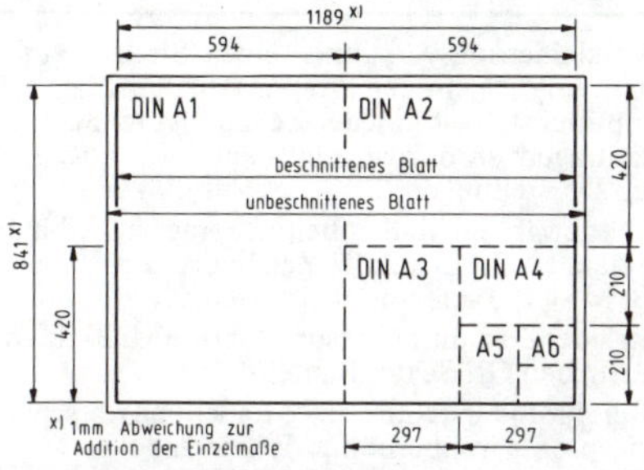

Zeichenblattgrößen DIN 476 (12.76) **und 823** (5.80)

Kurz-zeichen	Beschnittene Fläche Zeichnung mm	Beschnittene Fläche Zeichnung m^2	Unbe-schnittenes Blatt mm
A 0	841 × 1189	1,00	880 × 1230
A 1	594 × 841	0,50	625 × 880
A 2	420 × 594	0,25	450 × 625
A 3	297 × 420	0,125	330 × 450
A 4	210 × 297	0,062	240 × 330

$841 \cdot \sqrt{2} = 1189$ mm $210 \cdot \sqrt{2} = 297$ mm
Grundformate der Zusatzreihen (Briefumschläge):
B: 1000 mm × 1414 mm; C: 917 mm × 1297 mm

Fertig eingerichtete Zeichenblätter
mit Einfaßbändern versehen

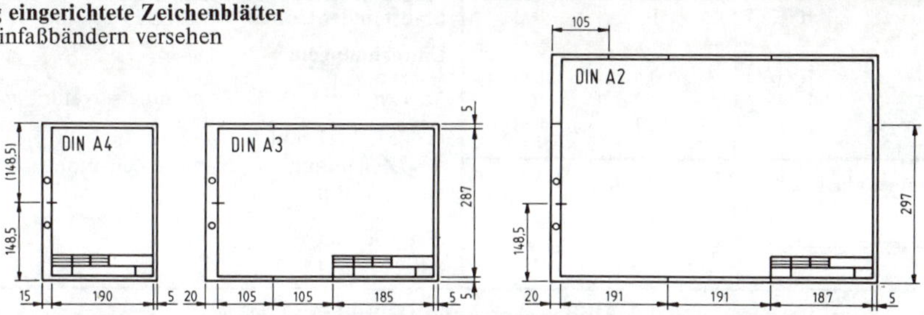

Falten von Zeichnungen mit Hilfe von Faltmarken[1]**) DIN 824** (3.81), **DIN 6771** T 6 (4.88)

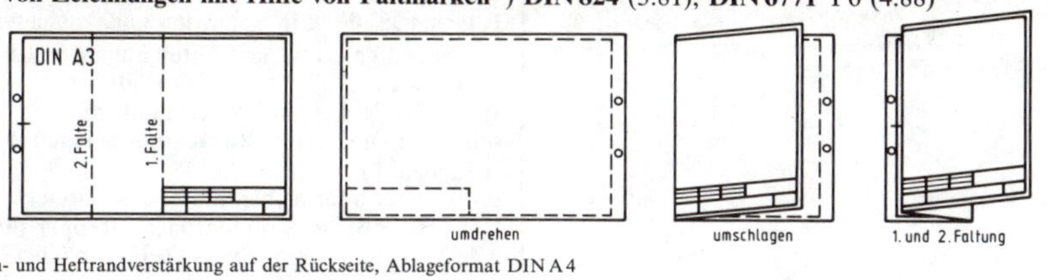

Mit Loch- und Heftrandverstärkung auf der Rückseite, Ablageformat DIN A 4

Falten von Zeichnungen mit Hilfe einer Schablone (DIN-A4-Format aus Pappe)

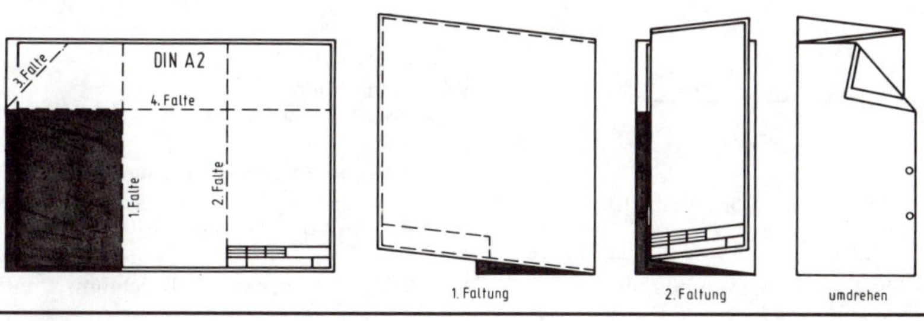

Schriftfeldangaben DIN 6771 (12.70) **und 1356** (7.74)

Bauvorhaben
Darstellung (Inhalt der Zeichnung)
Maßstab
Maßeinheiten der in der Zeichnung enthaltenen Maßzahlen

Firma, Arch., Ing., Behörde, Schule
Datum der Anfertigung
Name des Verfassers
Datum der Prüfung
Name des Prüfers

Zeichnungs-Nummer
(Blatt-Format)
Änderungsvermerk mit Datum
Toleranzangaben

[1]) Faltmarken DIN A 1: 210 + 1 × 190 + 2 × 125,5 + 1 × 190 = 841 mm
DIN A 0: 210 + 3 × 190 + 2 × 109,5 + 1 × 190 = 1189 mm

Bei rechnerunterstützter Faltung entfallen die Faltmarken.

6.4. Maßstäbe und Bemaßung

6.4.1. Maßstäbe DIN 823 (5.80), DIN ISO 5455 (12.79)

Maßstab M	Umrechnung	Zeichnung cm	Natur cm
1:1[1]	1:1	100	100
1:2,5	4:10	40	100
1:5	2:10	20	100
1:10[1]	1:10	10	100
1:20	5:100	5	100
1:25	4:100	4	100
1:33⅓	3:100	3	100
1:50	2:100	2	100
1:100[1]	1:100	1	100
1:200	5:1000	0,5	100
1:500	2:1000	0,2	100
1:1000[1]	1:1000	0,1	100

Maßstabsskala 1 : 2000

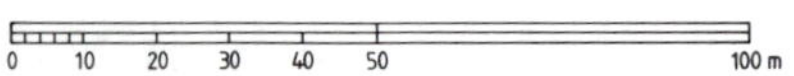

Verkleinerungsverhältnis einer Strecke auf der Zeichnung gegenüber ihrer wirklichen Länge. Der Hauptmaßstab ist in jeder Zeichnung im Schriftfeld einzutragen; die übrigen Maßstäbe bei den dazugehörigen Darstellungen.

Die gewählten Maßeinheiten werden in Verbindung mit dem Maßstab auf der Zeichnung angegeben: z. B. M. 1:100 -m, cm; M. 1:20 -cm; M. 1:1 -mm.

In jeder Zeichnung entsprechen die Maßzahlen der natürlichen Größe des Bauteils.

Bei Profildarstellungen (Straßenbau) erscheinen Längsprofile in überhöhter Wiedergabe: z. B.
Maßstab der Längen M. d. L. 1:2000 -m
Maßstab der Höhen M. d. H. 1: 200 -m

Umrechnungen:

M. $1{:}m = \dfrac{1}{m}$ Zeichnung = Natur : m

m = Maßstabzahl

$\dfrac{1}{m} = \dfrac{\text{Zeichnung}}{\text{Natur}}$ Natur = Zeichnung · m

Vergrößerungen
M. 2 : 1; 5 : 1; 10 : 1

6.4.2. Höhenbemaßung DIN 1356 (7.74)

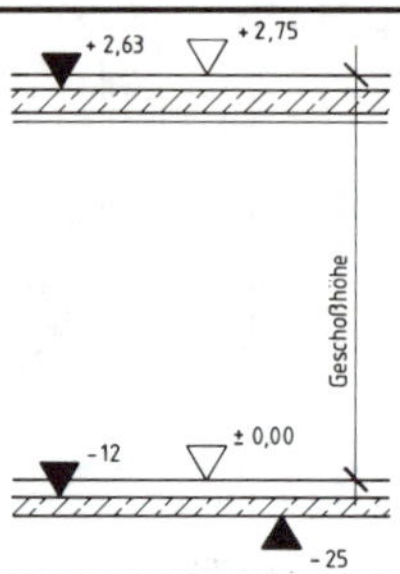

1. Geschoßhöhen in Schnitten und Ansichten
Gleichseitige Dreiecke (Seitenlänge s = 2,5 mm bei M. 1:100; s = 4,0 mm bei M. 1:50)
Weiße Dreiecke = fertige Höhenlagen
schwarze Dreiecke = Rohbauhöhenlagen
Höhenzahl mit Vorzeichen:
über, unter oder rechts neben dem Dreieck
Geschoßhöhe = von Oberfläche fertiger Fußboden (OFF) bis OFF im nächsten Geschoß
Lichte Rohbauhöhe = von OF Rohbaudecke bis UF (Unterfläche) Rohbaudecke

2. Höhen in Grundrissen
Brüstungshöhen (Br.-H.):
gemessen von OF Rohbaudecke bis UF Fenster.

Siehe Kap. 5.5. „Treppen"

3. Treppen im Grundriß und im Schnitt:
Anzahl der Steigungen und das Steigungsverhältnis (in Bruchform Steigung/Auftritt) z. B. 12 × 17,2/27.

Siehe Kap. 6.4.5. „Wandöffnungen"

4. Rechteckquerschnitte: Bruchform Breite/Höhe.

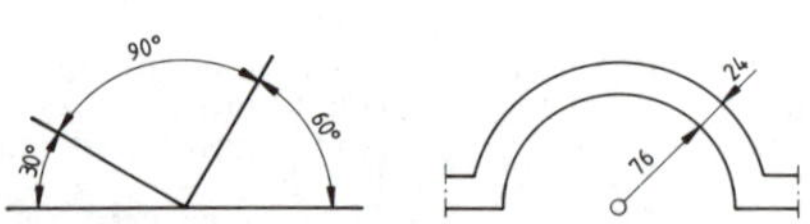

Winkelmaße
Bemaßen von Rundmauerwerk.

[1]) Stamm-M. im Gegensatz zu abgeleitetem Maßstab

6.4. Maßstäbe und Bemaßung

6.4.3. Begriffe für die Maßeintragung **DIN 406 T 2** (8.81), **DIN 919** (3.72), **DIN 1356** (7.74)

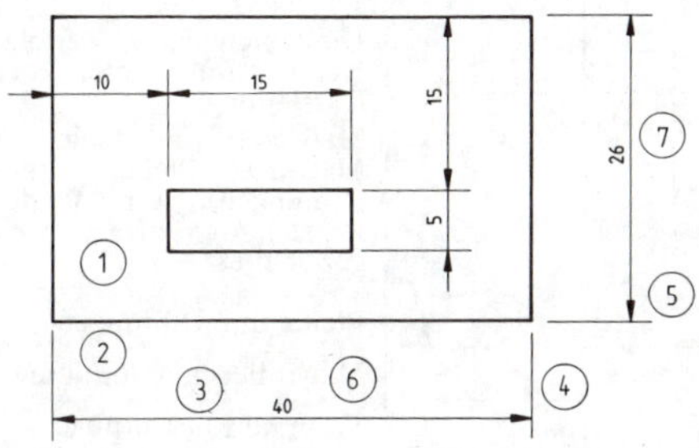

① Körper bzw. Fläche

② Körper- bzw. Flächenkante als sichtbare Kante (breite Vollinie) = Maßstrecke

③ Maßlinie (schmale Vollinie) parallel zur Maßstrecke; Abstand von der Maßstrecke 8–10 mm, untereinander mind. 5 mm

④ Maßhilfslinie (schmale Vollinie) rechtwinklig zur Maßstrecke mit o. ohne Lücke; 2 mm Überstand

⑤ Maßlinienbegrenzung (hier Maßpfeil)

⑥ Maßzahl über der durchgezogenen Maßlinie; Mindestgröße 2,5 mm; in Fertigungszeichnungen 3,5 mm

⑦ Die Maße über senkrechten Maßlinien müssen von rechts lesbar sein.
Schrift geht vor Strich.

6.4.4. Maßbegrenzungen (Begrenzung der Maßlinien)[1]

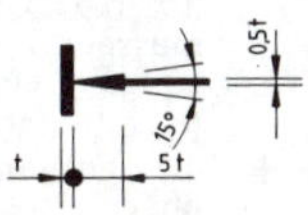

Maßpfeile DIN 406, Teil 2
t = Breite der Vollinie
ausgefüllt oder nicht ausgefüllt

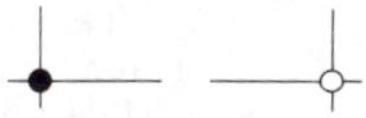

Punkte oder **Kreise**
⌀ = ¼ der Maßzahlgrößen,
Überstände ca. 2 mm

Schrägstriche Länge = 6 *t* (bevorzugt anzuwenden) unter 45° (Kommarichtung)

Liegende Kreuze
bei Stoffachsen

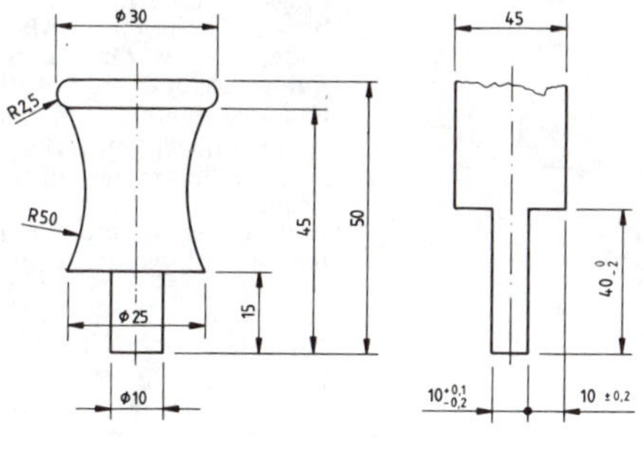

Zylinderförmiges Werkstück
nach DIN 406
Bei symmetrischen Teilen genügt oft die Darstellung nur einer Hälfte bis zur Symmetrieachse.

Mit Mittellinie und Durchmesserzeichen vor den Maßzahlen.

Abmaße nach DIN 919

Dem Nennmaß werden beide Abmaße ± hinzugefügt.

[1]) Die Tendenz geht in Richtung der Maßpfeile (geringster Anteil an Einzeldaten bei papierlosem Datenaustausch).

6.4. Maßstäbe und Bemaßung

6.4.5. Bemaßung von Grundrissen in Bauzeichnungen DIN 1356 (7.74)

1. Bemaßung von Pfeilern, Öffnungen und Vorlagen -m, cm

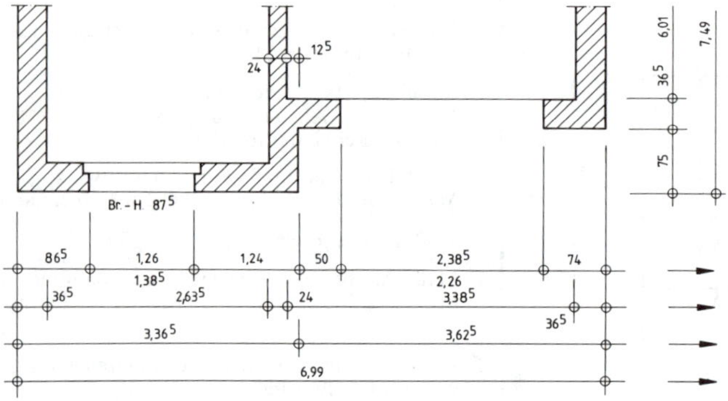

2. Bemaßung von Öffnungsachsen -m, cm

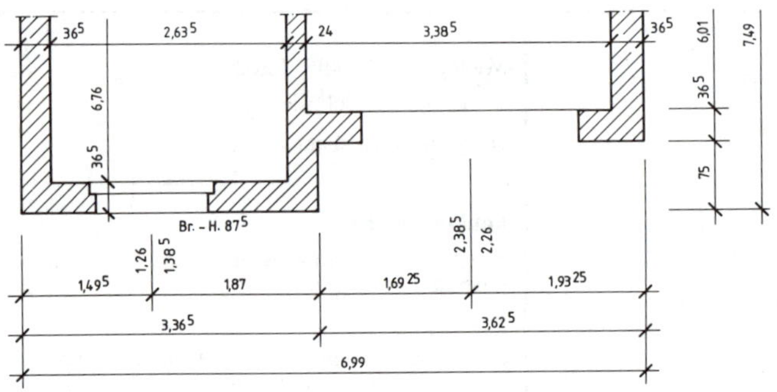

3. Bemaßung durch Koordinaten -m, cm DIN 406 T 3 (7.75)

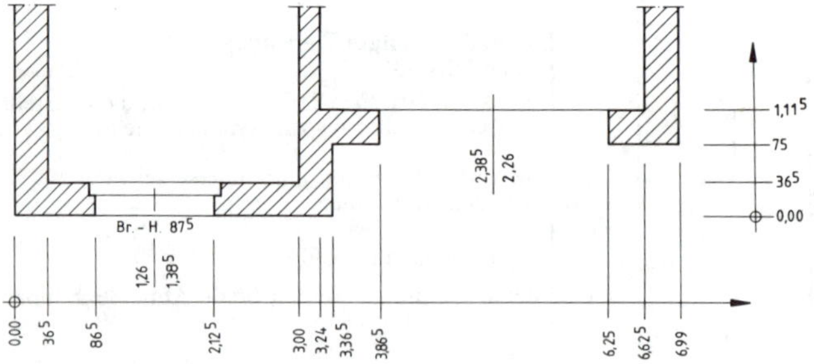

In Bauzeichnungen werden im allgemeinen Rohbaumaße eingetragen.

Maße unter 1,00 m in cm, Maße über 1,00 m in m, mm als Hochzahlen.

Die Bemaßung erfolgt rechts und unter der Darstellung.

Maßketten mit kleineren Maßen (Pfeiler und Öffnungen) werden der Darstellung am nächsten gezeichnet.

Pfeiler und Öffnungen

Mauerdicken und Räume

Vor- und Rücksprünge

Gesamtmaß

Br.-H. = Brüstungshöhe

Die Maßkette für Wand- und Raummaße kann innerhalb des Grundrisses liegen. Die Raummitten müssen für weitere Eintragungen freibleiben.

Bei Wandöffnungen:
die Öffnungsbreite steht über,
die Öffnungshöhe steht unter der Maßkette bzw. Achslinie.

Anordnung der Maßzahlen außerhalb der Maßlinie:
seitlich rechts oberhalb der Maßlinie bzw.
seitlich links unterhalb der Maßlinie bzw.
Maßzahl mit einer Hinweislinie.

Ungültig gewordene Maße sind schräg durchzustreichen; das neue Maß ist möglichst oben rechts darüber zu schreiben. Maßänderungen werden durchnumeriert und im Schriftfeld angegeben.

Nicht maßstäblich gezeichnete Maße werden unterstrichen;
wichtige Maße, die einzuhalten sind, werden eingerahmt;
veränderbare Maße werden eingeklammert (DIN 919).

In Tischler- und Stahlbauzeichnungen erfolgen die Maßangaben in mm.

DIN 406 T 4 (12.80): Bemaßung für die maschinelle Programmierung

6.5. Perspektivische Darstellung

Darstellungen eines Würfels mit der Kantenlänge $a = 1{,}5$ cm

Kavalierperspektiven

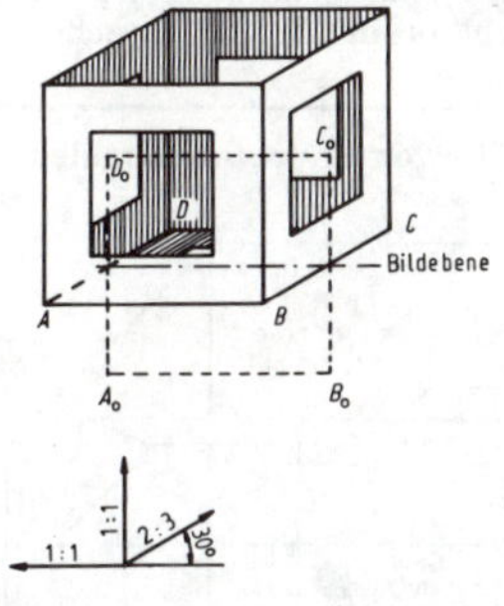

$\alpha = 30° \quad k = \frac{2}{3}$

Bildebene liegt parallel zur Vorder- und Rückfläche.

Hilfsfigur $A_0B_0C_0D_0$ zeichnen = umgeklappte Grundflächen.

Lote der Hilfsfigur-Punkte auf die Bildebene unter dem Verzerrungswinkel α = 30° und im Verzerrungsmaßstab k = 2/3 kürzen.

Seitenkanten als Senkrechte in wahrer Größe auftragen.

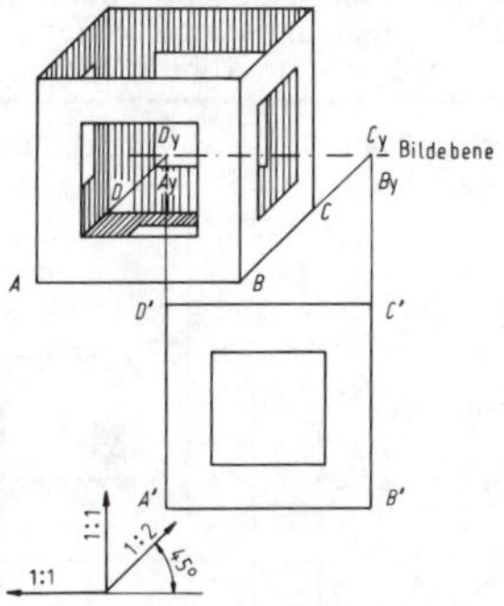

$\alpha = 45° \quad k = \frac{1}{2}$

Grundriß $A'B'C'D'$ konstruieren.

Bildebene liegt beliebig in der Aufrißebene.

Lote der Grundrißpunkte ergeben A_y, B_y, C_y, D_y. Lote unter α abbilden und im Verhältnis k kürzen.

Höhen unverkürzt als Senkrechte auftragen.

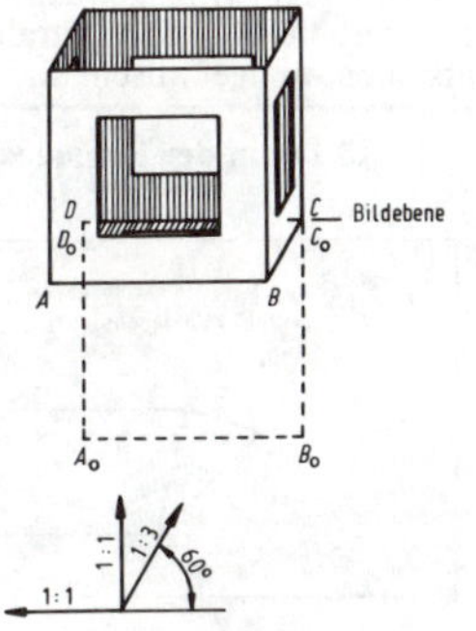

$\alpha = 60° \quad k = \frac{1}{3}$

Bildebene liegt in der Kante *CD*.

Liegt die Bildebene in der Würfelrückfläche, so erscheint diese als Quadrat in wahrer Größe. Die nach vorn laufenden Kanten werden unter α gezeichnet und im Maßstab k verkürzt.

Häufig gebrauchte Wertepaare:

Verzerrungswinkel	α	30°	45°	60°
Verzerrungsmaßstab	k	⅔	½	⅓

Militärperspektive

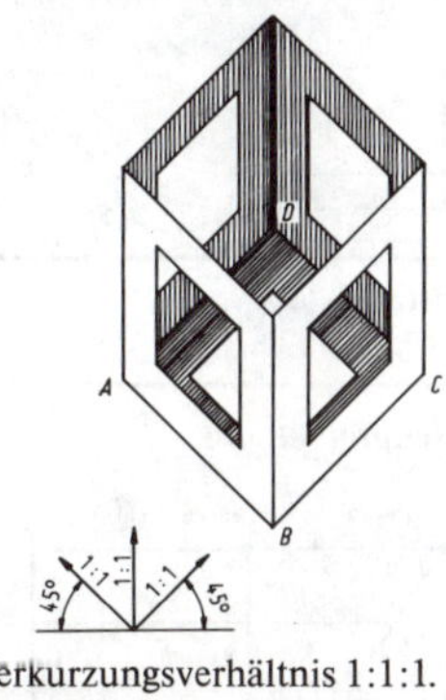

Verkurzungsverhältnis 1:1:1.

Grundrißebene = Bildebene.
Grundriß = Schrägbild.

Höhen im gleichen Maßstab in wahrer Länge abbilden.

perspicere (lat.) = mit dem Blick durchdringen, deutlich sehen.

Fluchtpunktperspektive: zum Abnehmen von Maßen wenig geeignet.[1])

Isometrie DIN 5 Teil 1 (12.70)

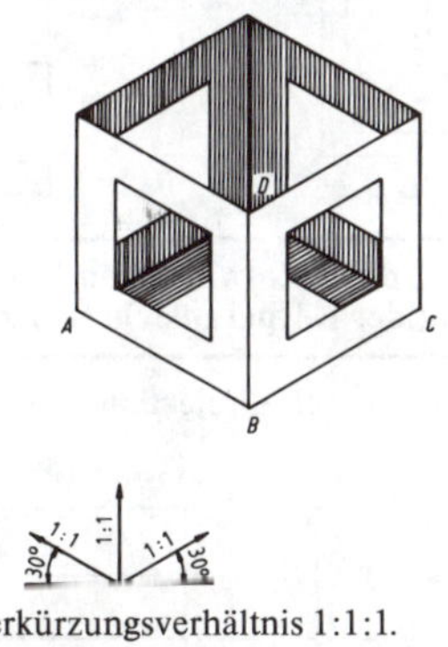

Verkürzungsverhältnis 1:1:1.

Alle Abmessungen im gleichen Maßstab auftragen.

isos (griech.) = gleich an Größe.

métron (griech.) = das Maß.

Hilfsmittel: 30°-Winkel und isometrisches Liniennetz.

Dimetrie DIN 5 Teil 2 (12.70)

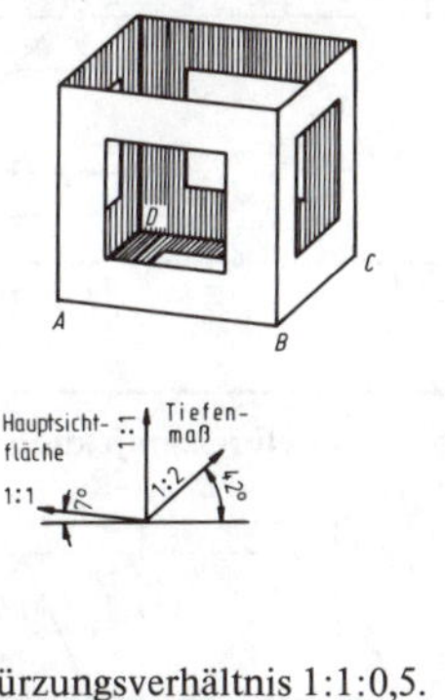

Verkürzungsverhältnis 1:1:0,5.
Zwei verschiedene Maßstäbe.

dimetiri (lat.) = nach allen Seiten abmessen.

Hilfsmittel: Dimetriewinkel und dimetrisches Liniennetz.

Hauptansicht = aussagefähigste Ansicht.

[1]) Fluchtpunkt-Projektion: DIN 5 T 10 (12.86)

6

6.6. Rechtwinklige Parallelprojektion

6.6.1. Von der Raumecke in die Zeichenfläche

Bei der rechtwinkligen Parallelprojektion, auch senkrechte oder orthogonale[1]) Parallelprojektion genannt, verlaufen die Projektionsstrahlen parallel[2]) zueinander und treffen senkrecht auf die Projektionsachse. Es entstehen weniger anschauliche, jedoch maßgerechte Abbildungen.

Körper in der Raumecke „schwebend"

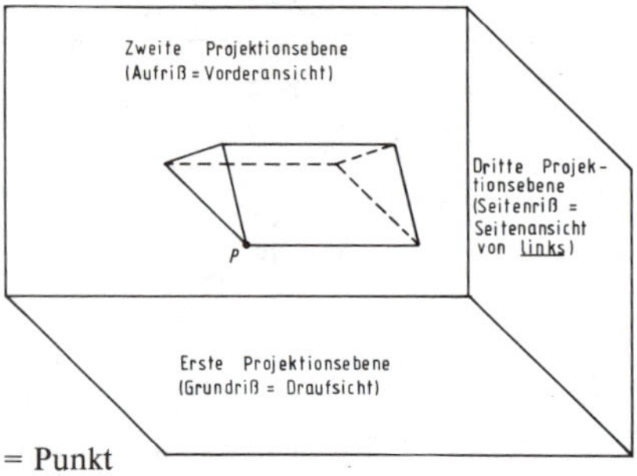

P = Punkt

Ansichten mit Hilfe von Projektionsstrahlen

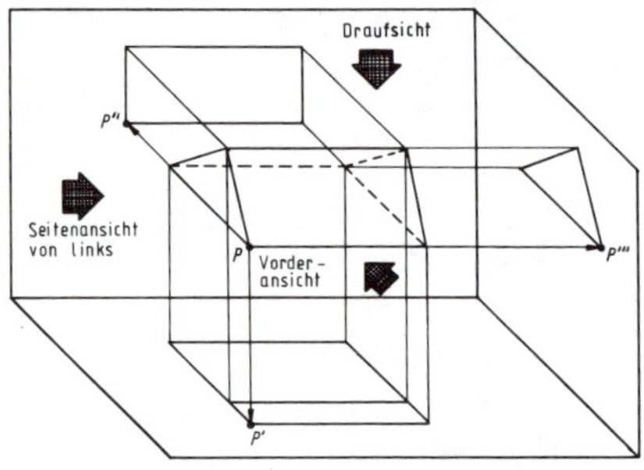

Ansichten mit den Projektionslinien

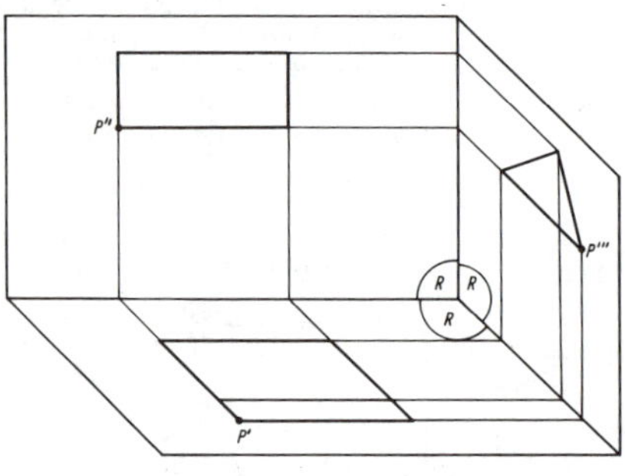

Raumecke in die Zeichenfläche geklappt

6.6.2. Methoden der rechtwinkligen Parallelprojektion, Anordnung der Körperansichten[3]) zueinander

Viertelkreisprojektion

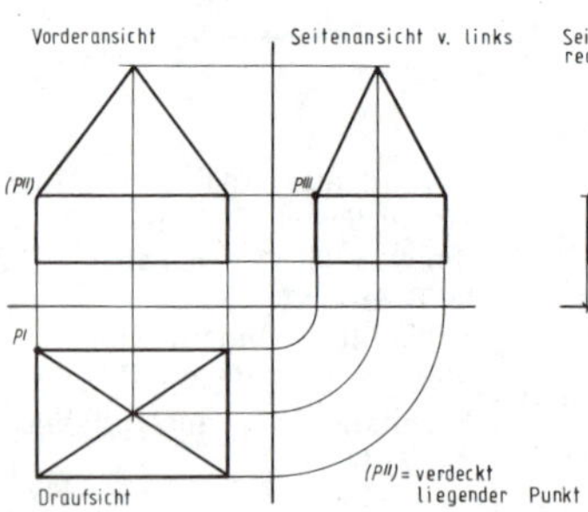

45°-Projektion

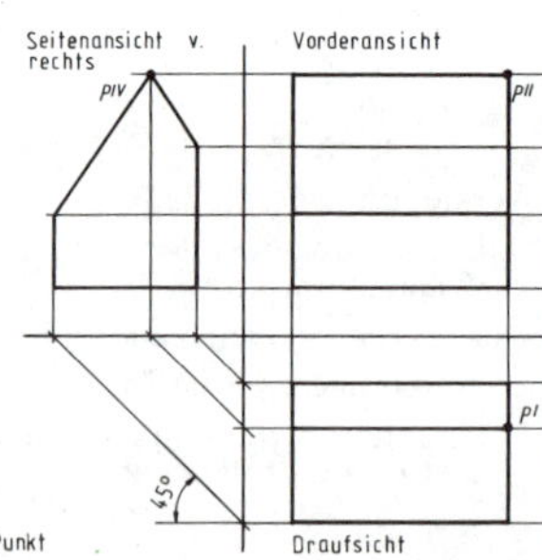

Hilfslinienprojektion

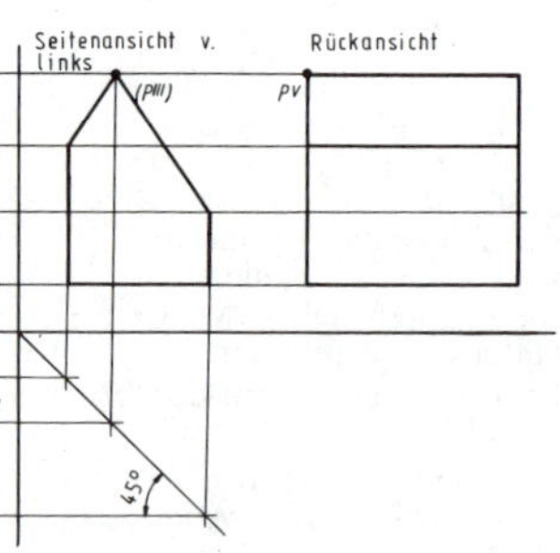

[1]) orthogonal = rechtwinklig [2]) Im gleichen Abstand ohne gemeinsamen Schnittpunkt nebeneinander verlaufend
[3]) Die zeichnerischen Darstellungen sind zu benennen: DIN 1356 (7.74), DIN 6 (12.86)

6.7. Kotierte Projektion

6.7.1. Dachkonstruktionen

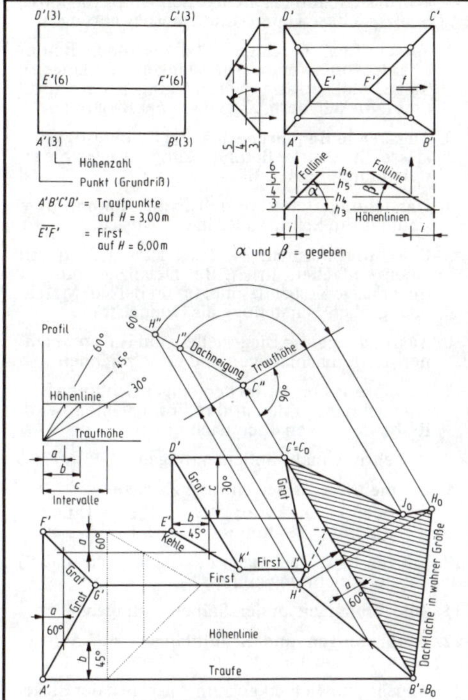

6.7.2. Geländedarstellungen

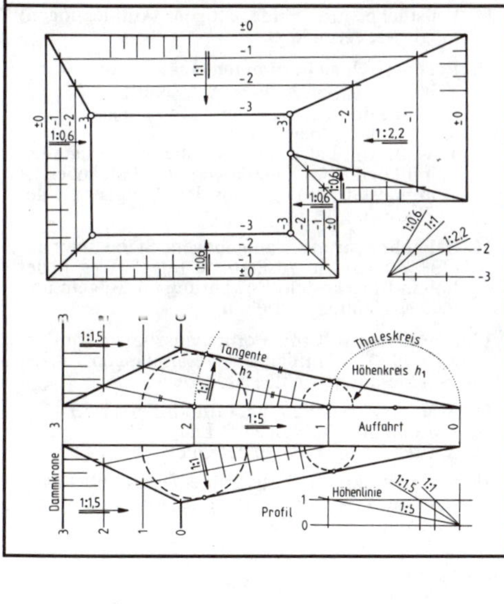

1. **Kotierte Projektion** = senkrechte Parallelprojektion auf eine Ebene (Grundrißebene) = senkrechte Eintafelprojektion.
2. **Höhenzahl** = Kote (lat. quot = wieviel) = lotrechte Entfernung des Raumpunktes von der Bildebene.
3. Eine Gerade ist durch 2 Punkte festgelegt.
4. Eine Ebene ist durch 3 Punkte festgelegt, die nicht auf einer Geraden liegen.
5. **Höhenlinien** h = Höhenkurven = Verbindung von Punkten gleicher Höhe (oft über NN) = parallele Schichtebene zur Bildebene = z. B. Verlauf der Dachlatten.
6. Je dichter die Bilder der Höhenlinien bei gleichem Schichtabstand verlaufen, desto steiler ist die Lage der Ebene.
7. **Grad** bzw. **Kehle** = geometrischer Ort der Schnittpunkte gleichnamiger Höhenlinien.
8. **Fallinie** f = Weg einer an der Spitze losgelassenen Kugel = Linie des größten Gefälles.
9. Höhenlinien h und Fallinien f schneiden einander senkrecht.
10. **Neigungswinkel** = Winkel, den eine Fallinie mit ihrer Projektion bildet = Böschungswinkel.
11. **Intervall** i = Maß der Neigung einer Geraden.
12. Ein **Böschungskegel** entsteht, wenn von einem Punkt aus trockener Sand auf einen waagerechten Boden geschüttet wird.
13. Liegt eine Gerade zur Bildebene parallel, so wird die Gerade in **wahrer Größe** abgebildet.
14. Eine Strecke, die auf einer zur Bildebene geneigten Geraden liegt, erscheint im Bild immer verkürzt.
15. Anwendung: **Dachkonstruktionen**
    Alle Traufen liegen in einer horizontalen Ebene = Bildebene. Haben alle Dachflächen die gleiche Neigung, so sind die Schnittgeraden (Grat- bzw. Kehllinien) Winkelhalbierende.
16. **Walmdach** über zusammengesetztem Grundriß mit gleichen Traufkanten und Flächen verschiedener Neigung: Grundriß konstruieren; Neigungswinkel auftragen und die Intervalle in den Grundriß übertragen; Höhenlinien (= Dachlattenverlauf) als Parallele zur Traufe darstellen; Schnittpunkte = Grat- bzw. Kehllinienverlauf. First bzw. Verfallung = Verbindung der Anfallspunkte.
17. **Dachausmittlung** = Bestimmung der wahren Größen von Dachflächen.
18. Anwendung: **Geländedarstellungen**
    Für ein im Gelände projektiertes Objekt (Straße, Bahnlinie, Platz, Baugrube, Halde) die Böschungsflächen ermitteln und die Verschneidungen der Böschungsflächen untereinander mit dem Gelände bestimmen.

6

6.8. Bewehrungszeichnungen[1])

Darstellung der Bewehrung (Betonstabstahl)

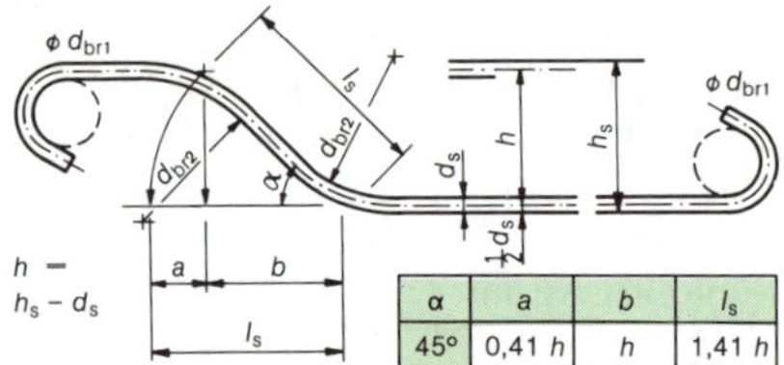

$h = h_s - d_s$

$l_s = h : \sin \alpha$
$b = h : \tan \alpha$

α	a	b	l_s
45°	0,41 h	h	1,41 h
30°	0,27 h	1,73 h	2 h
60°	0,57 h	0,58 h	1,15 h

Darstellung im Bewehrungsplan

Aufbiegehöhe h_s = 15 cm;
Stahldurchmesser d_s = 14 mm

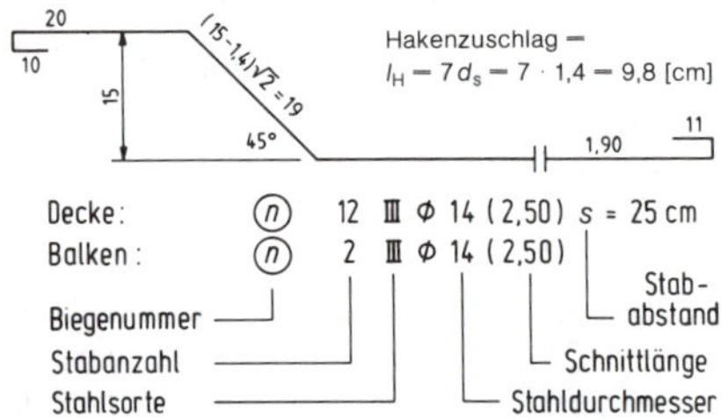

Bügelformen

„zweischnittig" (Bügelmaße = Außenmaße)

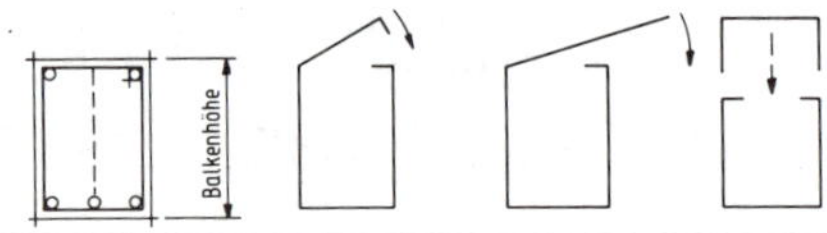

Bewehrungslagen für Betonstahlmatten

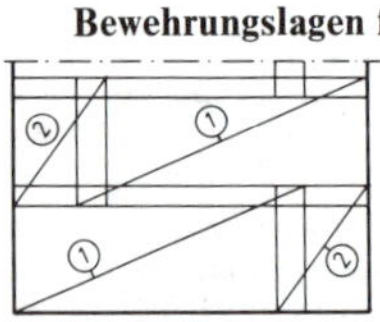

1-lagig

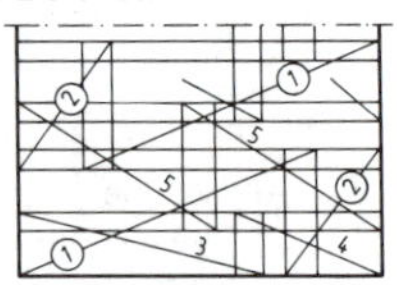

2-lagig

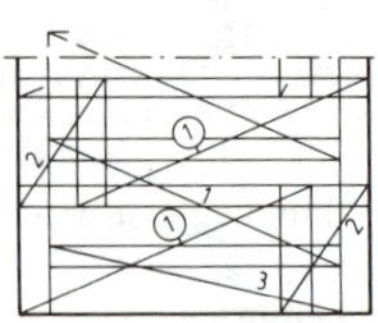

2-lagig gestaffelt

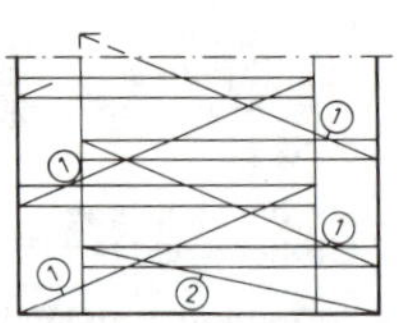

2-lagig verschränkt

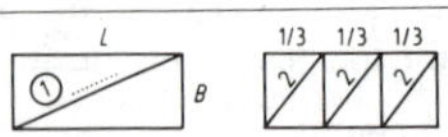

Schneideskizzen mit der Matten-Nr. und der Mattenkurzbezeichnung

1. **Bewehrungsarten:** Druck-, Zug-, Biegezug-, Biegedruck-, Schub-, Spaltzug-, Schwind-, Torsions-, Stanz-, Scher-, Haupt- und Querbewehrung.
2. **Vorschriften beachten:** Stababstände, Betonüberdeckung, Verankerungslängen (Haftlängen), Stöße, Stoßversätze, Verbügelungen bei Biege- und Druckgliedern, Zugzonen bei Biegung.
3. **Angaben in Bewehrungsplänen:** Betonfestigkeitsklasse, Stahlsorte, Betondeckung, Mindestbiegerollendurchmesser; Bauteile.
4. **Darstellung:** Beton = durchsichtig; Bewehrung = sichtbar; im Schnitt oder in der Ansicht.
5. **Bewehrungsformen:** M. 1:50, 1:25, 1:20 durch einen einfachen Strich. Bei Detailzeichnungen (mehrlagige Kreuzungspunkte von Balken) M. 1:10 oder größer, Darstellung als Doppelstrich.
6. **Ausrundungen** an Biegestellen und Haken: zeichnerisch vernachlässigen und eckig zeichnen.
7. Bewehrungsformen an denjenigen Schnitten herauszeichnen, in denen ihre Form sichtbar wird. Reihenfolge: von oben nach unten.
8. Bewehrung maßstäblich eintragen.
9. Bei mehrlagiger Bewehrung: Zusätze
   o = oben *v* = vorn 1. L. = 1. Lage
   u = unten *h* = hinten 2. L. = 2. Lage
10. Längen bzw. Teillängen der Stäbe (Achsmaße!) aus der Zeichnung abmessen.
11. Alle Teillängen an den Stäben eintragen.
12. Aufbiegungen und Schnittlängen: auf 5 bzw. 10 cm auf- oder abrunden.
13. **Abgebogene Schenkel:** zum Ausgleich der Biegeungenauigkeiten kürzer als die Aufbiegungshöhe vermaßen.
14. **Paßstücke** mit beiderseitigen Aufbiegungen: möglichst vermeiden.
15. **Rechnerisch zu bestimmen sind:**
    1. Aufbiegehöhe h_s (kein Achsmaß!).
    2. Länge der Schrägen bei Aufbiegungen.
    3. Hakenlänge bzw. Hakenzuschläge.
    4. Maße von Paßstäben (wichtig bei Fertigteilen mit kurzen Auflagerlängen). Bei Paßlängen ist mindestens ein Maß aus dem Längenmaß der Platte zu errechnen.
16. **Schubbewehrung** = aufgebogene Stäbe unter 45° (30°, 60°) sowie zusätzliche Bügel. Wegen der hohen Biegekosten: Bewehrung mit Bügeln und geraden Stäben vorziehen.
17. **Stahllisten** (oft mit Formenauszug): Form-Nr., Anzahl, ⌀, Schnittlängen, Gesamtlängen, Einzel- und Gesamtgewicht, Stahlsorte.
18. **Mattenverlegepläne:** im Grundriß M. 1:50. Mattenlänge = Länge der Längsstäbe. Mattenbreite = Länge der Querstäbe.
19. **Schneideskizzen** = Zusammenfassung der Lagermatten; Ziel: möglichst gute Ausnutzung der geschnittenen Matten.

[1]) DIN 1356 T. 10 (5.80). Das rechnerunterstützte Zeichnen (Stufen 2 und 3) ist hier nicht dargestellt.

6.9. Schnittzeichnung, Kennzeichnen von Baustoffen

Darstellung von Baustoffen und Bauteilen DIN 1356 (7.74)

Baustoff/Bauteil	Art der Darstellung s/w	Art der Darstellung farbig
Gewachsener Boden		
Aufgefüllter Boden		
Unbewehrter Beton		olivgrün[3]
Bewehrter Beton[1]		blaugrün
Betonfertigteile[1]		violett
Mauerwerk aus künstlichen Steinen		braunrot
Putz, Mörtel		weiß
Holz in Schnittflächen		braun
Stahl im Schnitt	I [L	schwarz
Sperrschicht (Feuchtigkeit)		schwarzweiß
Dämmschicht (Schall, Wärme, Kälte)		blaugrau
Alte Bauteile im Schnitt[2]		grau
Neue Bauteile im Schnitt		braunrot
Abzubrechende Bauteile im Schnitt		gelb
Neue Bauteile in der Ansicht		braunrot lasierend
Abzubrechende Bauteile (Ansicht)		gelb umrandet

Schnittebenen für Hochbauzeichnungen DIN 1356 (7.74)

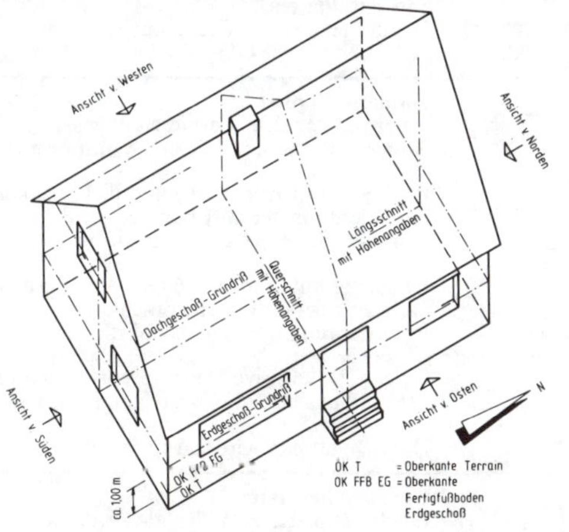

Grundrisse: Waagerechte Schnittebenen in ca. 1,00 m Höhe über Oberkante Fertigfußboden; Öffnungen (Türen, Fenster, Schlitze) werden geschnitten.

Schnitte: Senkrechte Schnittebenen rechtwinklig oder parallel zu den Bauwerksaußenflächen.

Querschnitt: Senkrechter Schnitt quer zum First.

Längsschnitt: Senkrechter Schnitt parallel zum First.

Straßenbautechnik RStO[4]

	Pflasterbauweise 8 cm Pflaster aus Betonsteinen (5) in 3 cm Pflasterbett aus Kies-Sand 0/4 mm 10 cm Sauberkeitsschicht
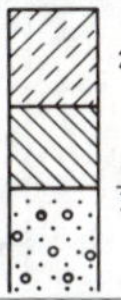 20 15/35	Fahrbahndecke aus Beton hydr. geb. Tragsch. nach TVT bzw. TVV weit o. intermittierend gestuftes (gem. DIN 18196) frostsicheres Material
 4 4 10 25/43	Oberbau m. bituminös. Decke Deckschicht Binderschicht bit. Tragschicht Kiestragschicht frostsicheres Material

Trinkwasserversorgung DIN 1988 (12.88)

———	Rohrleitung
– – – –	verdeckt liegende Rohrleitung
W	Wasserzähler
	Durchgangs-Absperrventil
⊥	Zapfventil
(E)	Warmwasserbereiter Elektro

Warmwasserheizung DIN 4752 (1.67)

——— rot	Vorlaufleitungen
– – – blau	Rücklaufleitungen

Elektrische Hausinstallation DIN 40717 (12.88)

	Erdkabel
///	Leitung unter Putz
///	Leitung auf Putz
———	Leitung (allgemein)
– – – –	Leerrohr
— · — · —	Schutzleitung
— · · — · ·	Signalleitung
NYIF	Stegleitung
	Sicherung
	Schalter ein-, zwei-, dreipolig
	Serien-, Wechselschalter
	Schukosteckdosen
×	Leuchte, Entladungslampe

[1]) ohne Darstellung der Bewehrung [2]) nur für Um- und Anbauten [3]) nach Farbregister RAL 840 HR
[4]) Richtlinien für den Straßenoberbau (Standardausführungen)

6

6.9. Schnittzeichnung, Kennzeichnen von Baustoffen

Darstellung von Schnittflächen für die Holzverarbeitung DIN 919 (8.86) und 4076 (4.70)

LH	**Laubhölzer**
AH	Ahorn, Bergahorn
BI	Birke
BU	Buche, Rotbuche
EI	Eiche, Stieleiche
NB	Nußbaum
NH	**Nadelhölzer**
FI	Fichte
KI	Kiefer, Föhre
LA	Lärche
PIR	Red Pine
TA	Tanne
SP	**Sperrhölzer**
AND	Tischlerplatte für außen
AW	Verleimung Sperrholz
ST	Stabsperrholz
STAE	Stäbchensperrholz
BST	Bau-Stabsperrholz
BSTAE	Bau-Stäbchensperrholz
FU	Furniersperrholz
	Schalungsplatten
SFU	Großfläche Furniersperrholz
SST	Großfläche Stabsperrholz
SSTAE	Großfläche Stäbchensperrholz
HF	**Holzfaserplatten**
BPH	Bitumen
HFD	porös
HFH	hart
KH	kunststoffbesch., dekorativ
HS	**Holzspanplatten** Flachpreßplatten
FPO	mit feinspaniger Oberfläche
FPY	für allgemeine Zwecke
KF	kunstharzbesch., dekorativ
LF	leicht, Schallabsorption
V 20	nicht wetterbest. Verleimung
	Klebstoffe
KG	Glutinleim
KC	Kaseinleim
KUP	Polyester-Klebstoff
	Holzschutzmittel
A	Nicht brennbare Baustoffe
B1	schwerentflammbare Baustoffe
W	Witterung, ohne Erdkontakt
E	Erdkontakt, fließ. Wasser
Ib	gegen Insekten, bekämpfend
Iv	gegen Insekten, vorbeugend
L	verträgl. mit best. Klebstoff
M	Schwamm im Mauerwerk
P	Fäulnisschutz
S	Streichen, Spritzen, Tauchen

	**Vollholz, Hirnholz** Möglichst unter 45° freihändig schraffieren.
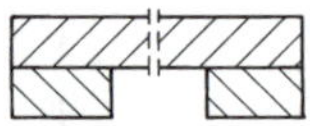	Bei zwei aneinanderliegenden Hirnholzschnitten wechselt die Schraffurrichtung. Einander entsprechende Teile sind in gleicher Richtung zu schraffieren.
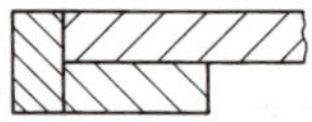	Bei drei aneinanderliegenden Hirnholzschnitten wird die kleinste Fläche enger schraffiert.
	**Vollholz, Längsholz** Parallel zur Längsrichtung freihändig schraffieren.
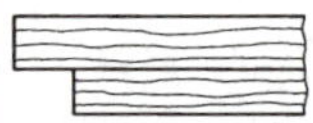	Bei zwei aneinanderliegenden Längsholzschnitten wird die kleinere Fläche enger schraffiert.
	**Kennzeichnung des Faserverlaufs:** Rechtwinklig zur Längsrichtung freihändig schraffieren; evtl. die Plattenbezeichnung angeben. Nenndicke = 16 mm.
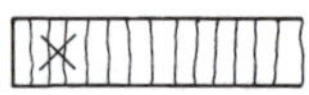	Liegendes Kreuz Kernstruktur = Hirnholz
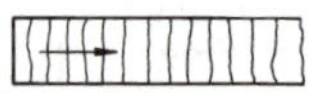	Pfeil Kernstruktur = Längsholz
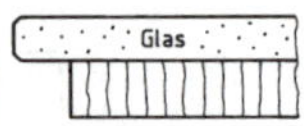	**Sonstige Platten** Gepunktete Schnittfläche mit Angabe des Werkstoffes: Glas
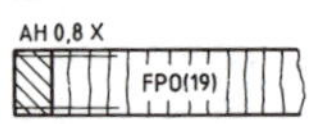	**Furnierte Platten** Anleimer vor dem Furnieren angeleimt, dann beidseitig mit Ahorn 0,8 mm furniert.
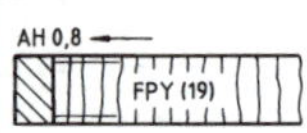	Beidseitig mit Ahorn, 0,8 mm dick, furniert; Faserrichtung verläuft parallel zur Schnittrichtung; dann Anleimer angeleimt.
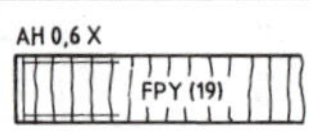	Beidseitig mit Ahorn, 0,6 mm dick, furniert; dann Furnierkante aufgebracht. Faserrichtung quer zur Schnittfläche.
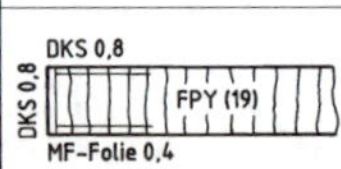	DKS = Dekorative Schichtpreßstoffplatte. MF = Kunststoff-Folie Melamin-Formaldehyd. Die Schmalseite wird zuletzt beschichtet.
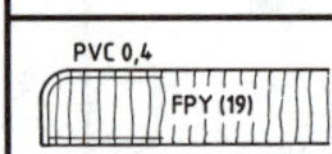	**Ummantelte Platten** Flachpreßplatte FPY, Rohdicke 19 mm. Mit PVC-Folie, 0,4 mm dick, ummantelt.
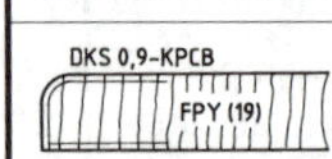	Dekorative Schichtpreßstoffplatte, 0,9 mm dick, beschichtet und nachgeformt. KPCB = Polychloropren-Klebstoff.
	Verleimung oder andere feste Verbindung

7. Baubetrieb

7.1. Bauplanung

Der Baubetrieb ist das letzte Glied der Kette in den Entstehungsphasen eines Bauwerkes. Von der Planung über das Projektieren, Entwerfen, Konstruieren und Dimensionieren folgt die Bauausführung. Sie ist somit die Umsetzung des Geplanten und in den Plänen Dargestellten in das wirkliche Objekt. Um den Baubetrieb ingenieurmäßig und wirtschaftlich durchzuführen, ist eine sorgfältige Bauplanung erforderlich.

7.1.1. Arbeitsvorbereitung

Zur wirtschaftlichen Lösung eines Bauobjektes gehört eine sorgfältige Arbeitsvorbereitung. Diese stellt damit innerhalb der Bauplanung eines der wichtigsten Teilgebiete dar. Es ist das Ziel der Arbeitsvorbereitung, vor Beginn der Bauarbeiten den Arbeitsablauf in der Weise ingenieurmäßig zu planen, daß eine Bauausführung mit den geringsten Kosten erfolgen kann und dadurch eine maximale Wirtschaftlichkeit erzielt wird. Dazu müssen die ausgewählte technische Lösung, das Arbeitsverfahren und die Betriebsmittel innerhalb der Arbeitsvorbereitung unter Berücksichtigung der vorgegebenen Bedingungen aufeinander abgestimmt werden.

Die Arbeitsvorbereitung schafft somit die Voraussetzung dafür, daß bei der Durchführung der Bauaufgabe sich Arbeitskräfte, Maschinen und Baustoffe in der erforderlichen Menge zur richtigen Zeit an der richtigen Einsatzstelle befinden.

Die Arbeitsvorbereitung wird in den folgenden Einzelstufen durchgeführt:

- Auswahl des Bauverfahrens
- Planung des Bauablaufs
- Bereitstellungsplanung von Arbeitskräften, Geräten und Stoffen
- Baustelleneinrichtung

7.1.2. Auswahl des Bauverfahrens

Die Auswahl des kostengünstigsten Bauverfahrens wird durch den Vergleich der verschiedenen Verfahren getroffen. Dabei werden die einzelnen Produktionsfaktoren Arbeitskräfte, Maschinen und Baustoffe variiert. Man kann bei einem Bauwerk den Beton z. B. durch Betonpumpe, Kran, Förderband, Motorjapaner oder Schubkarre zur Einbaustelle transportieren. Von diesen Möglichkeiten wird unter den vorgegebenen Bedingungen der jeweiligen Baustelle (Größe, Örtlichkeit, vorgeschriebene Ausführungsbedingungen, Termine) und unter den innerbetrieblichen Gegebenheiten (Verfügbarkeit von Gerät und Personal) nur ein Verfahren zu minimalen Kosten führen. Dieses wirtschaftlichste Verfahren muß durch einen kalkulatorischen Verfahrensvergleich gefunden werden.

7.1.3. Planung des Bauablaufs

Für das gewählte Bauverfahren muß der Bauablauf vor der Bauausführung bis in die Einzelheiten geplant werden, um Zufälle bei der Ausführung auszuschließen. Dabei hat sich ein zweistufiger Planungsablauf bewährt.

1. Grobablaufplan mit der Festlegung von Rahmenterminen für die wichtigsten Bauabschnitte.
2. Feinablaufplan mit der detaillierten Erfassung der einzelnen Arbeitsabschnitte.

Die Aufstellung der Ablaufplanung umfaßt auch die Überprüfung der Unterlagen auf Vollständigkeit. Zu den Unterlagen zählen: Der Bauvertrag mit allen Vertragsbedingungen und dem Schriftwechsel mit dem Bauherrn, das Leistungsverzeichnis und die Leistungsbeschreibung, die Angebotskalkulation und die zeichnerischen Unterlagen. Es sind dabei insbesondere folgende Punkte zu klären:

- der Umfang der zu erbringenden Bauleistung,
- die zu erbringenden Nebenleistungen,
- Zwischentermine, Endtermine,
- Abrechnungs- und Zahlungsbedingungen,
- Vertragsstrafen,
- Abnahme- und Gewährleistungsbedingungen,
- Statische Berechnung u. Ausführungszeichnungen,
- Lage der Baustelle, Zu- und Abfahrt,
- Flächen für Baustelleneinrichtung und Baustofflagerung,
- Versorgung mit Wasser, Strom, Telefon,
- Baustelleneinrichtungen für den Bauherren, (z. B. Baubüro, Telefon, Strom)
- Sonderbedingungen,
- Schlechtwetterregelung u. Winterbaumaßnahmen,
- Lohn- und Materialgleitklauseln.

Grobplanung

Der Grobplan, der die erste Stufe der Bauzeitplanung bildet, zeigt aufbauend auf den vorgegebenen Vertragsterminen für die gesamte Bauzeit die Termine für die einzelnen Fertigungsabschnitte an, ohne auf die Arbeitsvorgänge im einzelnen einzugehen.

Zur Aufstellung der Grobplanung muß erfolgen:

1. eine eingehende Bauwerksanalyse. Dabei ist neben der Art des Bauwerkes (Hochbau, Industriebau, Brückenbau, Tunnnelbau, Wasserbau), dessen Konstruktion, der Umfang des Ausbaues und die Lage der Baustelle äußerst wichtig.

Es muß im einzelnen geklärt werden:

- Art und Schwierigkeit der Gründung
- Umfang der Erdarbeiten (Bodenaushub, Baugrubenverbau)
- Grobmassenermittlung nach m^3 umbauter Raum, m^2 überbauter Fläche, Geschoßzahl b. Hochbauten
- Konstruktionsart, gleichartige Bauteile, Fertigteile, Umfang der Schalarbeiten
- Art und Umfang der Installationen (Heizung, Klima, Lüftung, Elektro, Wasser, Abwasser)

2. eine Aufteilung des Bauvorhabens in einzelne Fertigungsabschnitte. Dabei sind konstruktive Gegebenheiten wie z. B. Gründungen, Bauwerksfugen, Geschosse bei Hochbauten oder Widerlager, Pfeiler und Überbauten bei Brücken zu beachten. Die Bauabschnitte sollen möglichst gleiche Arbeitsmengen besitzen, jedoch logische, selbständige Teile des Gesamtbauwerkes darstellen.

3. eine Massenermittlung nach Kennzahlen, so daß Ausführungszeit und Kapazität überschläglich ermittelt werden können. Solche Kennzahlen sind z. B.:

Arbeitsstunden/m^3 umbauter Raum
Aushubleistung in m^3/Schicht
Einbauleistung Schwarzmischgut in t/Tag
oder
Umsatz (DM) / Beschäftige und Zeiteinheit.

7

7.1. Bauplanung

Eine weitere Aufgliederung und Trennung nach Arbeitsvorgängen, wie z. B. die Feinplanung es verlangt (Mauern, Schalen, Bewehren, Betonieren), ist bei der Grobplanung nicht zweckmäßig.

Zur Darstellung des Grobplanes eignen sich alle im Kapitel 7.2. aufgeführten Darstellungsformen. Der Balkenplan wird wegen seiner Anschaulichkeit im allgemeinen bevorzugt.

Aus der Aufgabenstellung ergibt sich folgendes Schema zur Aufstellung des Grobplanes:

1. Festlegung der vorgegebenen End- und Zwischentermine.
2. Aufteilung des Bauvorhabens in Fertigungsabschnitte.
3. Ermittlung der für die Fertigungsabschnitte zur Verfügung stehenden Ausführungszeit und der erforderlichen Kapazität.
4. Festlegung der Ausführungstermine.

kran bedient werden können. Die jeweilige Grenze hängt von dem gewählten Bauverfahren ab.

So brauchen z. B. hochindustrialisierte Bauverfahren einen höheren Turmdrehkraneinsatz (8 Beschäftigte pro TD), normale Stahlbeton- und Mauerwerksbauten einen geringeren (20 Beschäftigte pro TD). Im Stahlbetonbau ist es außerdem davon abhängig, ob der Betontransport ebenfalls mittels des TD vorgenommen wird, oder ob hierfür Betonpumpen und Verteilermaste eingesetzt werden. Es würden sonst zu Zeiten des Betonierens die Kräne blockiert sein und andere Arbeiten wie Schalen und Bewehren nicht ausgeführt werden können. Der Beginn und die Dauer des Geräteeinsatzes sind anhand der Grobplanung und der Aufwandswerte zu bestimmen, um für den Versand auf die Baustelle und für den späteren Einsatz auf Anschlußbaustellen disponieren zu können.

Grobplan Hochhaus

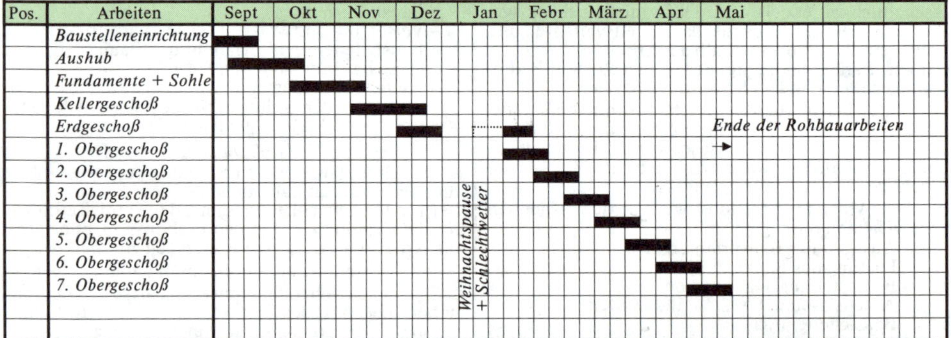

Feinplanung

Im Gegensatz zum Grobplan legt der Feinplan für einen Arbeitsabschnitt alle Einzelheiten bis zu den Arbeitsvorgängen fest und bestimmt den Ausführungszeitraum. Der Feinplan ist damit die Arbeitsanweisung für die Herstellung eines Arbeitsabschnittes. Er ordnet sich in den im Grobplan abgesteckten Rahmen ein.

Zur Aufstellung des Feinplanes werden alle Fertigungsmengen exakt und detailliert ermittelt und in einem Formular, dem sogenannten Arbeitsverzeichnis, eingetragen. Daneben werden die Aufwandswerte eingesetzt und so die erforderlichen Ausführungszeiten und notwendigen Arbeitskräfte ermittelt.

Geräteeinsatz

Die Planung des Geräteeinsatzes faßt die verfahrenstypischen Geräte und Arbeitsgruppen zusammen. Z. B. im Erdbau: Lösen, Laden, Transportieren und Einbau; im Betonbau: Schalen, Bewehren, Betonieren, Ausschalen. Für das jeweilige Arbeitsverfahren ist das erforderliche Gerät (Transportmittel) bereitzustellen. Für den Hochbau ist der Turmdrehkran das typische Hebezeug. Man rechnet damit, daß 15–20 Beschäftigte von einem Turmdreh-

7.1.4. Bereitstellungsplan

Abhängig vom Bauablauf zeigt der Bereitstellungsplan die Größe der für die Bauausführung benötigten Kapazität an. Er gibt den einzelnen Abteilungen des Unternehmens (Maschinentechnische-, Personalabteilung, Einkauf) an, welche Mengen zu welchem Zeitpunkt benötigt werden.

Arbeitskräfte werden von der Personalabteilung und der Oberbauleitung nach Fähigkeiten geordnet geführt. Sie werden ähnlich wie Betriebsmittel nach der jeweils besten Verwendungsmöglichkeit eingesetzt. Die Versetzung von einer Baustelle zur anderen (evtl. Auswärtsbeschäftigung) ist nur nach Rücksprache mit dem betroffenen Mitarbeiter vorzunehmen. Teilweise sind die Arbeitskräfte zu Kolonnen von ca. 5–10 Mitarbeitern zusammengefaßt. Z. B. Schalkolonne von Zimmerleuten, Flechterkolonne aus Eisenflechtern u. ä.

Geräte werden von der Maschinentechnischen Abteilung (Geräteabteilung) für den jeweiligen Einsatz bereitgehalten. Zu den Geräten gehören die Baustelleneinrichtung, Maschinen, Werkzeuge, Schal- und Rüstelemente. Die Geräte werden entweder vom Bauhof oder von einer Baustelle zum neuen Einsatzort versandt.

Stoffe werden meistens durch die Baustelle bei dem jeweiligen Lieferanten direkt abgerufen.

7.1. Bauplanung

Grundriß Hochhaus

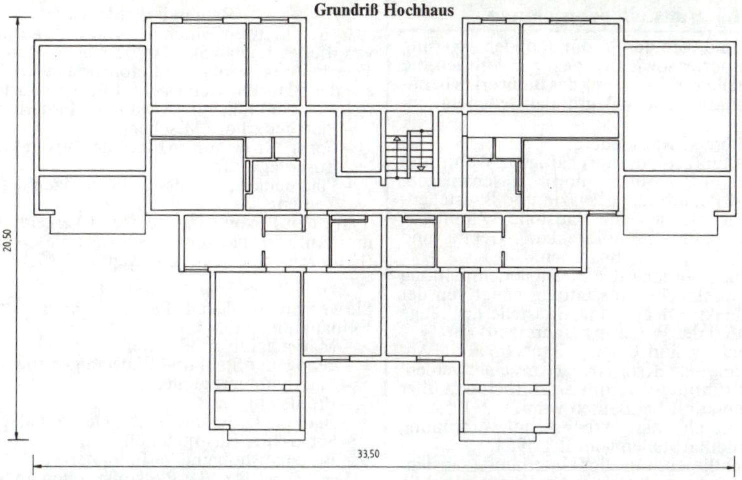

Arbeitsverzeichnis

Lfd. Nr.	Bauteil und Arbeitsvorgang	Fertigungsmenge	Aufwand h/E	Gesamtstunden A h	tägliche Arbeitszt. h/d	Tagewerke A d	Anz. Arb.	Dauer d
	1. Abschnitt							
1.1	*Wände d = 24*	*54,6 m³*	*5,7*	*311,2*	*8*	*38,9*	*9*	*4,3*
1.2	*Wände d = 11,5*	*40 m²*	*0,95*	*38,0*	*8*	*4,8*	*9*	*0,5*
1.3	*Stahlbeton-wände*							
1.4	*Stahlbeton-decke d = 15 cm*							
1.4.1	*Schalung*	*210 m²*	*1,2*	*252,0*	*8*	*31,5*	*10*	*3,2*
1.4.2	*Bewehrung verlegen*	*2,9 t*	*20*	*58,0*	*8*	*7,3*	*10*	*0,7*
1.4.3	*Beton*	*31,5 m³*	*2,3*	*72,5*				
1.4.4	*abziehen + glätten*	*210 m²*	*0,1*	*21,0*				
	1.4.3 + 1.4.4			*93,5*	*8*	*11,7*	*10*	*1,2*
	2. Abschnitt							
2.1	*Wände d = 24*	*51 m³*	*5,7*	*290,7*	*8*	*36,6*	*9*	*4,0*
2.2	*Wände d = 11,5*	*40 m²*	*0,95*	*38,0*	*8*	*4,8*	*9*	*0,5*
2.3	*Stahlbeton-wände*							
2.3.1	*Schalung*	*78,3 m²*	*1,0*	*78,3*	*8*	*9,8*	*10*	*1,0*
2.3.2	*Bewehrung*	*0,9 t*	*20*	*18,0*	*8*	*2,2*	*10*	*0,2*
2.3.3	*Beton*	*7,8 m³*	*3,3*	*25,7*	*8*	*3,2*	*10*	*0,3*
2.4	*Stahlbeton-decke d = 15*							
2.4.1	*Schalung*	*206 m²*	*1,2*	*247,2*	*8*	*31*	*10*	*3,1*
2.4.2	*Bewehrung verlegen*	*2,8 t*	*20*	*56,0*	*8*	*7*	*10*	*0,7*
2.4.3	*Beton*	*30,9 m³*	*2,3*	*71,1*				
2.4.4	*abziehen + glätten*	*206 m²*	*0,1*	*20,6*				
	2.4.3 + 2.4.4			*91,7*	*8*	*11,5*	*10*	*1,2*
	Fertigteiltreppe versetzen 2 Läufe	*2 St.*	*3,5*	*7,0*	*8*	*0,9*	*8*	*0,1*

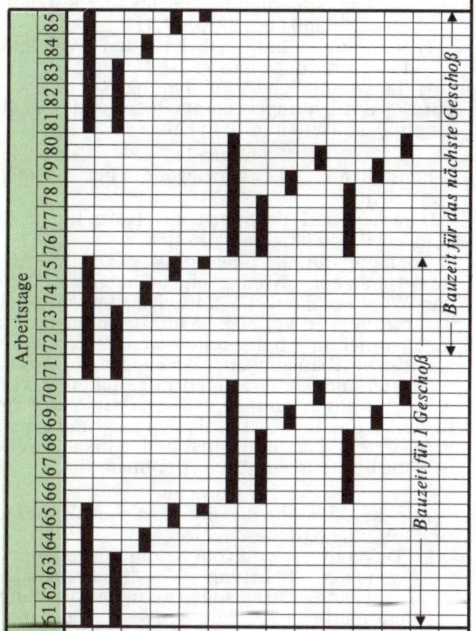

7.1.5. Baustelleneinrichtung

Alle Einrichtungen der Produktion, der Lagerung und des Transportes sowie alle sonstigen Anlagen, die auf der Baustelle zur Errichtung des Bauwerkes benötigt werden, sind durch den Begriff Baustelleneinrichtung erfaßt.

Hierzu gehören insbesondere:

Tagesunterkünfte für die Beschäftigten, Wohn- und Schlafunterkünfte, Abort und Waschanlagen, Baubude und Polierbude, Magazin und Baustellenwerkstatt, Lagerflächen für Baustoffe, Zimmerei, Zimmererwerkstatt, Eisenbiegeplatz, Geräte und Maschinen, Winterbaumaßnahmen.

Der jeweilige Umfang der Baustelleneinrichtung und der zu wählenden Ausstattung hängt von der Größe des Objektes, der Lage der Baustelle, der Länge der Bauzeit und der Witterung (Jahreszeit) ab.

Bei der Wahl der Einrichtungen, ihrer Größe und Anzahl müssen folgende Bestimmungen beachtet werden:

1) die Ausführungsverordnung zum Gesetz über die Unterkunft bei Bauten vom 21. 2. 1959, ergänzt durch die Arbeitsschutzverordnung für Winterbaustellen vom 1. 8. 1968;
2) die Richtlinien für die Unterkünfte ausländischer Arbeitnehmer in der Bundesrepublik Deutschland vom 29. 3. 1971;
3) Verordnung über Arbeitsstätten (Arbeitsstättenverordnung) vom 20. 3. 1975;
4) Tarifvertragliche Vereinbarungen.

Für die Einrichtungen kommen folgende Ausführungsmöglichkeiten in Betracht:

Gebäude

Baustellenwagen, vorwiegend bei kleineren Baustellen.

Baracken und Schuppen aus Holz, für größere Baustellen und längere Bauzeiten.

Container, für alle Einsatzmöglichkeiten, z. B. als Büro-Container, Wohn-/Schlaf-Container, Wasch- und WC-Container. Sie sind vielseitig verwendbar und bieten viele Vorteile, da sie zusammen mit der Inneneinrichtung transportiert werden können und Montagebeschädigungen weitgehend ausgeschlossen sind. Da sie schnell aufgestellt und wieder versetzt werden können, verursachen sie geringe Kosten. Außerdem lassen sie sich aufgrund der standardisierten Maße horizontal und vertikal erweitern (günstig bei geringen Platzverhältnissen).

Hebezeuge

Für die Auswahl der erforderlichen Hebezeuge sind folgende Kriterien maßgebend:

1) Tragkraft: sie wird vom Betontransport, der verwendeten Schalung (Großflächenschalung) oder den zu versetzenden Fertigteilen bestimmt.
2) erforderliche Ausladung: sie ist von den Abmessungen des Bauwerkes und von der möglichen Lage der Kranbahn abhängig (Böschung der Baugrube und Abstand der Kranbahn von der Böschungskante beachten).

Beispiel: erforderliche Ausladung 25 m, max. Gewicht eines Stahlbetonfertigteiles (Balken) 2000 kg, erforderliches Lastmoment $25 \times 20 = 500$ kNm (50 Mpm).

Die Anzahl der zum Einsatz kommenden Turmdrehkrane ist von der Anzahl der auf der Baustelle Beschäftigten abhängig. Man rechnet 15–20 Beschäftigte je Turmdrehkran.

Betonmischanlagen

In den meisten Fällen wird heute Transportbeton verarbeitet. Lediglich auf Großbaustellen und bei der Verarbeitung besonderer Betonsorten wird der Beton auf der Baustelle hergestellt. Für die Baustelleneinrichtung sind folgende Angaben erforderlich:

- Platzbedarf des Mischers,
- Form, Größe und Anzahl der Boxen für Zuschlagstoffe,
- Platzbedarf und Fassungsvermögen des Zementsilos.

Vor den Boxen ist ausreichend Verkehrsfläche für die Anlieferung der Zuschlagstoffe vorzusehen. (Betonmischanlagen siehe Kapitel 7.7.2.)

Lagerflächen

Sie werden für folgende Baustoffe, Bauhilfsstoffe und Einbauteile benötigt:

- Mauersteine und Mörtel,
- gebogener Stahl und Baustahlgewebe,
- Stahlbetonfertigteile,
- Profilstahl,
- Bauholz (z. B. Dachstuhl, Deckenbalken),
- Schal- und Rüstmaterial,
- Bodenaushub und Verfüllmaterial, Mutterboden.

Die Lagerplätze der Baustoffe sollen im Schwenkbereich des Kranes liegen und wenn möglich in ihrem Fertigungsschwerpunkt angeordnet sein. Die Größe der einzelnen Lagerflächen richtet sich nach den Abmessungen der zu lagernden Teile. Gebogener Betonstahl 6–10 m lang und bis zu 5 m breit, Baustahlgewebe-Lagermatten $2{,}15 \times 5{,}0$ m, bzw. $2{,}15 \times 6{,}0$ m, Listenmatten max. $2{,}45 \times 12{,}0$ m. Bei der Lagerung von Stahlbetonfertigteilen ist besonders darauf zu achten, daß sie während der Zwischenlagerung etwa die gleichen Auflagerbedingungen erhalten wie im eingebauten Zustand, da sonst leicht Schäden durch unsachgemäße Lagerung auftreten.

Werden Fertigteile gestapelt, so muß die Lagerfläche eben sein und die gleich starken Stapelhölzer sich genau übereinander im Bereich der Auflager befinden.

Bearbeitungsflächen

Auf Großbaustellen werden Flächen für die Holzbearbeitung, Betonstahlbearbeitung, Spannstahlbearbeitung und für die örtliche Herstellung großer Stahlbetonfertigteile benötigt.

Da die hier aufgezählten Arbeiten sehr lohnintensiv sind, werden diese Arbeiten heute meistens von der Baustelle in den Bereich zentraler Werkstätten verlegt und die fertigen Teile auf die jeweilige Baustelle transportiert. Die zentralen Anlagen können dabei wesentlich rationeller arbeiten.

Auf der Baustelle sind diese Arbeiten und damit die erforderlichen Bearbeitungsflächen nur nötig, wenn sperrige Elemente hergestellt werden müssen, deren Abmessungen bzw. Gewicht den Straßentransport ausschließen.

Verkehrserschließung

Die erforderlichen Baustraßen sollen so hergestellt werden, daß sie nach Abschluß der Bauarbeiten ohne großen Aufwand beseitigt werden können. Es kommen deshalb vorwiegend Schotterstraßen, Straßen aus vorgefertigten Elementen, Schwarzdecken zur Anwendung. Ausschlaggebend für die Auswahl ist die zu erwartende Verkehrsbelastung und die Nutzungsdauer. Die Breite liegt bei einspurigen Straßen zwischen 3,5 und 4,5 m, bei zweispurigen Straßen zwischen 5,5 und 6,0 m. Das Quergefälle beträgt mindestens 2%, bei Schotterstraßen 6%. Je nach Örtlichkeit werden Stichstraßen mit Wendeplatz oder wenn möglich Baustellendurchfahrten ausgebildet.

Wasserversorgung

Es ist der Bedarf an Trinkwasser und Brauchwasser sicherzustellen. Meistens ist die Anschlußmöglichkeit an das öffentliche Versorgungsnetz gegeben. In diesen Fällen genügt das Wasser allen Ansprüchen. Andernfalls muß eine Eigenversorgung (Brunnen) vorgenommen werden. Das vorkommende Wasser muß dann im Labor auf seine Eignung untersucht werden. Trinkwasser wird in Kantinen und Unterkünften benötigt. Brauchwasser verwendet man zur Mörtel- und Betonherstellung, Betonnachbehandlung, Reinigung und als Kühlwasser von Kompressoren.

Der Wasserbedarf beträgt:

bei Tagesunterkünften	20–30 l/Tag und Person
bei Schlafunterkünften	40–70 l/Tag und Person
zur Betonherstellung	100–200 l/m³ Beton
zur Mörtelherstellung	200–250 l/m³ Mörtel

Stromversorgung

Diese erfolgt überwiegend aus dem öffentlichen Versorgungsnetz, deshalb sind rechtzeitig Absprachen mit dem zuständigen Elektrizitätsversorgungsunternehmen zu treffen.

Die Versorgung der Baustelle wird je nach dem Strombedarf über Umspannstationen (Trafo) oder Baustromverteiler von 250 A, 100 A, 63 A und 25 A vorgenommen.

Alle elektrische Anlagen dürfen nur von Elektrofachleuten eingerichtet, geändert oder instandgesetzt werden, dabei sind die VDE-Bestimmungen (insbesondere VDE 0100, 0101, 0105) und die Unfallverhütungsvorschrift „Elektrische Anlagen und Betriebsmittel" zu beachten. Alle Baustromverteiler müssen mit einem Fehlerstromschalter (FI-Schutzschalter) ausgerüstet sein, der bei einem Nennfehlerstrom von höchstens 0,5 A die Anlage allpolig abschaltet.

Als Leitungen werden Gummischlauchleitungen als bewegliche Leitungen zur Versorgung einzelner Geräte und Maschinen verwendet. Im Erdreich werden Kabel verlegt.

Eine Eigenstromversorgung wird auf Baustellen mit Wasserhaltung, Druckluftversorgung (Druckluftgründung, Schildvortrieb) erforderlich. Die Größe der Anlage ist nach dem jeweiligen Bedarf und der erforderlichen Sicherheit (Reserve) sorgfältig festzulegen.

Darstellung

Nach der Ermittlung des Bedarfs und der Festlegung der zur Verfügung stehenden Einzelelemente werden diese im Baustelleneinrichtungsplan zeichnerisch dargestellt. Als Maßstab empfiehlt sich 1:200. Neben der Geländeform müssen die Grundstücksgrenzen, eventuell vorhandene Bebauung (auch auf den Nachbargrundstücken) und der Grundriß des zu erstellenden Bauwerks eingetragen sein. Dann erfolgt die Darstellung aller Einrichtungselemente mit ihren wichtigsten Abmessungen.

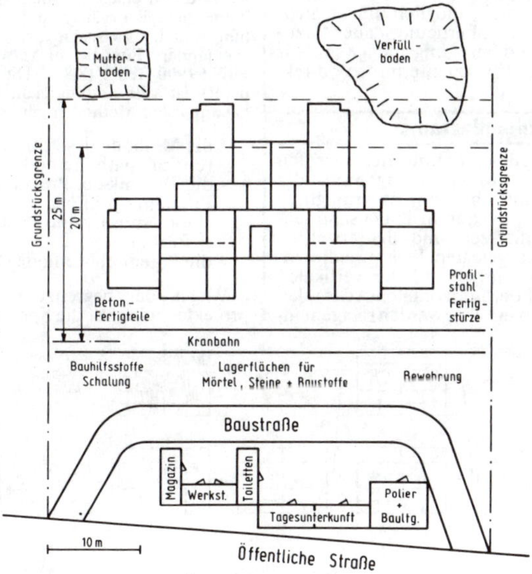

Baustelleneinrichtungsplan

7.2. Bauzeitenplan

Die Planung des Bauablaufes wird durch folgende Methoden dargestellt:
- Balkendiagramm
- Liniendiagramm
- Netzplan

Jede dieser Methoden kann für die Darstellung eines Bauablaufes gewählt werden. Es hat sich jedoch gezeigt, daß sie wegen ihrer Anschaulichkeit im einzelnen Fall mehr oder weniger geeignet sind. Die Auswahl der Methode sollte deshalb allein am Zweck orientiert sein.

7.2.1. Balkendiagramm

Das Balkendiagramm ist wegen seiner Anschaulichkeit im Baubetrieb am weitesten verbreitet. Es ist sowohl zur Planung des Gerätes und Arbeitskräfteeinsatzes gut geeignet. Es wird, da es leicht lesbar und schnell verständlich ist, auf der Baustelle bevorzugt eingesetzt, in vielen Fällen sogar, wenn die eigentliche Planung mit dem Liniendiagramm oder dem Netzplan durchgeführt wurde. Im Hochbau ist es die übliche Darstellungsart.

Bei der Darstellung werden die einzelnen Arbeitsabschnitte und Arbeitsvorgänge auf der Vertikalen, die Bauzeit auf der Horizontalen dargestellt. Siehe Seite 7-3.

Es ist zweckmäßig, die Arbeitsvorgänge, die den Bauablauf maßgeblich beeinflussen, in ihrem zeitlichen Ablauf direkt untereinander aufzuführen, alle anderen Arbeitsvorgänge, die unabhängig ausgeführt werden können und in den Bauablauf nicht fest eingebunden sind, werden zum Schluß gesondert aufgeführt.

Da in dem Balkendiagramm der horizontale Balken lediglich die Zeitdauer eines Vorganges mit Beginn und Ende angibt, ist es nicht möglich unterschiedliche Leistungen während der Fertigungsdauer darzustellen. Fertigungszeit und Fertigungsmenge sind für die Berechnung von Zwischenterminen direkt proportional.

7.2.2. Liniendiagramm

Das Liniendiagramm, das auch unter den Begriffen Zeit-Weg-Diagramm, Zeit-Mengen-Diagramm oder Geschwindigkeitsdiagramm bekannt ist, ermöglicht im Gegensatz zum Balkendiagramm den Zusammenhang zwischen Fertigungszeit und der erstellten Menge oder dem zurückgelegten Weg zweidimensional darzustellen. Es enthält auf der vertikalen Achse die Zeit und auf der horizontalen Achse den Weg. Als Einheiten der Wegachse werden Längeneinheiten (m, km), Raummaße (m^3), Flächenmaße (m^2) oder Gewichtsmaße (kg, t) verwendet. Das Liniendiagramm entspricht damit dem graphischen Fahrplan, der bei der Planung des Schienenverkehrs verwendet wird. Die Neigung der Kurven ist ein Maß für die Arbeitsgeschwindigkeit und macht die kritischen Abstände der einzelnen Fertigungsgruppen zueinander sichtbar. Es gibt dem planenden Ingenieur die Möglichkeit, gegenseitige Behinderungen (Unterschreitung des kritischen Abstandes) während des Bauablaufes rechtzeitig zu erkennen.

Das Liniendiagramm wird vorwiegend bei Bauobjekten mit ausgeprägter Fertigungsrichtung angewendet. Dieses sind Straßen, Tunnel, Stützmauern, Rohrleitungen. Für Mauerwerks- und Stahlbetonarbeiten wird das Liniendiagramm nicht angewendet.

7.2.3. Netzplan

Unter der Netzplantechnik versteht man alle Verfahren zur Analyse, Beschreibung, Planung, Steuerung, Überwachung von Abläufen auf der Grundlage der Graphentheorie (eine Spezialdisziplin der Mengenlehre), wobei Zeit, Kosten, Einsatzmittel und weitere Einflußgrößen berücksichtigt werden können. (DIN 69900 Teil 1 [8.87].)

Die Netzplantechnik eignet sich im Bauwesen für Projekte aller Art. Ihre Vorzüge werden jedoch bei der Planung von schwierigen und umfangreichen Bauabläufen besonders deutlich. Bei der Überwachung des Bauablaufes lassen sich durch die Netzplantechnik Störungen des geplanten Ablaufes einwandfrei erkennen und die erforderlichen Gegenmaßnahmen somit frühzeitig ergreifen.

Voraussetzung für die Darstellung eines Projektablaufes durch einen Netzplan ist die Auflösung des Ablaufes in Teilvorgänge und die Festlegung der Beziehungen, die zwischen den Teilvorgängen bestehen, zueinander. Für die zu verwendenden Begriffe siehe DIN 69900 Teil 2 (8.87). Die Aufstellung eines Netzplanes ist sehr umfangreich, hier sollen nur noch die bekanntesten Methoden genannt sein:

- die Methode des kritischen Weges (critical path method = CPM)
- die Technik der Programmbewertung und Programmprüfung (Programm Evalution et Review Technique = PERT)
- die Potential Methode (PM)

Wegen der begrenzten Anwendung bei Großprojekten wird auf die Spezialliteratur verwiesen.

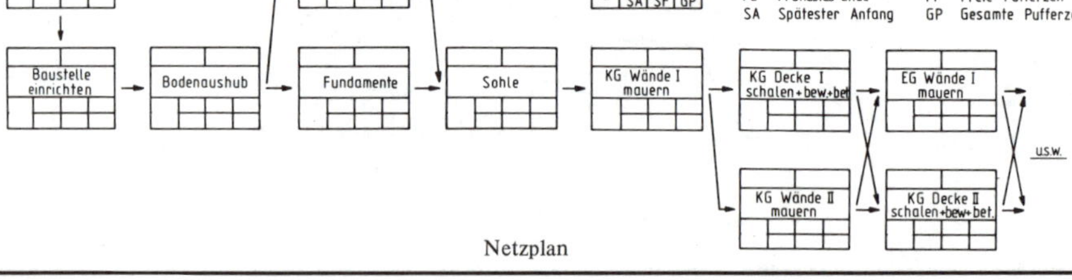

Netzplan

7.3. Grundflächen und Rauminhalte von Hochbauten (DIN 277 [6.87])

Die DIN 277 bildet eine einheitliche Grundlage für die Berechnung des umbauten Raumes und der Flächen eines Bauwerkes.

In der Norm werden die verschiedenen Arten von Grundflächen und Rauminhalten definiert. Da diese Maßstab für die Ermittlung und den Vergleich der Kosten von Hochbauten sind, ist eine einheitliche Ermittlung der Grundflächen und Rauminhalte besonders wichtig.

7.3.1. Grundflächen

1. Brutto-Grundfläche (BGF)
ist die Summe der Grundflächen aller Grundrißebenen. (Geschosse, Dachgeschoß, Dachterrasse, Installationsgeschoß, Lagerböden.) Sie ergibt sich aus den äußeren Abmessungen der begrenzenden Bauteile in Fußbodenhöhe. Die BGF unterteilt sich in Netto-Grundfläche und Konstruktions-Grundfläche.

2. Konstruktions-Grundfläche (KGF)
ist die Grundfläche der begrenzenden Bauteile (Wände) sowie von Stützen, Pfeilern, Schornsteinen, nicht besteigbaren Schächten und dgl., die sich innerhalb der BGF befinden. Zur KGF gehören auch die Grundflächen von Türöffnungen, Aussparungen und Nischen in den begrenzenden Bauteilen. Die Konstruktions-Grundfläche kann auch als Differenz von Brutto-Grundfläche und Netto-Grundfläche errechnet werden. (KGF = BGF − NGF)

3. Netto-Grundfläche (NGF)
ist die nutzbare Grundfläche zwischen begrenzenden Bauteilen. Zur NGF gehören nicht die Grundflächen von Türöffnungen, Fensteröffnungen, Aussparungen und Nischen in begrenzenden Bauteilen. Die NGF gliedert sich in Nutzfläche, Funktionsfläche und Verkehrsfläche.

4. Nutzfläche (NF)
ist der Teil der Netto-Grundfläche, der der Zweckbestimmung und Nutzung des Bauwerkes dient. Die Nutzfläche wird unterteilt in Hauptnutzfläche (HNF) und Nebennutzfläche (NNF).

5. Funktionsfläche (FF)
ist die Netto-Grundfläche von Räumen für betriebstechnische Anlagen. Zu den FF gehören auch die Grundflächen von Hausanschlußräumen, von begehbaren Versorgungsschächten und von Installationsgeschossen.

6. Verkehrsfläche (VF)
ist die Netto-Grundfläche, die der Verkehrserschließung oder der Verkehrssicherung des Bauwerkes dient. Z. B.: Treppenhäuser, Flure, innere Rampen, Fluchtbalkone, Fläche von Aufzugsschächten, Rolltreppen.

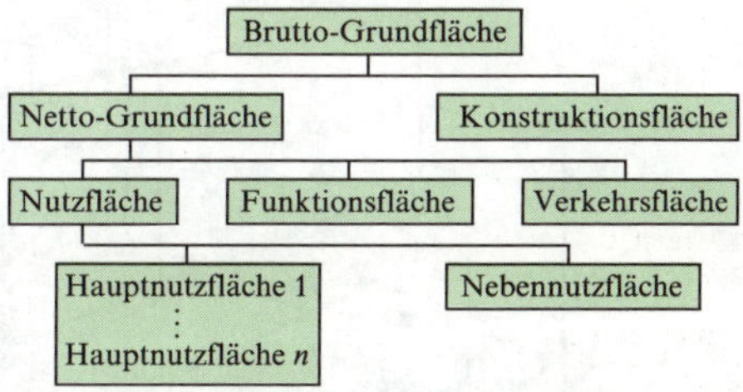

Brutto-Grundfläche (BGF)

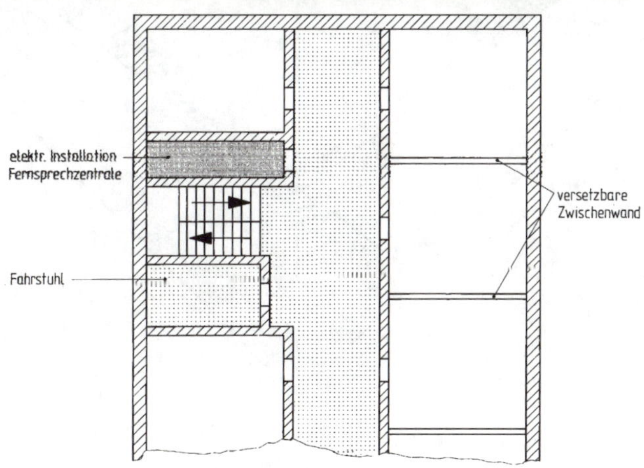

▨ Konstruktionsfläche □ Nutzfläche ▩ Funktionsfläche ⛆ Verkehrsfläche

7.3. Grundflächen und Rauminhalte von Hochbauten (DIN 277 [6.87])

7.3.2. Rauminhalte

Grundlage für die Berechnung der Rauminhalte sind die nach Kap. 7.3.1. ermittelten Grundrißflächen sowie die über den Grundrißebenen anzusetzenden Höhen. Konstruktive und gestalterische Vor- und Rücksprünge sowie Profilierungen und untergeordnete Bauteile (z. B. Kellerlichtschächte, Außentreppen, Eingangsüberdachungen, Dachüberstände, Dachgauben, Lichtkuppeln) bleiben unberücksichtigt.

Der Rauminhalt wird in m^3 angegeben.

1. Der Brutto-Rauminhalt (BRI)
ergibt sich aus den äußeren Begrenzungsflächen.

2. Der Netto-Rauminhalt (NRI)
ist der Rauminhalt aller Räume, die zur Netto-Grundfläche gehören.

Grundflächen und Rauminhalte werden nach ihrer Zugehörigkeit zu folgenden Bereichen getrennt ermittelt:

a) überdeckt und allseitig in voller Höhe umschlossen,
b) überdeckt, jedoch nicht allseitig in voller Höhe umschlossen,
c) nicht überdeckt.

Brutto-Rauminhalt (BRI)

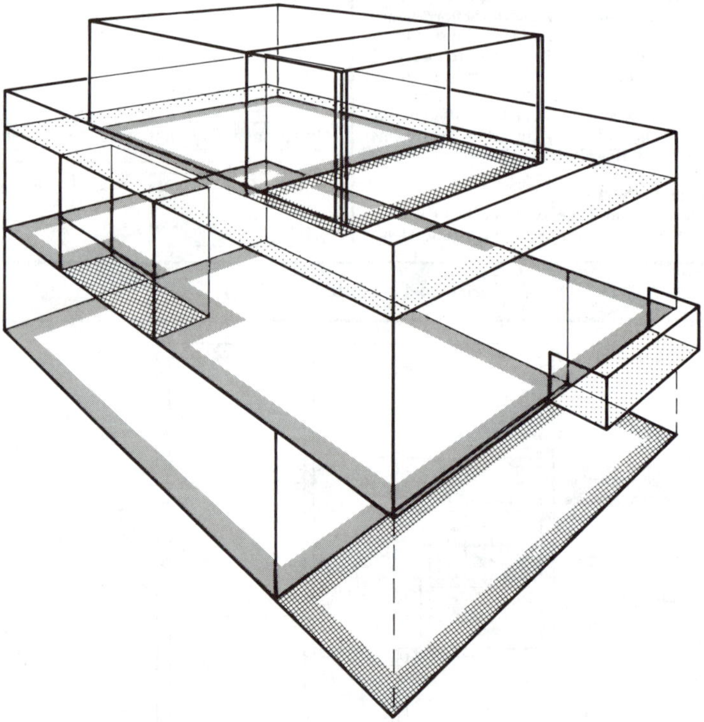

Brutto-Rauminhalt von folgenden Bereichen:

- ▪ überdeckt und allseitig in voller Höhe umschlossen
- ▪ überdeckt, jedoch nicht allseitig in voller Höhe umschlossen
- ▪ nicht überdeckt

7.3. Grundflächen und Rauminhalte von Hochbauten (DIN 277 [6.87])

7.3.3. Wohnungen. Begriffe

Eine Wohnung ist die Summe der Räume, welche die Führung eines Haushaltes ermöglichen, darunter stets eine Küche oder ein Raum mit Kochgelegenheit. Zu einer Wohnung gehören außerdem Wasserversorgung, Ausguß und Abort.

Abgeschlossene Wohnungen sind solche Wohnungen, die baulich vollkommen von fremden Wohnungen und Räumen abgeschlossen sind.

Unterschieden werden Wohn- und Schlafräume, Küchen und Nebenräume.

Wohn- und **Schlafzimmer** von mindenstens 10 m^2.

Wohn- und **Schlafkammern** von 6 bis 10 m^2.

Wohnküchen, mindestens 12 m^2 Wohnfläche, die zum Wohnen geeignet, mit Einrichtung zum Kochen für hauswirtschaftliche Zwecke ausgestattet und beheizbar sind. Wohnräume mit Kochnischen werden ebenfalls zu den Wohnküchen gerechnet, wenn sie zusammen mindestens 12 m^2 haben.

Kochküchen sind Räume, die mit einer Einrichtung zum Kochen für hauswirtschaftliche Zwecke ausgestattet sind und nicht unter Abschnitt Wohnküchen fallen.

Nebenräume einer Wohnung sind: Dielen (Wohndielen), Schrankräume, Abstellräume, Windfänge, Vorräume, Flure, Treppen innerhalb einer Wohnung einschl. Treppenabsätze, Galerien, Aborte, Wasch-, Dusch- und Baderäume, Spülküchen, Speisekammern, Besenkammern und dgl., Veranden, nicht ausreichend beheizbare Wintergärten, Hauslauben (Loggien), Balkone und gedeckte Freisitze.

Wirtschaftsräume und gewerbliche Räume im Zusammenhang mit einer Wohnung

Wirtschaftsräume sind Arbeitsräume, Vorratsräume, Backstuben, Räucherkammern, Futterküchen, Futterkammern, Ställe, Scheunen, Einstellräume für Fahrzeuge und Geräte usw.

Gewerbliche Räume sind Läden, Gaststättenräume, Werkstätten, Büro- und Lagerräume, Einstellräume für Fahrzeuge und Geräte usw.

Kennzeichnung der Wohnungsgröße

Die Größe einer Wohnung wird gekennzeichnet durch die Zahl der Zimmer oder die Zahl der Räume. Neben der Zimmer- oder Raumzahl ist auch die gesamte Wohnfläche anzugeben. Zusätzliche Räume außerhalb des Wohnungsabschlusses sind gesondert anzugeben.

Kennzeichnung nach der Zahl der Zimmer

Als Zimmer zählen voll die Wohn- und Schlafzimmer von mind. 10 m^2 und halb die Kammern unter 10 m^2. Küchen sind besonders anzugeben. Z. B. Wohnungen mit 2½ Zimmern und Wohnküche und mit 65 m^2 Wohnfläche oder Wohnungen mit 3 Zimmern, Küche und ½ zusätzlichen Zimmer außerhalb der Wohnung (im Dachgeschoß) mit 75 m^2 Wohnfläche.

Kennzeichnung nach der Zahl der Räume

Als Räume zählen bei der Angabe der Größe der Wohnung nur die Wohn- und Schlafräume sowie die Küchen. Z. B. Wohnung mit 4 Räumen mit 65 m^2 Wohnfläche.

Für Wirtschaftsräume und gewerbliche Räume ist stets nur die gesamte Nutzfläche anzugeben.

7.3.4. Wohn- und Nutzflächen

Die Wohn- und Nutzflächen von Wohnungen werden nach der DIN 283, Teil 2[1]) berechnet:

Wohnfläche ist die anrechenbare Grundfläche der Räume von Wohnungen. Sie wird aus den lichten Maßen zwischen den Wänden für jeden Raum einzeln ermittelt. Werden die Maße aus einer Bauzeichnung entnommen, so sind bei verputzten Wänden die aus den Rohbaumaßen errechneten Grundflächen um 3% zu verkleinern.

Einzubeziehen sind die Grundflächen von: Fenster- und Wandnischen, die bis zum Fußboden herunterreichen und mehr als 13 cm tief sind, Erkern und Wandschränken, die eine Grundfläche von mindestens 0,5 m^2 haben, Raumteilen unter Treppen, soweit die lichte Höhe mind. 2 m ist.

Nicht einzubeziehen sind die Grundflächen der Türnischen.

Abzurechnen sind die Grundflächen von: Schornstein- und sonstigen Mauervorlagen, freistehende Pfeiler, Säulen usw. mit mehr als 0,1 m^2 Grundfläche, die in ganzer Raumhöhe durchgehen, Treppen.

Nicht abzurechnen sind die Grundflächen von: Wandgliederungen (Stuck, Gips, Mörtel) Scheuerleisten, Tür- und Fensterbekleidungen, Wandbekleidungen, Öfen, Kaminen, Heizkörpern, Kochherden.

Ermittlung der Wohnflächen:

Von den berechneten Grundflächen der einzelnen Räume oder Raumteile sind bei der Ermittlung der Wohnfläche anzurechnen:

voll: die Grundflächen von Räumen oder Raumteilen mit einer lichten Höhe von mindestens 2 m,

zur Hälfte: die Grundflächen von Raumteilen mit einer lichten Höhe von mehr als 1 m und weniger als 2 m und von nicht ausreichend beheizten Wintergärten,

zu einem Viertel: die Grundflächen von Hauslauben (Loggien), Balkonen, gedeckten Freisitzen,

nicht: die Grundflächen von Raumteilen mit einer lichten Höhe von weniger als 1 m und von nicht gedeckten Terrassen und Freisitzen.

Nutzfläche ist die nutzbare Fläche von Wirtschaftsräumen und von gewerblichen Räumen.

Die DIN 277, Teil 1 (6.87) und Teil 2 (6.87), die dazu dient, Flächen- und Kostenvergleiche durchzuführen und die Wirtschaftlichkeit zu beurteilen, untergliedert im Teil 2 (Tabelle 1) die Netto-Grundrißfläche nach folgenden Nutzungsarten:

Hauptnutzflächen	(HNF)
– Wohnen und Aufenthalt	(HNF 1)
– Büroarbeit	(HNF 2)
– Produktion, . . .	(HNF 3)
– Lagern, Verteilen, Verkaufen	(HNF 4)
– Bildung, Unterricht und Kultur	(HNF 5)
– Heilen und Pflegen	(HNF 6)
Nebennutzflächen	(NNF)
Funktionsflächen	(FF)
Verkehrsflächen	(VF)

Die Tabelle 2 der DIN 277, Teil 2 (6.87) ordnet die Grundflächen und Räume den Nutzungsarten zu und nennt Beispiele.

[1]) Norm zurückgezogen

7

7.4. Kosten von Hochbauten nach DIN 276 (4.81)

Begriffe nach DIN 276 Teil 1 (4.81)

1. **Kosten** sind Aufwendungen für Güter, Leistungen und Abgaben einschließlich Umsatzsteuer.

2. **Kostengruppe** ist die Zusammenfassung der Kosten für gleichgerichtete Aufwendungen (siehe DIN 276 Teil 2).

3. **Gesamtkosten** sind die Summe aller Kostengruppen (Kosten des Baugrundstückes, der Erschließung, des Bauwerkes, Gerätes, der Außenanlagen, für zusätzliche Maßnahmen, Baunebenkosten).

4. **Kostenermittlung** ist der Oberbegriff für Verfahren, mit denen die Kosten entsprechend dem Planungsstand ermittelt werden (siehe DIN 276 Teil 3).

5. **Hochbauten** sind aus Baustoffen und Bauteilen hergestellte und fest mit dem Baugrund verbundene bauliche Anlagen.

6. **Baugrundstücke** sind Flächen nach öffentlich-rechtlichen Vorschriften bebauter oder bebaubarer Grundstücke.

7. **Erschließung** ist die Gesamtheit der Maßnahmen, Grundstücke baulich zu nutzen, z. B. durch Anschluß an Verkehrs- und Versorgungsnetze.

8. **Bauwerk** ist der Baukörper (ggf. mehrere), dessen Kosten zu ermitteln sind.

Kostengliederung nach DIN 276 Teil 2 (4.81)

1. Kosten des Baugrundstückes

1.1 Wert

Der Grundstückswert richtet sich nach dem Verkehrswert zum Zeitpunkt der Kostenermittlung. Dies gilt auch, wenn der Kaufpreis vom Verkehrswert zum Zeitpunkt der Kostenermittlung abweicht. Sind Teile des Grundstückes unentgeltlich oder gegen Entgelt für den Gemeinbedarf abzutreten oder abgetreten worden, so sollen diese Flächen bei der Ermittlung des Verkehrswertes berücksichtigt werden.

Bei Grundstücken, für die ein Erbbaurecht bestellt wird, darf der Grundstückswert nicht eingesetzt werden.

1.2 Erwerb

Hierzu gehören alle durch den Erwerb eines Baugrundstückes verursachten Nebenkosten, z. B. für Beurkundung, Gutachten über Baugrund und Bebaubarkeit, Vermessung, Grunderwerbssteuer, Gebühren, Provisionen, Bodenneuordnung und ggf. Bestellung eines Erbbaurechtes. Bei Anpassung des Kaufpreises an den Verkehrswert dürfen die Grundstücksnebenkosten nicht mehrfach angesetzt werden.

1.3 Freimachen

Hierzu gehören Kosten für die Abfindung von Miet- und Pachtverträgen.

1.4 Herrichten

Hierzu gehören die Kosten für das Herrichten des Grundstückes oder einer Teilfläche (Abräumen, Abholzen, Abbruch usw.).

2. Kosten der Erschließung

2.1 Öffentliche Erschließung

Hierzu gehören die Kosten aufgrund gesetzlicher Vorschriften und öffentlich-rechtlicher Verträge, z. B. Kosten für Erschließungsflächen, Ausbau der Verkehrsflächen und Versorgung (Gas, Wasser, Strom, Abwasser).

2.2 Nichtöffentliche Erschließung

Hierzu gehören die Kosten für Verkehrsflächen und techn. Anlagen, die ohne öffentlich-rechtliche Verpflichtung mit dem Ziel der Übertragung in den Gebrauch der Allgemeinheit hergestellt werden.

3. Kosten des Bauwerkes

Hierzu gehören die Kosten aller Bau- und sonstigen Leistungen, die auf Grund der Planung und vorgesehenen Zweckbestimmung entstehen.

Bei Umbau, Wiederaufbau oder Wiederherstellung von Bauwerken zählen hierzu auch die Kosten der Abbruch-, Sicherungs- und Demontagearbeiten. Der Wert wiederverwendeter Bauteile ist gesondert auszuweisen.

Bei Ausführung von Eigenleistungen sind die Kosten einzusetzen, die bei Auftrag an Unternehmer entstehen würden.

3.1 Baukonstruktionen

Hierzu gehören die Kosten der Bauleistungen und der sonstigen Leistungen für den gesamten Roh- und Ausbau einschließlich Baustelleneinrichtung.

3.2 Installationen

Hierzu gehören die Kosten für alle im oder am Bauwerk angebrachten Rohrleitungen, Verteilungssysteme einschließlich aller installierten Objekte, die Bestandteil des Bauwerkes werden.

3.3 Zentrale Betriebstechnik

Hierzu gehören die Kosten für die Teile techn. Anlagen, die zum Betrieb der in Abschn. 3.2 genannten Installationen erforderlich sind (z. B. Wasseraufbereitungsanlagen, Transformatoren).

3.4 Betriebliche Einbauten

Hierzu gehören die Kosten für alle mit dem Bauwerk festverbundenen Einbauten, die seiner besonderen Zweckbestimmung dienen (z. B. Einbaumöbel).

3.5 Besondere Bauausführungen

Hierzu gehören die Baukonstruktionen, Installationen, zentrale Betriebstechnik und betriebl. Einbauten, die durch besondere Bedingungen außerhalb der Zweckbestimmung des Bauwerkes verursacht werden (z. B. außergewöhnliche Gründung).

4. Kosten des Gerätes

Hierzu gehören die Kosten für alle beweglichen Gegenstände, die zur Ingebrauchnahme und zur allgemeinen Benutzung des Bauwerkes erforderlich werden.

5. Kosten der Außenanlagen

Es sind dies in der Regel Kosten für: Einfriedungen, Wege, Grünanlagen, Versorgungsanlagen vom Bauwerk bis zur Grundstücksgrenze.

6. Kosten für zusätzliche Maßnahmen

Hierzu gehören die Kosten, durch die der Wert des Bauwerkes nicht erhöht wird, z. B. Winterbaumaßnahmen.

7. Baunebenkosten

Hierzu gehören die Kosten, die bei Planung und Durchführung auf der Grundlage von Gebührenordnungen oder nach Vereinbarungen entstehen.

Kostenermittlungen nach DIN 276 Teil 3 (4.81)

1. **Kostenschätzung** dient zur überschlägigen Ermittlung der Gesamtkosten und ist die vorläufige Grundlage für Finanzierungsüberlegungen.

2. **Kostenberechnung** dient zur Ermittlung der angenäherten Gesamtkosten und ist die Grundlage für die erforderliche Finanzierung.

3. **Kostenanschlag** dient zur genauen Ermittlung der zu erwartenden Kosten durch Zusammenstellung von Auftragnehmerangeboten, Eigenberechnungen usw. Bei der Kostenermittlung durch Kostenanschlag soll das Muster nach DIN 276 Teil 3, Anh. C verwendet werden.

4. **Kostenfeststellung** dient zum Nachweis der tatsächlich entstandenen Kosten und ist Voraussetzung für Vergleiche und Dokumentationen. Grundlagen sind die geprüften Schlußrechnungen, Kostenbelege, Wert der Eigenleistungen usw.

7.5. Massenermittlung, Baustoffbedarf, Arbeitszeitbedarf

Die in den nachstehenden Tabellen aufgeführten Werte, die als Grundlage für die Kalkulation dienen, sind Mittelwerte des Stoffverbrauchs und des Arbeitszeitbedarfs. Sie unterliegen bei jedem Bauobjekt je nach Zweckbestimmung, Umfang der Bauarbeiten, Herstellungsterminen, Forderungen des Bauherrn und nach der Art des Bauunternehmens, dessen Aufbau und Organisation (z. B. Groß-, Mittel-, Kleinbetrieb), den Arbeitsbedingungen, klimatischen Verhälnissen gewissen Schwankungen, die in der Praxis durch Zu-und Abschläge berücksichtigt werden müssen.

7.5.1. Massenermittlung

Die Massenermittlung ist die Grundlage für die Kostenermittlung (Kostenanschlag), für die Aufstellung des Leistungsverzeichnisses, für die Erstellung eines Angebotes (Kalkulation), für die Planung der Baudurchführung (Einzelplanung) und nach Beendigung der Bauarbeiten für die Abrechnung und die Nachkalkulation.

Die Massen der einzelnen zu erbringenden Teilleistungen werden deshalb getrennt nach Gewerken so ermittelt, daß sie den genannten Anforderungen genügen.

Die Aufteilung nach Gewerken erfolgt anhand der VOB Teil C. Zusammenfassend werden die Bauleistungen im Standard-Leistungsbuch (StLB) dargestellt, das die wesentlichen Leistungsbeschreibungen auf der Grundlage der DIN-Normen als geordnete Sammlung enthält.

Es werden folgende Gewerke unterschieden (Auszug):

DIN 18300	Erdarbeiten	(LB 002)
DIN 18330	Mauerarbeiten	(LB 012)
DIN 18331	Beton- und Stahlbetonarbeiten	(LB 013)
DIN 18334	Zimmer- und Holzbauarbeiten	(LB 016)
DIN 18350	Putz- und Stuckarbeiten	(LB 023)
DIN 18352	Fliesen- und Plattenarbeiten	(LB 024)
DIN 18431	Gerüstarbeiten	(LB 001)

7.5.2. Baustoff- und Arbeitszeitbedarf

Als Grundlage für die Preisermittlung von Bauleistungen werden die Aufwandswerte für Baustoffe und der Arbeitszeitbedarf als Mittelwerte für die obengenannten Gewerke als Beispiel genannt.

Die nachstehend aufgeführten Angaben sind mittlere Arbeitszeiten, die nur Richtsätze darstellen. Im allgemeinen sind die für die Ausführung nötigen Zeitwerte unter Berücksichtigung der Gegebenheiten der jeweiligen Baustelle nach Erfahrungen aufgrund früherer Zwischen- oder Nachkalkulationen zu wählen.

Erdarbeiten

		Arb.-Std.
1 m^3	Baugrubenaushub (leicht lösbare Bodenart) mit Laderaupe lösen und seitlich lagern	0,07
1 m^3	Baugrubenverfüllung (leicht lösbare Bodenart) mit Laderaupe	0,12
1 m^2	Plattenbelag aufnehmen und zur Wiederverwendung seitlich lagern	0,25
1 m^2	Abräumen und Beseitigen von Aufwuchs, einschl. Wurzelwerk	0,80
1 Stck	Bäume fällen, entasten und seitlich lagern	0,50

Mauerarbeiten

Wanddicke	Format	Steine Stück	Mörtel Ltr.	Arb.-Std.
je m^3 Mauerwerk				
17,5	3 DF	190	160	5,20
24	NF	416	274	6,40
24	2 DF	278	214	5,70
24	3 DF	185	183	5,15
30	2 DF + 3 DF	110 110	200	5,30
30	5 DF	108	165	4,60
30	7,5 DF	73	130	4,30
30	10 DF	54	110	4,20
36,5	NF	405	280	6,30
36,5	2 DF	270	220	5,20
36,5	2 DF + 3 DF	90 132	210	5,60
je m^2 Mauerwerk				
11,5	NF	48	24	1,04
11,5	2 DF	33	19	0,95
17,5	3 DF	33	30	1,20
24	NF	99	65	1,60
24	2 DF	66	50	1,40
24	3 DF	45	44	1,25
24	5 DF	26	38	1,22
30	2 DF + 3 DF	33 33	60	1,45
30	5 DF	33	50	1,10
30	7,5 DF	23	42	1,22
30	10 DF	16	35	1,20
36,5	NF	148	100	2,30
36,5	2 DF	98	80	1,95
36,5	2 DF + 3 DF	33 45	75	2,05

Hinweis: Mörtel- und Steinverbrauch unterliegen baustoffbedingten Schwankungen (Vollstein, HLz, KSL), die durch Zu- oder Abschläge (z. B. für Bruch) berücksichtigt werden müssen.

1 m^2 Verblendmauerwerk

11,5	NF	50	24	1,40
11,5	2 DF	33	18	1,25

Verfugen von Verblendmauerwerk	je m^2 1,00 Std.
Gemauerte Schornsteine Zulage zum Mauerwerk	je stgm 0,45 Std.

Putzarbeiten, je m^2

Wandputz, einlagig (15 mm) zweilagig (20 mm)	0,60 Std. 0,70 Std.
Deckenputz, einlagig zweilagig	0,75 Std. 0,85 Std.
Außenwandputz, einlagig zweilagig	0,85 Std. 0,95 Std.

Sonstige Mauerarbeiten

Kantenschutzeisen	1 m	0,30
Stahlträger verlegen Stahlträger ausmauern	1000 kg 1 m	26,00 0,80
Sperrschicht aus Pappe 24 cm	1 m	0,12
Dichtungsanstrich auf Wänden	1 m^2	0,15
Mauerwerk abbrechen 17,5 cm	1 m^2 1 m^3	0,35 3,00
Beton abbrechen, bewehrt 17,5 cm	1 m^2 1 m^3	1,20 8,00

7

7.5. Massenermittlung, Baustoffbedarf, Arbeitszeitbedarf

Beton- und Stahlbetonarbeiten

Schalungsarbeiten, je m²	Arb.-Std.
Streifenfundamente	1,00
Einzelfundamente	1,05
Wände, bis 3 m Höhe	1,00
bis 5 m Höhe	1,10
Stützen, bis 0,25 m²	1,85
größer 0,25 m²	1,55
rund bis ∅ 50 cm	4,00
rund größer ∅ 50 cm	3,80
Decken	1,20
Unterzüge, bis 0,05 m² Fläche	2,50
bis 0,15 m² Fläche	2,00
größer 0,15 m² Fläche	1,70
Treppen, gerade	1,90
gezogen	4,00
Stufen, gerade	1,90
gezogen	2,90

Bewehrungsarbeiten, Arb.-Std. je 1000 kg Rundstahl

Durchmesser	Abladen	Schneiden und Biegen	Verlegen Decken + Wände	Verlegen Balken + Stützen
bis 10	0,8	13,5	35,0	40,0
bis 18	0,7	7,5	22,0	27,0
größer 18	0,7	5,5	14,0	19,0

Baustahlgewebematten, Arb.-Std. je 1000 kg

Mattengewicht	schneiden (Maschine)	Abladen + Verlegen
bis 3 kg	3,0	32,0
bis 6 kg	2,0	30,0
über 6 kg	1,5	29,0

Betonarbeiten, Arb.-Std. je m³

	bewehrter Beton	unbewehrter Beton
Sauberkeitsschicht	–	3,30
Fundament-Platte	2,35	2,15
Streifenfundament	2,45	2,10
Einzelfundament	2,40	2,15
Wände	3,30	3,00
Stützen	3,70	–
Decken	2,30	2,10

Estricharbeiten

	bezogen auf	Arb.-Std.
Untergrund reinigen	1 m²	0,05
Untergrund aufrauhen	1 m²	0,25
Haftbrücke aufbringen	1 m²	0,15
Mischung einbringen und abziehen		
3 cm	1 m²	0,40
5 cm	1 m²	0,50
8 cm	1 m²	0,60
Kunststoffolien-Abdeckung	1 m²	0,05
Dämmplatten-Abdeckung	1 m²	0,22
Schwimmender Estrich 3 cm	1 m²	0,60
6 cm	1 m²	0,80
Verbundestrich 3 cm	1 m²	0,45
als Ausgleichsschicht 6 cm	1 m²	0,80
wie vor, als Nutzboden abgerieben 3 cm	1 m²	0,55
6 cm	1 m²	0,75
Dehnungsfuge im Estrich ausbilden	1 lfdm	0,15
Trennschiene einbauen	1 lfdm	0,35
Fußmattenrahmen einbauen	1 Stck	1,00

Zimmer- und Holzbauarbeiten

	bezogen auf	Arb.-Std.
Kantholz aufladen	1 m³	1,00
Bretter und Latten aufladen	1 m³	1,20
Kantholz abladen, stapeln	1 m³	1,00
Bretter und Latten abladen, stapeln	1 m³	1,20
Balkenlage abbinden und verlegen	1 m	0,22
Balkenkopf mit Dachpappe isolieren	1 Stck	0,25
Fachwerkswand abbinden u. aufstellen	1 m	0,32
Dachhölzer abbinden und aufstellen	1 m	0,23
wie vor, jedoch mit Schiftungen, Graten und Kehlen	1 m	0,32
Bretter für Bretterbinder abbinden	1 m	0,12
Bretterbinder aufstellen	1 m Binder	0,30
Sparrennagel einschlagen	1 Stck	0,03
Pfettenschuh aus U-Stahl anbringen	1 Stck	0,30
Balkenanker einbauen	1 Stck	0,15
Kleineisenzeug einbauen	1 kg	0,15
Dachschalung gesäumt	1 m²	0,28
Dachschalung gespundet	1 m²	0,40
Wandschalung gesäumt	1 m²	0,45
Wandschalung gespundet	1 m²	0,70
Deckenschalung, Nut- u. Feder, sichtb.	1 m²	0,95
Deckenschalung, Holzfaserplatten	1 m²	0,40
Gesimsschalung	1 m²	2,00
Gesimsschalung mit Unterkonstruktion	1 m²	2,30
Lagerhölzer waagerecht verlegen	1 m	0,25
Fußboden verlegen	1 m²	0,45
Fußbodenleisten anbringen	1 m	0,15
Dämmatten aus Mineralwolle verlegen	1 m²	0,10
Kellertreppe, einläufig, gerade, 12 Steigungen, herstellen		18,00
montieren		6,00
Treppengeländer, gerade Treppe herstellen	1 Stck	2,00
montieren		1,00
Holzschutzanstrich auf rauhen Flächen im Spritzverfahren	1 m²	0,09
im Handanstrich	1 m²	0,18
Holzschutzanstrich auf glatten Flächen im Spritzverfahren	1 m²	0,07
im Handanstrich	1 m²	0,14

Fliesen- und Plattenarbeiten, je m²

Bodenbeläge im Mörtelbett:		
Keramische Fliesen		2,45
Klinker, Kunststeinplatten		1,50
Riemchen		2,30
Mosaik, Rückseite geklebt		2,30
Wandbelege im Mörtelbett:		
Keramische Fliesen		3,30
Riemchen		3,45
Großformatige Wandplatten		2,30
Sockel, 10 cm hoch	1 m	0,38
Ausfugen mit Fugeneisen	1 m²	1,50

Entwässerungsarbeiten

Dränagerohre im Kiesbett verlegen	1 m	0,30
Tonrohre mit Gefälle verlegen	1 m	0,50
Abzweig einbauen	1 Stck	0,30
Rohrbogen einbauen	1 Stck	0,30
Fertigteilbetonring versetzen	1 Stck	0,25

Gerüstarbeiten, je m²

Gerüste aufstellen und abbauen einschl. Be- und Entladen	Arb.-Std.
Stangengerüst	0,40
Leitergerüst	0,50
Schnellbaugerüst	0,22
Bockgerüst	0,50

7.6. Kalkulation

7.6.1. Begriffe der Kalkulation

Der Zweck des umfassenden Gebietes der Kalkulation ist die Erarbeitung eines Angebotes mit einem Preis, der bei der Angebotserarbeitung so niedrig ist, daß man aus einer Reihe von Konkurrenten den Auftrag erhält, der bei der späteren Baudurchführung jedoch so hoch ist, daß er alle entstandenen Kosten deckt und einen Gewinn ermöglicht.

Nachtragskalkulation
umfaßt alle Bauleistungen, die nicht vertraglich vereinbart wurden, oder für die sich die Grundlage der Preisermittlung, z. B. infolge längerer Vorhaltezeiten von Geräten, verändert hat. Ziel der Nachtragskalkulation ist die Kostenermittlung für die Aufstellung der Nachtragsangebote.

Müssen Arbeiten vor der Erteilung eines Nachtragsauftrages ausgeführt werden, so ist nach der VOB das grundsätzliche Einverständnis des Bauherrn kurzfristig einzuholen.

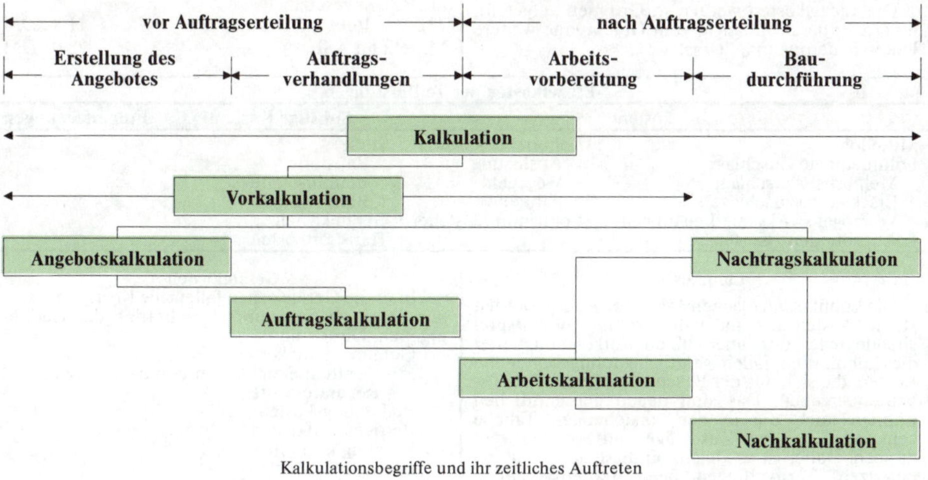

Kalkulationsbegriffe und ihr zeitliches Auftreten

Vorkalkulation
umfaßt die Kostenermittlung der zu erbringenden Bauleistung vor der Bauausführung. Sie ist der Oberbegriff für die Angebots- und Auftragskalkulation.

Angebotskalkulation
erfaßt die Kosten von Bauleistungen für die Erstellung eines Angebotes. Grundlage für die Angebotskalkulation ist ein Leistungsverzeichnis oder eine Leistungsbeschreibung mit den dazugehörigen Vertragsbedingungen.

Auftragskalkulation
berücksichtigt alle während der Auftragsverhandlungen gegenüber dem Angebot eingetretenen Abweichungen, hier sind insbesondere Nachlässe, Zahlungsbedingungen, zusätzliche und entfallende Leistungen, Baufristen und Konventionalstrafen zu nennen.

Arbeitskalkulation
wird nach der Auftragsvorgabe im Rahmen der Arbeitsvorbereitung erstellt. Sie berücksichtigt alle Gesichtspunkte, die unter den vorgegebenen Bedingungen eine maximale Wirtschaftlichkeit ermöglichen, also auch andere Verfahrensweisen als sie der Angebotskalkulation zugrunde lagen. Die Arbeitskalkulation ist somit eine Weiterentwicklung der Angebots- und Auftragskalkulation. Zweck der Arbeitskalkulation ist die Ermittlung der Sollkosten für die Bauausführung und somit die Grundlage für die Nachkalkulation.

Nachkalkulation
stellt durch „Soll/Ist-Vergleiche" die Sollkosten der Arbeitskalkulation den verbrauchten Mengen (Ist-Werte), z. B. Löhne, Stoffe, Arbeitsstunden, gegenüber.

Darüber hinaus soll sie der Kalkulation verläßliche Leistungswerte für die Erarbeitung von Angeboten ähnlicher Bauvorhaben liefern.

7.6.2. Gliederung der Kalkulation

Die Kalkulation wird so gegliedert, daß die Kosten eines Bauwerkes nach ihrer Verursachung einer der folgenden Kostengruppen zugerechnet werden. Die Gliederung entspricht dem Ablauf bei der Durchführung der Kalkulation und bildet daher gleichzeitig eine Arbeitsanleitung.

Einzelkosten der Teilleistungen
\+ Gemeinkosten der Baustelle

= Herstellkosten
\+ Allgemeine Geschäftskosten

= Selbstkosten
\+ Wagnis und Gewinn

= Netto-Angebotssumme
\+ Umsatzsteuer (Mehrwertsteuer)

= Brutto-Angebotssumme

7

7.6. Kalkulation

7.6.3. Aufbau der Kalkulation

Einzelkosten der Teilleistungen

Die Einzelkosten der Teilleistungen bilden die Grundkosten, auf welche zur Bildung der Einheitspreise die Gemeinkosten und die Zuschläge umgelegt werden.

Einzelkosten können einer Position des Leistungsverzeichnisses direkt zugeordnet werden. So können z. B. auch die „Kosten der Baustelleneinrichtung" Einzelkosten sein, wenn sie im Leistungsverzeichnis als selbständige Position aufgeführt sind.

Die Einzelkosten werden in Gruppen aufgeteilt, innerhalb derer abhängig vom Objekt eine weitere Untergliederung möglich ist.

Mittellohn A:	
Grundlohn	13,06 DM
Mehrarbeitszuschläge 7%	0,91 DM
Erschwerniszuschläge 2%	0,26 DM
Leistungszulage (30% auf 45% der anfallenden Arbeiten) 13,5%	1,76 DM
Vermögensbildung 80% von 0,25	0,20 DM
Mittellohn AP:	16,19 DM

Die lohngebundenen Zuschläge (Sozialaufwendungen) und die Lohnnebenkosten bedürfen einer genauen Ermittlung. Sie werden hier vereinfachend mit 73% angesetzt.

73% von 16,19 =	11,82 DM
Mittellohn ASL:	28,01 DM

Einzelkosten der Teilleistungen

Lohnkosten		Sonstige Kosten	Fremdleistungen
Mittellohn	Lohnnebenkosten	Stoffe	
Lohnbedingte Zuschläge	Auslösung	Baustoffe	
Mehrarbeitszuschläge	Wegegeld	Bauhilfsstoffe	
Erschwerniszuschläge	Fahrgeld	Betriebsstoffe	
Vermögenswirksame Leistungen	Lohnsummensteuer	Gerätekosten	
Lohngebundene Kosten		Transportkosten	

Lohnkosten

Die Lohnkosten machen 35% bis 50% der gesamten Herstellkosten aus und haben somit eine entsprechende Bedeutung innerhalb der Kalkulation. Unter die Lohnkosten fallen sämtliche lohngebundenen Kosten, die sich aus der Beschäftigung von Arbeitskräften ergeben. Das sind neben den tariflichen Löhnen auch die in der vorstehenden Tabelle genannten Zulagen, Zuschläge und Sozialaufwendungen. Dabei ist es gleich, ob diese aufgrund von Gesetzen, Tarifverträgen oder Betriebsvereinbarungen gezahlt werden.

Alle diese Lohnkosten werden in der Kalkulation durch den Mittellohn erfaßt, der alle aufzuwendenden lohngebundenen Kosten je Arbeitsstunde für eine ideelle Arbeitsgruppe angibt.

Ermittlung des Mittellohnes

Der Mittellohn kann ohne oder mit dem Lohnkostenanteil des Aufsichtspersonals (Poliere, Schachtmeister), den Soziallasten und den Lohnnebenkosten berechnet werden. Es werden somit unterschieden:

Mittellohn **A**rbeiter	Mittellohn **A**
Mittellohn **A**rbeiter + **P**oliere	Mittellohn **AP**
mit **S**oziallasten	Mittellohn **AS**
oder	Mittellohn **APS**
mit **L**ohnnebenkosten	Mittellohn **ASL**
oder	Mittellohn **APSL**

Beispiel für die Berechnung des Mittellohnes: (Die verwendeten Zahlen sind lediglich als Muster anzusehen, die bei einer Anwendung auf ihre Gültigkeit hin geprüft werden müssen)

2 Vorarbeiter	13,86 =	27,72
14 Facharbeiter	13,20 =	184,80
4 Bauhelfer	12,19 =	48,76
20 Mann		261,28

261,28 : 20 = 13,06 DM

beträgt der Grundlohn für eine Arbeitsstunde.

Gerätekosten

Unter die Gerätekosten fallen alle Kosten, die sich aus der Vorhaltung und dem Betrieb des Gerätes ergeben. Dieses sind:

- Gerätevorhaltekosten
  - Gerätemieten (Abschreibung + Verzinsung)
  - Reparaturkosten
- Bedienungskosten
- Betriebsstoffkosten
- Wartung und Pflege
- Einrichtungskosten
  - Frachtkosten
  - Kosten für Auf- und Abbau
  - Kosten für Verladung und Transport

Als Hilfsmittel für die Ermittlung der Gerätemieten und der Reparaturkosten dient die **Baugeräteliste (BGL) 1981.** Sie enthält für die Gerätearten die Kosten für Abschreibung, Verzinsung und Reparatur auf der Grundlage langfristig ermittelter statistischer Daten.

In der Baugeräteliste sind keine bestimmten Fabrikate aufgeführt, sondern die für die Baudurchführung benötigten Einrichtungen und Geräte sind durch Sammelbezeichnungen, die sich aus den wesentlichen wirtschaftlichen und technischen Daten ergeben, gekennzeichnet.

Außer in der Kalkulation wird die BGL als Hilfsmittel in der Arbeitsvorbereitung, für Wirtschaftlichkeitsvergleiche und für inner- und zwischenbetriebliche (ARGE) Kostenverrechnungen verwendet. Sie gliedert sich in 9 Hauptgruppen:

1 Geräte für Betonherstellung und Materialaufbereitung
2 Hebezeuge und Transportgeräte
3 Bagger, Flachbagger, Rammen, Bodenverdichter
4 Geräte für Brunnenbau, Erd- u. Gesteinsbohrungen
5 Geräte für Straßenbau und Gleisoberbau
6 Druckluft-, Tunnelbau- und Rohrvortriebsgeräte
7 Geräte für Energieerzeugung und Verteilung
8 Naßbaggergeräte und Wasserfahrzeuge
9 Sonstige Geräte, Baustellenausstattungen

7.6. Kalkulation

Die Hauptgruppen werden in Geräteabschnitte weiter unterteilt. Geräte gleichartiger Konstruktion und Einsatzmöglichkeit werden unter der Geräteart zusammengefaßt. Hier werden sie nach technischen Angaben, wie Größe und Leistungsfähigkeit, unterschieden.
Beispiel:

Hauptgruppe:	1	Geräte für Betonherstellung und Materialaufbereitung
Geräteabschnitt:	11	Betonmischmaschinen
Geräteart:	1101	Trommel-Kleinmischer
Gerätegröße:	1101-200	Trommel-Kleinmischer 200 l Inhalt

Abschreibung und Verzinsung. Unter der kalkulatorischen Abschreibung eines Gerätes versteht man seinen Wertverlust während der Nutzungsdauer. Dieser wird gleichmäßig (linear) über die gesamte Nutzungsdauer verteilt, so daß der Restwert des Gerätes am Ende der Nutzungsdauer Null beträgt.

Unter der kalkulatorischen Verzinsung versteht man den Betrag, der sich durch die rechnerische Verzinsung (in der BGL 1981 6,5%) des im Gerät investierten, noch nicht abgeschriebenen, Kapitals ergeben. Es ist im Einzelfall erforderlich, die in der BGL 1981 angegebenen Richtwerte anhand der betrieblichen Situation zu kontrollieren.

Zeitbegriffe des Geräteeinsatzes

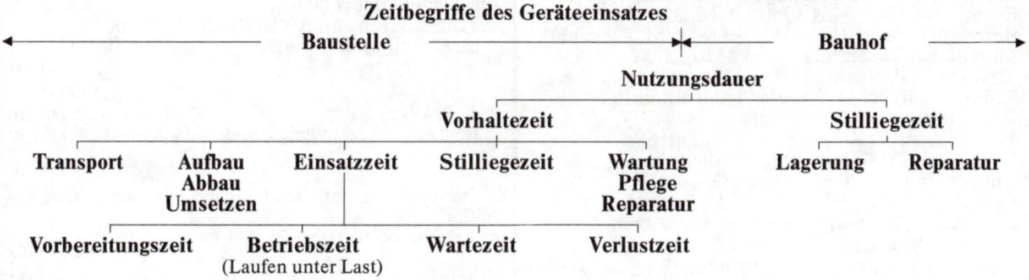

Nutzungsdauer: Zeit, in der ein Gerät mit technischem und wirtschaftlichem Erfolg eingesetzt werden kann. Die in der BGL angegebene Nutzungsdauer stimmt mit den in den steuerlichen Afa-Tabellen angegebenen Nutzungsdauern überein.

Vorhaltezeit: ist die Zeit, in der eine Baustelle über ein Gerät verfügen kann. Sie beginnt mit der Verladung des Gerätes für den Transport zur Baustelle und endet am Zeitpunkt des Rücktransportes bzw. der Freimeldung durch die Baustelle.

Stilliegezeit: innerhalb der Vorhaltezeit, Zeiten, in denen das Gerät infolge höherer Gewalt oder anderer Umstände nicht zum Einsatz kommen kann. Außerhalb der Vorhaltezeit, Zeiten, in denen für das Gerät keine Einsatzmöglichkeit besteht oder es aus anderen Gründen (Reparatur) nicht betriebsbereit ist.

Einsatzzeit: Zeit, in der das Gerät zur Durchführung einer Bauleistung eingesetzt ist. Sie schließt die Zeiten für die Vorbereitung und den Abschluß der Arbeiten (Auswechseln eines Arbeitswerkzeuges, Reinigung), die Betriebszeit (Laufen des Gerätes unter Last) sowie Warte- und Verlustzeiten ein.

Bestandteile der Gerätekosten

Mittlerer Neuwert. In der BGL 1981 sind als Neuwerte Mittelwerte der Ab-Werk Preise der gebräuchlichsten Fabrikate auf der Preisbasis 1979 einschließlich der Bezugskosten, ohne Mwst., angegeben. Die Entwicklung der mittleren Neuwerte kann durch den amtlichen „Erzeugerpreisindex für Baumaschinen" des statistischen Bundesamtes Wiesbaden berücksichtigt werden.

Amtlicher Erzeugerpreisindex für Baumaschinen

Jahr	1979	1980	1985	1988	1989	1990
1980 = 100	96,1	100	117,6	125,4		
1979 = 100	100	104,1	122,4	130,5		

Reparaturkosten umfassen die Kosten für eine Grundüberholung auf dem Bauhof und die Kosten der laufenden Instandhaltung auf der Baustelle. In der BGL 1981 sind die Reparaturkostenansätze für jede Geräteart als Durchschnittswerte über die gesamte Nutzungsdauer in % vom mittleren Neuwert je Vorhaltemonat angegeben.
Sie werden aufgeteilt in
45% Lohnkosten AP
55% Stoffkosten

Etwa 20% der Reparaturkosten fallen auf der Baustelle und 80% in Werkstätten außerhalb der Baustelle an.

Betriebs- und Schmierstoffe

Der Verbrauch beträgt 0,27 – 0,35 l Diesel/kWh (0,2 – 0,26 l Diesel/PSh). Der Schmierstoffanteil liegt bei 15–20% der Betriebsstoffe.
Beispiel: Radlader 80 kW (110 PS)
Treibstoffverbrauch je Betriebsstd. = 0,30 l/kWh.
Kosten des Treibstoffes 1,31 DM/l.

80 · 0,30 · 1,31	= 31,44 DM
Schmierstoffe 20%	= 6,29 DM
Betriebsstoffkosten/h	= 37,73 DM

Für Umrechnungen:
1 l Diesel = 0,86 kg
1 PS = 0,73 kW   1 kW = 1,36 PS

Einrichtungskosten

Bei jedem neuen Einsatz muß das Gerät zu seinem Einsatzort transportiert und auf der Baustelle auf- und abgebaut werden. Es entstehen
Ladekosten, sie sind von der Geräteart und von den verfügbaren Ladegeräten abhängig. Sie werden in Abhängigkeit vom Gerätegewicht als Lohnkosten und sonstige Kosten kalkuliert. Man rechnet pro Ladevorgang 1–2,5 h/t.

Frachtkosten sind vom Gewicht und der Entfernung abhängig. Sie werden als DM/t Fördergewicht unter sonstige Kosten erfaßt.

7.6. Kalkulation

Kosten für Auf- und Abbau sind vom Gerätetyp und den Baustellengegebenheiten abhängig. Viele Geräte verursachen keine besonderen Kosten, andere dagegen, wie z. B. Krane, erfordern einen hohen Aufwand (Krangleis).

Weitere Gerätekosten entstehen durch Lagerung auf dem Bauhof (Stilliegezeit), Geräteverwaltung, Steuern, Versicherung. Diese Kosten müssen in der Kalkulation ebenfalls erfaßt werden. Sie werden in den meisten Fällen bei den allgemeinen Geschäftskosten berücksichtigt.

Berechnung der Gerätevorhaltekosten

Beispiel: Radlader 90 kW, BGL-Nr. 3330-0090
Monatlicher Abschreibungs- und Verzinsungsbetrag
Gerät: von 5340,– bis 6350,– DM i. M. 5845,– DM
Bereifung: von 378,– bis 473,– DM i. M. 425,50 DM
Monatliche Reparaturkosten: 4510,– DM
Treibstoffverbrauch: 0,3 l/kW h
Schmierstoffkosten: 20% der Treibstoffkosten
Vorhaltestunden: 175 h/Monat
Vorhaltezeit: 30 Kalendertage/Monat
Einsatzzeit: 20 Kalendertage/Monat
Einsatzstunden: 20 · 8 = 160 h/Monat
Betriebsstunden: 0,7 · 160 = 112 h/Monat
(30% Abzug für Warte-, Verteil-, Verlustzeiten)
Kosten je Monat:

Da die Werte der BGL auf 1979 bezogen sind, werden sie entsprechend dem Erzeugerpreisindex für Baumaschinen erhöht (s. S. 7-15). (1988 = 130,5%)

Abschreibung und Verzinsung	
Gerät:	5845 · 1,305 ≅ 7628,– DM
Bereifung:	425,50 · 1,305 ≅ 556,– DM
Reparaturkosten:	4510 · 1,305 ≅ 5886,– DM
Treibstoffkosten: 1 l Diesel = 1,31 DM	
	90 · 0,3 · 112 · 1,31 = 3961,00 DM
Schmierstoffe:	0,2 · 3961 ≅ 792,00 DM
Gesamtkosten je Monat:	18823,– DM
Kosten je Einsatztag:	18823/ 20 ≅ 940,– DM
Kosten je Vorhaltestunde:	18823/175 = 107,56 DM
Kosten je Einsatzstunde:	18823/160 = 117,64 DM
Kosten je Betriebsstunde:	18823/112 = 168,06 DM

Rüst- und Schalkosten

Zu den Rüst- und Schalkosten zählen die Kosten sowohl für die genormten Rüst- und Schalteile aus Holz und Stahl als auch das normale Schalholz, wie z. B. Bretter, Bohlen, Kant- und Rundholz. Außerdem werden hier alle Vorhaltestoffe, die nicht in das Bauwerk eingehen, erfaßt, wie z. B. Stahl-Profilträger, Spundbohlen, Kanalrüstungen, Kanaldielen.

Die genormten Rüst- und Schalteile, die auf mehreren Baustellen Verwendung finden, werden meist nach monatlichen Mietsätzen in Rechnung gestellt. Das Schalholz dagegen wird als Verbrauchsmaterial behandelt. Nägel, Schrauben, Klammern, Draht usw. werden als Bauhilfsstoffe im Rahmen der Kalkulation bei den Gemeinkosten der Baustelle mit einem Prozentsatz der Angebotssumme (1,5–3%) erfaßt.

Für die Kalkulation wird aus den Kosten für die genormten Schal- und Rüstteile und den Kosten für das Schalholz sowie Bretter und Bohlen (Verbrauchsmaterial) ein gemeinsamer Verrechnungssatz gebildet. Z. B. bei den Stoffkosten DM/m² Schalfläche und bei den Lohnkosten h/m² Schalfläche (siehe Beispiel Stoffkosten).

Bei Ingenieurbauten und Sonderschalungen müssen die Schalkosten von Fall zu Fall genau ermittelt werden. Dabei spielt die Schalungsart und die Einsatzhäufigkeit eine große Rolle bei den entstehenden Kosten, so daß der Schalungsplanung und deren Kalkulation eine bedeutende Rolle (Arbeitsvorbereitung) zukommt.

Beispiel:

Für eine Stahlbetonwand wird eine Großflächenschalung auf Holzschalungsträgern hergestellt. Es werden die Stoffkosten für eine Bauzeit von 3 Monaten bei insgesamt 12 Einsätzen ermittelt.

Die Wandhöhe beträgt 2,75 m, die Länge eines Betonierabschnittes 6,00 m, der Trägerabstand 50 cm, die Trägerlänge 3,00 m.

Holzschalungsträger BGL-Nr. 9645-500

Abschreibung und Verzinsung/Monat		0,80 DM/m
Reparatur		0,39 DM/m
		1,19 DM/m
auf 1988 bezogen	1,305 · 1,19 =	1,55 DM/m
Zuschlag für Verbindungsmittel 12%	=	0,19 DM/m
		1,74 DM/m

Für einen Betonierabschnitt werden 2 × 12 Stück benötigt.

Holzschalungsträger: 1,74 DM/m		
	2 · 12 · 3 · 1,74 · 3 =	375,84 DM
Schalhaut: 28,00 DM/m²	2 · 3 · 6 · 28,00 =	1008,– DM
		1383,84 DM

Einzelkosten pro m² Schalung bei 12 Einsätzen:
1383,84 : (12 · 36) = 3,20 DM/m²

Baustoffkosten

lassen sich den Einzelkosten der Teilleistungen einwandfrei zuordnen. Für die Baustoffe werden Angebote frei Baustelle eingeholt. Eventuelle Frachtkosten für die Anlieferung zur Baustelle sowie die Kosten für Stapeln, Verlust, Verschnitt und Bruch sind zusätzlich zu beachten.

Fremdarbeitskosten

sind Kosten für Bauarbeiten, die vom Hauptunternehmer fremden Firmen zur Ausführung übertragen werden, die jedoch eigentlich zur Leistung des Hauptunternehmers gehören, wie z. B. Bewehrungsarbeiten. Durch das Einschalten von Fremdfirmen wird das Lohnrisiko verringert, so daß die Risikoansätze hier verringert werden können.

Nachunternehmerkosten

sind Kosten für in sich abgeschlossene Leistungen, die nicht vom Hauptunternehmer ausgeführt werden und für die der Nachunternehmer die volle Gewährleistung übernimmt. Hierzu gehören z. B. die Ausbauarbeiten bei schlüsselfertigen Bauten. Beim Hauptunternehmer verbleiben im wesentlichen die Bauleitungsaufgaben. In der Kalkulation können daher die Beträge für Allgemeine Geschäftskosten und Wagnis und Gewinn geringer angesetzt werden.

Gemeinkosten der Baustelle

Gemeinkosten entstehen durch den Betrieb einer Baustelle, sie können jedoch einer Position des Leistungsverzeichnisses nicht direkt zugerechnet werden. Die Gemeinkosten werden daher nicht bei einer Position erfaßt, sondern getrennt ermittelt und den Teilleistungen mit Hilfe eines Zuschlages zugerechnet.

7.6. Kalkulation

Teile der Gemeinkosten, die nur bei einer Gruppe von gleichartigen Teilleistungen anfallen, sollten entsprechend dem Verursachungsprinzip den Teilleistungen direkt zugeordnet werden, bei denen sie entstehen, um die Einheitspreise leistungsgerechter zu gestalten. Z. B. sollten die Kosten einer Betonmischanlage und der Betonpumpe direkt den Betonpositionen zugerechnet werden.

Um die Abhängigkeit der Kosten von der Bauzeit zu erkennen, sollten die Gemeinkosten getrennt nach einmaligen Kosten und zeitabhängigen Kosten erfaßt werden.

Gemeinkosten sind:

1) Kosten der Baustelleneinrichtung

einmalige Kosten:
- Ladekosten
- Frachtkosten
- Auf- und Abbau der Baracken und Wohnlager
- Anschlüsse für Wasser, Abwasser, Strom, Telefon
- Baustellenzufahrt, Bauschild
- Winterbaumaßnahmen

zeitabhängige Kosten:
- Vorhaltekosten der Geräte, Baracken, Fahrzeuge und Einrichtungsgegenstände

2) Gerätekosten

Nur für Geräte, die nicht eindeutig einer Teilleistung zugeordnet werden können.

einmalige Kosten:
- Lade- und Frachtkosten
- Auf-, Ab- und Umbau der Geräte

zeitabhängige Kosten:
- Gerätemieten
- Reparaturkosten
- Betriebsstoffe

3) Kosten für Bauhilfsstoffe

Hierzu gehören z. B. Werkzeuge, Kleingerät (bis 800,– DM), Nägel, Schalöl, Bindedraht usw. und deren Frachtkosten, die wegen ihrer geringen Bedeutung nicht genauer erfaßt werden und deren Mengen nur schwer abzuschätzen sind. Diese Kosten werden nach Erfahrungswerten mit einem Prozentsatz der Netto-Lohnsumme (meist 2–5%) als einmalige Kosten angegeben.

4) Allgemeine Baukosten

Hier werden alle sonstigen Kosten erfaßt, die bei einer Bauausführung regelmäßig auftreten.

einmalige Kosten:
- Technische Bearbeitung
- Abrechnung
- Versicherungen (Bauwesen und Haftpflicht)
- Baustoffprüfungen und Bodenuntersuchungen
- Gutachten, Rechtskosten, Repräsentation

zeitabhängige Kosten:
- Bauleitung (Gehälter, Sozialleistungen, Nebenkosten)
- Hilfslöhne einschl. Sozial- und Nebenkosten
- Porto, Telefon, Büromaterial
- Heizung, Beleuchtung, Reinigung

Allgemeine Geschäftskosten

entstehen dem Unternehmer nicht durch die Abwicklung eines bestimmten Bauauftrages, sondern allein aus dem Betrieb des Gewerbes (Verwaltung). Sie sind in ihrer Höhe vom Geschäftsumfang abhängig und werden in der Kalkulation daher als Prozentsatz (gewöhnlich zwischen 6% und 10%) der Herstellkosten berücksichtigt.

Wagnis und Gewinn

werden in der Kalkulation mit einem einzigen Prozentsatz der Angebotssumme angenommen, im allgemeinen 1% bis 6%.

Unter Wagnis versteht man das allgemeine Unternehmerwagnis (Preisrisiko, Konjunkturrisiko, Gewährleistung) und das besondere Einzelrisiko, das auf ein bestimmtes Bauvorhaben beschränkt ist. (Konventionalstrafen, neue Bauverfahren, Schlechtwetter, Massengarantie).

Der Gewinn ist das angemessene Entgelt für die unternehmerische Leistung, der als langfristiges Ergebnis zu betrachten ist, da die Verluste schlechter Jahre durch die Gewinne guter Jahre ausgeglichen werden. Ein angemessener Gewinn dient zur Bildung von Rücklagen und zur Neuinvestition für die Erweiterung und Modernisierung des Unternehmens.

Umsatzsteuer

Alle Lieferungen und Leistungen, auch die Bauleistungen, unterliegen der gesetzlichen Umsatzsteuer (im allgem. Sprachgebrauch: Mehrwertsteuer). Sie geht jedoch nicht in die Kosten der Bauleistungen ein, sondern sie bildet einen durchlaufenden Posten. Die Angebotssumme wird daher zunächst ohne die Umsatzsteuer (netto) ermittelt. Es werden deshalb in der Kalkulation alle Kosten **ohne** Umsatzsteuer ermittelt. Zum Schluß wird der Netto-Angebotssumme die Umsatzsteuer von z. Z. 14% hinzugezählt.

7.6.4. Durchführung der Kalkulation

Bei den Kalkulationsverfahren des Bauwesens handelt es sich um Zuschlagskalkulationen, d. h., die Gemeinkosten werden mit Hilfe eines Zuschlags den Einzelkosten zugeschlagen.

Es werden unterschieden:
- die Kalkulation über die Angebotssumme
- die Kalkulation mit vorberechneten Zuschlägen.

Kalkulation über die Angebotssumme

Bei diesem Kalkulationsverfahren werden die Gemeinkosten der Baustelle bei jedem Bauobjekt erneut ermittelt und daraus der Zuschlagssatz errechnet. Hierdurch wird für das jeweilige Bauobjekt eine genaue Kostenerfassung ermöglicht. Dieses Verfahren ist daher auch bei allen größeren Bauvorhaben des Tief- und Ingenieurbaus üblich.

Kalkulation mit vorberechneten Zuschlägen

Bei dieser Kalkulationsart werden die Gemeinkosten der Baustelle nicht bei jedem Bauobjekt einzeln berechnet, sondern durch einen besonderen vorausberechneten Zuschlag, der aus ähnlichen Bauvorhaben übertragen wird oder aus den im gesamten Unternehmen anfallenden Gemeinkosten errechnet wird, in die Einzelkosten der Teilleistungen eingerechnet.

Der Unterschied zwischen den beiden Kalkulationsarten tritt somit bei der Ermittlung der Gemeinkosten und der Durchführung der Umlage der Gemeinkosten auf die Einzelkosten der Teilleistungen auf. Bei der Kalkulation mit vorberechneten Zuschlägen werden die Einzelkosten und die Einzel-Sonstige-Kosten ermittelt, um die jeweiligen vorberechneten Zuschläge erhöht und beide Teile addiert. Das Ergebnis ist der Einheitspreis. Der Vorteil dieses Kalkulationsverfahrens besteht darin, daß man den Einheitspreis sofort in einem Rechengang findet.

7.6. Kalkulation

Wegen dieses Vorteils und seiner Einfachheit in der Anwendung wird dieses Verfahren häufig angewendet. Es eignet sich vor allem bei Aufträgen gleicher Größenordnung und bei gleichartigen anfallenden Arbeiten.

7.6.5. Kalkulationsbeispiel

Die Durchführung der Kalkulation über die Angebotssumme soll an dem im Kapitel 7.1. Bauplanung dargestellten Geschoßhochhaus vereinfacht gezeigt werden.

Für das gewählte Beispiel wurden für einige typische Positionen der Rohbauarbeiten das Leistungsverzeichnis nach dem Standardleistungsbuch (StLB) für das Bauwesen aufgestellt. Für diese Positionen des nachstehenden Leistungsverzeichnisses sollen die Einheitspreise und die Angebotssumme ermittelt werden.

Leistungsverzeichnis

Lfd. Nr.	Stückzahl	Gegenstand	Preis je Einheit		Betrag	
			DM	Pf	DM	Pf
		Übertrag				
1	22 m^3	Ortbeton der Sauberkeitsschicht aus Normalbeton B 5, Dicke bis 5 cm				
2	170 m^3	Ortbeton der Streifenfundamente, obere Betonfläche waagerecht aus Normalbeton, Stahlbeton B 15, Breite über 40 cm				
3	63 m^3	Ortbeton der Bodenplatte, obere Betonfläche waagerecht, aus Normalbeton, Stahlbeton B 15, Dicke über 15 bis 20 cm				
4	70 m^3	Ortbeton der Wand aus Normalbeton, Stahlbeton B 15, Dicke 20 cm				
5	562 m^3	Ortbeton der Deckenplatte Unterseite waagerecht, obere Betonoberfläche waagerecht, aus Normalbeton, Stahlbeton B 15, Plattendicke über 12 bis 18 cm				
6	705 m^2	Schalung der Wand, als glatte Schalung für sichtbar bleibende Betonfläche einschl. zusätzlicher Maßnahmen beim Einbringen des Betons, Betonoberfläche absatzfrei, gleiche Farbtönung, möglichst porenlos, Höhe über 2,00 bis 3,00 m				
7	3745 m^2	Schalung der Deckenplatte, als rauhe Schalung, Höhe der Betonunterseite über 2,00 bis 3,00 m				
8	3 t	Betonstabstahl III K, alle Durchmesser, Länge bis 14,00 m, für Bauteile aus Ortbeton liefern, schneiden, biegen und verlegen				
9	63 t	Betonstahlmatten IVR, Ausführung als Lagermatten mit rechteckiger oder qudratischer Stabanordnung für Bauteile aus Ortbeton liefern, schneiden und verlegen				
10	1060 m^3	Mauerwerk, Mauerziegel DIN 105, HLzA, 1,4/12, MG II, Mauerwerksdicke 24 cm				
11	640 m^2	Mauerwerk, Mauerziegel DIN 105, HLzA, 1,4/12, MG II, Mauerwerksdicke 11,5 cm				
12	10 Stck.	Treppenläufe als Stahlbetonfertigteile pauschal liefern und einbauen				
		Übertrag				

Die Kalkulation über die Angebotssumme wird mit Hilfe der im durchgeführten Kalkulationsbeispiel verwendeten Formblätter I und II in einzelnen Teilschritten, die im folgenden erläutert werden, durchgeführt.

1. Schritt:

Die Kalkulation beginnt mit dem Übertragen der Positionen des Leistungsverzeichnisses, einem Kurztext und der Mengen in das Formblatt I, Teil 1. Danach werden die Einzelkosten unter Angabe des Kalkulationansatzes und der Kostenart im Teil 2 A entwickelt. Die Einzelkosten werden dabei stets auf die im Leistungsverzeichnis angegebene Mengeneinheit bezogen. Dazu ist häufig eine Umrechnung der Einheiten aus den Kalkulationsansätzen auf die Mengeneinheit der jeweiligen Teilleistung erforderlich. Falls bei einer Position eine Kostenart mehrfach vorkommt, wird am Ende der Kostenentwicklung die Summe der Kostenart gebildet. Die so entwickelten Einzelkosten werden anschließend mit dem Vordersatz multipliziert und im Teil 2 B eingetragen.

Zum Schluß werden die Summen aller Kostenarten gebildet.

2. Schritt:

Die Gemeinkosten der Baustelle werden zusammengestellt. Hierfür kann ebenfalls das Formblatt I verwendet werden. Häufig gibt es für die Zusammenstellung der Gemeinkosten jedoch auch besondere Berechnungsformulare, die bereits die verschiedenen Gemeinkostenarten in einer Art Checkliste aufzählen.

3. Schritt:

Die Angebotssumme wird mit dem Formblatt II, Teil 1, ermittelt. Hierbei werden die Summen der Einzelkosten der Teilleistungen (Summe Formblatt I, Teil 2 B) und die Summe der Gemeinkosten in die Zeilen des Formblattes II übernommen. (Die Lohnsumme ergibt sich dabei aus den Stunden multipliziert mit dem Kalkulationslohn.) Sie ergeben zusammen die Herstellkosten.

Den Herstellkosten werden die allgemeinen Geschäftskosten, Wagnis und Gewinn zugeschlagen und damit die Angebotssumme gebildet.

4. Schritt:

Die Umlage der Schlüsselkosten auf die Einzelkosten der Teilleistungen wird durch Zuschläge vorgenommen.

Im Formblatt II, 2. Teil, wird der Zuschlagsatz in % ermittelt und zum Mittellohn hinzugefügt.

5. Schritt:

Mit den im Formblatt II errechneten Zuschlägen wird das Formblatt I im Teil 3 dadurch ergänzt, daß die Einheiten des Teiles 2 A mit den ermittelten Zuschlägen bzw. dem Kalkulationslohn multipliziert werden.

Die Summe der mit den Zuschlägen vervielfältigten Kostenarten ergibt den Einheitspreis.

6. Schritt:

Die Einheitspreise werden mit den Vordersätzen (Mengen) multipliziert und im Teil 4 des Formblattes I eingetragen.

Die Summe aller Beträge je Teilleistung ergibt wiederum die Angebotssumme. Sie wird mit der im Formblatt II errechneten Angebotssumme verglichen, um eventuelle Fehler festzustellen.

7.6. Kalkulation

Ansätze für das Kalkulationsbeispiel

Die Ansätze für die Kalkulation (Formblatt I - Teil 2 A) können dem Kapitel 7.5.2. Baustoff- und Arbeitszeitbedarf entnommen werden. Objektbezogene Zu- bzw. Abschläge sind in dem Beispiel bereits berücksichtigt worden.

Der Mittellohn wurde entsprechend dem Beispiel auf Seite 7-14 mit 28,00 DM als Mittellohn ASL angesetzt. Das bedeutet, daß nur die Arbeiterlöhne mit den zugehörigen Soziallasten und Baunebenkosten enthalten sind und daß das Poliergehalt Bestandteil der Gemeinkosten der Baustelle ist und dort berücksichtigt werden muß.

In dem Formblatt II wird als Lohn das Produkt aus der Summe der Stunden und dem Mittellohn eingetragen (14317 × 28,00 = 400876,00 DM).

Die Zuschläge für allgemeine Geschäftskosten, Wagnis und Gewinn werden folgendermaßen gewählt:

Allgemeine Geschäftskosten: 8%
Wagnis und Gewinn: 7%

Auf Fremdleistungen werden folgende Zuschläge erhoben:

Allgemeine Geschäftskosten: 8%
Wagnis und Gewinn: 5%

Die für das Kalkulationsbeispiel berücksichtigten Gemeinkosten sind in einem besonderen Formblatt (siehe Abbildung Seite 7-21) zusammengestellt.

7.6.6. Nachkalkulation

Die Nachkalkulation vergleicht in Form eines Soll-Ist-Vergleichs die Ansätze der Kalkulation mit den tatsächlich verbrauchten Mengen. Sie kann dabei sämtliche Kostenarten wie Löhne, Stoffe, Geräte, Fremdleistungen erfassen.

Die Durchführung der Nachkalkulation ist bei den Lohnkosten am häufigsten, da sich hier am leichtesten Abweichungen mit sehr erheblichen Folgekosten ergeben.

1. Erfassung der aufgewendeten Mengen

Grundlage für die Nachkalkulation sind die Tagesberichte der Baustelle, anhand derer die tatsächlich aufgewendeten Arbeitsstunden des Personals und die Einsatzstunden der Geräte nachgewiesen werden.

Für die Nachkalkulation ist es dabei wichtig, den Arbeitsaufwand der verschiedenen Arbeitsvorgänge getrennt festzuhalten (z. B. Einschalen - Bewehren - Betonieren - Auschalen).

Dazu sind die Arbeiten zergliedert und in einer Liste der Teilarbeiten zusammengestellt und numeriert worden. Diese Liste wird als Bauarbeitsschlüssel (BAS) bezeichnet. Die BAS-Nummern können individuell für die Besonderheiten einer jeden Baustelle oder einheitlich für das gesamte Bauunternehmen festgelegt werden. Bei einer einheitlichen Festlegung wird ein Vergleich mehrerer Baustellen und die Anwendung von EDV-Anlagen ermöglicht.

Die Aufwandswerte werden in dem Arbeitsstunden-Tagesbericht (Wochenbericht) des Poliers mit erfaßt. In diesem Bericht werden einerseits die Arbeitsstunden eines jeden Beschäftigten für die Lohnabrechnung festgehalten und andererseits gleichzeitig eine Aufteilung der Stunden nach den Teilarbeitsvorgängen und eine Zuordnung zu den Schlüsselnummern des BAS vorgenommen. In der monatlichen (elektronischen) Auswertung erhält man dadurch die für die Teilarbeiten aufgewendeten Stunden.

2. Technische Nachkalkulation

Diese wird auch als Nachkalkulation der Mengen bezeichnet, weil sie aus einer Gegenüberstellung der aufgewendeten Ist-Mengen zu den Soll-Mengen der Kalkulation besteht. Sie kann ebenfalls alle Kostenarten wie Löhne, Stoffe, Geräte, Fremdleistungen betreffen. Sie wird bevorzugt für die Kostenart durchgeführt, die auf der jeweiligen Baustelle am intensivsten auftritt.

Die technische Nachkalkulation wird vom Bauleiter durchgeführt, der das Ergebnis gleichzeitig analysieren und Folgerungen aus den auftretenden Abweichungen ziehen muß. Sie wird während der gesamten Bauzeit üblicherweise monatlich im Rahmen der Baustellenabrechnungen und Leistungserfassung vorgenommen. Hieraus ergibt sich eine ständige direkte Wirtschaftlichkeitskontrolle des ausgeführten Bauablaufs und die Möglichkeit, Fehlentwicklungen rechtzeitig zu erkennen und durch Änderungen des Arbeitsablaufes, ggfs. in Zusammenarbeit mit der Arbeitsvorbereitung, zu korrigieren.

3. Kaufmännische Nachkalkulation

Diese erfaßt neben den Mengen auch den Preis (Wert) und wird daher auch als wertmäßige Nachkalkulation bezeichnet. Diese vollständige Nachkalkulation kann ein Vergleich der Soll- und Ist-Kosten aller Kostenarten sein.

4. Leistungserfassung

Die Leistungserfassung gehört nicht zur Nachkalkulation, sondern zur Kostenrechnung des Baubetriebes. Sie soll hier, da sie mit zu den Aufgaben der Baustelle gehört und die Nachkalkulation bzw. die Kostenkontrolle gleichzeitig mit der monatlichen Leistungsmeldung erstellt werden sollte, der Vollständigkeit halber erwähnt werden.

Die Leistungsmeldung und die ständig durchgeführte Kostenkontrolle sind für die Baustelle eine wichtige Prüfung für die Durchführung des Bauablaufs und die Einhaltung der durch die Kalkulation vorgegebenen Werte.

Die Leistungen der Baustellen werden durch die monatlich zu erstellenden Leistungsmeldungen erfaßt und in der Buchhaltung zur Erstellung des Betriebsergebnisses verwendet.

Für die Leistungsmeldung werden alle fertiggestellten und auch alle halbfertigen Arbeiten erfaßt. Dieses Leistungsaufmaß kann somit auch gleichzeitig für die monatliche Abrechnung mit dem Bauherrn verwendet werden. Die Schwierigkeit einer korrekten Leistungsmeldung besteht in der Bewertung teilfertiger Leistungen und in der exakten Abgrenzung von Warenvorräten (gelieferte, jedoch noch nicht eingebaute Stoffe, z. B. Bewehrung, Profilstahl), da eine exakte Ermittlung häufig nur mit unvertretbar hohem Aufwand möglich ist. Durch eine Überbewertung teilfertiger Leistungen und durch eine zu hohe Bewertung der Warenvorräte entsteht leicht ein zu gutes Baustellenergebnis. Der Bauleiter muß sorgfältig und selbstkritisch vorgehen, da am Ende der Bauzeit die Wahrheit an den Tag kommt.

Formblatt I:

Zusammenstellung

Teil 1			Teil 2 A				Teil 2 B				Teil 3					Teil 4
			Selbstkosten								Angebot					
			Einheit				Gesamt				Einheit					
Lfd. Nr. des L. V.	Menge	Leistung	h	Stoffe	Gerät	Fremd-leistung	h	Stoffe	Gerät	Fremd-leistung	L. A. F=50,54	St. A. F=1,1764	Ger. A. F=	Fremd-leistung F=1,15	Einheits-preis DM	Gesamt-Betrag
1	2	3	4	5	6	7	8	9	10	11	12	13	14	15	16	17
1	22 m^2	Sauberkeitsschicht	1,50	85,00			33,00	1870,00			75,81	99,99			175,80	3867,60
2	170 m^3	Streifenfundamente	1,55	98,00			263,50	16660,00			78,33	115,29			193,62	32915,40
3	63 m^3	Bodenplatte	1,60	98,00			100,80	6174,00			80,86	115,29			196,15	12357,45
4	70 m^3	Beton-Wände	2,90	98,00			203,00	6860,00			146,56	115,29			261,85	18329,50
5	562 m^3	Beton-Decke	1,90	98,00			1067,80	55076,00			96,02	115,29			211,31	118756,22
6	705 m^2	Schalung Wand (siehe Beispiel S. 7–16)		2,60												
		Herstellen d. Schalelemente 4,15 h/m^2 für 80 m^2 4,15 · 80/705	0,47													
		Ein-Ausschalen, Reinigen, Ölen	0,50													
			0,97	2,60			683,90	1833,00			49,02	3,06			52,08	36716,40
7	3745 m^2	Schalung Decke	1,20	5,50			4494,00	20597,50			60,64	6,47			67,11	251326,95
8	3 t	Betonstahl III	22,00	1170,00			66,00	3510,00			1111,88	1376,39			2488,27	7464,81
9	63 t	Betonstahl IV	20,00	1230,00			1260,00	77490,00			1010,80	1446,97			2457,77	154839,51
10	1060 m^3	Mauerwerk d=24 3 DF	5,20													
		185 Steine × 0,58 DM/St.		107,30												
		183 l Mörtel × 78,00 DM/m^3		14,27												
			5,20	121,57			5512,00	128864,20			262,80	143,01			405,81	430158,60
11	640 m^2	Mauerwerk d=11,5 2 DF	0,95													
		33 Steine × 0,42 DM/St.		13,86												
		19 l Mörtel × 78,00 DM/m^3		1,48												
			0,95	15,34			608,00	9817,60			48,01	18,04			66,05	42272,00
12		Stahlbetonfertigteile verlegen + liefern	25,00				25,00			5000,00	1263,50			5750,00	7013,50	7013,50
							14317,00	328752,30		5000,00						1116017,94

Formblatt II:

Teil 1: **Ermittlung der Angebotssumme**

Eigene Arbeiten				Lohn	Sonst. Kosten	Zusammen
A. Einzelkosten der Teilleistungen				*400 876,00*	*328 752,30*	*727 628,30*
B. Gemeinkosten der Baustelle				*27 000,00*	*187 150,00*	*214 150,00*
zusammen:				*427 876,00*	*515 902,30*	
C. Herstellkosten						*943 778,30*
Zuschläge	v. H. des steuerpfl. Umsatzes	umgerechnet auf Herstellkosten (C)				
Allgemeine Geschäftskost.	*8 %*	$\frac{8 \times 100}{100-15} =$ *9,41 %*	*88 809,54*			
	%	$\frac{\times 100}{100-} =$ %				*88 809,54*
D. Selbstkosten						*1 032 587,84*
Gewinn u. *4 %* Wagnis *3 %*	*7 %*	$\frac{7 \times 100}{100-15} =$ *8,23 %*	*77 672,95*			*77 672,95*
zusammen:	*15 %*	$\frac{15 \times 100}{100-15} =$ *17,64 %*	*166 482,49*			
E. Angebotssumme ohne Umsatzsteuer (Mwst) u. o. Fremdleistung						*1 110 260,79*
Fremdleistungen			*5 000,00*			
Allg. Gesch.-K: *8 %*, Gew. u. Wagnis: *5 %* zus. *13 %* vom steuerpflichtigen Umsatz und umgerechnet auf Fremdlstg $= \frac{13 \times 100}{100-13} = \approx 15\,\%$			*750,00*			
			5 750,00			*5 750,00*
F. Angebotssumme ohne Umsatzsteuer (Mwst) u. m. Fremdleistung						*1 116 010,79*

Teil 2: **Errechnung der Zuschläge**

Angebotssumme ohne Fremdleistung (E):	*1 110 261,00*
abzüglich Einzelkosten der Teilleistung (A):	*729 628,00*
abzüglich Zuschlag auf Sonstige Kosten 17,64%:	*57 992,00*
auf Lohnkosten zu verrechnender Zuschlag:	*322 641,00*
Zuschlag auf Lohn: $\frac{322\,641 \cdot 100}{400\,876} = 80{,}5\,\%$	
Kalkulationslohn: 28,00 + 80,5 % =	*50,54 DM*

Gemeinkosten

Projekt: **Beispiel Hochhaus**

Pos.	Kostenentwicklung	Std.	Lohn	Stoffe	Geräte	Fremd-leistg.
	Übertrag:					
	Baustelle Einrichten und Räumen *Lohn: ca. 500 Std. × 28,00 ≈* *Stoffe*		*15 000,00*	*11 000,00*		
	Kleingeräte und Werkzeuge 2,5% der Lohnsumme (= rd. 400 000,00)			*10 000,00*		
	Bürokosten 2% der Lohnsumme			*8 000,00*		
	Nebenkosten u. Nebenfrachten 1,5% der Lohnsumme			*6 000,00*		
	Gehälter: *Polier 28 800,00* *Bauführer (anteilig) 15 000,00* *Abrechner (anteilig) 6 000,00* *69 800,00*			*69 800,00*		
	Sozialleistungen auf Gehälter rd. 70%			*49 000,00*		
	Hilfslöhne 3% der Lohnsumme		*12 000,00*			
	Gerätevorhaltung: *1 Turmdrehkran* *BGL-Nr. 2102-0022* *monatl. Miete: 1850 } = 2910* *Reparatur: 935 }* *2910 × 1,044 × 9 Monate*			*26 190,00*		
	Betriebskosten der Geräte			*4 500,00*		
	Frachten der Geräte 35 t × 38,00 × 2			*2 660,00*		
	zu übertragen:		*27 000,00*	*187 150,00*		

7

7.6.7. Ausschreibung, Vergabe, Abrechnung, Baupreisrecht

Der Bauvertrag

Der Bauvertrag ist nach dem BGB ein Werkvertrag (§ 631 ff BGB). Der Werkvertrag verpflichtet den Unternehmer zur Herstellung eines bestimmten Werkes gegen Entgeld. Als andere typische Vertragsformen, die auch im Bauwesen von Bedeutung sind, kennt das BGB den Kaufvertrag - der Bauherr oder der Unternehmer kauft einen Baustoff - und den Mietvertrag - Geräte zur Durchführung einer Bauaufgabe werden von Dritten vorübergehend übernommen (gemietet).

Diese Verträge sind nach ihrem Inhalt und in ihren Auswirkungen verschieden. Beim Werkvertrag muß der Unternehmer das Werk so herstellen, daß es die zugesicherten Eigenschaften hat und nicht mit Fehlern behaftet ist.

Die VOB (Verdingungsordnung für Bauleistungen) weicht in wesentlichen Punkten von den Bestimmungen der BGB ab. Sie ist kein Gesetz und gilt daher nur, wenn sie von den Vertragsparteien vereinbart worden ist.

Die VOB tritt damit als frei vereinbartes Vertragsrecht abändernd vor oder ergänzend neben die Regelungen des BGB. Die im BGB festgelegten Bestimmungen über den Werkvertrag regeln jedoch nicht alle Einzelheiten, die bei der Durchführung eines Bauvorhabens geregelt sein sollten. Dieses war mit ein Grund für die Schaffung der VOB. Die gesetzlichen Bestimmungen des BGB über den Werkvertrag sind grundsätzlich nachgiebiges Recht, d. h., sie können durch freie Vereinbarung der Vertragsparteien geändert werden. Wenn dieses durch Anwendung der VOB geschieht, tritt die vertraglich vereinbarte Regelung vor das geltende Recht des BGB. Andererseits gilt neben der VOB das Recht des BGB weiter, wenn z. B. in der VOB ein bestimmter Sachverhalt nicht geregelt ist.

So ist in der VOB die Verjährungsfrist anders geregelt als im BGB. Sie beträgt in der VOB bei Bauwerken und Holzerkrankungen 2 Jahre.

Nach § 638 BGB verjähren die Gewährleistungsansprüche bei Bauwerken in fünf Jahren nach der Abnahme.

Die Anwendung der VOB ist für die Behörden des Bundes und der Länder sowie für zahlreiche andere öffentliche Auftraggeber für die Ausschreibung und die Vergabe von Bauleistungen vorgeschrieben.

Die VOB (Verdingungsordnung für Bauleistungen), die in den 20er Jahren vom Reichsverdingungsausschuß geschaffen worden ist, ist heute die Grundlage zur Regelung der privatrechtlichen Baufragen. Ihre neueste Fassung stammt aus dem Jahr 1988.

Die VOB besteht aus 3 Teilen:

Teil A DIN 1960

Allgemeine Bestimmungen für die Vergabe von Bauleistungen.

Teil B DIN 1961

Allgemeine Vertragsbedingungen für die Ausführung von Bauleistungen.

Teil C DIN 18300 ff

Allgemeine technische Vorschriften für Bauleistungen.

VOB Teil A

In der VOB Teil A sind die Verfahren der Ausschreibung, der Vergabe und des Zuschlags von Bauleistungen beschrieben.

Als Grundsätze für die Vergabe gelten: (§ 2)
- Fachkunde, Leistungsfähigkeit und Zuverlässigkeit des Bewerbers,
- angemessene im Wettbewerb entstandene Preise.

Für die Ausschreibung sieht die VOB/A folgende drei Ausschreibungsarten vor:

a) Öffentliche Ausschreibung - sie stellt den Normalfall dar. Durch öffentliche Ausschreibung kann sich eine unbeschränkte Anzahl von Unternehmen durch die Abgabe von Angeboten am Wettbewerb beteiligen.

b) Beschränkte Ausschreibung - wendet sich an einen beschränkten Kreis von Bietern, wenn wegen der besonderen Art des Bauvorhabens nur ein begrenzter Kreis von Unternehmen in Frage kommt.

c) Freihändige Vergabe - stellt die Ausnahme dar, die nur bei besonderen Gründen z. B. besonderer Erfahrung, besonderer Dringlichkeit, Anschluß- bzw. Zusatzaufträgen vorkommt.

Die Ausschreibung für ein zu erstellendes Bauwerk muß alle Unterlagen enthalten, die der Unternehmer zur Erstellung eines Angebotes benötigt. Dazu gehören im wesentlichen:
- Baubeschreibung
- Übersichtspläne
- Baugrundgutachten
- Ausführungszeichnungen
- statische Berechnungen
- Massenermittlungen
- Vertragsbedingungen und Termine
- Ausführungsbestimmungen (DIN-Normen)
- Leistungsverzeichnis

Die Leistung des Unternehmers muß nach den Grundsätzen der VOB/A §§ 9, 10 eindeutig und erschöpfend beschrieben sein, damit alle Bewerber die Beschreibung im gleichen Sinne verstehen müssen und ihre Preise sicher und ohne umfangreiche Vorarbeiten berechnen können.

Für das Leistungsverzeichnis stehen die Texte des „Standardleistungsbuches für das Bauwesen“ (StLB) zur Verfügung. Dadurch sind für fast alle Leistungsbereiche gut durchdachte, technisch einwandfreie und straff formulierte Texte auf der Grundlage der VOB vorgegeben.

Die Angebote sind vom Unternehmer bis zum Eröffnungstermin einzureichen. Im Eröffnungstermin werden die Angebote verlesen (§ 22). Außerdem wird bekanntgegeben, ob und von wem Änderungsvorschläge und Nebenangebote eingegangen sind. Die Verlesung der Angebote, Nebenangebote und der Änderungsvorschläge gibt dem Unternehmer Gelegenheit sich über seine Marktstellung zu informieren.

Der Bieter ist bis zum Ablauf der Zuschlagsfrist an sein Angebot gebunden (§ 19). Die eingegangenen Angebote werden rechnerisch, technisch und wirtschaftlich geprüft. Die Angebotspreise der Bieter werden in sogenannten Preisspiegeln gegenübergestellt. Der Zuschlag wird dem Bieter erteilt, der einerseits das niedrigste Angebot abgegeben hat, andererseits auch über die notwendige Fachkunde, Leistungsfähigkeit und die ausreichenden technischen und wirtschaftlichen Mittel verfügt, um die vertraglichen Verpflichtungen zu erfüllen. Der Preis allein entscheidet nicht.

Der Zuschlag ist vor Ablauf der Zuschlagsfrist dem Bieter gegenüber zu erklären (§ 28).

Wird der Zuschlag ohne Abänderungen am Angebot erteilt, so ist der Bauvertrag abgeschlossen, auch wenn eine spätere urkundliche Festlegung vorgesehen ist.

Nach der Eröffnung der Angebote darf der Auftraggeber nur über das Angebot selbst, über die technische und wirtschaftliche Leistungsfähigkeit des Bieters, über etwaige Änderungsvorschläge und Nebenangebote, über die geplante Durchführung der Leistung, aber nicht über den Angebotspreis verhandeln (§ 24).

Eine Ausschreibung kann nur aufgehoben werden, wenn kein Angebot eingegangen ist, wenn sich die Grundlagen der Ausschreibung wesentlich geändert haben oder andere schwerwiegende Gründe bestehen (§ 26).

VOB Teil B

In der VOB Teil B sind allgemeine Vertragsbedingungen für die Abwicklung von Bauaufträgen enthalten. Wird die VOB Teil B als Vertragsbestandteil vereinbart, tritt er an die Stelle der einschlägigen Bestimmungen des BGB über den Werkvertrag. Darüber hinaus können, wenn die Regelungen des Teiles B nicht ausreichend sind oder aber abweichende Vertragsregelungen erforderlich sind

„Besondere Vertragsbedingungen“ und
„Zusätzliche Vertragsbedingungen“

zwischen den Vertragsparteien vereinbart werden.

Um Widersprüche im Vertrag zu vermeiden ist in der VOB Teil B § 1, Abs. 2 eine Reihenfolge festgelegt, nach der bei Widersprüchen im Vertrag die Vereinbarungen nacheinander gelten:

1. die Leistungsbeschreibung,
2. die besonderen Vertragsbedingungen (sie regeln, was abweichend von VOB/B vereinbart wird),
3. die zusätzlichen Vertragsbedingungen (sie regeln, was zusätzlich zur VOB/B vereinbart wird),
4. die zusätzlichen technischen Vorschriften,
5. die allgemeinen technischen Vorschriften für Bauleistungen,
6. die allgemeinen Vertragsbedingungen für die Ausführung von Bauleistungen.

Die Vergütung der Bauleistungen ist in § 2 VOB/B geregelt. Es werden für folgende Fälle besondere Regelungen getroffen:

- Abweichung gegenüber der im Leistungsverzeichnis angegebenen Menge um mehr als 10%,
- Änderung der Grundlagen des Preises für vertraglich vorgesehene Leistungen,
- Forderung von vertraglich nicht vorgesehenen Leistungen,
- Ausgleich der Mehr- oder Minderkosten bei erheblichen Abweichungen von der vorgesehenen Leistung im Fall einer Pauschalsummenvergütung,
- Leistungen, die ohne Auftrag ausgeführt werden,
- Vergütung von Zeichnungen und Berechnungen,
- Vergütung von Stundenlohnarbeiten.

Die Abnahme und die Gewährleistung sind in den §§ 12 und 13 der VOB/B geregelt.

Nach Fertigstellung der Bauleistung soll die Abnahme auf Verlangen des Auftragnehmers innerhalb von 12 Werktagen durchgeführt werden.

In sich abgeschlossene Teilleistungen können auf Verlangen besonders, d. h. vorzeitig abgenommen werden. Ebenso Teile der Leistung, die durch die weitere Ausführung der Prüfung und Feststellung entzogen werden (z. B. Fundamente).

Die Abnahme kann wegen wesentlicher Mängel bis zur Beseitigung der Mängel verweigert werden. Mit der Abnahme geht die Gefahr auf den Auftraggeber über.

Der Auftragnehmer übernimmt die Gewähr, daß seine Leistung die vertraglich zugesicherten Eigenschaften hat und den anerkannten Regeln der Technik entspricht (§ 13).

Der Auftragnehmer ist von der Gewährleistung frei, wenn der Mangel zurückzuführen ist auf

- die Leistungsbeschreibung,
- Anordnungen des Auftraggebers,
- auf vom Bauherrn vorgeschriebene Stoffe oder Bauteile,
- auf die Beschaffenheit der Vorleistung eines anderen Unternehmers.

Die Verjährungsfrist beträgt nach der VOB/B 2 Jahre. Die Frist beginnt mit der Abnahme der gesamten Leistung. Für in sich abgeschlossene Teile der Leistung beginnt sie mit der Teilabnahme.

Der Auftragnehmer muß alle während der Verjährungsfrist auftretenden Mängel, die auf vertragswidrige Leistungen zurückzuführen sind, auf seine Kosten beseitigen, wenn der Auftraggeber dieses vor Ablauf der Frist schriftlich verlangt. Die Gewährleistungsverpflichtung des Auftragnehmers geht nach der VOB nicht über die Beseitigung des Mangels hinaus. Lediglich bei einem wesentlichen Mangel, der die Gebrauchsfähigkeit erheblich beeinträchtigt und auf ein Verschulden des Auftragnehmers zurückzuführen ist, muß der Auftragnehmer außerdem den Schaden am Bauwerk ersetzen, zu dessen Herstellung, Instandhaltung oder Änderung die Leistung dient (§ 13, Abs. 7).

Die erbrachte Bauleistung wird in der Abrechnung erfaßt. Dazu gehören:

- die Aufmaße der erbrachten Leistungen,
- die Mengenberechnung,
- die Multiplikation der Mengen mit den vertraglich vereinbarten Preisen.

Grundlage für die Abrechnung sind:

- der Bauvertrag mit dem Leistungsverzeichnis,
- die zusätzlichen Vertragsbedingungen des Auftraggebers,
- die VOB/B § 2, § 14 bis § 17,
- die VOB/C (5. Abschnitt).

In der **VOB/C** sind im 5. Abschnitt der einzelnen Normen genaue Angaben zur Mengenberechnung und zur Abrechnung gemacht. Die Einzelheiten für die einzelnen Gewerke sind dort zu ersehen.

Bei großen Bauvorhaben werden während der Bauausführung nach Erreichen besonderer Teilbauabschnitte (z. B. Gründung, je Geschoß im Hochbau) oder auch monatlich Abschlagrechnungen erstellt. Durch die Abschlagrechnung wird die Finanzierung des Bauvorhabens vom Auftraggeber übernommen. Die Abschlagrechnungen sind nicht für die Schlußrechnung bindend (weder in der Höhe, noch in der Menge), die Bezahlung durch den Auftraggeber hat keinen Einfluß auf die Gewährleistung, durch sie wird die in Rechnung gestellte Bauleistung auch nicht abgenommen. Bindend für die Abrechnung ist erst die Schlußrechnung, in der die gesamte für die Ausführung des Bauwerkes erbrachte Leistung in Rechnung gestellt wird. Abschlagzahlungen müssen vom Auftraggeber innerhalb von 12 Tagen nach Zugang der prüffähigen Aufstellung geleistet werden.

Die Schlußzahlung muß spätestens 2 Monate nach Zugang der vorgelegten Schlußrechnung geleistet werden.

Die dem Bauvertrag zugrunde liegenden Preise sind in der Regel Festpreise, d. h., es können nachträglich keine Erhöhungen der angebotenen Einheitspreise infolge Lohnerhöhungen und Preiserhöhungen bei den Stoffen gefordert werden.

Bei Bauverträgen mit mehrjähriger Dauer werden dagegen Lohn- und Stoffpreisgleitklauseln notwendig, da dieses Risiko in Zeiten anhaltender Lohn- und Preiserhöhungen für den Unternehmer nicht kalkulierbar ist.

Für die Erstattung von Lohn- und Gehaltsmehraufwendungen (aber auch Minderaufwendungen) hat sich allgemein die „Pfennigklausel" als praktisch durchführbare Abrechnungsart durchgesetzt. Bei der Pfennigklausel wird bereits bei Vertragsabschluß festgelegt, um wieviel ‰ sich die Angebotssumme ändert, wenn sich der zur Zeit der Ausschreibung geltende Bundesecklohn um 1 Pfg. verändert.

Ähnliche Gleitklauseln können für Baustoffe vereinbart werden. Dieses ist jedoch seltener und nur bei sehr langen Bauzeiten der Fall.

Von den Bauunternehmen wird im Bauvertrag häufig eine Sicherheitsleistung (§ 17) verlangt. Diese dient der Sicherung der vertragsgemäßen Durchführung der Bauleistung sowie der Erfüllung der Gewährleistung.

Für die Sicherheitsleistung gelten die gesetzlichen Vorschriften des BGB (§§ 232–240). Danach kann die Sicherheit durch Hinterlegung von Geld, Wertpapieren, Hypotheken oder Bürgschaft erbracht werden. Die Sicherheit für die vertragsgemäße Durchführung der Bauleistung wird im allgemeinen durch einen 10% Einbehalt von den Abschlagzahlungen geleistet.

Für den Fall, daß es bei Teilen des Bauvertrages zu Streitigkeiten kommt, enthält § 18 Regelungen. Der 2. Absatz bestimmt, daß im Falle von Meinungsverschiedenheiten bei Verträgen mit Behörden zunächst die der auftraggebenden Stelle unmittelbar vorgesetzte Stelle vom Auftragnehmer angerufen werden soll. Diese soll Gelegenheit zur mündlichen Aussprache geben und innerhalb von 2 Monaten einen schriftlichen Bescheid erteilen. Dieser gilt als anerkannt, wenn der Auftragnehmer nicht innerhalb von 2 Monaten schriftlich Einspruch erhebt.

Bei privaten Bauherren werden im allgemeinen Schiedsgerichtsvereinbarungen abgeschlossen. Hierin vereinbaren die Vertragsparteien, daß alle Streitigkeiten unter Ausschluß des ordentlichen Rechtsweges durch ein Schiedsgericht entschieden werden. Dieses Verfahren hat gegenüber dem ordentlichen Rechtsweg den Vorteil, daß es schnell und ohne allzu hohe Kosten eine Entscheidung herbeiführt. Öffentliche Bauherrn lehnen Schiedsgerichtsvereinbarungen ab.

Bei Meinungsverschiedenheiten über die Eigenschaften von Baustoffen und -teilen kann jeder Vertragsteil die materialtechnische Untersuchung durch eine anerkannte Materialprüfungsstelle vornehmen lassen, deren Feststellungen verbindlich sind (§ 18, Abs. 3).

7.6.8. Die Unternehmensformen

Einzelunternehmen

Es hat einen Alleininhaber, der das Unternehmen leitet. Dieser haftet mit seinem gesamten Vermögen (auch mit seinem Privatvermögen) für seine Firma.

Es ist die meist verbreitete Unternehmensform z. B. bei freiberuflich tätigen Architekten und Ingenieuren sowie den selbständigen Bauhandwerkern.

Offene Handelsgesellschaft OHG

Sie wird von mehreren Gesellschaftern gebildet, die alle gleichberechtigt sind und unbeschränkt, d. h. auch mit ihrem Privatvermögen, haften. Die OHG wird unter Angabe aller Gesellschafter in das Handelsregister eingetragen.

Kommanditgesellschaft KG

Mindestens ein Gesellschafter muß unbeschränkt haften (persönlich haftender Gesellschafter, Komplementär).

Bei allen übrigen Gesellschaftern ist die Haftung auf die in die Firma eingebrachte Einlage beschränkt.

Die KG wird unter Angabe aller Kommanditisten und des Betrages ihrer Einlage in das Handelsregister eingetragen.

Kapitalgesellschaften

besitzen als juristische Personen eine eigene Rechtspersönlichkeit.

Aktiengesellschaft AG

Das Grundkapital der AG ist in Aktien aufgeteilt. Die Gesellschafter (Aktionäre) haften nur bis zur Höhe ihrer Einlage. Die AG wird vom Vorstand, der vom Aufsichtsrat bestellt wird, geleitet.

Gesellschaft mit beschränkter Haftung GmbH

Die GmbH besteht aus mehreren Gesellschaftern. Sie muß im Handelsregister eingetragen sein. Die Haftung der Gesellschafter beschränkt sich auf ihren Anteil am Stammkapital.

Die Leitung erfolgt durch einen oder mehrere von den Gesellschaftern zu bestellende Geschäftsführer.

Die Kapitalgesellschaften können als juristische Personen Mitglieder von Personengesellschaften sein.

Z. B. kann der einzige persönlich haftende Gesellschafter in einer KG eine GmbH sein (GmbH & Co KG). Als Komplementär fungiert also eine juristische Person, die auch die Geschäftsführung ausübt. Die unbeschränkte Haftung einer natürlichen Person ist damit ausgeschaltet.

Gesellschaft bürgerlichen Rechts

Hierunter fallen alle Gesellschaften, die nicht durch das Gesetz als Handelsgesellschaften bezeichnet werden.

Eine BGB-Gesellschaft entsteht durch einen Gesellschaftsvertrag (z. B. ARGE-Vertrag). Die Gesellschafter haften gesamtschuldnerisch mit ihrem ganzen Vermögen.

In der Bauwirtschaft hat diese Gesellschaftsform bei den Arbeitsgemeinschaften (ARGE) eine große Bedeutung erlangt.

7.7. Baumaschinen

Über die wichtigsten Maschinen, die für die Bewältigung der Bauaufgaben zur Verfügung stehen, wird ein Überblick gegeben.

Die Maschinen werden nach den wesentlichen, den Bau betreffenden, Eigenschaften eingeteilt. Sie werden in ihren wichtigsten Eigenschaften kurz charakterisiert und durch die Darstellung ausgewählter Baumaschinentypen ergänzt.

Für den wirtschaftlichen Einsatz der Baumaschinen ist deren Leistung im Verhältnis zu den Kosten maßgebend. Hierauf wird im Rahmen dieses Kapitels nicht eingegangen. Es wird auf folgende Literatur verwiesen:

- Baugeräteliste (BGL) 1981: sie enthält die wichtigsten Grundlagen für die Gerätekosten aller Baumaschinen.
- Baustellenausstattungs- und Werkzeugliste: in ihr sind die Kleingeräte und Werkzeuge für die Baustellenausstattung zusammengestellt.
- Drees, Hirsch: Die Kalkulationsmethoden in der Bauindustrie.

7.7.1. Betonmischmaschinen

Die Aufgabe der Betonmischmaschinen besteht in der Herstellung eines homogenen Gemisches aus den Zuschlagstoffen, Bindemitteln und Anmachwasser, die entsprechend der jeweiligen Betonrezeptur zugegeben werden. Mischmaschinen kommen als Einzelmaschinen vor, oder sie sind Bestandteil von Betonmischanlagen (s. Kap. 7.7.2.)

Nach der Mischvorrichtung unterteilt man die Betonmischmaschinen in Freifallmischer und Zwangsmischer.

Baustellen-Freifallmischer

Bei dem Freifallmischer erfolgt der Mischvorgang in einer rotierenden Mischtrommel, die im Inneren mit Schaufeln ausgestattet ist. Beim Drehen der Trommel nehmen die Schaufeln Teile des Mischgutes mit, heben sie aufwärts und lassen sie frei wieder zurückfallen.

Die Zwangsmischer vermischen die Materialien zwangsweise mit Hilfe von Scharen, Schaufeln oder Schnecken in einem unbeweglichen zylindrischen oder muldenförmigen Mischbehälter.

Nach der Arbeitsweise unterscheidet man außerdem zyklisch oder kontinuierlich arbeitende Mischmaschinen.

7.7.2. Betonmischanlagen

Zu den Betonmischanlagen gehören außer den Betonmischmaschinen die Bevorratungslager für die Zuschlagstoffe und Bindemittel, die Dosiereinrichtungen für Zuschlagstoffe, Bindemittel und Anmachwasser und die Transporteinrichtungen zwischen Bevorratungslager, Dosiereinrichtung und Mischmaschine.

Nach der Anordnung der Einzelaggregate zueinander und nach dem Aufbau und Produktionsablauf unterscheidet man:

Turmanlagen, diese haben einen vertikalen Aufbau. Das Hochfördern der Zuschlagstoffe in oben auf einem Turm angeordnete Silos erfolgt mittels Becherwerk. Unter den Silos sind in einzelnen Arbeitsbühnen, die die Herstellungsstufen darstellen, die Dosiereinrichtungen und Mischmaschinen angeordnet. Die Turmanlagen arbeiten vollautomatisch und stellen die kapitalintensivste Anlagenform dar. Sie kommen deshalb in Transportbetonwerken oder auf Großbaustellen mit hoher Mischleistung (250 m^3/h) zur Anwendung.

Turmmischanlage

Sternanlagen haben einen horizontalen Aufbau, bei denen der Materialfluß im wesentlichen in der Horizontalen erfolgt. Der Zuschlag wird in Boxen ebenerdig und halbkreisförmig um den Mischer gruppiert. Ein schwenkbares Schrappwerk übernimmt die Förderung des Zuschlags. Der Zement wird seitlich in Silos gelagert. Sternanlagen werden für mittelgroße Baustellen als mobile Anlagen mit Leistungen bis 50 m^3/h eingesetzt, die in kurzer Zeit umgesetzt werden können.

7.7. Baumaschinen

Kompaktanlage

Eine Sonderform der Sternanlagen stellt die Kompaktanlage dar. Bei dieser sind die Bedienungs- und Dosiereinrichtungen sowie der Mischer in einer Einheit oberhalb des Sternsilos konzentriert untergebracht. Kompaktanlagen kommen in Fertigteilwerken und auf Baustellen zur Anwendung. Ihre Leistung beträgt etwa 50 m^3/h.

7.7.3. Transportmischer

Die Transportbetonmischer dienen als Bindeglied zwischen Betonwerk und Baustelle. Dabei kann das Mischgut in der Trommel durch ein Rührwerk bearbeitet werden. Die als Freifall-Umkehrmischer ausgeführten Fahrmischer werden mit einem Fassungsvermögen von 4 m^3 bis 10 m^3 auf 2-Achs- oder 3-Achsfahrgestellen sowie als Sattelaufleger angeboten.

Fahrmischerbetonpumpe

Die große Bedeutung des Transportbetons ergibt sich aus der gleichmäßig hohen Betongüte, den beengten Baustellenverhältnissen in den Städten, die häufig eine Aufstellung einer eigenen Mischanlage nicht zulassen, sowie der Einsparung an Investitionen und Lohnkosten.

7.7.4. Betonpumpen

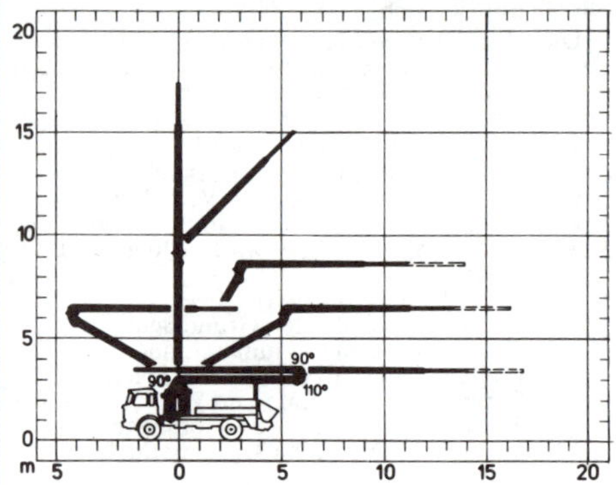

Auto-Betonpumpe mit Reichweitendiagramm

An Betonpumpen wird die Hauptanforderung gestellt, den Frischbeton entmischungsfrei an die Einbaustelle zu fördern. Der Kraneinsatz auf den Baustellen kann durch den Einsatz von Betonpumpen reduziert werden und auf Großbaustellen durch die Verwendung von Verteilermasten auf die Schal- und Bewehrungsarbeiten beschränkt bleiben.

Nach der Einsatzart werden stationäre und mobile Baustellenpumpen, Autobetonpumpen, Autobetonpumpen mit Verteilermast und stationäre Verteilermaste unterschieden.

Verteilermast

Stationäre Betonpumpen werden mit Förderleistungen von 13 bis 140 m^3/h und Förderhöhen von 50 bis 300 m bzw. horizontalen Förderweiten von 250 bis 1000 m angeboten. Autobetonpumpen haben Förderleistungen bis 140 m^3/h und Förderhöhen bis 150 m bzw. Förderweiten bis 500 m. Verteilermaste haben Reichhöhen von 16 bis 32 m und Reichweiten von 12 bis 50 m.

7.7.5. Betonverdichter

Der Beton wird vorwiegend durch Außenrüttler, Innenrüttler, Schalungsrüttler und Oberflächenrüttler verdichtet. (DIN 4235, Teil 1-5, 12.78)

Außenrüttler
werden außen an der Schalung oder den Formen für Betonelemente befestigt und übertragen über diese die Schwingungen in den zu verdichtenden Frischbeton. Die Schwingungen werden durch Unwuchten hervorgerufen, die auf der Rotorwelle des Motors befestigt sind. In der Regel werden Elektromotoren verwendet, es gibt jedoch auch Geräte mit Druckluft- oder elektromagnetischem Antrieb. Die meistverwendeten Größen haben zwischen 8 und 45 kg Gewicht und erzeugen 3000-9000 Schwingungen/min.

Innenrüttler
auch als Flaschen- oder Tauchrüttler bezeichnet, erzeugen die verdichtenden Schwingungen durch Unwuchten, die in einer Rüttelflasche angeordhet sind. Der Antrieb erfolgt über eine biegsame Welle durch einen außerhalb angeordneten Elektro- oder Benzinmotor oder durch einen ebenfalls in der Flasche eingebauten Elektromotor. Auch der Druckluftantrieb wird bei einigen Konstruktionen verwendet. Die Maße der einzelnen Typen unterscheiden sich nur geringfügig. Es gibt Flaschendurchmesser von 25 bis 110 mm. Sie wiegen einschließlich Welle und Schutzschlauch 30-40 kg. Die Schwingungsfrequenzen betragen 9000-12000 Schwingungen pro min.

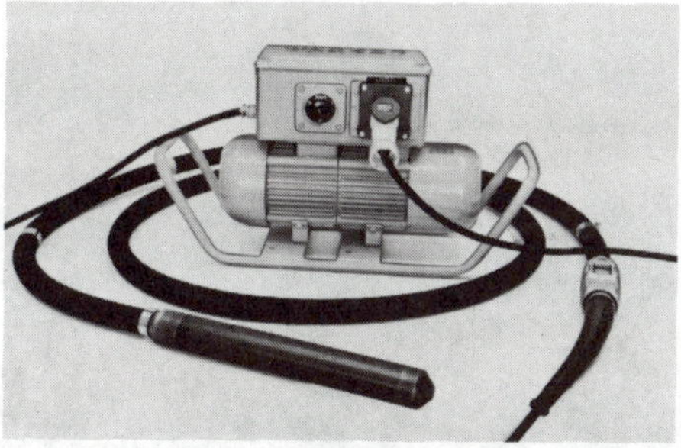

Innenrüttler

Vibrationsbohlen
werden auf Betonschüttungen aufgesetzt und verdichten diese von der Oberfläche aus. Zur Schwingungserzeugung dienen Außenvibratoren. Vibrationsbohlen sind als handgeführte Geräte und als Anbaugeräte an Betondeckenfertiger und Formgebungsmaschinen bekannt. Die Arbeitsgeschwindigkeit liegt im Bereich von 0,6-1,5 m/min, die erreichbare Verdichtungstiefe zwischen 10 und 40 cm.

Rütteltische
werden vorwiegend in Betonfertigteilwerken verwendet. Sie haben eine federnd gelagerte Tischplatte, an der ein befestigter Außenrüttler die Vibration erzeugt.

Rütteltisch

Motorstampfer
sind auf der Oberfläche des zu verdichtenden Betons aufgesetzte handgeführte Geräte. Der Antrieb erfolgt durch Benzin- oder Elektromotoren. Infolge Schrägstellung des Stampffußes zur Geräteachse bewegt der Stampfer sich selbsttätig fort. Motorstampfer werden vorwiegend bei unbewehrtem Beton (Magerbeton) und bei Fundamenten verwendet.

Rüttelstampfer

7.7. Baumaschinen

7.7.6. Bagger

Wegen der Vielseitigkeit der Einsatzmöglichkeiten werden sie auch als Universalbagger bezeichnet. Ihre Hauptaufgabe besteht im Lösen des Bodens und im Beladen der Transportmittel. Als Antriebsart kommt vorwiegend der Dieselmotor vor.

Nach dem Fahrwerk unterscheidet man Bagger mit Raupenfahrwerk (Raupenbagger) und mit Radfahrwerk (Mobilbagger). Raupenfahrwerke haben wegen ihrer großen Aufstandsfläche geringe Bodenpressungen und zeichnen sich durch eine hohe Geländegängigkeit aus. Die Fahrgeschwindigkeit ist gering, so daß hierzu in der Regel Tieflader erforderlich sind. Bei Mobilbaggern sind dagegen höhere Arbeits- und Umsetzungsgeschwindigkeit möglich.

Seilbagger

Bei den seilmechanischen Baggern erfolgt die Bewegung der Grabwerkzeuge mit Hilfe von Seilen über ein System von Winden. Die konventionellen Seilbagger der kleinen und mittleren Typen haben gegenüber den Hydraulikbaggern an Bedeutung verloren. Sie sind jedoch für bestimmte Aufgaben noch unentbehrlich. Man kann z. B. bei Greiferarbeiten durch Verlängerung des Gitterauslegers große Reichweiten erzielen oder auch Arbeiten in großer Tiefe ausführen. Die Ausrüstung mit einer Schleppschaufel ist nur beim Seilbagger möglich.

Hydraulikbagger

Bei den Hydraulikbaggern werden die Bewegungen durch hydraulische Arbeitszylinder und Hydraulikmotoren ausgeführt. Der Antrieb erfolgt von einem Dieselmotor durch Rohrleitungen und Druckschläuche.

Baggerausrüstungen

Hochlöffel

Die Hochlöffel arbeiten von unten nach oben oberhalb des Planums, auf dem der Bagger steht. Er wird für schwere Grabarbeit eingesetzt und stellt die leistungsfähigste Arbeitsausrüstung dar.

Hochlöffel-Bagger

Tieflöffel

Die Tieflöffelausrüstung wird bei Grabarbeiten unterhalb des Planums eingesetzt, z. B. beim Ausheben von Baugruben und Gräben.

Tieflöffel-Bagger

Greifer

Mit dem Greifer lassen sich größere Grabtiefen und Grabweiten als beim Tieflöffel erzielen. Der Zweiseilgreifer hat ein Hub- und ein Halteseil. Das Hubseil schließt und hebt den Greifer. Beim Nachlassen des Hubseils hängt der Greifer am Halteseil und öffnet sich. Der Zweiseilbetrieb setzt deshalb zwei unabhängig voneinander arbeitende Seitrommeln im Windwerk voraus.

Daneben gibt es Spezialgreifer z. B. für den Brunnenbau, Stein- und Schrottverladung, Einseilgreifer und hydraulisch betätigte Greifer.

Greifer

Schleppschaufel

Als Grabwerkzeug dient dem Seilbagger eine muldenförmige, oben offene, an der Kübelöffnung mit Zähnen besetzte Schaufel. Sie ist für das Herstellen von Böschungen und für Baggerarbeiten unter Wasser gut geeignet. Die Schleppschaufel ist nur beim Seilbagger einsetzbar.

7.7. Baumaschinen

7.7.7. Flachbagger

Schleppschaufel

Flachbagger werden zum Abtragen des Bodens in flachen Schichten oder zum Verteilen des Bodens gebraucht. Manche Gerätetypen sind auch für Aushubarbeiten geeignet.

Planierraupen

Es handelt sich um kettengetriebene Geräte mit frontseitigem Planierschild, das mechanisch oder hydraulisch gesteuert werden kann. Das Planierschild kann sowohl starr, d. h. stets senkrecht zur Raupenachse angeordnet sein, als auch als Schwenkschild, das sich zur Fahrtrichtung verstellen läßt.

Am Heck sind meistens Aufreißer angebracht, die zum Lockern fester Böden, von Straßenbelägen und zum Roden von Stubben eingesetzt werden.

Sonderausrüstungen

Als Sonderausrüstungen für Bagger sind Mäkler für Rammarbeiten, Bohrausrüstungen und Lasthaken für Kranarbeit zu nennen.

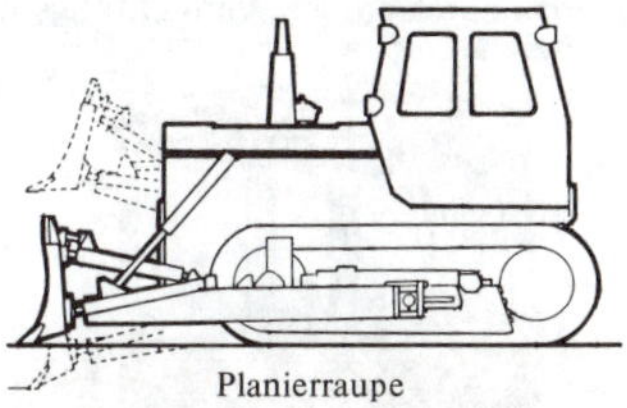

Planierraupe

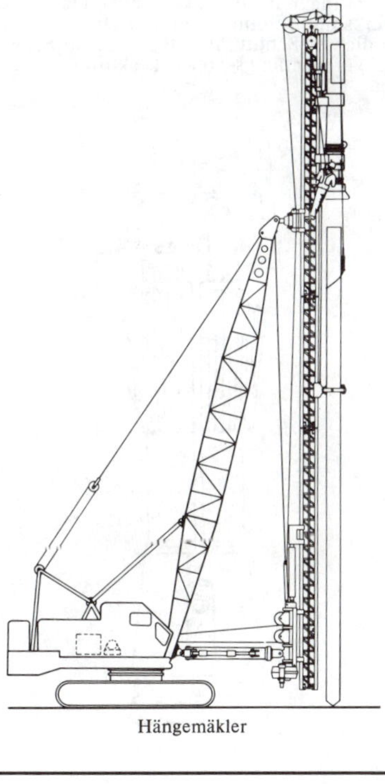

Hängemäkler

Lader

Diese haben als Arbeitsorgan frontseitig eine hydraulisch heb-, senk- und kippbare Ladeschaufel. Sie werden sowohl mit Raupenfahrwerk (Raupenlader) als mit Radfahrwerk (Radlader) ausgerüstet. Die Geräte sind sehr vielseitig verwendbar.

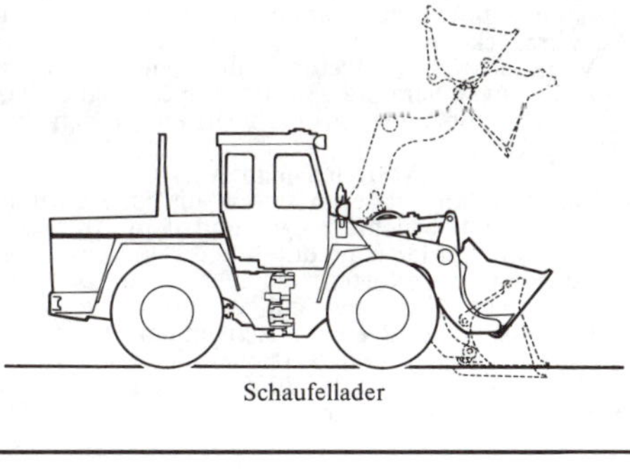

Schaufellader

7

7.7.8. Bodenverdichtungsgeräte

Bodenverdichtungsgeräte haben die Aufgabe, eine dichte Lagerung von frisch eingebauten Erdstoffen und damit eine hohe Tragfähigkeit der Erdstoffe zu erzielen.

Walzen

Sie verdichten den Boden oder Fels durch Überrollen des losen Materials und erzeugen dabei eine glatte gleichmäßige Oberfläche.

Man unterscheidet die Walzen nach folgenden Gesichtspunkten:

- nach der Art des Vortriebes in selbstfahrende Walzen und Anhängewalzen,
- nach der Gestaltung der Walzenoberfläche in Glattwalzen, Schaffußwalzen, Gitterradwalzen und Gummiradwalzen,
- nach der Arbeitsweise in statisch arbeitende Walzen, die nur durch ihr Eigengewicht wirken und deshalb nur eine geringe Verdichtungstiefe (max. 30 cm) erzielen, und in Vibrationswalzen, bei denen zusätzlich durch Unwuchterreger Schwingungen über die Walze auf den Boden abgegeben werden. Es werden dadurch größere Verdichtungstiefen (bis 100 cm) erzielt.

Vibrationswalze

Gummiradwalzen werden nur als statische Walzen hergestellt, sie werden dort verwendet, wo das zu verdichtende Material durch eine zusätzliche Knetwirkung seine optimale Verdichtung erhält, z. B. beim Schwarzdeckenbau.

Vibrationswalzen werden in sehr schweren Ausführungen hergestellt, mit denen es möglich ist, auch Dammbauten aus schwersten Böden zu verdichten.

Vibrationsplatten

Die Vibrationsplatten bestehen aus einer Grundplatte, dem Unwuchterzeuger und dem Antriebsmotor. Der Antrieb kann durch Verbrennungs- oder Elektromotoren erfolgen, der Verbrennungsmotor herrscht vor. Das selbständige Fortbewegen der Vibrationsplatten mit einer Geschwindigkeit von 5 bis 20 m/min erfolgt durch Verstellen der Unwuchten und durch Anordnung der Vibratoren außerhalb des Schwerpunktes der Platte.

Plattenrüttler

Stampfer

Zur Bodenverdichtung werden Motorstampfer, Explosionsstampfer und in wenigen Fällen Freifallstampfplatten als Zusatzausrüstung für Universalbagger verwendet. Explosionsstampfer sind handgeführt und funktionieren ähnlich wie Explosions-Diesel-Bären. Man kann sie unter Zuhilfenahme von Gerüsten auch für kleine Rammarbeiten verwenden. Die Explosionsstampfer sind heute weitgehend durch Rüttelverdichter verdrängt. Die Motorstampfer (Vibrationsstampfer) werden bei Verdichtungsaufgaben geringeren Umfanges verwendet, z. B. bei Bauwerkshinterfüllungen und Grabenverfüllungen. Sie verdichten Schütthöhen bis zu 50 cm. Sie werden durch Verbrennungs- oder Elektromotoren angetrieben.

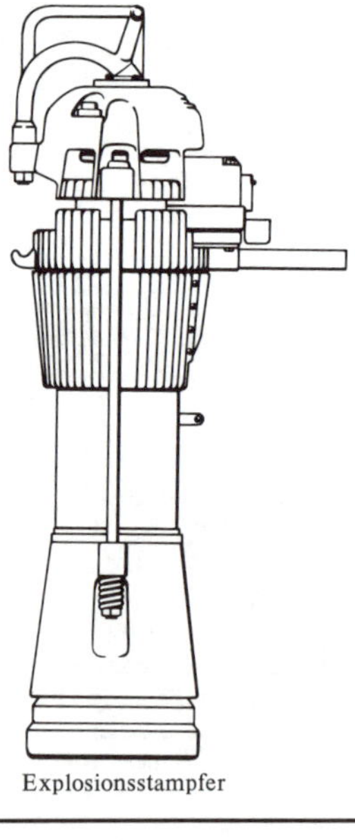

Explosionsstampfer

7

7.7. Baumaschinen

7.7.9. Hebezeuge

Von der Vielzahl der bekannten Hebezeuge werden im Bauwesen vorwiegend Turmdrehkrane, Fahrzeugkrane, Portalkrane und die Bauaufzüge eingesetzt.

Turmdrehkrane

Turmdrehkrane der verschiedensten Bauarten sind vielseitig einsetzbar. Sie werden unterschieden nach:
- der Auslegerbauart in Krane mit Verstellausleger und Krane mit Katzausleger,
- der Lage des Schwenkwerkes in Krane mit untenliegendem (Turm und Ausleger drehen gemeinsam) und obenliegendem (Turm steht fest, nur Ausleger dreht) Schwenkwerk.

Turmdrehkran mit Nadelausleger

Krane mit Verstellausleger zeichnen sich durch die Möglichkeit der Vergrößerung der Hubhöhe durch das Auslegerverstellen, die leichtere Auslegerkonstruktion und durch gute Ausweichmöglichkeiten beim Arbeiten in Baulücken aus. Nachteilig sind das Fehlen eines horizontalen Lastweges beim Auslegerverstellen und die Begrenzung des Anfahrmaßes der Last an den Kranmast durch die steilste Auslegerneigung von etwa 65°.

Diese Nachteile beseitigt der Katzausleger, bei dem eine längs des Auslegers verfahrbare Laufkatze angeordnet ist und der sich außerdem durch kürzere Lastverstellzeiten auszeichnet.

Die Auswahl des Kranes für die Baustelle erfolgt nach
- dem erforderlichen Arbeitsbereich, der von dem Kran bestrichen werden muß (Ausladung, Aufstellart: stationär, schienengebunden),
- dem maximalen Gewicht der zu hebenden Lasten (Lastmoment),
- der erforderlichen Krankapazität (Anzahl der Krane).

Die meisten Nadelauslegerkrane und die untendrehenden Katzauslegerkrane sind selbstaufrichtend und werden auf Nachläufern transportiert. Die obendrehenden Typen müssen mit Kranhilfe montiert werden.

Zum Errichten hoher Bauwerke werden Kletterkrane eingesetzt, die mit dem Bauwerk in die Höhe wachsen. Diese Krane sind mit Klettereinrichtungen ausgestattet, die den Kran hydraulisch oder mittels Seilwinden anheben.

Turmdrehkran mit Katzausleger

Die wesentlichen Kenngrößen für Turmdreh- und Kletterkrane sind das höchstzulässige Lastmoment bzw. die Traglastkurve, die maximale Ausladung und die möglichen Arbeitsgeschwindigkeiten. Die Krane sind mit einer Reihe von Sicherheitseinrichtungen ausgestattet. Dazu gehören z. B. Überlastsicherung, Notendschalter, Nullstellungszwang, Schlappseilschalter, Totmannsteuerung.

Portalkrane

Dieses sind schienenfahrbare Krane, deren Konstruktion aus einer Brücke meist in Fachwerkbauweise und 2 Stützen besteht. Der Einsatzbereich wird durch die Tragfähigkeit (im Bauwesen bis 100 kN = 10 t), die Spurweite und die Hubhöhe bestimmt. Sie finden hauptsächlich in Betonfertigteilwerken, auf Lager- und Montageplätzen Verwendung. Auf der Baustelle werden sie bei der Montage von Fertigteilen vorwiegend im Wohnungsbau verwendet.

7.7. Baumaschinen

Fahrzeugkrane

Nach der Auslegerkonstruktion unterscheidet man Krane mit Gitterausleger und mit Teleskopausleger aus vollwandigen Kastenprofilen. Die leichteren Gitterausleger können durch Einfügen von Zwischenstücken verlängert werden. Zum Umsetzen der Krane mit großen Auslegerlängen ist eine Demontage erforderlich.

Teleskopausleger ermöglichen das Verlängern des Auslegers auch unter Last. Sie sind für schnelle Ortsveränderung besonders vorteilhaft, da der Ausleger nicht demontiert werden muß. Teleskopausleger sind komplizierter und schwerer.

Fahrzeugkrane sind zur Vergrößerung der Abstützbreite und dadurch der Tragfähigkeit mit hydraulischen Abstützungen (Pratzen) versehen.

Autokrane erreichen Fahrgeschwindigkeiten von mehr als 60 km/h. Mit verlängertem Gitterausleger erreichen sie Rollenhöhen von mehr als 100 m bei einer Tragfähigkeit von 10000 kN (1000 t). Teleskopausleger haben eine Tragfähigkeit bis 2000 kN (200 t).

Bauaufzüge

Sie dienen zum vertikalen Fördern von Lasten und Personen im Industrie- und Wohnungsbau, wobei ein an Schienen geführter Fahrkorb vertikal zwischen der oberen und unteren Ladestelle bewegt wird. Bauaufzüge finden als nur für die Beförderung von Lasten zugelassene Schnellbauaufzüge, als kombinierte Personen- und Lastenaufzüge und als wenig verbreitete Schrägaufzüge (z. B. für Dachdeckerarbeiten) Verwendung. Personenaufzüge unterliegen der Aufzugsverordnung und allen dazugehörigen Sicherheitsvorschriften.

Personen- und Lastenaufzüge haben im neuzeitlichen Hochhausbau eine große Bedeutung als schnelles und sicheres Transportmittel gewonnen. Sie sind bis zu 150 m Höhe geeignet.

Schnellbauaufzüge sind leichte, meist fahrbare Aufzüge für Baumaterial mit einem senkrechten Mast. Sie erreichen eine Tragfähigkeit bis zu 10 kN (1000 kg) bei einer Nutzhöhe von 18 m.

Gurtbandförderer

Gurtbandförderer als kontinuierlich arbeitende Fördermittel sind mit einem endlos umlaufenden Gummigurt mit Gewebeeinlagen als Tragorgan ausgestattet und werden als tragbare, verfahrbare und stationäre Ausführungen eingesetzt. Sie dienen zur Horizontal- und Schrägförderung von Schüttgütern, wie Erdstoffen und Zuschlagstoffen bei der Betonherstellung und auch von Beton sowie Stückgütern. Zur Schüttgutförderung werden gemuldete Gurtbänder verwendet, zur Stückgutförderung Ausführungen mit flachem Gurtband. Das Schrägfördern ist bis zu einer Neigung von 15–20° möglich, bei größeren Neigungen müssen die Gurte mit Rippen versehen sein. Zum Fördern von Erdmassen und bei der Zuschlagstoffgewinnung können mehrere Bänder hintereinander zu einer Bandstraße zusammengestellt werden. Sie haben im allgemeinen Nachteile in ihrer Anfälligkeit gegen Verunreinigungen des Gurtes, der Rollen, der Trommel und der Antriebselemente durch das geförderte Material. Eine Vernachlässigung der erforderlichen Wartungsarbeiten führt in kurzer Zeit zum Defekt.

7.7.10. Pumpen

Nach dem Arbeitsprinzip werden die Pumpen in Kreiselpumpen und in Verdrängerpumpen eingeteilt, wobei die Verdrängerpumpen als Kolben- und als Membranpumpen verwendet werden. Die Kreiselpumpen sind infolge ihrer einfachen und robusten Bauform die am meisten verbreitete Art. Sie erreichen Förderhöhen zwischen 25 und 80 m und Förderleistungen von 200 m^3/h und mehr.

Die Kolbenpumpen eignen sich besonders für große Saughöhen und zum Fördern kleiner Mengen bei hohen Drücken. Bei großen Fördermengen und geringen Drücken sind sie nur bei stark verschmutzten Flüssigkeiten (z. B. Abwasser) zweckmäßig.

7.7.11. Kompressoren

Kompressoren dienen zum Erzeugen von Druckluft zum Antrieb von pneumatischen Geräten und Werkzeugen, z. B. Bohr- und Abbruchhämmern, Vibratoren. Druckluft ist zwar im Vergleich zu anderen Energieträgern teurer, sie wird jedoch wegen ihrer vielseitigen Anwendbarkeit und der einfachen Handhabung gern und häufig verwendet. Bei Druckluftgründungen dient die Druckluft zugleich als Atemluft der in der Arbeitskammer beschäftigten Personen.

Je nach Anwendungszweck unterscheidet man stationäre Anlagen oder fahrbare Geräte. Nach der Bauart werden Drehkolben- und Kreiselverdichter unterschieden. Die Liefermengen der Kompressoren betragen zwischen 10 und 20 m^3/h bei 7 bar Überdruck.

7.8. Arbeitsschutzbestimmungen

7.8.1. Gesetzliche Grundlagen

Die gesetzlichen Grundlagen für die Arbeitsschutzbestimmungen sind:
- Gewerbeordnung,
- Reichsversicherungsordnung,
- Betriebsverfassungsgesetz.
- Jugendarbeitsschutzgesetz

Auf diesen Grundlagen arbeiten auf dem Gebiet der Arbeitssicherheit die
- Gewerbeaufsichtsämter,
- Berufsgenossenschaften

und als Sachverständige die
- Technischen Überwachungsvereine (TÜV),
- Materialprüfämter,
- Physikalisch-Technische Bundesanstalt (PTB),
- Bundesanstalt für Arbeitsschutz und Unfallforschung (BAU).

Die Arbeitsschutzbestimmungen haben alle zum Ziel, die Gesundheit und die Arbeitskraft der Beschäftigten zu erhalten und sie vor Gefahren zu schützen sowie die Voraussetzungen für möglichst menschengerechte Arbeitsplätze zu schaffen. Dazu dienen außerdem die:

Arbeitsstätten-Verordnung vom 20. 3. 1975

Sie enthält detaillierte Vorschriften über die Mindestanforderungen an Arbeitsstätten.

Arbeitszeit-Ordnung vom 30. 4. 1938

Sie regelt die normale Arbeitszeit, die nach dieser Verordnung 8 Stunden pro Tag und 48 Stunden in der Woche beträgt. An höchstens 30 Tagen im Jahr dürfen die Beschäftigten über die regelmäßige Arbeitszeit hinaus Mehrarbeit bis zu 2 Stunden täglich ausüben. Die maximale Arbeitszeit beträgt jedoch 10 Stunden pro Tag. Nach dem Arbeitsende sind mindestens 11 Stunden Ruhepause einzuhalten. Innerhalb der Arbeitszeit sind folgende Pausen von mindestens 15 Minuten Arbeitsunterbrechnung zu gewähren.

Arbeitszeit in Stunden	Pausen in Minuten Frauen	Männer
über 6	Festsetzung der Pausen mind. nach jeweils 4,5 Std. Arbeitszeit	1 × 30 oder 2 × 15
4,5–6	20	0
6–8	30	siehe oben
8–9	45	siehe oben
über 9	60	siehe oben
8–8,5	30*	siehe oben

* Ausnahme, falls die mehr als 8stündige Arbeitszeit dazu dient, einen Frühschluß vor Sonn- und Feiertagen herbeizuführen.

Frauen dürfen nicht in der Nachtzeit von 20–6 Uhr beschäftigt werden. Bei Schichtarbeit ist es jedoch erlaubt, Frauen bis 23 Uhr zu beschäftigen.

Sonntagsarbeit ist nach der Gewerbeordnung mit wenigen in § 105 c der Gewerbeordnung genannten Ausnahmen grundsätzlich verboten.

Für Jugendliche und werdende Mütter bestehen hinsichtlich der Arbeitszeit und der Beschäftigungsdauer besondere Vorschriften, die zu beachten sind.

7.8.2. Unfallverhütungsvorschriften (UVV)

Die gewerblichen Berufsgenossenschaften sind als Träger der gesetzlichen Unfallversicherung Zwangsvereinigungen von Unternehmern (Körperschaften des öffentlichen Rechts). Die rechtliche Grundlage bildet die RVO, § 537 ff.

Sie erlassen zur Durchführung ihres Zweckes u. a. die Unfallverhütungsvorschriften, die für die Mitglieder und die Versicherten bindend sind und bei der Beurteilung der Schuldfrage in Schadensfällen als allgemeine Rechtsgrundlage herangezogen werden.

Die technischen Aufsichtsbeamten der Berufsgenossenschaften besichtigen die Mitgliedsunternehmen, beraten sie in den Fragen der Unfallverhütung (vorbeugender Unfallschutz) und überwachen die Einhaltung der Unfallverhütungsvorschriften. Sie besitzen dabei Weisungsbefugnis gegenüber den Unternehmen.

In den Unternehmen mit mehr als 20 Beschäftigten sind Sicherheitsbeauftragte zu bestellen. Diese haben den Unternehmer bei der Durchführung des Arbeitsschutzes zu unterstützen und auf die Einhaltung der Unfallverhütungsvorschriften hinzuwirken. Die Anzahl ist der folgenden Tabelle zu entnehmen:

Anzahl der Beschäftigten	Anzahl der Sicherheitsbeauftragten
21– 100	1
101– 200	2
201– 350	3
351– 500	4
501– 750	5
751–1000	6
über 1000	7

Die Bestellung der Sicherheitsbeauftragten erfolgt unter Mitwirkung des Betriebsrates. Der Betriebsrat muß sich u. a. auch für die Durchführung der Arbeitsschutzbestimmungen und der Unfallverhütungsvorschriften einsetzen (§ 89 BetrVerfG).

Weitere Regelungen zum Arbeitsschutz (Bestellung von Betriebsärzten und Sicherheitsingenieuren) enthält das Arbeitssicherheitsgesetz von 1973.

Der Unfallverhütung ist in der Bauindustrie, wegen der erheblichen Unterschiede zu der übrigen Industrie in Produktionsweise, Arbeitsbedingungen, Unternehmensstruktur, Anteil der ungelernten und ausländischen Arbeitskräfte, besondere Bedeutung beizumessen.

Die Unfallverhütungsvorschriften enthalten vorbeugende Maßnahmen, die von außen an den Betrieb herangetragen werden. Sie zeigen auf, wann mit einer Gefahr zu rechnen ist und geben gleichzeitig die Mittel an, wie dieser Gefährdung begegnet werden kann.

7.8. Arbeitsschutzbestimmungen

Die UVV „Allgemeine Vorschriften" (VBG 1)
schreibt z. B. vor, daß der Unternehmer persönliche Schutzausrüstungen wie Kopfschutz, Fußschutz, Augen- oder Gesichtsschutz, Atemschutz, Körperschutz zur Verfügung zu stellen hat, wenn bei der Arbeit mit einer entsprechenden Gefährdung zu rechnen ist. Sie regelt außerdem, wie der Unternehmer die Arbeiten zu koordinieren hat, wenn er Aufträge an andere Unternehmer vergibt, damit eine gegenseitige Gefährdung durch die Arbeiten ausgeschlossen wird. Die enthaltenen Vorschriften über Betriebsanlagen entsprechen der Arbeitsstättenverordnung. Aus den aufgeführten betrieblichen Regelungen sei als Beispiel der Schutz gegen Absturz und herabfallende Gegenstände besonders erwähnt, da dieses eine der Hauptunfallursachen im Baugewerbe darstellt.

Die UVV „Kraftbetriebene Arbeitsmittel"
legt die für den Bau von Geräten aller Art zu beachtenden konstruktiven Forderungen fest. Sie sorgt zusammen mit dem Gerätesicherheitsgesetz dafür, daß sich alle kraftbetriebenen Arbeitsmittel sicherheitstechnisch in einem einwandfreien Zustand befinden und daß die der Sicherheit dienenden Einrichtungen erhalten und benutzt werden.

Die UVV „Elektrische Anlagen und Betriebsmittel" (VBG 4)
verlangt von dem Unternehmer, daß elektrische Anlagen und Betriebsmittel nur durch Elektrofachleute errichtet, geändert oder instandgesetzt werden dürfen. Sie verweist auf die Beachtung der entsprechenden VDE-Bestimmungen.

Die UVV „Bauarbeiten" (VBG 37)
ist die Hauptvorschrift, die in der Bauwirtschaft zu beachten ist. Sie enthält u. a. Bestimmungen über:
- Standsicherheit und Tragfähigkeit
- Arbeitsplätze auf Gerüsten, auf geneigten Flächen, auf dem Wasser
- Verkehrswege
- Absturzsicherungen
- Schutz gegen herabfallende Gegenstände und Massen
- Verkehrssicherung auf Baustellen.

Die Bestimmungen über Absturzsicherungen und über Arbeits- und Schutzgerüste sind für den Baubetrieb besonders wichtig, da diese Bereiche einen Unfallschwerpunkt bilden, in dem bei genauer Einhaltung der Unfallverhütungsvorschriften die Unfälle vermieden werden können. Die Einzelheiten der Bestimmungen über Arbeits- und Schutzgerüste sind den Normblättern DIN 4420 Teil 1 und Teil 2 (3.80) zu entnehmen, die gleichzeitig Bestandteil der UVV sind.

Daneben enthält die UVV „Bauarbeiten" zusätzliche Bestimmungen für Montagearbeiten, Abbrucharbeiten, Arbeiten mit heißen Massen, Arbeiten in Gräben sowie an und vor Erd- und Felswänden, Bauarbeiten unter Tage, Arbeiten in Bohrungen.

Hiervon ist die zusätzliche Bestimmung für Arbeiten in Gräben sowie an und vor Erd- und Felswänden wegen der Unfallhäufigkeit ebenfalls besonders wichtig. Sie verlangt zum Schutz der bei diesen Arbeiten Beschäftigten, daß bei allen Erd-, Fels- und Aushubarbeiten die Erd- und Felswände grundsätzlich abzuböschen oder zu verbauen sind. Die zu beachtenden Einzelheiten sind der DIN 4124 „Baugruben und Gräben" zu entnehmen.

Die UVV „Turmdrehkrane" (VBG 8 g)
befaßt sich zum größten Teil mit der technischen Ausrüstung der Geräte.

Für den Baubetrieb wichtig sind die Bestimmungen über das richtige Verlegen der Gleise und die Einhaltung des Sicherheitsabstandes von der Baugrubenkante. Dabei ist auch zu berücksichtigen, daß die Arbeits- und Schutzgerüste in der erforderlichen Breite errichtet werden können. Der Abstand der Gleisanlage von der Böschungskante richtet sich dabei nach dem Krantyp, dem größten Raddruck und der Bodenbeschaffenheit.

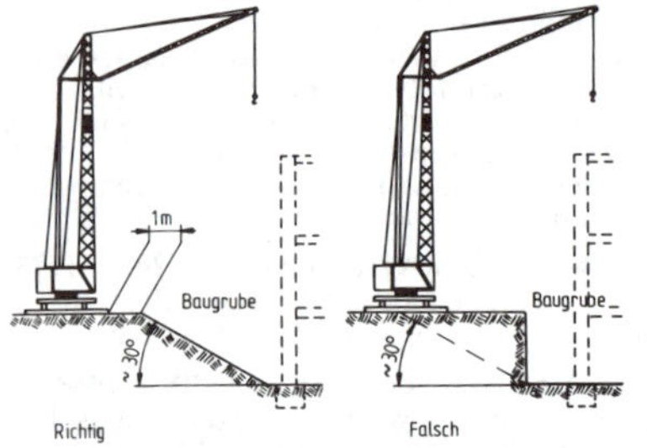

Bei Betriebsunterbrechungen und bei Arbeitsschluß sind die Windsicherungen festzulegen und die Ausleger in der weitesten Ausladung in die Windrichtung zu stellen.

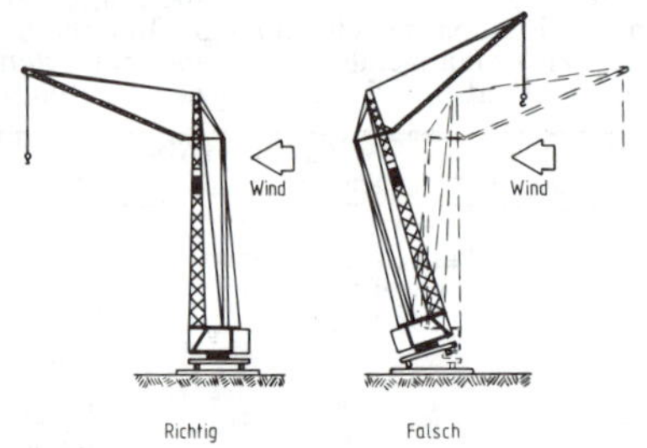

Es ist nicht erlaubt, mit TDK Spundwandbohlen zu ziehen sowie Fahrzeuge mit Stempeln oder Seilen zu verfahren. Schrägzug nach vorn gefährdet die Standsicherheit und ist daher untersagt. Ebenso ist die Personenbeförderung mit dem TDK verboten, hiervon können Ausnahmegenehmigungen erteilt werden, wenn alle anderen Möglichkeiten ausgeschöpft sind.

Für die Verständigung zwischen Kranführer und Personal ist das „Merkblatt Handzeichen im Kranbetrieb" zu beachten.
Für die innerbetriebliche Kontrolle werden den Unternehmen Prüflisten zur Verfügung gestellt, anhand derer Arbeitsverfahren und Einrichtungen im vorbeugenden Unfallschutz überprüft werden können.

7

7.8. Arbeitsschutzbestimmungen

7.8.3. Sicherheitskennzeichen (DIN 4844, T1/(5.80))

	Schilder (Beispiele)		Erläuterung
Verbotszeichen	V1  Rauchen verboten	V2  Offenes Feuer verboten	schwarzes Bildzeichen auf weißem Grund, Rand und Diagonalstrich: rot
	V3  Für Fußgänger verboten	V5  Kein Trinkwasser	
Warnzeichen	W2  Warnung vor Explosivstoffen	W3  Warnung vor Giftstoffen	schwarzes Bildzeichen auf gelbem Grund
	W6  Warnung vor Schwebender Last	W7  Warnung vor Flurförderfahrzeugen	
Gebotszeichen	G1  Augenschutz tragen	G2  Schutzhelm tragen	weißes Bildzeichen auf blauem Grund
	G3  Gehörschutz tragen	G6  Schutzhandschuhe tragen	
Rettungszeichen	R1  Richtungspfeil Richtungsweg	R2  Erste Hilfe	weißes Bildzeichen auf grünem Grund
	R3  Rettungsweg nach rechts		

7.8.4. Gefährliche Arbeitsstoffe

Gefahrensymbol	Erläuterungen
 Explosionsgefährlich	Stoffe in festem oder flüssigen Zustand, die durch Erwärmung oder einer nicht außergewöhnlichen Beanspruchung durch Schlag zur Explosion gebracht werden.
 Brandfördernd	Stoffe, die bei Berührung mit anderen, insbesondere entzündlichen Stoffen, so reagieren, daß Wärme in großer Menge frei wird, z. B. Peroxide.
 Leicht entzündlich	Stoffe, die sich bei gewöhnlicher Temperatur erhitzen und entzünden können oder in festem Zustand durch kurzzeitige Einwirkung einer Zündquelle entzündet werden.
 Giftig	Stoffe, die durch Einatmen, Verschlucken oder Aufnahme durch die Haut erhebliche Gesundheitsschäden oder den Tod verursachen können.
 Ätzend	Stoffe, die durch Berühren das Gewebe (Haut) zerstören können.
 Gesundheitsschädlich	Stoffe, die durch Einatmen, Verschlucken oder Aufnahme durch die Haut Gesundheitsschäden geringeren Ausmaßes verursachen können.
 Reizend	Stoffe, die ohne ätzend zu sein, nach ein- oder mehrmaliger Berührung mit der Haut Entzündungen verursachen können.

Kennzeichnung von gefährlichen Arbeitsstoffen:

Die Kennzeichnung muß folgende Informationen enthalten:

	Beispiel:
Name des Stoffes	Salzsäure 32%
Gefahrensymbol	
Gefahrenhinweise	Verursacht Ätzungen
Sicherheitsratschläge	Berührung vermeiden
Name des Herstellers	. . .

7

7.8. Arbeitsschutzbestimmungen

7.8.5. Baustellenabsperrungen

Die Teile der Baustellen, auf denen unbeteiligte Personen gefährdet werden können, müssen abgegrenzt oder durch Warnzeichen gesichert sein. Bei Straßenbauarbeiten müssen die erforderlichen Maßnahmen, die zum Schutz der Verkehrsteilnehmer und der Beschäftigten erforderlich sind, mit den Straßenverkehrsbehörden abgestimmt und von diesen angeordnet werden. Die Straßenverkehrsordnung ist zu beachten. Über die Kennzeichnung und die Verkehrsregelung ist ein Plan aufzustellen. Hierzu können die Regelpläne der „Richtlinien für die Sicherung von Arbeitsstellen an Straßen (RSA)“ verwendet werden. Als Beispiel siehe Regelplan III/3.

Regelplan III/3

Arbeitsstelle außerorts, Verkehrsführung über Behelfsfahrstreifen

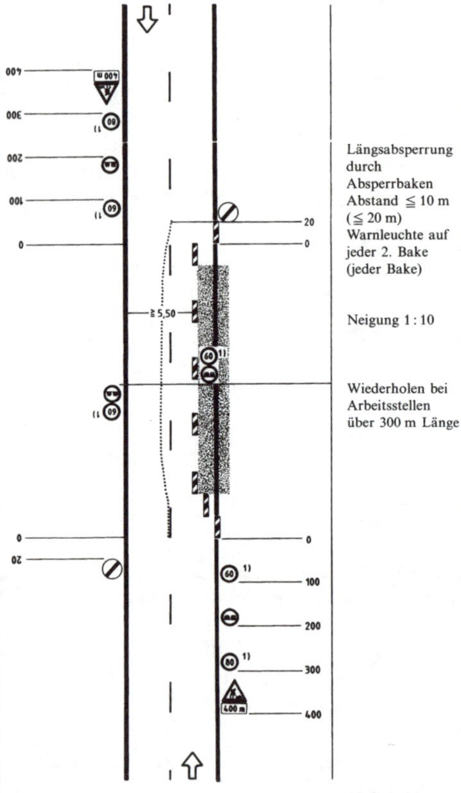

[1]) Alternative 70/50, vgl. Abschn. 4.1.6.3

7.8.6. Erste Hilfe (VBG 109)

Bei Unfällen – Ruhe bewahren!

Die erforderliche rasche und sinnvolle Erste Hilfe ist häufig entscheidend für den späteren Heilungsverlauf. Bei schweren Unfällen hängt von der fachkundigen Ersten Hilfe häufig das Überleben ab. Deshalb sind in jedem Betrieb ausgebildete Sanitäter besonders wichtig.

Nach der Arbeitsstättenverordnung muß auf Baustellen ein Sanitätsraum zur Verfügung stehen, wenn mehr als 500 Arbeitnehmer beschäftigt sind. Der Sanitätsraum und die zur Ersten Hilfe erforderlichen Mittel sind zu kennzeichnen (DIN 4819 Sicherheitszeichen und Sicherheitsschilder).

Bei mehr als 20 Beschäftigten muß auf Baustellen eine Krankentrage vorhanden sein.

Auch kleine und leichte Verletzungen sind besonders auf Baustellen ernst zu nehmen, da auch eine leichte Verletzung, wenn sie nicht oder unsachgemäß behandelt wird, oft noch nach einiger Zeit zu Komplikationen, insbesondere zu Blutvergiftung und Wundstarrkrampf, führen kann.

An gut sichtbarer Stelle eine „Anleitung zur Ersten Hilfe bei Unfällen“ aushängen. (ZH 1 Heymann Verlag, Köln.)

Für die Erste Hilfe durch den Laien ist zu beachten:

Lagerung, Transport

Verletzten bequem lagern, vor Kälte schützen. Bewußtlose in Seitenlage lagern und transportieren.

Wunden

Nicht berühren und nicht auswaschen. Ausnahme: Ätzwunden mit Wasser ausspülen. Jede Wunde sofort keimfrei verbinden. Stark blutende Wunden hochlagern, bei andauernder Blutung Druckverband anlegen, blutet die Wunde weiter, Schlagader abdrücken, nur im äußersten Notfall abbinden.

Knochenbrüche

Betroffene Gliedmaßen mit Tüchern und Schienen ruhigstellen. Niemals an den betroffenen Gliedmaßen ziehen oder versuchen, sie einzurenken.

Vergiftungen

Zum Erbrechen anregen (Finger in den Hals stekken). Sofort den Arzt benachrichtigen, Giftstoff (Lösemittel, Pflanzenschutzmittel, Tablette) angeben. Bei Gasvergiftungen die Gasart angeben.

Verbrennungen

Flammen mit Wasser oder durch Einwickeln in Decken ersticken. Verklebte Kleidung nicht entfernen. Brandwundenverbandspäckchen und Brandwundenverbandstücher verwenden! Keine Salben oder Puder auftragen!

Wiederbelebung

Bei Atemstillstand Wiederbelebung sofort beginnen! Mund von Verunreinigung befreien. Mund-zu-Mund-Beatmung durchführen. (Am Anfang schnell 10 kräftige Atemstöße, Pause von 15 Sekunden, dann ruhig 12–15mal je Minute beatmen.) Wiederbelebung durch gegenseitiges Ablösen so lange durchführen, bis Erfolg eintritt.

7.9. Umweltschutz

Unter Umweltschutz verstehen wir alle Maßnahmen, die dazu dienen, die natürlichen Lebensgrundlagen von Pflanze, Tier und Mensch zu erhalten bzw. alle Maßnahmen, die dazu geeignet sind, ein gestörtes ökologisches Gleichgewicht, das von der Tätigkeit des Menschen, seinen technischen und zivilisatorischen Einrichtungen ausgeht, wieder auszugleichen.

Der Umweltschutz ist deshalb eine gemeinsame Aufgabe von Staat, Wirtschaft und Bürgern, mit dem Bestreben, Schäden erst gar nicht aufkommen zu lassen.

Deshalb müssen alle Planungen von Staat und Wirtschaft die späteren Auswirkungen auf die Umwelt berücksichtigen, mit dem Ziel, Verunreinigungen der Luft, des Wassers und des Bodens zu vermeiden und durch Naturschutz und Landschaftspflege die Lebensgrundlagen von Pflanze, Tier und Mensch zu sichern.

7.9.1. Gesetzliche Grundlagen

Luftreinhaltung, Lärmbekämpfung:
- Bundes-Immissionsschutzgesetz

Wasserreinhaltung:
- Wasserhaushaltsgesetz
- Wasserabgabengesetz
- Waschmittelgesetz

Bodenreinhaltung:
- Abfallbeseitigungsgesetz
- Altölgesetz
- Pflanzenschutzgesetz
- Düngemittelgesetz
- Gesetz über die Beförderung gefährlicher Güter

allgemein:
- Bundesnaturschutzgesetz
- Bundeswaldgesetz
- Atomgesetz
- Energieeinsparungsgesetz

7.9.2. Maßnahmen zum Umweltschutz

Oberstes Gebot im Umweltschutz ist die Vermeidung aller schädlichen Einflüsse, wie Lärm, Abgase, Rauch, Abwasser, Chemikalien, Wärmebelastung, um zu verhindern, daß Schäden daraus entstehen. Dort wo Abfall unvermeidbar ist, müssen die schädlichen Stoffe durch Schutzmaßnahmen wie z. B. Filter, Abwasserreinigungsanlagen wieder entfernt werden. Schädliche Abfälle müssen durch getrenntes Erfassen und Sammeln entweder geordnet deponiert oder auch recycelt werden.

7.9.3. Umweltschutz in der Bauplanung

Große Bedeutung hat der Umweltschutz in der Planungsphase, Fehler, die hier begangen werden, verursachen Folgen, die später aufwendig beseitigt werden müssen.

Es werden deshalb z. B. beim Bau von Verkehrswegen Auflagen für den Lärmschutz, wie Wände, Anpflanzungen u. ä. gemacht. Für die zerstörte Natur müssen ökologische Ausgleichsmaßnahmen vorgenommen werden.

Beim Bau von Kraftwerken werden Staubfilter, Entschwefelungsanlagen, Kühltürme und besondere Feuerungsarten vorgeschrieben.

Im Städtebau müssen die Städte so geplant werden, daß die Natur nur gering beeinflußt wird. Die Abwässer der Gemeinden müssen gereinigt, die Abfälle gesammelt und geordnet deponiert werden. Für die Abfallbehandlung bietet sich außerdem die getrennte Sammlung nach wiederverwertbaren Stoffen (z. B. Hausabfälle – Kompostierung) und anderen Stoffen an.

Abgase von Einzelheizungen können z. B. durch rechtzeitige Planung von Fernheizungen (in Verbindung mit Blockheizwerken) vermieden werden.

7.9.4. Umweltschutz im Baubetrieb

Auch der einzelne Baubetrieb (Baustelle, Werkstatt, Bauhof) kann in seinem Bereich zum Umweltschutz beitragen. Hierzu einige Beispiele:

Maschinen können so ausgewählt werden, daß sie wenig Lärm, keinen Staub und keine (oder nur geringe) Abgase verursachen. Dieses dient gleichzeitig dem Arbeitsschutz der Arbeitnehmer.

In den Werkstätten können anfallende Abfälle durch besondere Arbeitsverfahren gering gehalten bzw. bei getrennter Sammlung weiterverarbeitet werden. Lösungsmittel, Farben und Chemikalien müssen getrennt gesammelt und beseitigt werden. Das gleiche gilt für die Baustelle und den Bauhof, wo insbesondere Altöl getrennt gesammelt und beseitigt werden muß.

Im Straßenbau können Pflanzen und Bäume durch besondere Maßnahmen vor dem Baubetrieb geschützt und erhalten werden.

Auf Baustellen des Tiefbaues können besondere Bauverfahren gewählt werden und so z. B. Grundwasserabsenkungen mit deren Folgen vermieden werden.

7.9.5. Umweltgefährdende Stoffe am Bau

Bauschutt, Bodenaushub, belastete Böden, ölverschmutzte Böden,
Asbest, Asbeststaub, Mineralfaserabfall,
Schlamm aus Beton- und Mörtelherstellung,

Bau- und Abbruchholz,
Eisenbahnschwellen, Pfähle, Masten, Holzabfälle,
Holzstaub, Sägemehl, Sägespäne, Schrott,

Altöl, Farben, Lacke, Lösungsmittel, Lack- und Farbschlamm, Leime und Klebemittel, Kitte, Harze, Polyesterabfälle, PVC-Abfälle, Teerpappe, Bitumen- und Asphaltabfälle,

Schlamm aus Tankreinigung,
Klärschlamm, Sandfangrückstände, Rechengut, Fäkalien, Schlamm aus Wasseraufbereitung,
Gummiabfälle, Altreifen,

Organische Lösungsmittel:
Perchlorethylen, Trichlorethylen, Aceton, Ethylphenol,

Abgase von Baumaschinen und aus Werkstätten.

7

7.9. Umweltschutz

7.9.6. Schadstoffe und MAK-Werte

Die Deutsche Forschungsgemeinschaft hat eine Liste mit maximalen Arbeitsplatz-Konzentrationen (MAK-Werte) herausgegeben. Der MAK-Wert ist die höchstzulässige Konzentration eines Arbeitsstoffes als Gas, Dampf oder Schwebstoff in der Luft am Arbeitsplatz, die nach dem gegenwärtigen Stand der Kenntnis auch bei wiederholter und langfristiger Einwirkung, jedoch bei Einhaltung einer durchschnittlichen Wochenarbeitszeit von 40 Stunden, im allgemeinen die Gesundheit der Beschäftigten nicht beeinträchtigt.

Stoff	Formel	MAK-Wert		Eigenschaften	Auftreten
		ml/m³	mg/m³		
Asbest	Mineral			Feine Kristallfasern. Dringt über die Lunge in den Körper ein. Führt zu Asbestose und Krebs.	Im Tagebau in Kanada und Südafrika. Als Baustoff, in Brems- u. Kupplungsbelägen. In Deutschland verboten!
Blei	Element Pb		0,1	Weiches Schwermetall.	In Bleiakkumulatoren. In Verbindungen als Benzinzusatz.
Cadmium	Element Cd		0,05	Schwermetall	Nebenprodukt der Zinkgewinnung. In Nickel-Cadmium-Batterien.
Chlor	Element Cl_2	0,5	1,5	Gelbgrünes Gas, wasserlösl. stechender Geruch, starkes Lungengift.	Desinfektion von Wasser. Herstellung von Kunst-, Farbstoffen, Lösungsmitteln.
Chlorwasserstoff	H Cl	5	7	Farbloses Gas, stechender Geruch. Lösung in Wasser: Salzsäure. Wirkt ätzend auf die Atmungsorgane.	Herstellung von PVC. Fällt in Müllverbrennungsanlagen an.
DDT (Dichlordiphenyltrichlorethan)	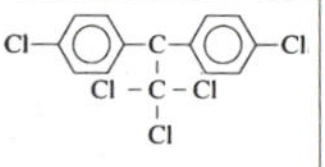		1	Weißes Pulver, wasserunlösl. In organ. Lösungsmitteln u. Fetten löslich. Anreicherung im Fettgewebe.	Schädlingsbekämpfungsmittel. In Deutschland verboten!
Dioxin Tetrachlordibenzodioxin	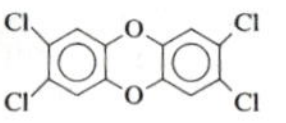			Wasserunlösliche Flüssigkeit. Stark giftig. Krebserzeugende und mutagene Wirkung.	Anwendung als Herbizid. Nebenprodukt bei chem. Prozessen.
Fluorkohlenwasserstoffe (FKW)	$ClCF_2-CCl_3$ $Cl_2CF-CCl_2F$	1000 200	8340 1690	Unterschiedl. Eigenschaften je nach Molekülaufbau und Zahl der Halogenatome. Wasserunlösl.	Treibgas in Spraydosen u. bei der Herstellung von Kunststoffen. Kältemittel in Kühlschränken.
Kohlenstoffdioxid	CO_2	5000	9000	Farbloses, gut wasserlösl. Gas (Kohlensäure). Schwerer als Luft. Geruch- u. geschmacklos.	Die Atmosphäre enthält 0,03 Vol.% Entsteht bei der Atmung von Pflanzen u. Tieren, bei der Verbrennung fossiler Brennstoffe.
Kohlenstoffmonoxid	CO	30	33	Farb- und geruchloses Gas. Wenig wasserlösl., brennbar. Stark giftig, blockiert den Sauerstofftransport im Blut.	Entsteht bei der unvollständigen Verbrennung in Motoren. Kraftwerken. Verwendung bei chem. Synthesen u. als Heizgas.
Ozon	O_3	0,1	0,2	Blaues Gas mit durchdringendem Geruch. Starkes Oxidationsmittel, stark giftig.	Entsteht in der Ozonschicht (12–40 km Höhe) durch Einwirkung der UV-Strahlung.
Pentachlorphenol (PCP)	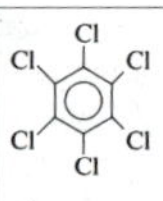	0,005	0,05	Weiße, nadelförmige Kristalle. Stechender Geruch. Leber- und Nervengift.	Holzschutzmittel, Schädlingsbekämpfungsmittel gegen Insekten, Unkraut, Pilze. Gelangt aus behandeltem Holz in die Raumluft.
Quecksilber	Element Hg	0,01	0,1	Glänzendes Edelmetall. Sehr giftig. Dämpfe werden im Körper angereichert.	Verwendung in Batterien und Thermometern. Gelangt bei der Müllverbrennung als Dampf in die Luft.
Schwefeldioxid	SO_2	2	5	Farbloses Gas, stechender Geruch. Reizt Augen, Haut und Atemwege. Bildet mit Wasser schweflige Säure. Schädlich für Pflanzen (Waldsterben).	Abgase von Heizungen, Kraftwerken und Autos. Hauptursache für den „sauren Regen".
Stickstoffdioxid	NO_2	5	9	Braunes Gas, wasserlösl. Starkes Blut- und Lungengift.	Bei Verbrennungen mit hohen Temperaturen, z. B. Automotor. Verursacher von „saurem Regen".

8. Baugesetze und Vorschriften

Unter dem Begriff „Baurecht" wird im allgemeinen nur das Planungs- und Bodenordnungsrecht und das Bauaufsichtsrecht verstanden, weil beide im Rahmen des Verwaltungsrechts die Aufgabe haben, die öffentliche Sicherheit und Ordnung bei der Nutzung des Grund und Bodens und bei der Errichtung und Nutzung von Gebäuden zu gewährleisten. Dabei gehört die Gesetzgebung für die städtebauliche Planung zur konkurrierenden Gesetzgebung des Bundes, während das Bauaufsichtsrecht in die Gesetzgebungszuständigkeit der Länder fällt.

Zu dem Begriff Baurecht gehören daneben jedoch auch alle Rechtsvorschriften, die auf das Baugeschehen Einfluß nehmen, wie die privatrechtlichen Bestimmungen des BGB, das Nachbarrecht, das Strafrecht, das Vertragsrecht u. a. m.

8.1. Baugesetzbuch (BauGB)

Das Baugesetzbuch, dessen Kernstück die Bauleitplanung ist, ordnet die städtebauliche Entwicklung der Gemeinden. Es verpflichtet diese, Bauleitpläne (Flächennutzungs- und Bebauungsplan) für die bauliche und sonstige Nutzung der Grundstücke rechtsverbindlich aufzustellen.

8.1.1. Flächennutzungsplan

Zur **„vorbereitenden Bauleitplanung"** gehört die Aufstellung des Flächennutzungsplanes. Dieser soll für das gesamte Gemeindegebiet, ggfs. als gemeinsamer Flächennutzungsplan für das Gebiet mehrerer besonders eng miteinander verflochtener Gemeinden, die beabsichtigte Nutzung nach den vorausschaubaren Bedürfnissen der Gemeinde in den Grundzügen darstellen.

Der Flächennutzungsplan bietet damit den Gemeinden die Handhabe, andere Planungsträger an ihre städtebaulichen Absichten zu binden. Er bildet die Grundlage für die Bebauungspläne, hat jedoch keine Rechtskraft gegenüber dem Bürger.

Der Inhalt des Flächennutzungsplanes ist in § 5 BauGB detailliert genannt. (Der Inhalt gleicht dem des Bebauungsplanes, ist jedoch dem Planziel entsprechend grober gefaßt).

8.1.2. Bebauungsplan

Als **„verbindlicher Bauleitplan"** baut der Bebauungsplan auf den Angaben des Flächennutzungsplanes auf und setzt die Einzelheiten der städtebaulichen Ordnung für ein genau begrenztes Teilgebiet des Gemeindegebietes rechtsverbindlich fest.

Gemäß §9 BauGB können im Bebauungsplan u.a. festgesetzt werden:
- die Art und das Maß der baulichen Nutzung; die Bauweise, die Mindest- bzw. Höchstgröße der Baugrundstücke,
- Flächen für Nebenanlagen (Spiel-, Freizeit- und Erholungsflächen) und für Stellplätze und Garagen,
- Flächen, auf denen Wohngebäude des sozialen Wohnungsbaus oder für besonderen Wohnbedarf errichtet werden dürfen,
- Flächen, die von der Bebauung freizuhalten sind,
- Verkehrsflächen, Versorgungsflächen, Flächen für die Führung von Versorgungsleitungen,
- Flächen für die Abfallentsorgung, Abwasserbeseitigung und für Ablagerungen,
- Grünflächen, wie Parkanlagen, Dauerkleingärten, Sport-, Spiel- und Badeplätze, Friedhöfe,
- Flächen für Aufschüttungen, Abgrabungen oder für die Gewinnung von Steinen, Erden oder anderen Bodenschätzen,
- Flächen für Landwirtschaft und Wald,
- die mit Geh-, Fahr-, und Leitungsrechten zugunsten der Allgemeinheit zu belastenden Flächen,
- Flächen für Gemeinschaftsanlagen wie Kinderspielplätze, Freizeiteinrichtungen, Stellplätze und Garagen,
- Gebiete, in denen bestimmte luftverunreinigende Stoffe nicht oder nur beschränkt verwendet werden dürfen; von der Bebauung freizuhaltende Schutzflächen zum Schutz vor schädlichen Umwelteinwirkungen,
- das Anpflanzen von Bäumen und Sträuchern.

Außerdem sollen Flächen, bei denen besondere Sicherungsmaßnahmen gegen Naturgewalten erforderlich sind, Flächen, unter denen Bergbau betrieben wird, sowie Flächen, die erheblich mit umweltgefährdenden Stoffen belastet sind, im Bebauungsplan gekennzeichnet werden.

Die aufgrund anderer gesetzlicher Bestimmungen getroffenen Festsetzungen sowie Denkmäler nach Landesrecht sollen im Bebauungsplan nachrichtlich übernommen werden.

Die Bürger sind möglichst frühzeitig über die allgemeinen Ziele und Zwecke der Planung für die Neugestaltung oder Entwicklung eines Gebietes und die voraussichtlichen Auswirkungen der Planung öffentlich zu unterrichten (§ 3 BauGB). Den Bürgern ist Gelegenheit zur Äußerung und Erörterung zu geben.

Die Entwürfe der Bauleitpläne sind mit dem Erläuterungsbericht (Flächennutzungsplan) bzw. der Begründung (Bebauungsplan) für die Dauer eines Monats öffentlich auszulegen.

Während der Auslegung kann jedermann Bedenken oder Anregungen zu der Planung vorbringen. Die Gemeinde prüft diese Eingaben und entscheidet, ob ihnen entsprochen werden soll oder nicht. Werden die Anregungen und Bedenken nicht in den Plan aufgenommen, so muß die Gemeinde sie zusammen mit einer Stellungnahme bei der Vorlage des Planentwurfs der Genehmigungsbehörde mitteilen. Die Einwender sind von der Entscheidung der Gemeinde zu benachrichtigen.

Nach Prüfung und Genehmigung des Planes durch die höhere Verwaltungsbehörde und der ortsüblichen Bekanntmachung wird der Plan rechtsverbindlich.

Neben der Sicherung der Bauleitplanung werden im BauGB Regelungen zur Bodenordnung (Umlegung), zur Enteignung, Entschädigung und Erschließung getroffen. Außerdem werden städtebauliche Sanierungs- und Entwicklungsmaßnahmen geregelt.

Für alle genannten Regelungen werden die Abläufe und Verfahren, die für das rechtmäßige Zustandekommen der Pläne erforderlich sind, im einzelnen festgelegt.

8.2. Sonstige für die Planung wichtige Baugesetze

Zur einheitlichen Darstellung der Festsetzungen der Bauleitplanung sind aufgrund des BauGB folgende Verordnungen erlassen:

Baunutzungsverordnung

Die Baunutzungsverordnung schreibt für die Art und das Maß der baulichen Nutzung einheitliche Benennungen vor. Die wichtigsten Begriffe sind:

Art der baulichen Nutzung
Wohnbauflächen, Gemischte Bauflächen, Gewerbliche Bauflächen, Sonderbauflächen.

Maß der baulichen Nutzung
Grundflächenzahl (GRZ): das Verhältnis der überbauten Fläche zur Grundstücksfläche.
Geschoßflächenzahl (GFZ): das Verhältnis zwischen Geschoßfläche und Grundstücksfläche.
Baumassenzahl (BMZ): das Verhältnis Kubikmeter Baumasse zur Grundstücksfläche.

Das Verhältnis dieser Zahlen zueinander zeigt nachstehende Tabelle:

	Geschoßzahl	GFZ	GRZ	BMZ
Wohnbauten	1	0,4	0,4	–
	2	0,7	0,4	–
	3	0,9	0,3	–
	≧4 (Maximum)	1,0	0,3	–
Kerngebiete	1	0,8	0,8	–
	2	1,2	0,8	–
	3	1,6	0,6	–
	≧4 (Maximum)	2,0	0,6	–
Industrie, Stufe	I	–	0,7	3,0
	II	–	0,7	6,0
	III	–	0,7	9,0

Planzeichenverordnung

Die Planzeichenverordnung bestimmt für die Darstellung in den Bauleitplänen einheitliche Planzeichen, die in der Verordnung abgedruckt sind.

Weitere wichtige Baugesetze

- Bundesfernstraßengesetz
- Landesstraßengesetze der Länder
- Flurbereinigungsgesetz
- Eisenbahngesetze
- Denkmalschutz- und Naturschutzgesetze

Das wichtigste ist das Bundesfernstraßengesetz, aus dem einige Bestimmungen aufgeführt werden. Bei Bundesautobahnen dürfen in einem Bereich von 40 m beiderseits des Fahrbahnrandes (bei Bundesstraßen 20 m) keine Hochbauten sowie Anlagen der Außenwerbung errichtet werden. In einem Streifen von 100 m bei BAB (40 m bei Bundesstraßen) sind alle Neubauten an die Zustimmung der obersten Landesstraßenbaubehörde gebunden.

Aus dem Bundesfernstraßengesetz stammt auch der Begriff **„Planfeststellungsverfahren"**. Dieses wird beim Neubau von Bundesfernstraßen, aber auch beim Bau von Verkehrsanlagen, Straßen, Kanälen, Häfen, Bahnen, Flugplätzen und außerdem bei Hochspannungsleitungen, Wasser- oder Gasfernleitungen durchgeführt.

Das Planfeststellungsverfahren wird als öffentliches Benachrichtigungs- und Anhörungsverfahren durchgeführt, indem die Planung einer öffentlichen Stelle (Behörde, öffentlich-rechtliche Körperschaft, Unternehmen) allen mitinteressierenden Stellen (z. B. Behörden, angrenzende Grundbesitzer, Anwohner, Öffentlichkeit) bekanntgeben wird, um diesen Gelegenheit zu geben, ihre Interessen vor Baubeginn zu vertreten. Es soll somit auch dazu beitragen, die Planungen anderer in diesem Bereich tätiger Fachplanungen zu koordinieren.

Bei der Durchführung legt die planende Stelle den Plan mit Erläuterungsbericht der höheren Verwaltungsbehörde vor. Die höhere Verwaltungsbehörde führt die Stellungnahme aller beteiligten Behörden, Gemeinden, privat Betroffenen (Zusammenstellung siehe unten) herbei und gibt durch öffentliche Auslegung jedermann Gelegenheit, Einwände zu erheben. Nach Abgleichung aller berechtigten Interessen erfolgt der Planfeststellungsbeschluß.

Ein Planfeststellungsverfahren ist für den Bereich eines rechtskräftigen Bebauungsplanes für die Baumaßnahmen, die dieser bereits enthält, überflüssig.

Nach Fertigstellung der Baumaßnahme wird diese, sofern sie dem Gemeingebrauch dient, durch Verwaltungsakt, den man als Widmung bezeichnet, freigegeben.

Die Änderung der Widmung heißt Umwidmung, der Widerruf heißt Entwidmung.

Bei Planungen zu beteiligende Behörden

sachliche Belange	bei der Planung zu beteiligen
1. Bauaufsicht	Bauaufsichtsbehörde
2. Denkmalpflege	Denkmalschutzbehörde
3. Bergbau	Bergamt
4. Bodenschätze	Bergamt und Landesamt für Bodenforschung
5. Forstwirtschaft	Forstamt
6. Gesundheitswesen	Gesundheitsamt
7. Gewerbe und Industrie	Gewerbeaufsichtsamt, Industrie- und Handelskammer, Handwerkskammer
8. Gottesdienst und Seelsorge	röm.-kath. Kirche, ev. Landeskirche, Religionsgemeinschaften des öffentl. Rechts
9. Jugendförderung	Jugendamt
10. Landwirtschaft	Landwirtschaftskammer
11. Flurbereinigung	Kulturamt
12. Naturschutz und Landschaftsschutz	Naturschutzbehörde
13. Öffentliche Bauten	Staatshochbauamt
14. Zivilschutz	der örtliche Luftschutzleiter
15. Brandschutz	Feuerwehr
16. Schulwesen	die Schulträger, die Schulaufsichtsbehörde
17. Verkehr	Straßenverkehrsbehörde, Straßenbauamt, Bundesbahndirektion, private Eisenbahnunternehmen, Oberpostdirektion, Wasser- und Schiffahrtsamt, Hafenbehörde, Flughafengesellschaft
18. Versorgung	Stromversorgungs-, Gasversorgungs-, Wasserversorgungsunternehmen
19. Militärische Verteidigung	Wehrbereichsverwaltung
20. Umweltschutz	Naturschutz-, Wasserbehörden, Gewerbeämter, Umweltbeauftragte, TÜV

8

8.3. Landesbauordnungen

Zur Regelung des Bauaufsichtsrechts haben die Bundesländer Landesbauordnungen (LBO) erlassen. Diese LBO stützen sich auf die von Vertretern des Bundesministeriums für Wohnungsbau und den Landesministerien erarbeitete **Musterbauordnung (MBO),** um wenigstens im inhaltlichen Aufbau und in den wesentlichen Grundgedanken übereinstimmende Bauordnungen in allen Bundesländern zu erhalten. Die einzelnen LBO weisen jedoch Unterschiede in den Einzelbestimmungen auf. Es ist deshalb in jedem Bundesland die dort gültige LBO zu beachten.

8.3.1. Das Grundstück und seine Bebauung

Für eine Bebauung muß das Grundstück nach Lage, Form, Größe und Beschaffenheit geeignet und von einer befahrbaren öffentlichen Verkehrsfläche aus erreichbar sein. Außerdem muß der für den Brandschutz erforderliche Einsatz von Feuerlösch- und Rettungsgeräten möglich sein.

Gebäude müssen von den Grenzen des Baugrundstücks Abstand halten. Die Gebäudeabstände müssen folgende Forderungen erfüllen:

a) Sicherung von Belichtung, Belüftung, Besonnung;
b) Sicherung der nötigen Freiflächen für die sinnvolle Nutzung des Grundstücks, z. B. bei Wohnbauten für Kinderspielplätze, Erholungsflächen, Kfz-Einstellplätze;
c) Sicherung des Mindestabstandes zum Nachbarn, um Störungen durch Einblick oder Geräuschbelästigung zu beschränken (Intimbereich).

Für die Festlegung der Mindestabstände weisen die einzelnen LBO sehr starke Unterschiede und teilweise sehr komplizierte Bestimmungen auf, so daß auf die Textausgabe der LBO für das jeweilige Bundesland verwiesen werden muß.

Zur Erläuterung der Begriffe dient die Abbildung.

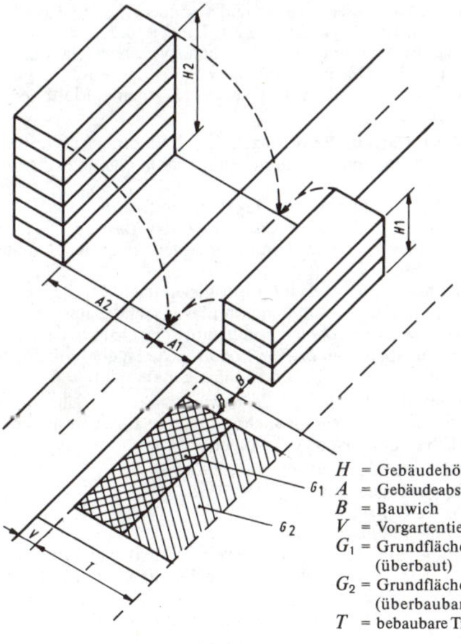

H = Gebäudehöhe
A = Gebäudeabstand
B = Bauwich
V = Vorgartentiefe
G_1 = Grundfläche (überbaut)
G_2 = Grundfläche (überbaubar)
T = bebaubare Tiefe

8.3.2. Bauliche Anlagen

Bauliche Anlagen müssen im Ganzen, in ihren einzelnen Teilen und für sich allein standsicher sein. Sie sind so anzuordnen, zu errichten und zu unterhalten, daß der Entstehung und Ausbreitung von Schadenfeuer vorgebeugt wird und bei einem Brand wirksame Löscharbeiten und die Rettung von Menschen und Tieren möglichst gefahrlos durchgeführt werden können. Für Hochhäuser bestehen daher hinsichtlich des Brandschutzes besondere Anforderungen.

Bauliche Anlagen müssen einen ausreichenden Schall- und Wärmeschutz (Wärmeschutzverordnung beachten) bieten. Sie müssen außerdem so beschaffen sein, daß auch durch andere schädliche Einflüsse, wie z. B. pflanzliche und tierische Schädlinge, Strahlen, Gas, Staub, Gerüche, Dämpfe, Rauch, Ruß, Abwasser und Abfälle sowie durch physikalische und mikrobiologische Einflüsse Gefahren oder unzumutbare Belästigungen nicht entstehen.

8.3.3. Baustoffe, Bauteile, Bauarten

Bei der Errichtung oder Änderung baulicher Anlagen dürfen nur solche Baustoffe und Bauteile verwendet sowie Bauarten angewendet werden, die eine dem Verwendungszweck entsprechende Brauchbarkeit aufweisen. Dieser Nachweis gilt bei Baustoffen, Bauteilen und Bauarten, die den DIN-Normen entsprechen, als erbracht.

Bei neuen (noch nicht bewährten) Baustoffen, Bauteilen und Bauarten kann dieser Nachweis folgendermaßen geführt werden:

a) durch Vorlage einer **Allgemeinen bauaufsichtlichen Zulassung** (§§ 27 und 28 MBO)
b) durch Vorlage eines **Prüfbescheides** (§§ 27, 29 MBO)
c) im Einzelfall aufgrund von Gutachten durch Zustimmung der obersten Bauaufsichtsbehörde.

8.3.4. Der Bau und seine Teile

An die einzelnen Teile der baulichen Anlagen werden umfangreiche Anforderungen gestellt, damit Standsicherheit, Dauerfestigkeit, Feuersicherheit, eine sichere Benutzung gewährleistet sind und ein gesunder Lebensraum geschaffen wird. Die LBO nennen deshalb die Anforderungen an Gründungen, Wände, Decken, Dächer, Treppen, Flure, Aufzüge, Fenster und Türen, Lüftungsanlagen, elektr. Anlagen, Feuerungsanlagen, Wasserversorgungsanlagen, Aufenthaltsräume und andere mehr.

Die sehr detaillierten Bestimmungen, die durch Durchführungsverordnungen ergänzt werden, müssen der jeweiligen LBO entnommen werden.

8.3.5. Die am Bau Beteiligten

In den §§ 77–79 der MBO werden die Aufgaben des Bauherrn, des Entwurfsverfassers, des Unternehmers und des Bauleiters gegenüber der Bauaufsichtsbehörde festgelegt. Durch diese eindeutige gesetzliche Regelung wird jedem der am Bau Beteiligten die von ihm wahrzunehmende und zu verantwortende Aufgabe zugewiesen.

Der **Bauherr** hat zur Vorbereitung, Überwachung und Ausführung eines genehmigungsbedürftigen Bauvorhabens einen geeigneten Entwurfsverfasser, geeignete Unternehmer und den Bauleiter zu bestellen.

8

Ihm obliegen, soweit er nicht diese Personen damit beauftragt hat, die nach den öffentlich-rechtlichen Vorschriften erforderlichen Vorlagen und Anzeigen an die Bauaufsichtsbehörde. Diese kann verlangen, daß ungeeignete Entwurfsverfasser, Unternehmer oder Bauleiter durch geeignete ersetzt werden. Der Bauherr hat vor Baubeginn der Bauaufsichtsbehörde die Namen der Bauleiter und der Fachbauleiter und während der Bauausführung einen Wechsel in der Bauleitung mitzuteilen.

An der Baustelle hat der Bauherr ein von der öffentlichen Verkehrsfläche aus sichtbares Schild anzubringen, das die Bezeichnung der Baumaßnahme und den Namen und die Anschriften des Bauherrn, des Entwurfsverfassers, des Bauleiters und der Bauunternehmen enthalten muß.

Der **Entwurfsverfasser** ist für die Vollständigkeit und Richtigkeit der Bauunterlagen verantwortlich. Er hat dafür zu sorgen, daß die für die Ausführung notwendigen Einzelzeichnungen, Einzelberechnungen und Anweisungen geliefert werden und dem genehmigten Entwurf und den baurechtlichen Vorschriften entsprechen. Ist er hierzu auf einzelnen Fachgebieten nicht selbst in der Lage, muß er geeignete Sachverständige (z. B. einen Statiker) hinzuziehen und deren Arbeit koordinieren. Die Bauvorlagen müssen vom Bauherrn und vom Entwurfsverfasser unterschrieben werden. Dazu gehören auch die von Dritten bearbeiteten Unterlagen wie z. B. der Standsicherheitsnachweis und die Ausführungszeichnungen.

Der **Unternehmer** ist dafür verantwortlich, daß die von ihm übernommenen Arbeiten, die Baustelleneinrichtung, die Betriebssicherheit der Gerüste und die Brauchbarkeit der verwendeten Baustoffe und Bauteile den allgemein anerkannten Regeln der Bautechnik und den Unfallverhütungsvorschriften entsprechen. Hat der Unternehmer für einzelne Arbeiten nicht die erforderliche Sachkunde und Erfahrung, so muß er geeignete Fachunternehmen hinzuziehen.

Der **Bauleiter** hat die ordnungsgemäße, den genehmigten Bauvorlagen entsprechende Bauausführung auf der Baustelle zu überwachen. Er hat darauf zu achten, daß die Unternehmer ihren Pflichten unter Beachtung der allgemein anerkannten Regeln der Bautechnik nachkommen, und er hat darauf hinzuwirken, daß die erforderlichen Nachweise der Brauchbarkeit der verwendeten Baustoffe und Bauteile (z. B. allgemeine bauaufsichtliche Zulassungen, Prüfbescheide, Güteüberwachungsbescheinigungen) erbracht werden. Außerdem hat er darauf zu achten, daß die Arbeiten der Unternehmer ohne gegenseitige Gefährdung und ohne Gefährdung Dritter durchgeführt werden können. Verfügt der Bauleiter auf einzelnen Teilgebieten nicht über die erforderliche Sachkunde und Erfahrung, so muß er dafür sorgen, daß geeignete Fachbauleiter hinzugezogen werden. Diese treten insoweit an die Stelle des Bauleiters.

8.3.6. Die Aufgaben der Bauaufsichtsbehörden

Die Bauaufsichtsbehörden haben bei der Errichtung, Änderung, dem Abbruch sowie der Unterhaltung baulicher Anlagen dafür zu sorgen, daß die Vorschriften der Bauordnung sowie die in anderen Gesetzen und Rechtsverordnungen enthaltenen öffentlich-rechtlichen Vorschriften eingehalten werden. Sie haben in Wahrnehmung dieser Aufgaben nach pflichtmäßigem Ermessen die notwedigen Maßnahmen z. B. durch Auflagen in der Baugenehmigung zu treffen.

Der Aufbau der Bauaufsichtsbehörden entspricht dem Aufbau der inneren Verwaltung der Länder. Er ist also dreistufig, lediglich im Saarland und in Schleswig-Holstein, wo eine staatliche Mittelinstanz fehlt, zweistufig.

Untere Bauaufsichtsbehörden sind die Kreise und die kreisfreien Städte sowie die großen selbstständigen Städte.

Obere Bauaufsichtsbehörden sind die Regierungspräsidenten.

Oberste Bauaufsichtsbehörde ist der zuständige Fachminister.

Die jeweils höhere Bauaufsichtsbehörde übt die Fachaufsicht über die untergeordnete Behörde aus.

8.3.7. Das bauaufsichtliche Genehmigungsverfahren

Für alle am Bau Beteiligten ist das in den LBO behandelte bauaufsichtliche Genehmigungsverfahren besonders bedeutsam. Die Bauordnungen unterwerfen bauliche Anlagen grundsätzlich einer Genehmigungspflicht, in weniger wichtigen Fällen einer Anzeigepflicht und lediglich bei kleinen und einfachen Anlagen besteht Genehmigungs- und Anzeigefreiheit. Wir können daher 3 Gruppen von Bauvorhaben unterscheiden:
- genehmigungsbedürftige Bauvorhaben,
- anzeigebedürftige Bauvorhaben,
- genehmigungs- und anzeigefreie Bauvorhaben.

Die zu den einzelnen Gruppen gehörenden Bauvorhaben sind in den §§ der LBO einzeln aufgeführt. Das gesamte Baugenehmigungsverfahren ist stark formalisiert. Hier soll auf die einzelnen Begriffe eingegangen werden.

Vorbescheid: Bereits vor Einreichung des Bauantrages kann ein Bescheid zu einzelnen Fragen des Bauantrages, die selbständig beurteilt werden können, erteilt werden. Bauherren und Entwurfsverfasser haben daran ein Interesse, um die weitere Ausarbeitung der Bauvorlagen zu erleichtern. Bedeutung hat dieser Vorbescheid vor allem für die Frage, ob das Grundstück gemäß §§ 29 ff BauGB bebaubar ist. Der Vorbescheid nimmt als verbindliche Vorabentscheidung einen Teil der Genehmigung vorweg. Er ist ein Jahr gültig, diese Frist kann auf Antrag jeweils bis zu einem Jahr verlängert werden.

Bauantrag und Bauvorlagen: Der Bauantrag ist schriftlich bei der Gemeinde einzureichen. Er muß folgende Angaben enthalten:
1) Name und Anschrift des Bauherrn,
2) Name und Anschrift des Entwurfsverfassers,
3) Bezeichnung der baulichen Anlage oder der Baumaßnahme,
4) Bezeichnung des Grundstücks nach Straße, Hausnummer, Grundbuch und Liegenschaftskataster,
5) Angaben über die Erschließung des Grundstückes,
6) Angaben über erteilte Bodenverkehrsgenehmigungen, Bauvorbescheide und Teilbaugenehmigungen.

Dem Bauantrag sind als Anlage außerdem alle für die Beurteilung der Baumaßnahme und die Bearbeitung erforderlichen Unterlagen beizufügen.

Dieses sind soweit jeweils erforderlich:
1) der Lageplan,
2) die Bauzeichnungen,
3) die Baubeschreibung,
4) der Standsicherheitsnachweis und die anderen technischen Nachweise (Wärmeschutzberechnung nach der Wärmeschutzverordnung),
5) die Darstellung der Grundstücksentwässerung.

8.3. Landesbauordnungen

Alle diese Anlagen sind vom Bauherrn, dem Entwurfsverfasser und ggfs. den beteiligten Sachverständigen (Statiker) zu unterschreiben.

Von der Gemeinde wird der Bauantrag, wenn sie nicht selbst Bauaufsichtsbehörde ist, mit ihrer Stellungnahme an die zuständige Bauaufsichtsbehörde weitergeleitet. Von dieser werden, soweit andere Behörden zuständig sind, die beteiligten Behörden und Stellen gehört, ebenso die Eigentümer der angrenzenden Grundstücke. In der Beteiligung der Nachbarn und der Behörden bestehen zwischen den einzelnen LBO Unterschiede nach Voraussetzung und Umfang, so daß die einzelne LBO zu beachten ist.

Die Erteilung der Baugenehmigung bedarf der Schriftform **(Bauschein).** Sie ist dem Antragsteller mit einer Ausfertigung der genehmigten Bauvorlagen zuzustellen.

Für den Beginn der Bauarbeiten, für die Baugrube und für einzelne Bauteile oder Bauabschnitte kann auf Antrag schon vor Erteilung der endgültigen Baugenehmigung eine **Teilbaugenehmigung** ausgesprochen werden.

Die Baugenehmigung und die Teilbaugenehmigung erlöschen, wenn nicht innerhalb eines Jahres nach Erteilung der Genehmigung mit der Ausführung der Baumaßnahmen begonnen wird oder wenn die Bauausführung für länger als ein Jahr unterbrochen wird. Auf Antrag kann die Frist jeweils bis zu einem Jahr verlängert werden.

Widersprechen bauliche Anlagen oder Baumaßnahmen dem öffentlichen Baurecht oder ist die erforderliche Baugenehmigung nicht erteilt, so kann die Bauaufsichtsbehörde die Maßnahmen anordnen, die zur Herstellung oder Sicherung rechtmäßiger Zustände erforderlich sind. Sie kann

1) die Einstellung der Arbeiten verlangen,
2) die Beseitigung von baulichen Anlagen oder Teilen von baulichen Anlagen anordnen,
3) die Benutzung baulicher Anlagen untersagen.

Um sicherzustellen, daß bei der Bauausführung nicht von der Baugenehmigung abgewichen wird, sehen die LBO eine **Bauüberwachung** vor. Diese kann sich auf Stichproben beschränken.

Der Bauüberwachung dienen auch die Rohbauabnahme und die Schlußabnahme.

In der **Rohbauabnahme** soll die Konstruktion des Baues geprüft werden können, deshalb müssen die Konstruktionen im Rahmen des Möglichen offengehalten werden, damit die Standsicherheit, der Schall- und Wärmeschutz und die Feuersicherheit beurteilt werden können.

Die **Schlußabnahme** findet am Ende aller Bauarbeiten statt. Nach Aushändigung des Schlußabnahmescheines darf die bauliche Anlage benutzt werden. Ergeben sich bei den Abnahmen Mängel, so werden die Abnahmebescheinigungen grundsätzlich verweigert.

8.3.8. Baulasten

Durch Erklärung gegenüber der unteren Bauaufsichtsbehörde können Grundstückseigentümer öffentlich-rechtliche Verpflichtungen zu einem ihr Grundstück betreffendes Tun, Dulden oder Unterlassen übernehmen, die sich nicht schon aus öffentlich-rechtlichen Vorschriften ergeben. Baulasten sind auch gegenüber den Rechtsnachfolgern wirksam. Sie werden in ein Verzeichnis eingetragen, das bei der Bauaufsichtsbehörde geführt wird **(Baulastenverzeichnis).**

Die Baulast kann nur durch den Verzicht der Bauaufsichtsbehörde wieder erlöschen. Der Verzicht wird mit der Eintragung in das Baulastenverzeichnis wirksam.

Der in der Praxis am häufigsten vorkommende Fall der Baulast ist die Sicherung der Bauwiche, Abstände und Abstandsflächen. Diese baulastmäßige Bauwichübernahme auf ein angrenzendes Nachbargrundstück kommt in Betracht, wenn die Bebauung eines Grundstückes z. B. wegen seines Zuschnittes auf Schwierigkeiten stößt, der Nachbar auf seinem Grundstück jedoch einen so großen Abstand von der Grundstücksgrenze einhalten kann, das sowohl der eigene wie auch der Bauwich des Baugrundstückes gewährleistet werden.

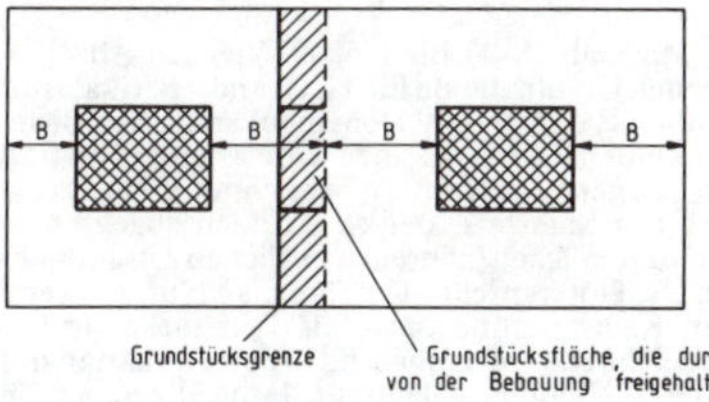

Sicherung des Bauwiches durch Baulast

Die Bauaufsichtsbehörden dürfen sich nur mit der öffentlich-rechtlichen Seite, nicht jedoch mit der privatrechtlichen Seite, der Baulast befassen. Die Erklärung ist deshalb unabhängig von den zwischen den Beteiligten getroffenen schuldrechtlichen Vereinbarungen.

8.3.9. Ausnahmen und Befreiungen

Die LBO enthalten allgemein gültige Angaben über Ausnahmen und Befreiung.

Die Ausnahme wird in der Regel von baurechtlichen Vorschriften gewährt, die als Regel oder Sollvorschriften aufgestellt sind oder in denen die Ausnahme bereits ausdrücklich zugelassen ist. Voraussetzung für die Gewährung einer Ausnahme ist, daß dabei nicht gegen öffentliche Belange verstoßen wird.

Die Befreiung **(Dispens)** wird von einer zwingenden Rechtsvorschrift gewährt. Sie ist nur zu gewähren, wenn eine Abweichung von der Gesetzesvorschrift im Interesse des allgemeinen Wohls liegt oder aber die Durchführung der Vorschrift im Einzelfall zu einer vom Gesetzgeber nicht beabsichtigten Härte führen würde. Die Befreiung muß mit den öffentlichen Belangen vereinbar sein, wobei auch nachbarliche Interessen in die Prüfung mit einbezogen werden.

Ausnahmen und Befreiungen können mit Auflagen und Bedingungen verbunden werden und sie können befristet sein. Die Entscheidung über die Erteilung steht im Ermessen der Behörde.

Bei Befreiungen von Vorschriften über Bauwiche, Abstandsflächen, Gebäude- und Grenzabstände sollen die Eigentümer der angrenzenden Grundstücke (Nachbarn) vor der Erteilung der Befreiung gehört werden; es sei denn, der Nachbar hat dem Bauvorhaben schriftlich zugestimmt und hat die Lagepläne und Bauzeichnungen mit unterschrieben.

Da die Bestimmungen der LBO Landesrecht sind, muß noch einmal darauf hingewiesen werden, daß die LBO des jeweiligen Bundeslandes zu beachten ist.

8

8.4. Kataster und Grundbuch

8.4.1. Kataster

Die Katasterverwaltung war anfänglich mit der Durchführung des Gesetzes vom 21. 5. 1861 über Grund- und Gebäudesteuer beauftragt. Katasterämter vermessen die Grundstücke und führen die amtlichen Verzeichnisse und Kartenwerke.

Zweck und Aufgabe des Katasters

Amtliches Verzeichnis, nach dem die Grundstücke im Grundbuch zu benennen sind. Enthält die wichtigsten Merkmale für die Bewertung der Grundstücke. Angaben über Nutzung und Besitzverteilung des Bodens. Unterlagen für den Grundstücksverkehr und Beleihungszwecke. Dient auch als Grundlage für die Erneuerung und laufende Berichtigung der amtlichen topographischen Kartenwerke. Die Kartenwerke des Katasters bestehen aus der Flurkarte und der Schätzungskarte.

Flurkarte: Maßstab 1:500 bis 1:5000. Vielfach Abzeichnungen der ersten Uraufnahmen für das Grundsteuerkataster und der Separations-, Forst- und Domänenkarten. Sämtliche Grundstücke werden nach Gemeinde, Gemarkung, Flur und Flurstück mit den genauen Grenzen bezeichnet. Gemarkung ist ein Bezirk des Katasters, der eine örtlich abgegrenzte Gruppe von Grundstücken in ihrem natürlichen Zusammenhang umfaßt. Die Unterabschnitte nennt man Flur, während die einzelnen Katastergrundstücke als Flurstücke (früher Parzellen) bezeichnet werden. Sie sind in den Flurkarten mit einer besonderen Nummer aufgeführt. In der Regel ist die Numerierung nach der Abstammung vorgenommen. Die bisherige Nummer des Stammflurstückes bildet den Zähler eines Bruches, während der Nenner eine bei jedem Stammflurstück mit 1 beginnende und fortlaufende Unterscheidungsnummer erhält. Wird z. B. Stammflurstück 120 in 3 Bauplätze aufgeteilt, so erhalten die Flurstücke die Nummern 120/1, 120/2, 120/3. Bei der früheren Numerierung im Preuß. Kataster bezeichnete der Nenner das Stammflurstück, während der Zähler sich der fortlaufenden Zahlenreihe einer Flur anschloß, z. B. 315/120 (sprich: 315 aus 120).

In der Flurkarte werden außer der Lage des Grundstücks auch die Nutzungsarten (Acker, Garten, Wiese, Wald), Bahnen, Straßen, Wasserläufe, Kiesgruben, Flugplätze usw. nachgewiesen.

Die **Schätzungskarte** ist ein Abdruck der Flurkarte, in die die Ergebnisse der Bodenschätzung eingetragen werden.

Katasterbücher

Flurbuch bildet als Nachschlagebuch im Zusammenhang mit den Kartenwerken die Grundlage für den Nachweis allen Grundbesitzes.

Liegenschaftsbuch wird bezirksweise nach Gemeinden in Karteiform geführt. Jedes Grundstück erhält ein Bestandsblatt, von dem auch das Finanzamt und Grundbuchamt einen Durchschlag bekommen. Im Bestandsblatt sind sämtliche Angaben über Eigentümer, Nutzungsart, Gesamtfläche usw. verzeichnet.

Gebäudebuch (Kartei) weist sämtliche Gebäude nach. Durchschlag erhält das Finanzamt. Für jedes mit einer Hausnummer bezeichnete Gebäude wird im allgemeinen ein Gebäudeblatt aufgestellt. Neben allen wichtigen Angaben werden auch Baujahr, Baukosten, Versicherungswert, Veränderungen usw. vermerkt.

Eigentümerverzeichnis gibt die Eigentümer in der Reihenfolge und Ordnung nach der Nummer der Liegenschaftsbücher an.

Alphabetisches Namensverzeichnis wird in Karteiform nach Gemeinden geführt und dient zum schnellen Auffinden der einem bestimmten Eigentümer gehörenden Grundstücke und Gebäude im Kataster.

Von den Gemeinden wird zum Teil noch eine summarische Mutterrolle geführt. Sie erfüllt nur dann ihren Zweck, wenn sie durch das Katasteramt laufend berichtigt wird.

Zur Fortführung des Katasters dienen Veränderungslisten, Veränderungsnachweise und Vermessungsschriften.

8.4.2. Grundbuch

Für jeden Gemeinde- oder selbständigen Gutsbezirk wird beim Grundbuchamt des Amtsgerichts ein Grundbuch geführt mit dem Zweck, die Eigentumsverhältnisse klarzulegen und die auf dem Grundstück ruhenden Belastungen festzuhalten. Das Grundbuch besteht aus mehreren fortlaufend numerierten Bänden mit den sogenannten Grundbuchblättern. Jedes Grundstück erhält ein besonderes Grundbuchblatt mit der Aufschrift, dem Bestandsverzeichnis (der Grundstücke und der mit ihnen verbundenen Rechte) und den drei Abteilungen.

Abteilung I enthält den Eigentümer und Ursache des Erwerbs oder Verzichts. Eintragungen werden auf Grund einer Auflassung, eines Erbscheines oder auf Ersuchen des Zwangsversteigerungsgerichts vorgenommen. In besonderen Fällen, z. B. Änderungen der Firmenbezeichnung, können Eintragungen auf Grund von Auszügen aus dem Handelsregister erfolgen. Auch Teilverkäufe werden hier vermerkt.

Abteilung II dient für die Eintragung aller Lasten und Beschränkungen (außer Hypotheken-, Grund- und Rentenschulden). Diese bestehen aus Dienstbarkeiten (Grunddienstbarkeiten). Erbbaurecht, Auflassungsvormerkungen, Wegerechte, Vorkaufsrechte sowie Vermerke über Zwangsverwaltung. Eröffnung des Konkursverfahrens und Zwangsversteigerung. Für ländliche Grundstücke ist am häufigsten die Eintragung eines Altenteils auf Grund des Überlassungsvertrages und des Antrags durch den neuen Eigentümer, der auch ein Jahr nach dem Tode des Altsitzers die Löschung beantragen muß.

Abteilung III enthält Hypotheken-, Grund- und Rentenschulden. Hypothek ist ein Pfandrecht an Grundstücken, das stets grundbuchamtlicher Eintragung bedarf, wozu der Grundstückseigentümer persönlich oder in gerichtlich bzw. notariell beglaubigter Form seine Einwilligung erklären muß. Für eine Briefhypothek wird ein Brief ausgestellt, durch den der Gläubiger Hypothekeneigentümer wird. Buchhypotheken werden nur durch Eintragung im Grundbuch gesichert. Der Rang der Eintragung hängt von dem Zeitpunkt des Eingangs der Urkunde ab. Änderungen des Ranges geschehen auf Grund einer Eintragung, die die Vorrangseinräumung festlegt.

Für Grundschulden ist das Verfahren ähnlich. Die Belastung erfolgt ohne persönliche Haftung, während bei Hypotheken die persönliche Haftung nur dann aufhört, wenn der Gläubiger einverstanden ist.

Rentenschulden werden als laufende Rente gezahlt.

Besitzwechsel

Nach dem BGB ist ein Grundstück ein bestimmt begrenzter Teil der Erdoberfläche einschließlich seiner Bestandteile. Das Eigentum an einem Grundstück kann auf einen anderen übergehen durch Kauf-, Tausch-, Erbschafts- oder Schenkungsvertrag. Diese Verträge bedürfen einer notariellen oder gerichtlichen Beurkundung. In besonderen Fällen (Ankauf landwirtschaftlich genutzter Grundstücke usw.) sind behördliche Genehmigungen erforderlich. Unter Auflassung, die vor einem Notar, Grundbuchamt oder Amtsgericht erklärt werden muß, versteht man die Einigung zwischen Veräußerer und Erwerber bei der Übertragung des Eigentums an einem Grundstück. Sobald alle Voraussetzungen erfüllt sind und die Unbedenklichkeitsbescheinigung des Finanzamtes (Grunderwerbsteuer) vorliegt, erfolgt Eintragung in das Grundbuch. Hierdurch wird der Erwerber erst nach dem Gesetz Eigentümer.

Vor der Teilung eines Grundstückes innerhalb und außerhalb des räumlichen Geltungsbereiches eines Bebauungsplanes ist nach § 19 BBauG (Bundesbaugesetz vom 23. 6. 1960) die Bodenverkehrsgenehmigung erforderlich.

Die Vermessung wird durch das Katasteramt oder durch öffentlich bestellte Vermessungsingenieure vorgenommen. Nach Ausfertigung eines Katasterauszuges mit Abzeichnung der Flurkarte geht der Weg wie oben. Sind Belastungen vorhanden, so muß für das Trennstück vom Hypothekengläubiger Pfandentlassung erteilt werden.

8.5. Nachbarrecht

Das Nachbarrecht wird im Bürgerlichen Gesetzbuch (BGB) in den §§ 905 ff sowie in einzelnen Bundesländern auch in Landesgesetzen geregelt.

Bestimmungen des BGB

1. Das Recht des Eigentümers erstreckt sich nicht nur auf die Erdoberfläche seines Grundstücks, sondern auch auf den Raum über und unter ihr. (Eben soweit, daß man bauen kann.) Er darf jedoch Einwirkungen, die in solcher Höhe oder Tiefe vorgenommen werden, daß er an deren Ausschließung kein Interesse hat, nicht verbieten.

2. Der Grundeigentümer kann die Zuführung von Gasen, Dämpfen, Gerüchen, Rauch, Ruß, Erschütterungen, Wärme, Geräusch von einem anderen Grundstück auf sein Grundstück nicht verbieten, als hierdurch die Benutzung seines Grundstücks nicht oder nur unwesentlich beeinträchtigt wird. Hat der Grundeigentümer hiernach eine Einwirkung zu dulden, so kann er von dem Benutzer des anderen Grundstücks einen angemessenen Ausgleich in Geld verlangen, wenn die Einwirkung eine ortsübliche Benutzung seines Grundstücks oder dessen Ertrag über das zumutbare Maß hinaus beeinträchtigt.

3. Anlagen dürfen keine unzulässigen Einwirkungen auf das Nachbargrundstück ausüben. Genügt eine Anlage den gesetzlichen Vorschriften, so kann die Beseitigung erst verlangt werden, wenn die unzulässige Einwirkung tatsächlich auftritt.

4. Wird ein Nachbargrundstück durch den völligen oder teilweisen Einsturz eines Gebäudes bedroht, so können Vorkehrungen zur Abwendung der Gefahr verlangt werden.

5. Ein Grundstück darf nicht in der Weise vertieft werden, daß der Boden des Nachbargrundstücks die erforderliche Stütze verliert, es sei denn, daß für eine ausreichende anderweitige Befestigung gesorgt ist.

6. Der Grundstückseigentümer darf Wurzeln, die vom Nachbargrundstück eingedrungen sind und das eigene Grundstück beeinträchtigen, abschneiden und behalten. Bei herüberhängenden Zweigen darf er das erst nach Ablauf einer zur Beseitigung angesetzten Frist. Früchte, die auf ein Nachbargrundstück fallen, gehören dem Eigentümer des Grundstücks, auf das sie fallen; ist das Nachbargrundstück öffentlich (z. B. Straße), so gehören sie dem Besitzer des Baumes oder Strauches.

7. Es ist ohne Vorsatz oder Fahrlässigkeit über die Grenze gebaut worden **(Überbau).** Der Nachbar muß den Überbau dulden, es sei denn, daß er sofort nach der Grenzüberschreitung Widerspruch erhoben hat. Er kann für den Überbau eine Geldrente verlangen, die jährlich im voraus zu entrichten ist. Er kann auch jederzeit verlangen, daß der Verpflichtete (derjenige, der über die Grenze gebaut hat) ihm den benutzten Grundstücksteil abkauft.

8. Fehlt einem Grundstück die zur ordnungsmäßigen Benutzung notwendige Verbindung mit einem öffentlichen Weg, so kann der Eigentümer bis zur Hebung des Mangels von den Nachbarn verlangen, daß sie die Benutzung ihrer Grundstücke zur Herstellung der erforderlichen Verbindung dulden. Die Nachbarn sind durch eine Geldrente zu entschädigen.

9. Der Nachbar muß bei der Errichtung oder Wiederherstellung fester Grenzzeichen mitwirken, wenn diese nicht vorhanden, unkenntlich oder verrückt sind. Die Kosten sind von den Beteiligten zu gleichen Teilen zu tragen, sofern nicht ein anderes Rechtsverhältnis vorliegt.

Läßt sich die richtige Grenze nicht mehr ermitteln (Grenzverwirrung), so entscheidet der Besitzstand, bei Zweifeln wird das strittige Stück geteilt. Ergeben sich dadurch Unstimmigkeiten mit der feststehenden Größe eines Grundstücks (Grundbuch, Kataster), so soll nach billigem Ermessen entschieden werden.

10. Wird die Grenze zweier Grundstücke durch einen Graben, eine Mauer, eine Hecke usw. gebildet, so steht die Einrichtung im Miteigentum der Nachbarn. Rechte und Pflichten (Unterhaltskosten) sind gemeinsam. Jeder kann die Einrichtung benutzen, soweit nicht der andere dadurch geschädigt wird. Keiner darf die Grenzeinrichtung beseitigen, solange einer der Nachbarn ein Interesse an ihrem Fortbestand hat.

Steht auf der Grenze ein Baum, so gehören die Früchte, und wenn der Baum gefällt wird, auch das Holz den Nachbarn zu gleichen Teilen.

Die Beseitigung kann nicht verlangt werden, wenn der Baum als Grenzzeichen dient und nicht durch ein anderes zweckmäßiges Grenzzeichen ersetzt werden kann.

Landesrechtliche Bestimmungen

11. Wird der Boden eines Grundstücks über die Oberfläche des Nachbargrundstücks erhöht, so müssen Vorkehrungen getroffen werden, daß eine Schädigung des Nachbargrundstücks ausgeschlossen ist.

12. Der Grundstückseigentümer muß ein vorübergehendes Betreten und Benutzen seines Grundstücks zur Durchführung von Bau- und Instandhaltungsarbeiten auf dem Nachbargrundstück dulden, wenn die Arbeiten anders nicht ausgeführt werden können.

13. Bäume und Sträucher sind so weit von der Grenze anzupflanzen, daß keine Beeinträchtigung des Nachbarn erfolgen kann. Das BGB schreibt keine Grenzabstände vor. Das Niedersächsische Nachbarrechtsgesetz schreibt folgende Abstände von der Grundstücksgrenze vor:

bis zu	1,2 m Höhe	0,25 m
bis zu	2 m Höhe	0,50 m
bis zu	3 m Höhe	0,75 m
bis zu	5 m Höhe	1,25 m
bis zu	15 m Höhe	3,00 m
über	15 m Höhe	8,00 m

Die Maße gelten von der Mitte des Baumes oder Strauches bis zur Grenze.

14. Eine Grenzwand ist eine an der Grundstücksgrenze stehende Wand, die ganz auf dem eigenen Grundstück errichtet ist. Die Bauart und die Bemessung ist dem Nachbarn anzuzeigen. Der Nachbar kann verlangen, daß die Grenzwand so gegründet wird, daß zusätzliche Baumaßnahmen vermieden werden, wenn er später neben der Grenzwand ein Bauwerk errichtet. Die dadurch entstehenden Mehrkosten muß er erstatten.

Eine bestehende Grenzwand darf vom Nachbarn nur unterfangen werden, wenn dies zur Ausführung eines Bauvorhabens nach den allgemein anerkannten Regeln der Bautechnik unumgänglich ist und keine Schädigung des zuerst errichteten Gebäudes zu erwarten ist.

8

8.6. Straf- und privatrechtliche Vorschriften

Aus dem **Strafgesetzbuch (StGB)** kommen insbesondere die Ahndung der Verstöße gegen baurechtliche Bestimmungen und eine Strafbarkeit wegen fahrlässiger Körperverletzung oder wegen fahrlässiger Tötung in Betracht. Die Paragraphen des StGB lauten:

§ 330: Wer bei der Leitung oder Ausführung eines Baus wider die allgemein anerkannten Regeln der Baukunst dergestalt handelt, daß hieraus für andere Gefahr entsteht, wird mit Geldstrafe oder mit Freiheitsstrafe bis zu 1 Jahr bestraft.

§ 367 Abs. 1: Mit Geldstrafe bis zu 500,– DM oder mit Freiheitsstrafe bis zu 6 Wochen wird bestraft, . . .

14. Wer Bauten oder Ausbesserungen von Gebäuden, Brunnen, Brücken, Schleusen oder anderen Bauwerken vornimmt, ohne die von der Polizei angeordneten oder sonst erforderlichen Sicherungsmaßregeln zu treffen.

15. Wer als Bauherr, Baumeister oder Bauhandwerker einen Bau oder eine Ausbesserung, wozu die polizeiliche Genehmigung erforderlich ist, ohne diese Genehmigung oder mit eigenmächtiger Abweichung von dem durch die Behörde genehmigten Bauplan ausführt oder ausführen läßt.

§ 230: Wer durch Fahrlässigkeit die Körperverletzung eines anderen verursacht, wird mit Geldstrafe oder mit Freiheitsstrafe bis zu 3 Jahren bestraft.

§ 222: Wer durch Fahrlässigkeit den Tod eines Menschen verursacht, wird mit Freiheitsstrafe bis zu 5 Jahren bestraft.

Aus diesen §§ ergibt sich eine unterschiedliche strafrechtliche Verantwortung der am Bau Beteiligten.

Nach § 330 können sich der Unternehmer und die Ausführenden des Baus strafbar machen. Der Bauherr und der Entwurfsverfasser nur in Ausnahmefällen, weil sie im allgemeinen den Bau nicht selber leiten.

Nach § 367 kann sich der Bauherr strafbar machen, wenn er den anderen Beteiligten diese Aufgaben nicht ordnungsgemäß übertragen hat. Der Entwurfsverfasser macht sich strafbar, wenn ihm diese Aufgaben übertragen worden sind. Den Unternehmer trifft vor allem die strafbare Übertretung wegen Nichteinhaltung der erforderlichen Sicherungsmaßnahmen, z. B. der Unfallverhütungsvorschriften.

Der § 222 und § 230 kommen insbesondere für den Unternehmer bzw. seinen Bauleiter in Betracht, denn sie sind in erster Linie für die Sicherheit auf der Baustelle verantwortlich. Der Vorwurf wird sich meistens auch nicht auf eine fehlerhafte Anordnung dieser Personen beziehen, sondern auf das Unterlassen einer zur Erzielung der Sicherheit erforderlichen Handlung. So muß z. B. bei Erdarbeiten, wenn Lkw von einer Baustelle Boden über öffentliche Straßen abfahren und sie durch herabfallenden Boden (Lehm, Sand) die Straße verschmutzen, der Unternehmer dafür sorgen, daß die hieraus für andere Verkehrsteilnehmer entstehende Gefahr beseitigt wird. Ein Aufstellen von Schildern genügt nicht. Stürzt an einer solchen Stelle womöglich ein Motorradfahrer, so macht sich der Unternehmer bzw. sein Bauleiter schuldig.

Auch der Entwurfsverfasser und der Statiker können sich wegen fahrlässiger Körperverletzung oder Tötung strafbar machen, wenn ein Unfall seine Ursache in einer fehlerhaften Planung oder Berechnung hat. Der Bauherr macht sich nur strafbar, wenn er ungeeignete Personen bestellt hat.

Für den Bauleiter (siehe LBO), den Prüfingenieur für Baustatik und für die Bediensteten der Bauaufsichtsbehörden gilt sinngemäß das gleiche wie für den Entwurfsverfasser.

Weitere mögliche Verstöße ergeben sich als Ordnungswidrigkeiten bei Handlungen gegen das öffentliche Baurecht. Sie sind in den LBO im einzelnen näher bezeichnet und können mit Geldbußen bis zu 50000,– DM geahndet werden.

Als **privatrechtliche Vorschriften** kommen insbesondere die Bestimmungen des Bürgerlichen Gesetzbuches **(BGB)** und die Verdingungsordnung für Bauleistungen **(VOB)** in Betracht (s. Kap. 7.6.7).

Nach diesen Bestimmungen haften bei der Durchführung einer Baumaßnahme alle am Bau Beteiligten (Bauherr, Unternehmer, Entwurfsverfasser und Bauleiter) für ihr eigenes Verschulden sowie für das Verschulden ihrer gesetzlichen Vertreter und ihrer Erfüllungsgehilfen.

Aus diesem Grunde ist es allgemein üblich, daß sich die am Bau Beteiligten in ihrem eigenen Interesse durch ausreichende Haftpflichtversicherungen für Personen- und Sachschäden, evtl. auch für Vermögensschäden, in Form von Bauherren-, Architekten- und Betriebshaftpflichtversicherungen schützen.
Hierzu ein Beispiel:

Beim Abladen von Steinen mit einem Baukran löst sich die Halterung des Korbes und stürzen die Steine beim Einschwenken auf die Straße. Einige Steine werden weit fortgeschleudert und beschädigen einige Fahrzeuge. In diesem Falle würde eine bestehende Haftpflichtversicherung die Entschädigungsansprüche regeln.

Für Schäden an dem Bauwerk während der Bauzeit, d. h. bis zur Abnahme, die dem Bauherrn, Bauunternehmer, den Bauhandwerkern und dem beauftragten Architekten durch unvorhergesehene Ereignisse entstehen, tritt eine Bauwesenversicherung ein.
Hierzu ein Beispiel:

Beim Bau einer Werkhalle waren die Stützen, die Randbalken und auch die mit Gefälle verlaufenden Dachbalken bereits eingeschalt und bewehrt. Beim Betonieren wurde ein Kran eingesetzt. Durch unsachgemäßes Einschwenken des Kranauslegers schlug der daran hängende volle Betonkübel gegen den bereits betonierten Randbalken und brachte ihn zum Einsturz.

Bei diesem Schaden handelt es sich um einen Bauwesenschaden, weil durch die Unachtsamkeit des Kranführers die Bauleistung beschädigt wurde und weil das Ereignis als unvorhersehbar angesehen werden muß.

Den entstandenen Schaden hat der Unternehmer zu vertreten, weil der beschädigte Teil noch nicht abgenommen war. Hätte in diesem Fall keine Bauwesenversicherung bestanden, so hätte der Unternehmer den Schaden auf seine Kosten beseitigen müssen. Da der Schaden noch als Unternehmerrisiko gilt, werden die Herstellungskosten, d. h. ohne Wagnis und Gewinn, ersetzt.

Für Arbeitsunfälle im Baubetrieb besteht die gesetzliche Unfallversicherung, die von den Baubrufsgenossenschaften wahrgenommen wird (s. Kap. 7.8.2).

9.1. Verzeichnis der behandelten Normen und Vorschriften

9.1. Verzeichnis der behandelten Normen und Vorschriften

9

9.1. Verzeichnis der behandelten Normen und Vorschriften

Sonstige — Seite

Unfallverhütungsvorschriften

Verdingungsordnung für Bauleistungen

9.2. Stichwortverzeichnis

9

9.2. Stichwortverzeichnis

C

9

9.2. Stichwortverzeichnis

9

9.2. Stichwortverzeichnis

F

G

9

9.2. Stichwortverzeichnis

9

9.2. Stichwortverzeichnis

9.2. Stichwortverzeichnis

9

9

9.2. Stichwortverzeichnis

N

O

P

9.2. Stichwortverzeichnis

Q

R

S

9

9.2. Stichwortverzeichnis

9

9.2. Stichwortverzeichnis

T

9

9.2. Stichwortverzeichnis

U

V

W

9

9.2. Stichwortverzeichnis

Z